CAD/CAM/CAE
轻松上手丛书

Autodesk Inventor 2024入门与案例实战

视频教学版

刘广生 段纬然 编著

清華大學出版社
北京

内 容 简 介

本书以 Autodesk Inventor 2024 为平台，重点介绍 Autodesk Inventor 2024 中文版的各种操作方法及其在工程设计领域的应用。本书配套示例源文件、PPT 课件、教学视频、电子教案、课程标准、教学大纲、模拟试题、作者 QQ 群答疑服务。

全书共分 11 章，内容包括 Inventor 2024 入门、辅助工具、绘制草图、基础特征、高级特征、放置特征、曲面造型、钣金设计、部件装配、工程图以及柱塞泵综合实例。在介绍的过程中，内容由浅入深、从易到难，各章节既相对独立又相互关联。编者根据自己多年的教学和设计经验，及时给出总结和相关提示，以帮助读者快速掌握所学知识。

本书内容翔实、图文并茂、语言简洁、思路清晰、实例丰富，适合 Inventor 设计初学者、Inventor 工程应用设计人员，也适合作为高等院校或高职高专相关专业的教学用书。

图书在版编目（CIP）数据

Autodesk Inventor 2024 入门与案例实战：视频教学版/刘广生，段纬然编著. —北京：清华大学出版社，2024.5

（CAD/CAM/CAE 轻松上手丛书）

ISBN 978-7-302-66235-8

Ⅰ. ①A… Ⅱ. ①刘… ②段… Ⅲ. ①机械设计－计算机辅助设计－应用软件 Ⅳ. ①TH122

中国国家版本馆 CIP 数据核字（2024）第 096754 号

责任编辑：夏毓彦
封面设计：王　翔
责任校对：闫秀华
责任印制：丛怀宇

出版发行：清华大学出版社
网　　址：https://www.tup.com.cn，https://www.wqxuetang.com
地　　址：北京清华大学学研大厦 A 座　　邮　　编：100084
社 总 机：010-83470000　　邮　　购：010-62786544
投稿与读者服务：010-62776969，c-service@tup.tsinghua.edu.cn
质 量 反 馈：010-62772015，zhiliang@tup.tsinghua.edu.cn

印 装 者：北京鑫海金澳胶印有限公司
经　　销：全国新华书店
开　　本：190mm×260mm　　印　　张：23　　字　　数：620 千字
版　　次：2024 年 6 月第 1 版　　印　　次：2024 年 6 月第 1 次印刷
定　　价：129.00 元

产品编号：105283-01

前言

Autodesk Inventor 软件是美国 Autodesk 公司于 1999 年年底推出的一款三维可视化实体模拟软件，目前最新版本为 Autodesk Inventor 2024。它具有三维建模、信息管理、协同工作和技术支持等各种特征。使用 Autodesk Inventor 可以创建三维模型和二维制造工程图，也可以创建自适应的特征、零件和子部件，还可以管理上千个零件和大型部件，它的“连接到网络”工具可以使工作组人员协同工作，方便数据共享和同事之间设计理念的沟通。

Autodesk Inventor 在用户界面、三维运算速度和着色功能方面有了突破性的进展。它建立在 ACIS 三维实体模拟核心之上，设计人员能够简单、快速地获得零件和装配体的真实感，这样就缩短了用户设计意图的产生与系统反应时间的距离，从而可对设计人员创意和发挥的影响降低到最小程度。

Autodesk Inventor 为设计者提供了一个自由的环境，使得二维设计能够顺畅地转为三维设计环境，同时能够在三维环境中重用现有的 DWG 文件，并且能够与其他应用软件的用户共享三维设计的数据。Inventor 为设计和制造提供了优良的创新和简便的途径，从而使其销售量连续 5 年超越其他竞争对手。

关于本书

本书为一本介绍 Autodesk Inventor 2024 在工程设计应用领域功能全貌的教学与自学相结合的指导用书，内容全面具体，不留死角，适用于各种不同需求的读者。同时，为了在有限的篇幅内提高知识的集中程度，编者对所讲述的知识点进行了精心剪裁。通过实例操作驱动知识点的讲解，读者可以在实例操作过程中牢固地掌握软件功能。书中实例的种类非常丰富，有知识点讲解的小实例，也有几个知识点或全章知识点的综合实例。对各种实例交错讲解，以达到加深读者理解的目标。

本书以 Autodesk Inventor 2024 为平台，重点介绍了 Autodesk Inventor 2024 中文版的各种操作方法和设计技巧。全书共分 11 章，内容包括 Inventor 2024 入门、辅助工具、绘制草图、基础特征、高级特征、放置特征、曲面造型、钣金设计、部件装配、工程图以及柱塞泵综合实例。在介绍的过程中，内容由浅入深、从易到难，各章节既相对独立又前后关联。编者根据自己多年的经验及学习的一般性规律，及时给出总结和相关提示，以帮助读者快速掌握所学知识。

本书除利用传统的纸面讲解外，还随书配送了多媒体下载资源。下载资源中包含所有实例的素材源文件，并制作了全程实例动画的 AVI 文件。为了增强教学效果，更进一步方便读者的学习，编者亲自对实例动画进行了配音讲解。利用作者精心设计的多媒体界面，读者可以随心所欲、轻松、愉悦地学习 Autodesk Inventor 的相关知识。

配套资源下载

本书配套示例源文件、PPT 课件、教学视频、电子教案、课程标准、教学大纲、模拟试题、作者 QQ 群答疑服务，需要读者用自己的微信扫描下面的二维码下载。

在学习本书前，请先在计算机中安装 Autodesk Inventor 2024 软件（配套资源中不附带软件安装程序），读者可在 Autodesk 官网下载其试用版本，也可向软件经销商购买正版软件使用。

作者技术支持

读者可以加入本书配套资源中给出的学习指导 QQ 群，群中会提供软件安装方法教程，安装完成后，即可按照本书上的实例进行操作练习。或电子邮件联系 booksaga@163.com，邮件主题写“Autodesk Inventor 2024 从入门到案例实战”。

本书作者

本书由陆军工程大学石家庄校区的刘广生和段纬然两位老师编写，其中刘广生执笔编写了第 1~6 章，段纬然执笔编写了第 7~11 章。由于时间和编者水平有限，书中疏漏之处在所难免，不当之处恳请读者批评指正，编者不胜感激。

编者

2024 年 3 月

目　录

第 1 章　Inventor 2024 入门

导言

本章将学习 Inventor 2024 绘图的基本知识。了解 Inventor 2024 的安装和卸载，掌握在 Inventor 2024 中鼠标的使用、快捷键的设置，熟悉如何定制工作界面和系统环境等，为进入系统学习做好准备工作。

1.1　Inventor的产品优势

在基本的实体零件和装配模拟功能之上，Inventor 提供了一系列更深入的模拟技术，具体如下：

- Inventor 中二维图案布局可用来试验和评估一个机械原理。
- 有了二维的设置布局更有利于三维零件的设计。
- Inventor 首次在三维模拟和装配中使用自适应的技术。
- 通过应用自适应的技术，一个零件及其特征可自动适应另一个零件及其特征，从而保证这些零件在装配的时候能够互相吻合。
- 在 Inventor 中可用扩展表来控制一系列的实体零件尺寸集。实体的特征可重新使用，一个实体零件的特征可转变为设计清单中的一个设计元素，而使其可在其他零件的设计过程中得以采用。
- 为了充分利用互联网和局域网的优势，一个设计组的多个设计师可使用一个共同的设计组搜索路径，并共用文件搜索路径来协同工作。Inventor 在这方面与其他软件相比具有很大的优势，它可以直接与微软的网上会议相连进行实时的协同设计。在一个现代化的工厂中，实体零件及装配件的设计资料可直接传送到后续的加工和制造部门。
- 为了满足设计师和工程师之间的合作和沟通，Inventor 也充分考虑到二维的投影工程图的重要性，因此提供了从三维的实体零件和装配件来产生工程图的功能。
- Inventor 中的功能以设计支持系统的方式提供，用户界面以视觉方式快速引导用户，各个命令的功能一目了然，并要求用最少的键盘输入。
- Inventor 与 3D Studio 和 AutoCAD 等其他软件兼容性强，其输出文件可直接或间接转化为快速成型的 STL 文件和 STEP 文件等。

1.2 Inventor 2024的安装与卸载

1.2.1 安装 Inventor 2024 之前的注意事项

安装 Inventor 2024 之前的注意事项如下：

- 使用本地计算机的管理员权限安装 Inventor 2024。如果登录的是受限账户，可用鼠标右键单击 Setup.exe，打开菜单并选择以管理员身份运行。
- 在 Windows 10 上安装时，应关闭“用户账户控制”功能或降低等级为“不要通知”。
- 确保有足够的硬件支持。对于复杂的模型、复杂的模具部件及大型部件（通常包含 1000 多个零件），建议最小内存为 5GB；同时应该确保有足够的磁盘空间，比如安装 Inventor 2024 所需的磁盘空间大约为 12GB。
- 在安装 Inventor 2024 之前需先更新操作系统，如果没有更新则会自动提示用户更新。安装所有的安全更新后重启系统，请勿在安装或卸载该软件时更新操作系统。
- 强烈建议先关闭所有的 Autodesk 应用程序，然后再安装、维护或卸载该软件。
- DWG TrueView 是 Inventor 必不可少的组件。卸载 DWG TrueView 可能会导致 Inventor 无法正常运行。
- 安装 Inventor 时应尽量关闭防火墙和杀毒软件。如果操作系统为 Windows 7，应降低或者关闭 UAC 安全的设置。

1.2.2 Inventor 2024 的安装

步骤 01 在安装程序中，双击“Setup.exe”文件，进入“法律协议”界面，在右上角选择语言，勾选“我同意使用条款”复选框，如图 1-1 所示。

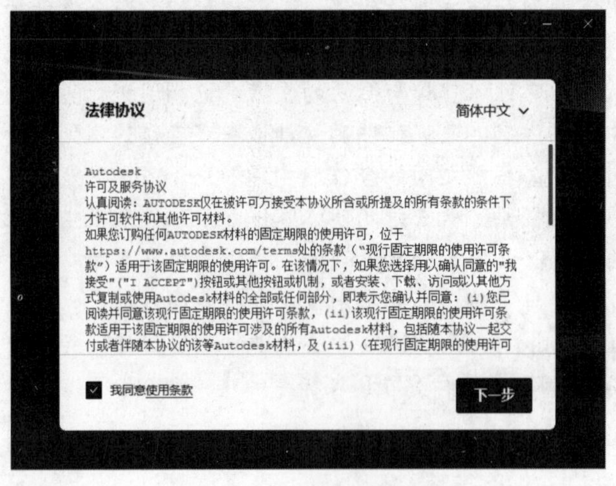

图 1-1 “法律协议”界面

步骤 02 单击“下一步”按钮，进入选择安装位置界面，如图 1-2 所示。一般采用默认设置，

也可以单击 ... 按钮，设置安装路径。

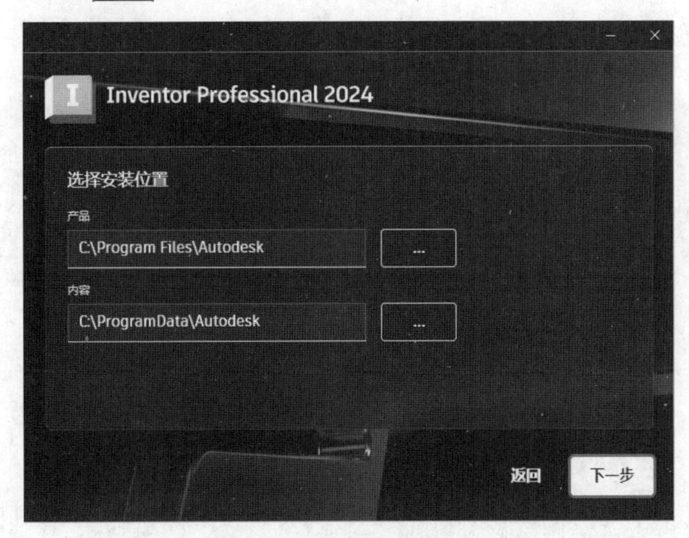

图 1-2　选择安装位置界面

步骤 03 单击“下一步”按钮，进入选择要安装的产品界面，如图 1-3 所示，单击“安装”按钮等待自动安装，最后单击“完成”按钮即可。

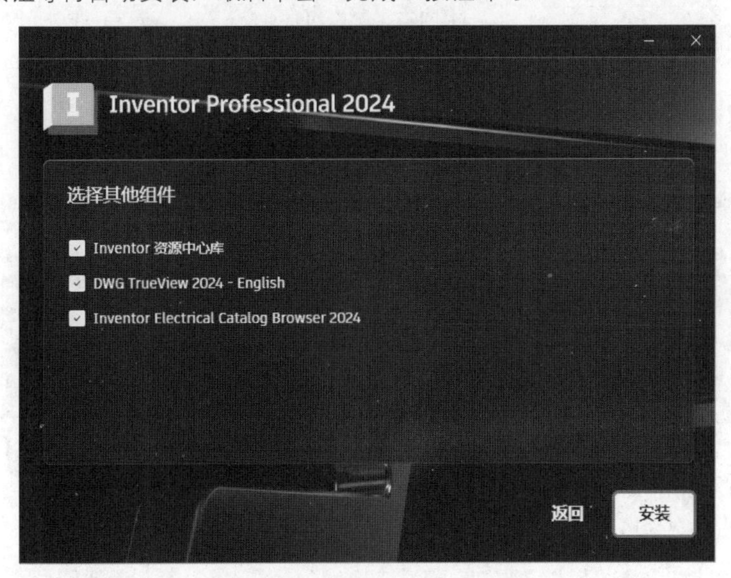

图 1-3　选择要安装的产品界面

1.2.3　Inventor 2024 的修改和卸载

Inventor 2024 提供了修改和卸载两种方式。

步骤 01 关闭所有打开的程序。

步骤 02 选择“开始”→“设置”命令，在打开的“设置”面板中选择“应用”选项，打开“应用和功能”选项卡，选择 Autodesk Inventor Professional 2024-简体中文，显示“修改”和“卸载”按钮。

步骤03 单击“修改”按钮，打开如图 1-4 所示界面，选择要安装的组件，单击“安装”按钮，进行安装。

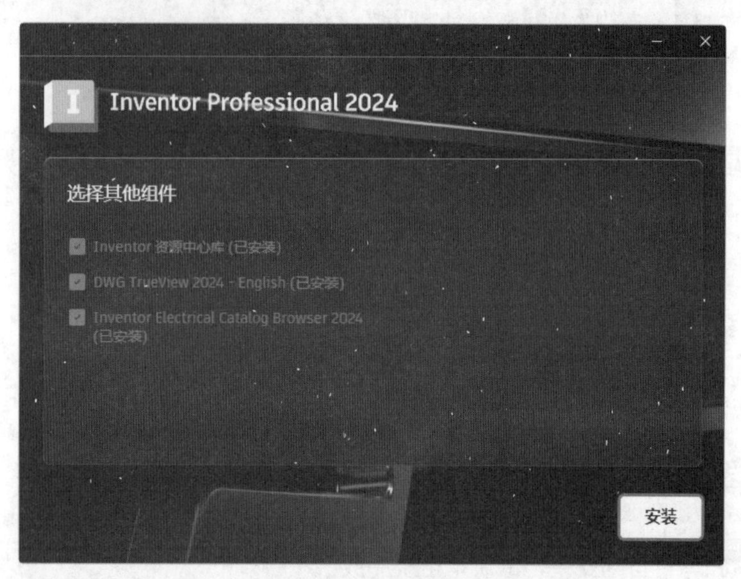

图 1-4　选择组件

步骤04 单击“卸载”按钮，提示“此应用及其相关的信息将被卸载”，继续单击“卸载”按钮，打开如图 1-5 所示的界面，单击“卸载”按钮，将卸载软件，卸载完成后，单击“完成”按钮。

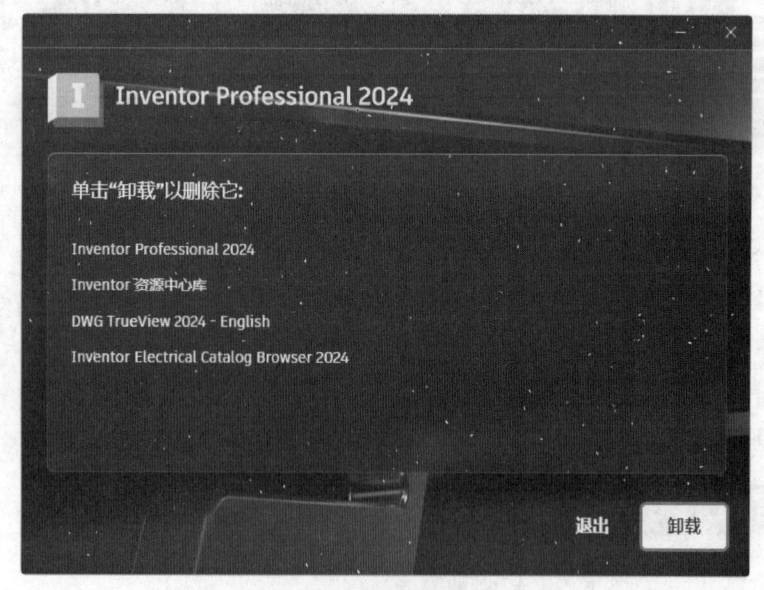

图 1-5　卸载界面

1.3　Inventor 2024支持的文件类型

1.3.1　Inventor 2024 的文件类型

每个软件都有一套属于自己的文件系统，Inventor 2024 也不例外，其主要的文件类型如下：

- 零件文件：以.ipt 为后缀名，文件中只包含单个模型的数据，可分为标准零件和钣金零件。
- 部件文件：以.iam 为后缀名，文件中包含多个模型的数据，也包含其他部件的数据，也就是说，部件中不仅可包含零件，也可包含子部件。
- 工程图文件：以.idw 为后缀名，文件中包含零件文件的数据，也包含部件文件的数据。
- 表达视图文件：以.ipn 为后缀名，文件中包含零件文件的数据，也包含部件文件的数据，由于表达视图文件的主要功能是表现部件装配的顺序和位置关系，所以零件一般很少利用表达视图来表现。
- 设计元素文件：以.ide 为后缀名，包含特征、草图或子部件中创建的“iFeature”信息，用户可打开特征文件来观察和编辑“iFeature”。
- 设计视图：以.idv 为后缀名，包含零部件的各种特性，如可见性、选择状态、颜色和样式特性、缩放以及视角等信息。
- 项目文件：以.ipj 为后缀名，包含项目文件路径和文件之间的链接信息。
- 草图文件：以.dwg 为后缀名，文件中包含草绘图案的数据。

Inventor 2024 在创建文件时，可通过模板来创建新文件，也可根据自身的具体设计需求选择对应的模板，例如，创建标准零件可选择标准零件模板、创建钣金零件可选择钣金零件模板等。用户可修改任何预定义的模板，也可自己创建模板。

1.3.2　与 Inventor 2024 兼容的文件类型

Inventor 2024 具有很强的兼容性，具体表现在它不仅可以打开符合国际标准的“IGES”和“SEPT”格式的文件，甚至还可以打开 Pro/Engineer、AutoCAD 和 DWG 格式的文件。同时，Inventor 2024 可将本身的文件转换为其他格式的文件，也可将工程图文件保存为“DXF”和“DWG”格式的文件等。下面对其主要的兼容文件类型进行简单介绍。

1. AutoCAD 文件

Inventor 2024 可打开 2024 版本之前的 AutoCAD（DWG 或 DXF）文件。在 Inventor 2024 中打开 AutoCAD 文件时，可指定要进行转换的 AutoCAD 数据。

- 选择模型空间、图纸空间中的单个布局或三维实体；选择一个或多个图层。
- 放置二维转换数据；放置在新建的或现有的工程图草图上，作为新工程图的标题栏，也可作为新工程图的缩略图符号；放置在新建的或现有的零件草图上。

- 如果转换为三维实体，每一个实体都将成为包含“ACIS”实体的零件文件。
- 当在零件草图、工程图或工程图草图中输入 AutoCAD（DWG）图形时，转换器将从模型空间的 XY 平面获取图元并放置在草图上。图形中的某些图元不能转换，如样条曲线。

2. Autodesk MDT 文件

在 Inventor 2024 中，将工程图输出到 AutoCAD 时，将得到了可编辑的图形。转换器创建新的 AutoCAD 图形文件，并将所有图元置于“DWG”文件的图纸空间。如果 Inventor 工程图中有多张图纸，则每张图纸都保存为一个单独的“DWG”文件。输出的图元称为 AutoCAD 图元，包括尺寸。

Inventor 可转换 Autodesk Mechanical Desktop 的零件和部件，以便保留设计意图。可将 Mechanical Desktop 文件作为“ACIS”实体输入，也可进行完全转换。若要从 Mechanical Desktop 零件或部件输入模型数据，必须在系统中安装并运行 Mechanical Desktop。Autodesk Inventor 所支持的特征将被转换，不支持的特征则不转换。如果 Autodesk Inventor 不能转换某个特征，那么它将跳过该特征，并在浏览器中显示一条注释，然后完成转换。

3. STEP 文件

STEP 文件是国际标准格式的文件，这种格式文件是为了克服数据转换标准的一些局限性而开发的。过去由于开发标准不一致，导致出现各种不统一的文件格式，如 IGES（美国）、VDAFS（德国）、IDF（用于电路板）等，这些标准在 Auto CAD 系统中没有得到很大的发展。“STEP”转换器使得 Inventor 能够与其他 Auto CAD 系统进行有效交流和可靠转换。当输入“STEP（*.stp、*.ste、*.step）”文件时，只有三维实体、零件和部件数据被转换，草图、文本、线框和曲面数据不能用“STEP”转换器处理。如果“STEP”文件包含一个零件，则会生成一个 Inventor 零件文件；如果“STEP”文件包含部件数据，则会生成包含多个零件的部件文件。

4. SAT 文件

“SAT”文件包含非参数化的实体，它们是布尔实体或去除了相关关系的参数化实体。“SAT”文件可在部件中使用，用户可将参数化特征添加到基础实体中。如果“SAT”文件包含单个实体，将生成包含单个零件的 Inventor 零件文件；如果“SAT”文件包含多个实体，则会生成包含多个零件的部件文件。

5. IGES 文件

“IGES（*.igs、*.ige、*.iges）”文件是美国标准，很多“NC/CAM”软件包需要使用“IGES”格式的文件。Inventor 可输入和输出“IGES”文件。

如果要将 Inventor 的零部件文件转换为其他格式的文件，如“BMP”“IGES”“SAT”文件等，将其工程图文件保存为“DWG”或“DXF”格式的文件，选择“文件”→“另存为”→“保存副本为”选项，在打开的“保存副本为”对话框中选择好所需要的文件类型和文件名即可，如图 1-6 所示。

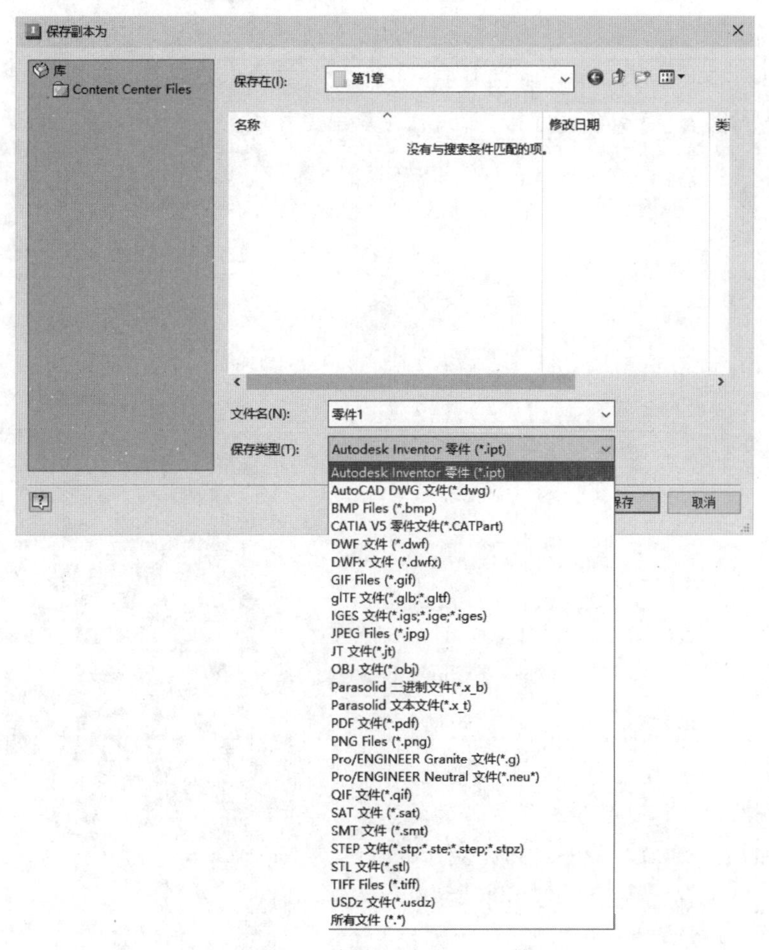

图 1-6　“保存副本为”对话框

1.4　Inventor 2024工作界面

Inventor 2024 工作界面包括主菜单、快速访问工具栏、信息中心、功能区、浏览器、ViewCube、导航栏、状态栏和绘图区，如图 1-7 所示。

- 主菜单：通过单击按钮旁边的方向键，可以扩展以显示带有附加功能的菜单，如图 1-8 所示。
- 快速访问工具栏：包括常用的新建、打开、保存文件按钮，可以快速执行新建、打开或保存文件操作。
- 信息中心：是 Autodesk 产品独有的界面，它便于使用信息中心搜索信息、显示关注的网址、帮助用户实时获得网络支持和服务等功能。
- 功能区：以选项卡的形式组织，按任务进行标记。每个选项卡均包含一系列面板，可以同时打开零件、部件和工程图文件，且功能区会随着激活窗口中文件的环境而变化。

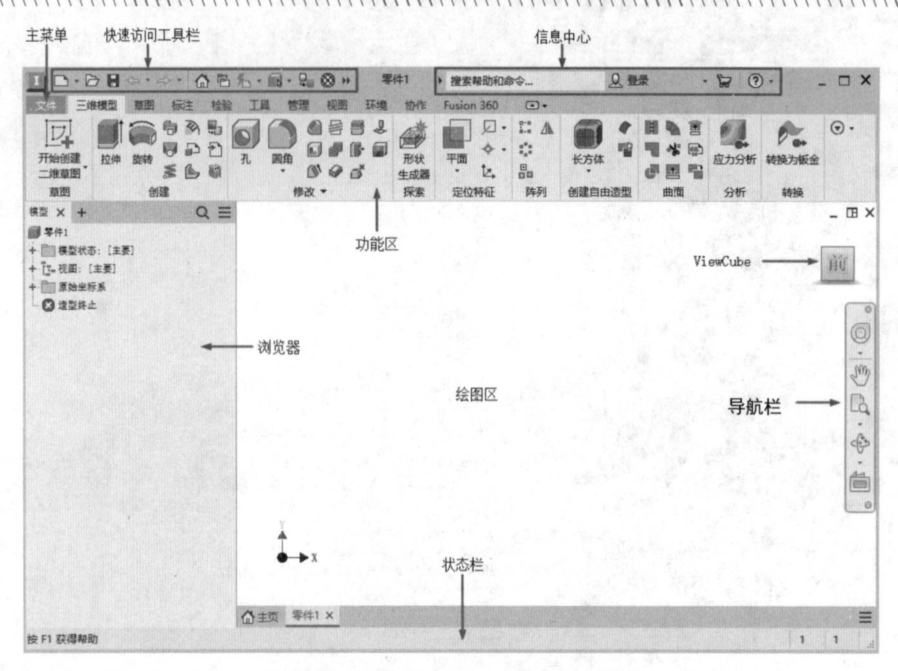

图 1-7　Inventor 2024 工作界面

- 浏览器：显示零件、部件和工程图的装配层次。浏览器对每个工作环境而言都是唯一的，且总是显示激活文件的信息。
- ViewCube：该工具是一种始终显示的可单击、可拖动的界面，可用于模型的标准视图和等轴测视图之间的切换。ViewCube 工具显示在模型上方窗口的一角，且处于不活动状态。ViewCube 工具可在视图变化时提供有关模型当前视点的视觉反馈。将光标放置在 ViewCube 工具上时，该工具会变为活动状态。可以通过拖动或单击 ViewCube，切换至一个可用的预设视图、滚动当前视图或更改至模型的主视图。
- 导航栏：默认情况下，导航栏显示在图形窗口的右上方。可以从导航栏访问、查看和导航命令。

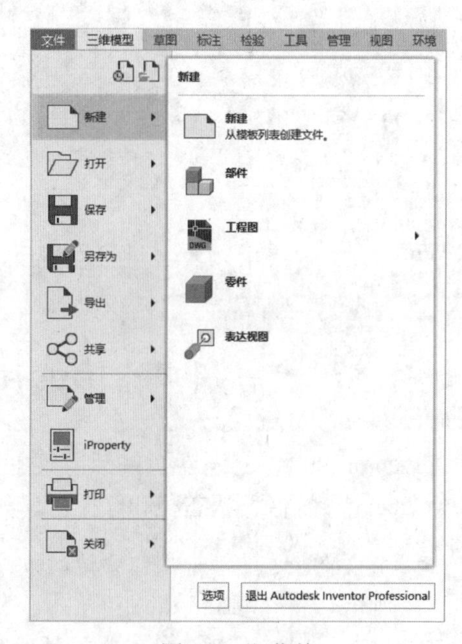

图 1-8　主菜单

- 状态栏：位于 Inventor 窗口底端的水平区域，可提供关于当前正在窗口中编辑的内容状态以及草图状态等信息内容。
- 绘图区：是指在标题栏下方的大片空白区域，是用户建立图形的区域，设计图的主要工作都是在绘图区完成的。

1.5 常见工具的使用

1.5.1 鼠标

鼠标是计算机外围设备中十分重要的硬件之一。用户与 Inventor 进行交互操作时，几乎80%的操作都要利用鼠标。鼠标的使用方法将直接影响产品设计的效率。使用三键鼠标可以完成各种功能，包括选择和编辑对象、移动视角、单击鼠标右键打开快捷菜单、按住鼠标滑动、旋转视角、物体缩放等，具体的使用方法如下：

- 单击鼠标左键（MB1）用于选择对象，双击用于编辑对象。例如，单击某一特征会弹出对应的特征对话框，可以进行参数的再编辑。
- 单击鼠标右键（MB3）用于弹出选择对象的快捷菜单。
- 按下滚轮（MB2）可平移用户界面内的三维数据模型。
- 按 F4 键的同时按住鼠标左键并拖动鼠标可动态观察当前视图。鼠标放置轴心指示器的位置不同，其效果也不同，如图 1-9 所示。
- 滚动滚轮（MB2）用于缩放当前视图。

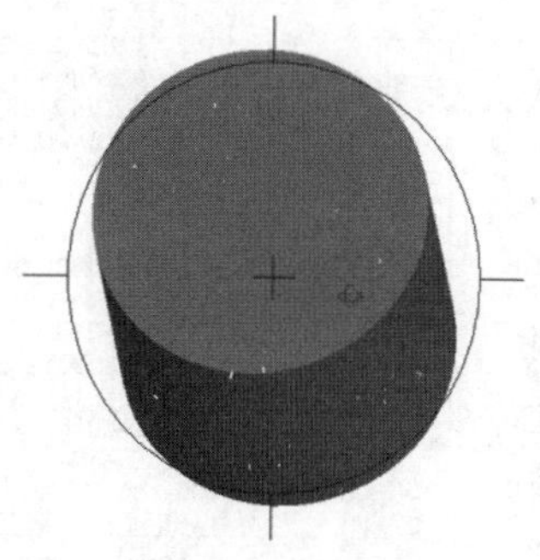

图 1-9 动态观察

1.5.2 快捷键

与仅通过菜单选项或单击鼠标来使用工具相比，一些设计师更喜欢使用快捷键，以提高效率。通常，可以为透明命令（如缩放、平移）和文件实用程序功能（如打印等）自定义快捷键。Inventor 2024 中预定义的快捷键如表 1-1 所示。

表 1-1 Inventor 2024 预定义的快捷键

快 捷 键	命令/操作	快 捷 键	命令/操作
Tab	降级	Shift+Tab	升级
F1	帮助	F4	旋转
F6	等轴测视图	F10	草图可见性
Alt+8	宏	F7	切片观察
Shift+F5	下一页	Alt+F11	Visual Basic 编辑器
F2	平移	F3	缩放
F5	上一视图	Shift+F3	窗口缩放

将鼠标指针移至工具按钮上或命令中的选项名称旁边时，提示中就会显示快捷键，也可以创建自定义快捷键。另外，Inventor 2024 有很多预定义的快捷键。

用户无法重新指定预定义的快捷键，但可以创建自定义快捷键或修改其他的默认快捷键。具体操作步骤为：单击“工具”选项卡中“选项”面板中的“自定义”按钮，在弹出的“自定义”对话框中打开“键盘”选项卡，便可开发自己的快捷键方案以及为命令自定义快捷键，如图 1-10 所示。当要用于快捷键的组合键已指定给默认的快捷键时，用户可删除原来的快捷键并重新指定给用户选择的命令。

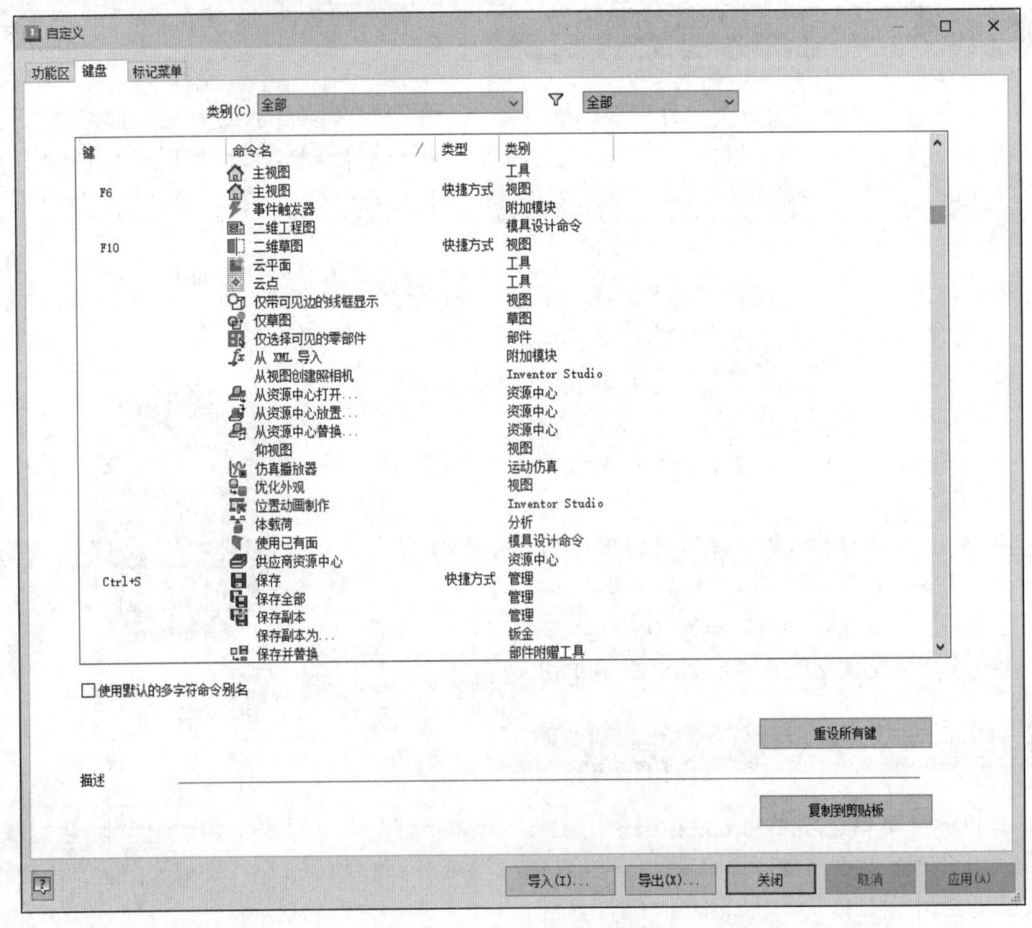

图 1-10　“自定义”对话框

除此之外，Inventor 2024 还可以通过 Alt 键或 F10 键快速调用命令。当按下这两个键时，命令的快捷键会自动显示出来，如图 1-11 所示，用户只需依次使用对应的快捷键即可执行对应的命令，无须操作鼠标。

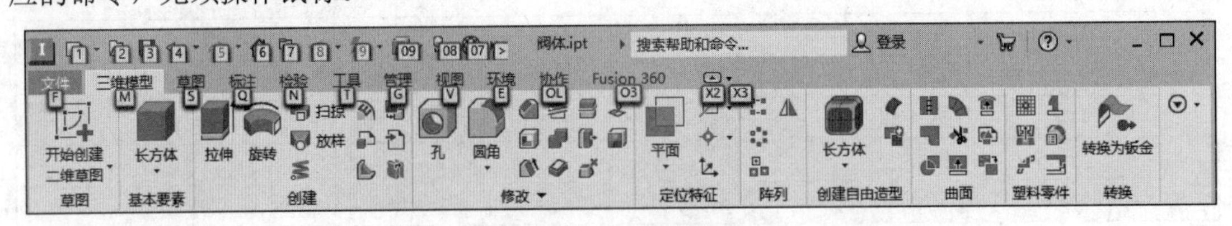

图 1-11　快捷键

1.6　工作界面定制与系统环境设置

在 Inventor 2024 中，需要自己设置的环境参数很多，包括工作界面等。用户可根据自己的实际需求对工作环境进行调节。一个方便、高效的工作环境不仅可以使得用户有良好的感觉，还可以大大提高工作效率。本节将介绍如何定制工作界面以及如何设置系统环境。

1.6.1　文档设置

在 Inventor 2024 中，可通过“文档设置”对话框来改变度量单位、捕捉间距等。在零部件造型环境中，单击“工具”选项卡“选项”面板中的“文档设置”选项，打开“文档设置”对话框，如图 1-12 所示。

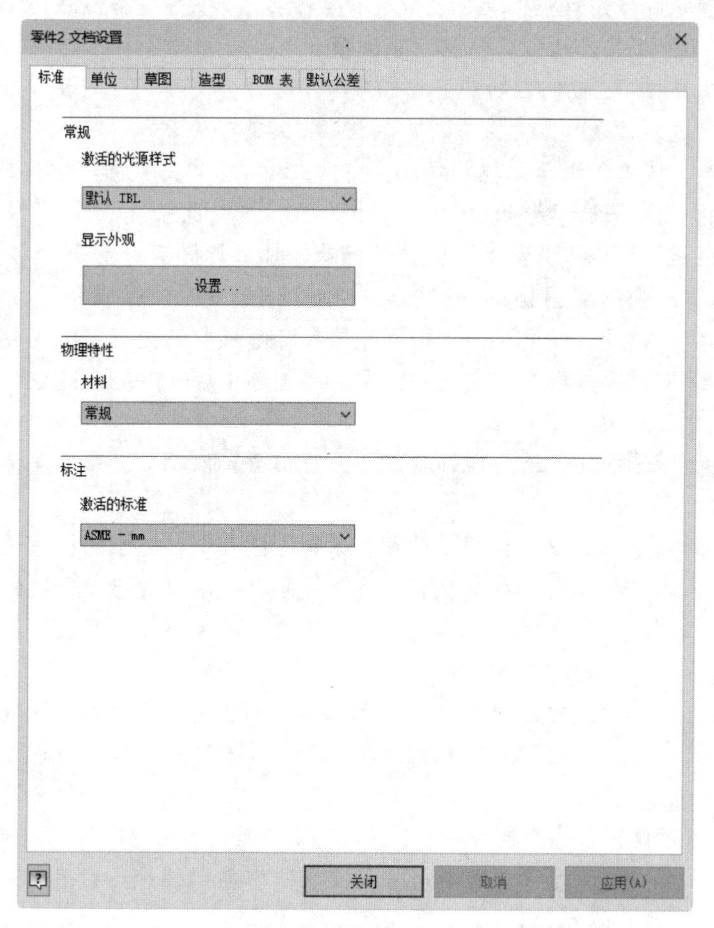

图 1-12　零件环境中的“文档设置”对话框

- “单位”选项卡可设置零件或部件文件的度量单位。
- “草图”选项卡可设置零件或工程图的捕捉间距、网格间距和其他草图设置。
- “造型”选项卡可为激活的零件文件设置自适应或三维捕捉间距。

- “默认公差”选项卡可设定标准输出公差值。

1.6.2 系统环境常规设置

单击“工具”选项卡“选项”面板中的“应用程序选项”按钮，进入“应用程序选项”对话框，选择“常规”选项卡，如图 1-13 所示。

- “启动”选项组：用来设置默认的启动方式。在此选项组中可设置是否“启动操作”，包含 3 种操作方式：“打开文件”对话框、“新建文件”对话框和从模板新建。
- “提示交互”选项组：控制工具栏的提示外观和自动完成的行为。
    - 在鼠标光标附近显示命令提示：选中此复选框后，将在光标附近的工具栏提示中显示命令提示。
    - 显示命令别名输入对话框：选中此复选框后，输入不明确或不完整的命令时将显示“自动完成”列表框。
- “工具提示外观”选项组，包括以下选项：
    - 显示工具提示：控制在功能区中的命令上方悬停光标时工具提示的显示，从中可设置“延迟的秒数”。
    - 显示第二级工具提示：控制功能区中第二级工具提示的显示。
    - 延迟的秒数：设定功能区中第二级工具提示的时间长度。
    - 显示文档选项卡工具提示：控制光标悬停时工具提示的显示。
- “用户名”选项：设置 Inventor 2024 的用户名称。
- “文本外观”选项：设置对话框、浏览器和标题栏中的文本字体及大小。
- “允许创建旧的项目类型”复选框：勾选此复选框后，Inventor 2024 将允许创建共享和半隔离项目类型。
- “物理特性”选项组：选择保存时是否更新物理特性以及更新物理特性的对象是零件还是零部件。
- “撤销文件大小”选项：可通过设置“撤销文件大小”选项的值来设置撤销文件的大小，即用来跟踪模型或工程图改变临时文件的大小，以便撤销所做的操作。当制作大型、复杂模型和工程图时，可能需要增加该文件的大小，以便提供足够的撤销操作容量，文件大小以“MB”为单位。
- “标注比例”选项：可通过设置“标注比例”选项的值来设置图形窗口中的非模型元素（例如尺寸文本、尺寸上的箭头、自由度符号等）的大小。可将比例从 0.02 调整为 5.0，默认值为 1.0。
- “主页”选项组：勾选“启动时显示主页”复选框，在启动软件时将显示主页；在“最近使用的文档的最大数量”中设置在“主页”中显示的最近使用的文档数量。默认数值为 50，最大数值为 200。

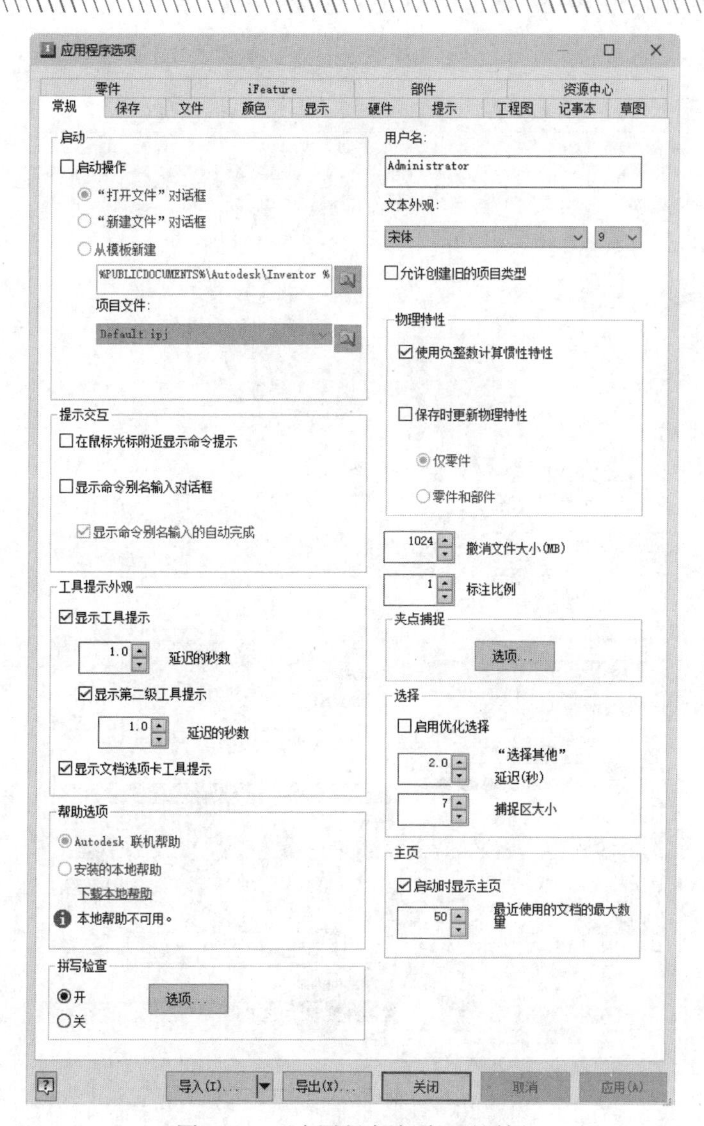

图 1-13 “应用程序选项”对话框

1.6.3 用户界面颜色设置

可通过“应用程序选项”对话框中的“颜色”选项卡设置图形窗口的背景颜色或图像，如图 1-14 所示，既可设置零部件设计环境下的背景色，也可设置工程图环境下的背景色，可通过左上角的“设计”“绘图”按钮来切换。

在“颜色方案”中，Inventor 2024 提供了 11 种配色方案，当选择某一种方案时，上面的预览窗口会显示该方案的预览图，也可通过“背景”选项组选择每一种方案的背景色是单色还是梯度图像，或以图像作为背景：如果选择“单色”，则将纯色应用于背景颜色；如果选择“梯度”，则将饱和度梯度应用于背景颜色；如果选择背景图像，则在图形窗口背景中显示位图。“文件名”选项用来选择存储在硬盘或网络上作为背景图像的图片文件。为避免图像失真，图像应具有与图形窗口相同的大小（比例以及宽高比）。如果与图形窗口大小不匹配，则图像将被拉伸或裁剪。

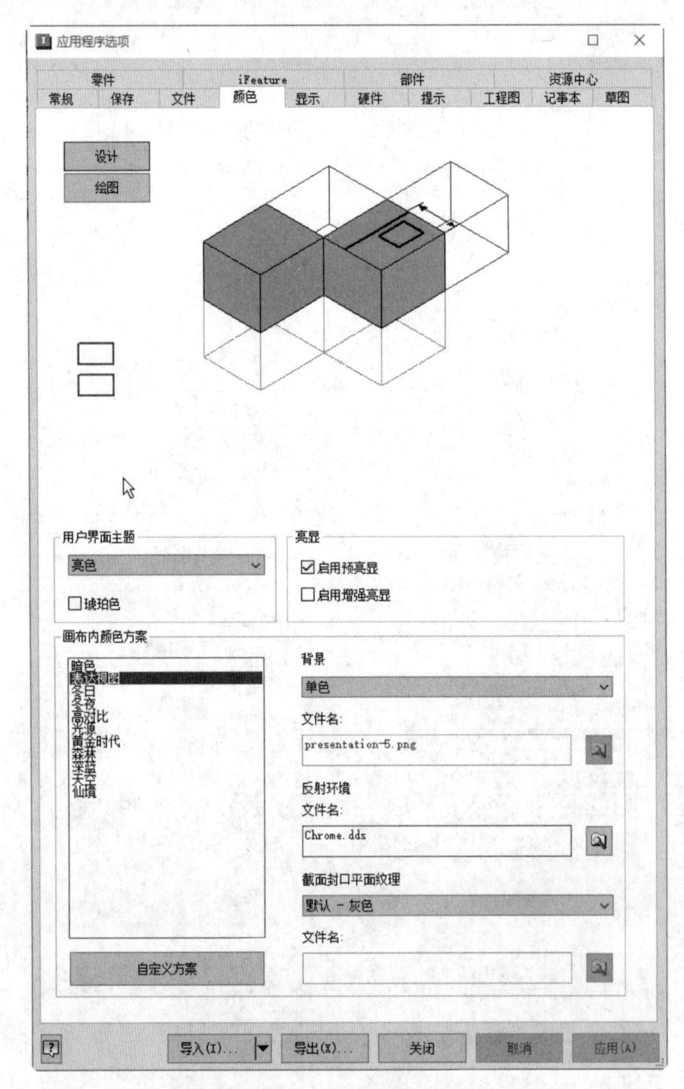

图 1-14　“颜色”选项卡

1.6.4　显示设置

可通过“应用程序选项”对话框中的“显示”选项卡设置模型的线框显示方式、渲染显示方式以及显示质量，如图 1-15 所示。

- “外观”选项组，包括以下两项设置：
  - “使用文档设置”：选中此单选按钮指定当打开文档或文档上的其他窗口（又叫视图）时使用文档显示设置。
  - “使用应用程序设置”：选中此单选按钮指定当打开文档或文档上的其他窗口（又

叫视图）时使用应用程序选项显示设置。

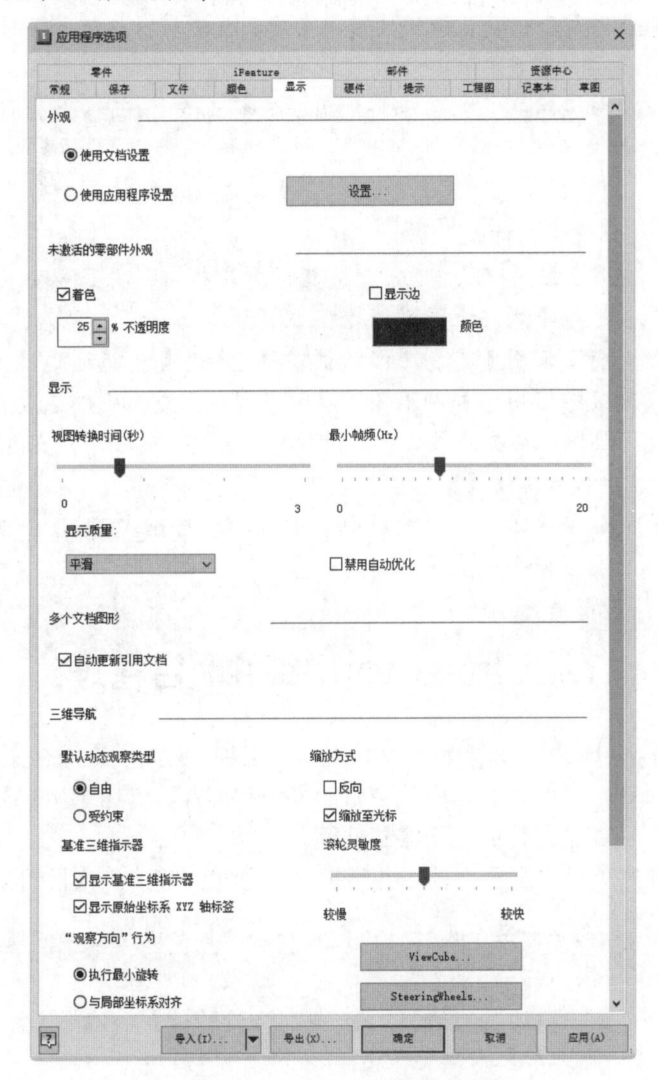

图 1-15　“显示”选项卡

- “未激活的零部件外观”选项组，包括以下几项设置：
  - “着色”：勾选此复选框，指定未激活的零部件面显示为着色。
  - “不透明度”：可以设定着色的不透明度。
  - “显示边”：勾选此复选框，设定未激活的零部件的边显示，未激活的模型将基于模型边的应用程序或文档外观设置显示边。
- “显示质量”：在下拉列表中可设置模型的显示分辨率。
- “显示基准三维指示器”复选框：勾选此复选框可显示轴指示器，取消勾选此复选框，则可关闭此项功能。红箭头表示 X 轴，绿箭头表示 Y 轴，蓝箭头表示 Z 轴。在部件中，指示器显示顶级部件的方向，而不是正在编辑的零部件的方向。
- “显示原始坐标系 XYZ 轴标签”复选框：用于关闭和开启各个三维轴指示器方向箭头上的 XYZ 标签的显示，默认情况下为打开状态。

- “‘观察方向’行为”选项组，包括以下两项设置：
  - “执行最小旋转”：设置旋转的最小角度，以使草图与屏幕平行，且草图坐标系的X轴保持水平或垂直。
  - “与局部坐标系对齐”：用于将草图坐标系的X轴调整为水平方向且正向朝右，将Y轴调整为垂直方向且正向朝上。
- “缩放方式”选项组：选中或清除这些复选框可以更改缩放方向（相对于鼠标移动）或缩放中心（相对于光标或屏幕）。
  - “反向”：用于控制缩放方向，若勾选此复选框，则向上滚动滚轮放大图形；若取消勾选此复选框，则向上滚动滚轮缩小图形。
  - “缩放至光标”：用于控制图形缩放方向是相对于光标还是显示屏中心。
  - “滚轮灵敏度”：用于控制滚轮滚动时图形放大或缩小的速度。
- “ViewCube”按钮：单击此按钮，打开“ViewCube 选项”对话框，定义 ViewCube 导航命令的显示和行为设置。
- “SteeringWheels”按钮：单击此按钮，打开“SteeringWheels 选项”对话框，定义 SteeringWheels 导航命令的显示和行为设置。

1.7 Inventor 2024项目管理

在创建项目以后，可使用项目编辑器来设置某些选项，例如设置保存文件时保留的文件版本数等。在一个项目中，可能包含专用于项目的零件和部件、专用于用户公司的标准零部件，以及现成的零部件，例如紧固件或电子零部件等。

Inventor 2024 使用项目来组织文件，并维护文件之间的链接，项目的作用如下：

- 用户可使用项目向导为每个设计任务定义一个项目，以便更加方便地访问设计文件和库，并维护文件引用。
- 可使用项目指定存储设计数据的位置、编辑文件的位置、访问文件的方式、保存文件时所保留的文件版本数以及其他设置。
- 可通过项目向导逐步完成选择过程，以指定项目类型、项目名称、工作组或工作空间（取决于项目类型）的位置，以及一个或多个库的名称。

1.7.1 创建项目

1. 打开项目编辑器

在 Inventor 中，可利用项目向导创建 Autodesk Inventor 新项目，并设置项目类型、项目文件的名称和位置，以及关联工作组或工作空间，还用于指定项目中包含的库等。关闭 Inventor 当前打开的任何文件，然后选择“文件”→“管理”→“项目”选项，就会打开“项目”对话框，如图 1-16 所示。

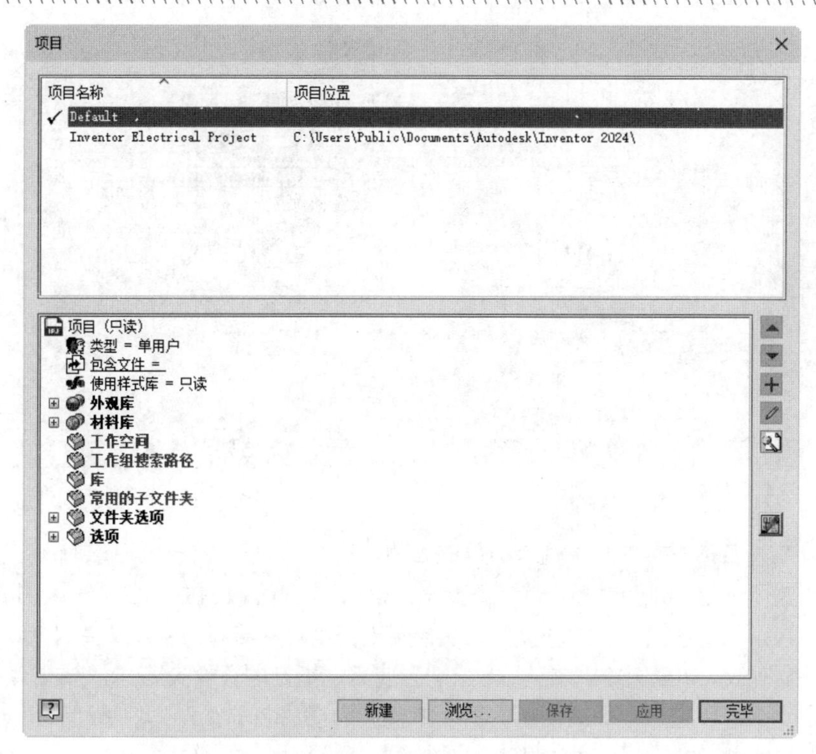

图 1-16　“项目”对话框

2. 新建项目

在项目名称列表中单击鼠标右键，在弹出的快捷菜单中选择“新建”命令，或单击“新建”按钮，打开如图 1-17 所示的“Inventor 项目向导”对话框。在该对话框中，用户可以新建项目，具体介绍如下：

- 新建单用户项目：这是默认的项目类型，它适用于不共享文件的设计者。在该类型的项目中，所有设计文件都放在一个工作空间文件夹及其子目录中，但从库中引用的文件除外。项目文件（.ipj）存储在工作空间中。
- 新建 Vault 项目：只有安装“Autodesk Vault”之后，才可创建新的“Vault”项目，然后指定一个工作空间、一个或多个库，并将多用户模式设置为“Vault”。

3. 创建项目过程

下面以单用户项目为例讲述创建项目的基本过程，具体操作步骤如下：

步骤 01　在如图 1-17 所示的“Inventor 项目向导”对话框中首先选择“新建单用户项目”单选按钮，单击“下一步”按钮，出现如图 1-18 所示的对话框。

步骤 02　在“项目文件”对话框中需要设定关于项目文件位置以及名称的选项，项目文件是以.ipj 为扩展名的文本文件。项目文件指定到项目中的文件路径，若要确保文件之间的链接正常工作，必须在使用模型文件之前将所有文件的位置添加到项目文件中。

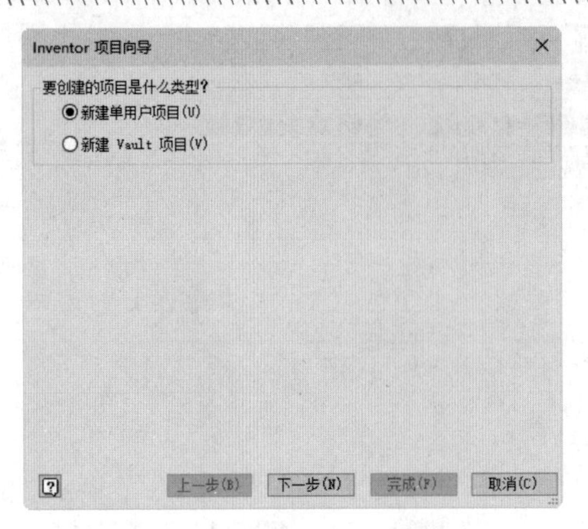

图 1-17　选择新建项目类别

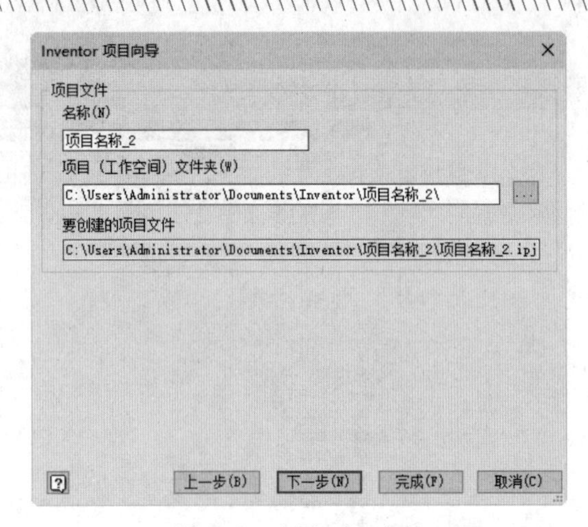

图 1-18　新建项目文件

步骤 03　在“名称”文本框中输入项目的名称，在“项目（工作空间）文件夹”文本框中设定所创建的项目或用于个人编辑操作的工作空间的位置。必须确保该路径是一个不包含任何数据的新文件夹。默认情况下，项目向导将为项目文件（.ipj）创建一个新文件夹，如果浏览到其他位置，则会使用所指定的文件夹名称。“要创建的项目文件”文本框中显示指向表示工作组或工作空间已命名子文件夹的路径和项目名称，新项目文件（*.ipj）将存储在该子文件夹中。

步骤 04　如果不需要指定要包含的库文件，则直接单击图 1-18 中的“完成”按钮，即可完成项目的创建。如果要包含库文件，可单击“下一步”按钮，在如图 1-19 所示的对话框中指定需要包含的库的位置即可，最后单击“完成”按钮，一个新的项目就创建成了。

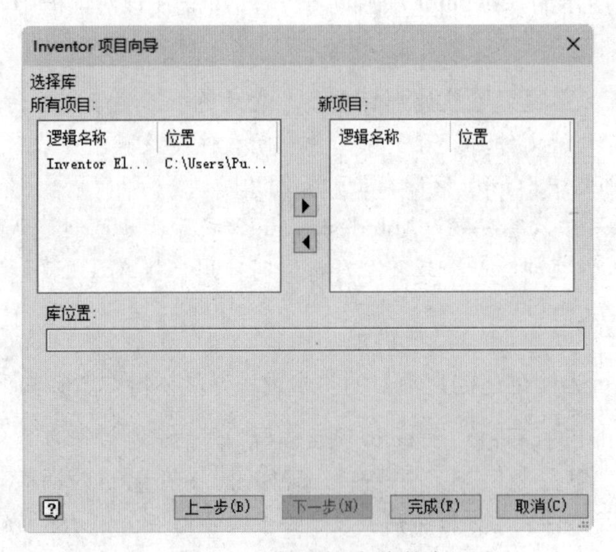

图 1-19　选择项目包含的库

1.7.2　编辑项目

在 Inventor 2024 中可编辑任何一个存在的项目，如可添加或删除文件的位置，可添加或删除路径，更改现有的文件位置或更改它的名称。在编辑项目之前，请确认已关闭所有的 Autodesk Inventor 文件。如果有文件打开，则该项目将是只读的。

编辑项目也需要通过项目编辑器来实现，在如图 1-16 所示的“项目”对话框中，选中某个项目，然后在下面的项目属性选项中选中某个属性，如“项目”中的“包含文件=”选项，这时可看到右侧的“编辑所选项”按钮是可用的。单击该按钮，则“包含文件=”属性旁边出现一个下拉列表框，用于显示当前包含文件的路径和文件名，还有一个浏览文件按钮，如图 1-20 所示，用户可通过浏览文件按钮选择新的包含文件以进行修改。如果某个项目属性不可编辑，则“编辑所选项”按钮是灰色不可用的。一般来说，项目的包含文件、工作空间、本地搜索路径、工作组搜索路径以及库都是可编辑的，如果没有设定某个路径属性，可单击右侧的“添加新路径”按钮来添加。

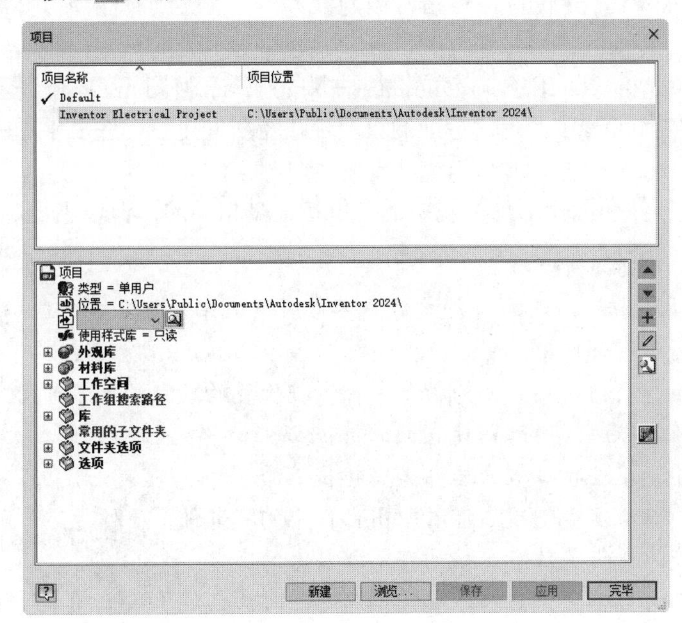

图 1-20　编辑项目

第2章 辅助工具

导言

在建模过程中，单一的特征命令有时不能完成相应的建模，需要利用辅助平面和辅助直线等手段来完成模型的绘制。

2.1 定位特征

在 Inventor 2024 中，定位特征是指可作为参考特征投影到草图中，并用来构建新特征的平面、轴或点。定位特征的作用是在几何图元不足以创建和定位新特征时，为特征的创建提供必要的约束，以便完成特征的创建。定位特征抽象的构造几何图元，本身是不可用来进行造型的。在 Inventor 的实体造型中，定位特征的重要性值得引起重视，许多常见的形状创建都离不开定位特征。

一般情况下，零件环境和部件环境中的定位特征是相同的，但以下情况除外：

- 中点在部件中时不可选择点。
- “三维移动/旋转”工具在部件文件中不可用于工作点上。
- 内嵌定位特征在部件中不可用。
- 不能使用投影几何图元，因为控制定位特征位置的装配约束不可用。
- 零件定位特征依赖于用来创建它们的特征。
- 在浏览器中，这些特征被嵌套在关联特征下面。
- 部件定位特征从属于创建它们时所用部件中的零部件。
- 在浏览器中，部件定位特征被列在装配层次的底部。
- 当用另一个部件来定位特征，以便创建零件时，创建了装配约束。设置在需要选择装配定位特征时选择特征的选择优先级。

在零件中使用定位特征工具时，如果某一点、线或平面是所希望的输入，就可创建内嵌定位特征。内嵌定位特征用于帮助创建其他定位特征。在浏览器中，它们显示为父定位特征的子定位特征。例如，可在两个工作点之间创建工作轴，而在启动“工作轴”工具前这两个点并不存在。当工作轴工具激活时，可动态创建工作点。定位特征包括工作点、工作轴和工作平面，下面将分别进行讲解。

2.1.1 工作点

工作点是参数化的构造点，可放置在零件几何图元、构造几何图元或三维空间中的任意位置。工作点的作用是用来标记轴和阵列中心、定义坐标系、定义平面（三点）和定义三维路径。工作点在零件环境和部件环境中都可使用。

单击“三维模型”选项卡“定位特征”面板上的“工作点”右侧的下拉按钮▾，弹出如图2-1所示的创建工作点的方式。

- 点：选择合适的模型顶点、边和轴的交点、三个非平行面或平面的交点来创建工作点。
- 固定点：单击某个工作点、中点或顶点创建固定点。例如，在视图中选择如图2-2所示的边线中点，弹出小工具栏，可以在对话框中重新定义点的位置，单击“确定”按钮，在浏览器中显示图钉光标符号，如图2-3所示。

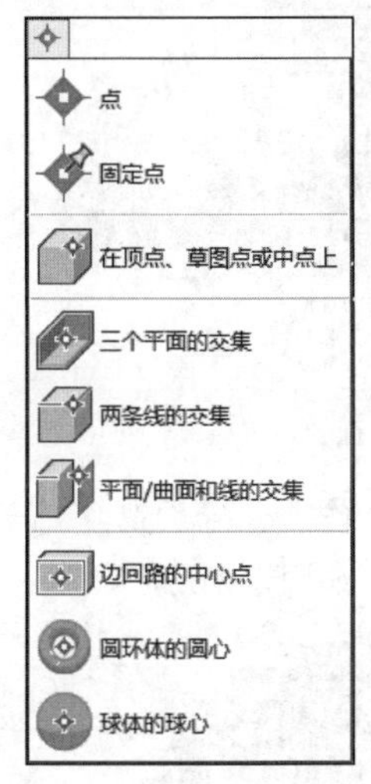

图2-1 创建工作点方式

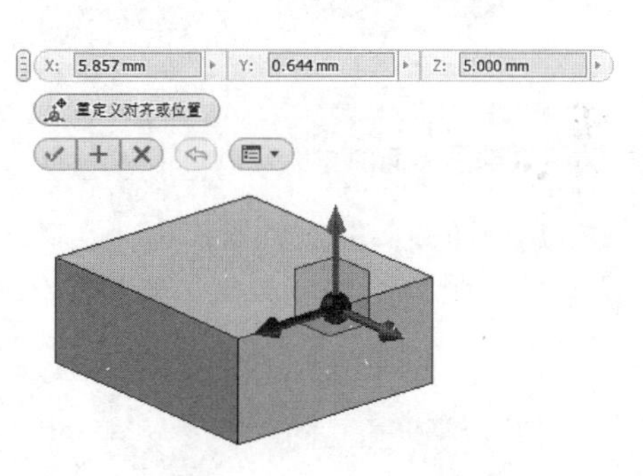

图2-2 定位工作点

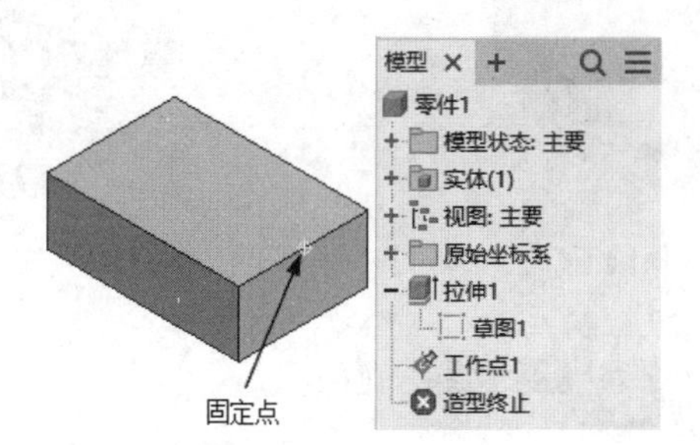

图2-3 创建固定点

- 在顶点、草图点或中点上：选择二维或三维草图点、顶点、线（或线性边）的端点或中点创建工作点，如图2-4所示是在模型顶点上创建工作点。
- 三个平面的交集：选择三个工作平面或平面，在交集处创建工作点，如图2-5所示。
- 两条线的交集：在两条线的交集处创建工作点。这两条线可以是线性边、二维（或三维）草图线或工作轴的组合，如图2-6所示。
- 平面/曲面和线的交集：选择平面（或工作平面）和工作轴（或直线），或者选择曲面、草图线、直边或工作轴，在交集处创建工作点，如图2-7所示为在一条边与工作平面的交集处创建工作点。

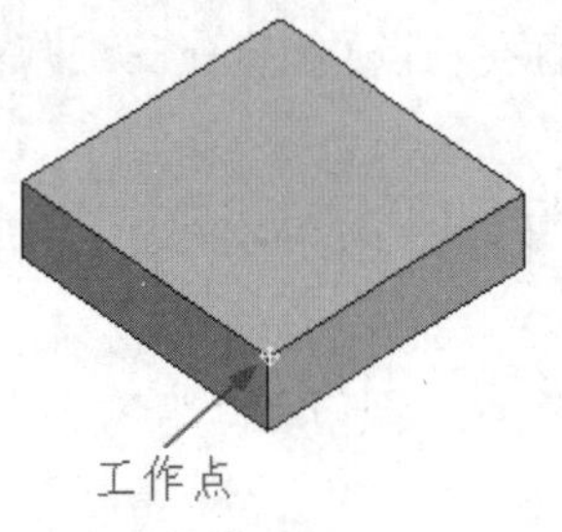

图 2-4　在顶点处

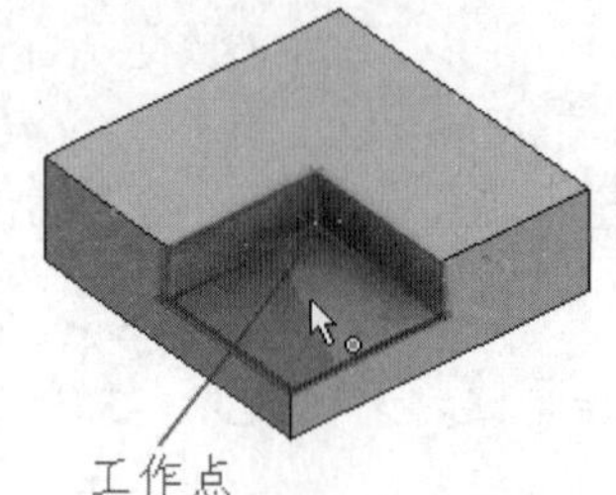

图 2-5　在三个平面交集处

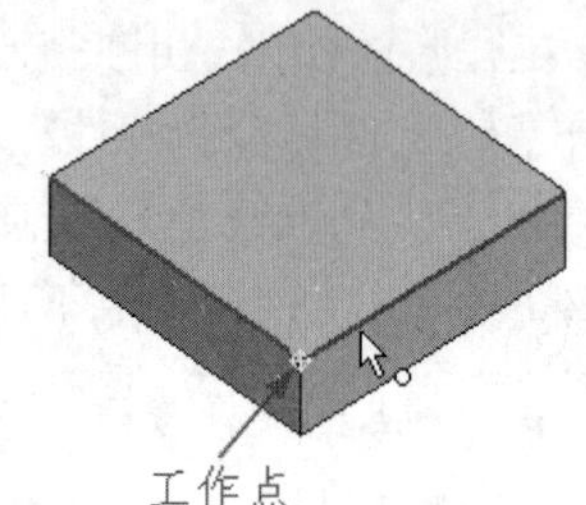

图 2-6　在两条线的交集处

- 边回路的中心点：选择封闭回路的一条边，在中心处创建工作点，如图 2-8 所示。

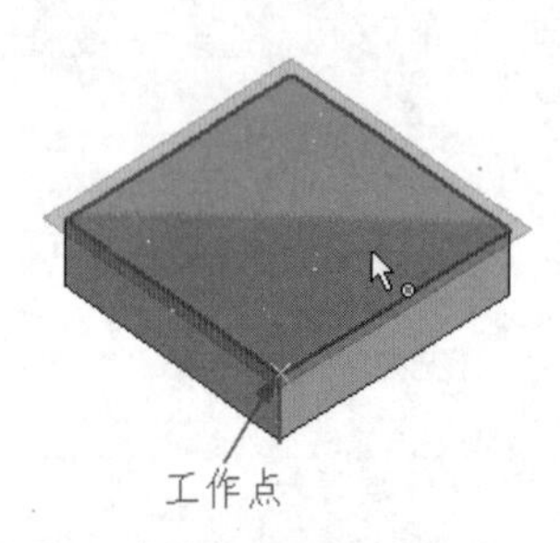

图 2-7　在线与平面的交集处

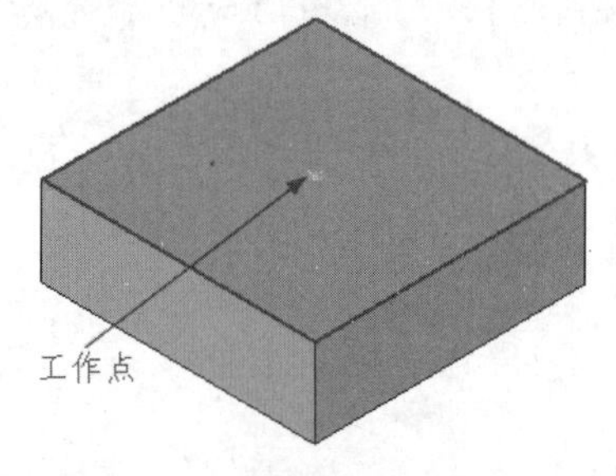

图 2-8　在回路中心

- 圆环体的圆心：选择圆环体，在圆环体的圆心处创建工作点，如图 2-9 所示。
- 球体的球心：选择球体，在球体的球心处创建工作点，如图 2-10 所示。

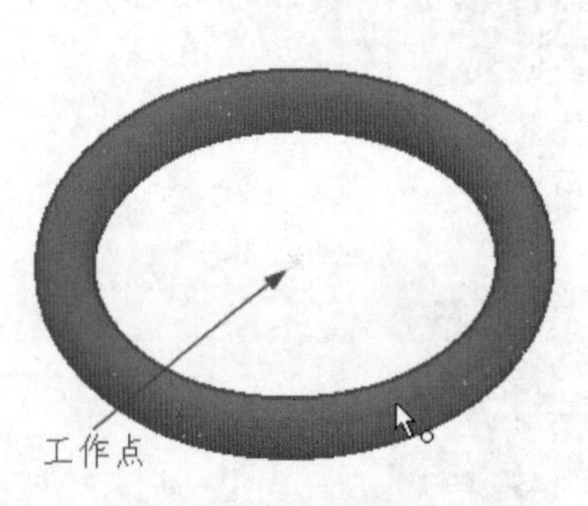

图 2-9　在圆环体圆心

图 2-10　在球体的球心

2.1.2　工作轴

工作轴是参数化附着在零件上的无限长的构造线，在三维零件设计中，常用来辅助创建工作平面、辅助草图中的几何图元的定位、创建特征和部件时用来标记对称的直线、中心线或两个旋转特征轴之间的距离、作为零部件装配的基准、创建三维扫掠时作为扫掠路径的参考等。

单击“三维模型”选项卡“定位特征”面板上的“工作轴”按钮 轴，弹出如图 2-11 所示的创建工作轴的方式。

- 在线或边上：选择一个线性边、草图直线或三维草图直线，沿所选的几何图元创建工作轴，如图 2-12 所示。
- 通过两点：选择两个有效点，创建通过它们的工作轴，如图 2-13 所示。

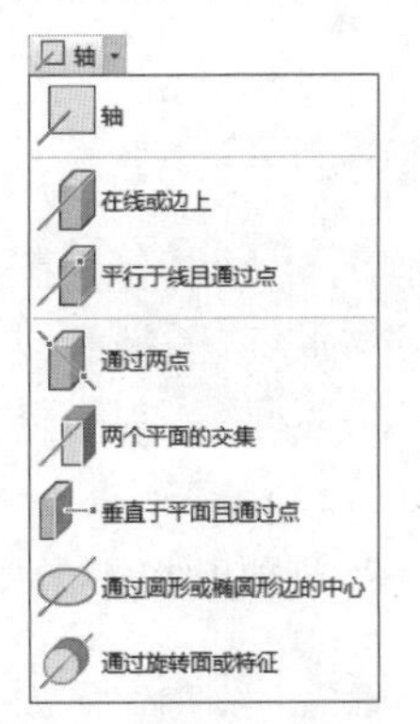

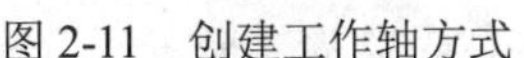
图 2-11 创建工作轴方式

图 2-12 在边上创建工作轴

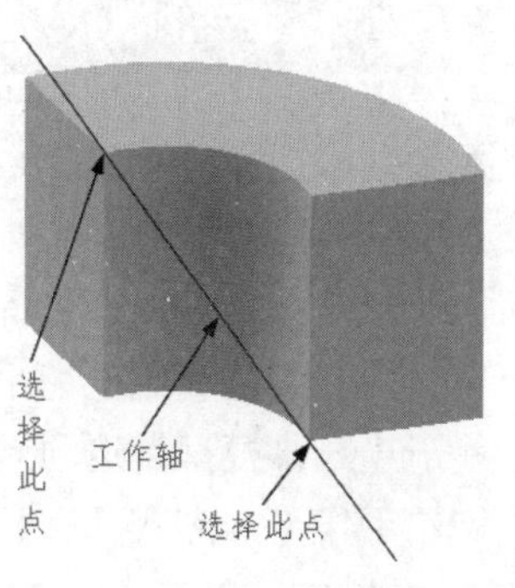

图 2-13 通过两点创建工作轴

- 两个平面的交集：选择两个非平行平面，在其相交位置创建工作轴，如图 2-14 所示。
- 垂直于平面且通过点：选择一个工作点和一个平面（或面），创建与平面（或面）垂直并通过该工作点的工作轴，如图 2-15 所示。

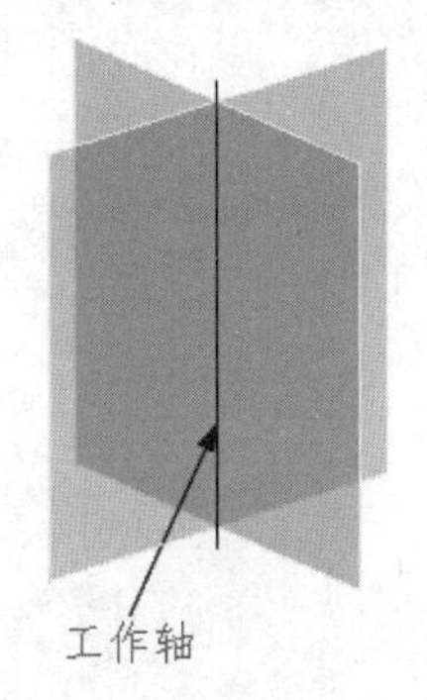

图 2-14 通过两个非平行平面创建工作轴

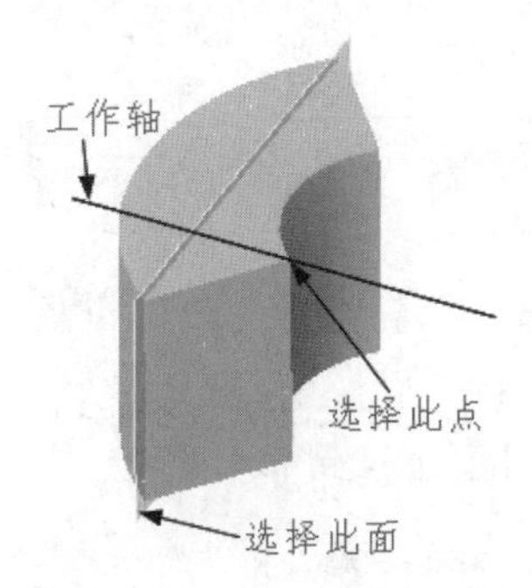

图 2-15 通过平面和点创建工作轴

- 通过圆形或椭圆形边的中心：选择圆形或椭圆形边，也可以选择圆角边，创建与圆形、椭圆形或圆角的轴重合的工作轴，如图 2-16 所示。
- 通过旋转面或特征：选择一个旋转特征，如圆柱体，沿其旋转轴创建工作轴，如图 2-17 所示。

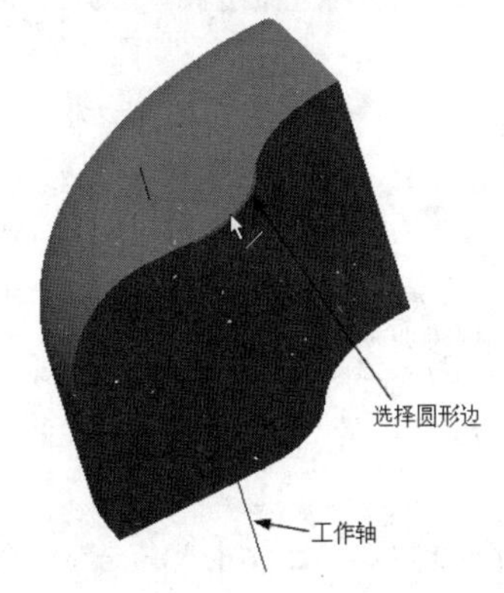

图 2-16 选择圆角边创建工作轴

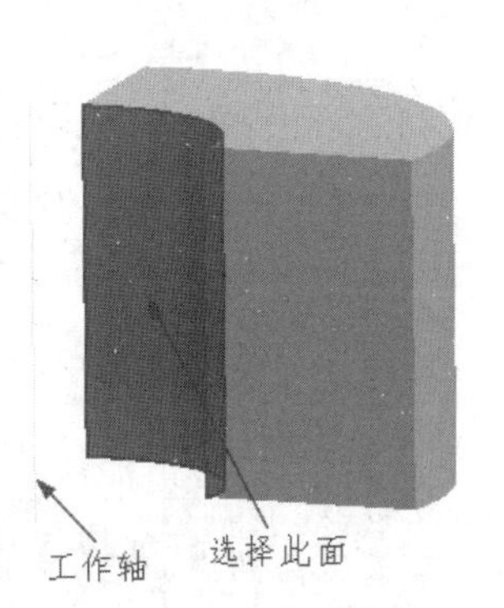

图 2-17 通过旋转特征或面创建工作轴

2.1.3 工作平面

在零件中，工作平面是一个无限大的构造平面，该平面被参数化附着于某个特征，在部件中，工作平面与现有的零部件相约束。工作平面的作用很多，可用来构造轴、草图平面或中止平面、作为尺寸定位的基准面、作为另一个工作平面的参考面、作为零件分割的分割面以及作为定位剖视观察位置或剖切平面等。

单击“三维模型”选项卡“定位特征”面板上的“工作平面”按钮，弹出如图 2-18 所示的创建工作平面方式。

- 从平面偏移：选择一个平面，创建与此平面平行同时偏移一定距离的工作平面，如图 2-19 所示。
- 平行于平面且通过点：选择一个点和一个平面，创建过该点且与平面平行的工作平面，如图 2-20 所示。

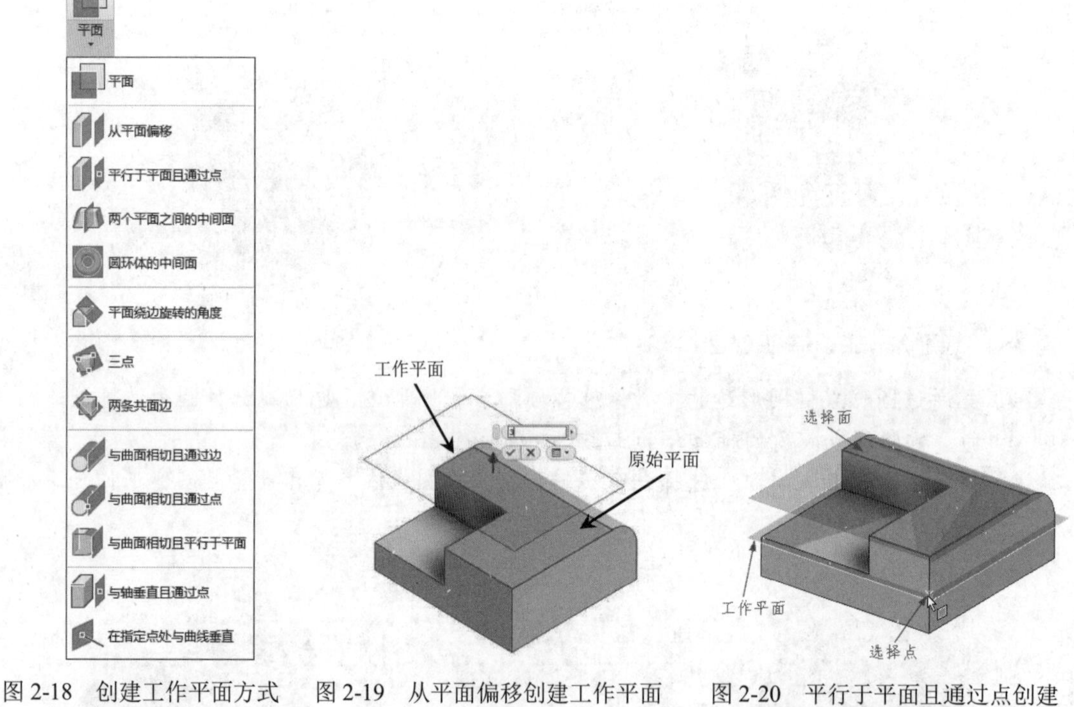

图 2-18 创建工作平面方式　　图 2-19 从平面偏移创建工作平面　　图 2-20 平行于平面且通过点创建工作平面

- 两个平面之间的中间面：在视图中选择两个平行平面或工作面，创建一个采用第一个选定平面的坐标系方向并具有与第二个选定平面相同的外法向的工作平面，如图 2-21 所示。
- 圆环体的中间面：选择一个圆环体，创建一个通过圆环体中心或中间面的工作平面，如图 2-22 所示。
- 平面绕边旋转的角度：选择一个平面和平行于该平面的一条边，创建一个与该平面呈一定角度的工作平面，如图 2-23 所示。

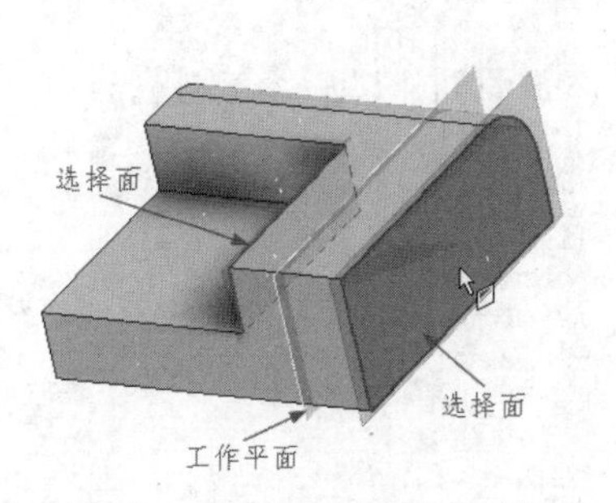

图 2-21 在两个平行平面之间创建工作平面

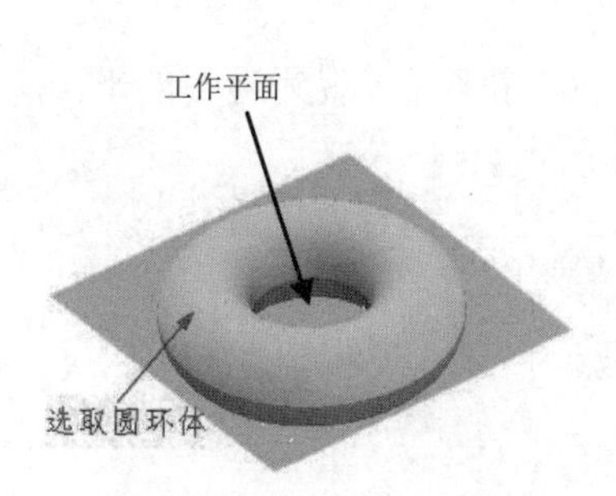

图 2-22 在圆环体中间面创建工作平面

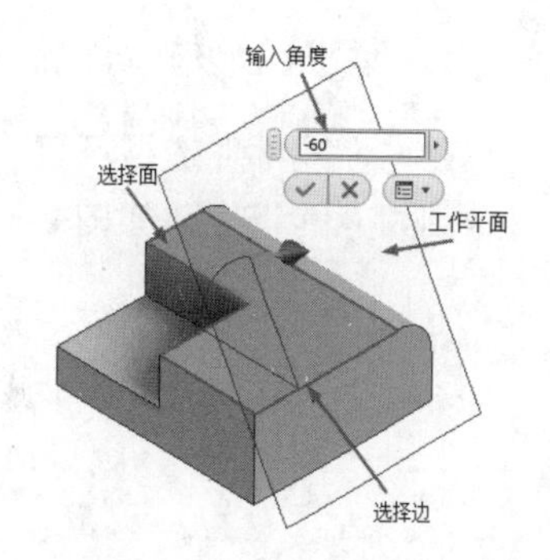

图 2-23 平面绕边旋转角度创建工作平面

- 三点：选择不共线的三点，创建一个通过这三个点的工作平面，如图 2-24 所示。
- 两条共面边：选择两条平行的边，创建通过两条边的工作平面，如图 2-25 所示。
- 与曲面相切且通过边：选择一个圆柱面和一条边，创建一个通过这条边并且和圆柱面相切的工作平面，如图 2-26 所示。

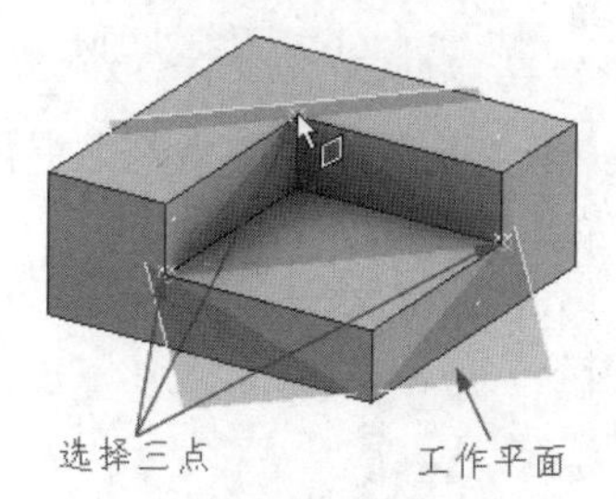

图 2-24 三点创建工作平面

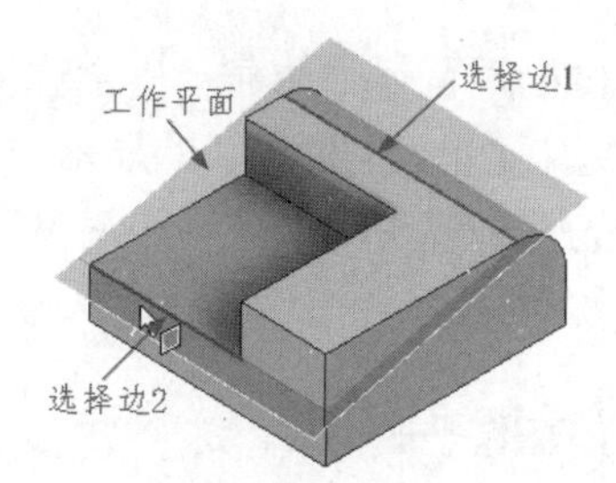

图 2-25 通过两条边创建工作平面

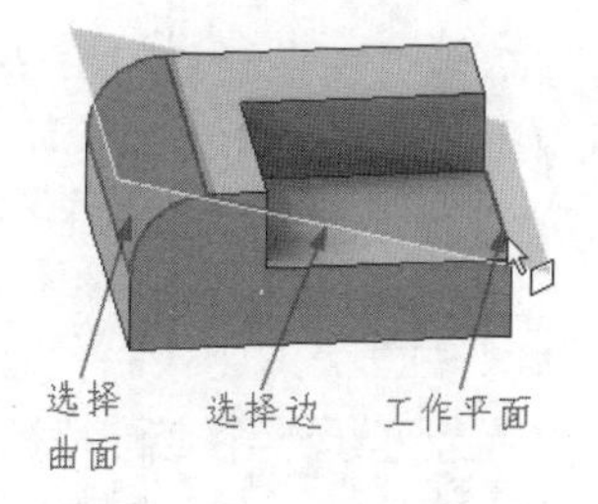

图 2-26 与曲面相切且通过边创建工作平面

- 与曲面相切且通过点：选择一个圆柱面和一个点，则创建在该点处与圆柱面相切的工作平面，如图 2-27 所示。
- 与曲面相切且平行于平面：选择一个曲面和一个平面，创建一个与曲面相切并且与平面平行的曲面，如图 2-28 所示。
- 与轴垂直且通过点：选择一个点和一条轴，创建一个通过点并且与轴垂直的工作平面，如图 2-29 所示。

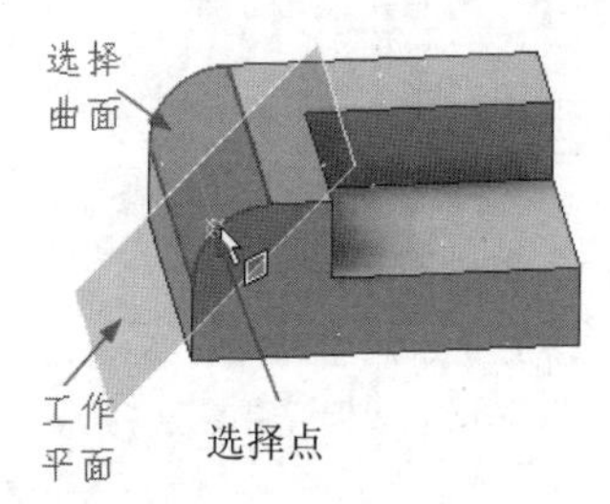

图 2-27 与曲面相切且通过点创建工作平面

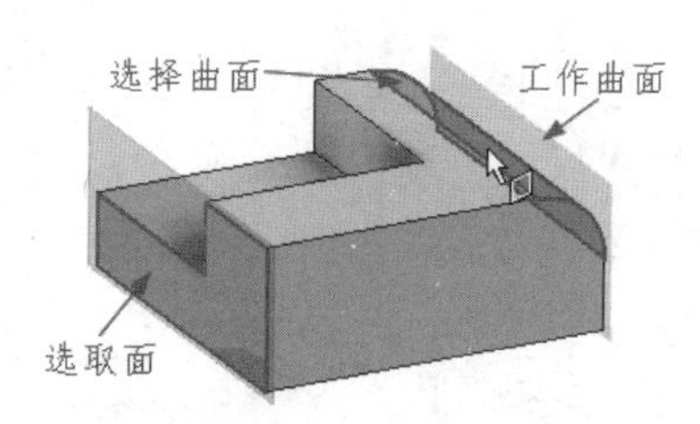

图 2-28 与曲面相切且平行于平面创建工作平面

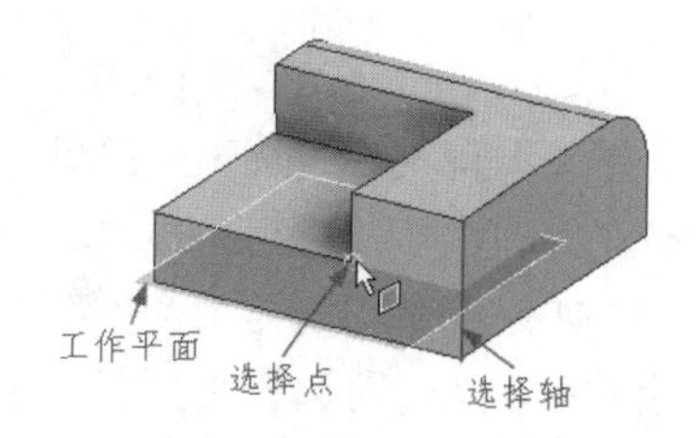

图 2-29 与轴垂直且通过点创建工作平面

- 在指定点处与曲线垂直：选择一条非线性边或草图曲线（圆弧、圆、椭圆或样条曲线），以及曲线上的顶点、边的中点、草图点或工作点创建平面，如图 2-30 所示。

在零件或部件造型环境中，工作平面表现为透明的平面。工作平面创建以后，在浏览器中可看到相应的符号，如图 2-31 所示。

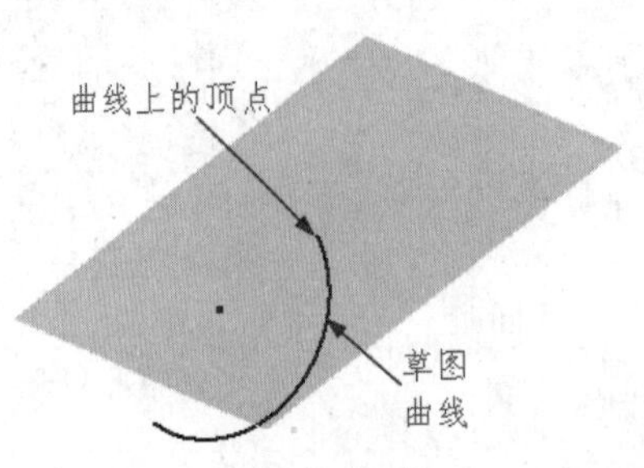

图 2-30　在指定点处与曲线垂直创建工作平面

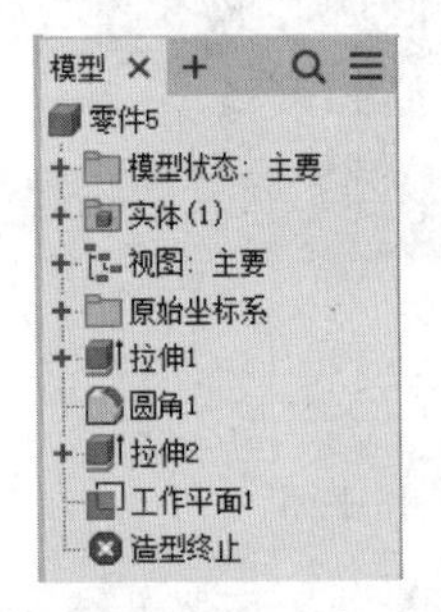

图 2-31　浏览器工作平面符号

2.1.4　显示与编辑定位特征

定位特征创建以后，在左侧的浏览器中会显示出定位特征的符号（见图 2-31），在这个符号上单击鼠标右键，将弹出快捷菜单。定位特征的显示与编辑操作主要通过右键菜单中提供的选项执行。下面以工作平面为例来说明如何显示和编辑工作平面。

1．显示工作平面

当新建了一个定位特征（如工作平面）后，这个特征是可见的。如果在绘图区域内建立了很多工作平面或工作轴等，使得绘图区域杂乱，或不想显示这些辅助的定位特征时，就可选择将其隐藏。如果要将一个工作平面设置为不可见，可在浏览器中该工作平面符号上单击鼠标右键，在弹出的快捷菜单中取消勾选“可见性”选项，这时浏览器中的工作平面符号就会变成灰色。如果要重新显示该工作平面，则选中“可见性”，如图 2-32 所示。

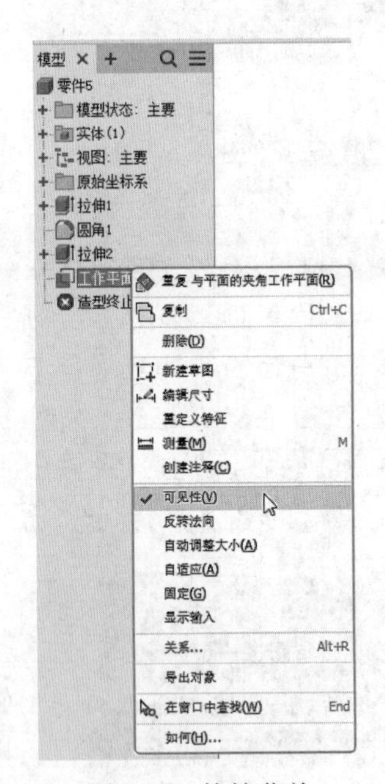

图 2-32　快捷菜单

2．编辑工作平面

如果要改变工作平面的定义尺寸，在快捷菜单中选择“编辑尺寸”选项，打开“编辑尺寸”对话框，输入新的尺寸数值后单击“确定”按钮✓即可。

如果现有的工作平面不符合设计的需求，需要进行重新定义，则选择快捷菜单中的“重定义特征”选项即可，这时已有的工作平面将会消失，可重新选择几何要素以建立新的工作平面。如果要删除一个工作平面，可选择快捷菜单中的“删除”选项，则工作平面被删除。对于其他的定位特征，如工作轴和工作点，可进行的显示和编辑操作与对工作平面进行的操作类似。

2.2 模型的显示

模型的图形显示可以视为模型上的一个视图，还可以视为一个场景，视图外观将会根据应用于视图的设置而变化。

2.2.1 视觉样式

在 Inventor 2024 中提供了多种视觉样式。打开功能区中的“视图”选项卡，可在“外观”面板中的“视觉样式”下拉列表中（见图 2-33）选择一种视觉样式。

- 真实：显示高质量着色的逼真带纹理模型，如图 2-34 所示。
- 着色：显示平滑着色模型，如图 2-35 所示。
- 带边着色：显示带可见边的平滑着色模型，如图 2-36 所示。

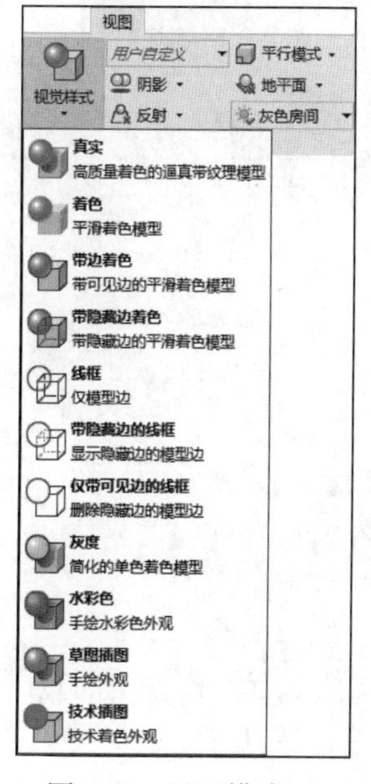

图 2-33 显示模式

图 2-34 真实

图 2-35 着色

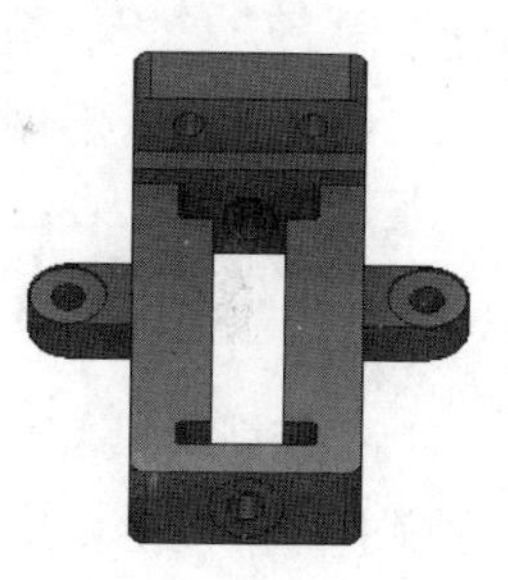

图 2-36 带边着色

- 带隐藏边着色：显示带隐藏边的平滑着色模型，如图 2-37 所示。
- 线框：显示用直线和曲线表示边界的对象，如图 2-38 所示。
- 带隐藏边的线框：显示用线框表示的对象并用虚线表示后向面不可见的边线，如图 2-39 所示。
- 仅带可见边的线框：显示用线框表示的对象并隐藏表示后向面的直线，如图 2-40 所示。
- 灰度：使用简化的单色着色模型产生灰色效果，如图 2-41 所示。
- 水彩色：手绘水彩色的外观显示模式，如图 2-42 所示。
- 草图插图：手绘外观显示模式，如图 2-43 所示。
- 技术插图：使用着色技术工程图外观来显示可见零部件，如图 2-44 所示。

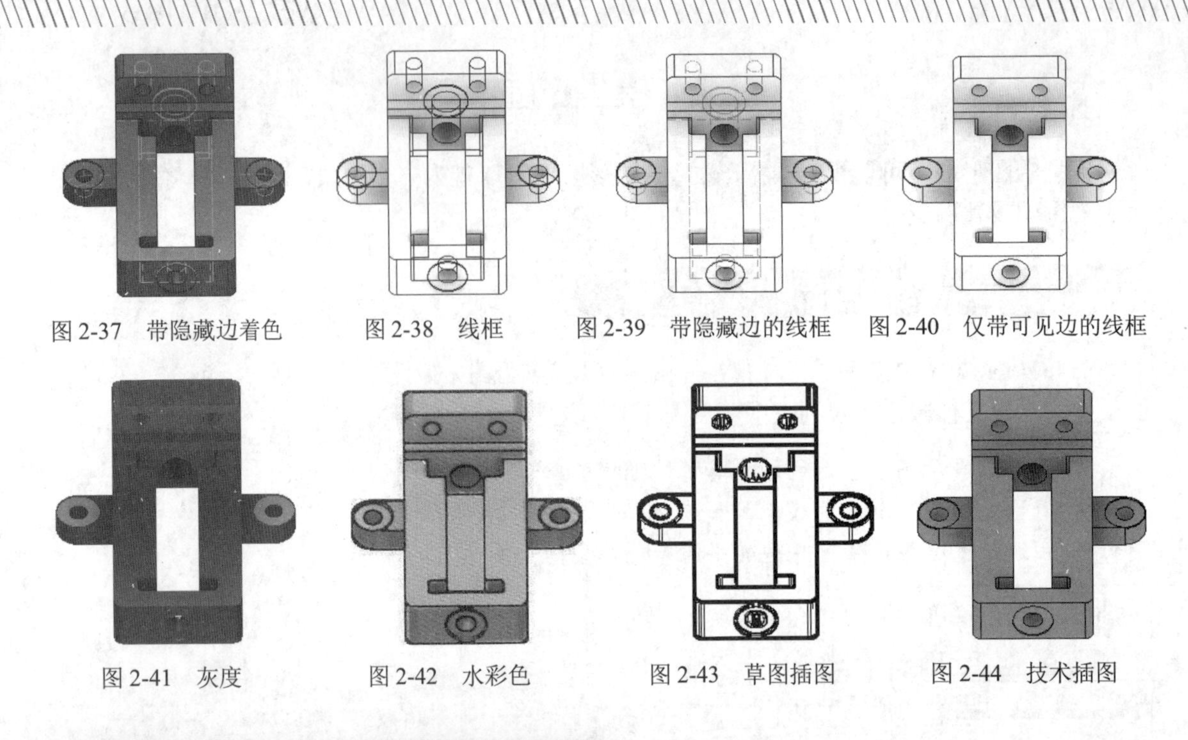

图 2-37　带隐藏边着色　图 2-38　线框　图 2-39　带隐藏边的线框　图 2-40　仅带可见边的线框

图 2-41　灰度　图 2-42　水彩色　图 2-43　草图插图　图 2-44　技术插图

2.2.2 观察模式

观察模式分为平行模式和透视模式两种。

1. 平行模式

在平行模式下，模型以所有的点都沿着平行线投影到它们所在的屏幕上的位置来显示，也就是所有等长平行边以等长显示。在此模式下三维模型平铺显示，如图 2-45 所示。

2. 透视模式

在透视模式下，三维模型的显示类似于我们现实世界中观察到的实体形状。模型中的点、线、面以三点透视的方式显示，这也是人眼感知真实对象的方式，如图 2-46 所示。

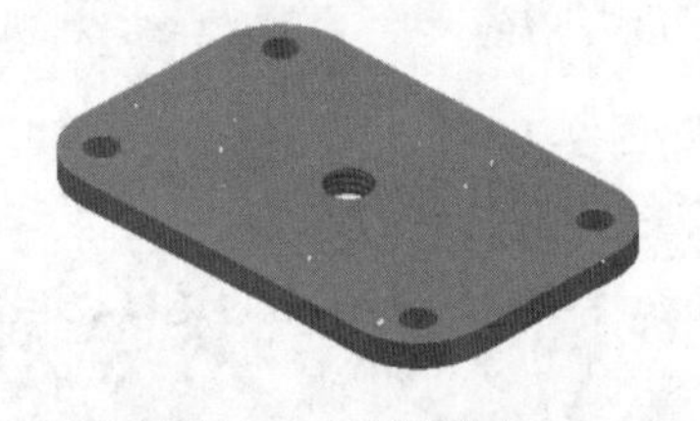

图 2-45　平行模式

图 2-46　透视模式

2.2.3 投影模式

投影模式增强了零部件的立体感，使得零部件看起来更加真实，同时投影模式还显示出光源的设置效果。

打开“视图”选项卡“外观”面板中的“阴影”下拉列表，如图 2-47 所示。

- 地面阴影：将模型阴影投射到地平面上，该效果不需要让地平面可见，如图 2-48 所示。
- 对象阴影：有时称为自己阴影，根据激活的光源样式的位置投射和接收模型阴影，如图 2-49 所示。

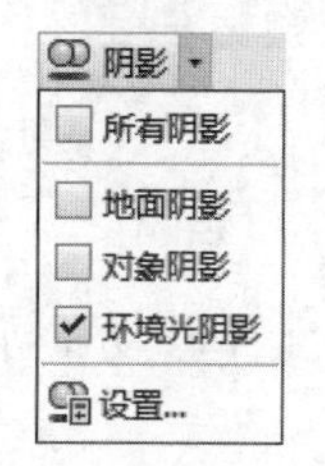

图 2-47 投影模式工具

图 2-48 地面阴影

图 2-49 对象阴影

- 环境光阴影：在拐角处和腔穴中投射阴影以在视觉上增强形状变化过渡，如图 2-50 所示。
- 所有阴影：地面阴影、对象阴影和环境光阴影可以一起应用，以增强模型视觉效果，如图 2-51 所示。

图 2-50 环境光阴影

图 2-51 所有阴影

2.3 模型的动态观察

在 Inventor 2024 中，模型的动态观察主要依靠导航栏上的模型动态观察工具，如图 2-52 所示，也可以通过“视图”选项卡“导航”面板（见图 2-53）中的工具来实现动态观察。

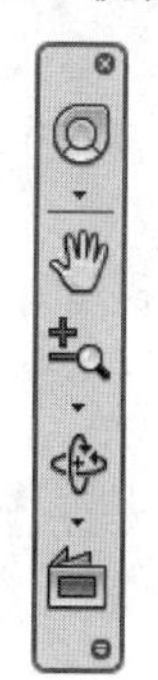

图 2-52 模型动态观察工具

图 2-53 “导航”面板

1．全导航控制盘

可以在特定导航工具之间快速切换的控制盘集合。

2．平移

单击此按钮，当鼠标指针变成形状时，在绘图区域内的任何地方按鼠标左键，移动鼠标即可移动当前窗口内的模型或者视图。

3．缩放

单击此按钮，当鼠标指针变成形状时，在绘图区域内按鼠标左键，上下移动鼠标，即可实现当前窗口内模型或者视图的缩放。

4．全部缩放

单击此按钮，模型中所有的元素都显示在当前窗口中。该工具在草图、零件图、装配图和工程图中都可使用。

5．缩放窗口

单击此按钮，当鼠标指针变成形状时，在某个区域内拉出一个矩形，则矩形内的所有图形会充满整个窗口。当某个局部尺寸很小，给图形的绘制以及标注等操作带来不便时，可以利用这个工具将其局部放大。

6．缩放选定实体

单击此按钮，当鼠标指针变成形状时，在绘图区域内用鼠标左键选择要放大的图元，选择以后，该图元自动放大到整个窗口，便于用户观察和操作。

7．动态观察

该工具用来在图形窗口内旋转零件或者部件，以便全面观察实体的形状。单击此按钮，弹出三维旋转符号，如图 2-54 所示。可以实现如下几种功能：

- *左右移动鼠标以围绕竖直屏幕轴旋转视图。*
- *将鼠标移走或朝向自己以围绕水平屏幕轴旋转视图。*
- *旋转围绕屏幕中心进行。*

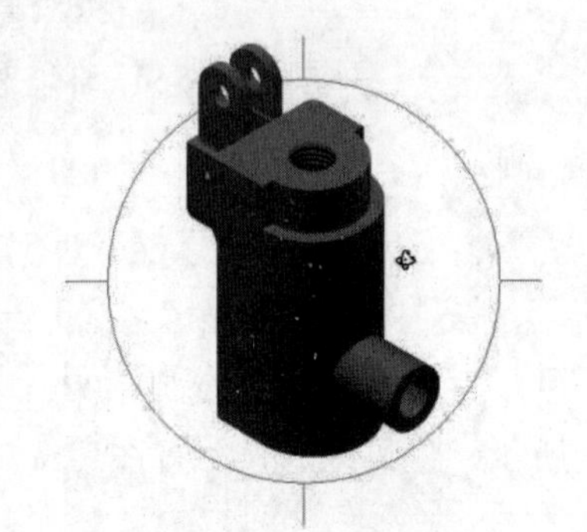

图 2-54　动态观察

8．受约束的动态观察

在图形窗口中绕轴旋转模型，相当于以纬度和经度围绕模型移动视线。

9．观察方向

单击此按钮，当鼠标指针变成形状时，如果在模型上选择一个面，则模型会自动旋转到该面正好面向用户的方向；如果选择一条直线，则模型会旋转到该直线在模型空间处于水平的位置。

2.4　获得模型的特性

Inventor 2024 允许用户为模型文件指定特性，如物理特性，这样可方便在后期对模型进行工程分析、计算以及仿真等。若要获得模型特性，可通过选择菜单“文件”中的“iProperty”选项来实现，也可在浏览器上选择文件图标，单击鼠标右键，在弹出的快捷菜单中选择“特性”选项。如图 2-55 所示是一个阀体模型。阀体的“物理特性”如图 2-56 所示。

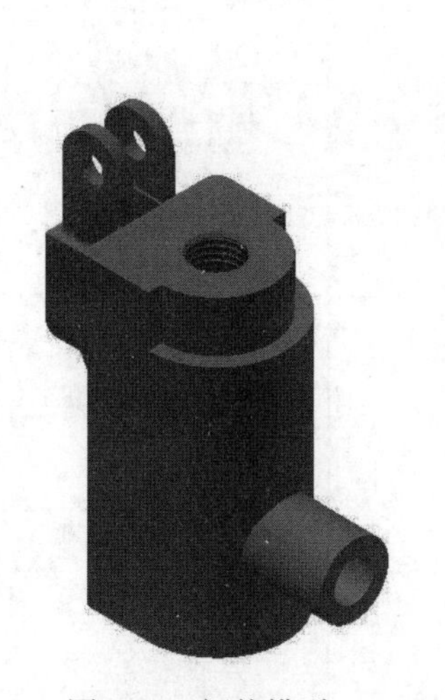

图 2-55　阀体模型

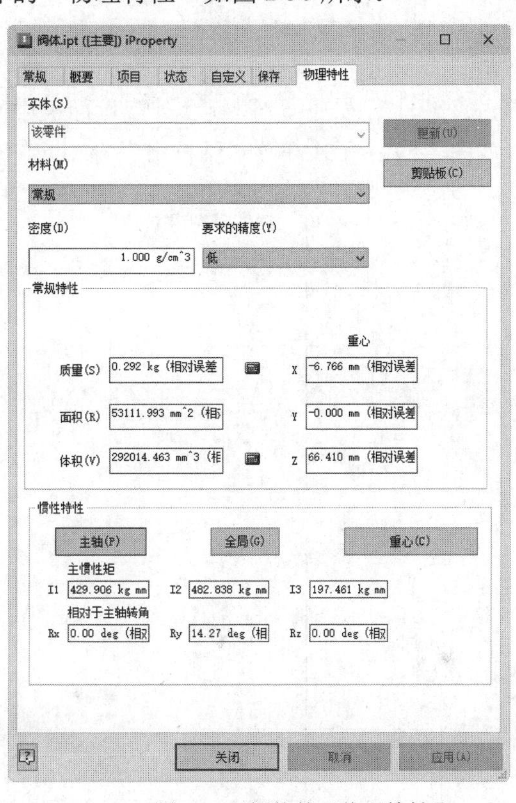

图 2-56　阀体的“物理特性”

其中，物理特性是工程中最重要的，从图 2-56 中可以看出，Inventor 已经分析出了模型的质量、面积、体积、重心以及惯性特性等。在计算惯性时，除了计算模型的主轴惯性矩外，还可以计算出模型相对于主轴转角的惯性特性。

除了物理特性以外，还包括模型的概要、项目、状态等信息，读者可根据自己的实际情况填写，方便以后查询和管理。

2.5　设置模型的物理特性

三维模型最重要的物理特性除了体积和形状之外，就是外观和材料了。模型在外观设计完成之后，主要就是对材料进行设置。

2.5.1 材料

Autodesk 产品中的材料代表实际材料，例如混凝土、木材和玻璃。可以将这些材料应用到设计的各个部分，为对象提供真实的外观和行为。在某些设计环境中，对象的外观是最重要的，因此材料具有详细的外观特性，如反射率和表面粗糙度。在其他环境下，材料的物理特性更为重要，因为材料必须支持工程分析。

材料库是一组材料和相关资料，库可以通过添加类别进行细分。Autodesk 提供的库包含许多按类型组织的材料类别，例如混凝土、金属和玻璃。

单击“工具”选项卡“材料和外观”面板中的“材料”按钮，弹出“材料浏览器”对话框，如图 2-57 所示，在该对话框中进行相应的修改即可。

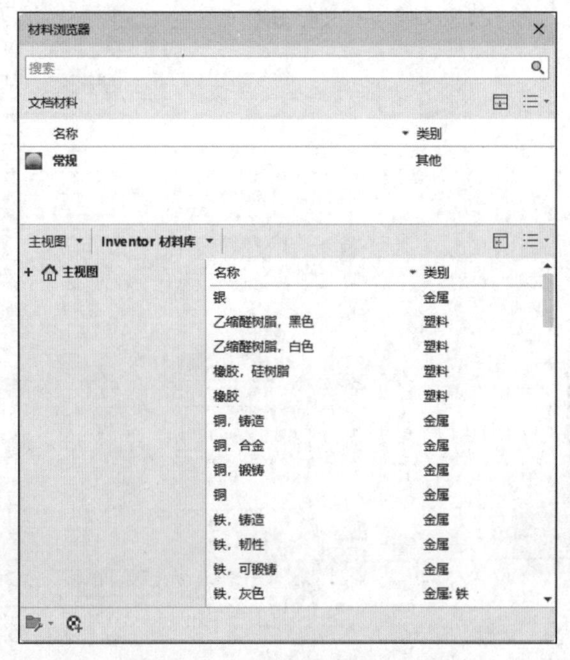

图 2-57 “材料浏览器”对话框

- “文档材料”窗格：显示激活文档中的材料列表。
  - 显示/隐藏库面板：控制库树的可见性。
  - 视图类型：单击此按钮，打开如图 2-58 所示的下拉菜单，通过选择菜单中的选项过滤列表中显示的材料。
- “Inventor 材料库”窗格：库树中将显示库及每个可用库中的材料类别。
- 管理：单击此按钮，打开如图 2-59 所示的下拉菜单，包含用于管理库的命令。
  - 打开现有库：选择此命令，打开“添加库”对话框，浏览要打开的库并选中。
  - 创建新库：添加自定义的库。
  - 删除库：从列表中删除选择的库。
  - 创建类别：将新类别添加到选择的库中。
  - 删除类别：从库中删除选择的类别。

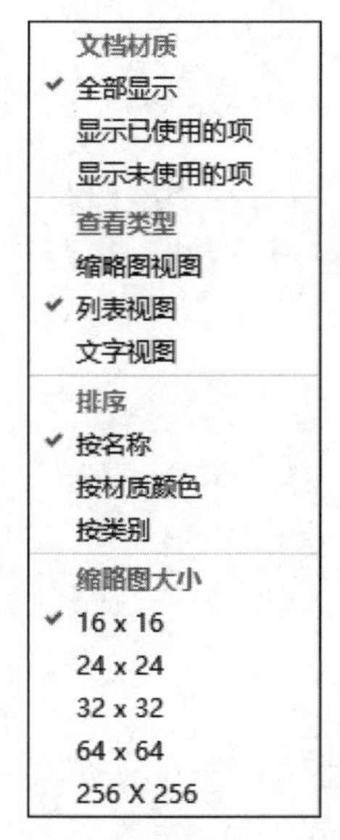

图 2-58 “视图类型”下拉菜单

图 2-59 “管理”下拉菜单

> 移植 Inventor 样式：打开如图 2-60 所示的“材料移植”对话框，移植材料样式。
> 设置显示单位：设置默认材料单位是公制标准或英制标准。

- 添加到文档：单击此按钮，打开如图 2-61 所示的“材料编辑器”对话框，可以在该对话框中更改材料的外观和物理特性。

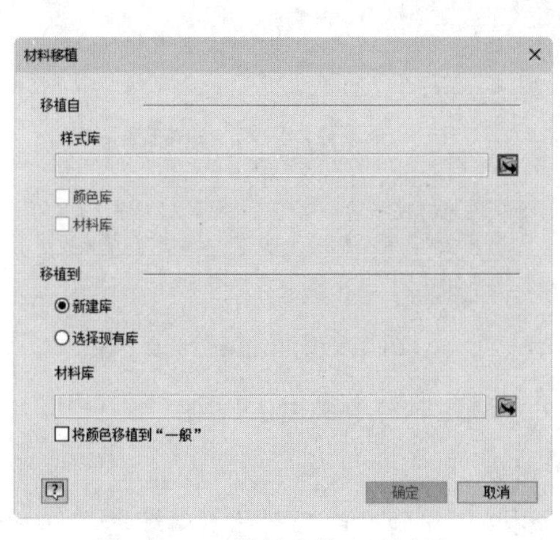

图 2-60 “材料移植”对话框

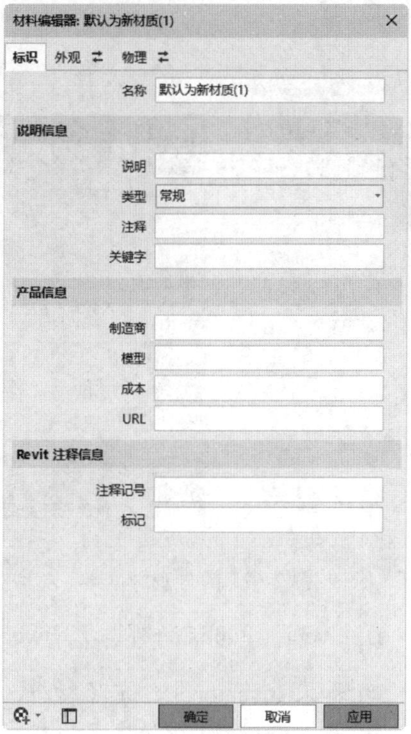

图 2-61 “材料编辑器”对话框

2.5.2 外观

外观可以精确地表示零件中使用的材料，可按类型列出，且每种类型都有唯一的特性。外观的定义包含颜色、图案、纹理图像和凸纹贴图等特性，将这些特性结合起来，即可提供唯一的外观。指定给材料的外观是材料定义的一个资源。

1. 外观浏览器

外观分为不同的类别，例如金属、塑料和陶瓷，单击“工具”选项卡“材料和外观”面板中的“外观”按钮，弹出“外观浏览器”对话框，如图 2-62 所示。

此对话框提供访问权限来创建和修改文档中的外观资源，并可用于访问材料库中的外观。

2. 颜色编辑器

颜色栏显示了轮廓颜色与方案中计算得出的应力值或位移之间的对应关系。用户可以编辑颜色栏以设置彩色轮廓，从而使应力/位移按照用户所需的方式来显示。

Inventor Publisher 中同样提供了大量的材料，以及一个很方便的颜色编辑器，单击“工具”选项卡“材料和外观”面板上的“调整”按钮，打开如图 2-63 所示的颜色编辑器。

图 2-62 “外观浏览器”对话框

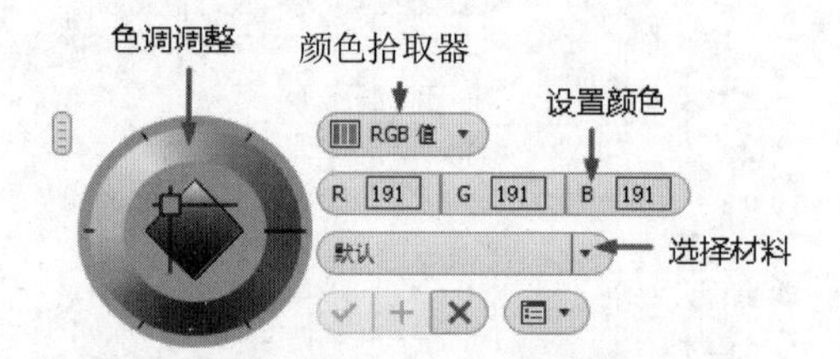

图 2-63 颜色编辑器

在 Inventor Publisher 中导入 Inventor 部件后，处理颜色时将遵循以下规则：

- 如果 Inventor 中给定了材料，则颜色按照材料走。
- 如果 Inventor 中给定了材料，并给了一个与材料不同的颜色，则使用新颜色。
- 如果已经导入到 Publisher 中，且通过修改材料又给了一个新的颜色，则这个新的颜色将覆盖前面的两个颜色。

- Publisher 中修改的颜色、材料无法返回到 Inventor 中。
- 在 Publisher 中存档后，Inventor 中又修改了颜色/材料时，通过检查存档状态，Publisher 可以自动更新颜色和材料。
- 如果在 Publisher 中修改过颜色/材料，则不会更新。

所以比较好的工作流程是：

（1）设计部件，同时导入到 Publisher 中做固定模板。

（2）更改设计，Publisher 更新文件。

（3）完成材料、颜色的定义后，Publisher 更新文件。

（4）如果有不满足需求的，则可在 Publisher 中进行颜色、材质的更改。

第3章　绘 制 草 图

导言

通常情况下，用户的三维设计应该从草图（Sketch）绘制开始。在 Inventor 2024 的草图功能中可以建立各种基本曲线，对曲线建立几何约束和尺寸约束，然后对二维草图进行拉伸、旋转等操作，创建实体与草图关联的实体模型。

当用户需要对三维实体的轮廓图像进行参数化控制时，一般需要用草图创建。在修改草图时，与草图关联的实体模型也会自动更新。

3.1　进入草图环境

在 Inventor 2024 中，绘制草图是创建零件的第一步。草图是截面轮廓特征和创建特征所需的几何图元（如扫掠路径或旋转轴），可通过投影截面轮廓或绕轴旋转截面轮廓来创建草图的三维模型。

可由两种途径进入草图环境下：

- 新建一个零件文件，选择适当的平面，单击“开始创建二维草图”按钮，进入草图环境。
- 在现有的零件文件中，如果要进入草图环境，应该首先在浏览器中激活草图。这个操作会激活草图环境中的面板，即可为零件特征创建几何图元。由草图创建模型之后，可再次进入草图环境，以便修改特征，或者绘制新特征的草图。

3.1.1　由新建零件进入草图环境

由新建零件进入草图环境的操作步骤如下：

步骤 01　运行 Inventor 2024，出现如图 3-1 所示的启动界面。

步骤 02　单击“新建”按钮，弹出如图 3-2 所示的“新建文件”对话框。

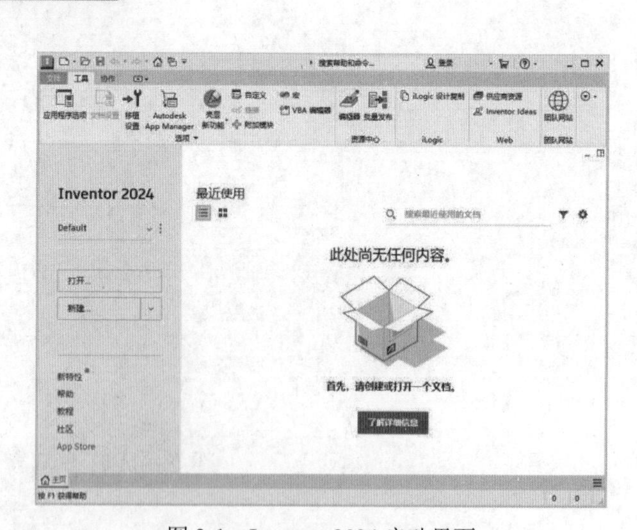

图 3-1　Inventor 2024 启动界面

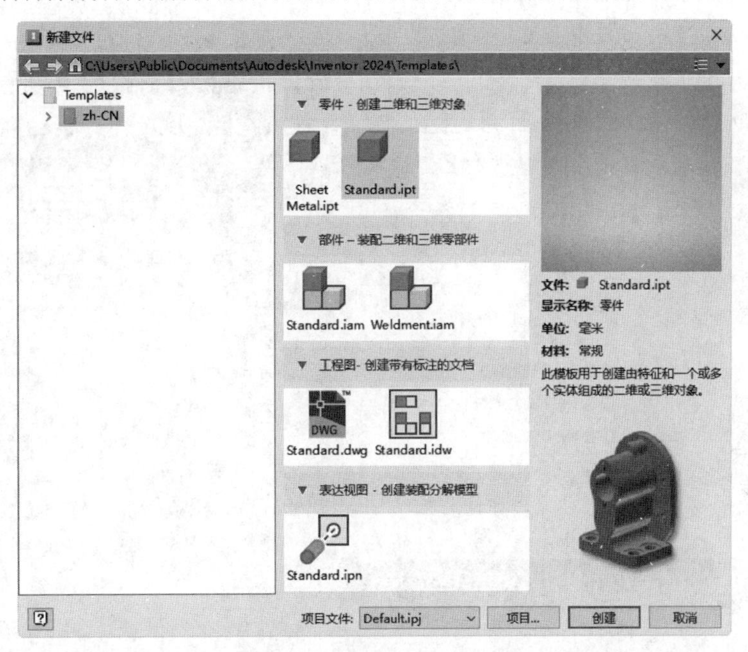

图 3-2　“新建文件”对话框

步骤 03　选择“Standard.ipt”选项，单击“创建”按钮，新建一个标准零件文件。

步骤 04　单击“三维模型”选项卡“草图”面板上的“开始创建二维草图”按钮，选择适当的平面，进入如图 3-3 所示的草图环境。

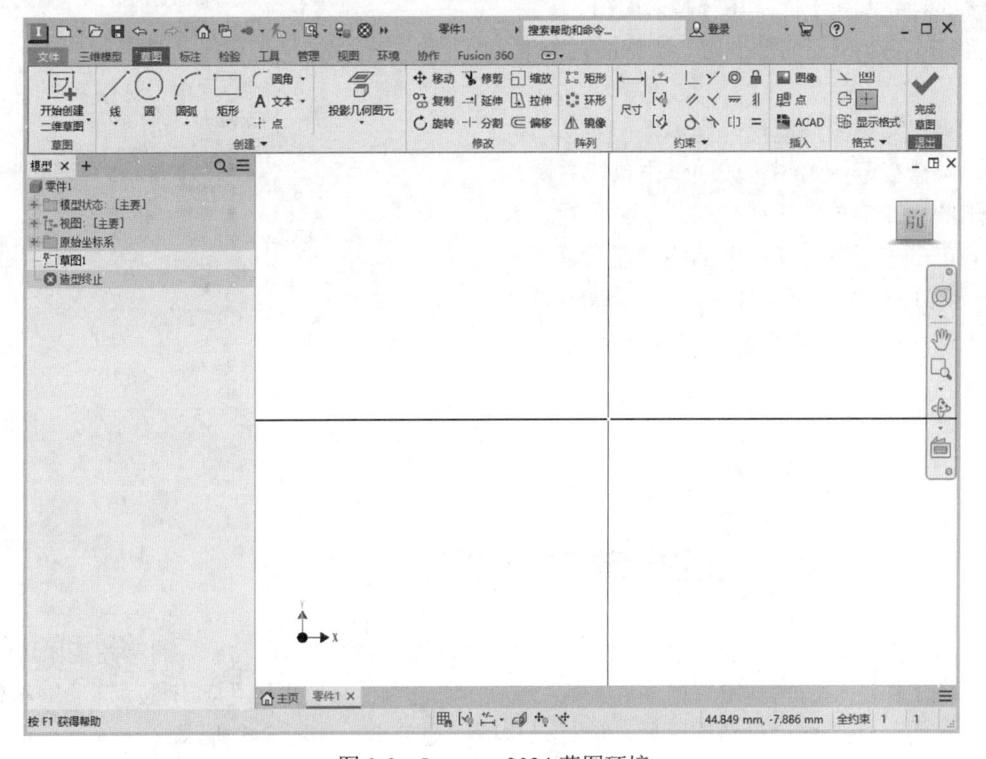

图 3-3　Inventor 2024 草图环境

单击“工具”选项卡“选项”面板上的“应用程序选项”按钮，打开“应用程序选项”对话框中的“零件”选项卡，在“新建零件时创建草图”选项组中选择“在 X-Y 平面创建草图”单选按钮，如图 3-4 所示，进入建模环境后自动进入草图环境，所有的实体建模默认都是在 XY 平面上创建草图。

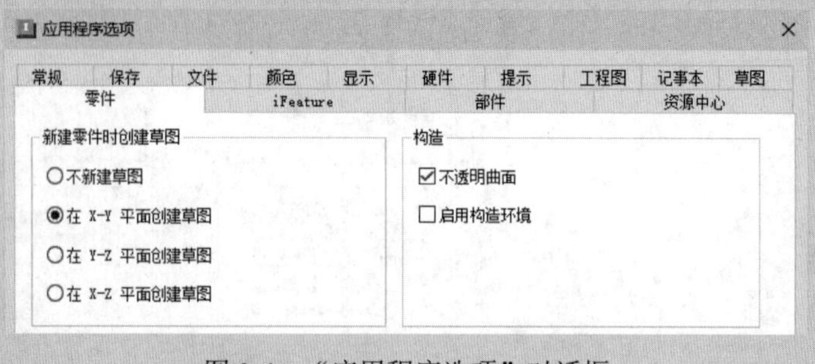

图 3-4　“应用程序选项”对话框

3.1.2　编辑退化的草图以进入草图环境

如果要在一个现有的零件图中进入草图环境，首先应该找到属于某个特征曾经存在的草图（也叫退化的草图），选择该草图后单击鼠标右键，在弹出的快捷菜单中选择“编辑草图”命令即可重新进入草图环境，如图 3-5 所示。当编辑某个特征的草图时，该特征则会消失。

如果想从草图环境返回到零件（模型）环境下，只需在草图绘图区域中单击鼠标右键，从弹出的快捷菜单中选择“完成二维草图”命令或者单击“草图”选项卡上的“完成草图”按钮，即可退出草图环境。被编辑的特征也会重新显示，并且根据重新编辑的草图自动更新。

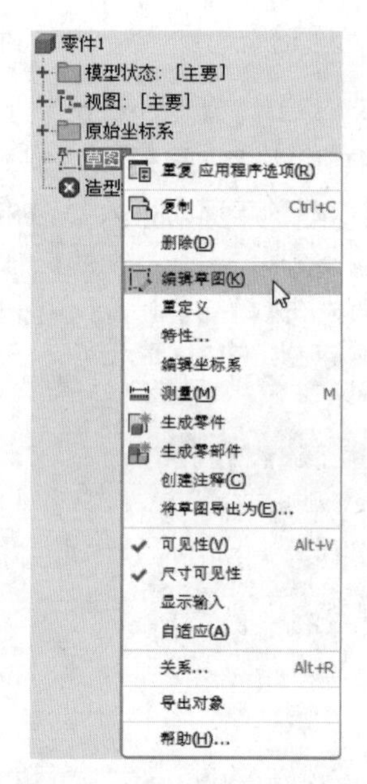

图 3-5　“编辑草图”命令

3.2　定制草图工作区环境

本节主要介绍草图环境设置，读者可以根据自己的习惯定制自己需要的草图工作环境。

草图工作环境的定制主要依靠“工具”选项卡“选项”面板中的“应用程序选项”来实现，打开“应用程序选项”对话框以后，选择“草图”选项卡，如图 3-6 所示。

“草图”选项卡的说明如下：

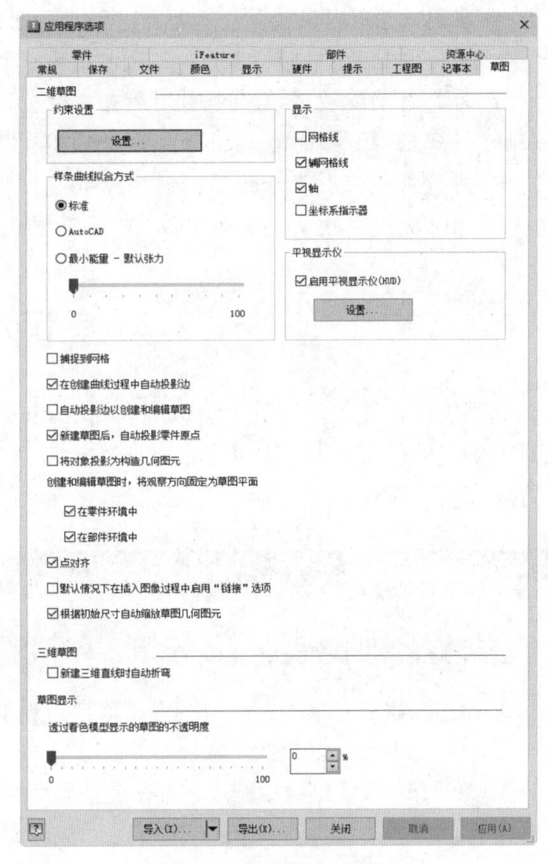

图 3-6 “草图”选项卡

- 约束设置：单击“约束设置”中的“设置”按钮，打开“约束设置”对话框，可对约束条件进行设置。
- 样条曲线拟合方式：设置点之间的样条曲线过渡，确定样条曲线识别的初始类型。
  - 标准：设置该拟合方式可创建点之间平滑连续的样条曲线，适用于A类曲面。
  - AutoCAD：使用AutoCAD拟合方式来创建样条曲线，不适用于A类曲面。
  - 最小能量-默认张力：创建平滑连续且曲率分布良好的样条曲线，适用于A类曲面。选取最长的进行计算，并创建最大的文件。
- 显示：设置绘制草图时显示的坐标系和网格的元素。
  - 网格线：设置草图中网格线的显示。
  - 辅网格线：设置草图中次要的或辅网格线的显示。
  - 轴：设置草图平面轴的显示。
  - 坐标系指示器：设置草图平面坐标系的显示。
- 捕捉到网格：可通过设置“捕捉到网格”来设置草图任务中的捕捉状态，勾选此复选框可以打开网格捕捉。
- 在创建曲线过程中自动投影边：启用选择功能，并通过“擦洗”线将现有几何图元投影到当前的草图平面上，此直线作为参考几何图元投影。勾选此复选框以使用自动投影，取消勾选此复选框，则抑制自动投影。
- 新建草图后，自动投影零件原点：若勾选此复选框，则指定新建草图上投影的零件原点配置。若取消勾选此复选框，则手动投影原点。
- 将对象投影为构造几何图元：勾选此复选框，每次投影几何图元时，该几何图元将投影为构造几何图元。
- 创建和编辑草图时，将观察方向固定为草图平面：勾选此复选框，指定重新定位图形窗口，以使草图平面与新建草图的视图平行。若取消勾选此复选框，则在选定的草图平面上创建一个草图，而不考虑视图的方向。
- 点对齐：勾选此复选框，将创建几何图元的端点和现有几何图元的端点对齐。
- 默认情况下在插入图像过程中启用“链接”选项：在“插入图像”对话框中默认设置为

启用或禁用“链接”复选框。“链接”选项允许将图像进行的更改更新到 Inventor 中。

- 根据初始尺寸自动缩放草图几何图元：控制草图特征的自动缩放。在添加第一个尺寸时，自动缩放可维持草图的原始尺寸。
- 新建三维直线时自动折弯：该选项用于设置在绘制三维直线时，是否自动折弯。
- 透过着色模型显示的草图的不透明度：用于控制草图几何图元透过着色模型几何图元的可见度。默认设置为 0%，可将草图几何图元设置为被着色模型几何图元完全遮挡。

3.3 草图绘制工具

本节主要讲述如何正确、快速地利用 Inventor 2024 提供的草图工具绘制基本的几何元素，并且添加尺寸约束和几何约束等。“工欲善其事，必先利其器”，熟练掌握草图基本工具的使用方法和技巧是绘制草图前的必修课程。

3.3.1 绘制点

绘制点操作步骤如下：

步骤 01 单击“草图”选项卡“创建”面板上的“点”按钮，然后在绘图区域内的任意处单击左键出现一个点。

步骤 02 如果要继续绘制点，可在要创建点的位置再次单击鼠标左键，若要结束绘制可单击鼠标右键，在弹出的快捷菜单（见图 3-7）中选择“确定”选项，效果如图 3-8 所示。

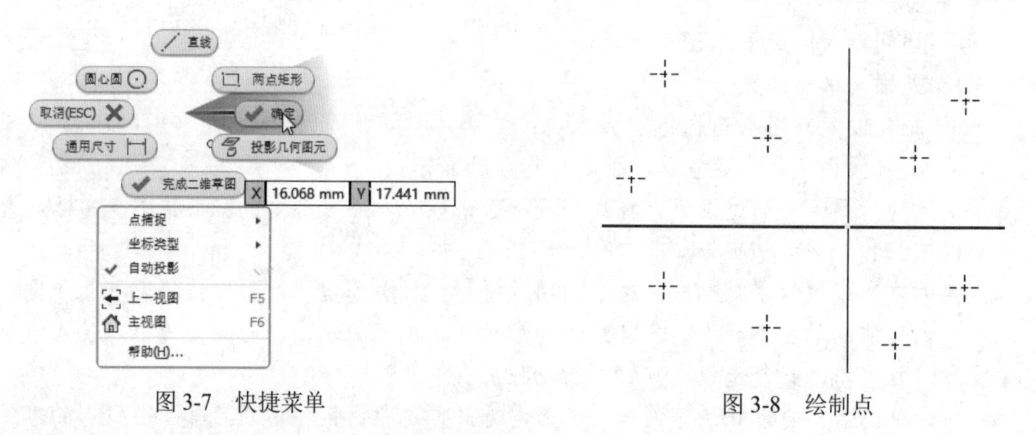

图 3-7 快捷菜单

图 3-8 绘制点

3.3.2 绘制直线

直线分为三种类型：水平直线、竖直直线和任意直线。在绘制过程中，不同类型的直线其显示方式也不同。

- 水平直线：在绘制直线的过程中，光标附近会出现水平直线的图标符号，如图 3-9（a）所示。

- 竖直直线：在绘制直线的过程中，光标附近会出现竖直直线的图标符号，如图 3-9（b）所示。
- 任意直线：绘制任意直线，如图 3-9（c）所示。

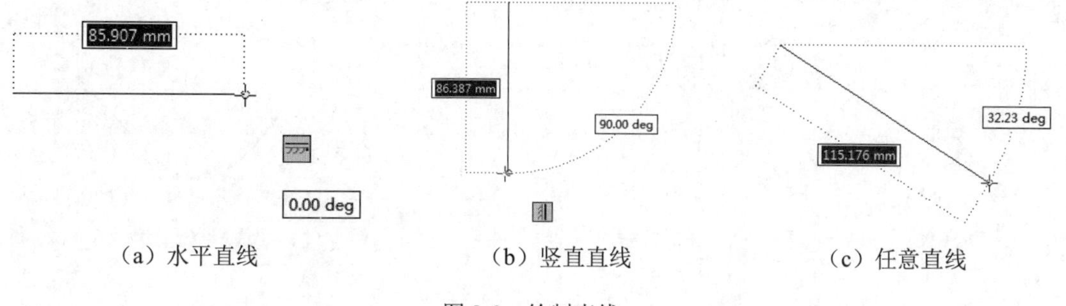

（a）水平直线　　（b）竖直直线　　（c）任意直线

图 3-9　绘制直线

绘制直线的步骤如下：

步骤01 单击“草图”选项卡“创建”面板上的“直线”按钮，开始绘制直线。

步骤02 在绘图区域内的某一位置单击鼠标左键，然后到另外一个位置再次单击鼠标左键，在两次单击的点之间会出现一条直线，单击鼠标右键，在弹出的快捷菜单中选择“确定”选项或按下 Esc 键，直线绘制完成。

步骤03 也可以选择“重新启动”选项接着绘制其他直线，否则继续绘制，将绘制出首尾相连的折线，如图 3-10 所示。

直线工具还可以创建与几何图元相切或垂直的圆弧，如图 3-11 所示，首先移动鼠标到直线的一个端点，然后按住左键，在要创建圆弧的方向上拖动鼠标，即可创建圆弧。

图 3-10　绘制首尾相连的折线　　图 3-11　利用直线工具创建圆弧

3.3.3 绘制样条曲线

样条曲线可以通过选定的点和控制顶点的方法来绘制。

1. 样条曲线（插值）

通过选定的点来绘制样条曲线，操作步骤如下：

步骤01 单击“草图”选项卡“创建”面板上的“样条曲线（插值）”按钮，开始绘制样条曲线。

步骤02 在绘图区域单击鼠标左键，确定样条曲线的起点。

步骤03 移动鼠标，在图中合适的位置单击鼠标左键，确定样条曲线上的第二点，如图 3-12（a）所示。

步骤04 重复移动鼠标，确定样条曲线上的其他点，如图 3-12（b）所示。

步骤05 按 Enter 键，完成样条曲线的绘制，如图 3-12（c）所示。

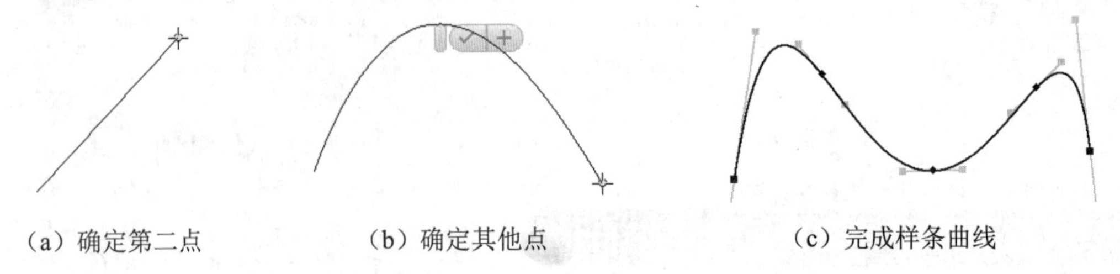

（a）确定第二点　（b）确定其他点　（c）完成样条曲线

图 3-12　绘制样条曲线

当要改变样条曲线的形状时，选择关键点的控制线，如图 3-13 所示，拖动控制线调节样条曲线的形状，如图 3-14 所示。单击鼠标左键，完成样条曲线的更改。

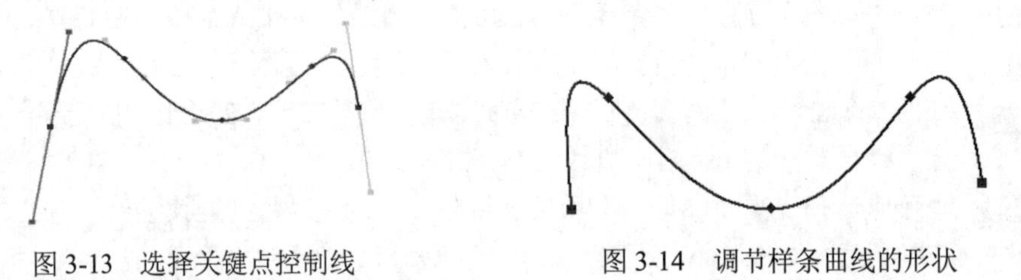

图 3-13　选择关键点控制线　图 3-14　调节样条曲线的形状

2. 样条曲线（控制顶点）

通过指定的控制顶点来创建样条曲线。

步骤01 单击“草图”选项卡“创建”面板上的“样条曲线（控制顶点）”按钮，开始绘制样条曲线。

步骤02 在绘图区域单击鼠标左键，确定样条曲线的起点。

步骤03 移动鼠标，在图中合适的位置单击鼠标左键，确定样条曲线上的第二点，如图 3-15（a）所示。

步骤04 重复移动鼠标，确定样条曲线上的其他点，如图 3-15（b）所示。

步骤05 按 Enter 键，完成样条曲线的绘制，如图 3-15（c）所示。

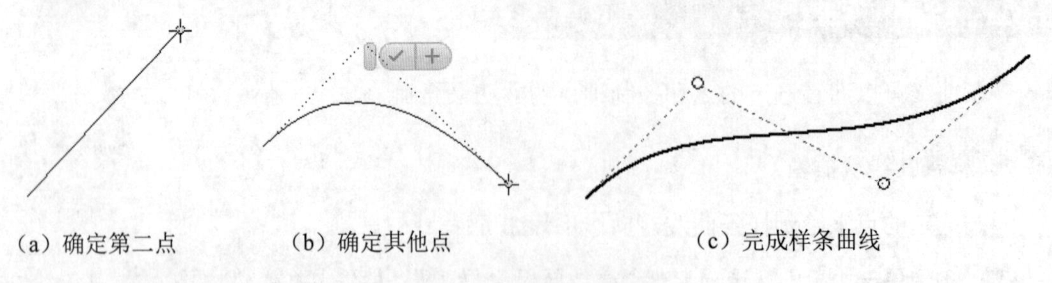

（a）确定第二点　（b）确定其他点　（c）完成样条曲线

图 3-15　绘制样条曲线

当要改变样条曲线的形状时，选择并拖动控制顶点，如图 3-16 所示，调节样条曲线的形状，如图 3-17 所示。单击鼠标左键，完成样条曲线的更改。

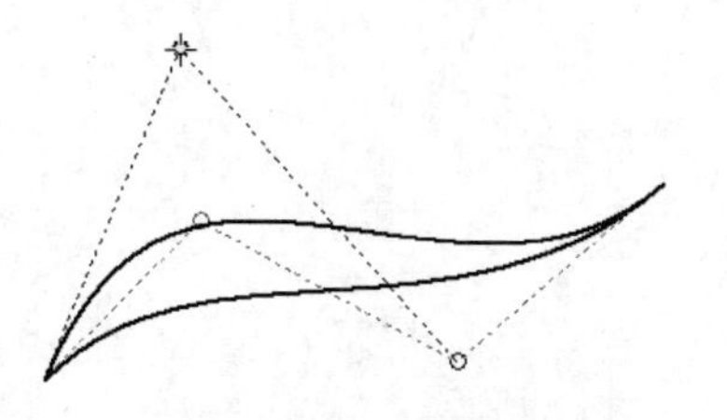

图 3-16　拖动控制顶点

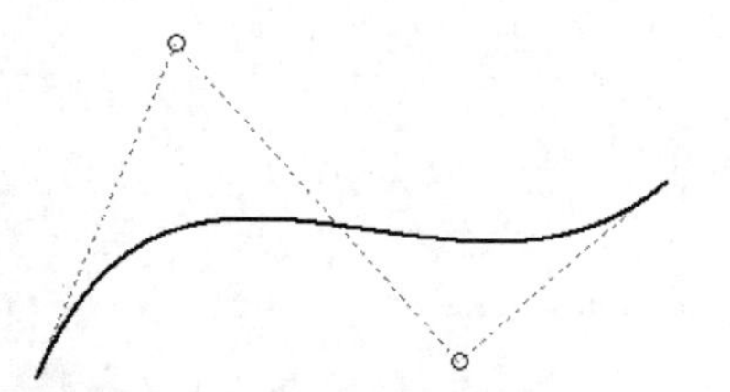

图 3-17　更改样条曲线的形状

3.3.4 绘制圆

圆也可以通过两种方式来绘制：一种是圆心圆，另一种是相切圆。

1. 圆心圆

步骤01 单击“草图”选项卡“创建”面板上的“圆心圆”按钮，开始绘制圆。

步骤02 在绘图区域单击鼠标左键，确定圆的圆心，如图 3-18（a）所示。

步骤03 移动鼠标拖出一个圆，然后单击鼠标左键或直接输入直径值，确定圆的直径，如图 3-18（b）所示。

步骤04 单击鼠标左键，完成圆的绘制，如图 3-18（c）所示。

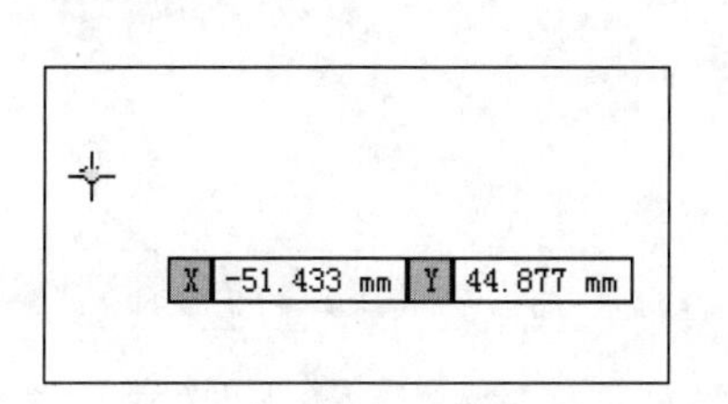

（a）确定圆心

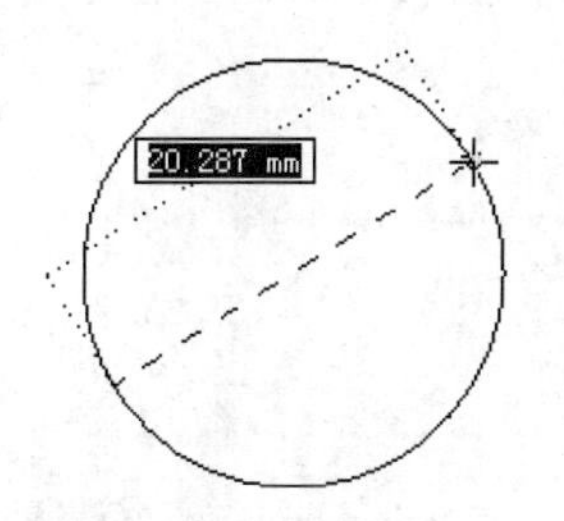

（b）确定圆的直径

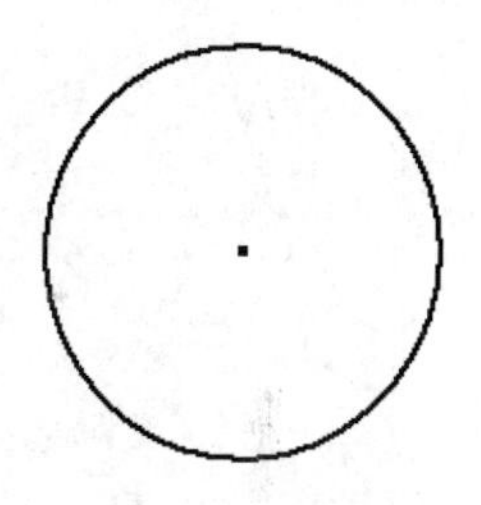

（c）完成圆的绘制

图 3-18　绘制圆心圆

2. 相切圆

步骤01 单击“草图”选项卡“创建”面板上的“相切圆”按钮，开始绘制圆。

步骤02 在绘图区域选择一条直线确定第一条相切线，如图 3-19（a）所示。

步骤03 在绘图区域选择一条直线确定第二条相切线，如图 3-19（b）所示。

步骤04 在绘图区域选择一条直线确定第三条相切线，如图 3-19（c）所示。

步骤05 单击鼠标左键，完成圆的绘制，如图 3-19（d）所示。

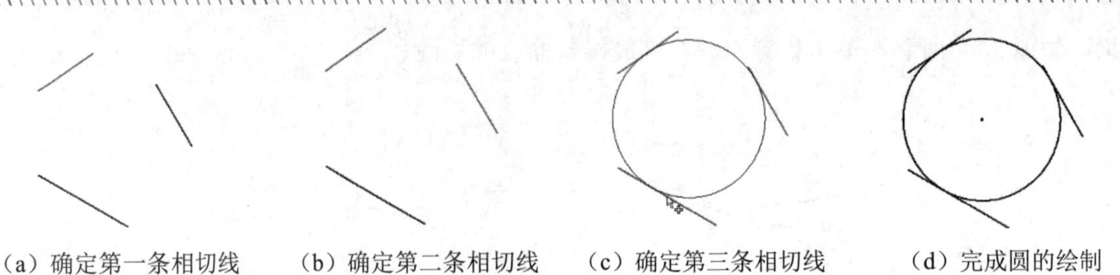

（a）确定第一条相切线　（b）确定第二条相切线　（c）确定第三条相切线　（d）完成圆的绘制

图 3-19　绘制相切圆

3.3.5　绘制椭圆

可根据中心点、长轴与短轴绘制椭圆，操作步骤如下：

步骤 01 单击“草图”选项卡“创建”面板上的“椭圆”按钮，绘制椭圆。

步骤 02 在绘图区域的合适位置单击鼠标左键，确定椭圆的中心点。

步骤 03 移动鼠标，在鼠标附近会显示椭圆的长半轴。在图中合适的位置单击鼠标左键，确定椭圆的长半轴，如图 3-20（a）所示。

步骤 04 移动鼠标，在图中合适的位置单击鼠标左键，确定椭圆的短半轴，如图 3-20（b）所示。

步骤 05 单击鼠标左键，完成椭圆的绘制，效果如图 3-20（c）所示。

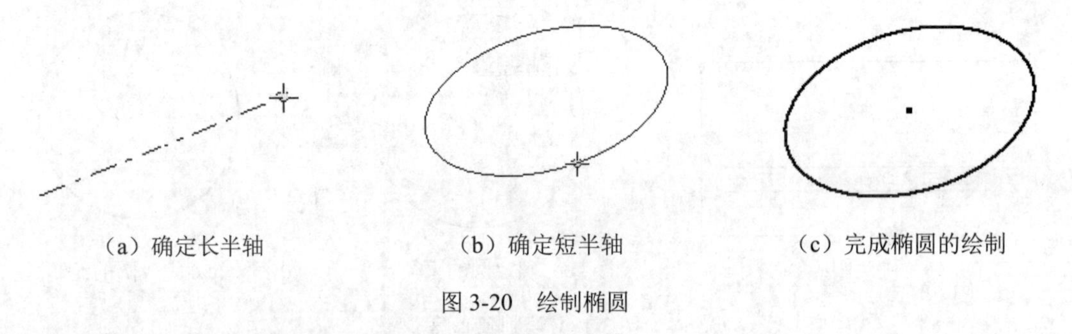

（a）确定长半轴　（b）确定短半轴　（c）完成椭圆的绘制

图 3-20　绘制椭圆

3.3.6　绘制圆弧

圆弧可以通过三点圆弧、相切圆弧和圆心圆弧三种方式来绘制。

1. 三点圆弧

步骤 01 单击“草图”选项卡“创建”面板上的“三点圆弧”按钮，绘制三点圆弧。

步骤 02 在绘图区域的合适位置单击鼠标左键，确定圆弧的起点。

步骤 03 移动光标在绘图区域的合适位置单击鼠标左键，确定圆弧的终点，如图 3-21（a）所示。

步骤 04 移动光标在绘图区域的合适位置单击鼠标左键，确定圆弧的方向，如图 3-21（b）所示。

步骤 05 单击鼠标左键，完成圆弧的绘制，如图 3-21（c）所示。

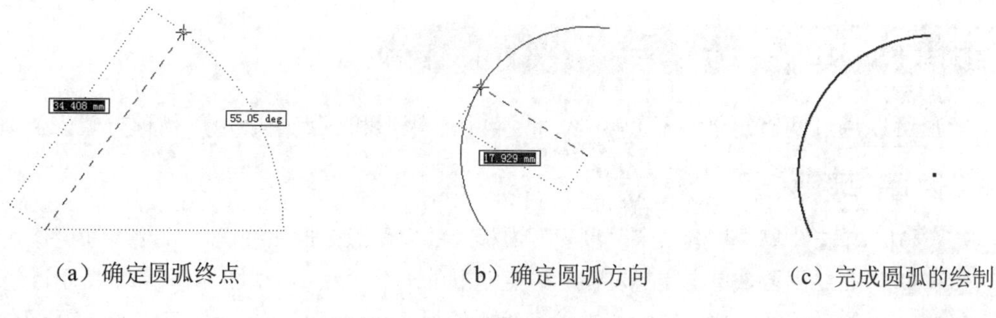

（a）确定圆弧终点 （b）确定圆弧方向 （c）完成圆弧的绘制

图 3-21 绘制三点圆弧

2. 相切圆弧

步骤01 单击“草图”选项卡“创建”面板上的“相切圆弧”按钮，绘制圆弧。

步骤02 在绘图区域中选取曲线，自动捕捉曲线的起点，如图 3-22（a）所示。

步骤03 移动光标在绘图区域的合适位置单击鼠标左键，确定圆弧的终点，如图 3-22（b）所示。

步骤04 单击鼠标左键，完成圆弧的绘制，如图 3-22（c）所示。

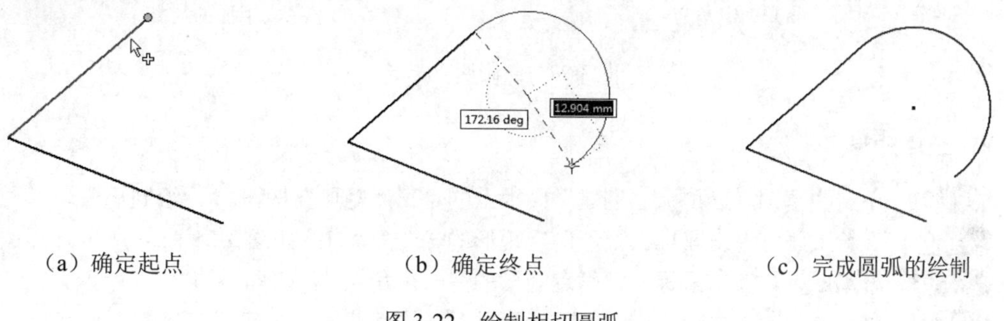

（a）确定起点 （b）确定终点 （c）完成圆弧的绘制

图 3-22 绘制相切圆弧

3. 圆心圆弧

步骤01 单击“草图”选项卡“创建”面板上的“圆心圆弧”按钮，绘制圆弧。

步骤02 在绘图区域的合适位置单击鼠标左键，确定圆弧的中心。

步骤03 移动光标在绘图区域的合适位置单击鼠标左键，确定圆弧的起点，如图 3-23（a）所示。

步骤04 移动光标在绘图区域的合适位置单击鼠标左键，确定圆弧的终点，如图 3-23（b）所示。

步骤05 单击鼠标左键，完成圆弧的绘制，如图 3-23（c）所示。

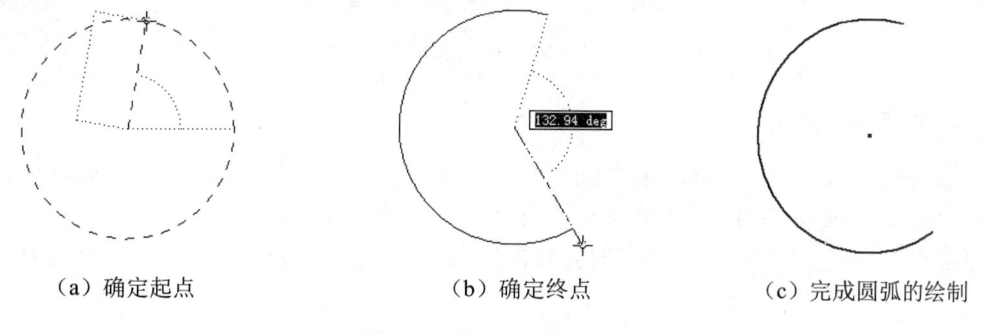

（a）确定起点 （b）确定终点 （c）完成圆弧的绘制

图 3-23 绘制中心圆弧

3.3.7 绘制矩形

矩形可以通过两点矩形、三点矩形、两点中心矩形和三点中心矩形 4 种方式来绘制。

1．两点矩形

步骤01 单击“草图”选项卡“创建”面板上的“两点矩形”按钮，绘制矩形。

步骤02 在绘图区域单击鼠标左键，确定矩形的一个角点 1，如图 3-24（a）所示。

步骤03 移动鼠标，单击鼠标左键确定矩形的另一个角点 2，也可以直接输入矩形的长度和宽度。完成矩形的绘制，如图 3-24（b）所示。

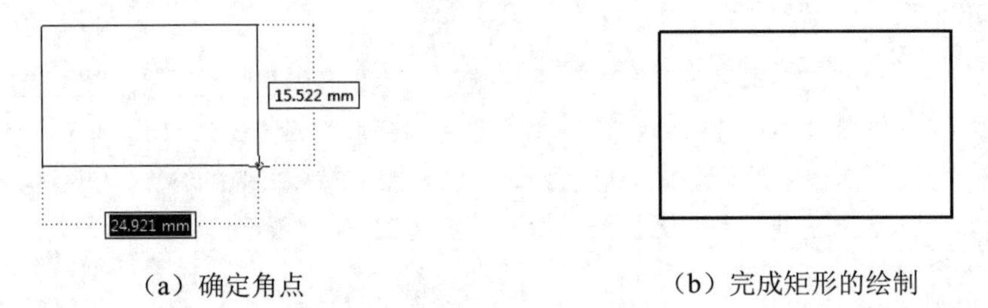

（a）确定角点　　（b）完成矩形的绘制

图 3-24　绘制两点矩形

2．三点矩形

步骤01 单击“草图”选项卡“创建”面板上的“三点矩形”按钮，绘制矩形。

步骤02 在绘图区域单击鼠标左键，确定矩形的一个角点 1，如图 3-25（a）所示。

步骤03 移动鼠标，单击鼠标左键确定矩形的另一个角点 2，如图 3-25（b）所示。

步骤04 移动鼠标，单击鼠标左键确定矩形的另一个角点 3，也可以直接输入长度和宽度。完成矩形的绘制，如图 3-25（c）所示。

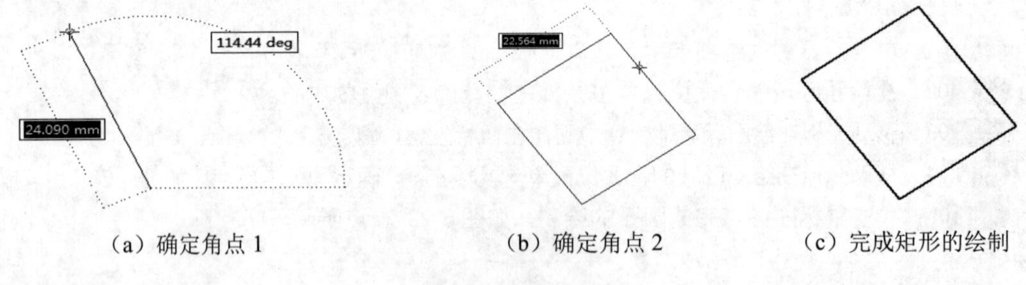

（a）确定角点 1　　（b）确定角点 2　　（c）完成矩形的绘制

图 3-25　绘制三点矩形

3．两点中心矩形

步骤01 单击“草图”选项卡“创建”面板上的“两点中心矩形”按钮，绘制矩形。

步骤02 在图形窗口中单击第一点，以确定矩形的中心点，如图 3-26（a）所示。

步骤03 移动鼠标，单击鼠标左键以确定矩形的对角点。完成矩形绘制，如图 3-26（b）所示。

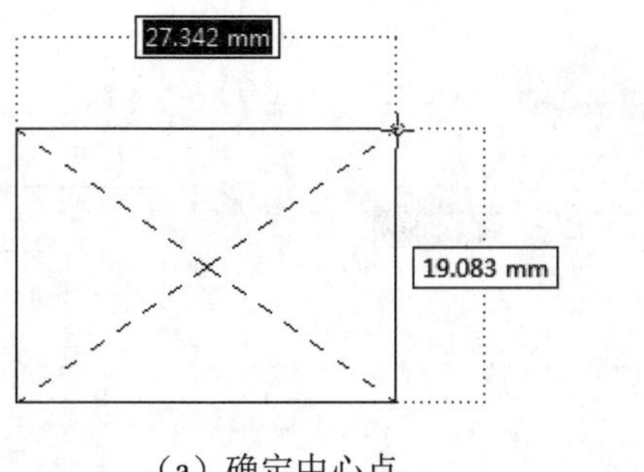

（a）确定中心点

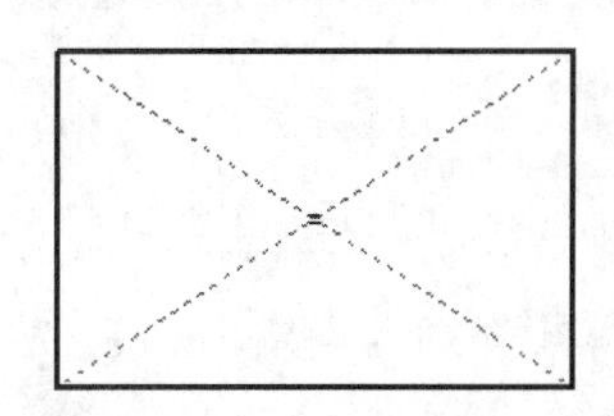

（b）完成矩形的绘制

图 3-26　绘制两点中心矩形

4. 三点中心矩形

步骤01 单击“草图”选项卡“创建”面板上的“三点中心矩形”按钮，绘制矩形。

步骤02 在图形窗口中单击第一点，以确定矩形的中心点，如图 3-27（a）所示。

步骤03 单击第二点，以确定矩形的长度，如图 3-27（b）所示。

步骤04 拖动鼠标到适当位置单击，以确定矩形相邻边的长度。完成矩形绘制，如图 3-27（c）所示。

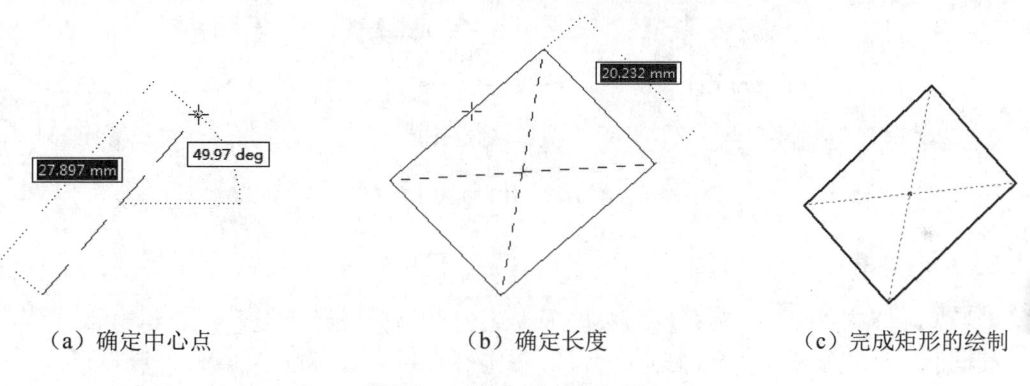

（a）确定中心点　　（b）确定长度　　（c）完成矩形的绘制

图 3-27　绘制三点中心矩形

3.3.8 绘制槽

绘制槽包括 5 种方式：“中心到中心槽”“整体槽”“中心点槽”“三点圆弧槽”和“圆心圆弧槽”。

1. 中心到中心槽

步骤01 单击“草图”选项卡“创建”面板上的“中心到中心槽”按钮，绘制槽。

步骤02 在图形窗口中单击任意一点，以确定槽的第一个中心点，如图 3-28（a）所示。

步骤03 单击第二点，以确认槽的第二个中心点，如图 3-28（b）所示。

步骤04 拖动鼠标到适当位置单击，以确定槽的宽度，完成槽的绘制，如图 3-28（c）所示。

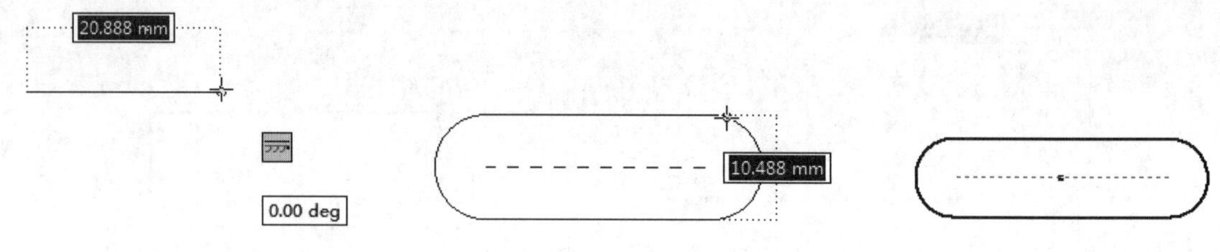

（a）确定第一个中心点　　（b）确定第二个中心点　　（c）完成槽的绘制

图 3-28　绘制中心到中心槽

2. 整体槽

步骤01 单击“草图”选项卡“创建”面板上的“整体槽”按钮，绘制槽。

步骤02 在图形窗口中单击任意一点，以确定槽的第一个中心点，如图 3-29（a）所示。

步骤03 拖动鼠标到适当位置单击，以确定槽的长度，如图 3-29（b）所示。

步骤04 拖动鼠标到适当位置单击，以确定槽的宽度。完成槽的绘制，如图 3-29（c）所示。

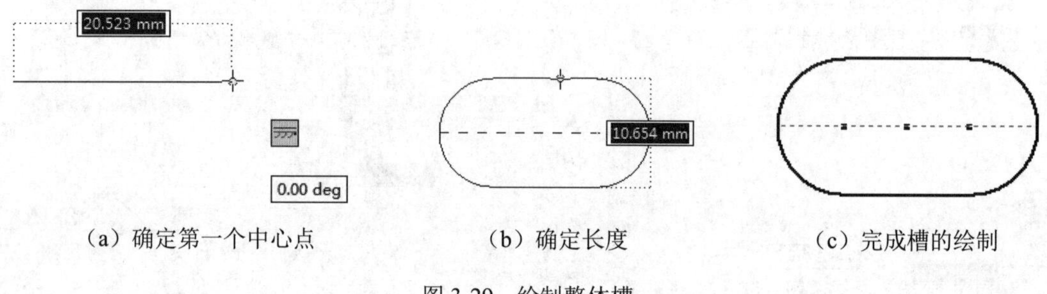

（a）确定第一个中心点　　（b）确定长度　　（c）完成槽的绘制

图 3-29　绘制整体槽

3. 中心点槽

步骤01 单击“草图”选项卡“创建”面板上的“中心点槽”按钮，绘制槽。

步骤02 在图形窗口中单击任意一点，以确定槽的中心点，如图 3-30（a）所示。

步骤03 单击第二点，以确定槽圆弧的圆心，如图 3-30（b）所示。

步骤04 拖动鼠标到适当位置单击，以确定槽的宽度。完成槽绘制，如图 3-30（c）所示。

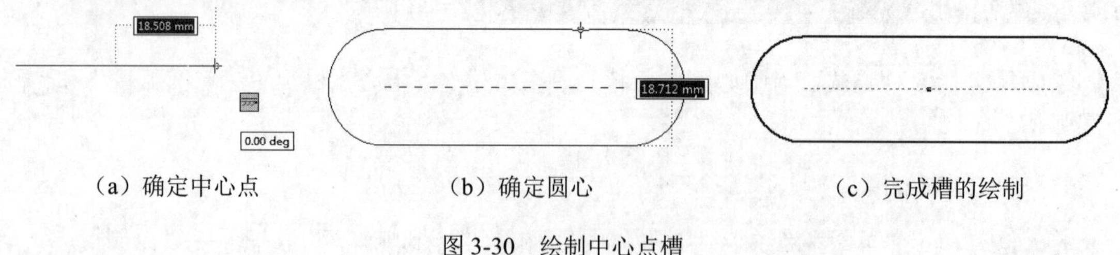

（a）确定中心点　　（b）确定圆心　　（c）完成槽的绘制

图 3-30　绘制中心点槽

4. 三点圆弧槽

步骤01 单击“草图”选项卡“创建”面板上的“三点圆弧槽”按钮，绘制槽。

步骤02 在图形窗口中单击任意一点，以确定圆弧槽的起点，如图 3-31（a）所示。

步骤03 单击任意一点，以确定槽的终点。

步骤04 单击任意一点，以确定圆弧槽的大小，如图 3-31（b）所示。

步骤05 拖动鼠标到适当位置单击，以确定槽的宽度，如图 3-31（c）所示，完成槽的绘制，如图 3-31（d）所示。

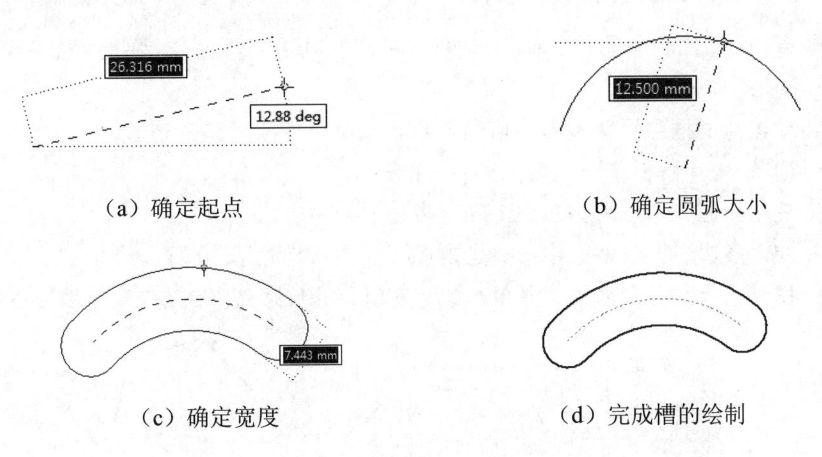

（a）确定起点 （b）确定圆弧大小

（c）确定宽度 （d）完成槽的绘制

图 3-31 绘制三点圆弧槽

5. 圆心圆弧槽

步骤01 单击“草图”选项卡“创建”面板上的“圆心圆弧槽”按钮，绘制槽。

步骤02 在图形窗口中单击任意一点，以确定槽的圆弧圆心，如图 3-32（a）所示。

步骤03 单击任意一点，以确定圆弧槽的起点，拖动鼠标到适当位置单击，以确定圆弧的终点，如图 3-32（b）所示。

步骤04 拖动鼠标到适当位置单击，以确定槽的宽度，如图 3-32（c）所示。完成槽的绘制，如图 3-32（d）所示。

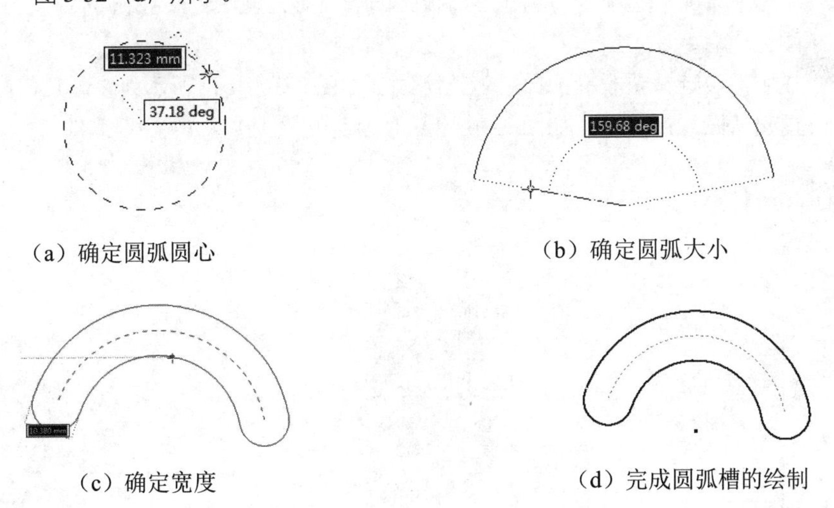

（a）确定圆弧圆心 （b）确定圆弧大小

（c）确定宽度 （d）完成圆弧槽的绘制

图 3-32 绘制圆心圆弧槽

3.3.9 绘制多边形

可以通过多边形命令创建最多包含 120 多条边的多边形。创建多边形的操作步骤如下：

步骤 01 单击“草图”选项卡“创建”面板上的“多边形”按钮，弹出如图 3-33 所示的“多边形”对话框。

步骤 02 在该对话框中，输入多边形的边数。也可以使用默认的边数，以后再修改多边形的边数。

步骤 03 在绘图区域单击鼠标左键，确定多边形的中心。

步骤 04 在“多边形”对话框中选择是内接圆模式还是外切圆模式。

步骤 05 移动鼠标，在合适的位置单击鼠标左键，完成多边形的绘制，如图 3-34 所示。

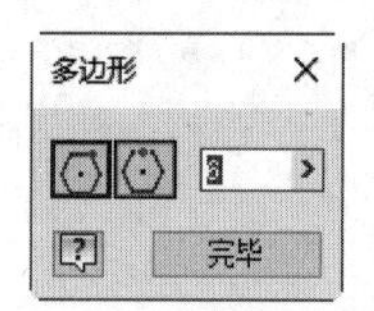

图 3-33 “多边形”对话框

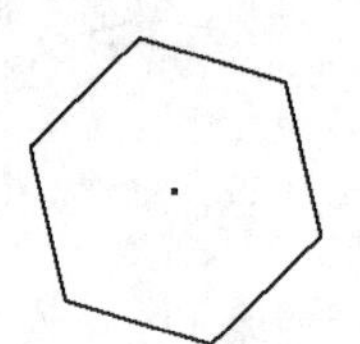

图 3-34 绘制多边形

3.3.10 投影几何图元

创建投影几何图元的操作步骤如下：

步骤 01 在浏览器中，选择要添加草图的工作平面，单击鼠标右键，在弹出的如图 3-35 所示的快捷菜单中选择“新建草图”命令，进入草图绘制环境。

步骤 02 单击“草图”选项卡“创建”面板上的“投影几何图元”按钮，执行“投影几何图元”命令。

步骤 03 在视图中选择要投影的面或者轮廓线，如图 3-36（a）所示为投影几何前的图形。

步骤 04 退出草图绘制状态，如图 3-36（b）所示为投影几何后的图形。

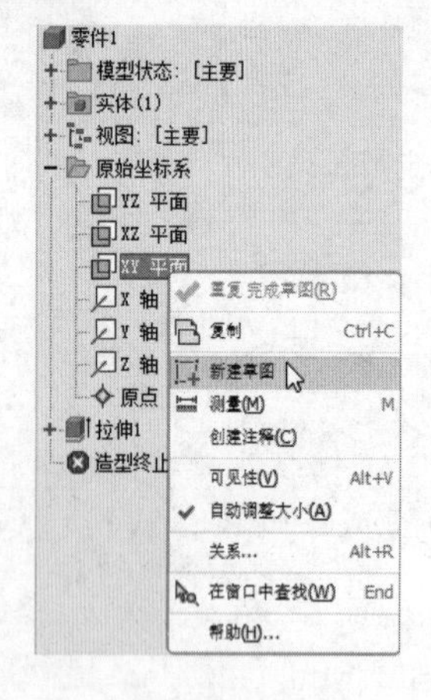

图 3-35 快捷菜单

（a）投影几何前的图形

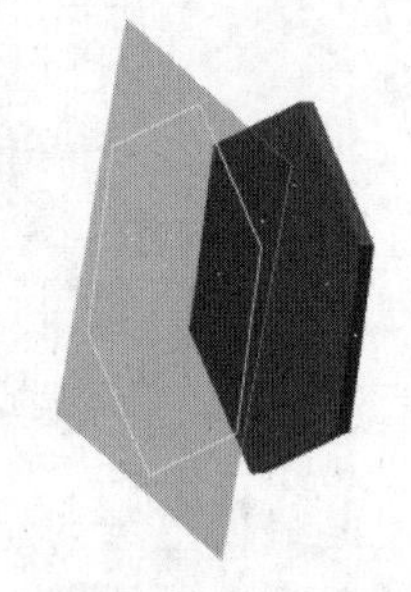

（b）投影几何后的图形

图 3-36 投影几何图元的过程

3.3.11 创建文本

向工程图中的激活草图或工程图资源（例如标题栏格式、自定义图框或缩略图符号）中添加文本框，所添加的文本既可作为说明性的文字，又可作为创建特征的草图基础。

步骤01 单击“草图”选项卡“创建”面板上的“文本”按钮**A**，创建文字。

步骤02 在草图绘图区域内要添加文本的位置单击鼠标左键，弹出“文本格式”对话框，如图3-37所示。

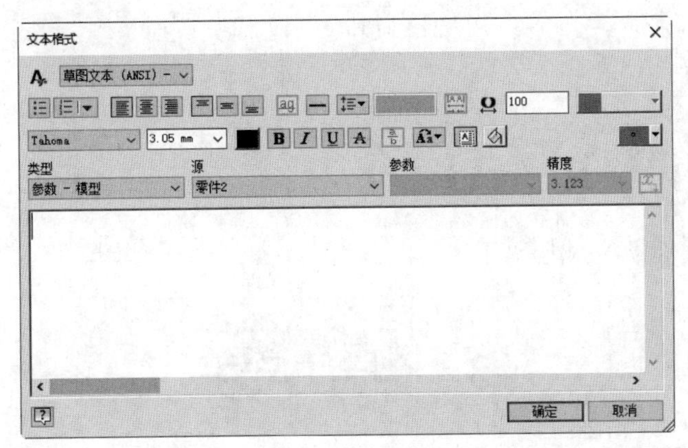

图3-37 “文本格式”对话框

步骤03 可以在该对话框中设置文本的对齐方式、行间距和拉伸的百分比，还可以设置字体、字号等。

步骤04 在文本框中输入文本，如图3-38所示。

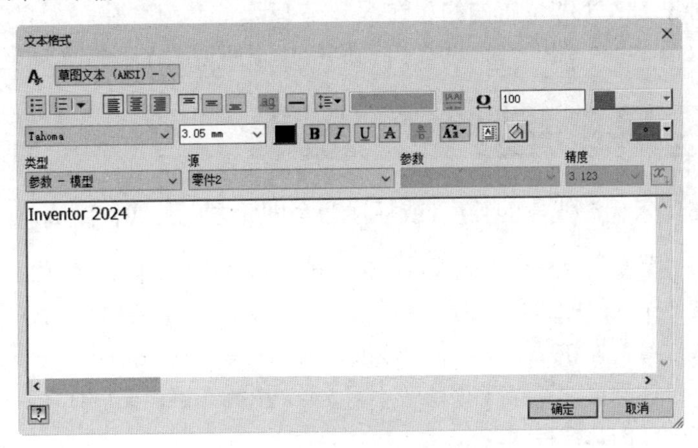

图3-38 输入文本并设置参数

步骤05 单击“确定”按钮完成文本的创建，结果如图3-39所示。

如果要编辑已经创建的文本，可在文本上单击鼠标右键，在如图3-40所示的快捷菜单中选择“编辑文本”选项，打开“文本格式”对话框，再自行修改文本的属性。

Inventor 2024

图 3-39　创建文本

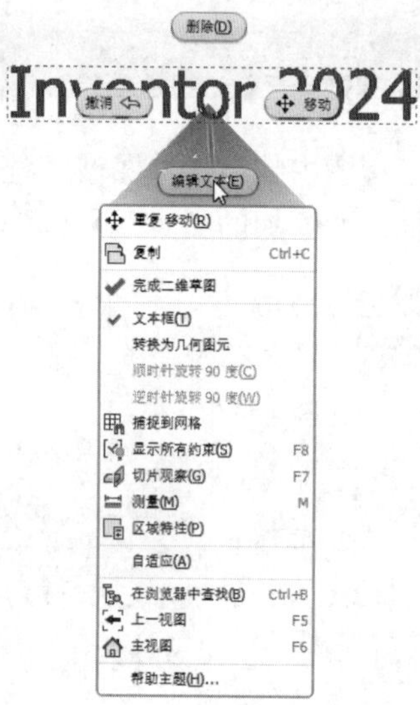

图 3-40　快捷菜单

3.4　标注尺寸

给草图添加尺寸标注是草图设计过程中非常重要的一步，草图几何图元需要尺寸信息，以便保持大小和位置，从而满足设计意图。一般情况下，Inventor 2024 中的所有尺寸都是参数化的。这意味着用户可通过修改尺寸来更改已进行标注的项目大小，也可将尺寸指定为计算尺寸，它反映了项目的大小，却不能用来修改项目的大小。向草图几何图元添加参数尺寸的过程也是用来控制草图中对象的大小和位置的约束过程。在 Inventor 2024 中，如果要对尺寸值进行更改，那么草图以及基于该草图的特征都会自动更新，正所谓“牵一发而动全身”。

3.4.1　线性尺寸标注

线性尺寸标注用来标注线段的长度，或标注两个图元之间的线性距离，如点和直线的距离。

步骤 01 单击“草图”选项卡“约束”面板上的“尺寸”按钮，然后选择图元即可；若要标注一条线段的长度，则单击该线段；若要标注平行线之间的距离，则分别单击两条线；若要标注点到点、点到线的距离，则单击两个点或点与线。

步骤 02 移动鼠标预览标注尺寸的方向，最后单击鼠标左键以完成标注，图 3-41 显示了线性尺寸标注的几种样式。

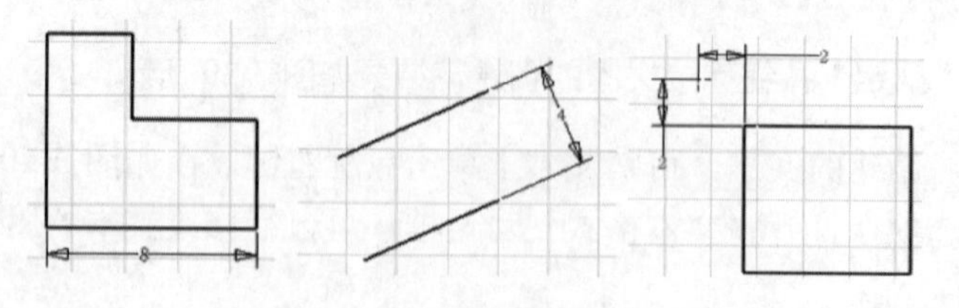

图 3-41　线性尺寸标注样式

3.4.2 圆弧尺寸标注

圆弧尺寸标注可以标注圆或圆弧的半径、直径和弧长，操作步骤如下：

步骤01 单击“草图”选项卡“约束”面板上的“尺寸”按钮，然后选择要标注的圆或圆弧，出现标注尺寸的预览。

步骤02 单击鼠标右键，在打开的快捷菜单中选择“直径”选项，如图3-42所示，即可标注直径。如果在打开的快捷菜单中选择“半径”选项，则可标注半径，如图3-43所示，读者可根据自己的需要灵活地在二者之间进行切换。

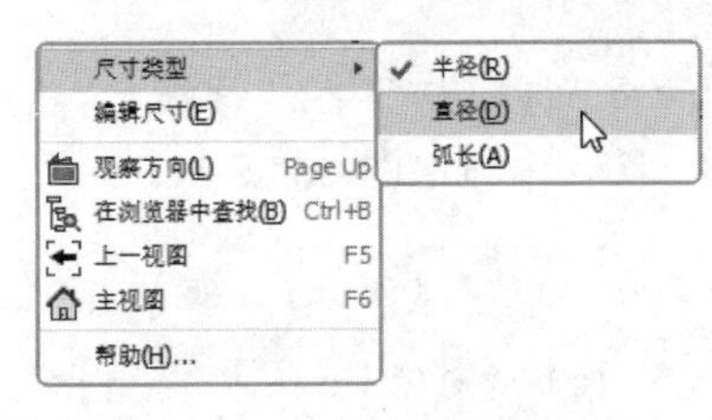

图3-42 快捷菜单

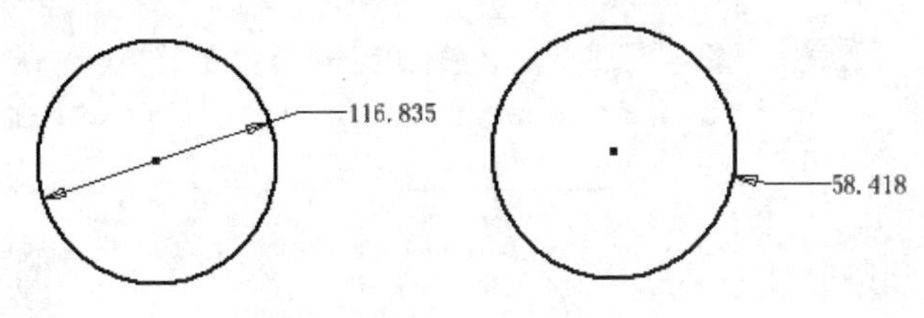

图3-43 圆弧尺寸标注

步骤03 单击鼠标左键完成标注。

3.4.3 角度标注

角度标注可标注相交线段形成的夹角，也可标注不共线的三个点之间的角度，还可对圆弧形成的角进行标注，标注的时候只要选择好形成角的元素即可。

步骤01 单击“草图”选项卡“约束”面板上的“尺寸”按钮，然后选择图元。

步骤02 如果要标注相交直线的夹角，则依次选择这两条直线。

步骤03 如果要标注不共线的三个点之间的角度，则依次选择这三个点。

步骤04 如果要标注圆弧的角度，则依次选择圆弧的一个端点、圆心和圆弧的另外一个端点。

如图3-44所示是角度标注的示意图。

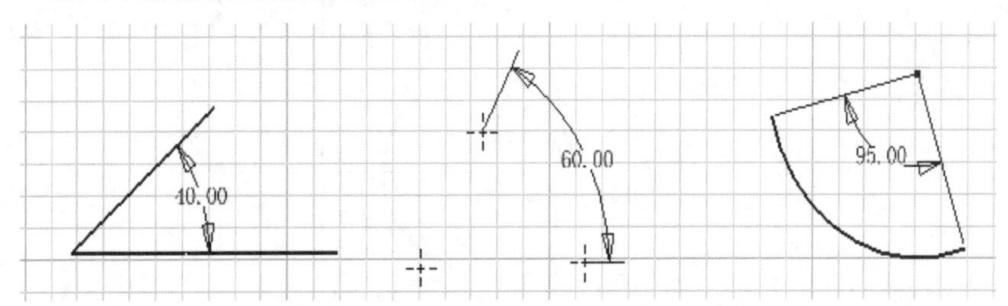

图3-44 角度标注示意图

3.4.4 自动标注尺寸

在Inventor 2024中，可利用自动标注尺寸工具自动、快速地给图形添加尺寸标注，该工具可计算所有的草图尺寸，然后自动添加。如果单独选择草图的几何图元（例如直线、圆弧、圆和顶点），系统将自动应用尺寸标注和约束；如果不单独选择草图的几何图元，系统将自动对所有未标注尺寸的草图对象进行标注。“自动标注尺寸”工具可使用户通过一个步骤迅速、快捷地完成草图的尺寸标注。

通过启用自动标注功能，用户能够轻松地为整个草图添加标注和约束。此外，用户还可以选择性地对特定曲线或整个草图进行识别并施加约束。在此过程中，用户有灵活的选择，既可以单独创建尺寸标注或约束，也可以同时进行。利用“尺寸”工具输入关键尺寸后，接着使用“自动尺寸和约束”功能进一步完善草图的约束。面对复杂草图时，若用户难以判断哪些尺寸缺失，不妨利用“自动尺寸和约束”工具进行全面约束。如果需要，用户还可以随时删除自动生成的尺寸标注和约束，并根据需要重新操作。具体的操作步骤如下：

步骤 01 需要标注尺寸的草图图形如图 3-45 所示，单击“草图”选项卡“约束”面板上的“自动尺寸和约束”按钮，打开“自动标注尺寸”对话框，如图 3-46 所示。

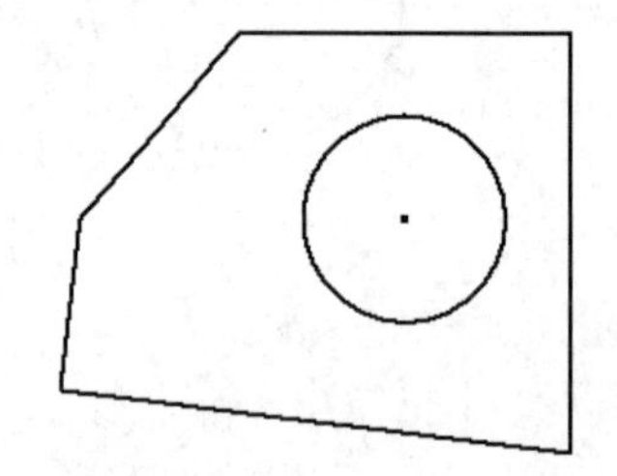

图 3-45　要标注尺寸的草图图形

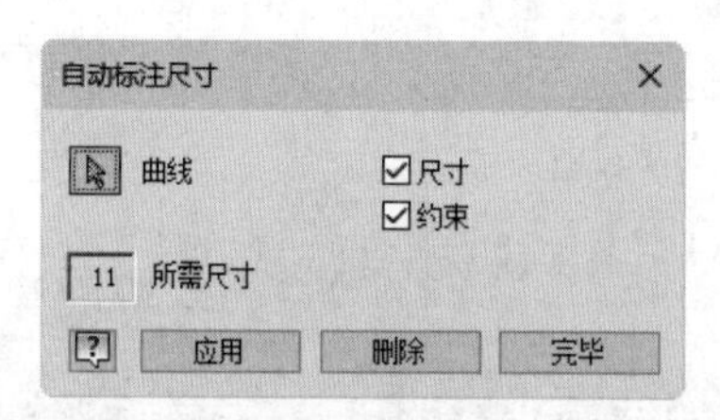

图 3-46　“自动标注尺寸”对话框

步骤 02 选择要标注尺寸的曲线，如果不选择曲线，则将对整个图形标注尺寸。

步骤 03 如果勾选“尺寸”和“约束”两个复选框，那么将会对所选的几何图元应用自动尺寸和约束。11 所需尺寸显示要完全约束草图所需的约束和尺寸的数量。如果从方案中排除了约束或尺寸，则在显示的总数中也会减去相应的数量。

步骤 04 单击“应用”按钮，即可完成几何图元的自动标注。

步骤 05 单击“删除”按钮，则从所选的几何图元中删除尺寸和约束。标注完毕的草图如图 3-47 所示。

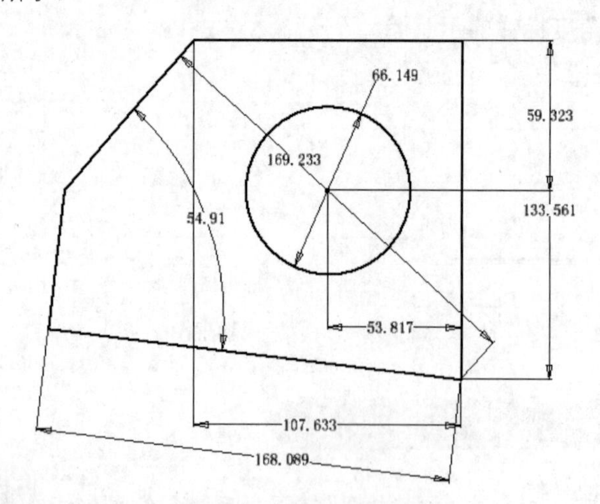

图 3-47　标注完毕的草图

3.4.5 编辑草图尺寸

用户拥有在任何阶段修改草图尺寸的权限，这一阶段不受草图是否退化状态的限制。具体来说，如果草图未退化，则它的尺寸可见，可直接编辑；如果草图已经退化，则用户可在浏览器中选择该草图并启用草图编辑功能进行相应修改，具体操作步骤如下：

步骤01 在草图上单击鼠标右键，在弹出的快捷菜单中选择“编辑草图”选项，如图3-48所示。

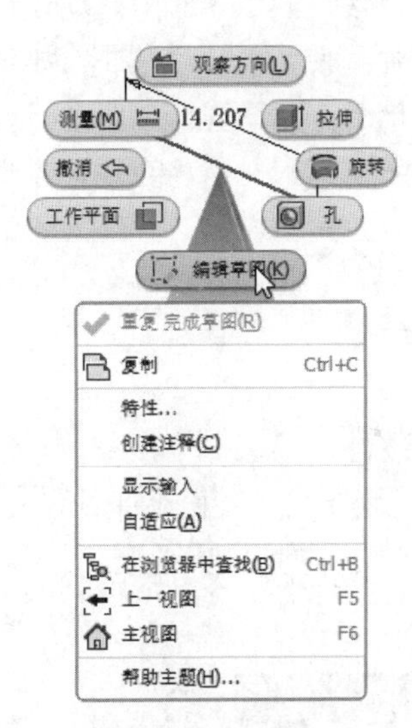

图3-48　快捷菜单

步骤02 进入草图绘制环境，双击要修改的尺寸数值，如图3-49（a）所示。

步骤03 打开“编辑尺寸”对话框，直接在数据框里输入新的尺寸值，如图3-49（b）所示。

步骤04 在对话框中单击✔按钮接受新的尺寸，如图3-49（c）所示。

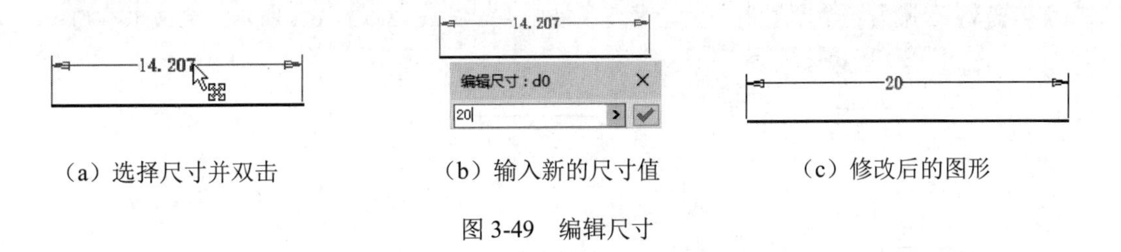

（a）选择尺寸并双击　（b）输入新的尺寸值　（c）修改后的图形

图3-49　编辑尺寸

3.5 草图几何约束

在草图的几何图元绘制完毕后，还需要对草图进行约束，如约束两条直线平行或垂直、约束两个圆同心等。

约束的目的就是保持图元之间的某种固定关系，这种关系不受被约束对象的尺寸或位置因素的影响，如在设计开始时绘制一条直线和一个圆始终相切。如果圆的尺寸或位置在设计过程中发生改变，那么这种相切关系不会自动维持；如果为直线和圆添加了相切约束，那么无论圆的尺寸和位置如何改变，这种相切关系都会始终维持下去。

3.5.1 添加等于约束

添加等于约束的操作步骤如下：

步骤01 单击“草图”选项卡“约束”面板上的“等于约束”按钮=。

步骤02 选中一个圆、圆弧或直线，如图 3-50（a）所示。

步骤03 再选中一条同类型的曲线使两条曲线等长。如果第一次选中的曲线是圆或圆弧，则第二次只能选中圆或圆弧，如图 3-50（b）所示。

步骤04 将选中的几何图元设置相同尺寸（将直线设置相同的长度，并将圆、圆弧设置相同的半径），如图 3-50（c）所示。

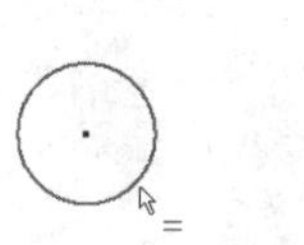
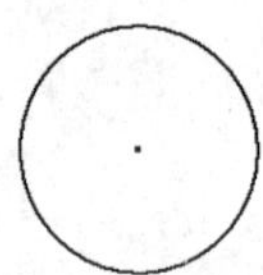

（a）选中一个圆或圆弧

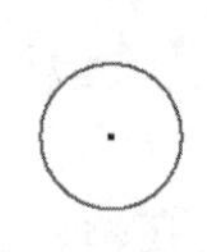
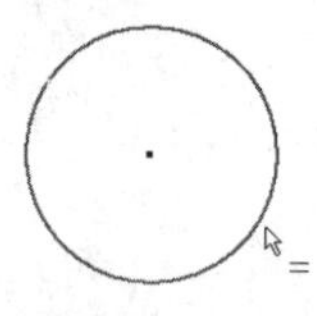

（b）选中另一圆或圆弧

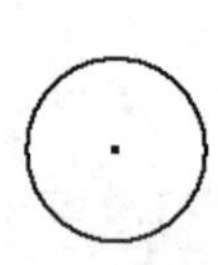
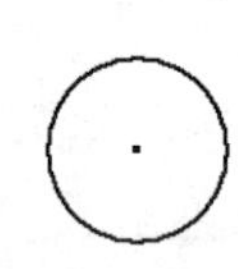

（c）完成等于约束

图 3-50 添加等于约束

3.5.2 添加水平约束

添加水平约束的操作步骤如下：

步骤01 单击“草图”选项卡“约束”面板上的“水平约束”按钮。

步骤02 选中一个点，可以是一条直线的端点或圆的中心点，如图 3-51（a）所示。

步骤03 选中另一个圆的中心点或者直线的中点，如图 3-51（b）所示。完成水平约束，如图 3-51（c）所示。

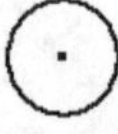

（a）选中一个点

（b）选中圆的中点

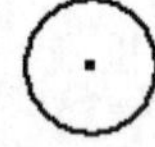

（c）完成水平约束

图 3-51 添加水平约束

3.5.3 添加对称约束

添加对称约束的操作步骤如下：

步骤01 单击“草图”选项卡“约束”面板中的“对称约束”按钮。

步骤02 选中要添加对称约束的第一个草图对象，如图 3-52（a）所示。

步骤03 选中要添加对称约束的第二个草图对象，如图 3-52（b）所示。

步骤04 选中要作为对称轴的草图图元，如图 3-52（c）所示。完成对称约束，如图 3-52（d）所示。

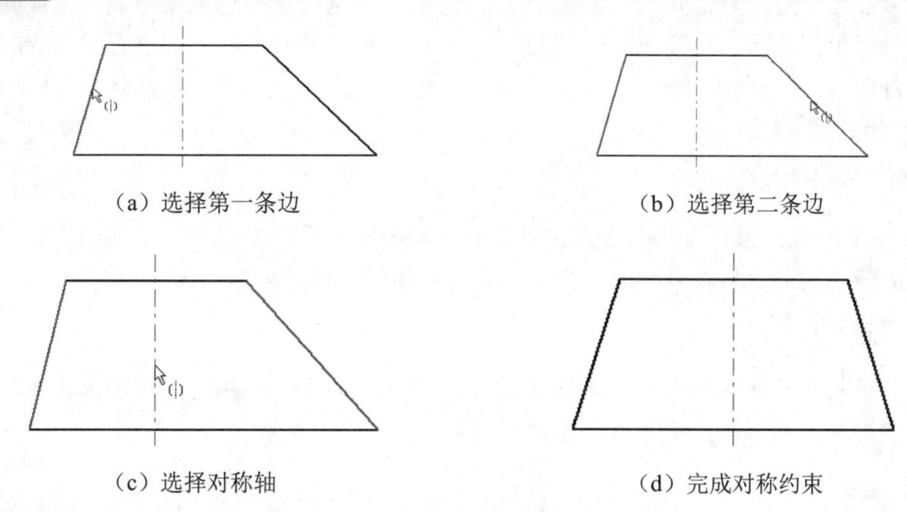

（a）选择第一条边　（b）选择第二条边

（c）选择对称轴　（d）完成对称约束

图 3-52　添加对称约束

3.5.4 添加其他几何约束

添加其他几何约束，包括重合约束、共线约束、同心约束、Fix（固定约束）、平行约束、垂直约束、竖直约束、相切约束和平滑约束。

1. 重合约束

重合约束可将两点约束在一起或将一个点约束到曲线上，当此约束被应用到两个圆、圆弧或椭圆的中心点时，得到的结果与使用同心约束相同。使用时分别用鼠标选取两个或多个要施加约束的几何图元即可创建重合约束，这里的几何图元要求是两个点或一个点和一条线。

创建重合约束时需要注意：

- 约束在曲线上的点可能会位于该线段的延伸线上。
- 重合在曲线上的点可沿线滑动，因此这个点可位于曲线的任意位置，除非其他约束或尺寸阻止它移动。
- 当使用重合约束来约束中点时，则将创建草图点。
- 如果两个要进行重合限制的几何图元都没有其他位置，则添加约束后二者的位置由第一条曲线的位置决定。

2. 共线约束

共线约束使两条直线或椭圆轴位于同一条直线上。使用该约束工具时分别用鼠标选取两个或多个要施加约束的几何图元即可创建共线约束。如果两个几何图元都没有添加其他位置的约束，则由所选的第一个图元的位置来决定另一个图元的位置。

3．同心约束

同心约束可将两段圆弧、两个圆或椭圆约束为具有相同的中心点，其结果与在曲线的中心点上应用重合约束是完全相同的。使用该约束工具时，分别用鼠标选取两个或多个要施加约束的几何图元即可创建同心约束。需要注意的是，添加约束后的几何图元的位置由所选的第一条曲线来设置中心点，未添加其他约束的曲线被重置为与已约束曲线同心，其结果与应用到中心点的重合约束是相同的。

4．Fix（固定约束）

Fix（固定约束）可将点和曲线固定到相对于草图坐标系的位置。如果移动或转动草图坐标系，则固定曲线或点将随之运动。固定约束将点相对于草图坐标系固定。

5．平行约束

平行约束将两条或多条直线（或椭圆轴）约束为互相平行。使用时分别用鼠标选取两个或多个要施加约束的几何图元，即可创建平行约束。

6．垂直约束

垂直约束可使所选的直线、曲线或椭圆轴相互垂直。使用时分别用鼠标选取两个要施加约束的几何图元，即可创建垂直约束。需要注意的是，要对样条曲线添加垂直约束，约束必须应用于样条曲线和其他曲线的端点处。

7．竖直约束

竖直约束使直线、椭圆轴或成对的点平行于草图坐标系的“Y”轴，添加了该几何约束后，几何图元的两点（如线的端点、中心点、中点等）被约束到与“Y”轴相等的距离。使用该约束工具时，分别用鼠标选取两个或多个要施加约束的几何图元即可创建竖直约束，这里的几何图元是直线、椭圆轴或成对的点。

8．相切约束

相切约束可将两条曲线约束为彼此相切，即使它们并不实际共享一个点（在二维草图中）。相切约束通常用于将圆弧约束到直线，也可使用相切约束指定如何结束与其他几何图元相切的样条曲线。在三维草图中，相切约束可应用到三维草图中的其他几何图元共享端点的三维样条曲线中，包括模型边。使用时分别用鼠标选取两个或多个要施加约束的几何图元即可创建相切约束，这里的几何图元是直线和圆弧、直线和样条曲线、圆弧和样条曲线等。

9．平滑约束

平滑约束用于在样条曲线和其他曲线（例如线、圆弧或样条曲线）之间使其曲率连续。

3.5.5 显示和删除几何约束

1．显示所有几何约束

草图在添加几何约束后，默认情况下，这些约束不会显示，用户可以根据需求自行设定是否显示约束。如果要显示全部约束，可在草图的绘图区域内单击鼠标右键，在弹出的快捷菜单中选择“显示所有约束”选项（见图 3-53）；相反，如果要隐藏全部约束，可在快捷菜单中选择“隐藏所有约束”选项。

2. 显示单个几何约束

显示单个几何约束可单击“草图”选项卡“约束”面板上的“显示约束”按钮，在草图的绘图区域选择单个几何图元，则该几何图元的约束会显示，如图 3-54 所示。当鼠标位于某个约束符号的上方时，与该约束有关的几何图元会变为红色，以方便用户观察和选择。另外，还可以移动约束显示窗口，用户可将它拖放到任何位置。

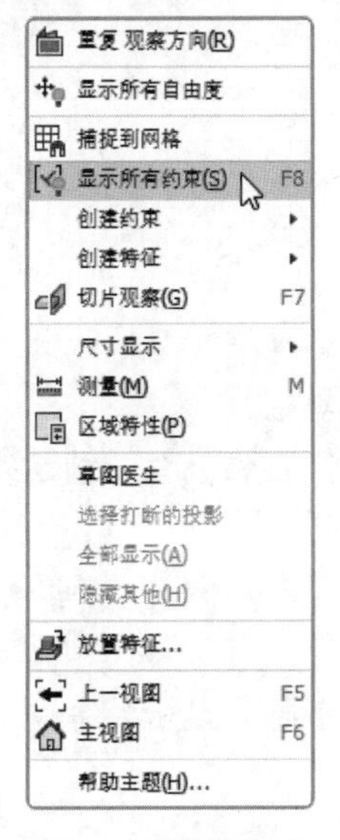

图 3-53 快捷菜单

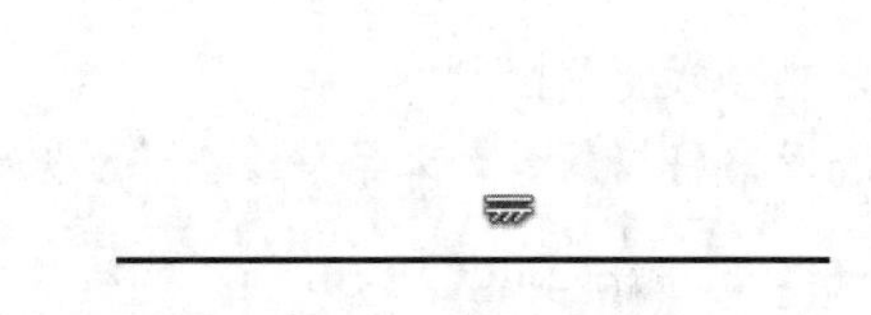

图 3-54 显示几何图元的约束

3. 删除某个几何约束

在约束符号上单击鼠标右键，在弹出的快捷菜单中选择“删除”选项来删除约束。如果多条曲线共享一个点，则每条曲线上都显示一个重合约束。如果在其中一条曲线上删除该约束，则此曲线可移动。其他曲线仍保持约束状态，除非删除所有重合约束。

3.5.6 约束设置

单击“草图”选项卡“约束”面板上的“约束设置”按钮，打开如图 3-55 所示的“约束设置”对话框。该对话框中的功能介绍如下。

1.“常规”选项卡（见图 3-55）

1）约束

- 创建时显示约束：在创建几何图元或约束时将会显示约束。
- 显示选定对象的约束：在图形窗口中选择几何图元的约束高亮显示。

- 在草图中显示重合约束：设置创建约束时自动显示重合约束符。

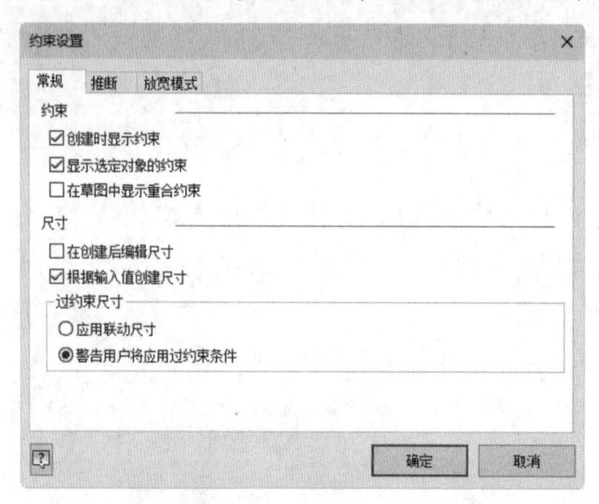

图 3-55　“约束设置”对话框

2）尺寸

- 在创建后编辑尺寸：创建尺寸时，设置是否要打开尺寸编辑框。勾选此复选框以显示编辑框；取消勾选此复选框，则在放置尺寸时不显示编辑框。
- 根据输入值创建尺寸：勾选此复选框，将根据输入框中输入的值自动创建永久尺寸；取消勾选此复选框，则不会在草图几何图元上放置永久尺寸。
- 应用联动尺寸：应用括在圆括号中的非参数化尺寸。当改变草图时，尺寸也随之更新，但是不会改变草图大小。
- 警告用户将应用过约束条件：当添加尺寸会使草图过约束时，显示警告消息。

2.“推断”选项卡（见图 3-56）

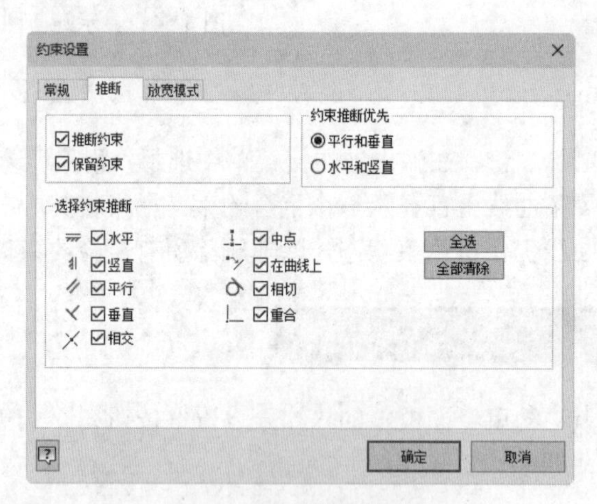

图 3-56　“推断”选项卡

- 推断约束：勾选此复选框，完成草图后不会自动创建约束。
- 保留约束：勾选此复选框，完成草图后自动创建约束，在光标旁边会显示约束图标。
- 平行和垂直：在考虑草图图元与草图网格坐标之间的关系之前，优先定义草图图元之间的约束关系。

- 水平和竖直：在考虑草图图元之间的关系之前，优先定义草图图元与草图坐标之间的方向约束。
- 全选：单击此按钮，可勾选所有的约束复选框。
- 全部清除：单击此按钮，将取消勾选所有复选标记，不推断任何约束。

3. “放宽模式”选项卡（见图3-57）

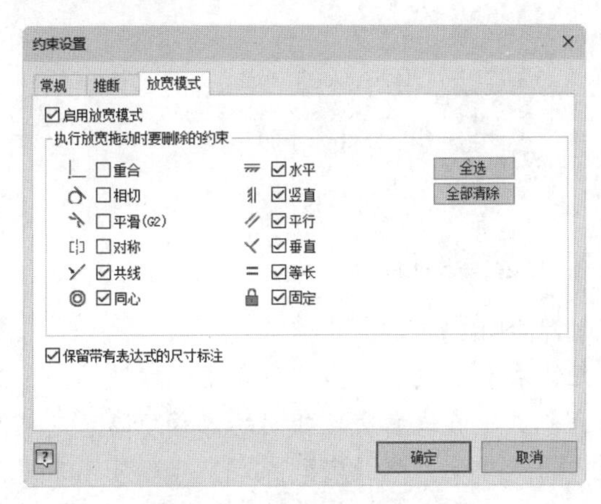

图3-57 “放宽模式”选项卡

- 启用放宽模式：勾选此复选框，将打开放宽模式。也可以单击状态栏上的“放宽模型”按钮，或按F11键打开或关闭放宽模式。
- 执行放宽拖动时要删除的约束：列出想要显示或隐藏的约束符。
- 保留带有表达式的尺寸标注：勾选此复选框，可以防止在拖动由表达式控制的线时更改尺寸。

3.6 草图编辑工具

本节主要介绍草图几何特征的编辑工具，包括倒角、圆角、偏移、延伸、修剪、移动、复制、旋转、镜像以及阵列等。

3.6.1 倒角

倒角绘制的操作步骤如下：

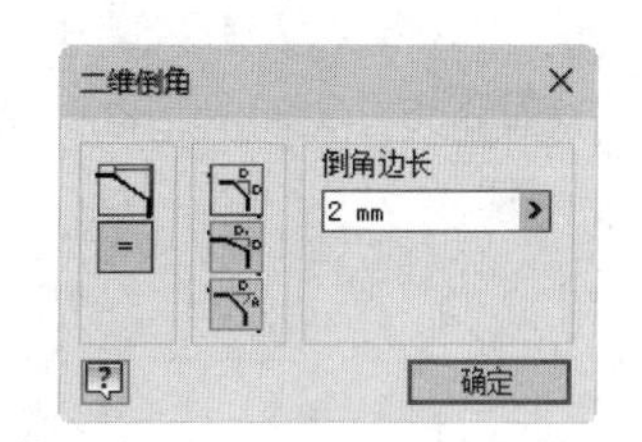

图3-58 “二维倒角”对话框

步骤01 单击“草图”选项卡“创建”面板上的“倒角”按钮，打开如图3-58所示的“二维倒角”对话框。

步骤02 根据需要设置“二维倒角”对话框中的各选项，可以选择一个点或者选择两个几何图元来创建倒角。

步骤03 如果需要，可以改变“二维倒角”对话框中的各选项，或者继续选择其他点或几何图元，以便创建其他倒角。

步骤04 单击“二维倒角”对话框中的“确定”按钮，完成倒角的绘制，如图 3-59 所示。

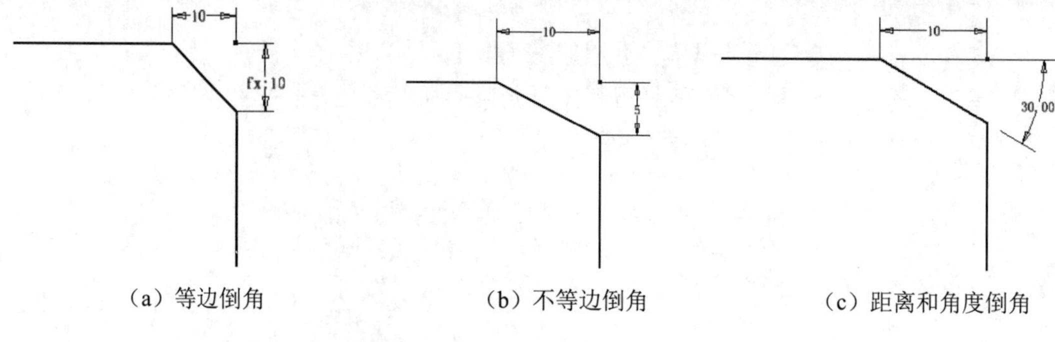

（a）等边倒角　（b）不等边倒角　（c）距离和角度倒角

图 3-59　倒角

“二维倒角”对话框中的选项说明如下：

- ：放置对齐尺寸来指示倒角的大小。
- 等长：倒角的距离和角度设置与当前命令中创建的第一个倒角的参数相等。
- 等边：通过与点或选中直线的交点相同的偏移距离来定义倒角。
- 不等边：通过每条选中的直线指定到点或交点的距离来定义倒角。
- 距离和角度：由所选的第一条直线的角度和从第二条直线的交点开始的偏移距离来定义倒角。

3.6.2 圆角

圆角绘制的操作步骤如下：

步骤01 单击“草图”选项卡“创建”面板上的“圆角”按钮，打开如图 3-60 所示的“二维圆角”对话框。

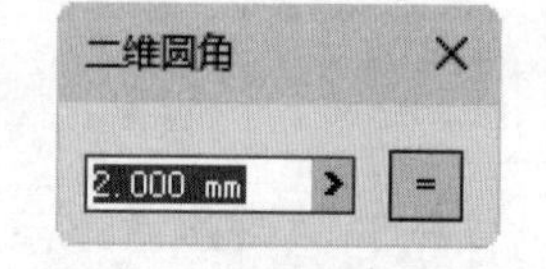

图 3-60　“二维圆角”对话框

步骤02 在“二维圆角”对话框中，输入圆角半径为 4 mm，单击“等长”按钮，将创建多个等半径的圆角。

步骤03 在图形窗口中选择要创建成为圆角的几何图元的拐角（顶点）或分别选择每条线段。

步骤04 继续选择要创建圆角的几何图元，如图 3-61（a）所示。注意，设置“等长”选项的数值只能等于创建第一圆角半径的值。

步骤05 关闭“二维圆角”对话框，完成圆角的绘制，如图 3-61（b）所示。

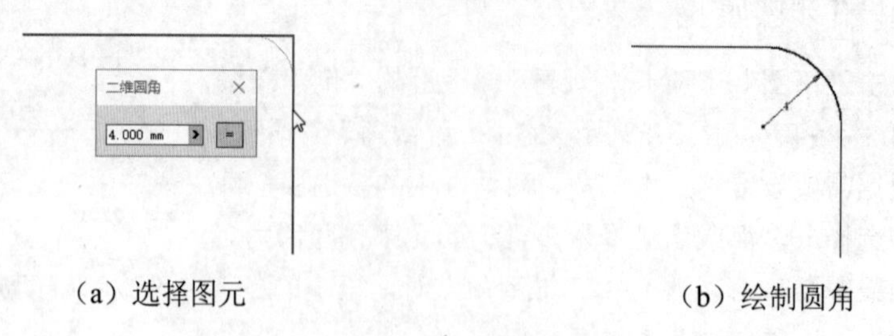

（a）选择图元　（b）绘制圆角

图 3-61　圆角绘制过程

3.6.3 实例——角铁草图

本实例将创建如图 3-62 所示的角铁草图。

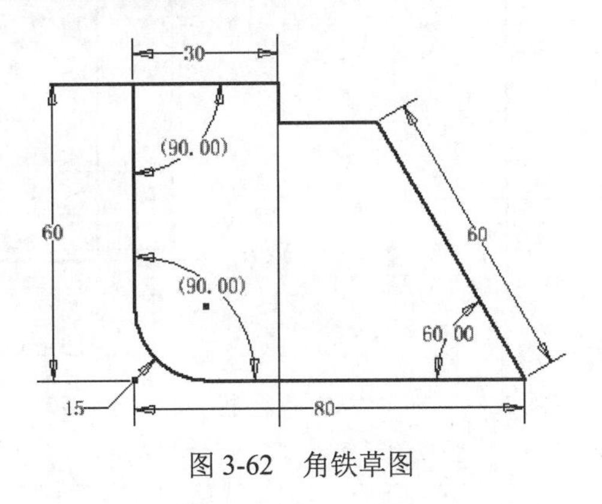

图 3-62 角铁草图

下载资源

下载资源\动画演示\第3章\角铁草图.MP4

操作步骤

步骤 01 新建文件。运行 Inventor 2024，单击“快速访问”工具栏上的“新建”按钮，在打开的“新建文件”对话框中的零件下拉列表中选择“Standard.ipt”选项，单击“创建”按钮，新建一个零件文件。

步骤 02 进入草图环境。单击“三维模型”选项卡“草图”面板上的“开始创建二维草图”按钮，选择如图 3-63 所示的基准平面，进入草图绘制环境。

图 3-63 选择基准平面

步骤 03 绘制图形。单击“草图”选项卡“绘制”面板上的“直线”按钮，在视图中指定一点为起点，拖动鼠标输入长度为 30，角度为 90（按 Tab 键切换输入），如图 3-64 所示；输入长度为 60，角度为 90；输入长度为 80，角度为 90；输入长度为 60，角度为 60。捕捉第一条直线的起点延伸确定直线的长度，绘制封闭的图形，如图 3-65 所示。

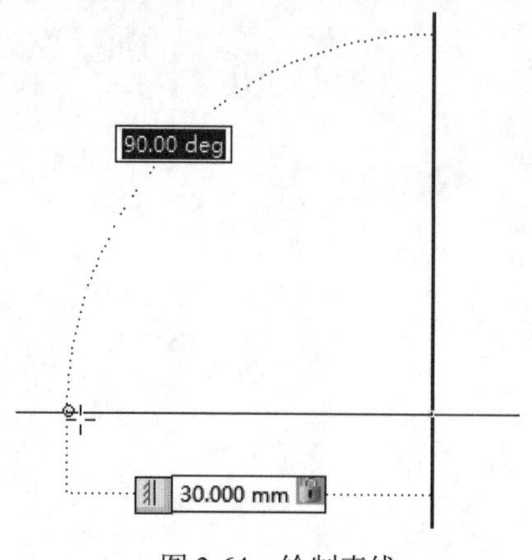

图 3-64　绘制直线

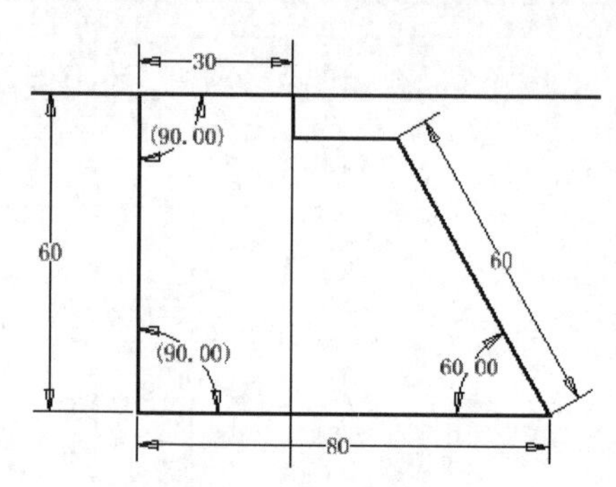

图 3-65　绘制封闭图形

步骤 04　圆角。单击“草图”选项卡“绘制”面板上的“圆角”按钮，打开如图 3-66 所示的“二维圆角”对话框，输入半径为 15，选择两条线作为倒圆角的图元，单击完成圆角，如图 3-67 所示。

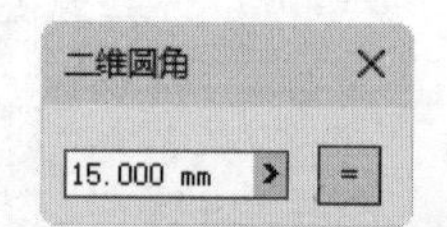

图 3-66　“二维圆角”对话框

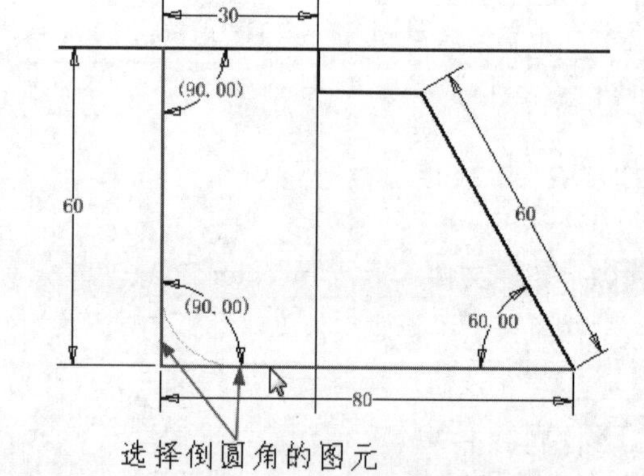

图 3-67　完成圆角的绘制

3.6.4　偏移

偏移是指复制所选草图的几何图元，并将其放置在与原图元偏移一定距离的位置。在默认情况下，偏移的几何图元与原几何图元有等距约束。

步骤 01　单击“草图”选项卡“修改”面板上的“偏移”按钮，创建偏移图元。

步骤 02　在视图中选择要复制的草图几何图元，如图 3-68（a）所示。

步骤 03　在要放置偏移图元的方向上移动光标，此时可预览偏移生成的图元，如图 3-68（b）所示。

步骤 04　单击鼠标左键以创建新的几何图元，如图 3-68（c）所示。

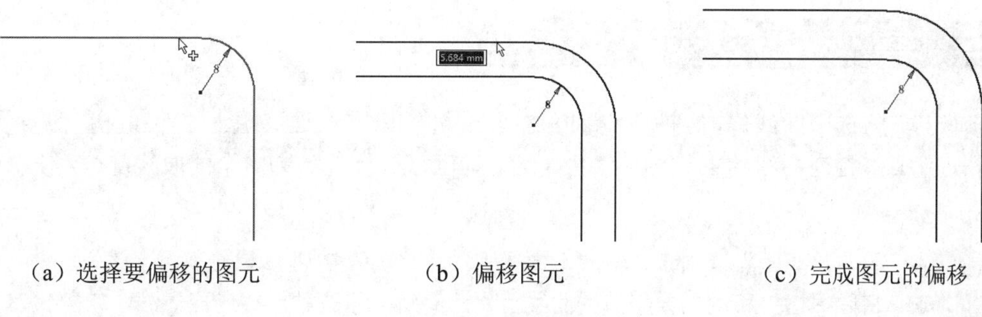

（a）选择要偏移的图元　　（b）偏移图元　　（c）完成图元的偏移

图 3-68　偏移过程

步骤05 如果需要，可使用尺寸标注工具设置指定的偏移距离。

步骤06 在移动鼠标预览偏移图元的过程中，如果单击鼠标右键，可以打开如图 3-69 所示的快捷菜单。在默认情况下，“回路选择”和“约束偏移量”两个选项都是选中的状态，也就是说，软件会自动选择回路（端点连在一起的曲线），并将偏移曲线约束为与原曲线距离相等。

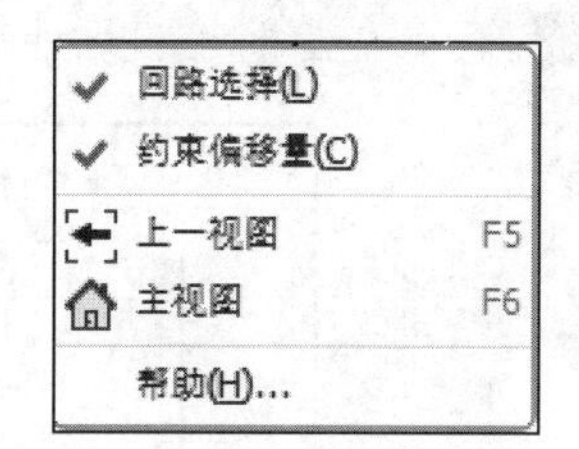

图 3-69　偏移过程中的快捷菜单

步骤07 如果要偏移一个或多个独立曲线，或要忽略等长约束，则取消对“回路选择”和“约束偏移量”选项的勾选即可。

3.6.5 延伸

延伸命令用来清理草图或闭合处于开放状态的草图。

步骤01 单击“草图”选项卡“修改”面板上的“延伸”按钮，将曲线延伸到图元上，如图 3-70（a）所示。

步骤02 将鼠标指针移动到要延伸的曲线上，此时，该功能将所选曲线延伸到最近的相交曲线上，用户可以预览到延伸的曲线，如图 3-70（b）所示。

步骤03 单击鼠标左键即可完成曲线延伸，如图 3-70（c）所示。

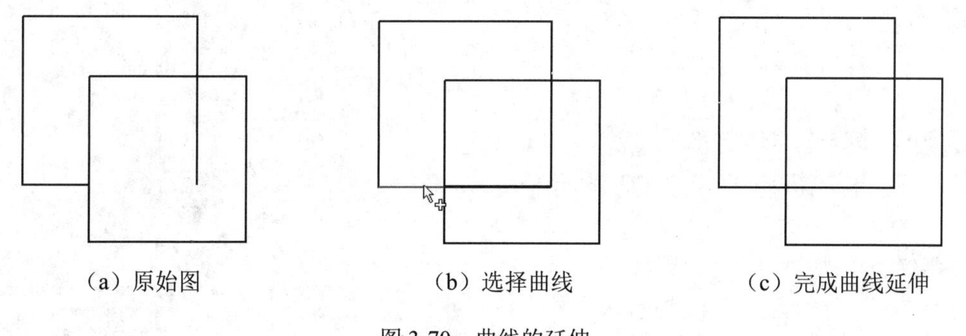

（a）原始图　　（b）选择曲线　　（c）完成曲线延伸

图 3-70　曲线的延伸

步骤04 曲线延伸以后，在延伸曲线和边界曲线端点处创建重合约束。如果曲线的端点具有固定约束，那么该曲线不能延伸。

3.6.6　修剪

修剪工具将选中曲线修剪到与最近曲线的相交处，可在二维草图、部件和工程图中使用。在一个具有很多相交曲线的二维图环境中，该工具可以很好地除去多余的曲线部分，使得图形更加整洁。

步骤01 单击“草图”选项卡“修改”面板上的“修剪”按钮，修剪多余线段。

步骤02 将鼠标指针移动到要修剪的曲线上，此时将被修改的曲线变成虚线，如图3-71（a）所示。

步骤03 单击鼠标左键后曲线被删除，完成修剪，如图3-71（b）所示。

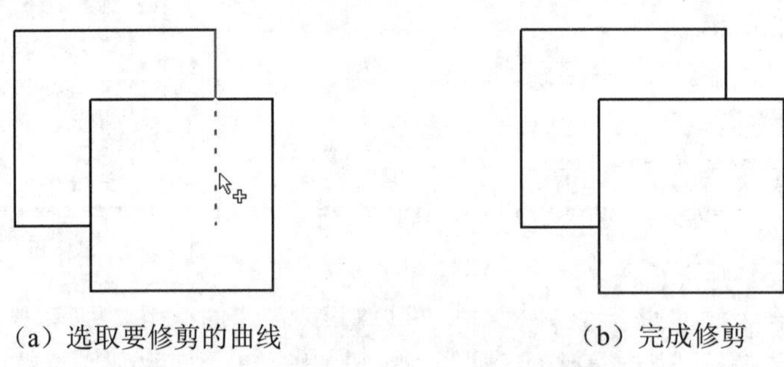

（a）选取要修剪的曲线　　（b）完成修剪

图3-71　曲线的修剪

在曲线中间进行选择会影响距离光标最近的端点，如果有多个交点，则选择最近的一个。在修剪操作中，删除的是光标下面的部分。

3.6.7　移动

移动图元的操作步骤如下：

步骤01 单击“草图”选项卡“修改”面板上的“移动”按钮，打开“移动”对话框，如图3-72所示。

步骤02 利用几何图元选择工具选择要移动的草图几何图元，如图3-73（a）所示。

步骤03 利用基准点选择工具，在视图中选择基准点，如图3-73（b）所示。

步骤04 移动鼠标，可以预览移动图元，将图元放置到适当位置，单击鼠标左键完成移动，如图3-73（c）所示。单击“完毕”按钮，关闭对话框。

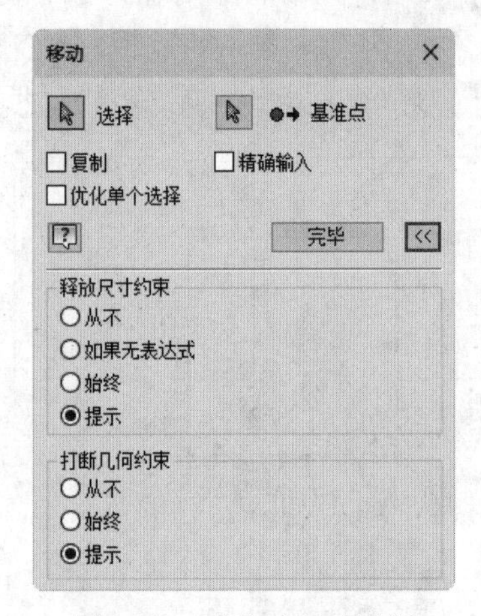

图3-72　“移动”对话框

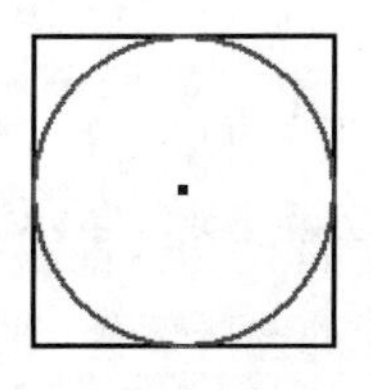
（a）选择几何图元

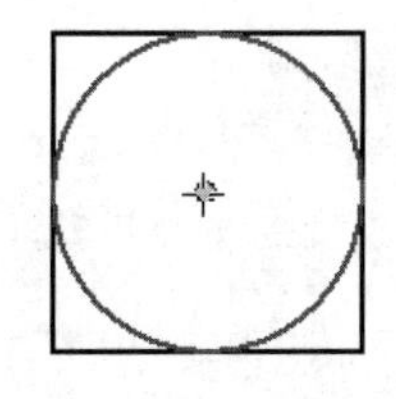
（b）选择基点

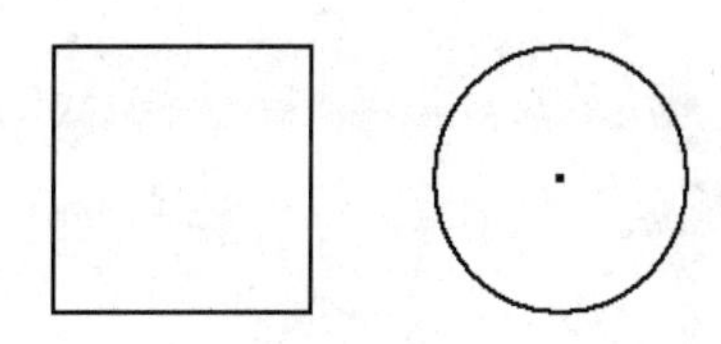
（c）完成移动

图 3-73　移动图元

“移动”对话框中的选项说明如下：

- 选择：选择要移动的几何图元。
- 基准点：设置移动命令的起始点。勾选“精确输入”复选框，打开如图 3-74 所示的“Inventor 精确输入”小工具栏，输入基准点和端点的 X、Y 坐标。

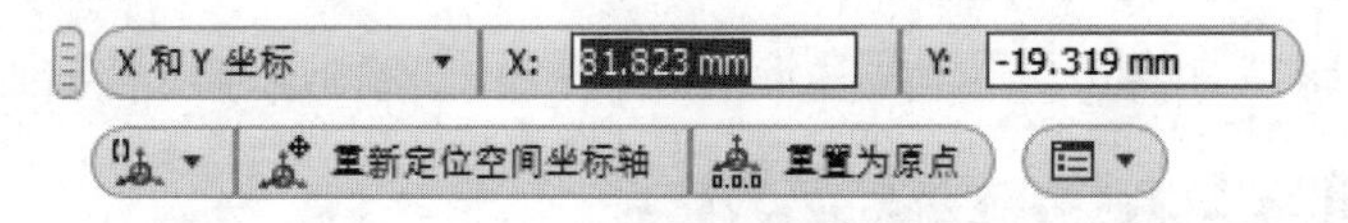

图 3-74　“Inventor 精确输入”小工具栏

- 复制：勾选此复选框，可以复制选定的几何图元并将其放置在指定的端点处。
- 优化单个选择：选择几何图元后，将自动进行基准点的选择。若要在选择基准点之前选择多个几何图元，则取消勾选此复选框。
- 释放尺寸约束：
  - 从不：不放宽尺寸，移动操作遵守与选定几何图元关联的所有尺寸。
  - 如果无表达式：不会放宽用作任何其他尺寸的函数尺寸。
  - 始终：在移动操作完成后，将重新计算与选定几何图元关联的所有线性尺寸和角度尺寸。
  - 提示：系统默认选择此选项。如果无法完成移动操作，将显示一个对话框，指出发生的问题并提供解决方案。
- 打断几何约束：
  - 从不：不修改几何约束，移动操作遵守所有现有的几何约束。
  - 始终：仅删除与选定几何图元关联的固定约束。
  - 提示：系统默认选择此选项。如果无法完成移动操作，将显示一条消息来说明情况。

3.6.8 复制

复制图元的操作步骤如下：

步骤 01 单击“草图”选项卡“修改”面板上的“复制”按钮，打开“复制”对话框，如图 3-75 所示。

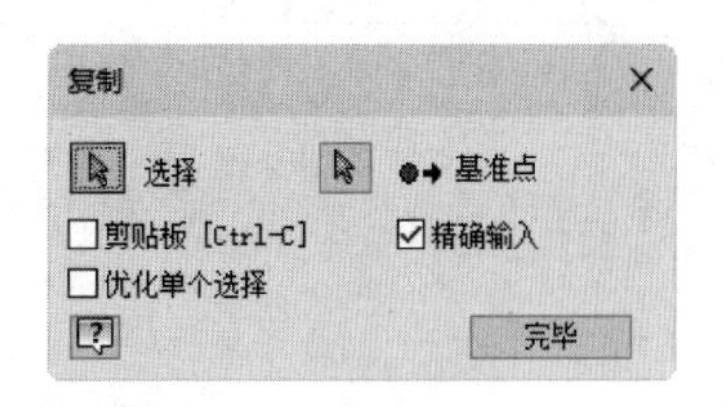

图 3-75　“复制”对话框

步骤 02 利用几何图元选择工具选择要复制的草图几何图元，如图 3-76（a）

所示。

步骤03 利用基准点选择工具，在视图中选择基准点，如图 3-76（b）所示。

步骤04 移动鼠标预览复制图元，将图元放置到适当位置，单击鼠标左键完成复制，如图 3-76（c）所示。

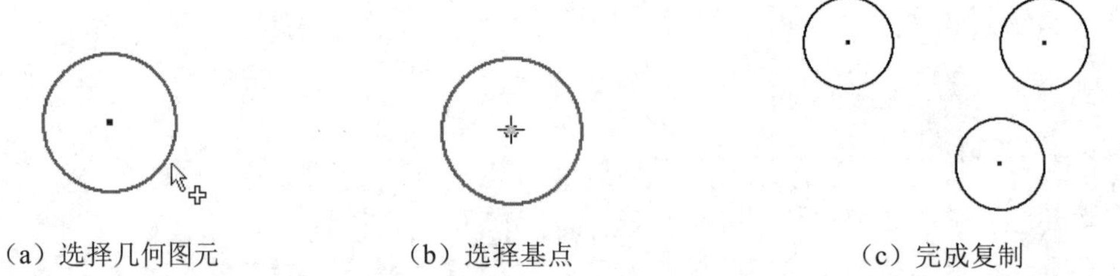

（a）选择几何图元　（b）选择基点　（c）完成复制

图 3-76　复制图元

需要注意的是，“剪贴板”用于保存选定几何图元的临时副本以粘贴到草图中。

3.6.9 旋转

旋转的操作步骤如下：

步骤01 单击“草图”选项卡“修改”面板上的“旋转”按钮，打开“旋转”对话框，如图 3-77 所示。

步骤02 利用几何图元选择工具选择要旋转的草图几何图元，如图 3-78（a）所示。

步骤03 利用基准点选择工具，在视图中选择旋转中心点，如图 3-78（b）所示。

步骤04 移动鼠标预览旋转图元，将图元放置到适当位置，单击鼠标左键完成旋转，如图 3-78（c）所示。

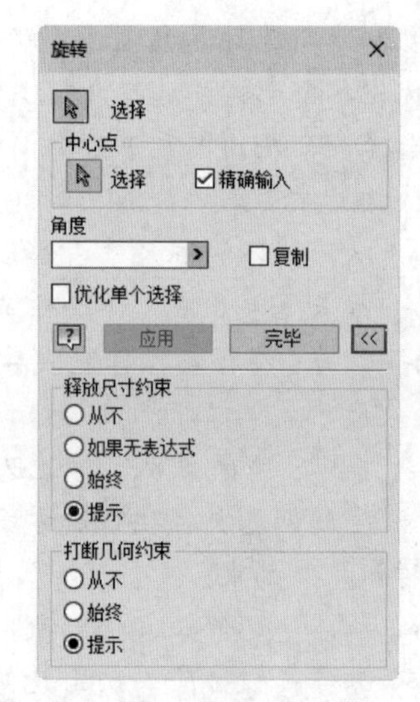

图 3-77　“旋转”对话框

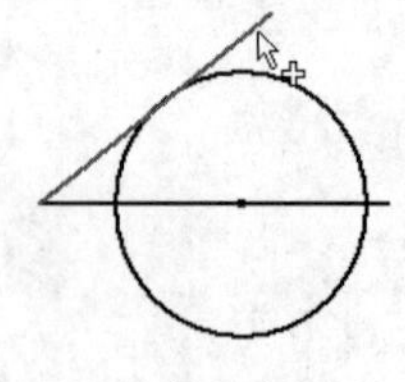

（a）选择几何图元

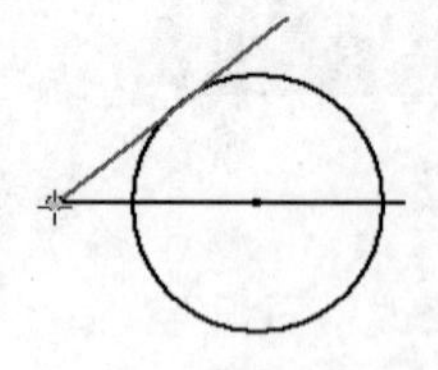

（b）选择中心点

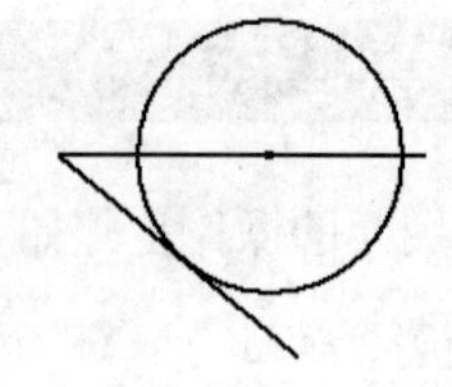

（c）完成旋转

图 3-78　旋转图元

3.6.10 镜像

镜像对象的操作步骤如下：

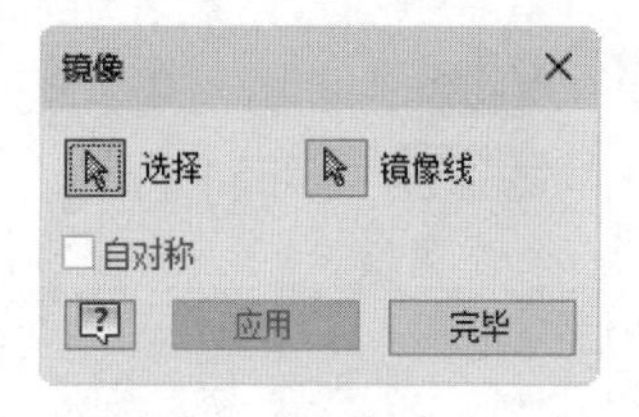

图 3-79 “镜像”对话框

步骤 01 单击“草图”选项卡“阵列”面板上的“镜像”按钮，打开“镜像”对话框，如图 3-79 所示。

步骤 02 单击选择工具，选择要镜像的几何图元，如图 3-80（a）所示。

步骤 03 单击“镜像线”按钮选择镜像线，如图 3-80（b）所示。

步骤 04 单击“应用”按钮，镜像草图几何图元，单击“完毕”按钮，关闭对话框，如图 3-80（c）所示。

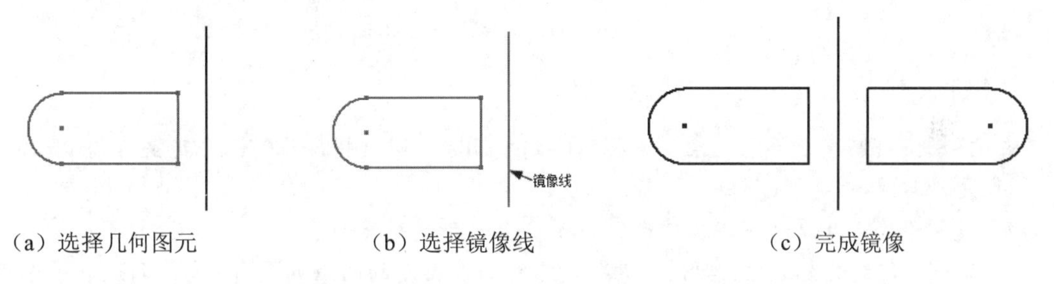

（a）选择几何图元 （b）选择镜像线 （c）完成镜像

图 3-80 镜像对象

草图几何图元在镜像时，使用镜像线作为其镜像轴，相等约束自动应用到镜像的双方，但在镜像完毕后，用户可以删除或编辑某些线段，其余的线段仍然保持对称。这时请不要给镜像的图元添加对称约束，否则系统会给出约束多余的警告。

3.6.11 阵列

如果想要线性阵列或圆周阵列几何图元，就会用到 Inventor 2024 提供的矩形阵列和环形阵列工具：矩形阵列可在两个互相垂直的方向上阵列几何图元；环形阵列则可使得某个几何图元沿着圆周阵列。

1. 矩形阵列

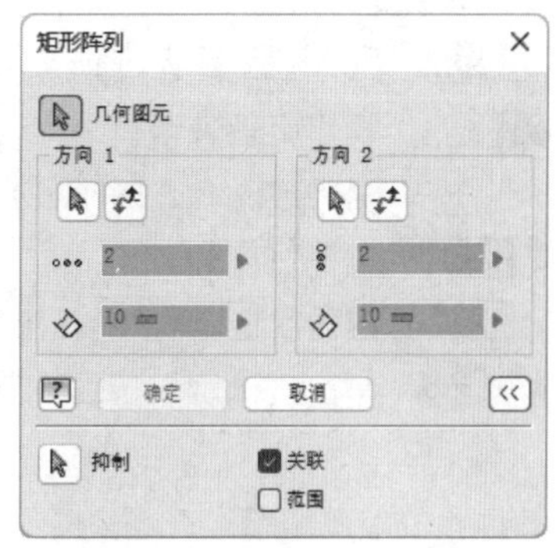

图 3-81 “矩形阵列”对话框

步骤 01 单击“草图”选项卡“阵列”面板上的“矩形阵列”按钮，打开“矩形阵列”对话框，如图 3-81 所示。

步骤 02 利用几何图元选择工具选择要阵列的草图几何图元，如图 3-82（a）所示。

步骤 03 单击图中“方向 1”下的路径选择按钮，选择几何图元定义阵列的第一个方向，如果要选择相反的方向，可单击“反向”按钮。

步骤04 在数量框 2 中，指定阵列中元素的数量，在间距框 10 mm 中指定元素之间的间距。

步骤05 “方向 2”的设置与“方向 1”相同，如图 3-82（b）所示。

步骤06 单击“确定”按钮完成矩形阵列的创建，如图 3-82（c）所示。

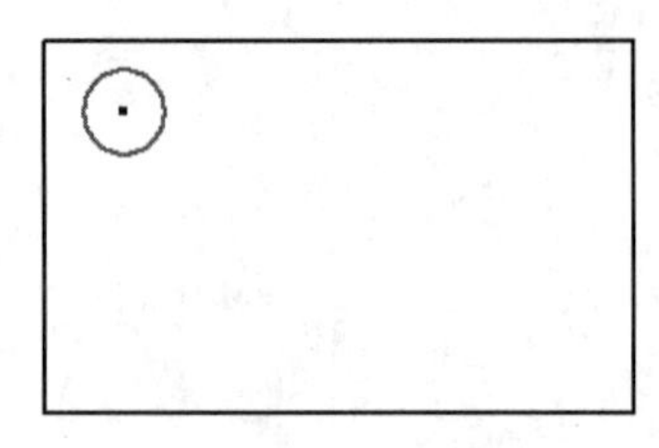

（a）选取阵列图元

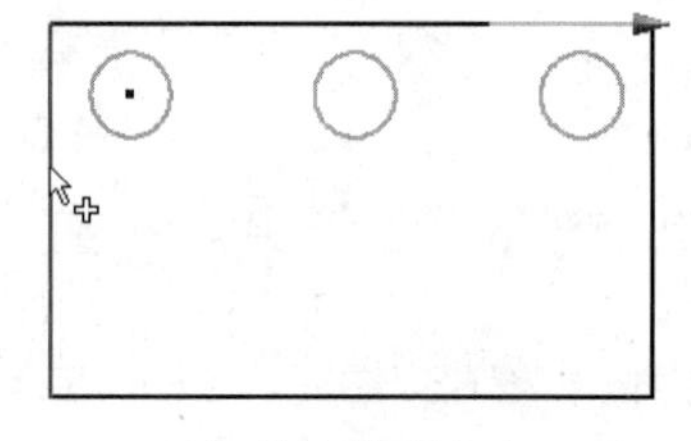

（b）选取阵列方向

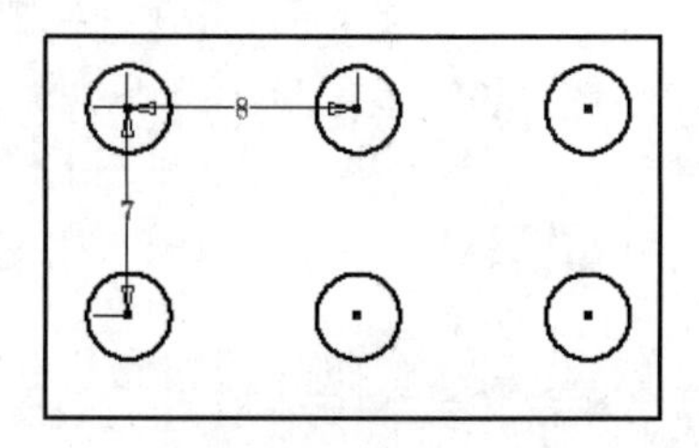

（c）完成矩形阵列

图 3-82　矩形阵列

“矩形阵列”对话框中的选项说明如下：

- 抑制：抑制单个阵列元素，将其从阵列中删除，同时将该几何图元转换为构造几何图元。
- 关联：勾选此复选框，当修改零件时，会自动更新阵列。
- 范围：勾选此复选框，阵列元素将均匀分布在指定的间距范围内。取消勾选此复选框，阵列间距将取决于两元素之间的间距。

2. 环形阵列

步骤01 单击“草图”选项卡“阵列”面板上的“环形阵列”按钮，打开“环形阵列”对话框，如图 3-83 所示。

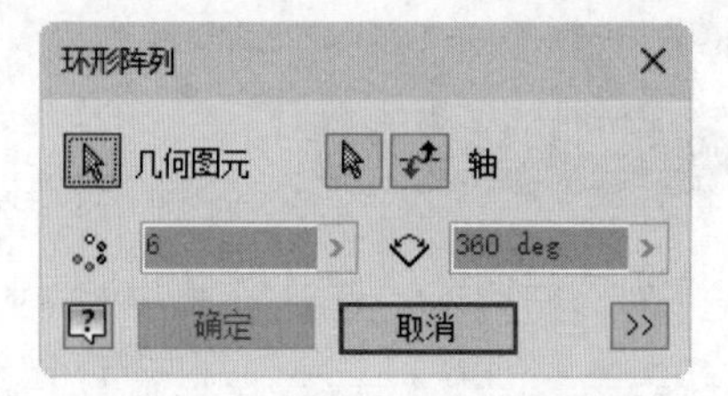

图 3-83　“环形阵列”对话框

步骤02 利用几何图元选择工具选择要阵列的草图几何图元，如图 3-84（a）所示。

步骤03 利用旋转轴选择工具选择旋转轴，如果要选择相反的旋转方向（如将顺时针方向变为逆时针方向排列）可单击“反向”按钮，如图 3-84（b）所示。

步骤04 选择好旋转方向之后，再输入要复制的几何图元的个数 6，以及旋转的角度 360 deg 即可。

步骤05 单击“确定”按钮完成环形阵列的创建，如图 3-84（c）所示。

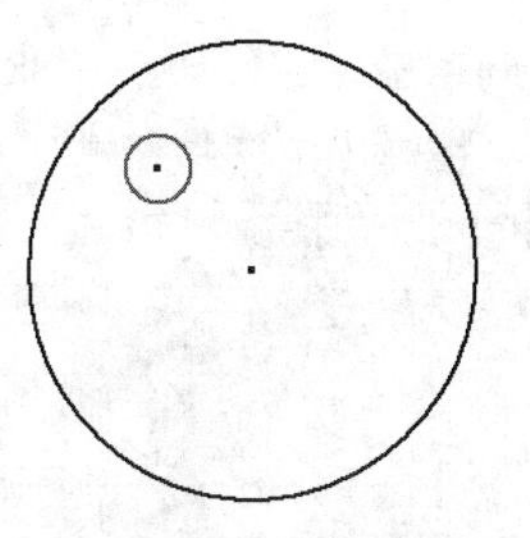

（a）选择阵列图元

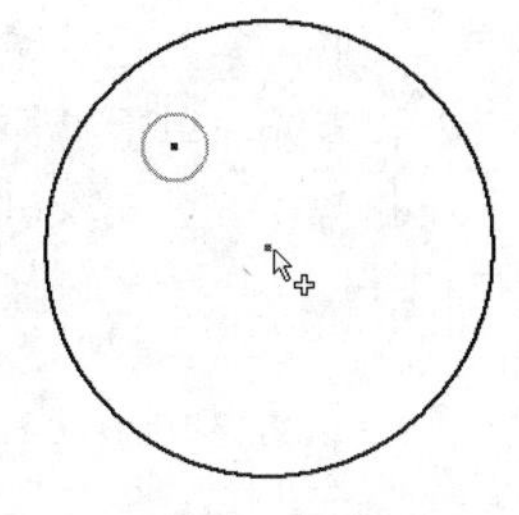

（b）选择旋转轴

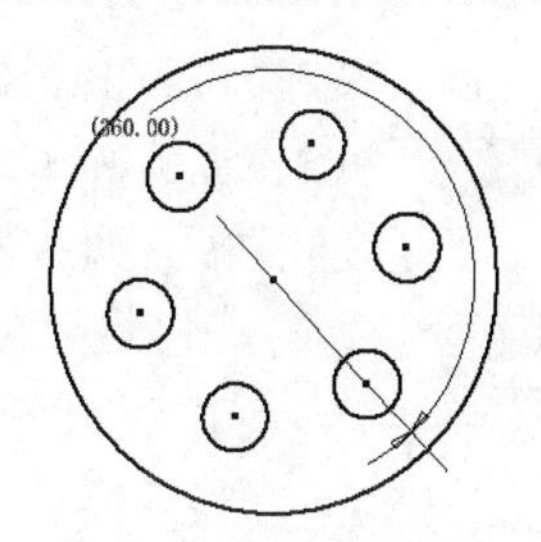

（c）完成环形阵列

图 3-84　环形阵列

3.6.12　实例——棘轮草图

本例创建如图 3-85 所示的棘轮草图。

下载资源\动画演示\第3章\棘轮草图.MP4

操作步骤

步骤 01 新建文件。运行 Inventor 2024，单击“快速访问”工具栏上的“新建”按钮，在打开的“新建文件”对话框中零件下拉列表中选择“Standard.ipt”选项，单击“创建”按钮，新建一个零件文件。

步骤 02 进入草图环境。单击“三维模型”选项卡“草图”面板上的“开始创建二维草图”按钮，选择 XY 基准平面，进入草图环境。

步骤 03 绘制圆。单击“草图”选项卡“创建”面板上的“圆”按钮，绘制圆，如图 3-86 所示。

步骤 04 绘制直线。单击“草图”选项卡“创建”面板上的“直线”按钮，绘制直线，如图 3-87 所示。

图 3-85　棘轮草图

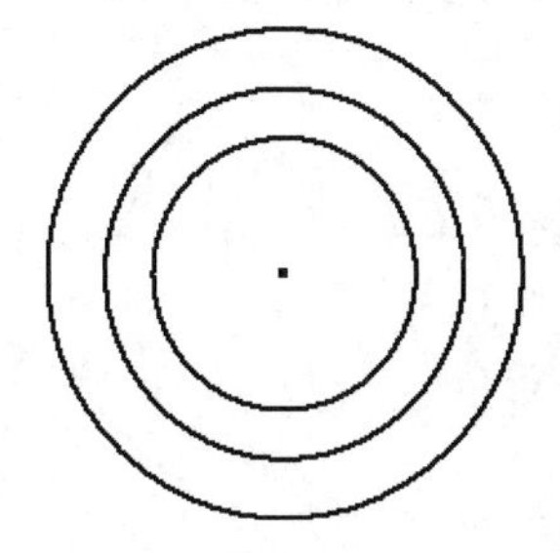

图 3-86　绘制圆

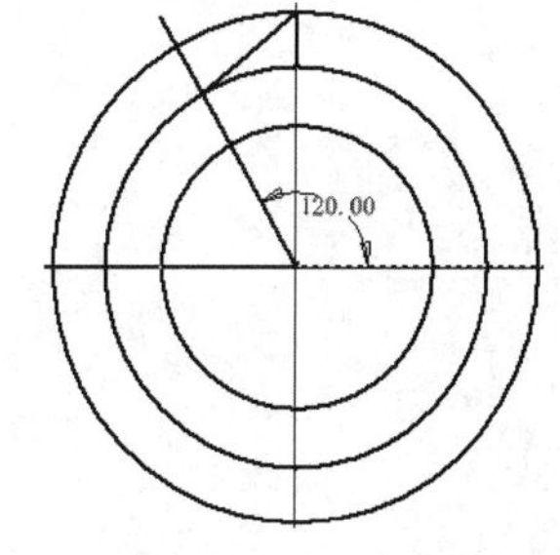

图 3-87　绘制直线

步骤 05 阵列图形。单击“草图”选项卡“阵列”面板上的“环形阵列”按钮，打开“环形阵列”对话框，选择如图 3-87 所示的直线为阵列图元，选取圆心为阵列轴，输入阵列个数为 12，取消勾选“关联”复选框，单击“确定”按钮，如图 3-88 所示。

步骤 06 删除图元。选择圆 1、圆 2 和直线，单击鼠标右键，在弹出的快捷菜单中选择“删除”选项，如图 3-89 所示，删除图元，最终结果如图 3-85 所示。

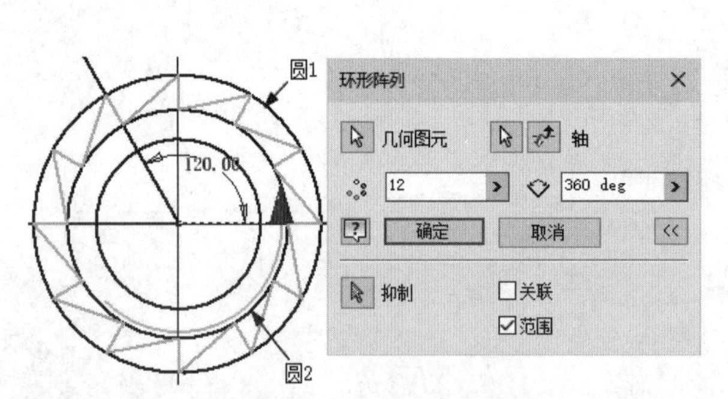

图 3-88　选择阵列图元

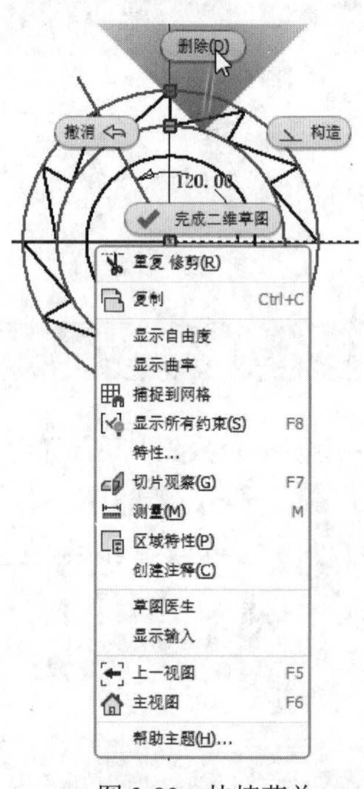

图 3-89　快捷菜单

步骤 07 保存文件。单击“快速访问”工具栏上的“保存”按钮，打开“另存为”对话框，输入文件名为“棘轮草图.ipt”，单击“保存”按钮，保存文件。

3.7　综合实例——连接片草图

本例绘制如图 3-90 所示的连接片草图。

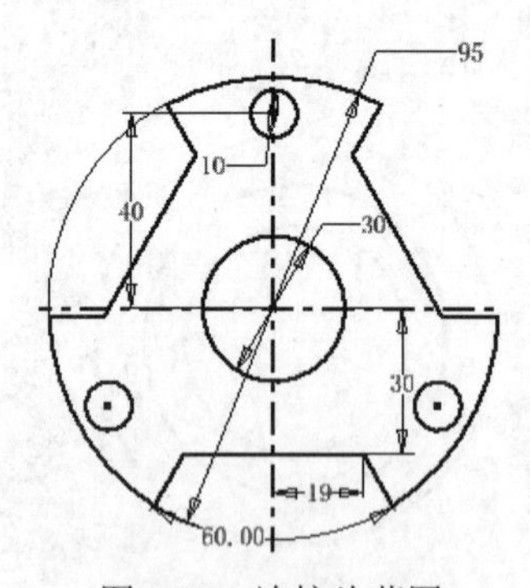

图 3-90　连接片草图

下载资源\动画演示\第3章\连接片草图.MP4

操作步骤

步骤01 新建文件。运行 Inventor 2024，单击“快速访问”工具栏上的“新建”按钮，在打开的“新建文件”对话框中的零件下拉列表中选择“Standard.ipt”选项，单击“创建”按钮，新建一个零件文件。

步骤02 进入草图环境。单击“三维模型”选项卡“草图”面板中的“开始创建二维草图”按钮，选择 XY 基准平面为草图绘制面，进入草图环境。

步骤03 绘制中心线。单击“草图”选项卡“格式”面板中的“中心线”按钮和单击“草图”选项卡“创建”面板的“直线”按钮，绘制中心线，如图 3-91 所示。

步骤04 绘制圆。单击“草图”选项卡“创建”面板中的“圆”按钮，绘制圆，如图 3-92 所示。

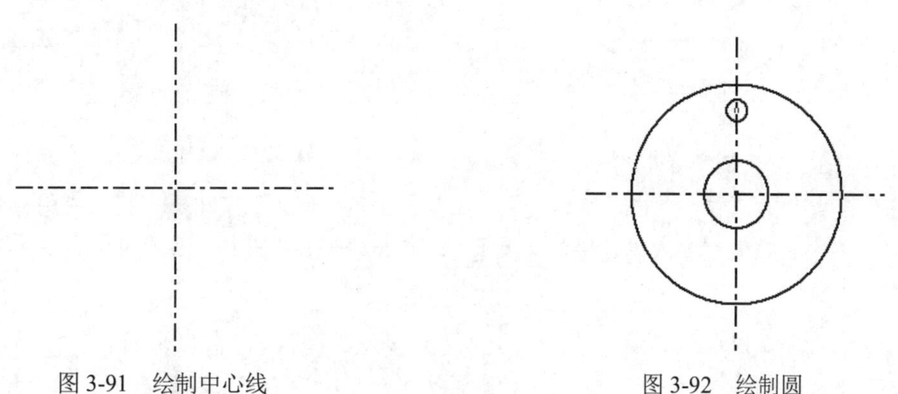

图 3-91 绘制中心线　　图 3-92 绘制圆

步骤05 绘制直线。单击“草图”选项卡“创建”面板中的“直线”按钮并取消选中“中心线”按钮，绘制直线，如图 3-93 所示。

步骤06 添加相等约束。单击“草图”选项卡“约束”面板中的“等于”按钮═，将两条斜直线添加相等关系，如图 3-94 所示。

步骤07 添加对称关系。单击“草图”选项卡“约束”面板中的“对称约束”按钮，添加两条斜直线与中心线的对称关系，如图 3-95 所示。

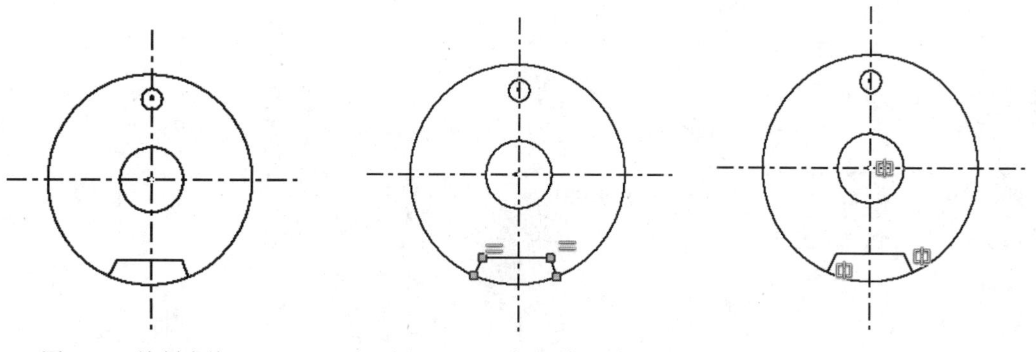

图 3-93 绘制直线　　图 3-94 添加相等关系　　图 3-95 添加对称关系

步骤08 标注尺寸。单击“草图”选项卡“约束”面板中的“尺寸”按钮，进行尺寸约束，如图 3-96 所示。

步骤 09 阵列图形。单击“草图”选项卡“阵列”面板中的“环形阵列”按钮，打开如图3-97所示的“环形阵列”对话框，选择小圆和线段为阵列图元，中心线交点为阵列中心，输入阵列个数为3，角度为360°，取消勾选“关联”复选框，单击“确定”按钮，完成阵列。

步骤 10 修剪图形。单击“草图”选项卡“修改”面板中的“修剪”按钮，修剪多余的线段，最终效果如图3-90所示。

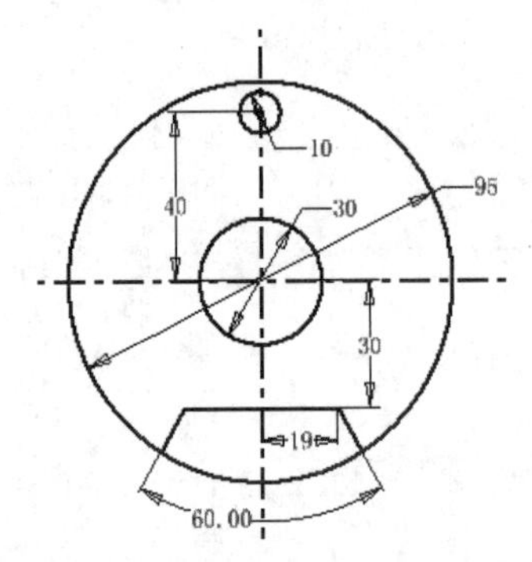

图3-96　标注尺寸

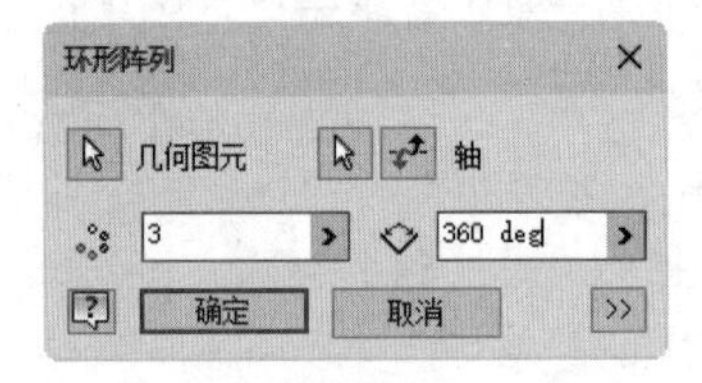

图3-97　“环形阵列”对话框

步骤 11 保存文件。单击“快速访问”工具栏上的“保存”按钮，打开“另存为”对话框，输入文件名为“连接片草图.ipt”，单击“保存”按钮，保存文件。

第4章 基础特征

 导言

在 Inventor 2024 中，基本的模型都是在草图的基础上创建的，本章主要介绍模型环境、草图特征、拉伸特征和旋转特征。

4.1 模型环境

在创建或编辑零件时，将进入零件环境，也称为模型环境。在此环境中可以构建和修改特征、设定定位特征、创建特征阵列，并将各个特征组合成一个完整的零件。浏览器功能允许编辑草图特征、显示或隐藏特征、添加设计注释、调整特征的自适应性以及访问“特性”面板。

特征是组成零件的独立元素，可随时对其进行编辑。特征主要有 4 种类型：

- 草图特征：基于草图的几何图元，由特征创建命令中输入的参数来定义，用户可编辑草图的几何图元和特征参数。
- 放置特征：标准的放置特征包括抽壳、圆角、倒角、拔模斜度、孔和螺纹。圆角或倒角在创建的时候不需要草图。若要创建圆角，只需输入半径并选择一条边。
- 阵列特征：是指按照矩形、环形或镜像的方式重复多个特征或特征组。必要时，可以抑制阵列特征中的个别特征。
- 定位特征：用于创建和定位特征的平面、轴或点。

Inventor 2024 的草图环境与零件环境有相通性，用户可以直接新建一个草图文件。但是任何一个零件，无论简单或复杂，都不能直接在零件环境下创建，必须首先在草图中绘制好轮廓，然后通过三维实体操作来生成特征。特征可分为基于草图的特征和非基于草图的特征。但是，一个零件最先得到的造型特征，一定是基于草图的特征，所以在 Inventor 2024 中如果新建了一个零件文件，则在默认的系统设置下会自动进入草图环境。

进入零件建模环境的操作步骤如下：

步骤 01 单击“快速访问”工具栏上的“新建”按钮，在打开的“新建文件”（见图 4-1）对话框中选择“Standard.ipt”选项。

步骤 02 单击“创建”按钮，进入零件建模环境，如图 4-2 所示。

图 4-1 “新建文件”对话框

图 4-2 零件建模环境

4.2 草图特征

草图特征是在Autodesk Inventor 2024中创建三维特征时采用的一种特征类型，这里所指的采用“草图特征”创建的三维特征是基于二维草图基础上的。可以使用共享草图创建零件，如图 4-3 所示。

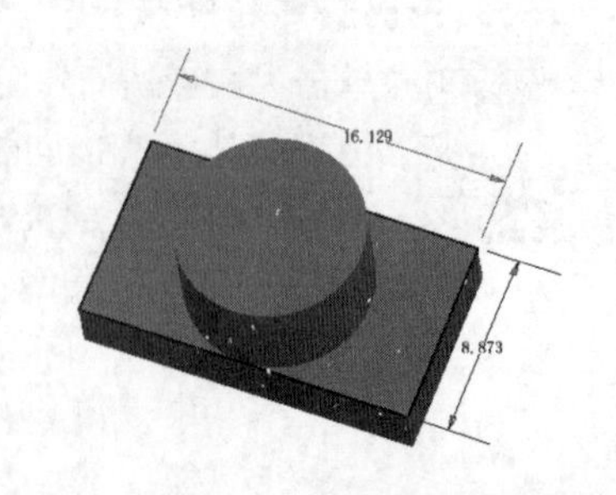

图 4-3 使用一个共享草图创建零件

4.2.1 简单的草图特征

草图特征是一种三维特征，利用 Autodesk Inventor 2024 的草图特征可以表现出大多数基本的设计意图。当创建一个草图特征时，首先要创建一个三维的草图或者创建一个截面轮廓，而所绘制的轮廓通常用于表现被创建的三维特征的二维截面形状，对于大多数复杂的草图特征，截面轮廓可以创建在一张草图上。

可以以不同的三维模型轮廓创建零件的多个草图，然后在这些草图上创建草图特征。所创建的第一个草图特征被称为基础特征。当创建好基础特征之后，就可以在此三维模型的基础上添加草图特征或者添加放置特征了。

1. 典型草图特征的建立

图 4-4 是一个典型的基于草图所创建的三维特征，第一个基础的草图用来创建基础的特征，第二个草图的特征是在三维模型的基础上添加的。

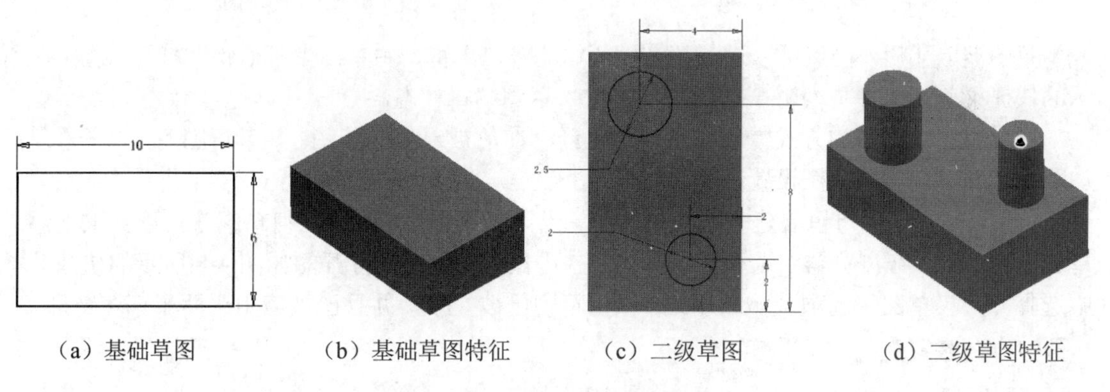

（a）基础草图　（b）基础草图特征　（c）二级草图　（d）二级草图特征

图 4-4　基于草图创建的三维特征

2. 草图特征的属性

草图特征的主要属性如下：

- 需要一个未退化的草图。
- 可以用于基础特征和次级特征。
- 可以从三维模型中添加或去除材料来得到草图特征的结果。

4.2.2 退化和未退化的草图

当创建一个零件时，第一个草图是自动创建的，在大多数情况下，会使用默认的草图作为三维模型的基础视图。草图创建好之后，就可以创建草图特征，例如利用拉伸或旋转来创建三维模型最初的特征。对于三维特征来说，在创建三维草图特征的同时，草图本身也就变成了退化草图。除此之外，草图还可以通过“共享草图”重新定义成未退化的草图，以便在更多的草图特征中使用。

1．未退化草图

图 4-5 展示了一个被草图特征退化之前最初的草图。

2．退化草图

图 4-6 通过一个草图特征展示了退化草图。

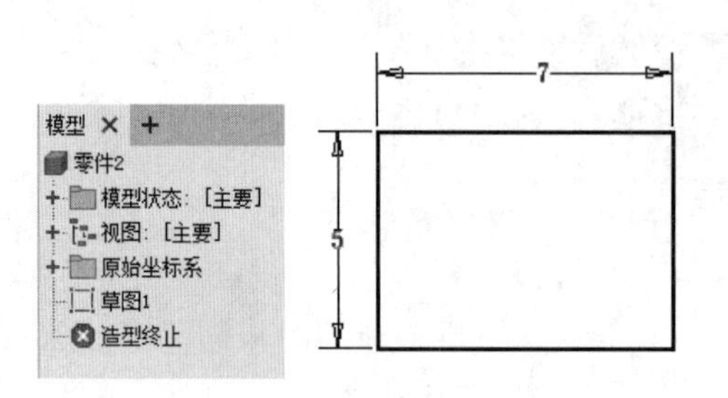

图 4-5　未退化的草图

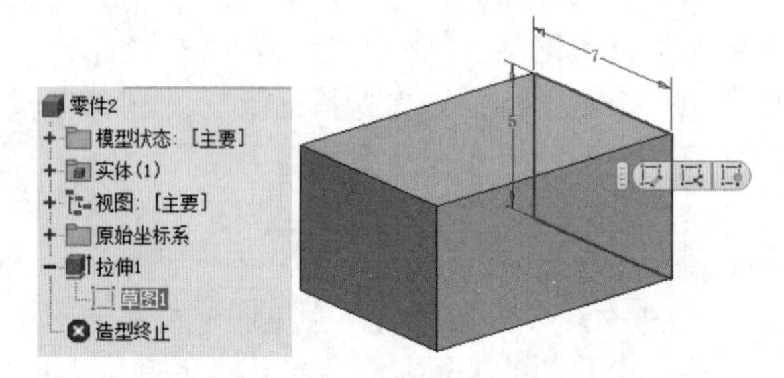

图 4-6　退化的草图

草图被退化后，仍然可以进入草图编辑状态，在浏览器中单击鼠标右键，打开如图 4-7 所示的快捷菜单，选择“编辑草图”选项，进入草图编辑状态。

可以用共享草图的方式重复使用一个已经存在的被退化的草图。共享草图后，为了重复添加草图特征，仍需将草图设置为可见。

通常，共享草图可以创建多个草图特征。当共享草图后，它的几何轮廓就可以无限地添加草图特征。例如在浏览器中选择任意草图，单击鼠标右键，在打开的如图 4-8 所示的快捷菜单中选择“共享草图”选项，如图 4-9 所示为草图已被共享，并且已被应用于两个草图特征。

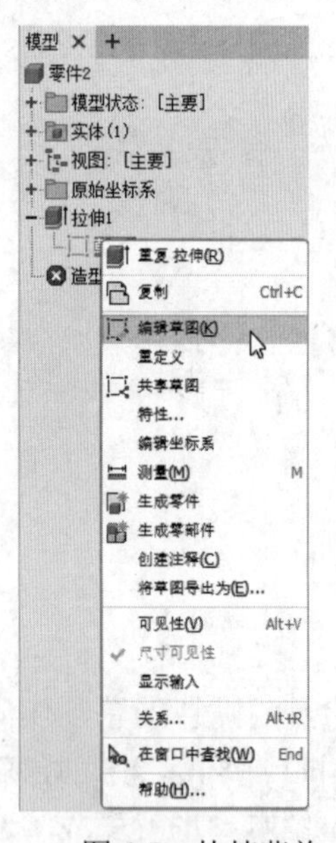

图 4-7　快捷菜单

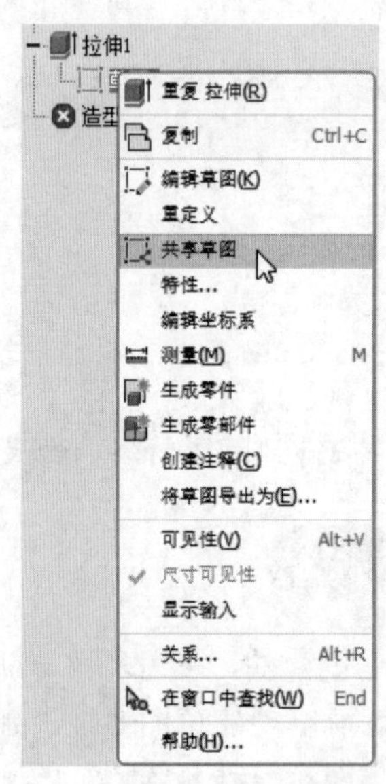

图 4-8　快捷菜单

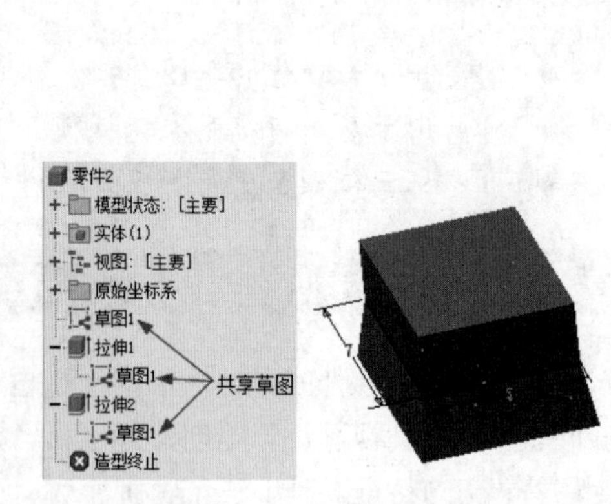

图 4-9　共享草图

快捷菜单中的命令说明如下：

- 编辑草图：激活草图环境可以进行编辑，草图上的一些改变可以直接反映在三维模型中。

- 重定义：可以确保用户能重新选择创建草图的面，草图上的一些改变可以直接反映在三维模型中。
- 共享草图：可以重复使用该草图添加一些其他的草图特征。
- 特性：可以对几何图元特性（如线颜色、线型、线宽等）进行设置。
- 编辑坐标系：可以编辑坐标系，例如改变 X 轴和 Y 轴的方向，或者重新定义草图方向。
- 创建注释：用于为草图增加注释。
- 可见性：可以设置草图可见性处于打开或关闭状态。

4.3 拉伸特征

拉伸特征是通过草图截面轮廓添加深度的方式创建的特征。在零件的造型环境中，拉伸用来创建实体或切割实体；在部件的造型环境中，拉伸通常用来切割零件。特征的形状由截面形状、拉伸方式和扫掠斜角三个要素来控制。

4.3.1 设置拉伸特征

设置拉伸特征的操作步骤如下：

步骤01 单击“三维模型”选项卡“创建”面板上的“拉伸”按钮，打开“拉伸”对话框，如图 4-10 所示。

步骤02 如果草图中只有一个截面轮廓，系统将自动选择它为拉伸截面；如果有多个截面轮廓，则需要单击“轮廓”按钮，选择要拉伸的截面。

步骤03 在该对话框中设置拉伸参数，完成拉伸操作。

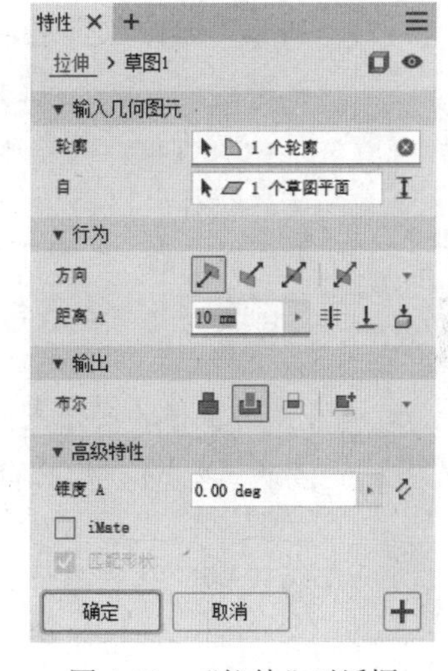

图 4-10 “拉伸”对话框

拉伸可以将草图拉伸为实体，也可以将草图拉伸为曲面。表示曲面模式已关闭，将草图拉伸为实体；表示曲面模式已开启，将草图拉伸为曲面。

“拉伸”对话框中的选项说明如下：

- 轮廓：选择开放或封闭的草图轮廓来创建实体或曲面。在选择截面轮廓时，可以选择多种类型的截面轮廓创建拉伸特征：
  - 选择单个截面轮廓，系统会自动选择该截面轮廓。
  - 选择多个截面轮廓。
  - 若要取消对某个截面轮廓的选择，可按住 Ctrl 键，然后单击要取消的截面轮廓。
  - 选择嵌套的截面轮廓。
  - 选择开放的截面轮廓，该截面轮廓将延伸它的两端直到与下一个平面相交，拉伸操作将填充最接近的面，并填充周围孤岛（如果存在）。这种方式对部件拉伸来说是不可用的，它只能形成拉伸曲面。

- 自：指定拉伸的起始位置。
- 方向：在 Inventor 2024 中提供了 4 种拉伸方向，如图 4-11 所示。
  - 默认方向：仅沿一个方向拉伸。拉伸终止面平行于草图平面。
  - 翻转方向：沿与“方向”值相反的方向拉伸。
  - 对称：从草图平面沿相反方向拉伸，且每个方向上使用指定“距离 A”值的一半。
  - 不对称：使用两个值（“距离 A”和“距离 B”）从草图平面沿相反方向拉伸。需要为每个距离输入值。单击可使用指定的值反转拉伸方向。

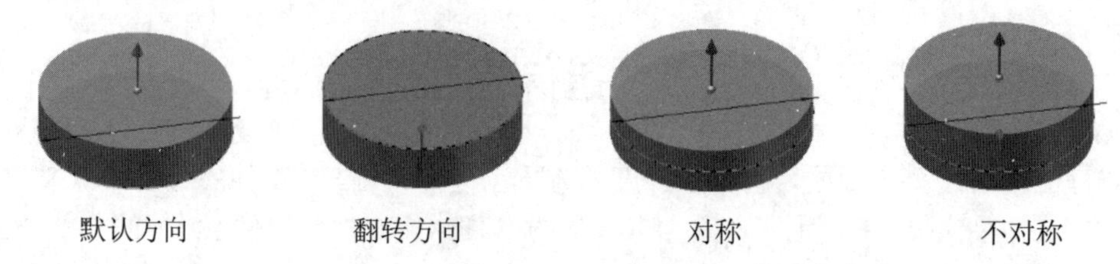

图 4-11　4 种拉伸方向

- 距离：指定起始平面与终止平面之间的拉伸深度。
- 拉伸方式：在 Inventor 2024 中提供了 3 种拉伸方式。
  - 贯通：可使得拉伸特征在指定方向上贯通所有特征和草图拉伸的截面轮廓。可通过拖动截面轮廓的边，将拉伸反向到草图平面的另一端。
  - 到：对于零件拉伸，选择终止拉伸的终点、顶点、面或平面。对于点和顶点，在平行于通过选定的点或顶点的草图平面的平面上终止零件特征。对于面或平面，在选定的面上或者在延伸到终止平面外的面上终止零件特征。单击（延伸面到结束特征）以在延伸到终止平面之外的面上终止零件特征。
  - 到下一个：选择下一个可用的面或平面，以终止指定方向上的拉伸。拖动操纵器可将截面轮廓翻转到草图平面的另一侧。使用“终止器”选择一个实体或曲面以在其上终止拉伸，然后再选择拉伸方向。
- 布尔：对拉伸的实体或曲面进行布尔运算，有求并、求差、求交和新建实体四种方式。
  - 求并：将拉伸特征产生的体积添加到另一个特征上去，二者合并为一个整体，如图 4-12（a）所示。
  - 求差：从一个特征中去除由拉伸特征产生的体积，如图 4-12（b）所示。
  - 求交：将拉伸特征和其他特征的公共体积创建为新特征，未包含在公共体积内的材料将被全部去除，如图 4-12（c）所示。

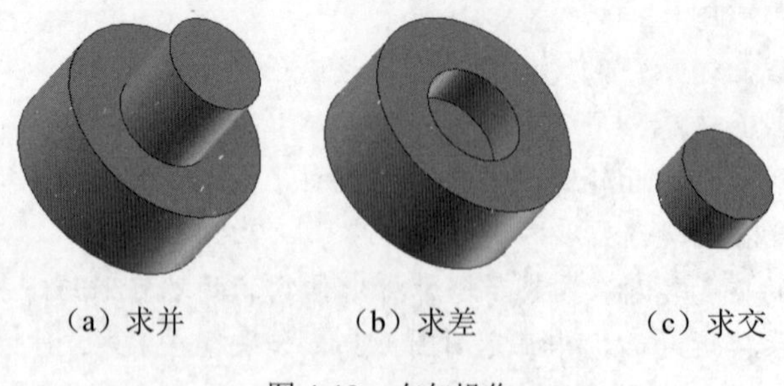

图 4-12　布尔操作

- 新建实体：创建实体。如果拉伸是零件文件中的第一个实体特征，则此选项为默认选项。选择该选项可在包含现有实体的零件文件中创建单独的实体。每个实体均是独立的特征集合。实体可以与其他实体共享特征。
- 锥度：对于所有的终止方式类型，都可为拉伸（垂直于草图平面）设置拉伸斜角（最大为 180º）。拉伸斜角可在两个方向对等延伸。如果指定了拉伸斜角，图形窗口中则会显示拉伸斜角的固定边和方向的符号，如图 4-13 所示。

  拉伸斜角功能的常见用途就是创建锥形。若要在一个方向上使特征变成锥形，在创建拉伸特征时，可使用“锥度”文本框为特征指定拉伸斜角。在指定拉伸斜角时，正角表示实体沿拉伸矢量增加截面面积，负角则相反，如图 4-14 所示。对于嵌套截面轮廓来说，正角导致外回路增大，内回路减小，负角则相反。

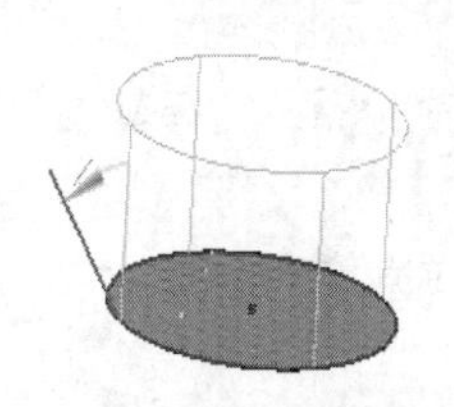

图 4-13　拉伸锥度

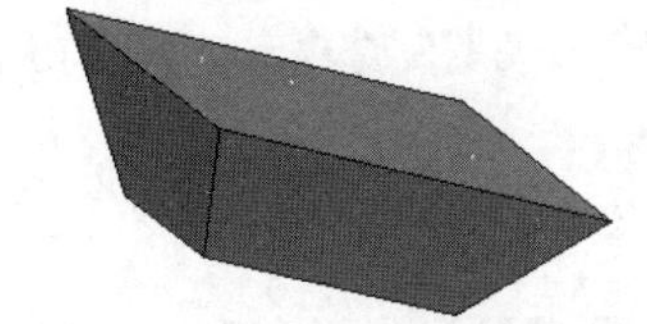
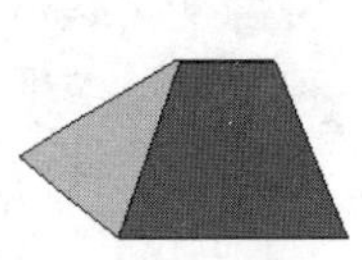

图 4-14　不同拉伸角度时的拉伸结果

- iMate：在封闭的回路（例如拉伸圆柱体、旋转特征或孔）上放置 iMate。Autodesk Inventor 2024 会尝试将此 iMate 放置在最可能有用的封闭回路上。在多数情况下，每个零件只能放置一个或两个 iMate。

4.3.2 创建长方体

创建长方体的操作步骤如下：

步骤 01　单击“三维模型”选项卡“基本要素”面板上的“长方体”按钮，选择基准平面或平面。

步骤 02　在适当位置单击鼠标左键指定中心点，拖动鼠标选择拐角，如图 4-15 所示。

步骤 03　单击鼠标左键完成矩形绘制，打开“拉伸”对话框，设置拉伸参数，如图 4-16 所示。

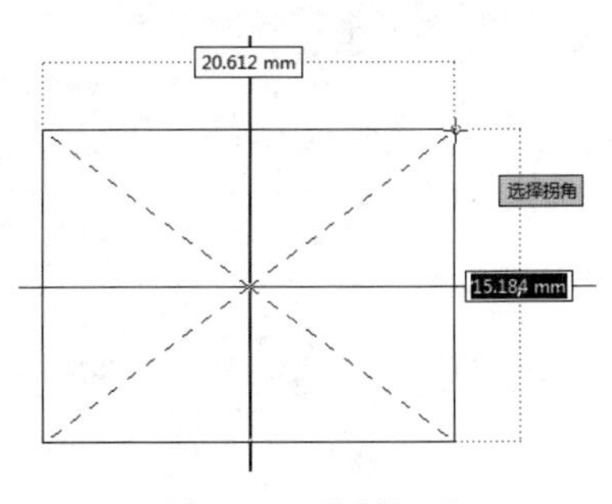

图 4-15　绘制矩形

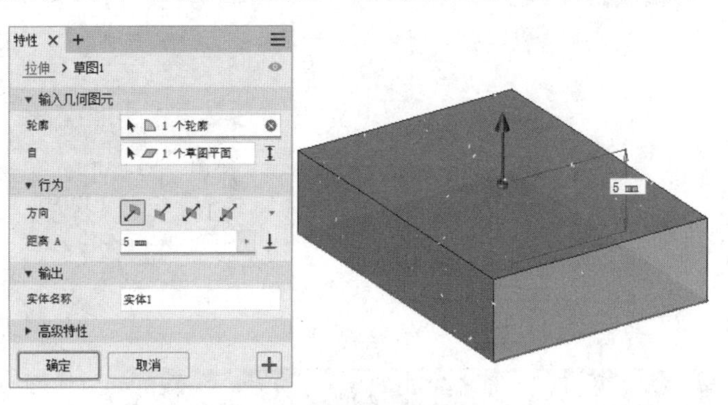

图 4-16　设置拉伸参数

步骤 04　单击“确定”按钮，完成长方体的绘制，结果如图 4-17 所示。

图 4-17　创建长方体

4.3.3　创建圆柱体

创建圆柱体的操作步骤如下：

步骤 01　单击“三维模型”选项卡“基本要素”面板上的“圆柱体”按钮，选择基准平面或平面。

步骤 02　在适当位置单击鼠标左键指定圆心，拖动鼠标指定圆的直径或直接输入直径值，如图 4-18 所示。

步骤 03　单击鼠标左键完成圆的绘制，打开“拉伸”对话框，设置拉伸参数，如图 4-19 所示。

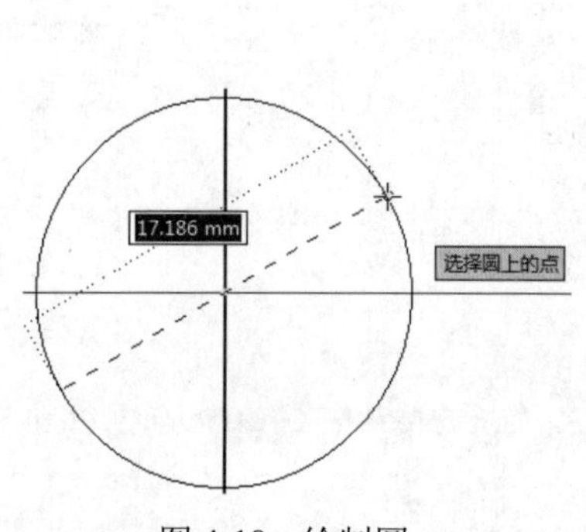

图 4-18　绘制圆

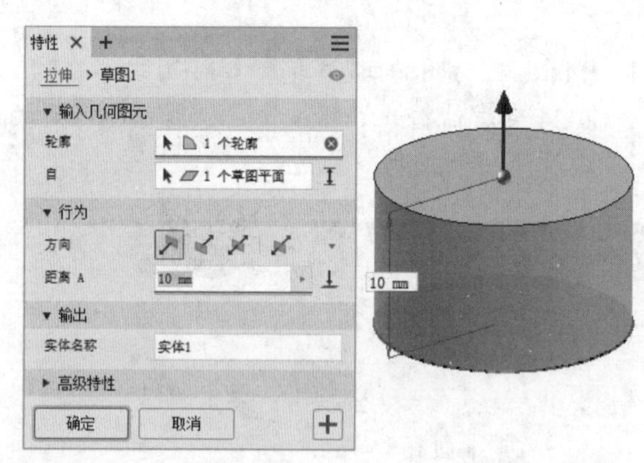

图 4-19　设置拉伸参数

步骤 04　单击“确定”按钮，完成圆柱体的绘制，结果如图 4-20 所示。

图 4-20　创建圆柱体

4.3.4　编辑拉伸特征

创建拉伸特征之后，可以在任何时候进行编辑，由于它是一个草图特征，所以有两个可被编辑的潜在选项：特征本身和用来创建特征的草图。

在编辑草图特征时，可以改变其参数，例如距离、特征关系、终止方式，也可以重新选择所包含的几何图元。

在浏览器的拉伸特征上单击鼠标右键，打开如图 4-21 所示的快捷菜单。其中编辑草图和编辑特征的说明如下：

- 编辑草图：选择该命令可以对草图进行操作，在编辑几何轮廓时，所有的草图轮廓都可以使用。在编辑草图时，可以改变尺寸和约束，增加或移除几何轮廓。所有的改变都反映在拉伸特征中。
- 编辑特征：选择该命令，打开“拉伸”对话框，在创建特征时所有的选项都可以被编辑。

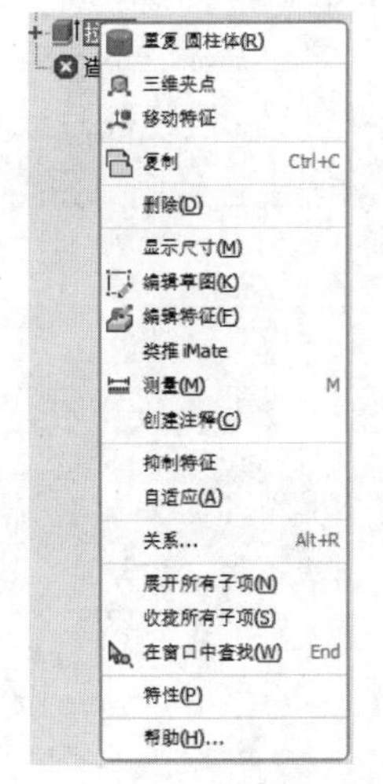

图 4-21　拉伸特征快捷菜单

4.3.5　实例——液压杆 1

本例创建如图 4-22 所示的液压杆 1。

图 4-22　液压杆 1

下载资源\动画演示\第4章\液压杆1.MP4

操作步骤

步骤 01　新建文件。运行 Inventor 2024，单击“快速访问”工具栏上的“新建”按钮，在打开的“新建文件”对话框中的零件下拉列表中选择“Standard.ipt”选项，单击“创建”按钮，新建一个零件文件。

步骤 02　创建草图 1。单击“三维模型”选项卡“草图”面板中的“开始创建二维草图”按钮，选择 XZ 平面为草图绘制平面，进入草图绘制环境。单击“草图”选项卡“创建”面板中的“圆”按钮，绘制草图。单击“约束”面板中的“尺寸”按钮，标注尺寸，如图 4-23 所示。单击“草图”标签中的“完成草图”按钮，退出草图绘制环境。

步骤03 创建拉伸体。单击“三维模型”选项卡“创建”面板中的“拉伸”按钮，打开“拉伸”对话框，系统自动选择上一步绘制的草图为拉伸截面轮廓，将拉伸距离设置为 25 mm，单击“对称”按钮，如图 4-24 所示。单击“确定”按钮，完成拉伸体的绘制，如图 4-25 所示。

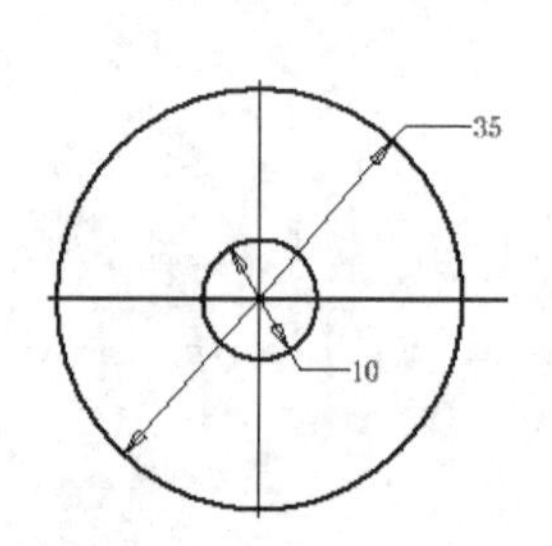

图 4-23 绘制草图 1

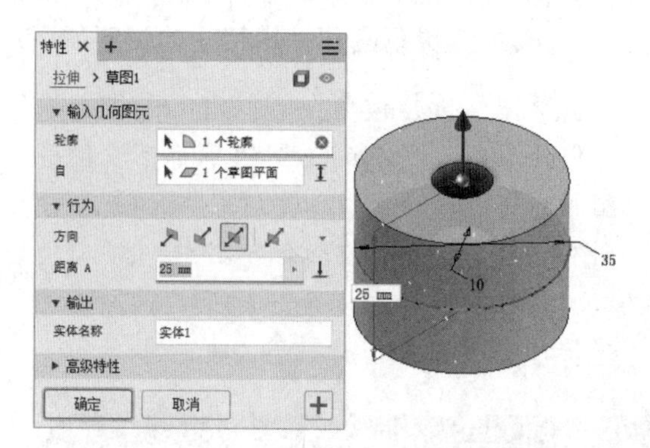

图 4-24 拉伸示意图

步骤04 创建工作平面。单击“三维模型”选项卡“定位特征”面板中的“从平面偏移”按钮，在浏览器的原始坐标系下选择 YZ 平面，输入距离为 145 mm，如图 4-26 所示，单击“确定”按钮，完成工作平面的创建。

图 4-25 创建拉伸体

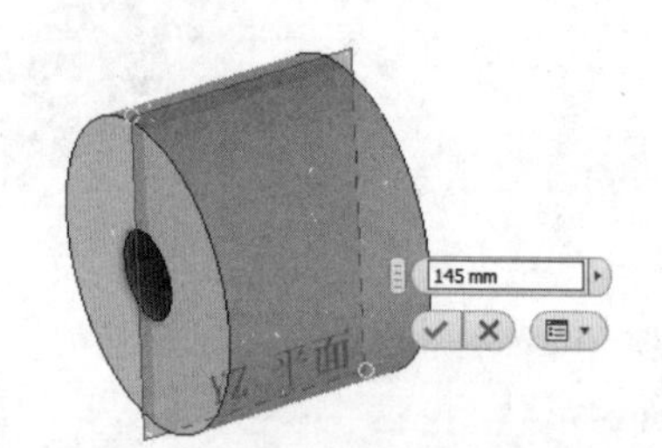

图 4-26 偏移工作平面

步骤05 创建草图 2。单击“三维模型”选项卡“草图”面板中的“开始创建二维草图”按钮，选择工作平面 1 为草图绘制平面，进入草图绘制环境。单击“草图”选项卡“创建”面板中的“圆”按钮，绘制草图。单击“约束”面板中的“尺寸”按钮，标注尺寸，如图 4-27 所示。单击“草图”标签中的“完成草图”按钮，退出草图绘制环境。

步骤06 创建拉伸体。单击“三维模型”选项卡“创建”面板中的“拉伸”按钮，打开“拉伸”对话框，系统自动选取上一步绘制的草图 2 为拉伸截面轮廓，设置拉伸方式为“到下一个”，单击“确定”按钮完成拉伸，如图 4-28 所示。

步骤07 隐藏工作平面。在浏览器中选择“工作平面 1”，单击鼠标右键，在打开的快捷菜单中选择“可见性”选项，如图 4-29 所示，取消勾选可见性，则隐藏工作平面。

步骤08 保存文件。单击“快速访问”工具栏中的“保存”按钮，打开“另存为”对话框，输入文件名为“液压杆 1.ipt”，单击“保存”按钮，保存文件。

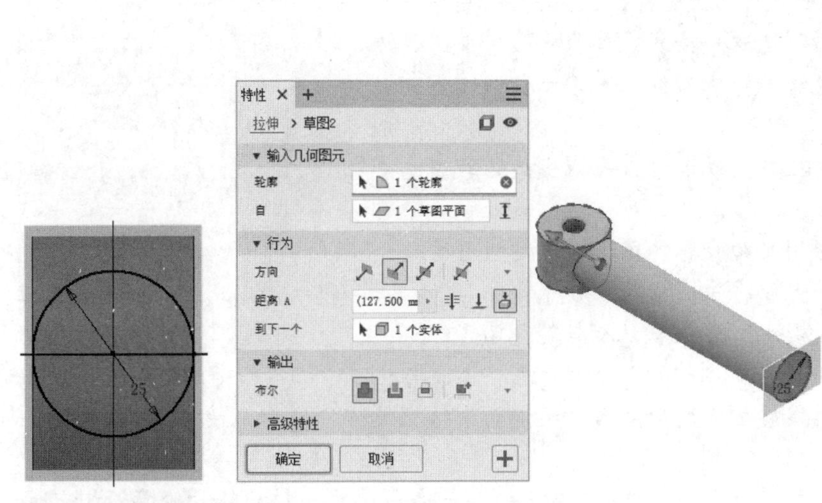

图 4-27　绘制草图 2　　　图 4-28　拉伸示意图　　　图 4-29　快捷菜单

4.4　旋 转 特 征

在 Inventor 2024 中，可让一个封闭的或不封闭的截面轮廓围绕一根旋转轴来创建旋转特征，如果截面轮廓是封闭的，则创建实体特征；如果是非封闭的，则创建曲面特征，如图 4-30 所示。

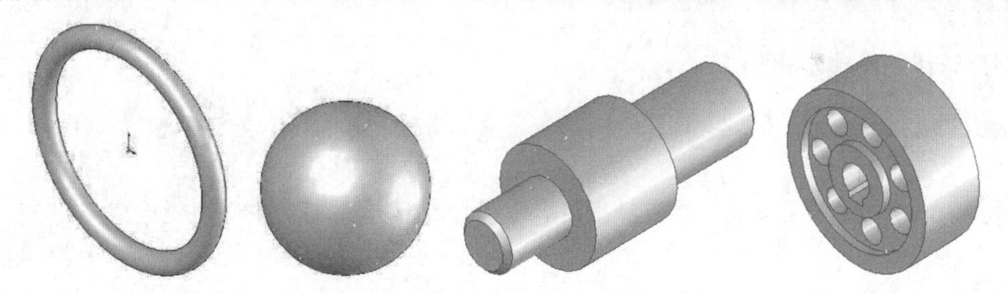

图 4-30　旋转示意图

4.4.1　设置旋转特征

设置旋转特征的操作步骤如下：

步骤 01　单击“三维模型”选项卡“创建”面板上的“旋转”按钮，打开“旋转”对话框，如图 4-31 所示。

步骤 02　在视图中选择旋转截面轮廓。

步骤 03　单击旋转轴选择工具，在草图中选择一个旋转轴。

步骤 04　在该对话框中设置相关参数，单击“确定”按钮，完成旋转操作。

在“旋转”对话框中可以设置以下选项。

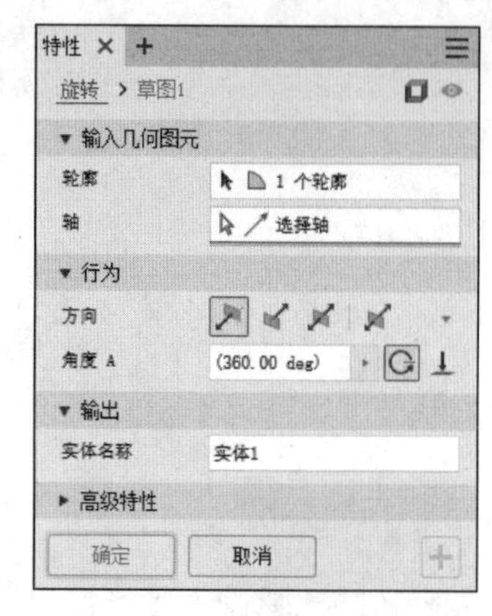

图 4-31 “旋转”对话框

- 特征类型：选择想要输出的选项，有实体和曲面两种。
- 轮廓：单击此按钮，选择包含旋转特征的草图几何轮廓，红色的箭头表明还没有为旋转特征选取草图轮廓。
- 轴：单击此按钮，选取一条线段作为旋转特征的旋转轴。如果草图包含一条中心线，它将会自动作为中心轴。
- 方向：选择方向按钮，或者单击并拖曳旋转的预览特征到想要的方位。
- 角度：可以确保用户为旋转特征选择特定的角度或者方向，“全部”可以将草图旋转 360°。
- 完全：选择此按钮，系统默认旋转轮廓为 360°。
- 到：选择零件旋转要到达的平面，如果终止面与旋转特征不相交，则旋转面会自动延伸。选择此种旋转方式时会激活“延伸面到结束特征”和“最短方式”两个命令按钮。
  - 延伸面到结束特征：当“到”或“到下一个”选择与该旋转的轮廓不相交时会自动激活。也可以手动启用或禁用该选项。
  - 最短方式：当用于终止面的选项不明确时，可以指定拉伸在距离最近的面上终止。
- 到下一个：指定旋转零件要到达的实体和该实体相交。
- 布尔运算与拉伸命令一致，在此不做解释。

4.4.2 创建球体

创建球体的操作步骤如下：

步骤01 单击“三维模型”选项卡“基本要素”面板上的“球体”按钮，选择基准平面或平面。

步骤02 在适当位置单击鼠标左键指定球体圆心，拖动鼠标指定球体直径或直接输入直径值，如图 4-32 所示。

步骤03 单击鼠标左键完成圆的绘制，打开“旋转”对话框，设置旋转参数，如图 4-33 所示。

步骤04 单击“确定”按钮，完成球体的绘制，如图 4-34 所示。

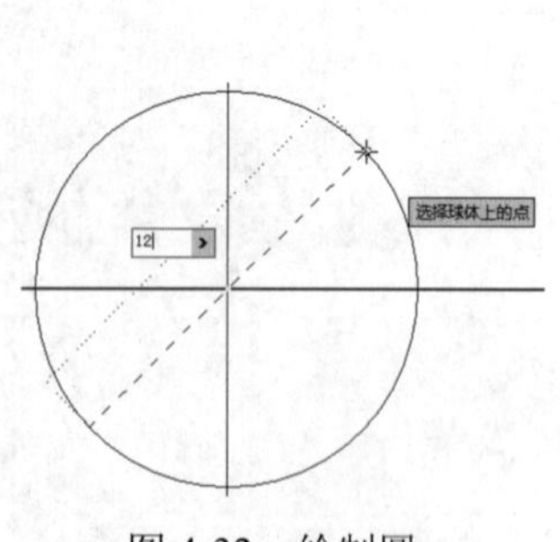

图 4-32 绘制圆

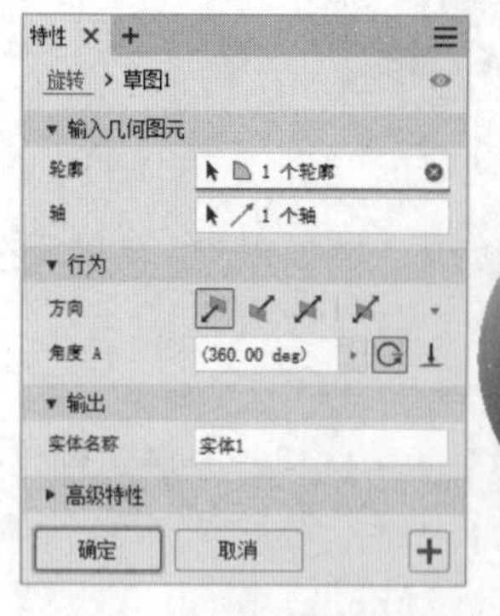

图 4-33 设置旋转参数

图 4-34 创建球体

4.4.3 创建圆环体

创建圆环体的操作步骤如下：

步骤01 单击“三维模型”选项卡“基本要素”面板上的“圆环体”按钮，选择基准平面或平面。

步骤02 在适当位置单击鼠标左键指定圆环体的圆心，拖动鼠标指定圆环体的截面圆心或直接输入距离值，如图 4-35 所示。

步骤03 拖动鼠标指定圆环体的截面大小或直接输入直径，如图 4-36 所示。

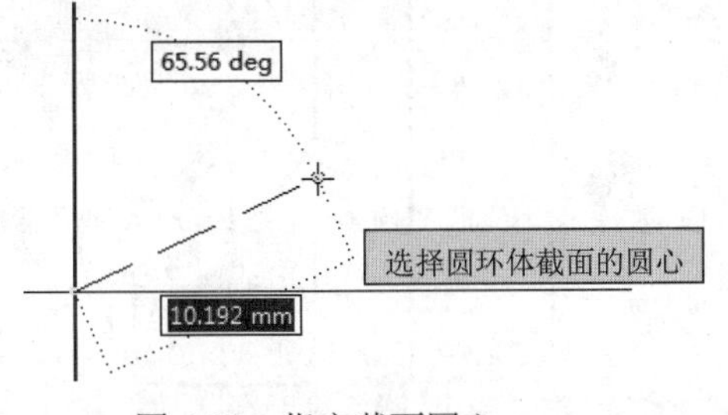

图 4-35 指定截面圆心

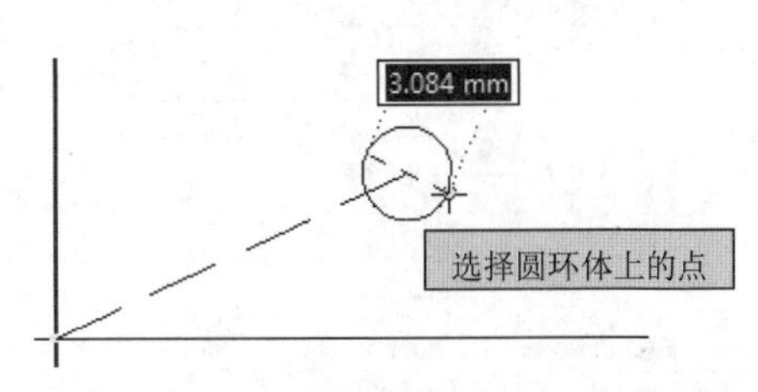

图 4-36 输入直径

步骤04 单击鼠标左键完成圆的绘制，打开“旋转”对话框，设置旋转参数，如图 4-37 所示。

步骤05 单击“确定”按钮，完成圆环体的绘制，结果如图 4-38 所示。

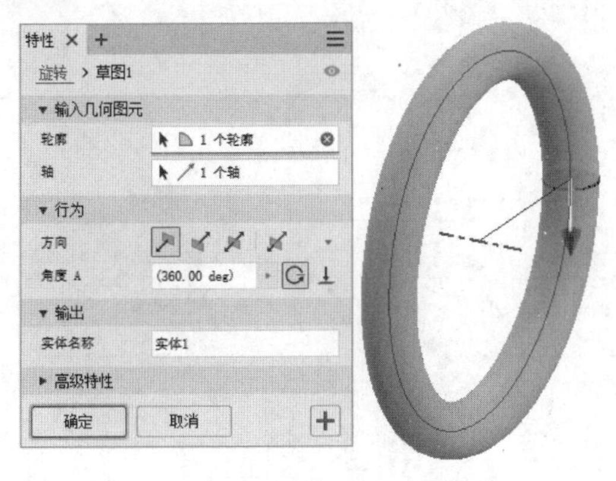

图 4-37 设置旋转参数

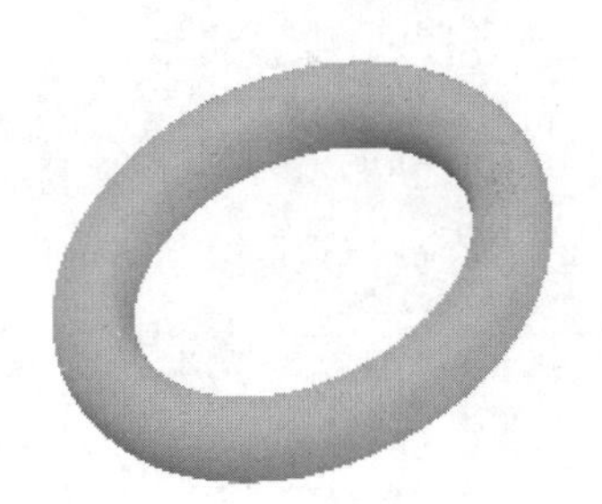

图 4-38 创建圆环体

4.4.4 编辑旋转特征

编辑旋转特征的操作步骤如下：

步骤01 在浏览器中选择想要编辑的旋转特征，单击鼠标右键，在弹出的快捷菜单中选择“编辑草图”命令，如图 4-39 所示。

步骤02 利用草图绘制命令，改变所需编辑的草图，如图 4-40 所示。

步骤03 单击“草图”选项卡中“退出”面板上的“完成草图”按钮，退出草图状态。

步骤04 在浏览器中选择要编辑的旋转特征，单击鼠标右键，在弹出的快捷菜单中选择“编辑特征”命令，如图 4-41 所示。

步骤 05 在打开的“旋转”对话框中编辑特征参数值，单击“确定”按钮，如图 4-42 所示。

图 4-39 选择“编辑草图”命令

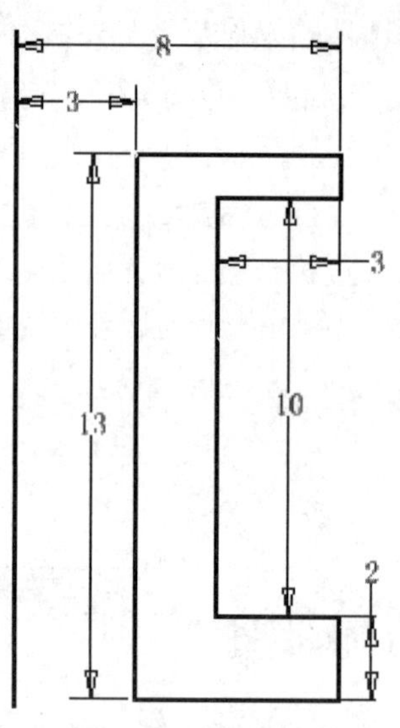

图 4-40 改变草图

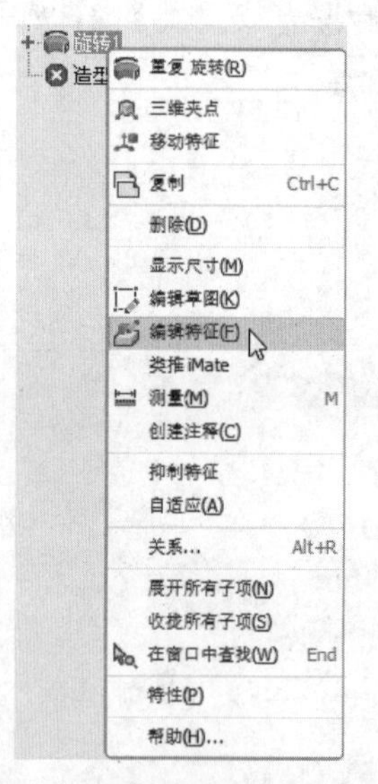

图 4-41 选择“编辑特征”命令

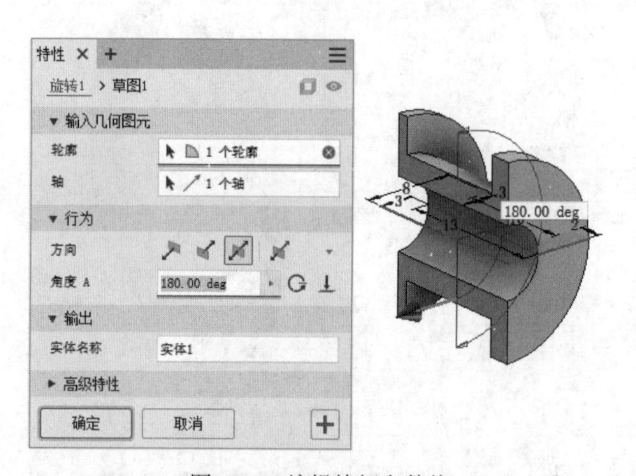

图 4-42 编辑特征参数值

4.4.5 实例——圆柱连接

本例绘制如图 4-43 所示的圆柱连接。

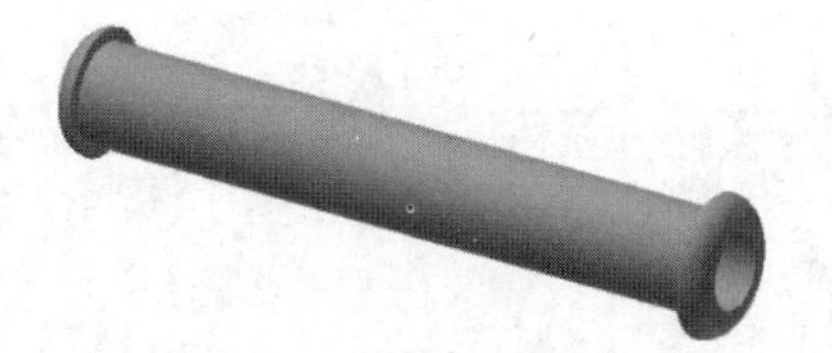

图 4-43 圆柱连接

下载资源\动画演示\第4章\圆柱连接.MP4

步骤01 新建文件。运行 Inventor 2024，单击“快速访问”工具栏上的“新建”按钮，在打开的“新建文件”对话框中的零件下拉列表中选择“Standard.ipt”选项，单击“创建”按钮，新建一个零件文件。

步骤02 创建草图。单击“三维模型”选项卡“草图”面板中的“开始创建二维草图”按钮，选择 XZ 平面为草图绘制平面，进入草图绘制环境。单击“草图”选项卡“创建”面板中的“直线”按钮，绘制草图。单击“约束”面板中的“尺寸”按钮，标注尺寸，如图 4-44 所示。单击“草图”标签中的“完成草图”按钮，退出草图绘制环境。

步骤03 创建旋转体。单击“三维模型”选项卡“创建”面板中的“旋转”按钮，打开“旋转”对话框，系统自动选择上一步绘制的草图为旋转截面轮廓，选取竖直线段为旋转轴，如图 4-45 所示。单击“确定”按钮完成旋转，结果如图 4-43 所示。

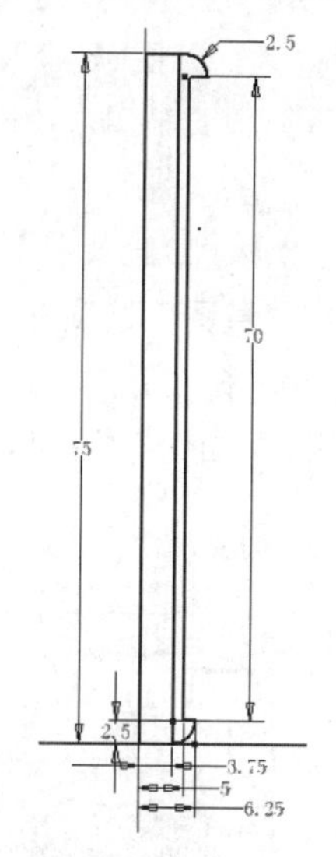

图 4-44 绘制草图

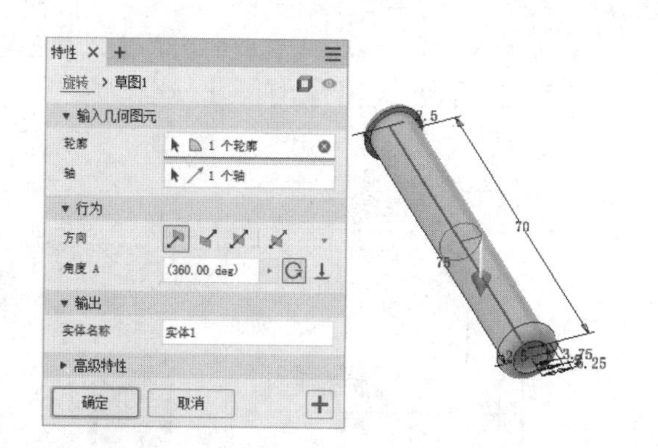

图 4-45 设置旋转参数

步骤04 保存文件。单击“快速访问”工具栏中的“保存”按钮，打开“另存为”对话框，输入文件名为“圆柱连接.ipt”，单击“保存”按钮，保存文件。

4.5 综合实例——阀芯

本例绘制如图 4-46 所示的阀芯。

图 4-46 阀芯

下载资源\动画演示\第4章\阀芯.MP4

操作步骤

步骤 01 新建文件。运行 Inventor 2024，单击“快速访问”工具栏上的“新建”按钮，在打开的“新建文件”对话框中的零件下拉列表中选择“Standard.ipt”选项，单击“创建”按钮，新建一个零件文件。

步骤 02 绘制球体。单击“三维模型”选项卡“基本要素”面板中的“球体”按钮，选择 XZ 平面为草图绘制平面，在坐标原点处绘制直径为 40 的圆，如图 4-47 所示，按 Enter 键，返回到建模环境，打开“旋转”对话框，采用默认设置，单击“确定”按钮，完成球体的创建，如图 4-48 所示。

步骤 03 创建草图。单击“三维模型”选项卡“草图”面板中的“开始创建二维草图”按钮，选择 XY 平面为草图绘制平面，进入草图绘制环境。单击“草图”选项卡“创建”面板中的“矩形”按钮，绘制草图。单击“约束”面板中的“尺寸”按钮，标注尺寸，如图 4-49 所示。单击“草图”标签中的“完成草图”按钮，退出草图绘制环境。

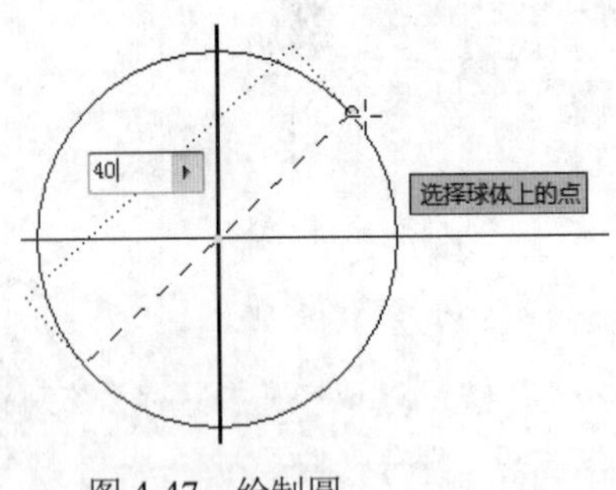

图 4-47 绘制圆

图 4-48 创建球体

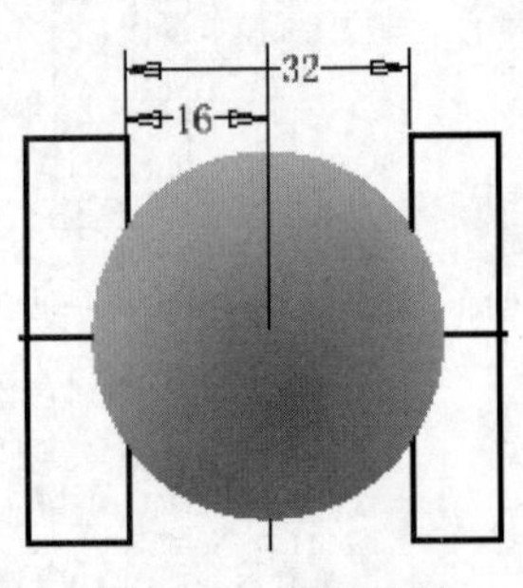

图 4-49 创建草图

步骤04 创建拉伸体。单击“三维模型”选项卡“创建”面板中的“拉伸”按钮，打开“拉伸”对话框，系统自动选择上一步绘制的草图为拉伸截面轮廓，将拉伸方式设置为“贯通”，单击“对称”按钮，选择“求差”方式，单击“确定”按钮完成拉伸，如图4-50所示。

步骤05 绘制圆柱体。单击“三维模型”选项卡“基本要素”面板中的“圆柱体”按钮，选择YZ平面为草图绘制平面，在坐标原点处绘制直径为22的圆，返回到建模环境，打开“拉伸”对话框，选择拉伸方式为“贯通”，单击“对称”按钮，选择“求差”方式，单击“确定”按钮，完成圆柱体的创建，如图4-51所示。

步骤06 创建草图。单击“三维模型”选项卡“草图”面板中的“开始创建二维草图”按钮，选择XY平面为草图绘制平面，进入草图绘制环境。单击“草图”选项卡“创建”面板中的“矩形”按钮，绘制草图。单击“约束”面板中的“尺寸”按钮，标注尺寸，如图4-52所示。单击“草图”标签中的“完成草图”按钮，退出草图绘制环境。

图4-50 拉伸切除

图4-51 创建圆柱体

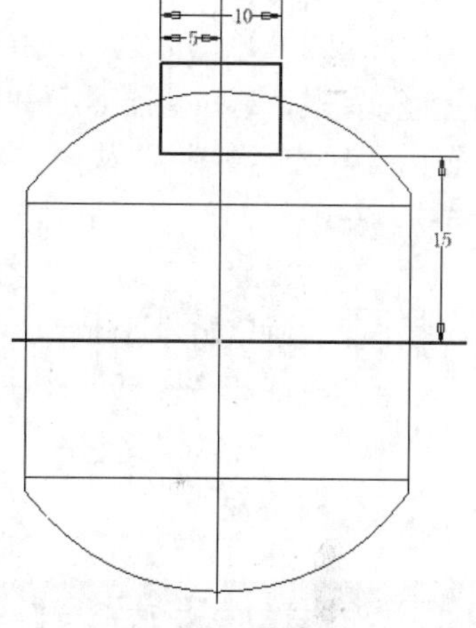

图4-52 创建草图

步骤07 创建拉伸体。单击“三维模型”选项卡“创建”面板中的“拉伸”按钮，打开“拉伸”对话框，系统自动选择上一步绘制的草图为拉伸截面轮廓，将拉伸方式设置为“贯通”，单击“对称”按钮，选择“求差”方式，单击“确定”按钮完成拉伸，结果如图4-46所示。

步骤08 保存文件。单击“快速访问”工具栏中的“保存”按钮，打开“另存为”对话框，输入文件名为“阀芯.ipt”，单击“保存”按钮，保存文件。

第5章 高级特征

导言

在上一章中学习了基础的特征建模，在本章中将主要介绍加强筋、扫掠、放样、螺旋扫掠和凸雕。通过本章的学习，可以使读者掌握特征的各种创建方法。

5.1 加 强 筋

加强筋是一种特殊的结构，是铸件、塑胶件等不可或缺的设计结构。在结构设计过程中，可能出现结构体悬出面过大或跨度过大的情况。在这种情况下，如果结构面本身与连接面能承受的负荷有限，则在两结合面体的公共垂直面上增加一块加强板，俗称加强筋，以增加结合面的强度。例如，厂房钢结构的立柱与横梁结合处，或是铸铁件的两垂直浇铸面上通常都会设有加强筋。在塑料零件中，加强筋也常常用来提高刚性和防止弯曲。

加强筋的厚度可垂直于草图平面，并在草图的平行方向上延伸材料；也可平行于草图，并在草图平面的垂直方向上延伸材料。

使用开放或闭合的截面轮廓定义加强筋或腹板的截面，可以将截面轮廓延伸至与下一个面相交。另外，还可以定义它的方向（以指定加强筋或腹板的形状）和厚度。用户可以向腹板添加拔模或凸柱特征。

5.1.1 设置加强筋

若要创建网状加强筋，可在草图中指定多个相交或不相交的截面轮廓。整个网状腹板将应用相同的厚度和拔模斜度（如果已指定）。

单击“三维造型”选项卡“创建”面板上的“加强筋”按钮，弹出“加强筋”对话框，如图 5-1 所示。通过此对话框可以设置加强筋的轮廓、加强方向以及厚度等相关参数。用户可以延伸截面轮廓使其与下一个面相交，即使截面轮廓与零件不相交，也可以指定一个深度。还可以定义它的方向（以指定加强筋或腹板的形状）和厚度，由于加强筋的成型工艺大多采用铸造形成，很多情况下，需要沿产品的出模方向对加强筋施加拔模角，使之易于出模。

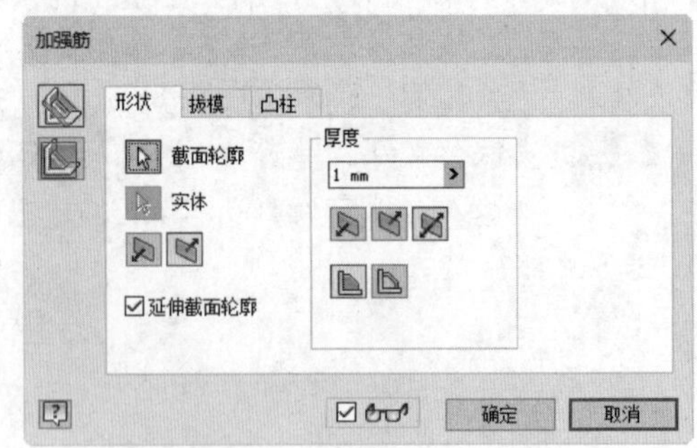

图 5-1 “加强筋”对话框

"加强筋"对话框中的选项说明如下。

1）截面轮廓

创建加强筋时，经常使用一个开放截面轮廓定义加强筋或腹板的形状，或者选择多个相交或不相交的截面轮廓来定义网状加强筋或腹板对于加强筋的特征。

这里需要注意的是：选择多条截面轮廓创建加强筋，并非是对选择单条截面轮廓创建加强筋特征的简单累加。有时选择多个截面轮廓所获得的结果可能不是我们想要的，这时候可以选择单条轮廓，逐个进行创建。

2）延伸截面轮廓

如果截面轮廓的末端不与零件相交，则会显示"延伸截面轮廓"复选框。截面轮廓的末端将自动延伸。如果需要，可取消选择该复选框，以按照截面轮廓的精确长度创建加强筋和腹板。

3）创建方式

- 到表面或平面：截面轮廓被投影到下一个面上，并将加强筋或腹板终止于下一个面，用于创建封闭的薄壁支撑形状，即加强筋。
- 有限的：截面轮廓以一个指定的距离投影其深度，用来创建开放的薄壁支撑形状，即腹板。

4）加强筋厚度

加强筋厚度用于指定加强筋或腹板的宽度。

5）加强筋方向

加强筋方向用于控制加强筋或腹板的加厚方向。在截面轮廓的任意一侧应用厚度，或在截面轮廓的两侧同等延伸，也可以单击"反向"按钮以指定加强筋厚度的方向。

6）方向

方向箭头指明加强筋是沿平行于草图图元的方向延伸还是沿垂直的方向延伸，以设定加强筋的方向。

7）锥度

可在"锥度"文本框中为加强筋或腹板输入锥角或拔模值。只有加强筋延伸方向垂直于截面轮廓草图时，此选项才可用；否则，施加锥度需借助"拔模"命令。

5.1.2 创建平行于草图平面的加强筋

加强筋使用开放的截面轮廓来创建单个支撑形状，指定的厚度垂直于草图平面，并在草图的平行方向上拉伸材料。

步骤01 设置草图平面，并创建截面轮廓的几何图元。

步骤02 单击"三维造型"选项卡"创建"面板上的"加强筋"按钮，打开"加强筋"对话框。

步骤03 选择截面轮廓。

步骤04 单击"平行于草图平面"按钮，设定加强筋的方向。单击"反向"按钮，指定材料的拉伸方向。

步骤05 如果零件文件中存在多个实体，可单击“实体”按钮，选择参与的实体。

步骤06 在“厚度”数值框中输入加强筋的厚度。单击“反向”按钮，以指定加强筋厚度的方向。

步骤07 设置加强筋的深度。

步骤08 单击“确定”按钮，以创建加强筋或腹板。

5.1.3 创建垂直于草图平面的加强筋

加强筋使用开放或闭合的截面轮廓来创建支撑形状。指定的厚度平行于草图平面，并在草图的垂直方向上拉伸材料。

步骤01 设置草图平面，并创建截面轮廓的几何图元。

步骤02 单击“三维造型”选项卡“创建”面板上的“加强筋”按钮，打开“加强筋”对话框。

步骤03 选中截面轮廓。

步骤04 单击“垂直于草图平面”按钮，设定加强筋的方向。

步骤05 单击“反向”按钮，指定材料的拉伸方向。

步骤06 如果零件文件中存在多个实体，可单击“实体”按钮，选择参与的实体。

步骤07 如果截面轮廓的末端不与零件相交，会显示“延伸截面轮廓”复选框，截面轮廓的末端将自动延伸。取消勾选该复选框，则按照截面轮廓的精确长度创建加强筋和腹板。

步骤08 在“厚度”数值框中输入加强筋的厚度。单击“反向”按钮，以指定加强筋厚度的方向。

步骤09 设定加强筋的深度。

步骤10 在“拔模斜度”数值框中为加强筋或腹板输入拔模斜度或拔模值。若要应用拔模斜度值，则方向必须垂直于草图平面。

步骤11 单击“确定”按钮，以创建加强筋或腹板。

注意：若要创建网状加强筋或腹板，可以在草图平面上绘制多个相交或不相交的截面轮廓，然后执行以上步骤。

5.1.4 实例——支架

本实例将绘制如图 5-2 所示的支架。

下载资源\动画演示\第5章\支架.MP4

图 5-2　支架

操作步骤

步骤01 新建文件。运行 Inventor 2024，单击“快速访问”工具栏上的“新建”按钮，在打开的“新建文件”对话框中的零件下拉列表中选择“Standard.ipt”选项，单击“创建”按钮，新建一个零件文件。

步骤02 创建草图 1。单击“三维模型”选项卡“草图”面板上的“开始创建二维草图”按钮，选择 XY 平面为草图绘制平面，进入草图绘制环境。单击“草图”选项卡“创建”面板上的“两点矩形”按钮和“圆角”按钮，绘制草图。单击“约束”面板上的“尺寸”按钮，标注尺寸，如图 5-3 所示。单击“草图”标签上的“完成草图”按钮，退出草图绘制环境。

步骤03 创建拉伸体。单击“三维模型”选项卡“创建”面板上的“拉伸”按钮，打开“拉伸”对话框，系统自动选择上一步绘制的草图为拉伸截面轮廓，将拉伸距离设置为 6 mm，单击“确定”按钮完成拉伸。

步骤04 创建工作平面 1。单击“三维模型”选项卡“定位特征”面板上的“从平面偏移”按钮，在浏览器的原始坐标系下选择 XZ 平面，输入距离为 14 mm，如图 5-4 所示，单击“确定”按钮完成工作平面的创建。

步骤05 创建草图 2。单击“三维模型”选项卡“草图”面板上的“开始创建二维草图”按钮，选择上一步创建的平面为草图绘制平面，进入草图绘制环境。单击“草图”选项卡“创建”面板上的“直线”按钮和“圆弧”按钮，绘制草图。单击“约束”面板上的“尺寸”按钮，标注尺寸，如图 5-5 所示。单击“草图”标签上的“完成草图”按钮，退出草图绘制环境。

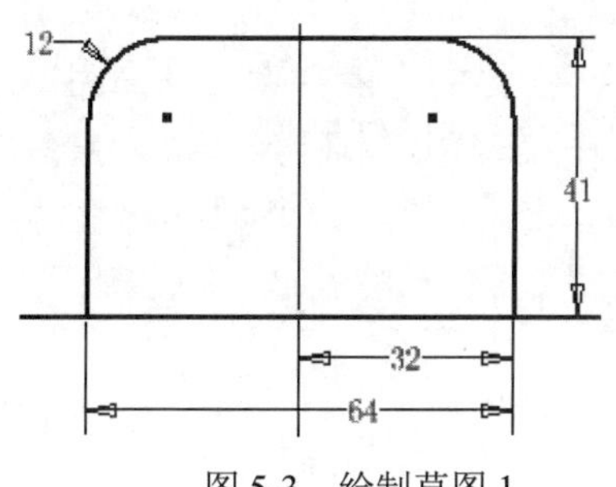

图 5-3 绘制草图 1

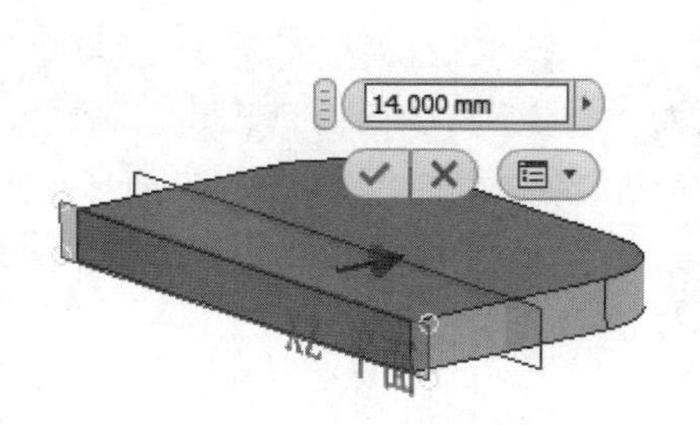

图 5-4 创建工作平面 1

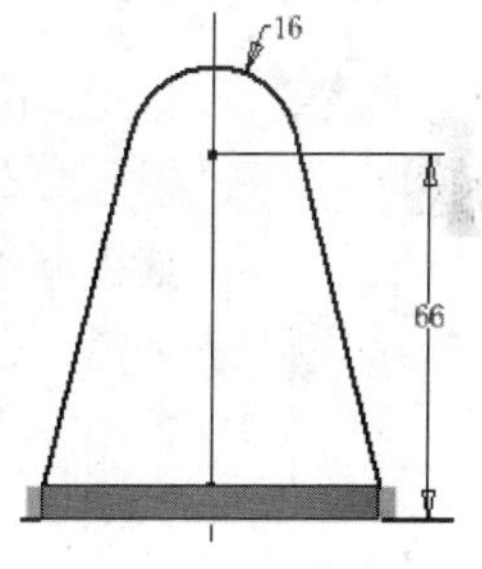

图 5-5 绘制草图 2

步骤06 创建拉伸体。单击“三维模型”选项卡“创建”面板上的“拉伸”按钮，打开“拉伸”对话框，选择上一步绘制的草图 2 为拉伸截面轮廓，将拉伸距离设置为 10 mm，单击“确定”按钮完成拉伸，结果如图 5-6 所示。

步骤07 创建草图 3。单击“三维模型”选项卡“草图”面板上的“开始创建二维草图”按钮，选择如图 5-6 所示的面 1 为草图绘制平面，进入草图绘制环境。单击“草图”选项卡“创建”面板上的“圆心圆”按钮，绘制草图。单击“约束”面板上的“尺寸”按钮，标注尺寸，如图 5-7 所示。单击“草图”标签上的“完成草图”按钮，退出草图绘制环境。

步骤08 创建拉伸体。单击“三维模型”选项卡“创建”面板上的“拉伸”按钮，打开“拉伸”对话框，选择上一步绘制的草图 3 为拉伸截面轮廓，将拉伸距离设置为 4 mm，单击“确定”按钮完成拉伸。

步骤 09 创建草图 4。单击“三维模型”选项卡“草图”面板上的“开始创建二维草图”按钮，选择上一步创建的拉伸体表面为草图绘制平面，进入草图绘制环境。单击“草图”选项卡“创建”面板上的“圆心圆”按钮，绘制草图。单击“约束”面板上的“尺寸”按钮，标注尺寸，如图 5-8 所示。单击“草图”标签上的“完成草图”按钮，退出草图绘制环境。

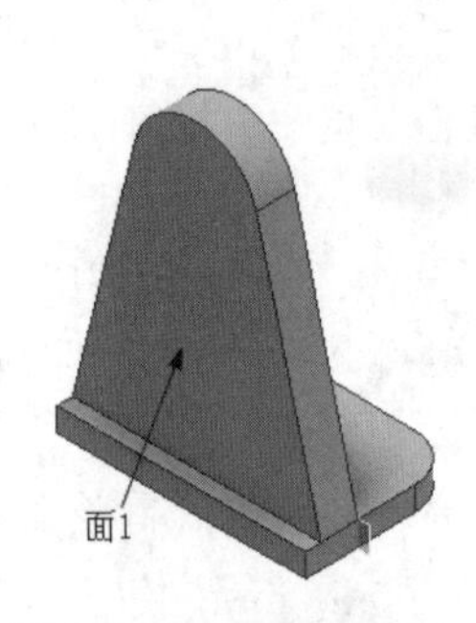

图 5-6　创建拉伸特征

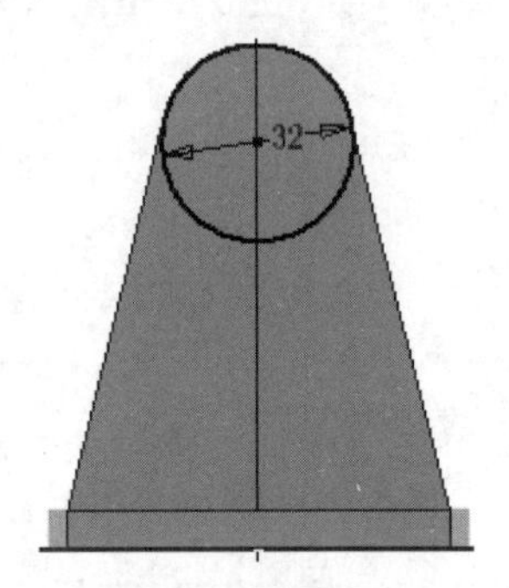

图 5-7　绘制草图 3

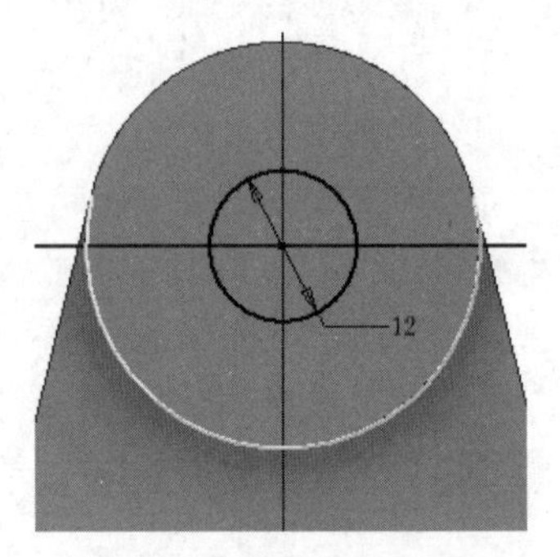

图 5-8　绘制草图 4

步骤 10 创建拉伸体。单击“三维模型”选项卡“创建”面板上的“拉伸”按钮，打开“拉伸”对话框，选择上一步绘制的草图 4 为拉伸截面轮廓，将拉伸方式设置为“贯通”，选择“求差”方式，单击“确定”按钮完成拉伸。

步骤 11 创建工作平面 2。单击“三维模型”选项卡“定位特征”面板上的“从平面偏移”按钮，在浏览器的原始坐标系下选择 XY 平面，输入距离为 84 mm，单击“确定”按钮，如图 5-9 所示。

步骤 12 创建草图 5。单击“三维模型”选项卡“草图”面板上的“开始创建二维草图”按钮，选择上一步创建的平面为草图绘制平面，进入草图绘制环境。单击“草图”选项卡“创建”面板上的“圆心圆”按钮，绘制草图。单击“约束”面板上的“尺寸”按钮，标注尺寸，如图 5-10 所示。单击“草图”标签上的“完成草图”按钮，退出草图绘制环境。

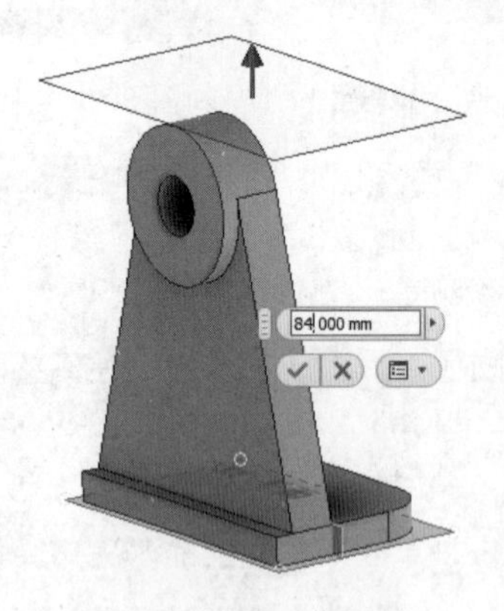

图 5-9　创建工作平面 2

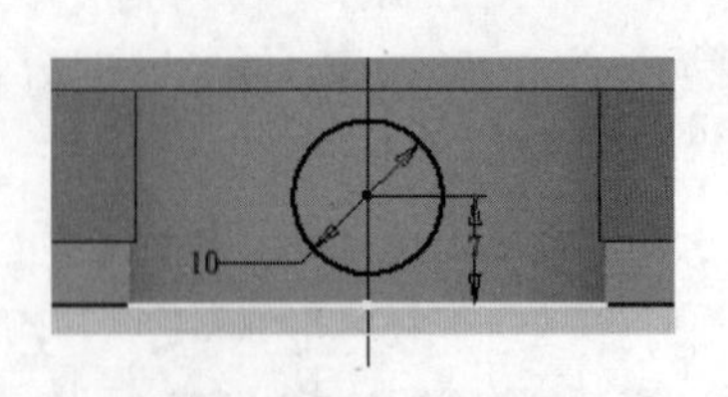

图 5-10　绘制草图 5

步骤13 创建拉伸体。单击“三维模型”选项卡“创建”面板上的“拉伸”按钮，打开“拉伸”对话框，选择上一步绘制的草图5为拉伸截面轮廓，将拉伸方式设置为“到下一个”，如图5-11所示。单击“确定”按钮完成拉伸，结果如图5-12所示。

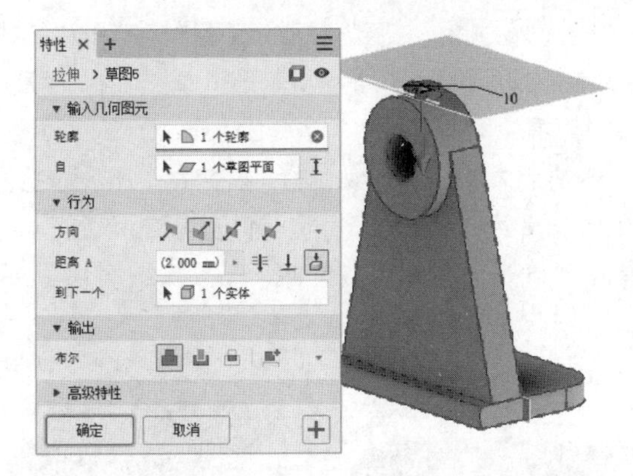

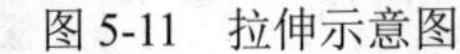
图5-11 拉伸示意图

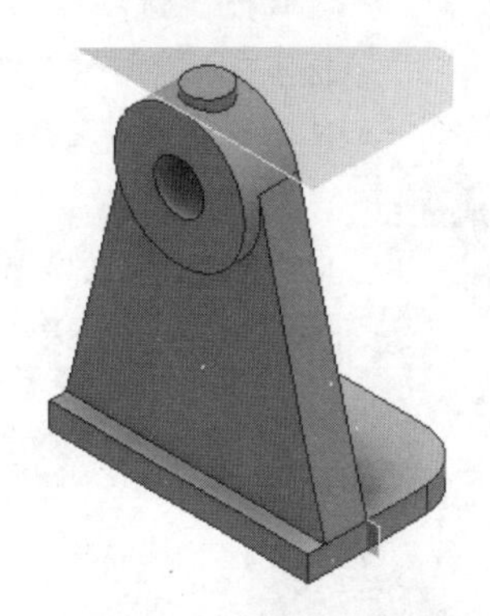
图5-12 创建拉伸特征

步骤14 创建草图6。单击“三维模型”选项卡“草图”面板上的“开始创建二维草图”按钮，选择上一步创建的拉伸体上表面为草图绘制平面，进入草图绘制环境。单击“草图”选项卡“创建”面板上的“圆心圆”按钮，绘制草图。单击“约束”面板上的“尺寸”按钮，标注尺寸，如图5-13所示。单击“草图”标签上的“完成草图”按钮，退出草图绘制环境。

步骤15 创建拉伸体。单击“三维模型”选项卡“创建”面板上的“拉伸”按钮，打开“拉伸”对话框，选择上一步绘制的草图6为拉伸截面轮廓，将拉伸方式设置为“到”，选择下侧的孔表面为要到的面，选择“求差”方式，单击“确定”按钮完成拉伸，结果如图5-14所示。

步骤16 创建草图7。单击“三维模型”选项卡“草图”面板上的“开始创建二维草图”按钮，选择第一个拉伸体上表面为草图绘制平面，进入草图绘制环境。单击“草图”选项卡“创建”面板上的“圆心圆”按钮，绘制草图。单击“约束”面板上的“尺寸”按钮，标注尺寸，如图5-15所示。单击“草图”标签上的“完成草图”按钮，退出草图绘制环境。

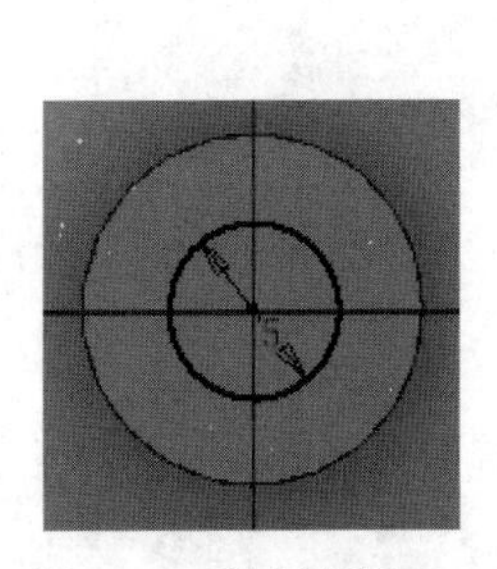

图5-13 绘制草图6

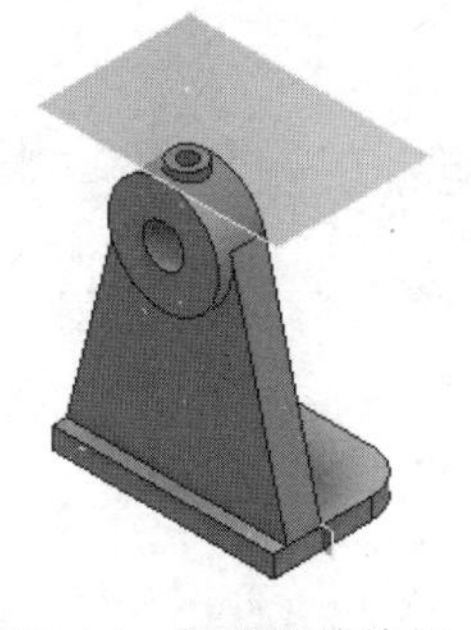
图5-14 创建拉伸特征

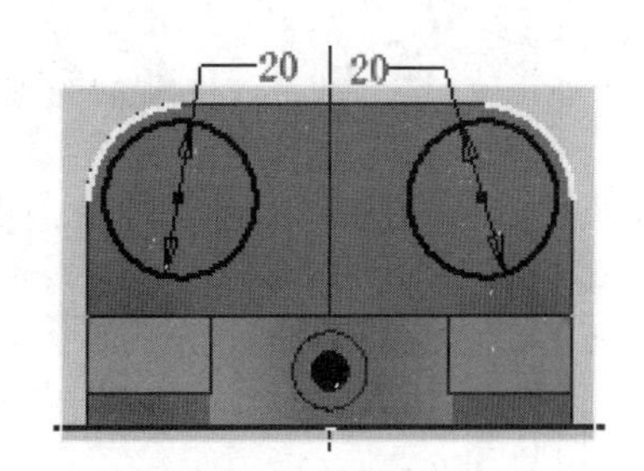

图5-15 绘制草图7

步骤17 创建拉伸体。单击“三维模型”选项卡“创建”面板上的“拉伸”按钮，打开“拉伸”对话框，选择上一步绘制的草图7为拉伸截面轮廓，将拉伸距离设置为3 mm，单击“确定”按钮完成拉伸，结果如图 5-16 所示。

步骤18 创建草图 8。单击“三维模型”选项卡“草图”面板上的“开始创建二维草图”按钮，选择上一步创建的拉伸体上表面为草图绘制平面，进入草图绘制环境。单击“草图”选项卡“创建”面板上的“圆心圆”按钮，绘制草图。单击“约束”面板上的“尺寸”按钮，标注尺寸，如图 5-17 所示。单击“草图”标签上的“完成草图”按钮，退出草图绘制环境。

步骤19 创建拉伸体。单击“三维模型”选项卡“创建”面板上的“拉伸”按钮，打开“拉伸”对话框，选择上一步绘制的草图 8 为拉伸截面轮廓，将拉伸方式设置为“贯通”，选择“求差”方式，单击“确定”按钮完成拉伸，结果如图 5-18 所示。

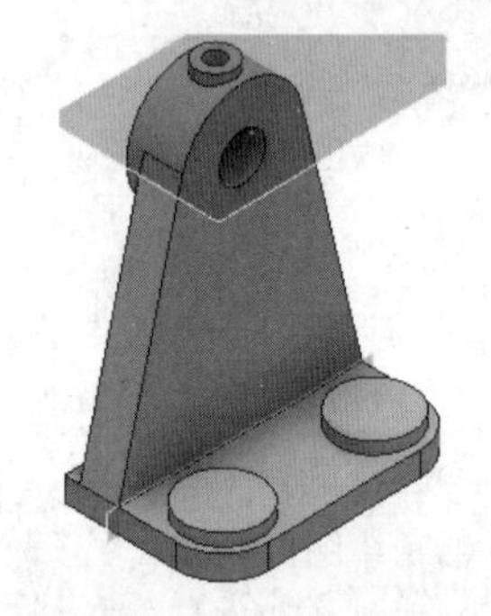

图 5-16　创建拉伸特征

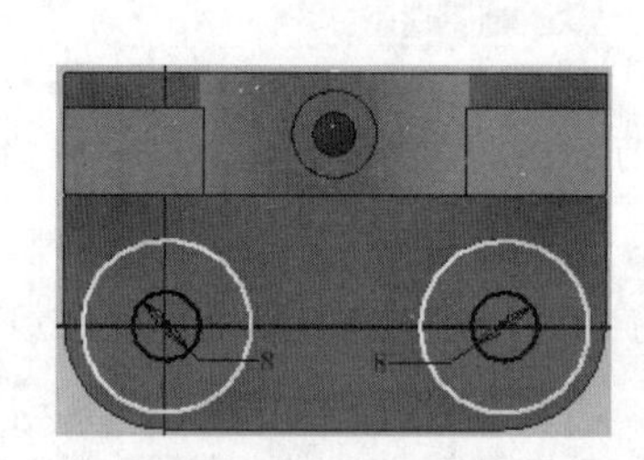

图 5-17　绘制草图 8

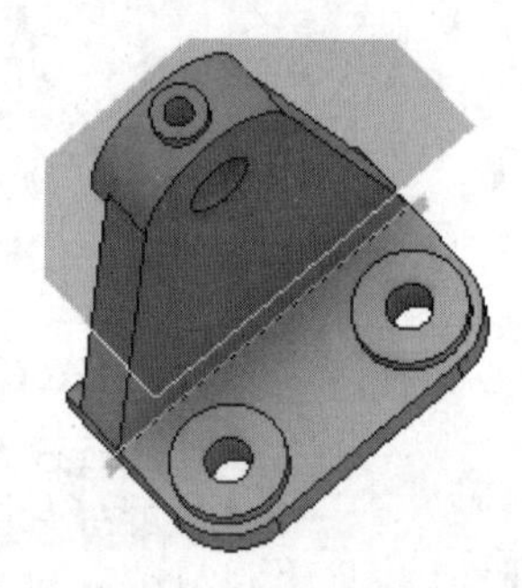

图 5-18　创建拉伸特征

步骤20 创建草图 9。单击“三维模型”选项卡“草图”面板上的“开始创建二维草图”按钮，选择 YZ 平面为草图绘制平面，进入草图绘制环境。单击“草图”选项卡“创建”面板上的“线”按钮，绘制草图。单击“约束”面板上的“尺寸”按钮，标注尺寸，如图 5-19 所示。单击“草图”标签上的“完成草图”按钮，退出草图绘制环境。

步骤21 创建加强筋。单击“三维模型”选项卡“创建”面板上的“加强筋”按钮，打开“加强筋”对话框，单击“平行于草图平面”按钮，选择上一步绘制的草图 9 为截面轮廓，单击“方向 2”按钮，调整加强筋的创建方向，设置厚度为 10 mm，选择“对称”方式，单击“到表面或平面”按钮，如图 5-20 所示。单击“确定”按钮完成加强筋的创建，结果如图 5-21 所示。

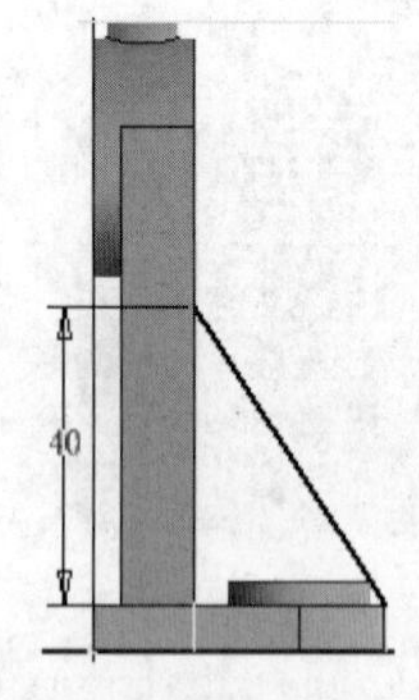

图 5-19　绘制草图 9

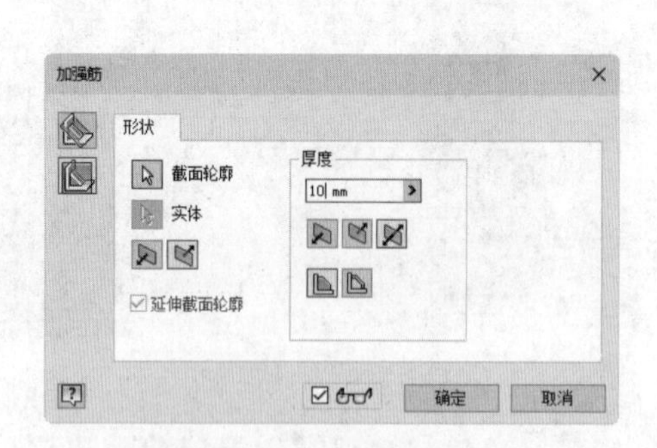

图 5-20　“加强筋”对话框

图 5-21　创建加强筋

步骤22 隐藏工作平面。在模型树中选择工作平面 1 和工作平面 2，单击鼠标右键，在弹出的快捷菜单中取消勾选“可见性”，使工作平面不可见，结果如图 5-2 所示。

步骤23 保存文件。单击“快速访问”工具栏上的“保存”按钮，打开“另存为”对话框，输入文件名为“支架.ipt”，单击“保存”按钮，保存文件。

5.2 扫　掠

扫掠特征（或实体）是通过沿路径移动（或扫掠）一个或多个草图截面轮廓而创建的。用户使用的多个截面轮廓必须位于同一草图中。路径可以是开放回路，也可以是封闭回路，但是必须穿透截面轮廓平面。

单击“三维模型”选项卡“创建”面板中的“扫掠”按钮，弹出“扫掠”对话框，如图 5-22 所示，选用的路径类型不同，对话框设置也不同。通过该对话框，用户可以设置截面轮廓、扫掠路径、扫掠类型等。

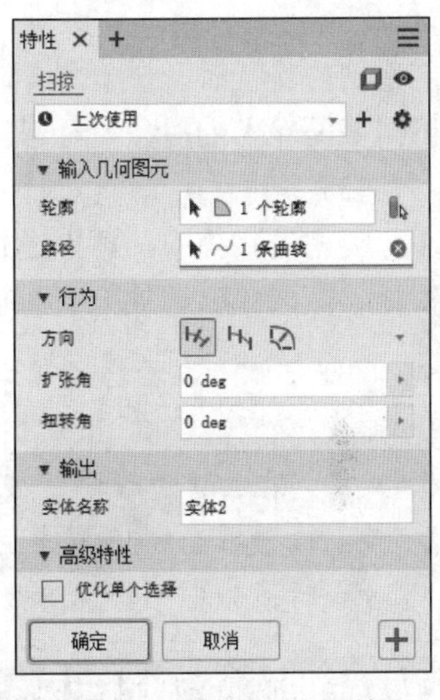

图 5-22 “扫掠”对话框

1. 轮廓

选择草图的一个或多个截面轮廓，以便沿选定的路径进行扫掠，也可利用“实体扫掠”选项对所选的实体沿所选的路径进行扫掠。

在“扫掠”对话框可以看到，扫掠也是集创建实体和曲面于一体的特征：对于封闭截面轮廓，可以选择创建实体或曲面；对于开放的截面轮廓，只创建曲面。无论扫掠路径是否开放，都必须贯穿截面草图平面，否则无法创建扫掠特征。

2. 路径

选择扫掠截面轮廓所围绕的轨迹或路径。路径可以是开放回路，也可以是封闭回路，但无论扫掠路径是否开放，都必须贯穿截面草图平面，否则无法创建扫掠特征。

3. 方向

用户创建扫掠特征时，除了必须指定截面轮廓和路径外，还要选择扫掠方向、设置扩张角或扭转角等，来控制截面轮廓的扫掠方向、比例和扭曲。

1）跟随路径

创建扫掠特征时，截面轮廓相对于扫掠路径保持不变，即所有扫掠截面都维持与该路径相关的原始截面轮廓。原始截面轮廓与路径垂直，在结束处扫掠截面仍维持这种几何关系。

当选择控制方式为“路径”时，用户可以指定路径方向上截面轮廓的锥度变化和旋转程度，即扩张角和扭转角。

扩张角相当于拉伸特征的拔模角度，用来设置扫掠过程中在路径的垂直平面内扫掠体的拔模角度的变化。当选择正角时，扫掠特征沿离开起点方向的截面面积会增大，反之减小。它不适用于封闭的路径。

扭转角用来设置轮廓沿路径扫掠的同时，在轴向方向自身旋转的角度，即在从扫掠开始到扫掠结束轮廓自身旋转的角度。

2）固定

创建扫掠特征时，截面轮廓会保持平行于原始截面轮廓，在路径任一点做平行截面轮廓的剖面，获得的几何形状仍与原始截面相当。

3）引导

创建扫掠特征时，选择一条附加曲线或轨道来控制截面轮廓的比例和扭曲。这种扫掠用于具有不同截面轮廓的对象，沿着轮廓被扫掠时，这些设计可能会旋转或扭曲，如吹风机的手柄和高跟鞋鞋底。

在此类型的扫掠中，可以通过控制截面轮廓在 X 和 Y 方向上的缩放创建符合引导轨道的扫掠特征。截面轮廓缩放方式有以下 3 种：

- X 和 Y：在扫掠过程中，截面轮廓在引导轨道的影响下随路径在 X 和 Y 方向同时缩放。
- X：在扫掠过程中，截面轮廓在引导轨道的影响下随路径在 X 方向缩放。
- 无：使截面轮廓保持固定的形状和大小，此时轨道仅控制截面轮廓扭曲。当选择此方式时，相当于传统路径扫掠。

5.2.1 跟随路径创建扫掠

在相交的平面上绘制截面轮廓和路径，此路径必须穿透截面轮廓平面。操作步骤如下：

步骤 01 单击“三维模型”选项卡“创建”面板中的“扫掠”按钮，如果草图中只有一个截面轮廓，将自动亮显；如果有多个截面轮廓，可单击“截面轮廓”按钮，然后选择要扫掠的截面轮廓。

步骤 02 单击“路径”按钮，然后选择二维草图、三维草图或几何图元的边。

如果使用边作为路径，则完成扫掠命令时，边将投影到新的三维草图上。

步骤 03 如果有实体参与扫掠，则单击“实体扫掠”按钮，然后选择参与扫掠的实体。

步骤 04 如果需要，可在“扩张角”数值框中输入一个角度值或在“扭转角”数值框中输入一个角度值。

步骤 05 单击“求并”“求差”或“求交”按钮，与其他特征、曲面或实体交互。单击“新建实体”按钮来创建新实体。如果扫掠是零件文件中的第一个实体特征，则此选项是默认选项。

步骤 06 如果图形窗口中的扫掠预览和预期相同，可单击“确定”按钮。

5.2.2　沿着路径和引导轨道创建扫掠

使用引导轨道扫掠，选择轨道和路径以引导扫掠截面轮廓。轨迹可以控制扫掠截面轮廓的缩放和扭曲。

步骤01 在相交的平面上绘制一个截面轮廓和一个路径。绘制一条附加曲线，作为可以控制截面轮廓的缩放和扭曲的轨道。路径和轨道必须穿透截面轮廓平面。

步骤02 单击“三维模型”选项卡“创建”面板中的“扫掠”按钮，如果草图中只有一个截面轮廓，将自动亮显；如果有多个截面轮廓，可单击“截面轮廓”按钮，然后选择要扫掠的平面截面轮廓。

步骤03 单击“路径”选项，选择路径草图或边。

步骤04 如果有实体参与扫掠，则单击“实体扫掠”按钮，然后选择参与扫掠的实体。

步骤05 从“方向”组中选择扫掠方向为“引导”选项。

步骤06 在图形窗口中，选择引导曲线或轨道。

步骤07 单击某个截面轮廓缩放选项，以指示如何缩放扫掠截面才能符合引导轨道。

步骤08 单击“求并”“求差”或“求交”按钮，与其他特征、曲面或实体交互。单击“新建实体”按钮来创建新实体。如果扫掠是零件文件中的第一个实体特征，则此选项是默认选项。

步骤09 如果图形窗口中的扫掠预览和预期相同，可单击“确定”按钮。

5.2.3　实例——扳手

本实例将绘制如图 5-23 所示的扳手。

下载资源\动画演示\第5章\扳手.MP4

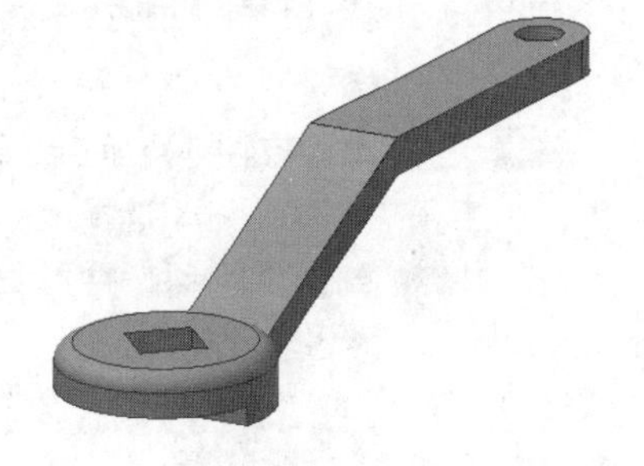

图 5-23　扳手

操作步骤

步骤01 新建文件。运行 Inventor 2024，单击“快速访问”工具栏上的“新建”按钮，在打开的“新建文件”对话框中的零件下拉列表中选择“Standard.ipt”选项，单击“创建”按钮，新建一个零件文件。

步骤02 创建草图 1。单击“三维模型”选项卡“草图”面板中的“开始创建二维草图”按钮，选择 XY 平面为草图绘制平面，进入草图绘制环境。单击“草图”选项卡“创建”面板中的“圆”按钮，绘制草图。单击“约束”面板中的“尺寸”按钮，标注尺寸，如图 5-24 所示。单击“草图”标签中的“完成草图”按钮，退出草图绘制环境。

步骤03 创建拉伸体。单击“三维模型”选项卡“创建”面板中的“拉伸”按钮，打开“拉伸”对话框，系统自动选择上一步绘制的草图 1 为拉伸截面轮廓，将拉伸距离设置为 10 mm，单击“确定”按钮完成拉伸，如图 5-25 所示。

步骤04 创建草图 2。单击“三维模型”选项卡“草图”面板中的“开始创建二维草图”按钮，选择拉伸体的上表面为草图绘制平面，进入草图绘制环境。单击“草图”选项卡“创建”面板中的“多边形”按钮，在打开的“多边形”对话框中输入边数为 4，绘制草图。单击“约束”面板中的“尺寸”按钮，标注尺寸，如图 5-26 所示。单击“草图”标签中的“完成草图”按钮，退出草图绘制环境。

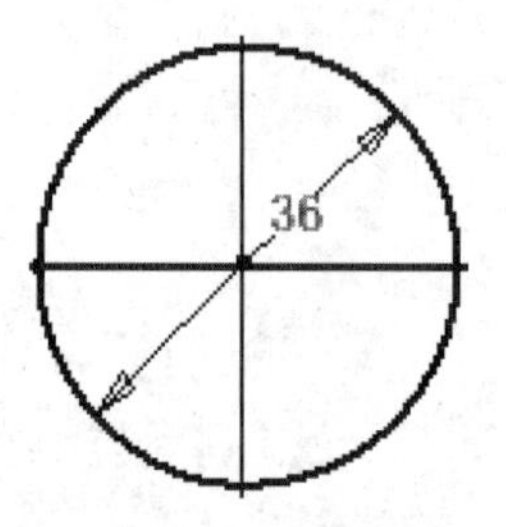

图 5-24　绘制草图

图 5-25　拉伸体

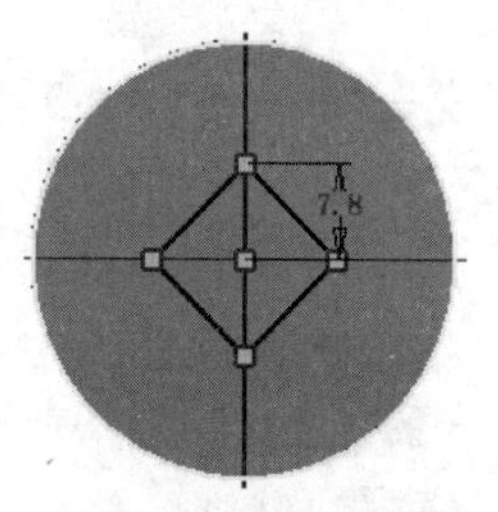

图 5-26　绘制草图

步骤05 创建拉伸体。单击“三维模型”选项卡“创建”面板中的“拉伸”按钮，打开“拉伸”对话框，选择上一步绘制的草图 2 为拉伸截面轮廓，选择“求差”方式，设置拉伸方式为“贯通”，调整拉伸方向，单击“确定”按钮完成拉伸，如图 5-27 所示。

步骤06 创建草图 3。单击“三维模型”选项卡“草图”面板中的“开始创建二维草图”按钮，选择 XZ 平面为草图绘制平面，进入草图绘制环境。单击“草图”选项卡“创建”面板中的“矩形”按钮，绘制草图。单击“约束”面板中的“尺寸”按钮，标注尺寸，如图 5-28 所示。单击“草图”标签中的“完成草图”按钮，退出草图绘制环境。

步骤07 创建拉伸体。单击“三维模型”选项卡“创建”面板中的“拉伸”按钮，打开“拉伸”对话框，选择上一步绘制的草图 3 为拉伸截面轮廓，设置拉伸方式为“贯通”，单击“对称”按钮，选择“求差”方式，单击“确定”按钮完成拉伸，如图 5-29 所示。

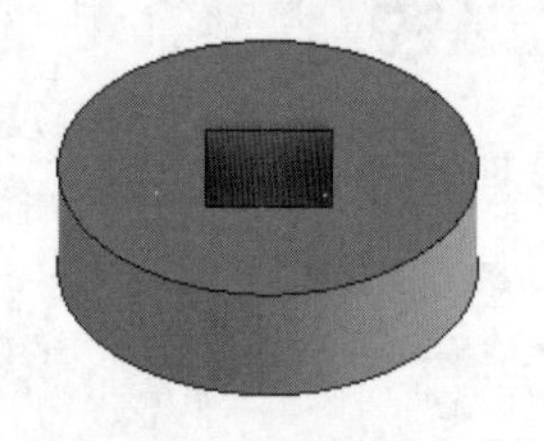

图 5-27　拉伸体

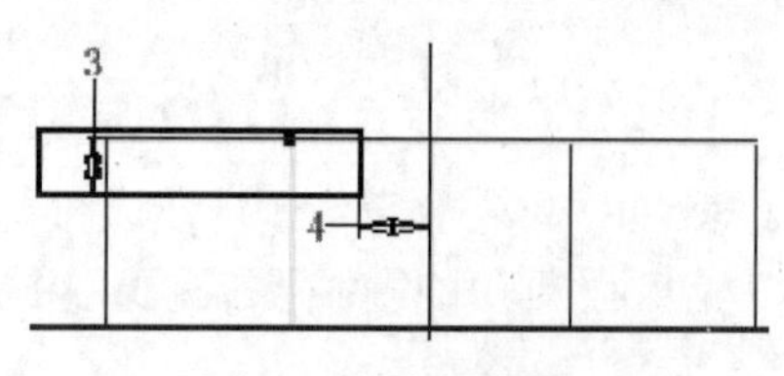

图 5-28　绘制草图

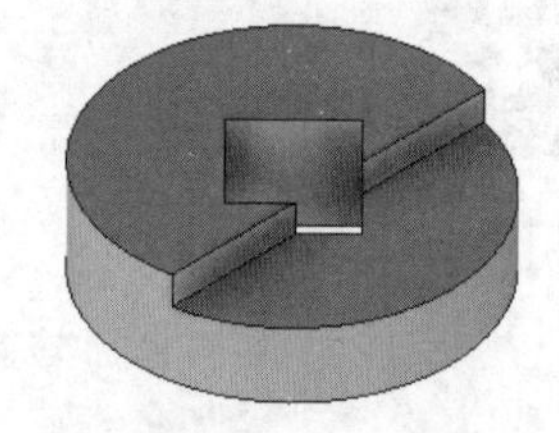

图 5-29　拉伸体

步骤08 创建草图 4。单击“三维模型”选项卡“草图”面板中的“开始创建二维草图”按钮，选择 XZ 平面为草图绘制平面，进入草图绘制环境。单击“草图”选项卡“创建”面板中的“直线”按钮，绘制草图。单击“约束”面板中的“尺寸”按钮，标注尺寸，如图 5-30 所示。单击“草图”标签中“完成草图”按钮，退出草图绘制环境。

步骤09 创建工作平面。单击“三维模型”选项卡“定位特征”面板中的“平行于平面且通过点”按钮，选择 YZ 平面和上一步绘制的草图的端点，如图 5-31 所示。

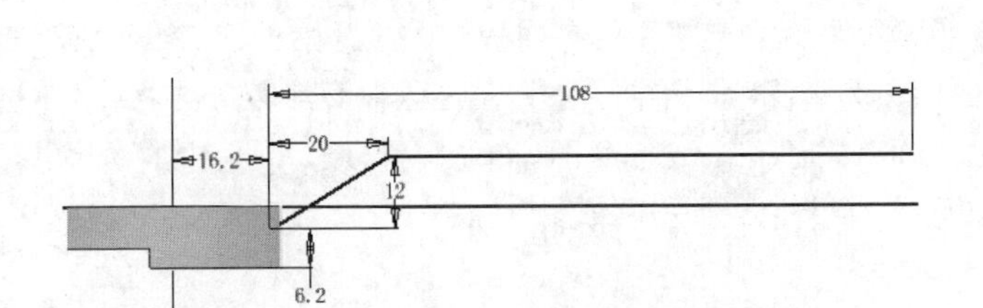

图 5-30 绘制扫掠路径

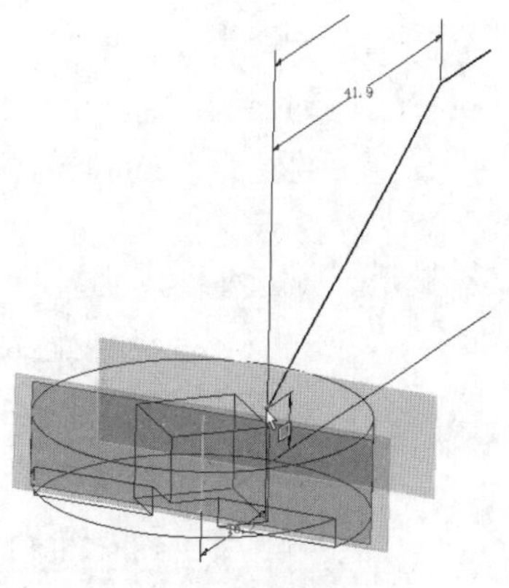

图 5-31 创建工作平面

步骤10 创建草图 5。单击“三维模型”选项卡“草图”面板中的“开始创建二维草图”按钮，选择上一步创建的工作平面为草图绘制平面，进入草图绘制环境。单击“草图”选项卡“创建”面板中的“矩形”按钮，绘制草图。单击“约束”面板中的“尺寸”按钮，标注尺寸，如图 5-32 所示。单击“草图”标签中的“完成草图”按钮，退出草图绘制环境。

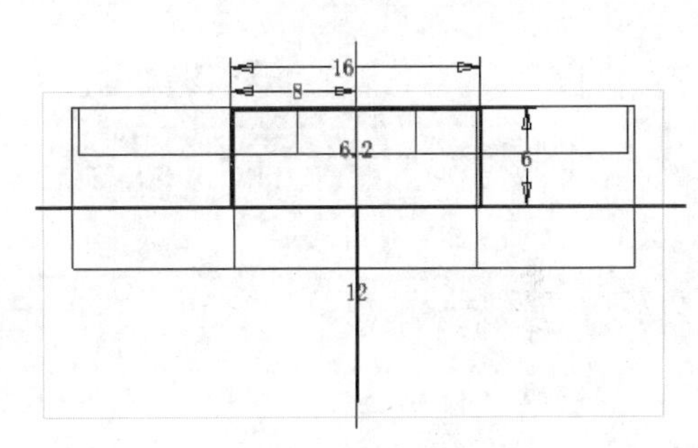

图 5-32 绘制扫掠截面

步骤11 创建扫掠体。单击“三维模型”选项卡“创建”面板中的“扫掠”按钮，打开“扫掠”对话框，选择步骤10创建的草图 5 为扫掠截面轮廓，选择步骤08创建的草图 4 为扫掠路径，设置扫掠类型为路径，选择“固定”方向，如图 5-33 所示。单击“确定”按钮完成扫掠，隐藏工作平面，如图 5-34 所示。

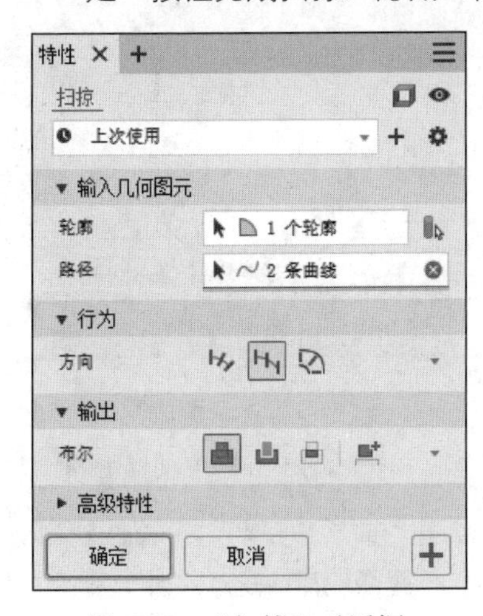

图 5-33 “扫掠”对话框

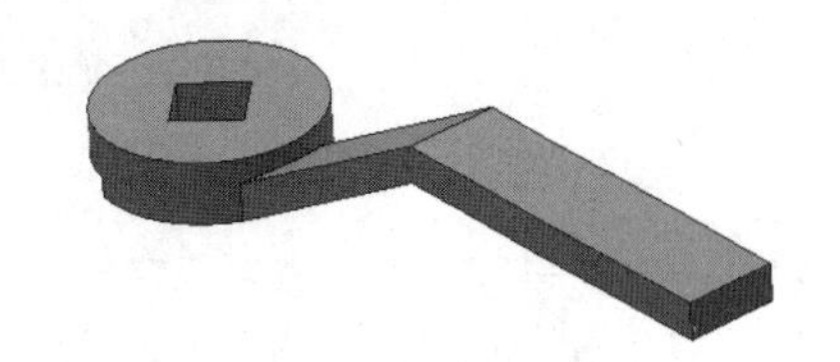

图 5-34 扫掠体的另外两条连线

步骤12 倒圆角。单击“三维模型”选项卡“创建”面板中的“圆角”按钮，打开“圆角”对话框，输入半径为 3 mm，选择如图 5-35 所示的边线，单击“应用”按钮；输入半径为 8 mm，选择如图 5-36 所示的两条边线，单击“确定”按钮，结果如图 5-37 所示。

步骤13 创建草图 6。单击“三维模型”选项卡“草图”面板中的“开始创建二维草图”按钮，选择图 5-37 中的面 1 为草图绘制平面，进入草图绘制环境。单击“草图”选项卡“创建”面板中的“圆”按钮，绘制草图。单击“约束”面板中的“尺寸”按钮，标注尺寸，如图 5-38 所示。单击“草图”标签中的“完成草图”按钮，退出草图绘制环境。

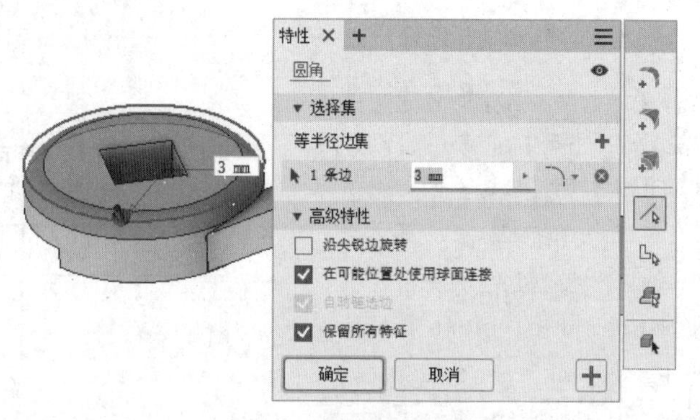

图 5-35　选择边线 1

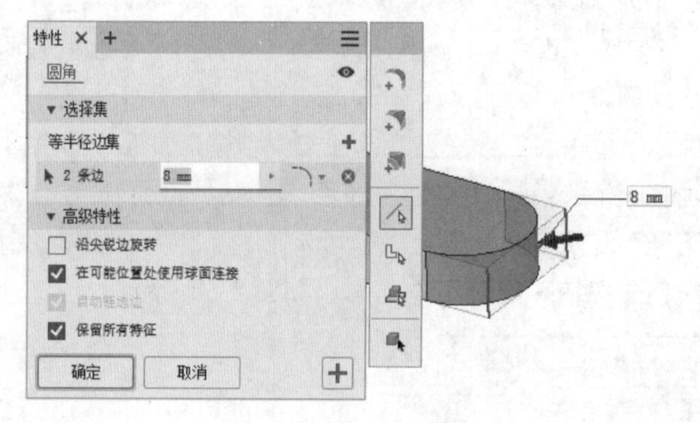

图 5-36　选择边线 2

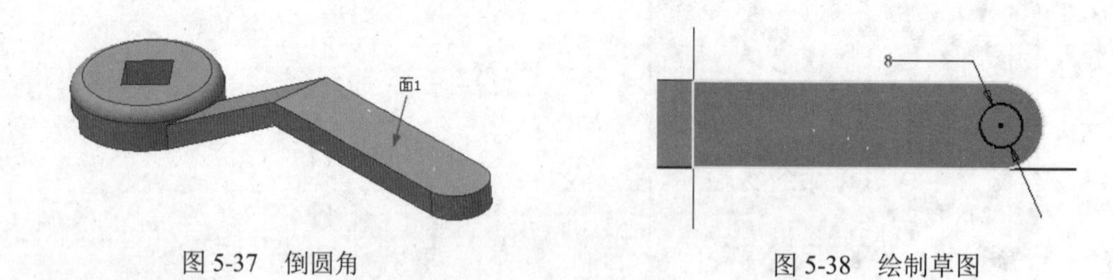

图 5-37　倒圆角　　　　图 5-38　绘制草图

步骤14 创建拉伸体。单击“三维模型”选项卡“创建”面板中的“拉伸”按钮，打开“拉伸”对话框，选择上一步绘制的草图 6 为拉伸截面轮廓，设置拉伸方式为“贯通”，系统自动选择“求差”方式，单击“确定”按钮完成拉伸，结果如图 5-23 所示。

步骤15 保存文件。单击“快速访问”工具栏中的“保存”按钮，打开“另存为”对话框，输入文件名为“扳手.ipt”，单击“保存”按钮，保存文件。

5.3 放　　样

放样是将两个或两个以上具有不同形状或尺寸的截面轮廓均匀过渡，从而形成特征实体或曲面。与扫掠相比，放样更加复杂，用户可以选择多个截面轮廓和轨道来控制曲面。

由于其具有可控性并能创建更为复杂的曲面，常用于创建与人机工程学、空气动力学或美学相关的曲面，例如电器产品的外形和汽车表面等。

5.3.1 设置放样

单击“三维模型”选项卡“创建”面板上的“放样”按钮，弹出“放样”对话框，该对话框中有“曲线”“条件”和“过渡”3个选项卡，如图5-39所示。

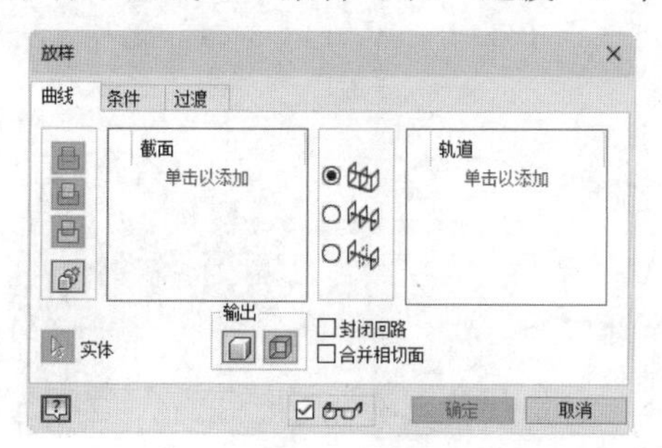

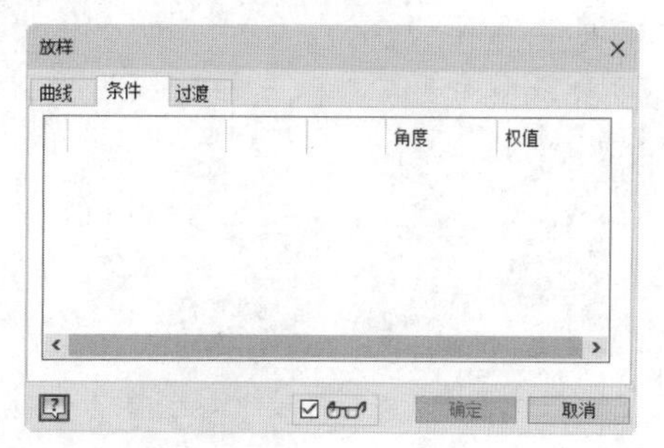

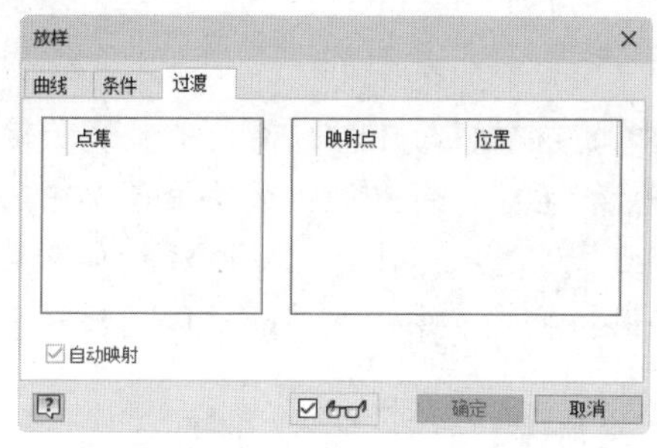

图5-39　“放样”对话框

“放样”对话框中的选项说明如下。

1）截面

放样的截面可以是二维草图或三维草图中的曲线、模型边、点或面回路。截面的增加会控制模型更加逼近真实或者期待的形状，但随着截面的增加，计算时间也会增加，应酌情选择适量的截面或者其他辅助几何要素。如果出现截面误选，可在“截面”列表中单击误选的截面，然后通过“Ctrl+单击”“Shift+单击”或直接按Delete键清除误选的截面。

2）轨道

轨道是指截面之间的放样形状。轨道将影响整个放样实体，而不是仅仅与轨道相交的截面顶点。没有轨道的截面顶点将受到相邻轨道的影响。轨道必须与每个截面相交，并且必须在第一个和最后一个截面上（或在这些截面之外）终止。创建放样时，将忽略延伸到截面之外的那一部分轨道，轨道必须连续相切。

3）中心线

中心线是一种与放样截面呈法向的轨道类型，其作用与扫掠路径类似。中心线放样使选定的放样截面的相交截面区域之间的过渡更平滑。中心线与轨道遵循相同的标准，只是中心线无须与截面相交，且只能选择一条中心线。

4）放样类型

根据添加的轨道和中心线控制等约束条件的不同，可将放样分为以下 4 种类型。

- 一般放样：只使用多个截面轮廓而不施加中心线、导轨或面积等控制，如图 5-40 所示。
- 轨道放样：对选择的多个截面轮廓施加单个或多个轨道控制，如图 5-41 所示。默认为此方式，当没有选择轨道时，默认创建为一般放样，即放样的曲面只能由提供的截面轮廓控制。若要创建轨道放样，则单击鼠标右键，并从弹出的快捷菜单中选择“轨道”命令，或在“放样”对话框的“轨道”列表框中单击“单击以添加”选项，并选择一个（或多个）二维或三维曲线用于引导轨道。

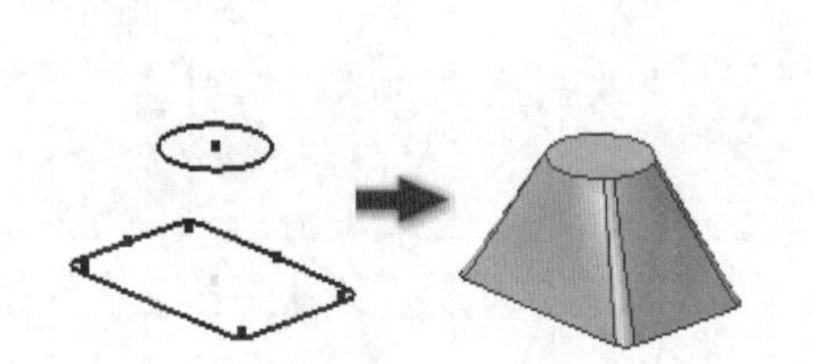

图 5-40　一般放样

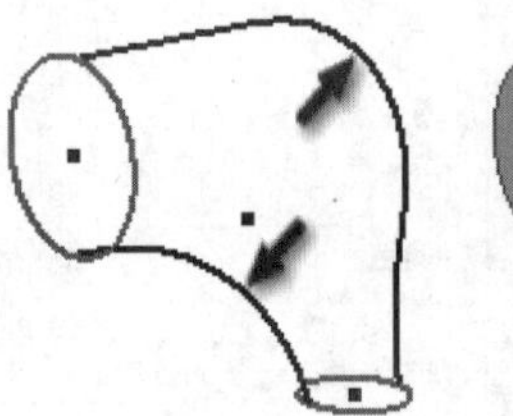

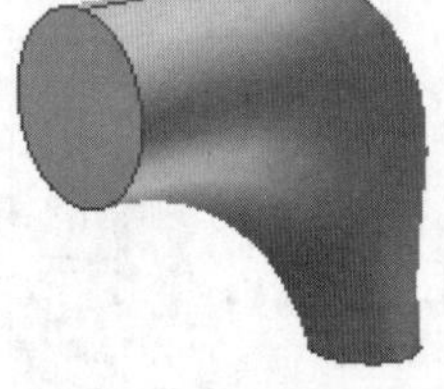

图 5-41　轨道放样

- 中心线放样：表示选择的多个截面轮廓按某条中心线变化，如图 5-42 所示。若要创建中心线放样，则单击鼠标右键，并从弹出的快捷菜单中选择“中心线”命令，或选择“放样”对话框中“曲线”选项卡中的“中心线”单选按钮，选择二维或三维曲线作为中心线。中心线将保持垂直于中心线截面之间的放样形状。

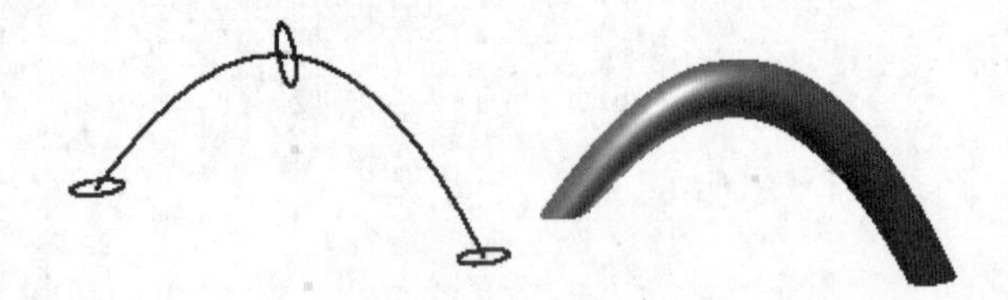

图 5-42　中心线放样

- 面积放样：对放样过程中的指定截面的面积进行控制。面积放样允许控制沿中心线放样的指定点处的横截面面积。面积放样可以与实体和曲面输出结合使用，但需要选择单个轨道作为中心线，将显示放样中心线上所选的每个点的截面尺寸。使用截面尺寸定义每个点的横截面面积和比例系数。使用此特征可以设计比较复杂的液体管道系统，由于各个截面面积近似相等，因此在一定程度上能降低流量损失和流动噪声。

5）封闭回路

此选项为可选项，用于连接放样的第一个和最后一个截面，以构成封闭回路。

6）合并相切面

此选项为可选项，用于自动缝合相切放样面，这样特征的切面之间将不创建边，效果如图 5-43 所示。

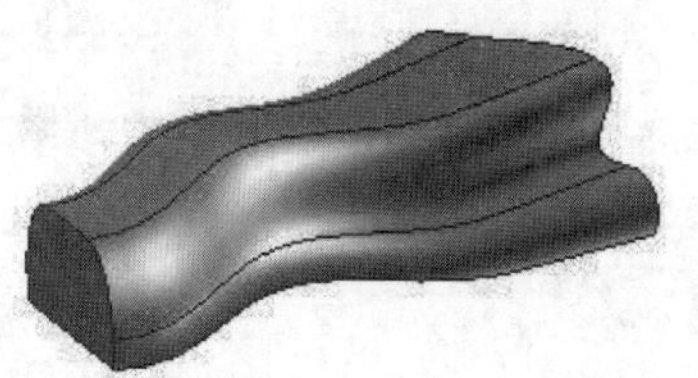

不勾选“合并相切面”复选框

勾选“合并相切面”复选框

图 5-43　合并相切放样效果对比

7）选择条件

为截面和轨道指定的边界条件如下：

- 无条件：即自由条件，相当于 G0 连续，为默认选项，不应用任何边界条件。
- 方向条件：用于指定相对于截面或轨道平面测量的角度。设置条件的角度和权值，仅当曲线是二维草图时可用。
- 角度：表示截面或轨道平面与放样创建的面之间的过渡段包角，范围为 0°~180°，默认值为 90°，即垂直过渡，180° 的值可提供平面过渡。
- 权值：一种无量纲系数，通过在转换到下一形状之前确定截面形状延伸的距离，以控制放样的外观。大的权值和小的权值是相对于模型的大小而言的，大的权值可能导致放样曲面扭曲，并且可能生成自交曲面。权值系数为 1~20。
- 相切 G1 条件：用于创建与相邻面相切的放样，然后设置条件的权值。当截面或轨道与曲面或实体相邻，或选择面回路时可用，不适用于草图截面轮廓。
- 平滑 G2 条件：用于指定与相邻面连续的放样曲率。此条件只在截面轮廓边与曲面或实体边界相邻，或选择面回路时可用，而且不适用于截面轮廓为草图的情况。
- 尖锐点：用于创建尖头或锥形顶面，仅当起始截面或终止截面是一个点时可用。
- 相切条件：用于创建圆头的盖形顶面，然后设置条件的权值，仅当起始截面或终止截面是一个点时可用。
- 与平面相切：指定工作平面或平面，然后设置条件的权值，仅当起始截面或终止截面是一个点时可用。

8）选择过渡

- 自动映射：在“过渡”选项卡中，默认勾选“自动映射”复选框。映射点、轨道、中心线和截面顶点将定义一个截面的各段如何映射到其前后截面的各段中。如果取消勾选“自动映射”复选框，将列出自动计算的点集并根据需要添加或删除点。
- 点集：在每个放样截面上列出自动计算的点。

- 映射点：在草图上列出自动计算的点，以便沿这些点对齐截面，从而使放样特征的扭曲最小化，点按照截面的顺序列出。
- 位置：以无量纲值指定相对于选定点的位置。0 表示直线的一端，5 表示直线的中点，1 表示直线的另一端。

5.3.2 创建放样特征

这里只使用多个截面轮廓而不施加中心线、导轨或面积等控制，操作步骤如下：

步骤01 单击“三维模型”选项卡“创建”面板上的“放样”按钮，打开如图 5-44 所示的“放样”对话框。

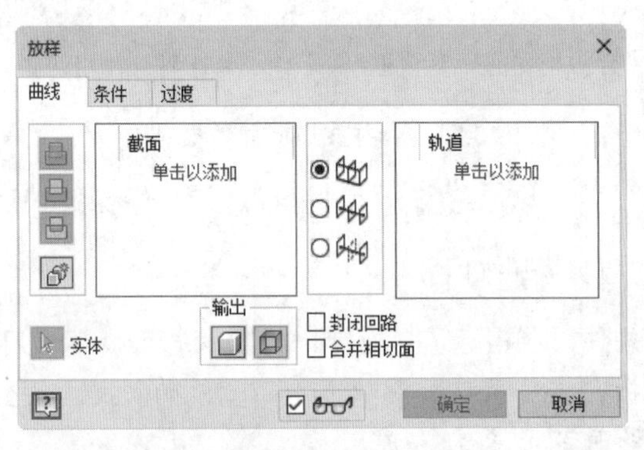

图 5-44 “放样”对话框

步骤02 在视图中选择放样截面，如图 5-45 所示。

步骤03 在对话框中设置放样参数，选择“轨道”类型。

步骤04 单击“确定”按钮，完成放样特征的创建，结果如图 5-46 所示。

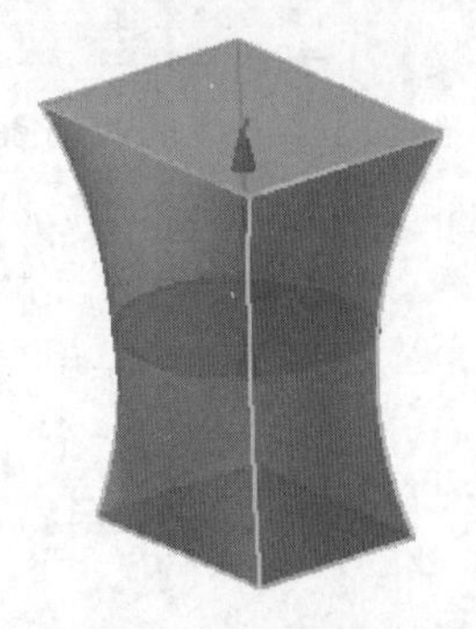

图 5-45 选取截面

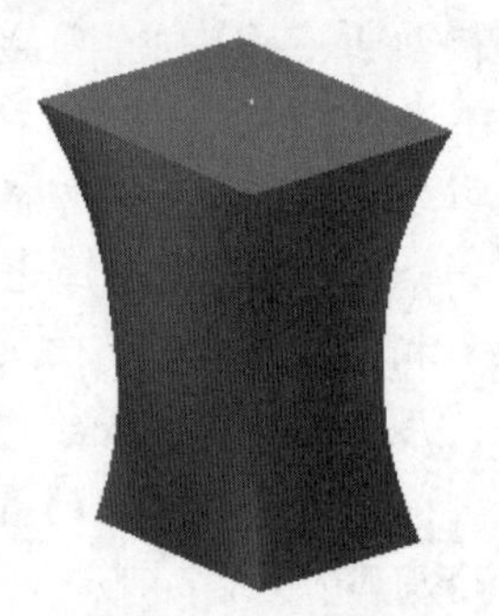

图 5-46 创建放样

5.3.3 创建中心线放样

创建中心线放样的操作步骤如下：

步骤01 单击“三维模型”选项卡“创建”面板上的“放样”按钮，打开“放样”对话框。

步骤02 在“曲线”选项卡上指定要放样的截面。在“截面”列表框中单击“单击以添加”

选项，然后按照希望形状光滑过渡的顺序来选择截面。如果在任一平面上选择多个截面，则这些截面必须相交。

如果草图中有多个回路，则应先选择该草图，然后选择曲线或回路。

步骤03 若要选择中心线导向曲线，则单击鼠标右键，并从弹出的快捷菜单中选择“中心线”命令，或在“放样”对话框中选中“中心线”单选按钮。选择二维或三维曲线作为中心线。中心线将保持垂直于中心线的截面之间的放样形状。

步骤04 如果该零件包含的实体不止一个，则单击“实体”按钮来选择参与实体。

步骤05 在“输出”下选择“实体”或“曲面”。

步骤06 勾选“封闭回路”复选框，以连接放样的起始和终止截面。

步骤07 勾选“合并相切面”复选框，以无缝合并放样面。

步骤08 在“过渡”选项卡中，默认选项为“自动映射”。如果取消勾选该复选框，则可以修改自动创建的点集、添加点或删除点。

步骤09 单击“确定”按钮创建放样。

5.3.4 创建面积放样

创建面积放样的操作步骤如下：

步骤01 单击“三维模型”选项卡“创建”面板上的“放样”按钮，在图形窗口中按照形状过渡的顺序选择截面。

步骤02 选择“面积放样”选项，然后选取一条二维或三维曲线作为中心线。中心线将保持垂直于中心线的截面之间的放样形状。选择中心线时，截面尺寸将显示在每个端点处，并提供相对于每个选定截面中心线的区域和位置。使用面积放样功能可以查看中心线是否与截面垂直。截面尺寸表示的是与中心线垂直的截面。除了上述这两个截面外，还可以添加其他放置的截面来定义横截面，从而控制放样形状。

步骤03 若要添加放置的截面，可在“放样”对话框的“截面”列表框中单击“单击以添加”选项，并沿中心线将指示器移至点位置，然后单击以添加点。将显示每个放置截面的截面尺寸。

步骤04 双击一个放置的截面打开“截面尺寸”对话框，可以更改放置的截面位置和尺寸。若要相对于中心线长度更改或控制截面位置，则选择所需的“截面位置”选项并输入值。如果使用“成比例的距离”，则相对于中心线长度定位截面；如果使用“绝对距离”，则沿中心线的绝对距离放置截面。例如，如果中心线是16，则输入8，在中心线的中点创建放置的截面。

步骤05 若要更改或控制比例，则选择所需的“截面尺寸”选项并输入值。选择“区域”并输入值，可以按比例调整截面、匹配指定的区域值；选择“比例系数”并输入值，可以按比例调整截面、匹配指定的区域值。“比例系数”选项可作为外观设计工具或用来调整放样形状。

步骤06 使用“从动截面”和“主动截面”将截面定义为“主动”或“从动”（检验）。选择

"主动截面"可更改截面的位置和尺寸；选择"从动截面"以禁用所有截面尺寸控件并仅允许控制截面位置。通常，将放置的截面设置为"主动截面"。

步骤07 单击"确定"按钮退出对话框。若要进行其他编辑，可双击截面尺寸或在图形窗口中的尺寸上单击鼠标右键，并从弹出的快捷菜单中选择"编辑"命令。

步骤08 若要删除截面尺寸，可在图形窗口中的尺寸上单击鼠标右键，并从弹出的快捷菜单中选择"删除"命令。

5.3.5 实例——液压缸 1

本实例绘制如图 5-47 所示的液压缸 1。

下载资源\动画演示\第5章\液压缸1.MP4

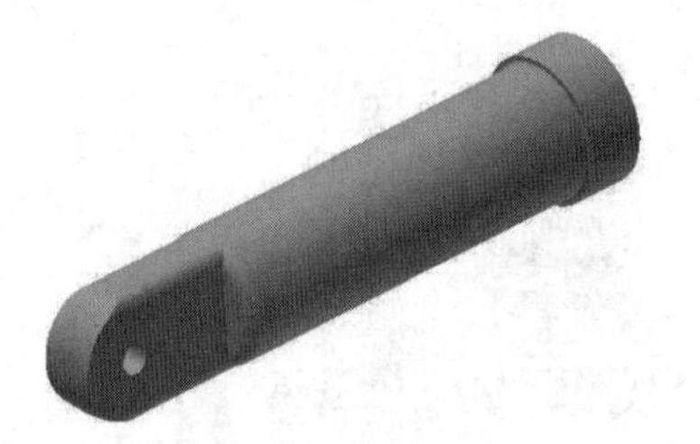

图 5-47　液压缸 1

操作步骤

步骤01 新建文件。运行 Inventor 2024，单击"快速访问"工具栏上的"新建"按钮，在打开的"新建文件"对话框中的零件下拉列表中选择"Standard.ipt"选项，单击"创建"按钮，新建一个零件文件。

步骤02 创建草图 1。单击"三维模型"选项卡"草图"面板中的"开始创建二维草图"按钮，选择 XZ 平面为草图绘制平面，进入草图绘制环境。单击"草图"选项卡"创建"面板中的"圆"按钮，绘制草图。单击"约束"面板中的"尺寸"按钮，标注尺寸，如图 5-48 所示。单击"草图"标签中的"完成草图"按钮，退出草图绘制环境。

步骤03 创建拉伸体。单击"三维模型"选项卡"创建"面板中的"拉伸"按钮，打开"拉伸"对话框，系统自动选取上一步绘制的草图 1 为拉伸截面轮廓，将拉伸距离设置为 186.25 mm，单击"确定"按钮完成拉伸。

步骤04 创建草图 2。单击"三维模型"选项卡"草图"面板中的"开始创建二维草图"按钮，选择拉伸体的下表面为草图绘制平面，进入草图绘制环境。单击"草图"选项卡"创建"面板中的"圆"按钮，绘制草图。单击"约束"面板中的"尺寸"按钮，标注尺寸，如图 5-49 所示。单击"草图"标签中的"完成草图"按钮，退出草图绘制环境。

步骤05 创建拉伸体。单击"三维模型"选项卡"创建"面板中的"拉伸"按钮，打开"拉伸"对话框，选择上一步绘制的草图 2 为拉伸截面轮廓，将拉伸距离设置为 135 mm，选择"求差"方式，单击"确定"按钮完成拉伸。

步骤06 创建草图 3。单击"三维模型"选项卡"草图"面板中的"开始创建二维草图"按钮，选择拉伸体的另一侧表面为草图绘制平面，进入草图绘制环境。单击"草图"选项卡"创建"面板中的"直线"按钮，绘制草图。单击"约束"面板中的"尺寸”按钮，标注尺寸，如图 5-50 所示。单击“草图”标签中的“完成草图”按钮，退出草图绘制环境。

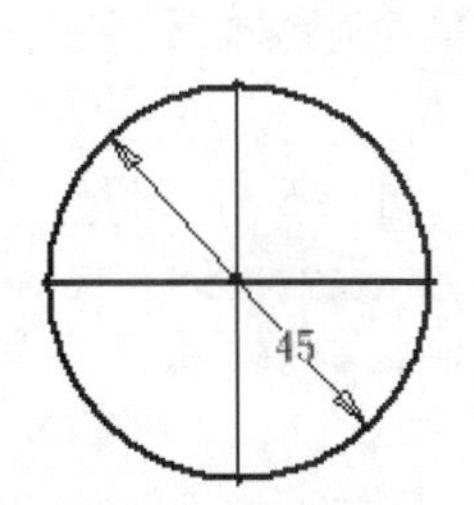

图 5-48 绘制草图 1

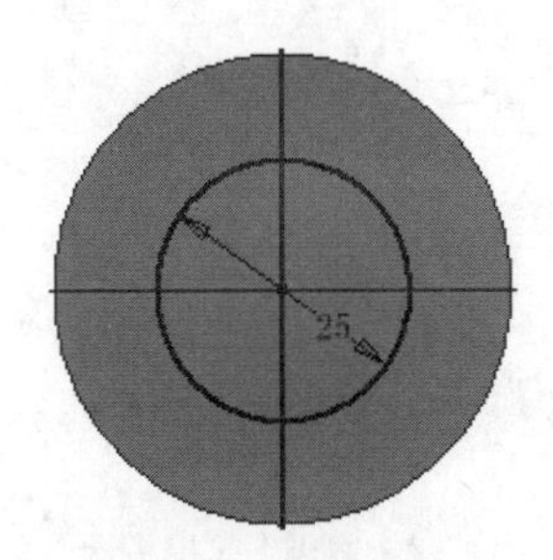

图 5-49 绘制草图 2

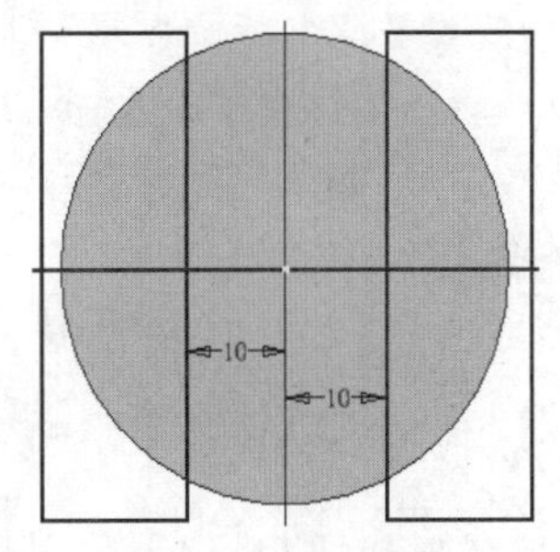

图 5-50 绘制草图 3

步骤 07 创建拉伸体。单击“三维模型”选项卡“创建”面板中的“拉伸”按钮，打开“拉伸”对话框，选择上一步绘制的草图 3 为拉伸截面轮廓，将拉伸距离设置为 40 mm，选择“求差”方式，单击“确定”按钮完成拉伸，如图 5-51 所示。

步骤 08 创建草图 4。单击“三维模型”选项卡“草图”面板中的“开始创建二维草图”按钮，选择图 5-51 所示的面 1 为草图绘制平面，进入草图绘制环境。单击“草图”选项卡“创建”面板中的“圆”按钮和“修改”面板中的“修剪”按钮，绘制草图。单击“约束”面板中的“尺寸”按钮，标注尺寸，如图 5-52 所示。单击“草图”标签中的“完成草图”按钮，退出草图绘制环境。

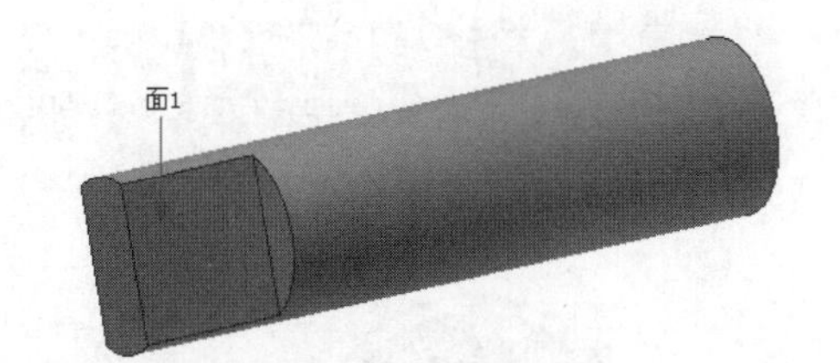

图 5-51 拉伸切除

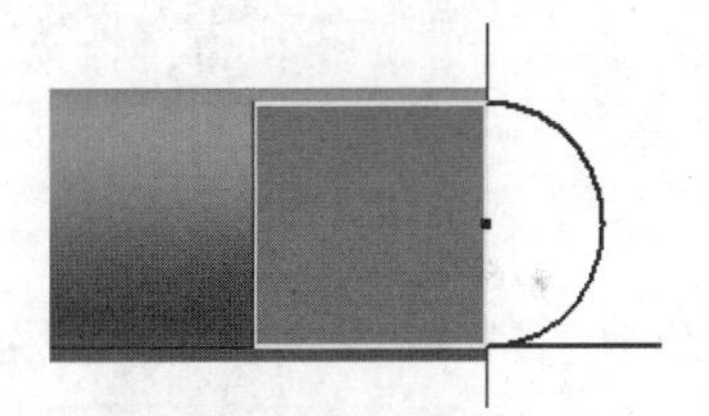
图 5-52 绘制草图 4

步骤 09 重复上述步骤，在另一侧绘制相同的草图 5，如图 5-53 所示。

步骤 10 放样实体。单击“三维模型”选项卡“创建”面板中的“放样”按钮，打开“放样”对话框，在截面栏中单击“单击以添加”选项，选择如图 5-53 所示的草图 5 为截面，在轨道栏中单击“单击以添加”选项，选择如图 5-53 所示的边界为轨道，如图 5-54 所示。单击“确定”按钮完成放样，如图 5-55 所示。

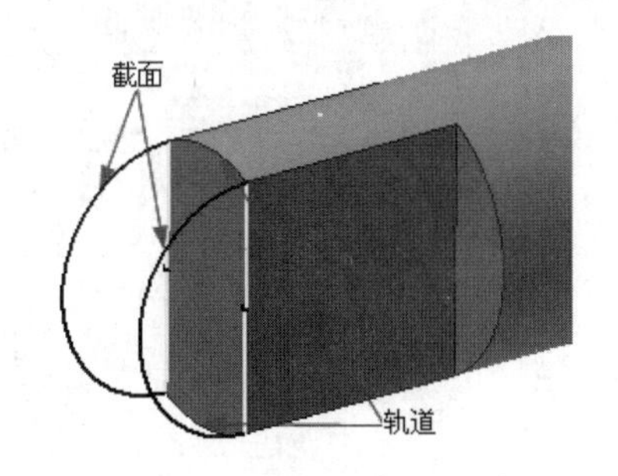

图 5-53 绘制草图 5

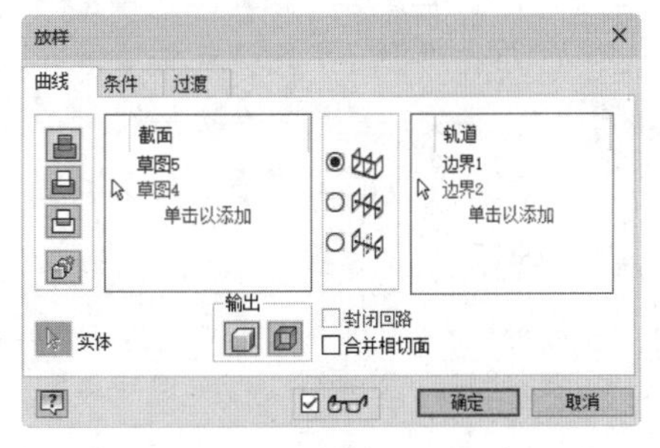

图 5-54 “放样”对话框

步骤11 创建草图 6。单击“三维模型”选项卡“草图”面板中的“开始创建二维草图”按钮，选择图 5-51 所示的面 1 为草图绘制平面，进入草图绘制环境。单击“草图”选项卡“创建”面板中的“圆”按钮，绘制草图。单击“约束”面板中的“尺寸”按钮，标注尺寸，如图 5-56 所示。单击“草图”标签中的“完成草图”按钮，退出草图绘制环境。

步骤12 创建拉伸体。单击“三维模型”选项卡“创建”面板中的“拉伸”按钮，打开“拉伸”对话框，选择上一步绘制的草图 5 为拉伸截面轮廓，设置拉伸方式为“贯通”，选择“求差”方式，单击“确定”按钮完成拉伸，如图 5-57 所示。

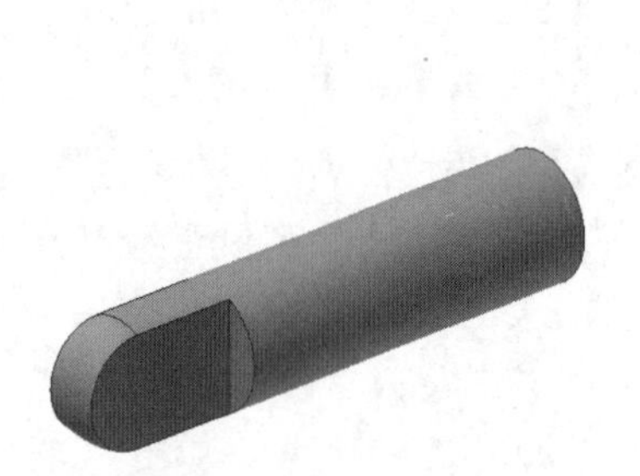

图 5-55 放样实体

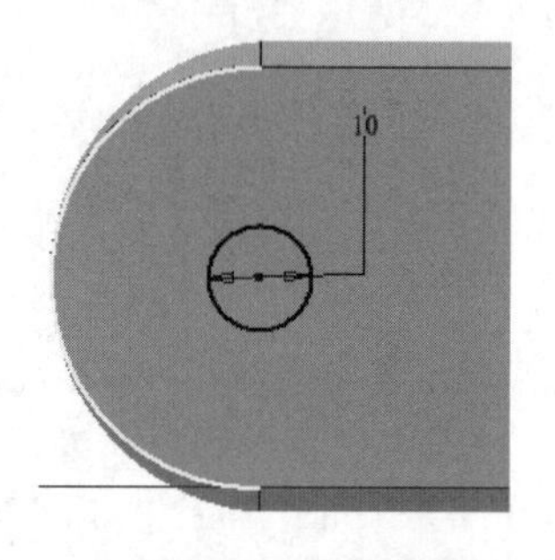

图 5-56 绘制草图 6

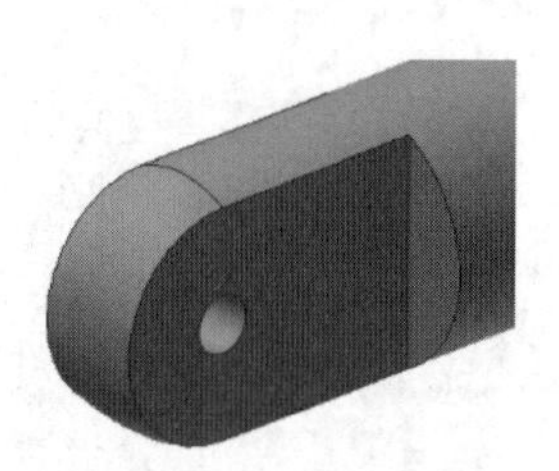

图 5-57 拉伸切除

步骤13 创建草图 7。单击“三维模型”选项卡“草图”面板中的“开始创建二维草图”按钮，选择图 5-58 所示的面 2 为草图绘制平面，进入草图绘制环境。单击“草图”选项卡“创建”面板中的“圆”按钮，绘制草图。单击“约束”面板中的“尺寸”按钮，标注尺寸，如图 5-59 所示。单击“草图”标签中的“完成草图”按钮，退出草图绘制环境。

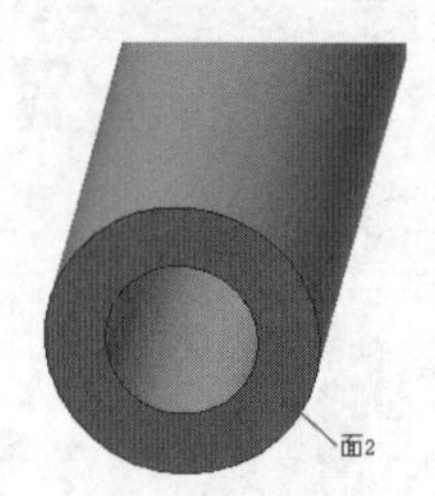

图 5-58 选择草图面 2

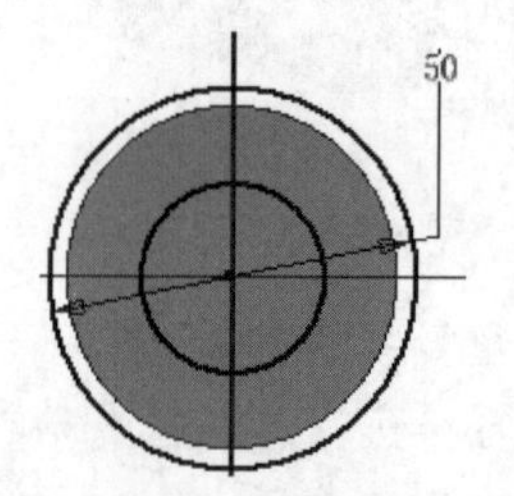

图 5-59 绘制草图 7

步骤14 创建拉伸体。单击“三维模型”选项卡“创建”面板中的“拉伸”按钮，打开“拉伸”对话框，选择上一步绘制的草图 6 为拉伸截面轮廓，将拉伸距离设置为 20 mm，单击“确定”按钮完成拉伸，结果如图 5-47 所示。

步骤15 保存文件。单击“快速访问”工具栏中的“保存”按钮，打开“另存为”对话框，输入文件名为“液压缸 1.ipt”，单击“保存”按钮，保存文件。

5.4 螺旋扫掠

螺旋扫掠用于构造对象，如弹簧或圆柱表面的螺纹。螺旋扫掠可以是多实体零件中的新实体。

5.4.1 设置螺旋扫掠

单击“三维模型”选项卡“创建”面板上的“螺旋扫掠”按钮，弹出“螺旋扫掠”对话框，如图5-60所示，用于创建基于螺旋的特征或实体。

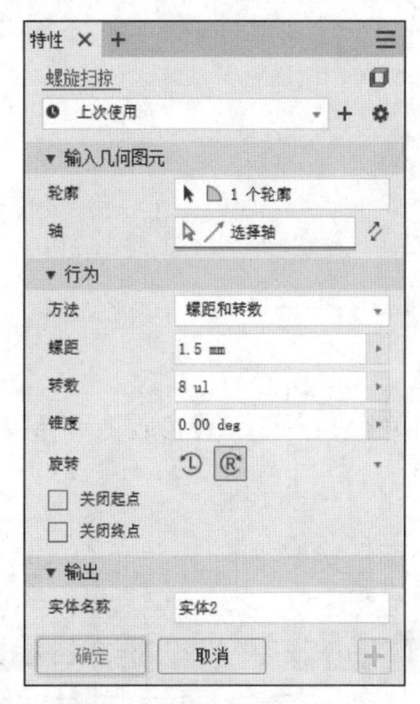

图 5-60 “螺旋扫掠”对话框

1. 输入几何图元

截面轮廓应该是一个封闭的曲线，以创建实体；旋转轴应该是一条直线，它不能与截面轮廓曲线相交，但是必须与之位于同一个平面内。

2. 行为

可设置的螺旋方法一共有4种，即螺距和转数、转数和高度、螺距和高度以及螺旋。选择了不同的类型以后，在其相对应的参数文本框中输入对应的参数即可。需要注意的是，如果要创建发条之类没有高度的螺旋特征，可使用“螺旋”方法，还可指定螺旋扫掠左旋或右旋。

选择“关闭起点”或“关闭终点”复选框，可指定具体的过渡段包角和平底段包角。

- 过渡段包角：螺旋扫掠获得过渡的距离（单位为度数，一般少于一圈）。在图5-61（a）的示例中显示了顶部是自然结束，底部是四分之一圈（90deg）过渡，并且未使用平底段包角的螺旋扫掠。
- 平底段包角：螺旋扫掠过渡后不带螺距（平底）的延伸距离（度数），它是从螺旋扫掠的正常旋转的末端过渡到平底端的末尾。在图5-61（b）的示例中显示了与图5-61（a）显示的过渡段包角相同，但指定了一半转向（180deg）的平底段包角的螺旋扫掠。

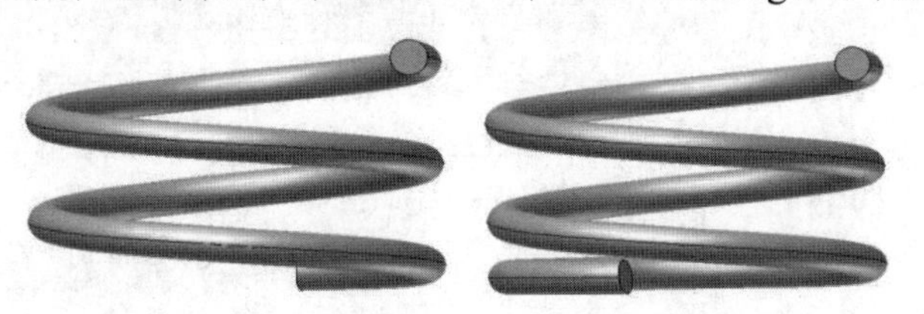

（a）未使用平底段包角　　（b）使用平底段包角

图 5-61 不同过渡包角下的扫掠结果

5.4.2 实例——弹簧

本例绘制如图5-62所示的弹簧。

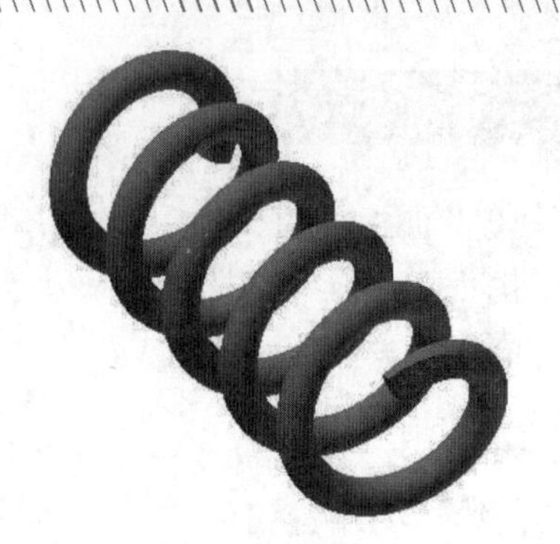

图 5-62　弹簧

下载资源\动画演示\第5章\弹簧.MP4

操作步骤

步骤01 新建文件。运行 Inventor 2024，单击“快速访问”工具栏上的“新建”按钮，在打开的“新建文件”对话框中的零件下拉列表中选择“Standard.ipt”选项，单击“创建”按钮，新建一个零件文件。

步骤02 创建草图。单击“三维模型”选项卡“草图”面板上的“开始创建二维草图”按钮，选择 XY 平面为草图绘制平面，进入草图绘制环境。单击“草图”选项卡“创建”面板上的“直线”按钮和“圆心圆”按钮，绘制轮廓。单击“约束”面板上的“尺寸”按钮，标注尺寸，如图 5-63 所示。单击“草图”标签中的“完成草图”按钮，退出草图绘制环境。

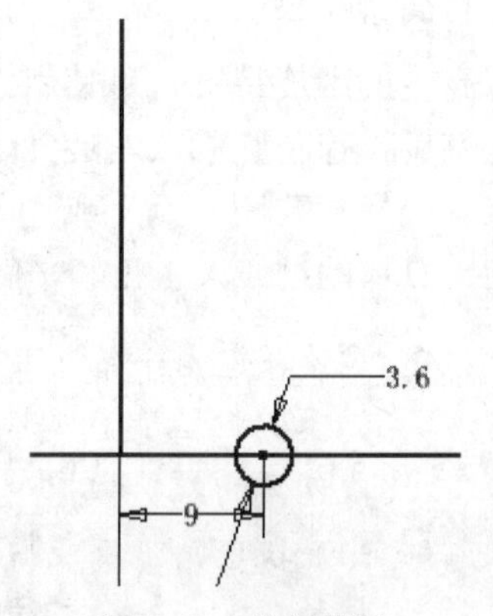

图 5-63　绘制草图

步骤03 创建螺旋扫掠。单击“三维模型”选项卡“创建”面板上的“螺旋扫掠”按钮，打开“螺旋扫掠”对话框，由于草图中只有如图 5-63 所示的一个截面轮廓，所以自动被选取为扫掠截面轮廓，选取竖直线为旋转轴，选择“螺距和高度”方法，输入螺距为 10 mm，高度为 50 mm，同时勾选“关闭起点”和“关闭终点”复选框，具体设置如图 5-64 所示，单击“确定”按钮，创建如图 5-65 所示的弹簧。

步骤04 创建草图。单击“三维模型”选项卡“草图”面板上的“开始创建二维草图”按钮，选择 YZ 平面为草图绘制平面，进入草图绘制环境。单击“草图”选项卡“创建”面板上的“两点矩形”按钮，绘制轮廓，如图 5-66 所示。单击“草图”标签中的“完成草图”按钮，退出草图绘制环境。

步骤05 创建拉伸体。单击“三维模型”选项卡“创建”面板上的“拉伸”按钮，打开“拉伸”对话框，由于草图中只有如图 5-66 所示的一个截面轮廓，所以自动被选取为拉伸截面轮廓，设置拉伸方式为“贯通”，拉伸方向为“对称”，选择“求差”方式，如图 5-67 所示。单击“确定”按钮完成拉伸，结果如图 5-62 所示。

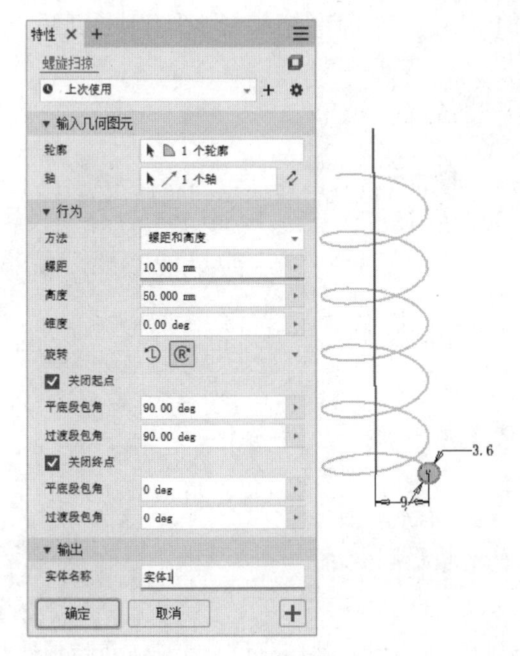

图 5-64 设置参数

图 5-65 弹簧

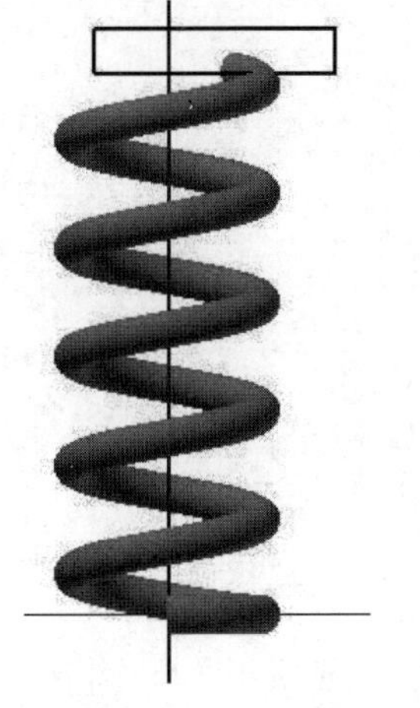

图 5-66 绘制草图

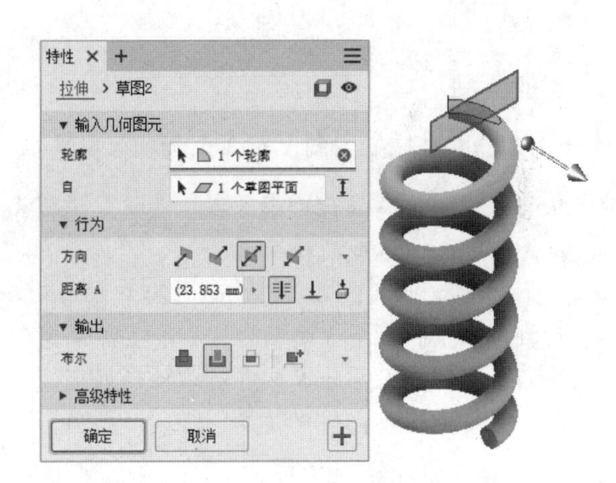

图 5-67 设置拉伸参数

步骤06 保存文件。单击“快速”工具栏上的“保存”按钮，打开“另存为”对话框，输入文件名为“弹簧.ipt”，单击“保存”按钮，保存文件。

5.5 凸 雕

在零件设计中，往往需要在零件表面增添一些凸起、凹进的图案或文字，以实现某种功能或增强美观性。

在 Inventor 2024 中，可利用凸雕工具来实现这种设计功能。进行凸雕的基本思路为：首先建立草图，因为凸雕也是基于草图特征的，然后在草图上绘制用来形成特征的草图几何图元或草图文本。通过在指定的面上进行特征的生成，将特征缠绕或投影到其他面上。

5.5.1 设置凸雕

单击“三维模型”选项卡“创建”面板上的“凸雕”按钮，打开“凸雕”对话框，如图 5-68 所示。

图 5-68 “凸雕”对话框

1．截面轮廓

在创建截面轮廓之前，首先选择创建凸雕特征的面：

- 如果在平面上创建凸雕特征，则直接在该平面上创建草图，绘制截面轮廓。
- 如果在曲面上创建凸雕特征，则在对应的位置建立工作平面，或利用其他的辅助平面建立草图。

草图中的截面轮廓用作凸雕图像，可使用“草图”选项卡中的工具创建截面轮廓，截面轮廓主要有两种：一是使用“文本”工具创建文本；二是使用草图工具创建形状，如圆形、多边形等。

2．类型

用于指定凸雕区域的方向，有 3 个选项可供选择。

- 从面凸雕：升高截面轮廓区域，也就是说截面将凸起。
- 从面凹雕：凹进截面轮廓区域。
- 从平面凸雕/凹雕：从草图平面向两个方向或一个方向拉伸，向模型中添加并从中去除材料。如果向两个方向拉伸，则会去除同时添加的材料，这取决于截面轮廓相对于零件的位置。如果凸雕或凹雕对零件的外形没有任何的改变作用，那么该特征将无法生成，系统也会给出错误信息。

3．深度和方向

可指定凸雕或凹雕的深度，即凸雕或凹雕截面轮廓的偏移深度，还可指定凸雕或凹雕特征的方向。这在处理截面轮廓位于从模型面偏移的工作平面上的情形尤其有用，因为截面轮廓位于偏移的平面上时，若深度不合适，则不能生成凹雕特征，不能延伸到零件的表面形成切割。

4．顶面外观

通过单击“顶面外观”按钮指定凸雕区域面（注意不是其边）上的颜色。在打开的“颜色”对话框中，单击向下箭头显示一个列表，在列表中滚动或输入开头的字母以查找所需的颜色。

5. 折叠到面

对于“从面凸雕”和“从面凹雕”类型，用户可通过勾选“折叠到面”复选框指定截面轮廓缠绕在曲面上。注意仅限于单个面，不能是接缝面。面只能是平面或圆锥形面，而不能是样条曲线。如果不勾选该复选框，图像将投影到面而不是折叠到面。如果截面轮廓相对于曲率有些大，那么当凸雕或凹雕区域向曲面投影时就会轻微失真。遇到垂直面时，缠绕即停止。

6. 锥度

对于“从平面凸雕/凹雕”类型，可指定扫掠斜角，指向模型面的角度为正，允许从模型中去除一部分材料。

5.5.2 实例——表面

本实例将绘制如图 5-69 所示的表面。

图 5-69 表面

下载资源\动画演示\第5章\表面.MP4

操作步骤

步骤 01 新建文件。运行 Inventor 2024，单击“快速访问”工具栏上的“新建”按钮，在打开的“新建文件”对话框中的零件下拉列表中选择“Standard.ipt”选项，单击“创建”按钮，新建一个零件文件。

步骤 02 创建草图 1。单击“三维模型”选项卡“草图”面板上的“开始创建二维草图”按钮，选择 XY 平面为草图绘制平面，进入草图绘制环境。单击“草图”选项卡“创建”面板上的“圆”按钮，绘制草图。单击“约束”面板上的“尺寸”按钮，标注尺寸，如图 5-70 所示。单击“草图”标签中的“完成草图”按钮，退出草图绘制环境。

步骤 03 创建拉伸体。单击“三维模型”选项卡“创建”面板上的“拉伸”按钮，打开“拉伸”对话框，系统自动选择上一步绘制的草图为拉伸截面轮廓，将拉伸距离设置为 0.5 mm，单击“确定”按钮完成拉伸。

步骤 04 创建草图 2。单击“三维模型”选项卡“草图”面板上的“开始创建二维草图”按钮，选择上一步创建的拉伸体上表面为草图绘制平面，进入草图绘制环境。单击“草图”选项卡“创建”面板上的“两点矩形”按钮，绘制草图。单击“约束”面板上的“尺寸”按钮，标注尺寸，如图 5-71 所示。单击“草图”标签中的“完成草图”按钮，退出草图绘制环境。

步骤 05 创建拉伸体。单击“三维模型”选项卡“创建”面板上的“拉伸”按钮，打开“拉伸”对话框，选择上一步绘制的草图 2 为拉伸截面轮廓，将拉伸距离设置为 0.5 mm，单击“确定”按钮完成拉伸，结果如图 5-72 所示。

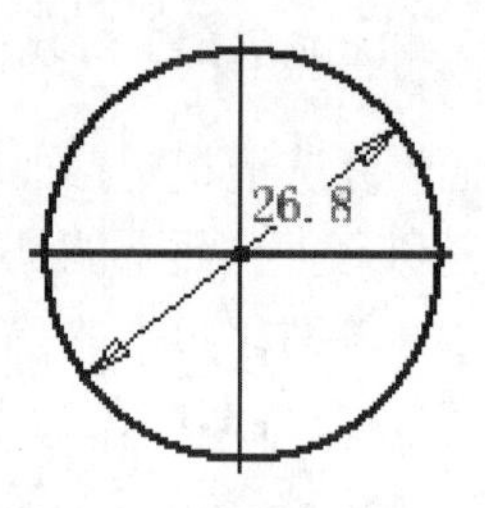

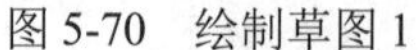
图 5-70　绘制草图 1

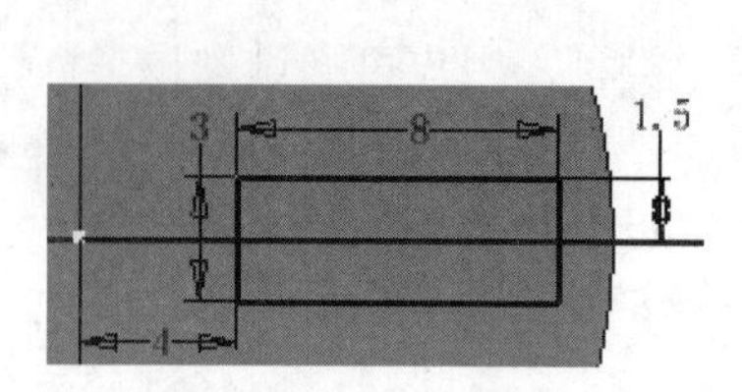

图 5-71　绘制草图 2

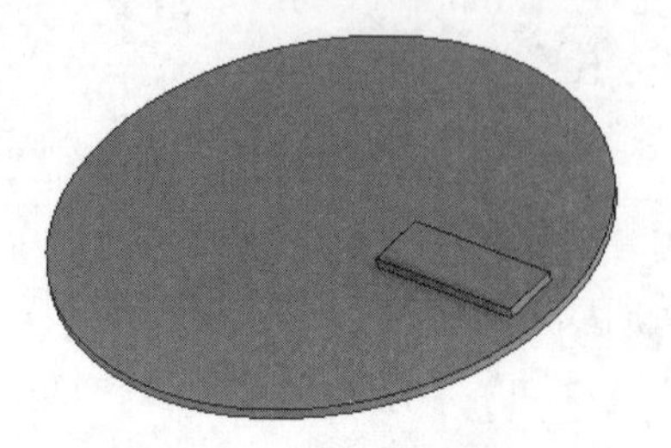

图 5-72　创建拉伸特征

步骤 06 创建草图 3。单击“三维模型”选项卡“草图”面板上的“开始创建二维草图”按钮，选择上一步创建的拉伸体上表面为草图绘制平面，进入草图绘制环境。单击“草图”选项卡“创建”面板上的“两点矩形”按钮，绘制草图。单击“约束”面板上的“尺寸”按钮，标注尺寸，如图 5-73 所示。单击“草图”标签中的“完成草图”按钮，退出草图绘制环境。

步骤 07 创建拉伸体。单击“三维模型”选项卡“创建”面板上的“拉伸”按钮，打开“拉伸”对话框，选择上一步绘制的草图 3 为拉伸截面轮廓，将拉伸方式设置为“贯通”，选择“求差”方式，单击“确定”按钮完成拉伸，结果如图 5-74 所示。

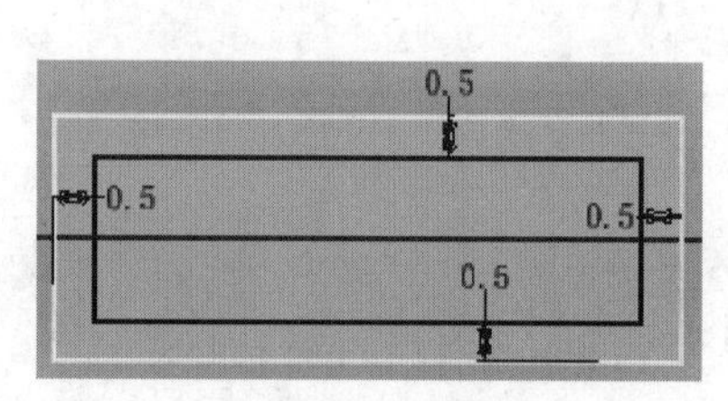

图 5-73　绘制草图 3

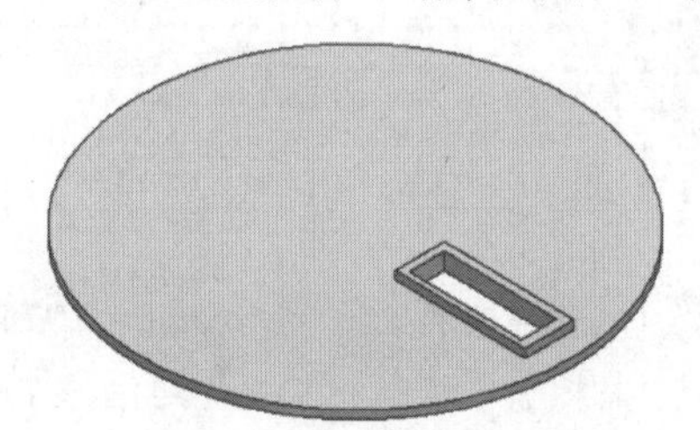

图 5-74　创建拉伸特征

步骤 08 创建草图 4。

① 单击“三维模型”选项卡“草图”面板上的“开始创建二维草图”按钮，选择上一步创建的第一个拉伸体上表面为草图绘制平面，进入草图绘制环境。单击“草图”选项卡“创建”面板上的“直线”按钮、“两点中心矩形”按钮和“圆心圆”按钮，绘制草图。单击“约束”面板上的“尺寸”按钮，标注尺寸，如图 5-75 所示。

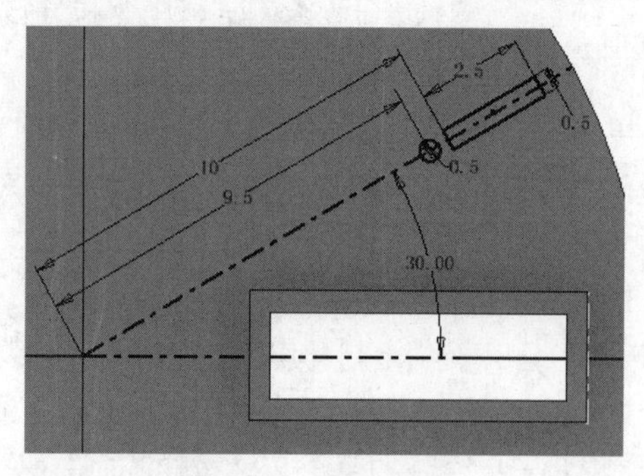

图 5-75　绘制草图 4

② 单击“草图”选项卡“创建”面板上的“环形阵列”按钮，打开“环形阵列”

对话框，选择上一步绘制的矩形和圆为要阵列的几何图元，选择圆心为轴，输入个数为 12，角度为 360deg，如图 5-76 所示。

③ 单击“抑制”按钮，在图中选择拉伸特征 2 上方的矩形和圆，结果如图 5-77 所示，单击“草图”标签中的“完成草图”按钮，退出草图绘制环境。

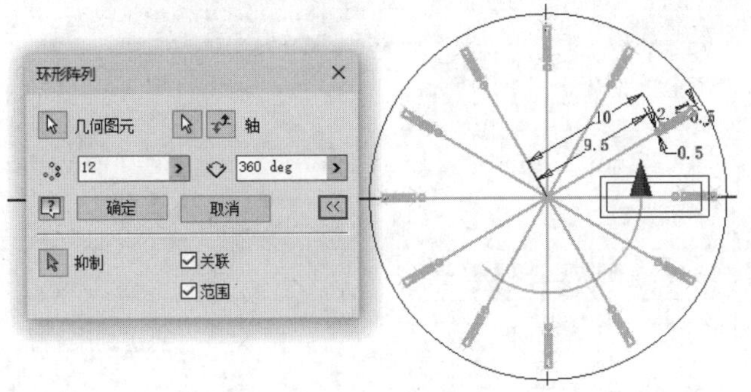

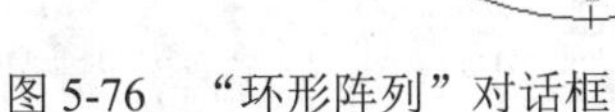

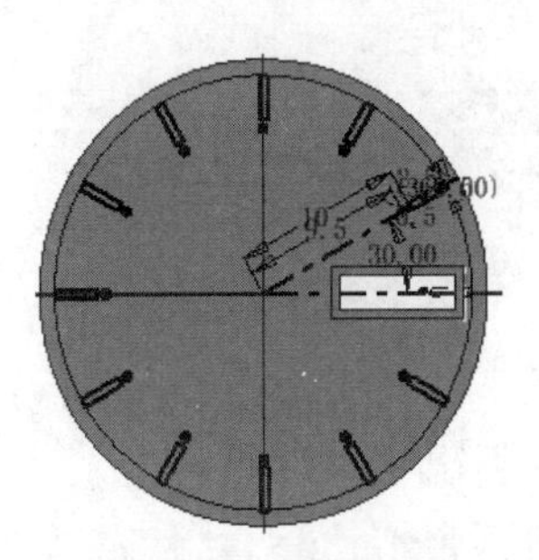

图 5-76 “环形阵列”对话框　　图 5-77 抑制图元

步骤 09 创建拉伸体。单击“三维模型”选项卡“创建”面板上的“拉伸”按钮，打开“拉伸”对话框，选择上一步绘制的草图为拉伸截面轮廓，将拉伸距离设置为 0.5 mm，单击“确定”按钮完成拉伸，结果如图 5-78 所示。

步骤 10 创建草图 5。单击“三维模型”选项卡“草图”面板上的“开始创建二维草图”按钮，选择第一个拉伸体上表面为草图绘制平面，进入草图绘制环境。单击“草图”选项卡“创建”面板上的“圆心圆”按钮，绘制草图。单击“约束”面板上的“尺寸”按钮，标注尺寸，如图 5-79 所示。单击“草图”标签中的“完成草图”按钮，退出草图绘制环境。

步骤 11 创建拉伸体。单击“三维模型”选项卡“创建”面板上的“拉伸”按钮，打开“拉伸”对话框，选择上一步绘制的草图为拉伸截面轮廓，将拉伸方式设置为“贯通”，选择“求差”方式，单击“确定”按钮完成拉伸，结果如图 5-80 所示。

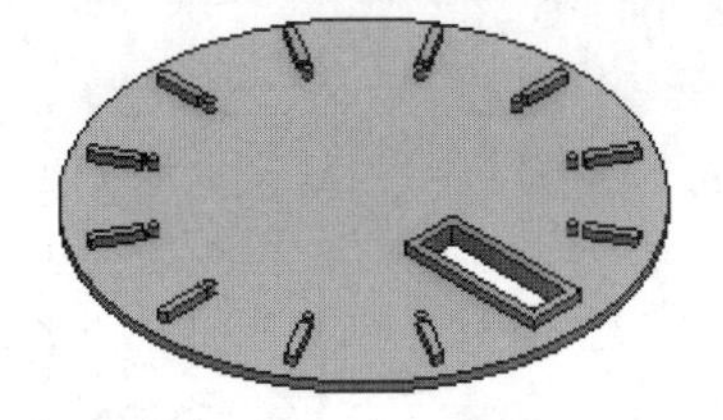

图 5-78 创建拉伸特征

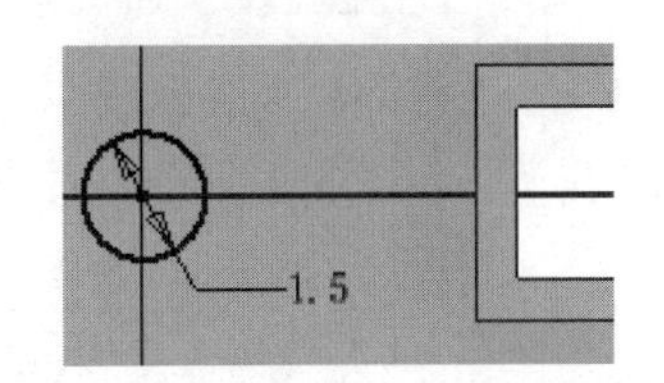

图 5-79 绘制草图 5

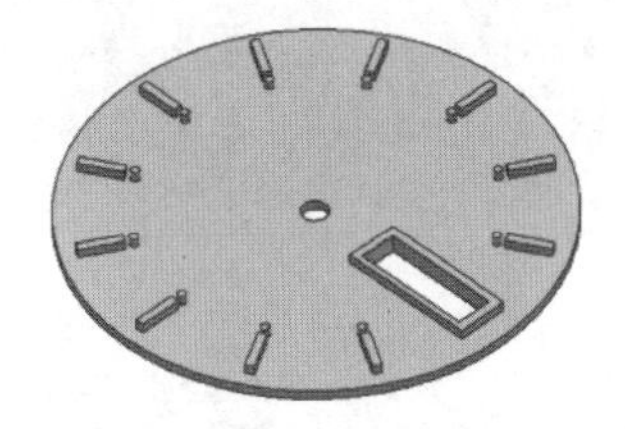

图 5-80 创建拉伸特征

步骤 12 创建草图 6。单击“三维模型”选项卡“草图”面板上的“开始创建二维草图”按钮，选择第一个拉伸体上表面为草图绘制平面，进入草图绘制环境。单击“草图”选项卡“创建”面板上的“文本”按钮，在适当位置单击鼠标，打开“文字格式”对话框，在对话框中输入“12”，设置高度为 1.5 mm，其他采用默认设置，单击“确定”按钮，关闭对话框。单击“约束”面板上的“尺寸”按钮，标注尺寸，如图 5-81 所示。单击“草图”标签中的“完成草图”按钮，退出草图绘制环境。

步骤 13 创建凸雕文字。单击“三维模型”选项卡“创建”面板上的“凸雕”按钮，打开

“凸雕”对话框，选择上一步绘制的文字为截面轮廓，单击“从面凸雕”按钮，设置“深度”为 0.5 mm，如图 5-82 所示。单击“顶面外观”按钮，打开“外观”对话框，选择“红”外观，单击“确定”按钮，结果如图 5-83 所示。

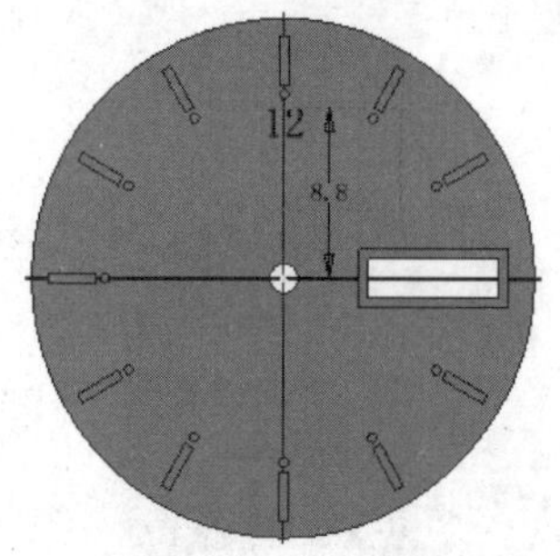

图 5-81　绘制草图 6

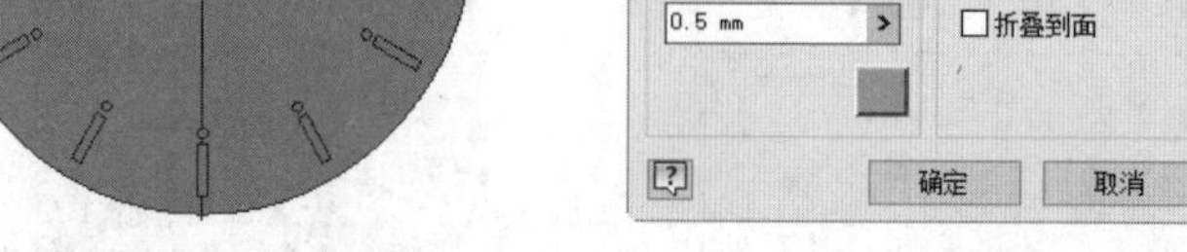

图 5-82　“凸雕”对话框

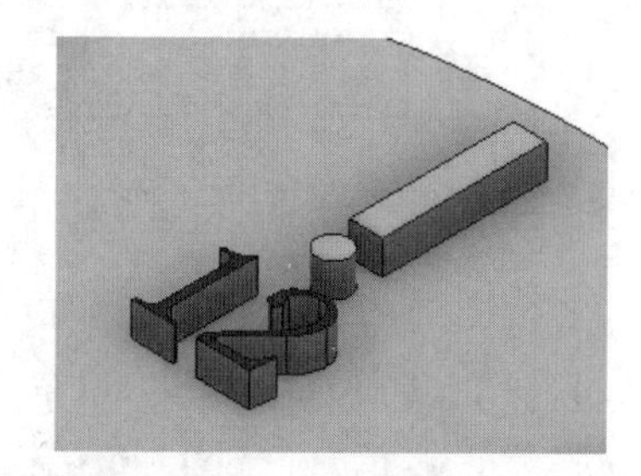

图 5-83　创建凸雕特征

步骤14 重复步骤12和步骤13，创建 9 和 6 两个凸雕文字，结果如图 5-69 所示。

步骤15 保存文件。单击“快速访问”工具栏上的“保存”按钮，打开“另存为”对话框，输入文件名为“表面.ipt”，单击“保存”按钮，保存文件。

第6章 放置特征

导言

有些特征不需要创建草图，而是直接在实体上创建，如倒角特征，它需要的要素是实体的边线，与草图没有任何关系，这些特征就是非基于草图的特征。在 Inventor 2024 中，放置特征包括圆角、倒角、螺纹特征、孔特征、抽壳特征、面拔模、镜像特征以及阵列特征等。

6.1 圆角特征

单击“三维模型”选项卡“修改”面板上的“圆角”下拉列表，如图 6-1 所示，可以看到有 3 种圆角模式：“圆角”“面圆角”和“全圆角”，下面分别进行介绍。

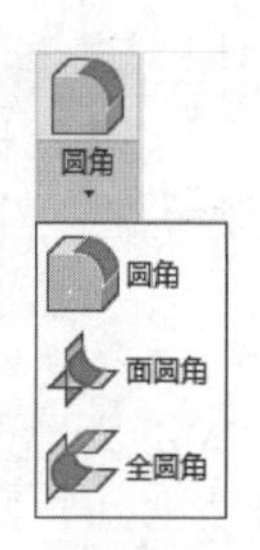

图 6-1 “圆角”下拉列表

6.1.1 圆角

可在零件的一条或多条边上添加内圆角或外圆角。在一次操作中，用户可以创建等半径和变半径圆角、不同大小的圆角和具有不同连续性（相切或平滑 G2）的圆角。在同一次操作中创建大小不同的所有圆角将成为单个特征。

单击“三维模型”选项卡“修改”面板中的“圆角”按钮，打开“圆角”对话框，如图 6-2 所示。

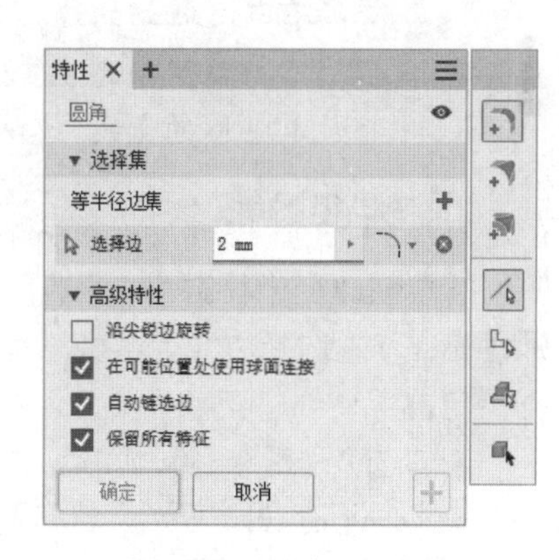

图 6-2 “圆角”对话框

1. 等半径圆角

首先选择一种圆角模式，然后根据模式选择要生成圆角半径的边、回路、特征或实体，最后指定圆角的半径。

- 选择模式：包括如下选项。
  - 边：只对选中的边创建圆角特征，如图 6-3（a）所示。
  - 回路：可选中一个回路，这个回路的整条边线都会创建圆角特征，如图 6-3（b）所示。
  - 特征：选择因某个特征与其他面相交所导致的边以外的所有边都会创建圆角特征，如图 6-3（c）所示。

➢ 实体：选择实体的所有边，这样能够快速创建圆角特征。所有实体边具有相同的半径值，如图 6-3（d）所示。

（a）边模式

（b）回路模式

（c）特征模式

（d）实体模式

图 6-3　选择模式

- 沿尖锐边旋转：设置当指定圆角半径会使相邻面延伸时，对圆角的解决方法。勾选此复选框可在需要时改变指定的半径，以保持相邻面的边不延伸，若取消勾选此复选框，则保持等半径，并且在需要时延伸相邻的面。
- 在可能的位置处使用球面连接：设置圆角的拐角样式，勾选该复选框可创建一个圆角，如同一个球沿着边和拐角滚动的轨迹一样，若取消勾选该复选框，则在锐利拐角的圆角之间创建连续相切的过渡，如图 6-4 和图 6-5 所示。

图 6-4　拐角样式 1

图 6-5　拐角样式 2

- 自动链选边：设置边的选择配置。勾选该复选框，再选择一条边以添加圆角，则自动选择所有与之相切的边，若取消勾选该复选框，则只选择指定的边。
- 保留所有特征：勾选此复选框，所有与圆角相交的特征都将被选中，并且在圆角操作中将计算它们的交线。如果取消勾选该复选框，则在圆角操作中只计算参与操作的边。

2．变半径圆角

若要创建变半径圆角，可打开“变半径圆角”选项卡，如图 6-6 所示。创建变半径圆角的原理是：首先选择边线上至少三个点，分别指定这几个点的圆角半径，Inventor 2024 会自动根据指定的半径创建变半径圆角。

若勾选“平滑半径过渡”复选框，则可使圆角在控制点之间逐渐混合过渡，过渡是相切的（在点之间不存在跃变）。若取消勾选该复选框，则在点之间用线性过渡来创建圆角。

3．过渡圆角

过渡圆角是指相交边上的圆角连续地相切过渡，若要创建过渡圆角，可打开“拐角过渡”选项卡，如图 6-7 所示。首先选择一个两条或更多要创建过渡圆角边的顶点，然后依次选择边即可，此时会出现圆角的预览，修改左侧窗口内的每一条边的过渡尺寸，最后单击“确定”按钮即可完成过渡圆角的创建。

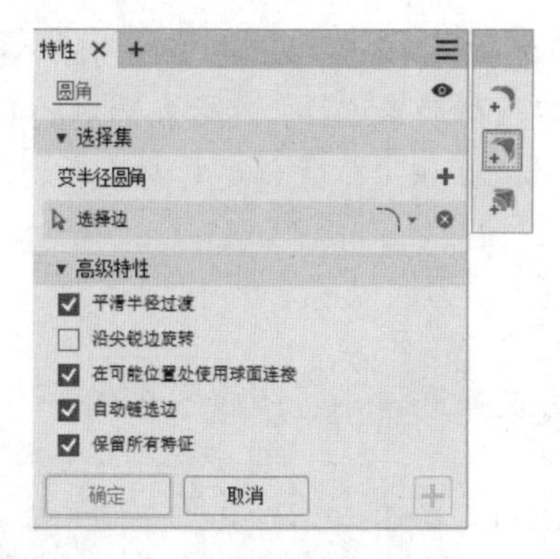

图 6-6 “变半径圆角”选项卡

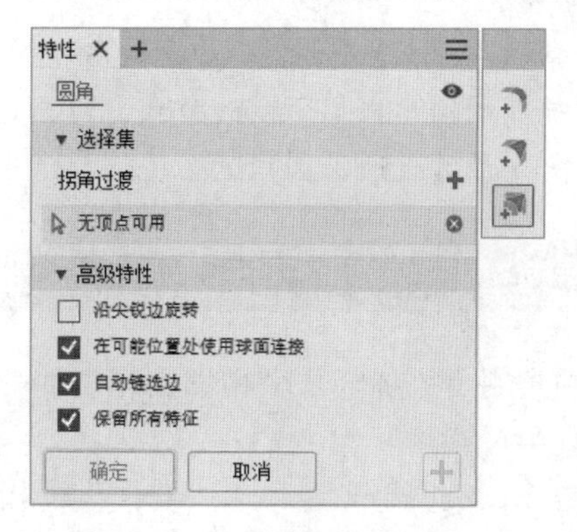

图 6-7 “拐角过渡”选项卡

6.1.2 面圆角

面圆角在不需要共享边的两个所选面集之间添加内圆角或外圆角，示意图如图 6-8 所示。

单击“三维模型”选项卡“修改”面板上的“面圆角”按钮，打开“面圆角”对话框，如图 6-9 所示。

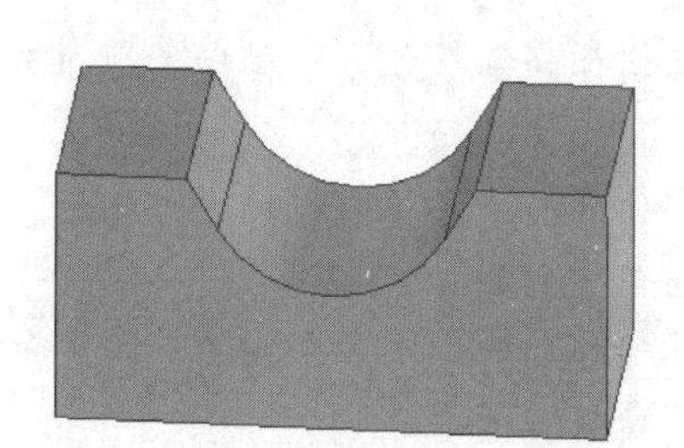

图 6-8 面圆角示意图

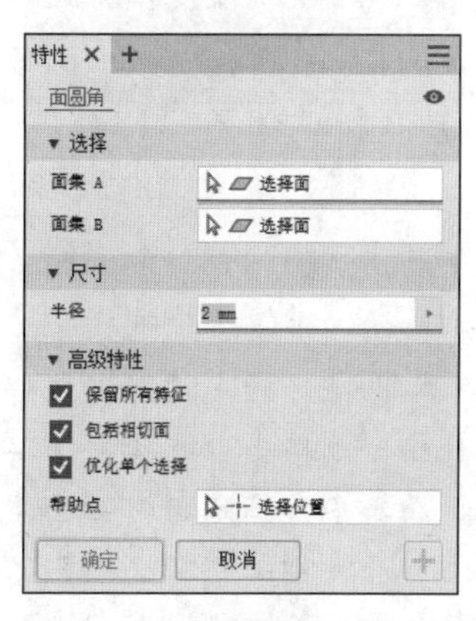

图 6-9 “面圆角”对话框

- 面集 A：指定要创建圆角的第一个面集中的模型或曲面实体的一个或多个相切、相邻面。若要添加面，则单击“选择”工具，然后单击图形窗口中的面。
- 面集 B：指定要创建圆角的第二个面集中的模型或曲面实体的一个或多个相切、相邻面。若要添加面，则单击“选择”工具，然后单击图形窗口中的面。
- 保留所有特征：勾选该复选框，将检查与圆角相交的所有特征。它们的交点在执行圆角操作时进行计算。取消勾选该复选框，仅在圆角操作期间计算参与该操作的边。
- 包括相切面：用于设置面圆角的面选择配置。勾选该复选框以允许圆角在相切、相邻面上自动继续。若取消勾选该复选框，则仅在两个选择的面之间创建圆角。此选项不会从选择集中添加或删除面。
- 优化单个选择：进行单个选择后，即自动前进到下一个“选择”按钮。对每个面集进行多项选择时，可取消勾选该复选框。
- 半径：指定所选面集的圆角半径。若要改变半径，则在数值框中输入新的半径值。

- 帮助点：极个别情况下，面圆角可能有多种求解方法。指定帮助点可帮助消除不明确性，并使面圆角提供所需的方式。勾选此复选框可启用帮助点选择，然后在选定的面上指定一个最靠近所需圆角的位置。接近所选点时将强制在预定位置创建需要生成的圆角。

6.1.3 全圆角

全圆角用于添加与三个相邻面相切的变半径圆角或外圆角，示意图如图 6-10 所示。中心面集由变半径圆角取代。

单击“三维模型”选项卡“修改”面板上的“全圆角”按钮，打开“全圆角”对话框，如图 6-11 所示。

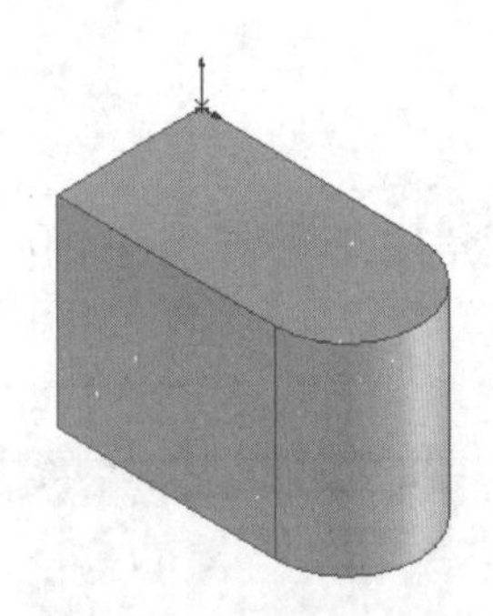

图 6-10 全圆角示意图

图 6-11 “全圆角”对话框

- 侧面集 A：指定与中心面集相邻的模型或曲面实体的一个或多个相切、相邻面。若要添加面，则单击“选择”工具，然后单击图形窗口中的面。
- 中心面集：指定使用圆角替换的模型或曲面实体的一个或多个相切、相邻面。若要添加面，则单击“选择”工具，然后单击图形窗口中的面。
- 侧面集 B：指定与中心面集相邻的模型或曲面实体的一个或多个相切、相邻面。若要添加面，则单击“选择”工具，然后单击图形窗口中的面。
- 包括相切面：设置全圆角的面选择配置。勾选该复选框，以允许圆角在相切、相邻面上自动继续。若取消勾选该复选框，则仅在两个选择的面之间创建圆角。此选项不会从选择集中添加或删除面。
- 优化单个选择：进行单个选择后，则自动前进到下一个“选择”按钮。进行多项选择时可取消勾选该复选框。

6.1.4 实例——液压缸 2

本例绘制如图 6-12 所示的液压缸 2。

下载资源\动画演示\第6章\液压缸2.MP4

图 6-12 液压缸 2

操作步骤

步骤01 新建文件。运行 Inventor 2024，单击“快速访问”工具栏上的“新建”按钮，在打开的“新建文件”对话框中的零件下拉列表中选择“Standard.ipt”选项，单击“创建”按钮，新建一个零件文件。

步骤02 创建草图 1。单击“三维模型”选项卡“草图”面板中的“开始创建二维草图”按钮，选择 XZ 平面为草图绘制平面，进入草图绘制环境。单击“草图”选项卡“创建”面板中的“圆”按钮，绘制草图。单击“约束”面板中的“尺寸”按钮，标注尺寸，如图 6-13 所示。单击“草图”标签中的“完成草图”按钮，退出草图绘制环境。

步骤03 创建拉伸体。单击“三维模型”选项卡“创建”面板中的“拉伸”按钮，打开“拉伸”对话框，系统自动选择上一步绘制的草图 1 为拉伸截面轮廓，将拉伸距离设置为 35 mm，拉伸方向为“对称”，单击“确定”按钮完成拉伸。

步骤04 创建草图 2。单击“三维模型”选项卡“草图”面板中的“开始创建二维草图”按钮，选择 XY 平面为草图绘制平面，进入草图绘制环境。单击“草图”选项卡“创建”面板中的“圆”按钮，绘制草图。单击“约束”面板中的“尺寸”按钮，标注尺寸，如图 6-14 所示。单击“草图”标签中的“完成草图”按钮，退出草图绘制环境。

步骤05 创建拉伸体。单击“三维模型”选项卡“创建”面板中的“拉伸”按钮，打开“拉伸”对话框，选择上一步绘制的草图 2 为拉伸截面轮廓，将拉伸距离设置为 180 mm，单击“确定”按钮完成拉伸，如图 6-15 所示。

步骤06 创建草图 3。单击“三维模型”选项卡“草图”面板中的“开始创建二维草图”按钮，选择如图 6-15 所示的面 1 为草图绘制平面，进入草图绘制环境。单击“草图”选项卡“创建”面板中的“圆”按钮，绘制草图。单击“约束”面板中的“尺寸”按钮，标注尺寸，如图 6-16 所示。单击“草图”标签中的“完成草图”按钮，退出草图绘制环境。

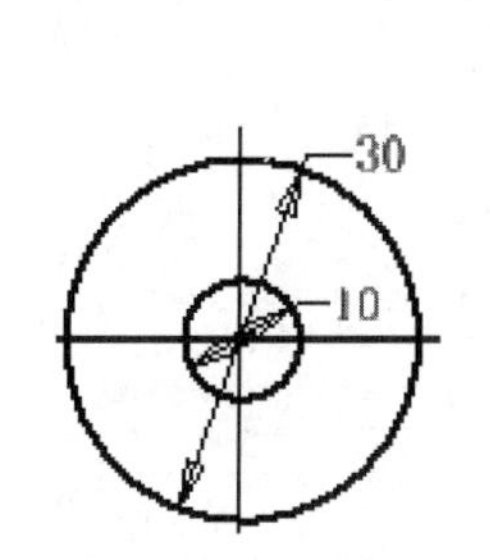

图 6-13　绘制草图 1

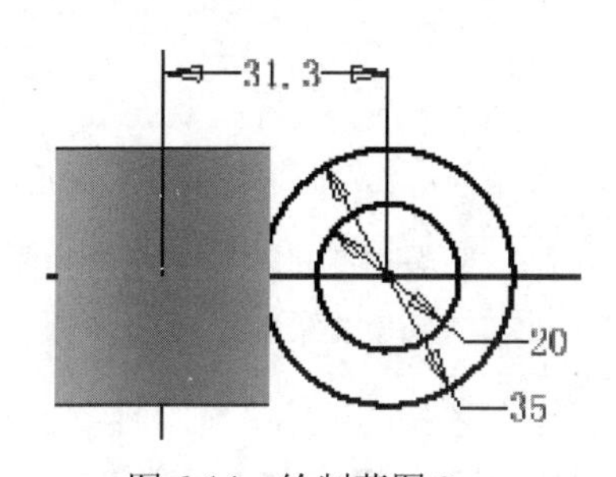

图 6-14　绘制草图 2

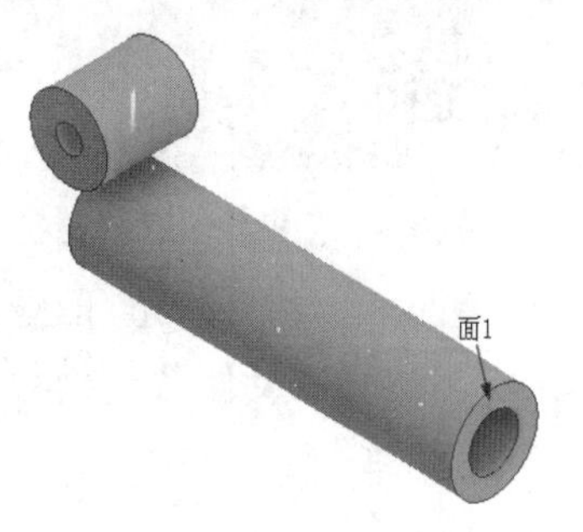

图 6-15　拉伸体

步骤07 创建拉伸体。单击“三维模型”选项卡“创建”面板中的“拉伸”按钮，打开“拉伸”对话框，选择上一步绘制的草图 3 为拉伸截面轮廓，将拉伸距离设置为 20 mm，单击“确定”按钮完成拉伸。

步骤08 创建草图 4。单击“三维模型”选项卡“草图”面板中的“开始创建二维草图”按钮，选择 XZ 平面为草图绘制平面，进入草图绘制环境。单击“草图”选项卡“创建”面板中的“直线”按钮，绘制草图。单击“约束”面板中的“尺寸”按钮，标注尺寸，如图 6-17 所示。单击“草图”标签中的“完成草图”按钮，退出草图绘制环境。

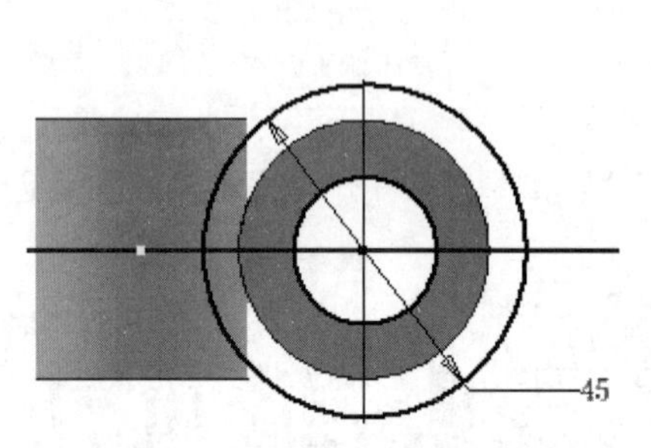

图 6-16　绘制草图 3

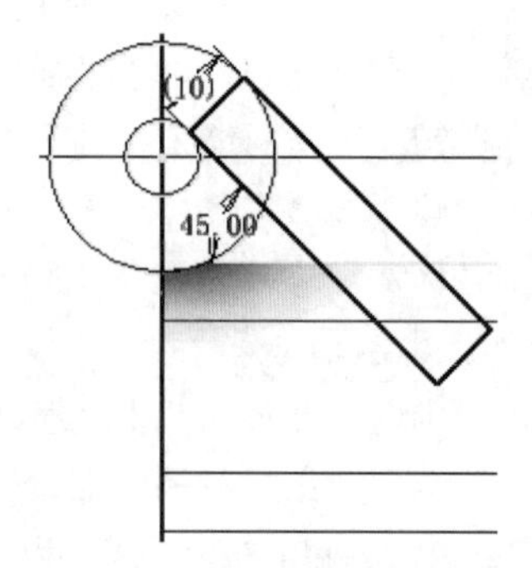

图 6-17　创建草图 4

步骤09 创建拉伸体。单击“三维模型”选项卡“创建”面板中的“拉伸”按钮，打开“拉伸”对话框，系统自动选择上一步绘制的草图 4 为拉伸截面轮廓，将拉伸距离设置为 10 mm，拉伸方向为“对称”，如图 6-18 所示。单击“确定”按钮完成拉伸。

步骤10 圆角处理。单击“三维模型”选项卡“修改”面板中的“圆角”按钮，打开“圆角”对话框，输入半径为 1.25 mm，选择如图 6-19 所示的边线倒圆角，单击“确定”按钮，完成圆角操作，结果如图 6-12 所示。

图 6-18　拉伸示意图

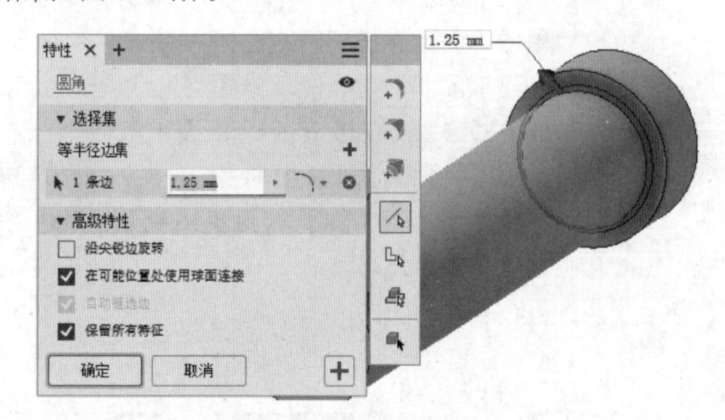

图 6-19　圆角示意图

步骤11 保存文件。单击“快速访问”工具栏中的“保存”按钮，打开“另存为”对话框，输入文件名为“液压缸 2.ipt”，单击“保存”按钮，保存文件。

6.2 倒角特征

倒角可在零件和部件环境中使零件的边产生斜角。倒角有三种类型，即倒角边长、倒角边长和角度以及两个倒角边长。与圆角相似，倒角不要求有草图，并被约束到要放置的边上。

单击“三维模型”选项卡“修改”面板上的“倒角”按钮，打开“倒角”对话框，如

图 6-20 所示。在 Inventor 2024 中，提供 3 种创建倒角的方式：倒角边长、倒角边长和角度以及两个倒角边长。

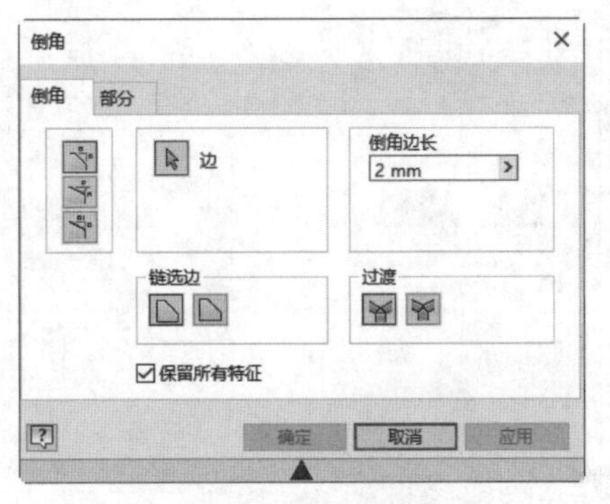

图 6-20 “倒角”对话框

6.2.1 倒角边长

使用倒角边长创建倒角是最简单的一种创建方式，通过指定与所选择的边线偏移同样的距离来创建倒角，可选择单条边、多条边或相连的边界链以创建倒角，还可指定拐角过渡类型的外观。创建时，仅需选择用来创建倒角的边以及指定倒角距离即可。该方式下的选项说明如下。

1）链选边

- 所有相切连接边：在倒角中一次可选择所有相切边。
- 独立边：一次只选择一条边。

2）过渡类型

可在选择三个或多个相交边创建倒角时应用，以确定倒角的形状。

- 过渡：在各边交汇处创建交叉平面而不是拐角，如图 6-21（a）所示。
- 无过渡：倒角的外观如同通过铣去每个边而形成的尖角，如图 6-21（b）所示。

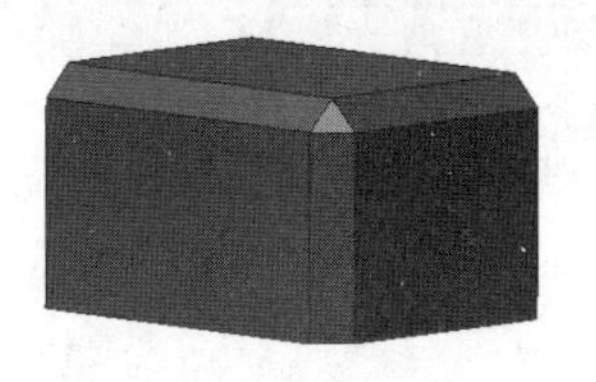

（a）过渡

（b）无过渡

图 6-21 过渡类型

6.2.2 倒角边长和角度

利用倒角边长和角度创建倒角时需要设置倒角边长和倒角角度两个参数，选择该选项后，可以看到如图 6-22 所示的“倒角”对话框。首先选择创建倒角的边，然后选择一个表面，倒角所形成的斜面与该面的夹角就是所指定的倒角角度，倒角距离和倒角角度均可在右侧的“倒角边长”和“角度”文本框中输入，单击“确定”按钮即可创建倒角特征。

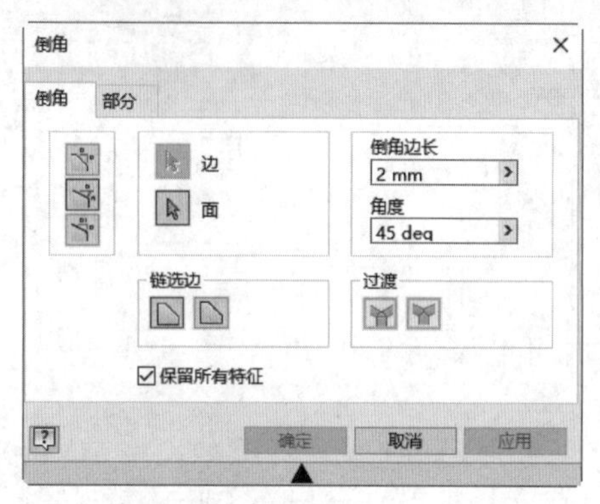

图 6-22　使用倒角边长和角度创建倒角

6.2.3　两个倒角边长

利用两个倒角边长创建倒角时，需要指定两个倒角距离来创建倒角。选择该选项后，可以看到如图 6-23 所示的“倒角”对话框。首先选择倒角边，然后分别指定两个倒角距离即可。也可利用“反向”选项使得模型距离反向，单击“确定”按钮，完成创建。

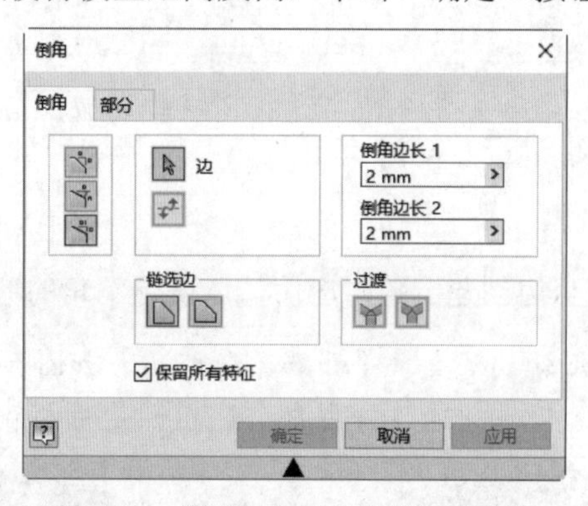

图 6-23　使用两个倒角边长创建倒角

6.2.4　实例——连杆 3

本实例将绘制如图 6-24 所示的连杆 3。

下载资源\动画演示\第6章\连杆3.MP4

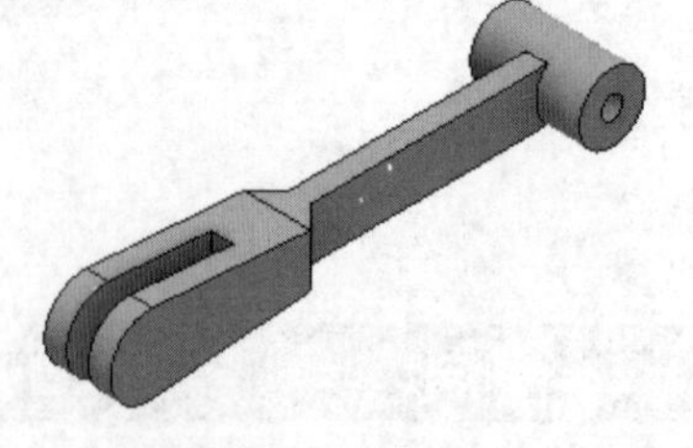

图 6-24　连杆 3

操作步骤

步骤 01　新建文件。运行 Inventor 2024，单击“快速访问”工具栏上的“新建”按钮，在打开的“新建文件”对话框中的零件下拉列表中选择“Standard.ipt”选项，单击“创建”按钮，新建一个零件文件。

步骤02 创建草图。单击“三维模型”选项卡“草图”面板中的“开始创建二维草图”按钮，选择 XZ 平面为草图绘制平面，进入草图绘制环境。单击“草图”选项卡“创建”面板中的“圆心圆”按钮，绘制圆形。单击“约束”面板中的“尺寸”按钮，标注尺寸，如图 6-25 所示。单击“草图”标签中的“完成草图”按钮，退出草图绘制环境。

步骤03 创建拉伸体。单击“三维模型”选项卡“创建”面板中的“拉伸”按钮，打开“拉伸”对话框，选择上一步绘制的草图为拉伸截面轮廓，将拉伸距离设置为 50 mm，单击“对称”按钮，单击“确定”按钮完成拉伸。

步骤04 创建草图。单击“三维模型”选项卡“草图”面板的“开始创建二维草图”按钮，选择 XZ 平面为草图绘制平面，进入草图绘制环境。单击“草图”选项卡“创建”面板的“直线”按钮，绘制草图轮廓。单击“约束”面板中的“尺寸”按钮，标注尺寸，如图 6-26 所示。单击“草图”标签中的“完成草图”按钮，退出草图绘制环境。

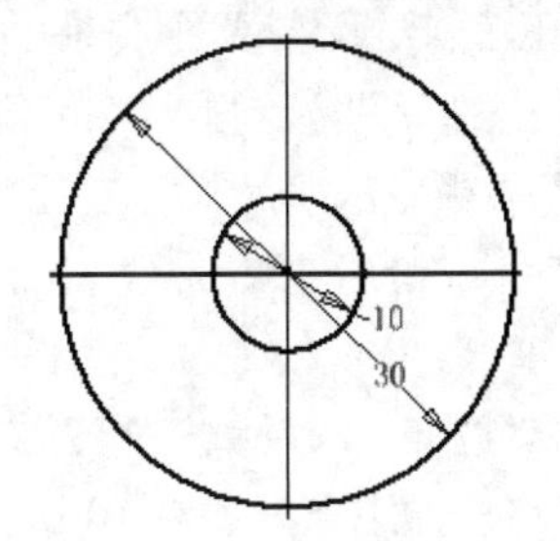

图 6-25 绘制草图

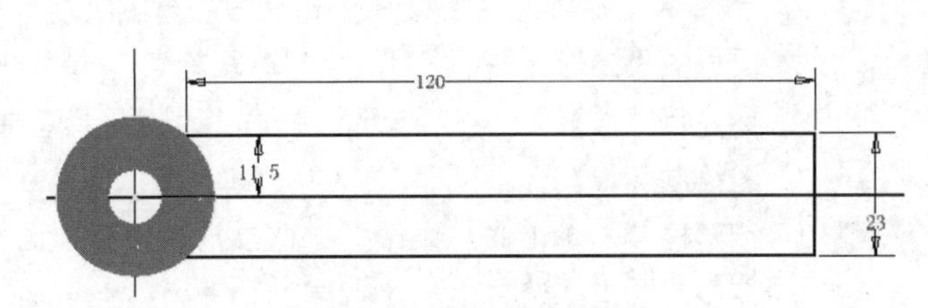

图 6-26 绘制草图

步骤05 创建拉伸。单击“三维模型”选项卡“创建”面板中的“拉伸”按钮，打开“拉伸”对话框，选择上一步创建的草图为拉伸截面轮廓，将拉伸距离设置为 10 mm，单击“对称”按钮，单击“确定”按钮完成拉伸，如图 6-27 所示。

步骤06 创建草图。单击“三维模型”选项卡“草图”面板的“开始创建二维草图”按钮，选择 XZ 平面为草图绘制平面，进入草图绘制环境。单击“草图”选项卡“创建”面板的“直线”按钮和“圆弧”按钮，绘制草图轮廓。单击“约束”面板中的“尺寸”按钮，标注尺寸，如图 6-28 所示。单击“草图”标签中的“完成草图”按钮，退出草图绘制环境。

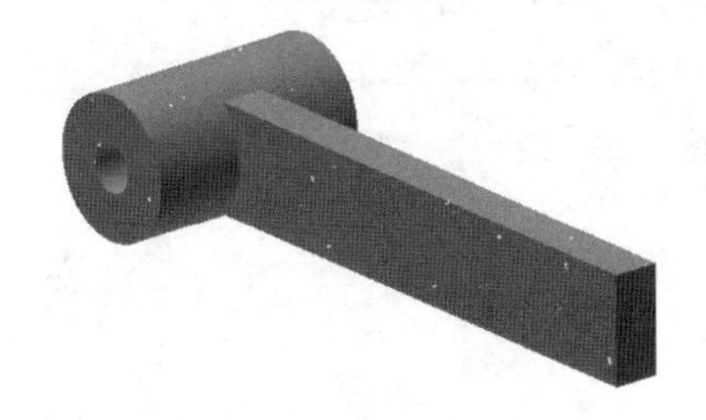

图 6-27 创建拉伸体

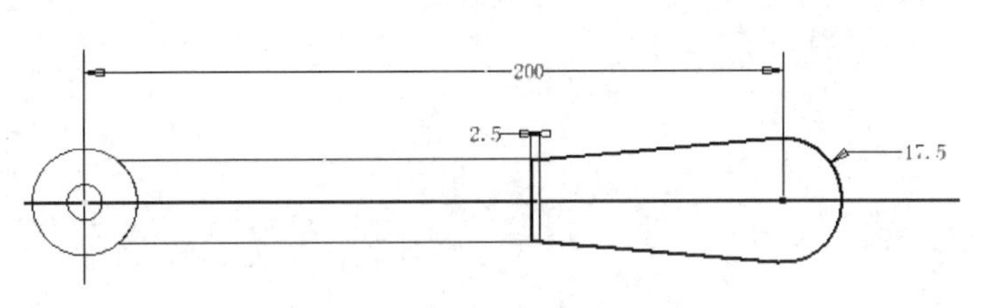

图 6-28 绘制草图

步骤07 创建拉伸。单击“三维模型”选项卡“创建”面板中的“拉伸”按钮，打开“拉伸”对话框，选择上一步创建的草图为拉伸截面轮廓，将拉伸距离设置为 30 mm，单击“对称”按钮，单击“确定”按钮完成拉伸，如图 6-29 所示。

步骤 08 创建倒角。单击“三维模型”选项卡“修改”面板中的“倒角”按钮，打开“倒角”对话框，选择“倒角边长”类型，选择如图 6-30 所示的边线，输入倒角边长为 10 mm，单击“确定”按钮，结果如图 6-31 所示。

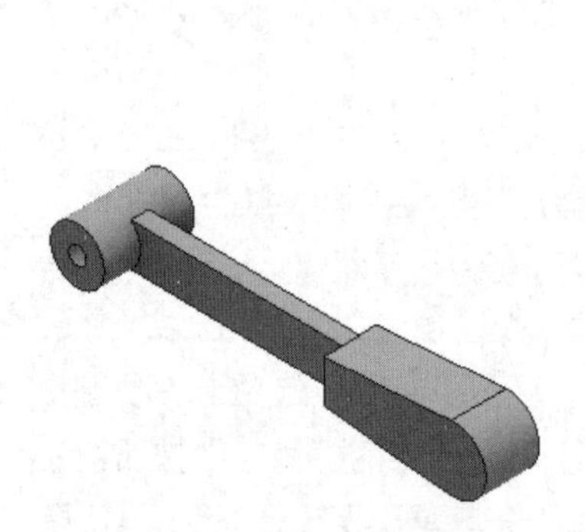

图 6-29 创建拉伸切除

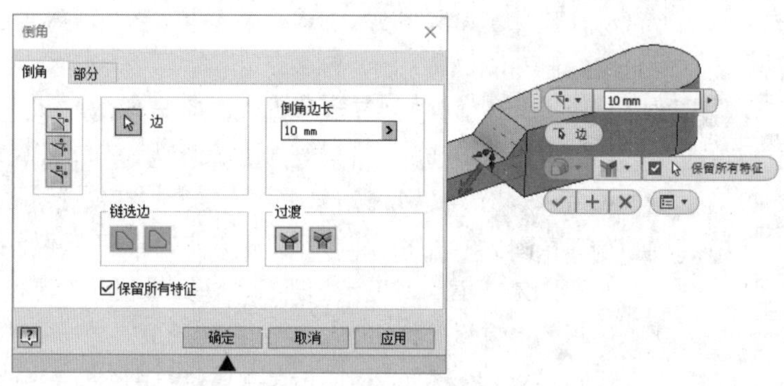

图 6-30 设置参数

步骤 09 创建草图。单击“三维模型”选项卡“草图”面板的“开始创建二维草图”按钮，选择 XZ 平面为草图绘制平面，进入草图绘制环境。单击“草图”选项卡“创建”面板的“矩形”按钮，绘制草图轮廓。单击“约束”面板中的“尺寸”按钮，标注尺寸，如图 6-32 所示。单击“草图”标签中的“完成草图”按钮，退出草图绘制环境。

步骤 10 创建拉伸。单击“三维模型”选项卡“创建”面板中的“拉伸”按钮，打开“拉伸”对话框，选择上一步创建的草图为拉伸截面轮廓，将拉伸距离设置为 10 mm，单击“对称”按钮，选择“求差”方式，单击“确定”按钮完成拉伸，如图 6-24 所示。

步骤 11 保存文件。单击“快速访问”工具栏中的“保存”按钮，打开“另存为”对话框，输入文件名为“连杆 3.ipt”，单击“保存”按钮，保存文件。

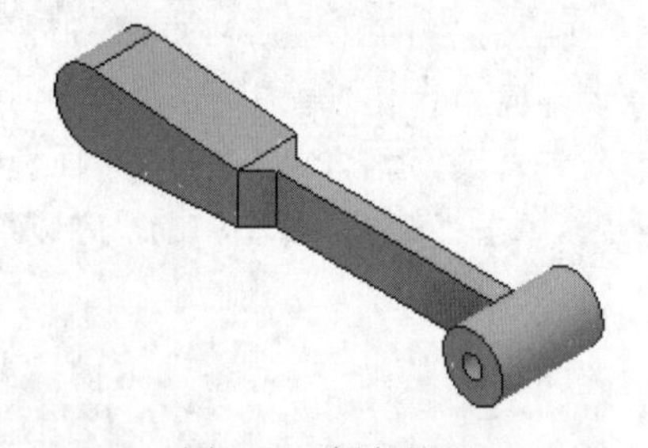

图 6-31 倒角处理

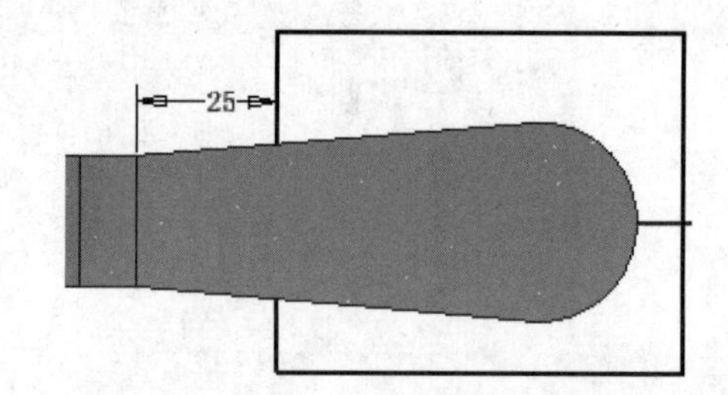

图 6-32 绘制草图

6.3 螺纹特征

在机械设计中，螺纹是极其常用的设计结构，而螺纹连接也是机械设计中最为常见的连接方式，对螺纹结构设计的支持是一个机械设计软件的必备功能。

在 Inventor 2024 中，螺纹特征用来帮助用户进行机械设计中的螺纹结构设计。螺纹特征可以在完整的或者部分的圆柱或圆锥体表面创建螺纹，但是并无真实几何结构，而是简化成对表面的贴图。同时，将相关设计数据记录在模型中。这样处理螺纹的好处是：机械设计中的螺纹结构都是有一定标准的，所以在进行螺纹设计时，只需要设置相关的螺纹参数就可以加工出所需要的螺纹，这里不绘制真实的螺纹结构，而是用贴图表示，从而节省计算机的数据资源，在贴图的同时将相关的螺纹设计数据记录在模型中，也满足了设计的需求。螺纹特征不能在曲面上（如圆柱面、圆锥面）创建螺纹结构。

螺纹特征属于放置特征，也就是基于特征的特征，所以在启用螺纹特征前，在该模型中必须具有可以创建螺纹特征的实体表面——圆柱或圆锥体表面，否则在启用螺纹特征时会弹出启用失败的提示对话框。

6.3.1 设置螺纹特征

单击“三维模型”选项卡“修改”面板上的“螺纹”命令，弹出“螺纹”对话框，如图 6-33 所示。

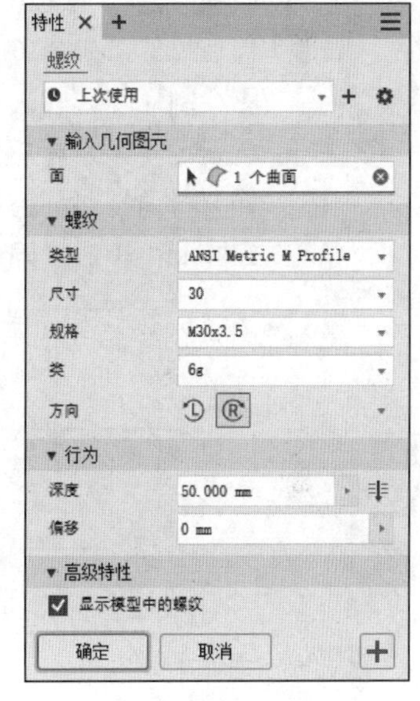

图 6-33 “螺纹”对话框

- 面：选择单一圆柱或圆锥表面（锥管螺纹）。
- 类型：单击下拉箭头，在弹出的下拉列表中可以选择公制、英制等类型。
- 尺寸：为所选螺纹类型选择尺寸（可选择，也可与当前模型所指面的直径匹配检测）。
- 规格：根据所选螺纹的直径选择所需的螺距，按螺纹参数表提供的序列选择。
- 类：设置螺纹精度，根据所选螺纹的直径和螺距进行选择。
- 方向：定义螺纹的旋向，如“左旋”或“右旋”。
- 深度：非全螺纹时有效，以螺纹开始处为基准，用于定义螺纹部分的深度。
- 偏移：非全螺纹时有效，以距光标较近的端面为基准，用于定义螺纹距起始端面的距离。
- 全螺纹：指定是否对选定面的整个长度范围创建螺纹。
- 显示模型中的螺纹：指定是否在模型上使用螺纹表达。当要表达时，应勾选此复选框。

以上参数设置完成后，在对话框中单击“确定”或“应用”按钮即可在所选实体面上创建螺纹特征。区别是：单击“确定”按钮可创建螺纹特征并关闭对话框；单击“应用”按钮创建螺纹特征，但不关闭对话框，螺纹特征功能处于激活状态，还可以继续对其他面进行螺纹创建。

6.3.2 实例——螺栓

图 6-34　螺栓

本实例将绘制如图 6-34 所示的螺栓。

下载资源\动画演示\第6章\螺栓.MP4

操作步骤

步骤 01 新建文件。运行 Inventor 2024，单击“快速访问”工具栏上的“新建”按钮，在打开的“新建文件”对话框零件下拉列表中选择“Standard.ipt”选项，单击“创建”按钮，新建一个零件文件。

步骤 02 创建草图。单击“三维模型”选项卡“草图”面板中的“开始创建二维草图”按钮，选择 XZ 平面为草图绘制平面，进入草图绘制环境。单击“草图”选项卡“创建”面板中的“多边形”按钮，绘制六边形。单击“约束”面板中的“尺寸”按钮，标注尺寸，如图 6-35 所示。单击“草图”标签中的“完成草图”按钮，退出草图绘制环境。

步骤 03 创建拉伸体。单击“三维模型”选项卡“创建”面板中的“拉伸”按钮，打开“拉伸”对话框，系统自动选择上一步绘制的草图为拉伸截面轮廓，将拉伸距离设置为 6.4 mm，单击“确定”按钮完成拉伸，如图 6-36 所示。

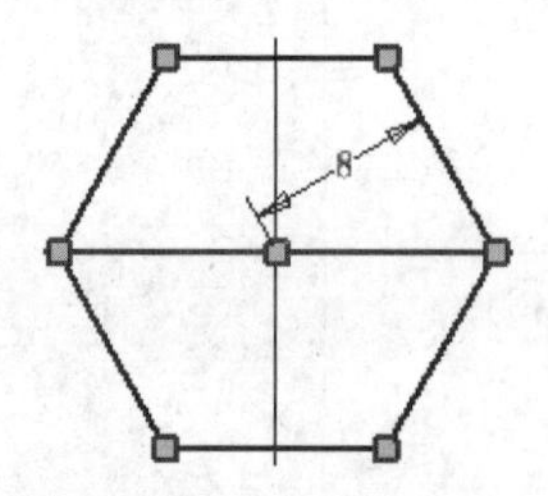

图 6-35　绘制草图

图 6-36　创建拉伸体

步骤 04 创建草图。单击“三维模型”选项卡“草图”面板的“开始创建二维草图”按钮，选择拉伸体的下表面为草图绘制平面，进入草图绘制环境。单击“草图”选项卡“创建”面板的“圆”按钮，绘制轮廓。单击“约束”面板中的“尺寸”按钮，标注尺寸，如图 6-37 所示。单击“草图”标签中的“完成草图”按钮，退出草图绘制环境。

步骤 05 创建拉伸体。单击“三维模型”选项卡“创建”面板中的“拉伸”按钮，打开“拉伸”对话框，选择上一步绘制的草图为拉伸截面轮廓，将拉伸距离设置为 38 mm，单击“确定”按钮完成拉伸，如图 6-38 所示。

步骤 06 创建草图。单击“三维模型”选项卡“草图”面板的“开始创建二维草图”按钮，选择 XY 平面为草图绘制平面，进入草图绘制环境。单击“草图”选项卡“创建”面板的“直线”按钮，绘制轮廓。单击“约束”面板中的“尺寸”按钮，标注尺寸，如图 6-39 所示。单击“草图”标签中的“完成草图”按钮，退出草图绘制环境。

步骤07 创建旋转体。单击“三维模型”选项卡“创建”面板中的“旋转”按钮，打开“旋转”对话框，选择上一步绘制的草图截面为旋转轮廓，选择竖直线段为旋转轴，选择“求差”方式，单击“确定”按钮完成旋转，如图 6-40 所示。

步骤08 创建外螺纹。单击“三维模型”选项卡“修改”面板中的“螺纹”按钮，打开“螺纹”对话框，单击“全螺纹”按钮，关闭全螺纹，选择如图 6-41 所示的面为螺纹放置面，选择螺纹类型为“GB Metric profile”，输入深度为 26 mm，单击“确定”按钮完成螺纹创建，如果如图 6-34 所示。

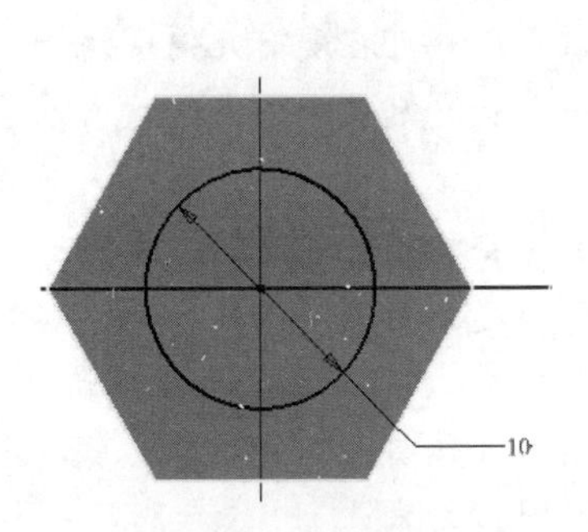

图 6-37 绘制草图

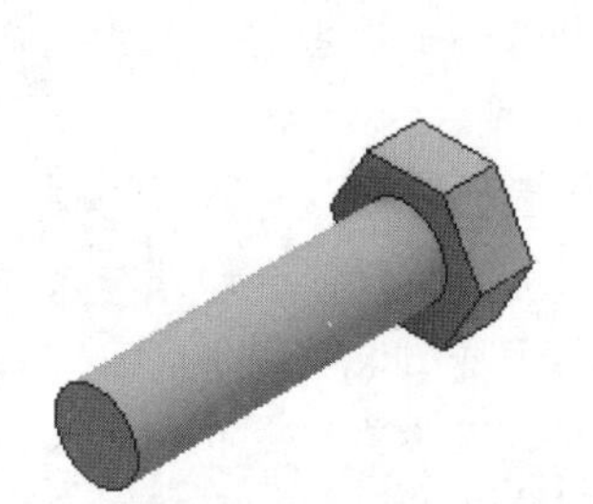

图 6-38 拉伸体

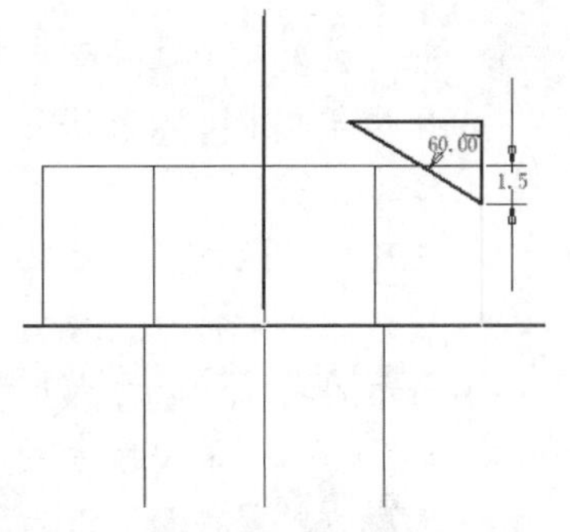

图 6-39 绘制草图

图 6-40 创建旋转切除

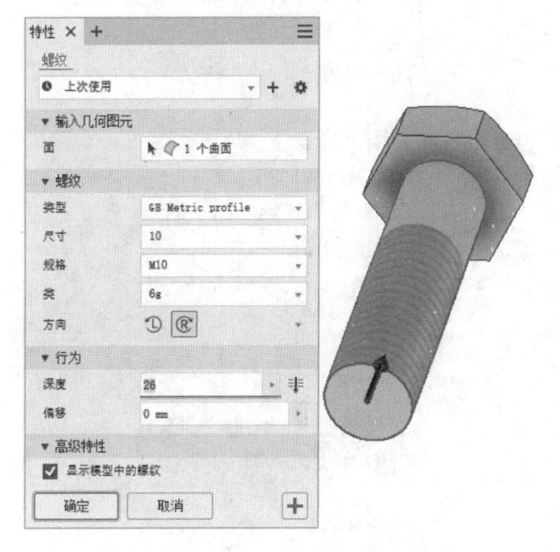

图 6-41 选择螺纹放置面

步骤09 保存文件。单击“快速访问”工具栏中的“保存”按钮，打开“另存为”对话框，输入文件名为“螺栓.ipt”，单击“保存”按钮，保存文件。

6.4 孔 特 征

在 Inventor 2024 中，可利用打孔工具在零件环境、部件环境和焊接环境中创建参数化直孔、沉头孔、锪平或倒角孔特征，还可自定义螺纹孔的螺纹特征和顶角类型，从而满足设计要求，示意图如图 6-42 所示。

图 6-42 孔示意图

6.4.1 设置孔特征

单击“三维模型”选项卡“修改”面板上的“孔”按钮，打开“孔”对话框，如图 6-43 所示。对创建孔时需要设定的参数，按照顺序简要说明如下。

1）位置

指定孔的放置位置，在放置过程中可能遇到以下情况：

- 若在放置孔特征平面上有草图，则孔是基于草图的特征，用户可在现有几何图元上选择端点或中心点来作为孔中心。如果当前草图中只有一个点，则孔中心点将被自动选择为该点。
- 用尺寸约束放置确定孔的位置。采用该方式时，首先选择要放置孔的平面，然后选择距离的参考特征，视图中出现距离尺寸，修改该尺寸，确定孔的具体位置。如图 6-44 所示为尺寸约束方式下的孔示意图。
- 与圆同心：采用该方式，首先选择要放置孔的平面，然后选择要同心的对象，可以是环形边或圆柱面，最后所创建的孔与同心引用对象具有同心约束。

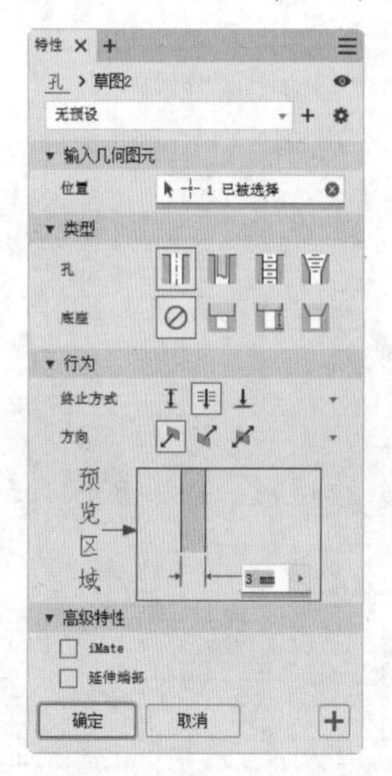

图 6-43 “孔”对话框

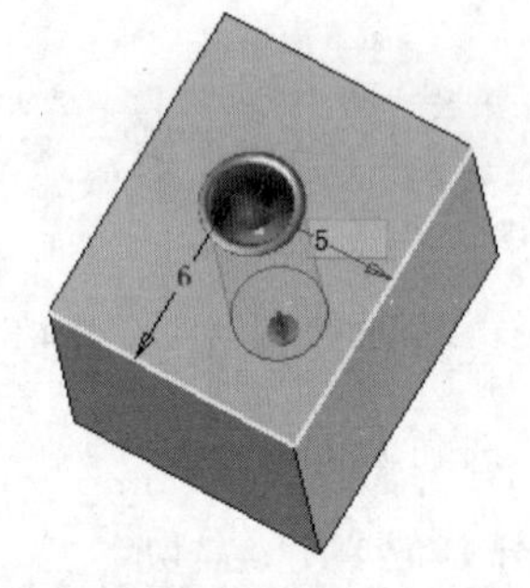

图 6-44 尺寸约束方式下的孔示意图

2）孔的类型

可选择创建 4 种类型的孔，即简单孔、螺纹孔、配合孔和锥螺纹孔。

若要为孔设置螺纹特征，可选中“螺纹孔”或“锥螺纹孔”选项，此时出现如图 6-45 所示的“螺纹”选项组，用户可自行指定螺纹类型。

- 英制孔对应于“ANSI Unified Screw Threads”选项作为螺纹类型，公制孔则对应于“GB Metric profile”选项作为螺纹类型。
- 可设定螺纹的右旋或左旋方向，以及设置是否为全螺纹，可设定尺寸、规格和直径等。

若选中“配合孔”选项，创建与所选紧固件配合的孔，此时出现如图6-46所示的“紧固件”选项组。可从“标准”下拉列表中选择紧固件标准，从“紧固件类型”下拉列表中选择紧固件类型，从“尺寸”下拉列表中选择紧固件的大小，从“配合”下拉列表中设置孔配合的类型，可选项为“常规”“紧”或“松”。

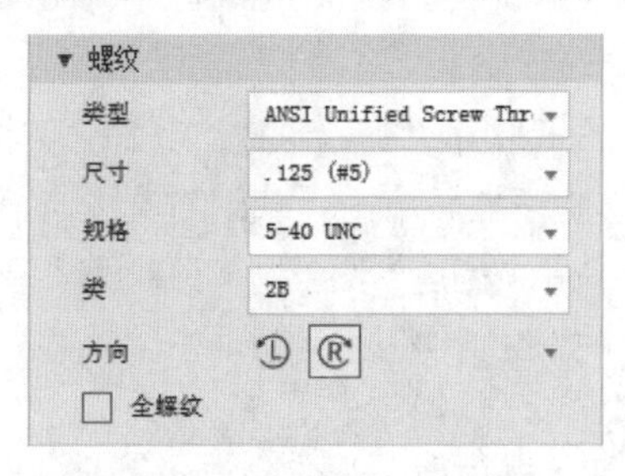

图6-45 “螺纹”选项组

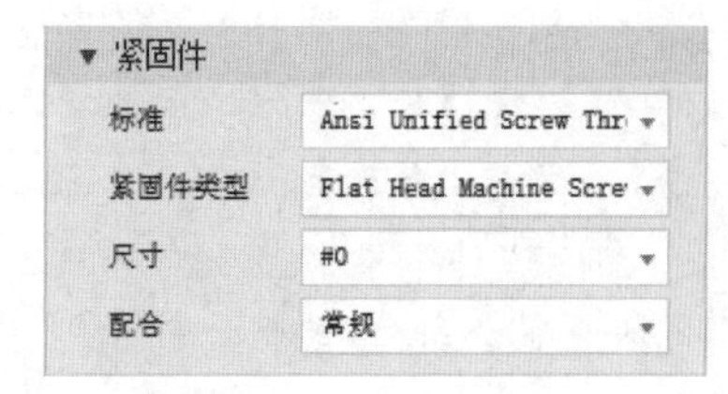

图6-46 “紧固件”选项组

孔的底座可选择创建4种形状的孔，即无、沉头孔、沉头平面孔和倒角孔。直孔与平面齐平，并且具有指定的直径；沉头孔具有指定的直径、沉头直径和沉头深度；沉头平面孔具有指定的直径、沉头平面直径和沉头平面深度，且孔和螺纹深度从沉头平面的底部曲面进行测量；倒角孔具有指定的直径、倒角直径和倒角深度。

不能将锥螺纹孔与沉头孔结合使用。

3）终止方式

通过“终止方式”选项组中的选项可设置孔的方向和终止方式，终止方式有“距离”“贯通”和“到”。其中，“到”方式仅可用于零件特征，在该方式下需要指定是在曲面还是在延伸面（仅适用于零件特征）上终止孔。如果选择“距离”或“贯通”选项，则通过方向按钮选择是否反转孔的方向。

4）孔底

通过“孔底”选项组可设定孔的底部形状，其中有两个选项：平直和角度，如果选择“角度”选项，可设置角度的值。

5）孔预览区域

在孔的预览区域内可预览孔的形状。需要注意的是，孔的尺寸是在预览窗口中修改的，双击对话框中孔图像上的尺寸，此时尺寸值变为可编辑状态，然后输入新值即可完成修改。

6.4.2 实例——阀体

本实例将绘制如图6-47所示的阀体。

下载资源\动画演示\第6章\阀体.MP4

图6-47 阀体

操作步骤

步骤01 新建文件。运行 Inventor 2024，单击“快速访问”工具栏上的“新建”按钮，在打开的“新建文件”对话框中的零件下拉列表中选择“Standard.ipt”选项，单击“创建”按钮，新建一个零件文件。

步骤02 创建草图。单击“三维模型”选项卡“草图”面板中的“开始创建二维草图”按钮，选择 XY 平面为草图绘制平面，进入草图绘制环境。单击“草图”选项卡“创建”面板中的“两点中心矩形”按钮和“圆角”按钮，绘制草图轮廓。单击“约束”面板中的“尺寸”按钮，标注尺寸，如图 6-48 所示。单击“草图”标签中的“完成草图”按钮，退出草图绘制环境。

步骤03 创建拉伸体。单击“三维模型”选项卡“创建”面板中的“拉伸”按钮，打开“拉伸”对话框，系统自动选择上一步绘制的草图为拉伸截面轮廓，将拉伸距离设置为 12 mm，单击“确定”按钮完成拉伸，如图 6-49 所示。

步骤04 创建草图。单击“三维模型”选项卡“草图”面板的“开始创建二维草图”按钮，选择 XZ 平面为草图绘制面。单击“草图”选项卡“创建”面板中的“圆弧”按钮和“直线”按钮，绘制草图。单击“约束”面板中的“尺寸”按钮，标注尺寸，如图 6-50 所示。单击“草图”标签中的“完成草图”按钮，退出草图绘制环境。

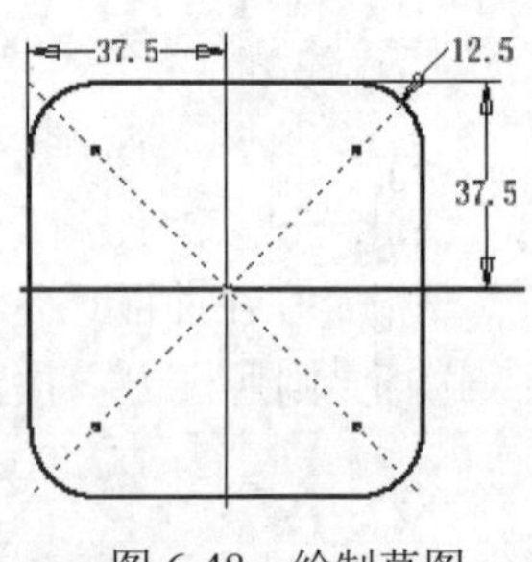

图 6-48　绘制草图

图 6-49　创建拉伸体

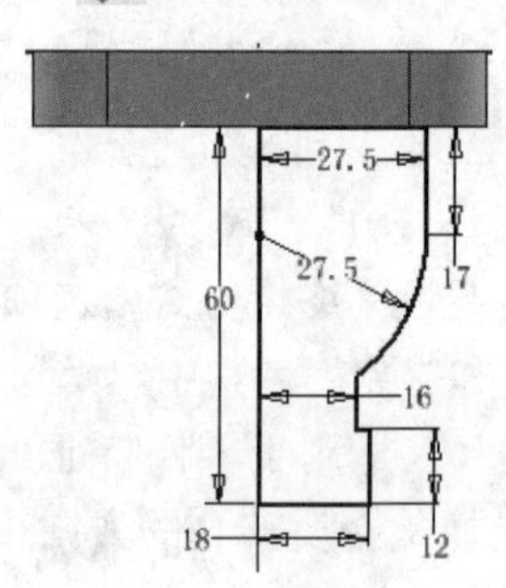

图 6-50　绘制草图

步骤05 创建旋转体。单击“三维模型”选项卡“创建”面板中的“旋转”按钮，打开“旋转”对话框，选择上一步绘制的草图为旋转截面轮廓，选取竖直线为旋转轴，单击“确定”按钮，完成旋转，如图 6-51 所示。

步骤06 创建草图。单击“三维模型”选项卡“草图”面板的“开始创建二维草图”按钮，选择 XZ 的平面为草图绘制面。单击“草图”选项卡“创建”面板中的“圆心圆”按钮，绘制草图。单击“约束”面板中的“尺寸”按钮，标注尺寸，如图 6-52 所示。单击“草图”标签中的“完成草图”按钮，退出草图绘制环境。

步骤07 创建拉伸体。单击“三维模型”选项卡“创建”面板中的“拉伸”按钮，打开“拉伸”对话框，选择上一步绘制的草图为拉伸截面轮廓，将拉伸距离设置为 56 mm，单击“确定”按钮完成拉伸，如图 6-53 所示。

步骤08 创建草图。单击“三维模型”选项卡“草图”面板的“开始创建二维草图”按钮，选择 YZ 平面为草图绘制面。单击“草图”选项卡“创建”面板中的“直线”按钮，绘制草图。单击“约束”面板中的“尺寸”按钮，标注尺寸，如图 6-54 所示。单击“草图”标签中的“完成草图”按钮，退出草图绘制环境。

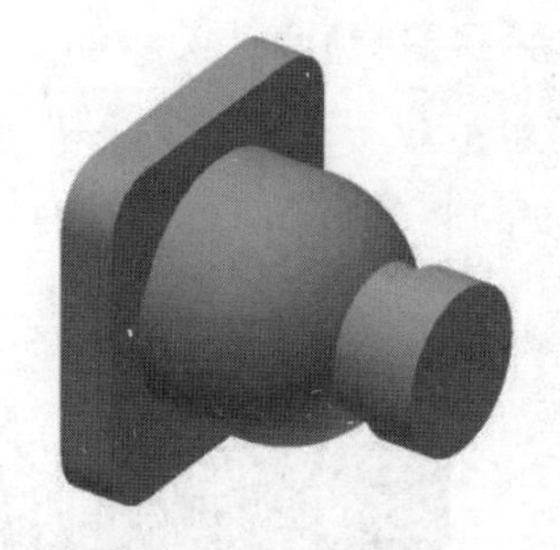

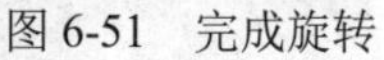

图 6-51 完成旋转

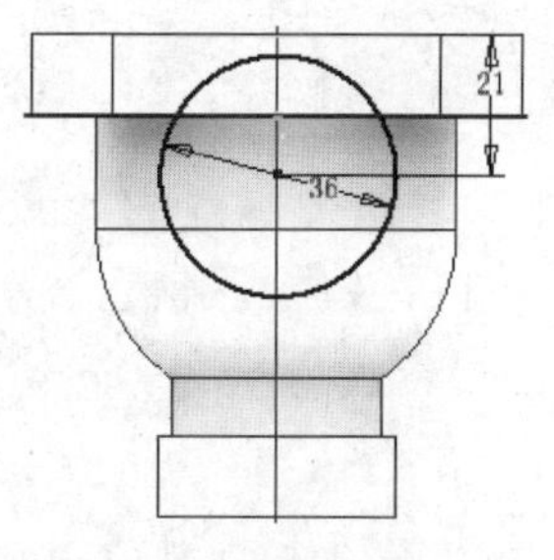

图 6-52 绘制草图

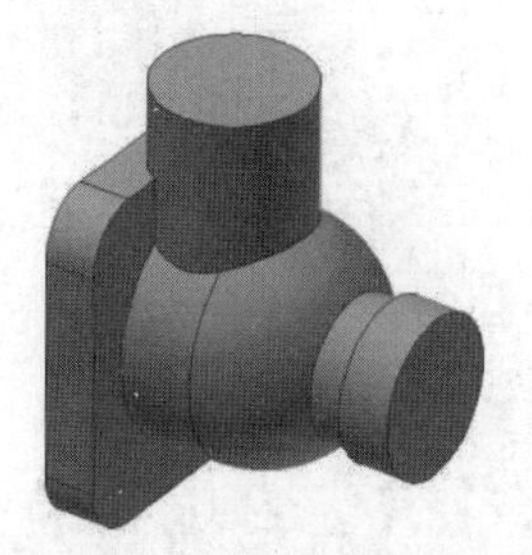

图 6-53 创建拉伸体

步骤09 创建旋转体。单击“三维模型”选项卡“创建”面板中的“旋转”按钮，打开“旋转”对话框，选择上一步绘制的草图为旋转截面轮廓，选择竖直线为旋转轴，选择“求差”方式，单击“确定”按钮，完成旋转切除，如图 6-55 所示。

步骤10 创建草图。单击“三维模型”选项卡“草图”面板的“开始创建二维草图”按钮，选择 YZ 平面为草图绘制面。单击“草图”选项卡“创建”面板中的“直线”按钮，绘制草图。单击“约束”面板中的“尺寸”按钮，标注尺寸，如图 6-56 所示。单击“草图”标签中的“完成草图”按钮，退出草图绘制环境。

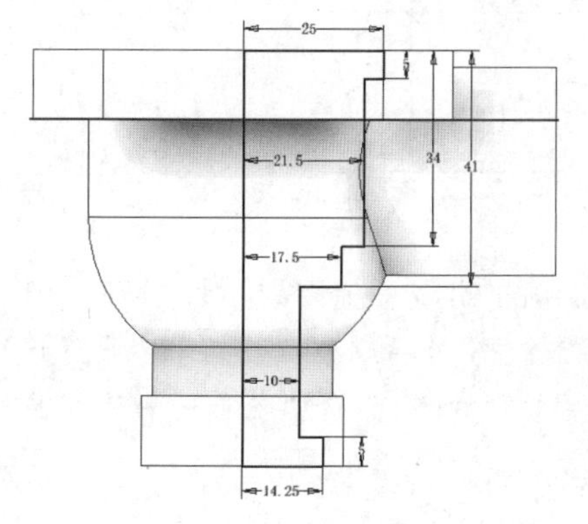

图 6-54 绘制草图

图 6-55 旋转切除

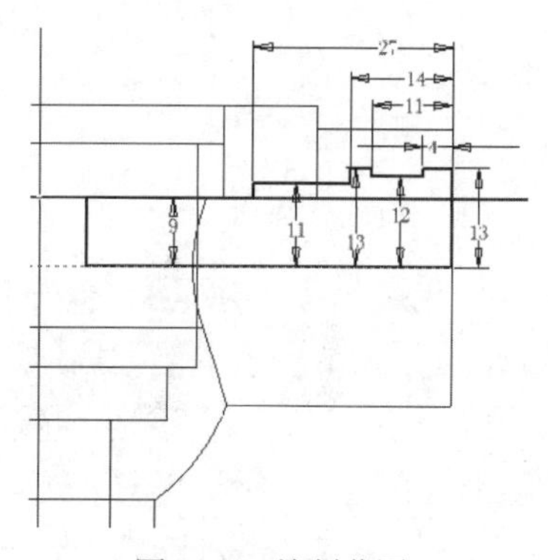

图 6-56 绘制草图

步骤11 创建旋转体。单击“三维模型”选项卡“创建”面板中的“旋转”按钮，打开“旋转”对话框，选择上一步绘制的草图为旋转截面轮廓，选择水平直线为旋转轴，选择“求差”方式，单击“确定”按钮，完成旋转切除，如图 6-57 所示。

步骤12 创建草图。单击“三维模型”选项卡“草图”面板的“开始创建二维草图”按钮，选择如图 6-57 所示的面 1 为草图绘制面。单击“草图”选项卡“创建”面板中的“直线”按钮，绘制草图。单击“约束”面板中的“尺寸”按钮，标注尺寸，如图 6-58 所示。单击“草图”标签中的“完成草图”按钮，退出草图绘制环境。

步骤13 创建拉伸体。单击“三维模型”选项卡“创建”面板中的“拉伸”按钮，打开“拉伸”对话框，选择上一步绘制的草图为拉伸截面轮廓，将拉伸距离设置为 2 mm，选择“求差”方式，单击“确定”按钮完成拉伸，如图 6-59 所示。

步骤14 创建草图。单击“三维模型”选项卡“草图”面板的“开始创建二维草图”按钮，选择 YZ 平面为草图绘制面。单击“草图”选项卡“创建”面板中的“直线”按钮，绘制草图。单击“约束”面板中的“尺寸”按钮，标注尺寸，如图 6-60 所示。单击“草图”标签中的“完成草图”按钮，退出草图绘制环境。

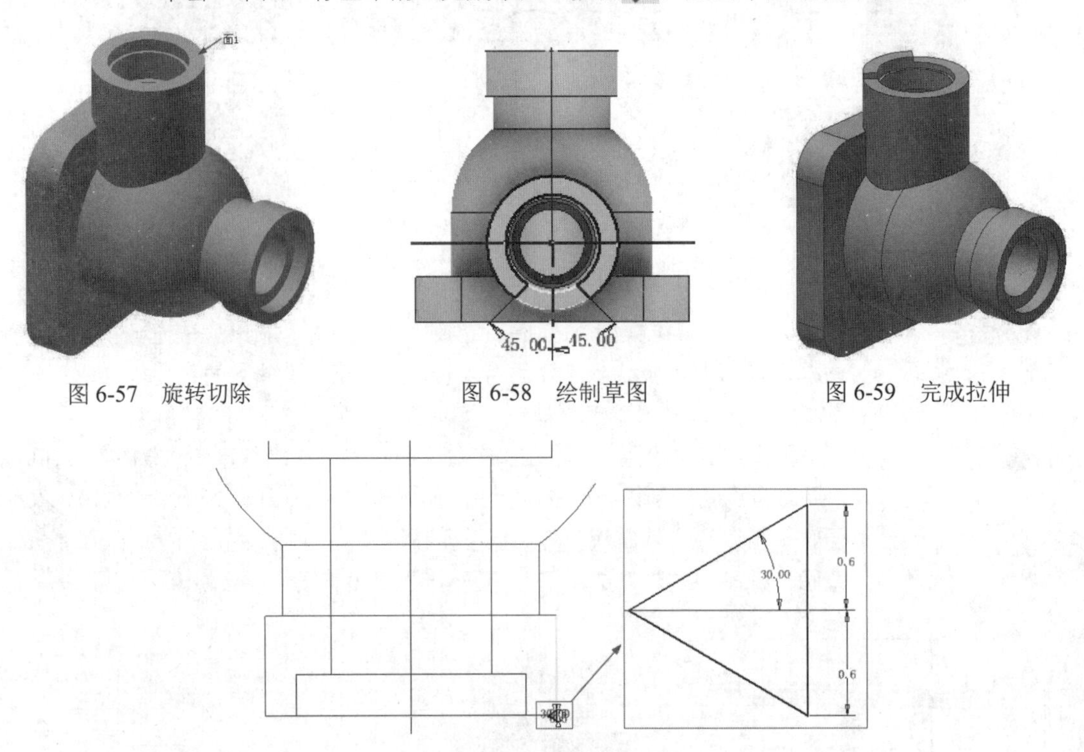

图 6-57　旋转切除　　图 6-58　绘制草图　　图 6-59　完成拉伸

图 6-60　绘制草图

步骤 15 创建螺纹。单击“三维模型”选项卡“创建”面板中的“螺旋扫掠”按钮，打开“螺旋扫掠”对话框，选择上一步绘制的草图为截面轮廓，选择 Z 轴为旋转轴，设置方法为“螺距和高度”，输入螺距为 1.5 mm，高度为 15 mm，选择“求差” 方式，如图 6-61 所示，单击“确定”按钮，完成螺纹创建，如图 6-62 所示。

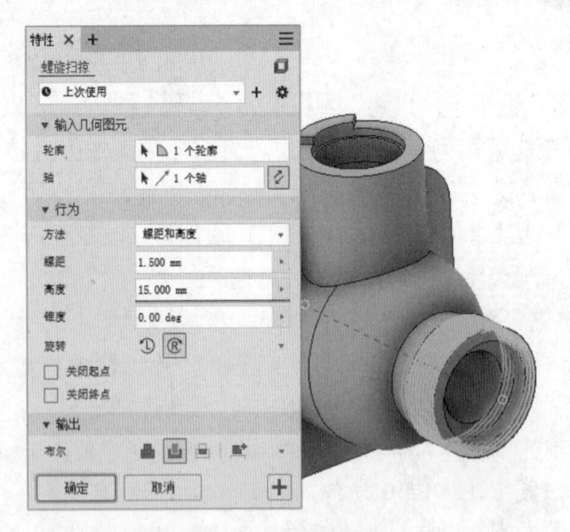

图 6-61　设置参数

图 6-62　绘制螺纹

步骤16 创建草图。单击“三维模型”选项卡“草图”面板的“开始创建二维草图”按钮，选择 XY 平面为草图绘制面。单击“草图”选项卡“创建”面板中的“直线”按钮和“点”按钮，绘制草图。单击“约束”面板中的“尺寸”按钮，标注尺寸，如图 6-63 所示。单击“草图”标签中的“完成草图”按钮，退出草图绘制环境。

步骤17 创建直孔。单击“三维模型”选项卡“修改”面板中的“孔”按钮，打开“孔”对话框。系统自动捕捉上一步创建的草图点，选择“螺纹孔”类型，选择尺寸为 10 的 GB Metric profile 螺纹类型，勾选“全螺纹”复选框，单击“确定”按钮，如图 6-64 所示。

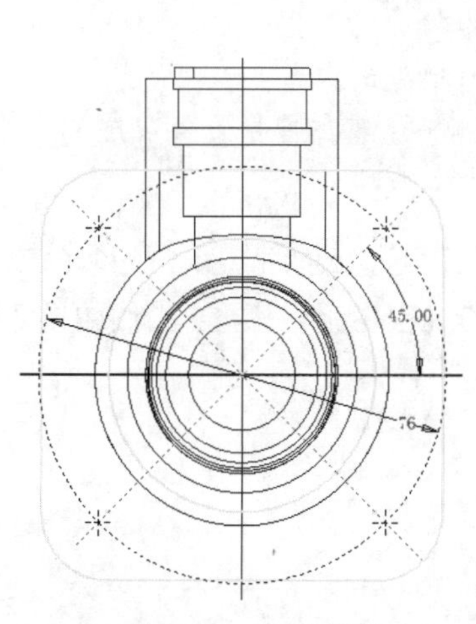

图 6-63　绘制草图

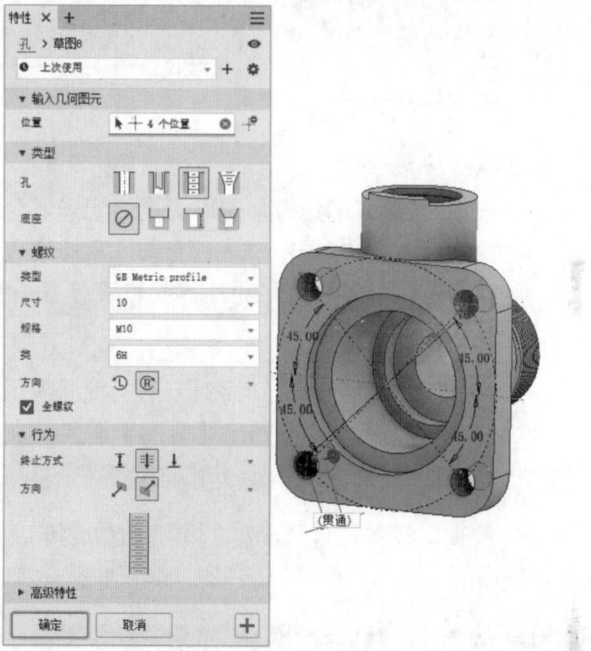

图 6-64　设置参数

步骤18 保存文件。单击“快速访问”工具栏中的“保存”按钮，打开“另存为”对话框，输入文件名为“阀体.ipt”，单击“保存”按钮，保存文件。

6.5 抽壳特征

抽壳特征是指从零件的内部去除材料，创建一个具有指定厚度的空腔零件。抽壳也是参数化特征，常用于模具和铸造方面的造型，示意图如图 6-65 所示。

6.5.1 设置抽壳特征

单击“三维模型”选项卡“修改”面板上的“抽壳”按钮，打开“抽壳”对话框，如图 6-66 所示。

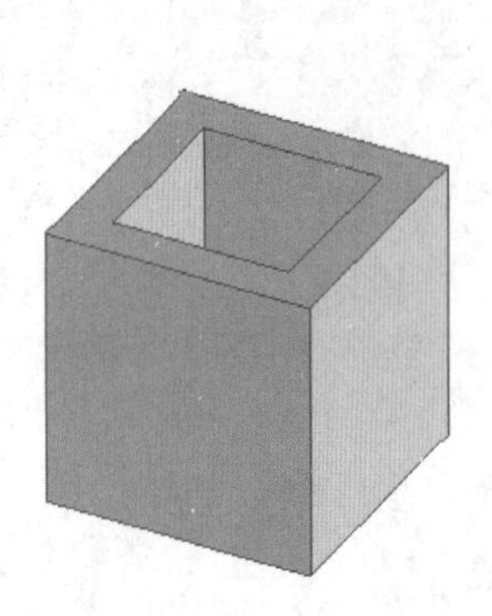

图 6-65　抽壳示意图

图 6-66　“抽壳”对话框

1）抽壳方式

- 向内：向零件内部偏移壳壁，原始零件的外壁成为抽壳的外壁。
- 向外：向零件外部偏移壳壁，原始零件的外壁成为抽壳的内壁。
- 双向：向零件内部和外部以相同距离偏移壳壁，每侧的偏移厚度是零件厚度的一半。

2）特殊面厚度

用户可以忽略默认厚度，而对所选的壁面应用其他厚度。需要注意的是，指定相等的壁厚是一个好的习惯，因为相等的壁厚有助于避免在加工和冷却的过程中出现变形。当然如果情况特殊的话，可为特定壳壁指定不同的厚度。

- 选择：显示应用新厚度的所选面的个数。
- 厚度：显示和修改为所选面设置的新厚度。

6.5.2　实例——锅盖

本实例将绘制如图 6-67 所示的锅盖。

图 6-67　锅盖

下载资源\动画演示\第6章\锅盖.MP4

操作步骤

步骤01 新建文件。运行 Inventor 2024，单击“快速访问”工具栏上的“新建”按钮，在打开的“新建文件”对话框中的零件下拉列表中选择“Standard.ipt”选项，单击“创建”按钮，新建一个零件文件。

步骤02 创建草图 1。单击“三维模型”选项卡“草图”面板上的“开始创建二维草图”按钮，选择 XY 平面为草图绘制平面，进入草图绘制环境。单击“草图”选项卡“创建”面板上的“圆”按钮，绘制草图。单击“约束”面板上的“尺寸”按钮，标注尺寸，如图 6-68 所示。单击“草图”标签中的“完成草图”按钮，退出草图绘制环境。

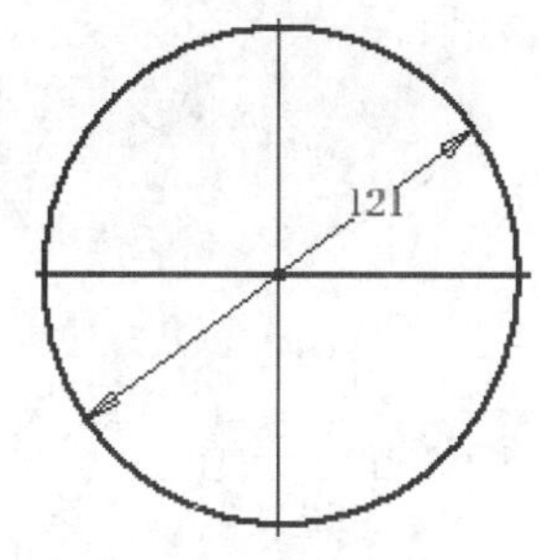

图 6-68 绘制草图 1

步骤03 创建拉伸体。单击“三维模型”选项卡“创建”面板上的“拉伸”按钮，打开“拉伸”对话框，系统自动选择上一步绘制的草图为拉伸截面轮廓，将拉伸距离设置为 5.5 mm，单击“确定”按钮完成拉伸。

步骤04 创建草图 2。单击“三维模型”选项卡“草图”面板上的“开始创建二维草图”按钮，选择上一步创建的拉伸体的上表面为草图绘制平面，进入草图绘制环境。单击“草图”选项卡“创建”面板上的“圆”按钮，绘制草图。单击“约束”面板上的“尺寸”按钮，标注尺寸，如图 6-69 所示。单击“草图”标签中的“完成草图”按钮，退出草图绘制环境。

步骤05 创建拉伸体。单击“三维模型”选项卡“创建”面板上的“拉伸”按钮，打开“拉伸”对话框，选取上一步绘制的草图为拉伸截面轮廓，将拉伸距离设置为 15 mm，在“高级特性”中设置锥度为-60 deg，如图 6-70 所示。单击“确定”按钮完成拉伸，结果如图 6-71 所示。

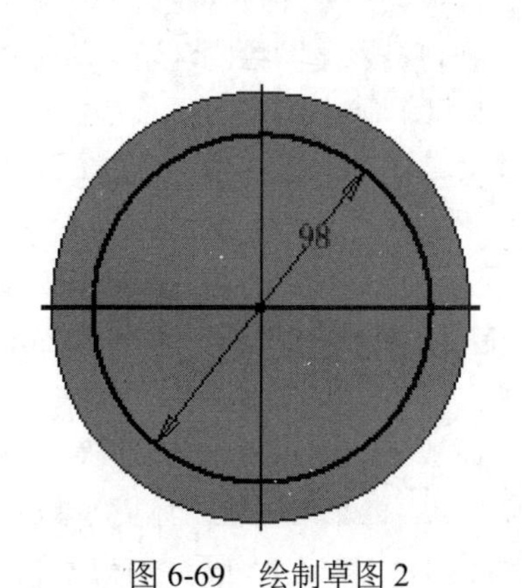

图 6-69 绘制草图 2

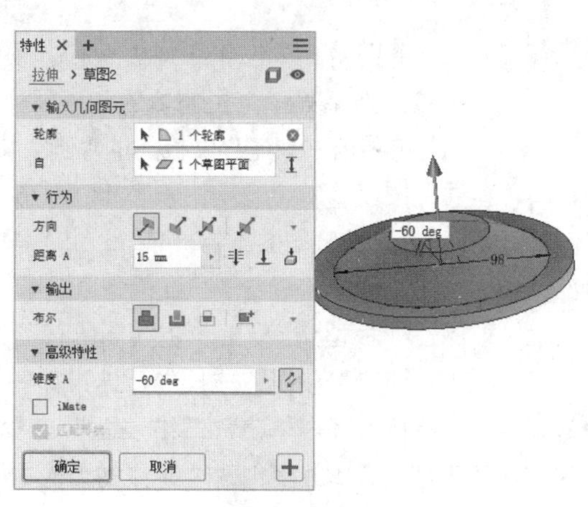

图 6-70 拉伸设置

步骤06 抽壳处理。单击“三维模型”选项卡“修改”面板上的“抽壳”按钮，打开“抽壳”对话框，选择如图 6-71 所示的面为开口面，输入厚度为 1 mm，如图 6-72 所示，单击“确定”按钮，结果如图 6-73 所示。

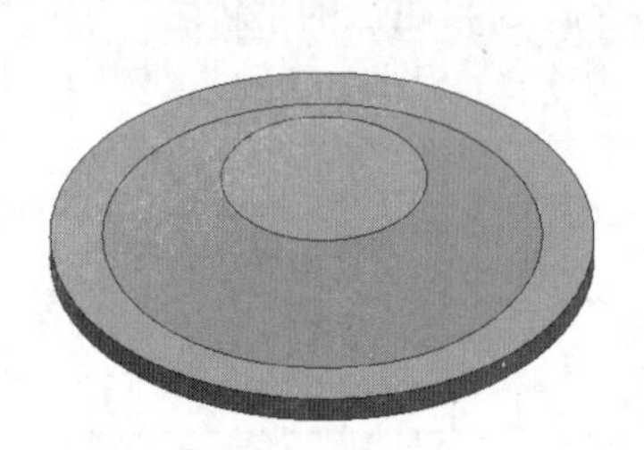

图 6-71　创建拉伸体

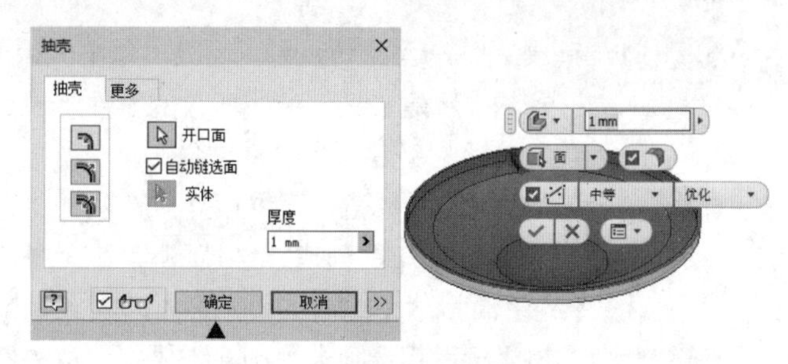

图 6-72　抽壳示意图

步骤 07 创建草图 3。单击“三维模型”选项卡“草图”面板上的“开始创建二维草图”按钮，选择第一个拉伸体的上表面为草图绘制平面，进入草图绘制环境。单击“草图”选项卡“创建”面板上的“圆”按钮，绘制草图。单击“约束”面板上的“尺寸”按钮，标注尺寸，如图 6-74 所示。单击“草图”标签中的“完成草图”按钮，退出草图绘制环境。

步骤 08 创建拉伸体。单击“三维模型”选项卡“创建”面板上的“拉伸”按钮，打开“拉伸”对话框，选择上一步绘制的草图为拉伸截面轮廓，将拉伸距离设置为 1.5 mm，单击“确定”按钮完成拉伸，结果如图 6-75 所示。

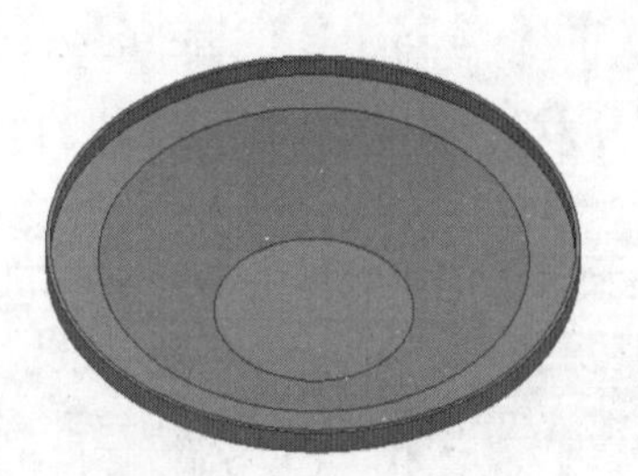

图 6-73　抽壳处理

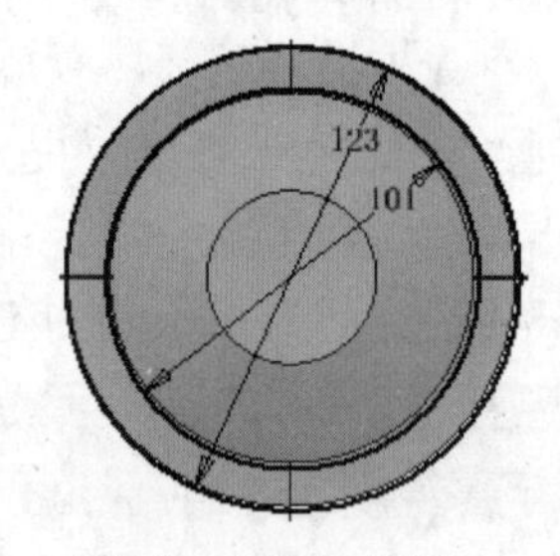

图 6-74　绘制草图 3

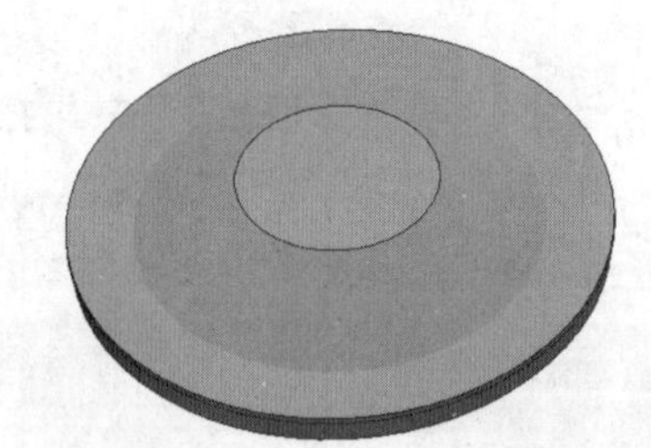

图 6-75　创建拉伸体

步骤 09 创建草图 4。单击“三维模型”选项卡“草图”面板上的“开始创建二维草图”按钮，选择第二个拉伸体的上表面为草图绘制平面，进入草图绘制环境。单击“草图”选项卡“创建”面板上的“圆”按钮，绘制草图。单击“约束”面板上的“尺寸”按钮，标注尺寸，如图 6-76 所示。单击“草图”标签中的“完成草图”按钮，退出草图绘制环境。

步骤 10 创建拉伸体。单击“三维模型”选项卡“创建”面板上的“拉伸”按钮，打开“拉伸”对话框，选择上一步绘制的草图为拉伸截面轮廓，将拉伸距离设置为 2 mm，单击“确定”按钮完成拉伸，结果如图 6-77 所示。

步骤 11 创建草图 5。单击“三维模型”选项卡“草图”面板上的“开始创建二维草图”按钮，选择上步创建拉伸体的上表面为草图绘制平面，进入草图绘制环境。单击“草图”选项卡“创建”面板上的“圆”按钮，绘制草图。单击“约束”面板上的“尺寸”按钮，标注尺寸，如图 6-78 所示。单击“草图”标签中的“完成草图”按钮，退出草图绘制环境。

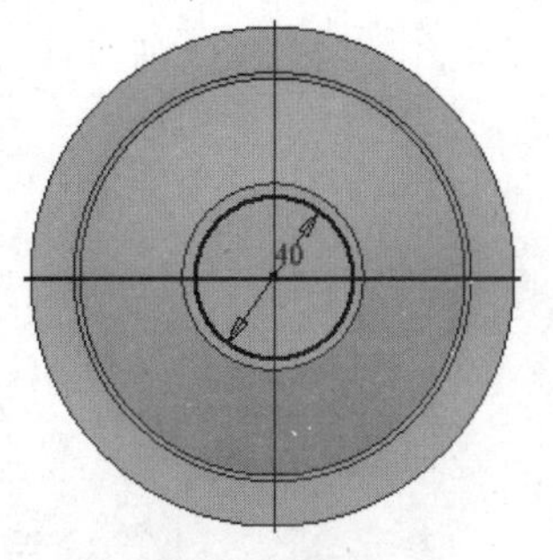

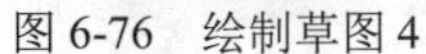
图 6-76 绘制草图 4

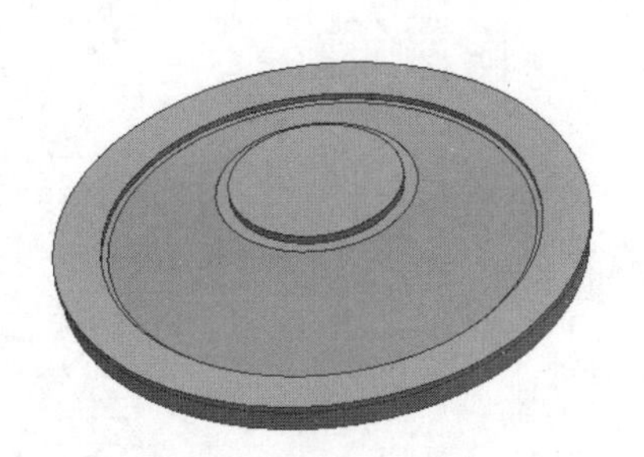

图 6-77 创建拉伸体

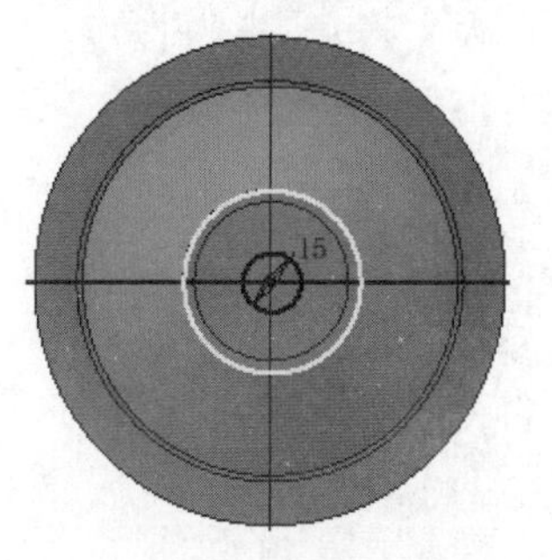

图 6-78 绘制草图 5

步骤12 创建拉伸体。单击“三维模型”选项卡“创建”面板上的“拉伸”按钮，打开“拉伸”对话框，选择上一步绘制的草图为拉伸截面轮廓，将拉伸距离设置为 5 mm，单击“确定”按钮完成拉伸，结果如图 6-79 所示。

步骤13 创建草图 6。单击“三维模型”选项卡“草图”面板上的“开始创建二维草图”按钮，选择上一步创建拉伸体的上表面为草图绘制平面，进入草图绘制环境。单击“草图”选项卡“创建”面板上的“圆”按钮，绘制草图。单击“约束”面板上的“尺寸”按钮，标注尺寸，如图 6-80 所示。单击“草图”标签中的“完成草图”按钮，退出草图绘制环境。

步骤14 创建拉伸体。单击“三维模型”选项卡“创建”面板上的“拉伸”按钮，打开“拉伸”对话框，选择上一步绘制的草图为拉伸截面轮廓，将拉伸距离设置为 8 mm，在更多选项卡中输入锥度为-15 deg，单击“确定”按钮完成拉伸，结果如图 6-81 所示。

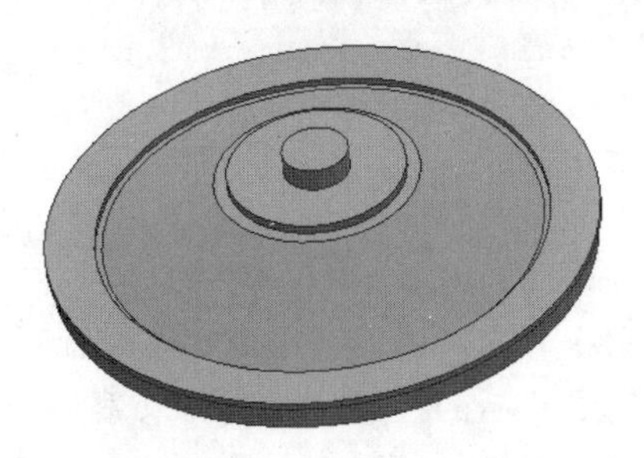

图 6-79 创建拉伸体

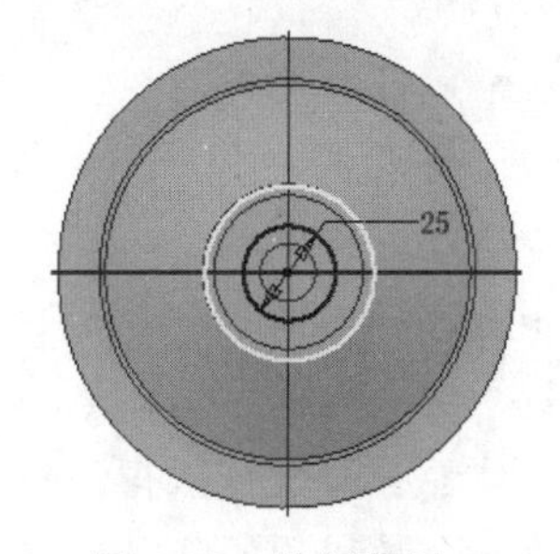

图 6-80 绘制草图 6

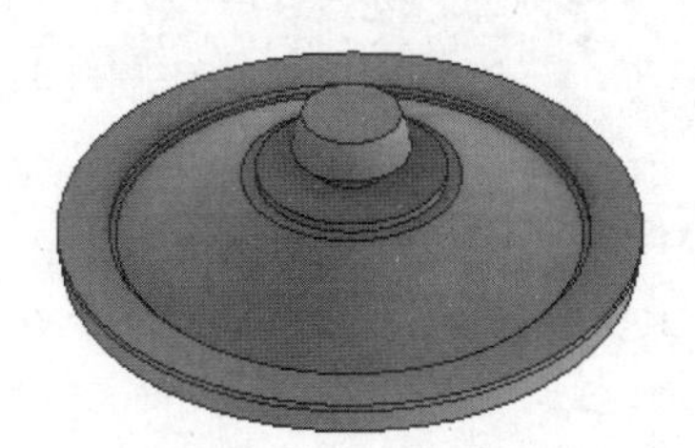

图 6-81 创建拉伸体

步骤15 保存文件。单击“快速访问”工具栏上的“保存”按钮，打开“另存为”对话框，输入文件名为“锅盖.ipt”，单击“保存”按钮，保存文件。

6.6 面 拔 模

在进行铸件设计时，通常需要一个拔模面使得零件更容易从模子里取出。在为模具或铸造零件设计特征时，可通过为拉伸或扫掠指定正或负扫掠斜角来应用拔模斜度，当然也可直接对现成的零件进行拔模斜度操作。在 Inventor 2024 中提供了一个拔模斜度工具，可方便地对零件进行拔模操作，如图 6-82 所示。

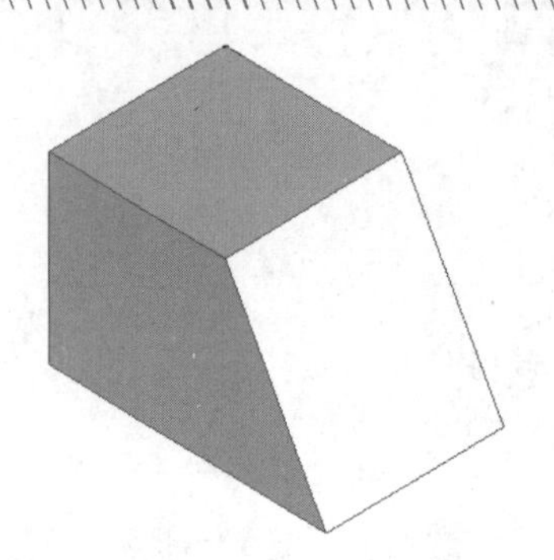

图 6-82　面拔模示意图

6.6.1　设置面拔模

单击“三维模型”选项卡“修改”面板上的“面拔模”按钮，弹出“面拔模”对话框，如图 6-83 所示。

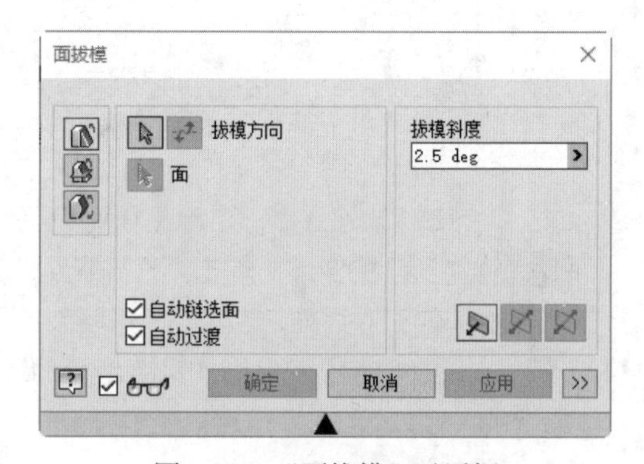

图 6-83　“面拔模”对话框

1. 拔模类型

拔模分为固定边、固定平面和分模线三种方式，选择的拔模方式不同，对话框的设置也不同。

- 固定边：在每个平面的一个或多个相切的连续固定边处创建拔模，结果将创建额外的面。除了直线性棱边外，样条曲面也可以作为固定边，如图 6-84 所示。
- 固定平面：选择一个平面并确定拔模方向，拔模方向垂直于所选面。创建固定平面的拔模，选定的平面可确定对哪些面进行拔模。根据固定平面的位置，拔模可以添加和去除材料。固定平面处的截面面积不变，其他截面随固定平面的距离变化而放大或缩小，如图 6-85 所示。
- 分模线：其前提是有一个三维的线，即分模线。选择一个平面确定拔模方向，再选择分模线，最后选择需要拔模的面进行拔模。

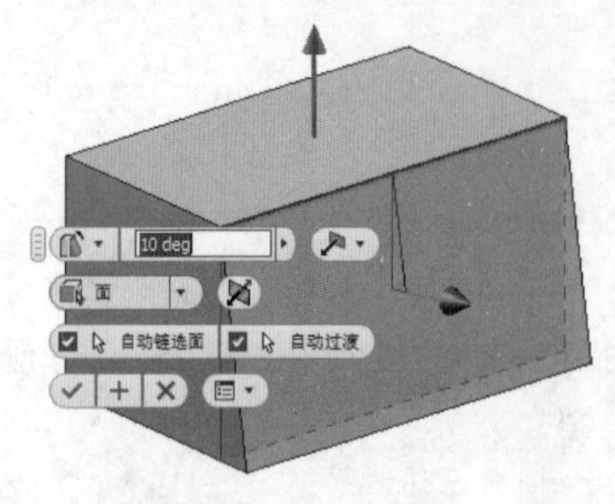

图 6-84　固定边拔模

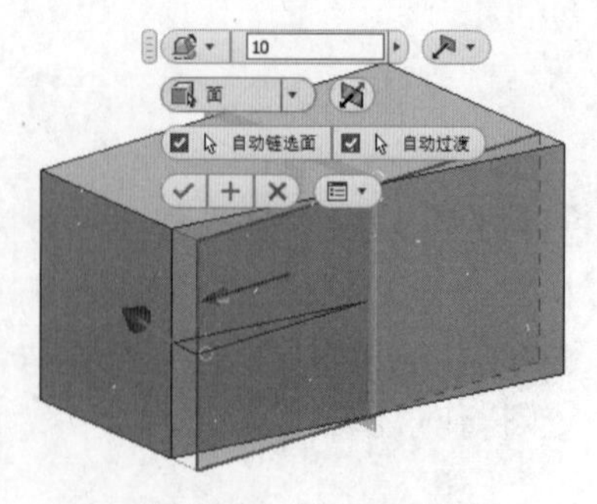

图 6-85　固定平面拔模

2. 拔模方向

拔模方向表示从零件拔出的方向。当在图形窗口中移动鼠标指针时，会显示一个垂直于亮显面或沿亮显边的矢量。

当拔模方向与实际不符时，可以通过“反向”来改变拔模方向，或者直接使用负值使拔模方向指向相反方向。

3. 面

面，即拔模基准面，选择将拔模应用到的面或边。当在面上移动鼠标指针时，将有一个符号表示拔模的固定边及如何应用拔模。单击顶边将其固定，使用扫掠斜角移动底边，或者单击底边将其固定，并使用扫掠斜角移动顶边，再次单击以选择所选面的一条边。

4. 拔模斜度

可以设置拔模的角度，输入正角度或负角度，或者从下拉列表中选择一种计算方法。

6.6.2 实例——表壳

本实例将绘制如图 6-86 所示的表壳。

下载资源\动画演示\第6章\表壳.MP4

图 6-86 表壳

操作步骤

步骤01 新建文件。运行 Inventor 2024，单击“快速访问”工具栏上的“新建”按钮，在打开的“新建文件”对话框中的零件下拉列表中选择“Standard.ipt”选项，单击“创建”按钮，新建一个零件文件。

步骤02 创建草图 1。单击“三维模型”选项卡“草图”面板上的“开始创建二维草图”按钮，选择 XY 平面为草图绘制平面，进入草图绘制环境。单击“草图”选项卡“创建”面板上的“圆心圆”按钮、“线”按钮和“修剪”按钮，绘制草图。单击“约束”面板上的“尺寸”按钮，标注尺寸，如图 6-87 所示。单击“草图”标签中的“完成草图”按钮，退出草图绘制环境。

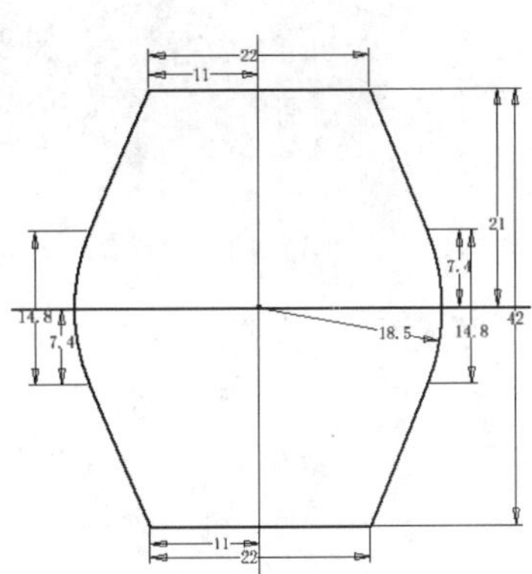

图 6-87 绘制草图 1

步骤03 创建拉伸体。单击“三维模型”选项卡“创建”面板上的“拉伸”按钮，打开“拉伸”对话框，系统自动选择上一步绘制的草图为拉伸截面轮廓，将拉伸距离设置为 5 mm，单击“确定”按钮完成拉伸。

步骤04 创建倒角。

① 单击“三维模型”选项卡“修改”面板上的“倒角”按钮，打开“倒角”对话框，选择“倒角边长”类型，选择如图 6-88 所示的边线，输入倒角边长为 2 mm，单击“应用”按钮。

② 单击“三维模型”选项卡“修改”面板上的“倒角”按钮，打开“倒角”对话框，选择“两个倒角边长”类型，选择如图 6-89 所示的边线，输入倒角边长 1 为 3 mm，倒角边长 2 为 4 mm，单击“应用”按钮。

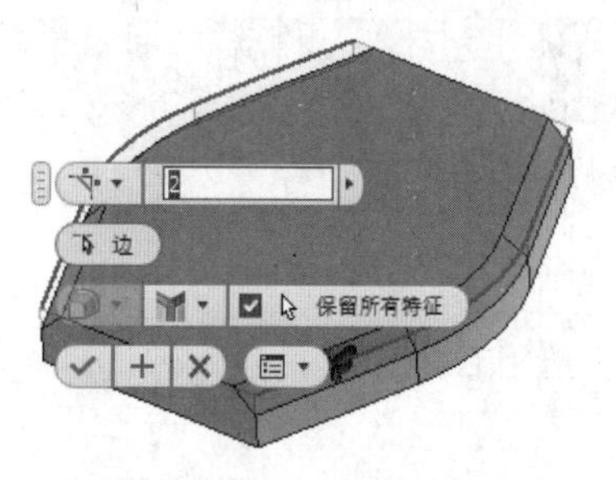

图 6-88　设置参数

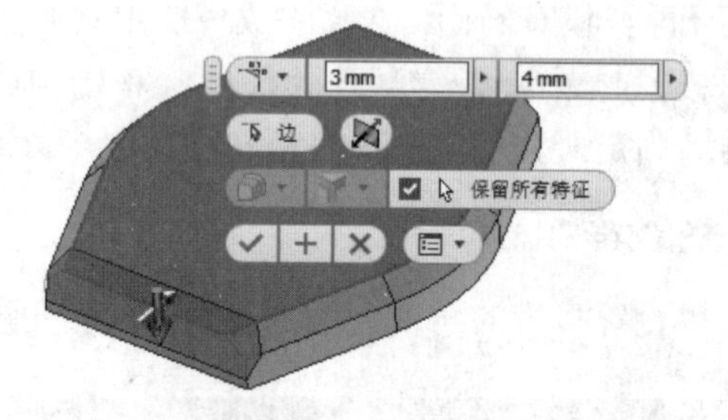

图 6-89　选取倒角边线

③ 单击“三维模型”选项卡“修改”面板上的“倒角”按钮，打开“倒角”对话框，选择“两个倒角边长”类型，选择如图 6-90 所示的边线，输入倒角边长 1 为 4 mm，倒角边长 2 为 3 mm，单击“确定”按钮，结果如图 6-91 所示。

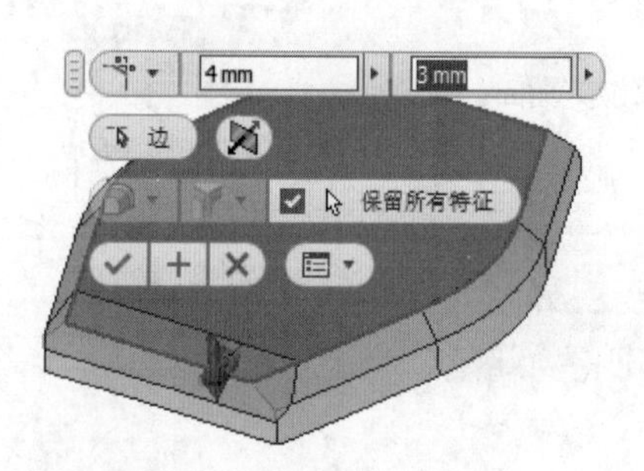

图 6-90　选取倒角边线 2

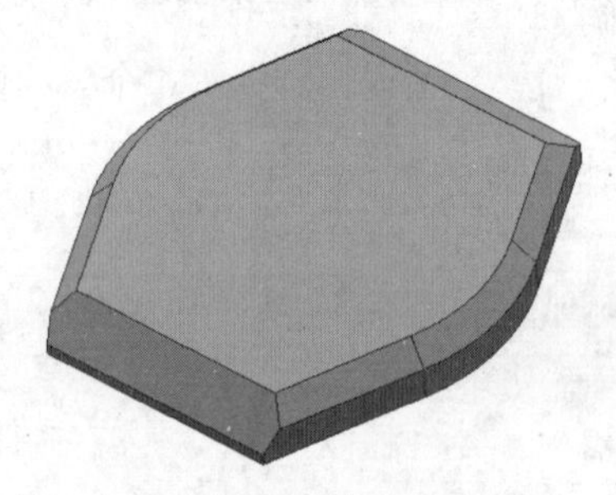

图 6-91　创建倒角

步骤05 创建草图 2。单击“三维模型”选项卡“草图”面板上的“开始创建二维草图”按钮，选择 XY 平面为草图绘制平面，进入草图绘制环境。单击“草图”选项卡“创建”面板上的“圆心圆”按钮，绘制草图。单击“约束”面板上的“尺寸”按钮，标注尺寸，如图 6-92 所示。单击“草图”标签中的“完成草图”按钮，退出草图绘制环境。

步骤06 创建拉伸体。单击“三维模型”选项卡“创建”面板上的“拉伸”按钮，打开“拉伸”对话框，系统自动选择上一步绘制的草图为拉伸截面轮廓，将拉伸距离设置为 7 mm，单击“确定”按钮完成拉伸，结果如图 6-93 所示。

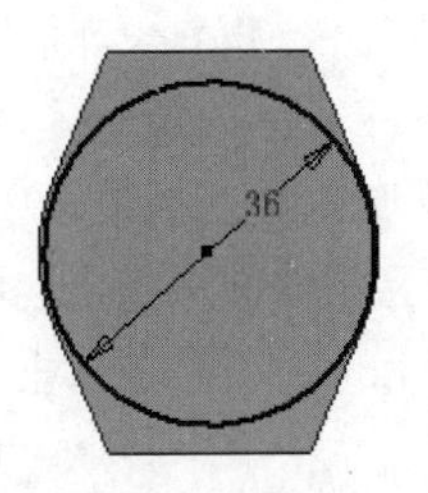

图 6-92 绘制草图 2

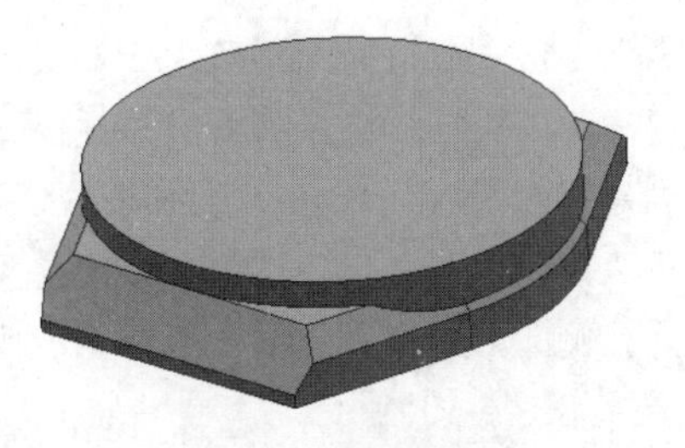

图 6-93 创建拉伸体

步骤07 创建倒角。单击“三维模型”选项卡“修改”面板上的“倒角”按钮，打开“倒角”对话框，选择“倒角边长”类型，选择如图 6-94 所示的边线，输入倒角边长为 1.5 mm，单击“确定”按钮，结果如图 6-95 所示。

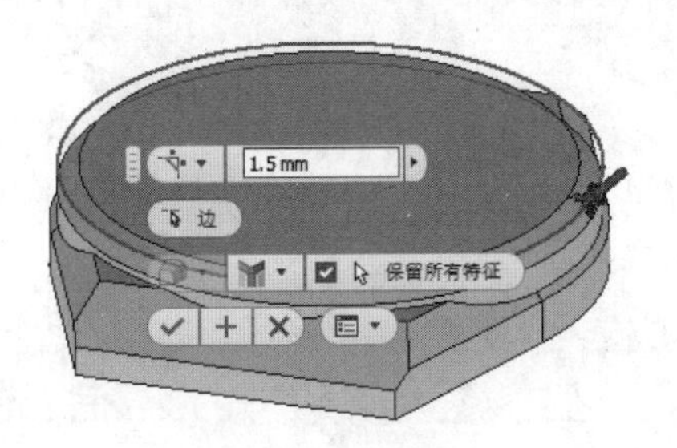

图 6-94 设置参数

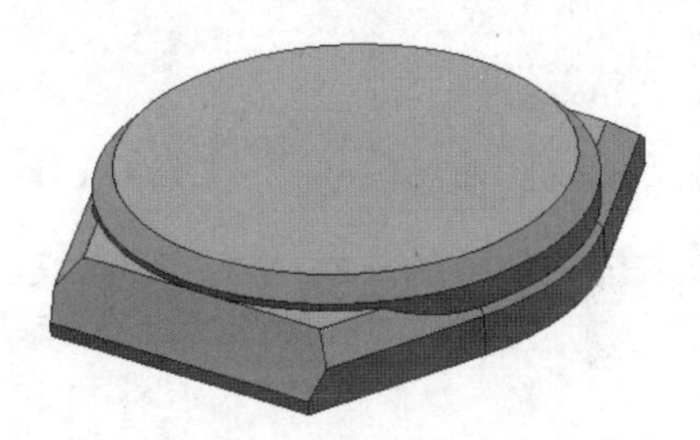

图 6-95 创建倒角

步骤08 创建直孔 1。单击“三维模型”选项卡“修改”面板上的“孔”按钮，打开“孔”对话框。选择第二个拉伸体上表面为孔放置面，选择拉伸体的边线为同心参考，选择“距离”终止方式，输入距离为 0.8 mm，孔直径为 30 mm，选择“平直”的孔底，如图 6-96 所示，单击“确定”按钮，结果如图 6-97 所示。

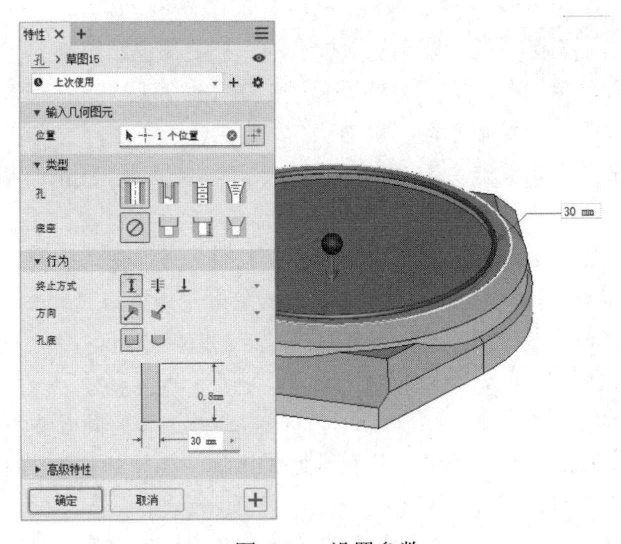

图 6-96 设置参数

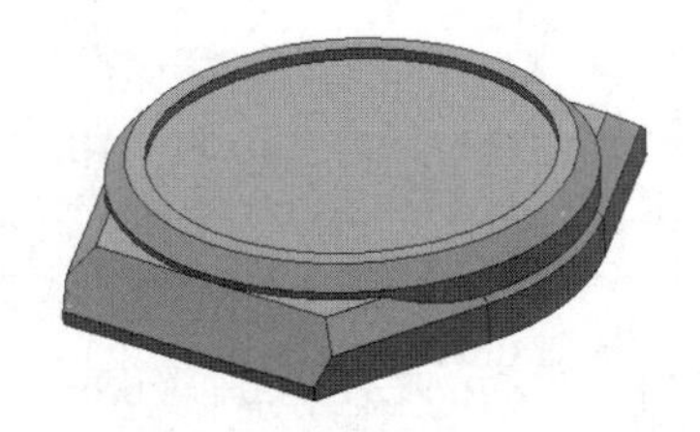

图 6-97 创建孔

步骤09 创建直孔 2。单击“三维模型”选项卡“修改”面板上的“孔”按钮，打开“孔”对话框。选择上一步创建的孔底面为孔放置面，选择孔边线为同心参考，选择“距离”终止方式，输入距离为 2.2 mm，孔直径为 29 mm，选择“平直”的孔底，单击“确定”按钮，结果如图 6-98 所示。

步骤 10 创建拔模特征。单击“三维模型”选项卡“修改”面板上的“拔模”按钮，打开“拔模”对话框。选择“固定边”类型，选择上一步创建的孔底面为固定面，选择孔侧面为拔模面，输入拔模斜度为 25deg，如图 6-99 所示，单击“确定”按钮，结果如图 6-100 所示。

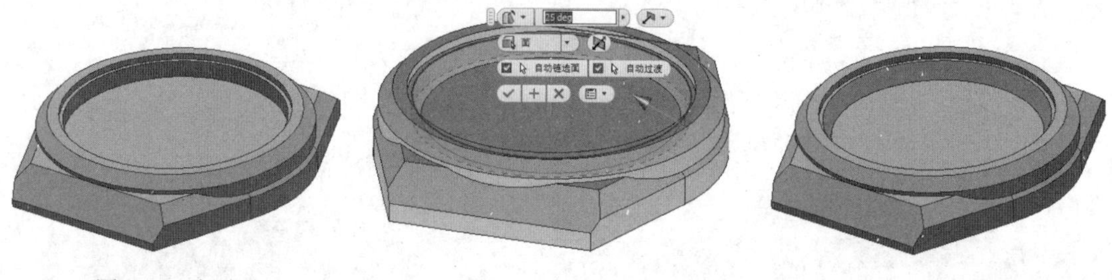

图 6-98　创建孔　　图 6-99　设置参数　　图 6-100　创建拔模特征

步骤 11 创建草图 3。单击“三维模型”选项卡“草图”面板上的“开始创建二维草图”按钮，选择第二个孔的底面为草图绘制平面，进入草图绘制环境。单击“草图”选项卡“创建”面板上的“圆心圆”按钮，在圆心处绘制直径为 1.2 mm 的圆。单击“草图”标签中的“完成草图”按钮，退出草图绘制环境。

步骤 12 创建拉伸体。单击“三维模型”选项卡“创建”面板上的“拉伸”按钮，打开“拉伸”对话框，系统自动选择上一步绘制的草图为拉伸截面轮廓，将拉伸距离设置为 1.2 mm，单击“确定”按钮完成拉伸。

步骤 13 重复步骤 11和步骤 12，创建直径为 0.6、高度为 0.5 和直径为 0.3、高度为 0.3 的拉伸体，结果如图 6-101 所示。

步骤 14 创建草图 4。单击“三维模型”选项卡“草图”面板上的“开始创建二维草图”按钮，选择 XY 平面为草图绘制平面，进入草图绘制环境。单击“草图”选项卡“创建”面板上的“圆心圆”按钮，绘制草图。单击“约束”面板上的“尺寸”按钮，标注尺寸，如图 6-102 所示。单击“草图”标签中的“完成草图”按钮，退出草图绘制环境。

步骤 15 创建拉伸体。单击“三维模型”选项卡“创建”面板上的“拉伸”按钮，打开“拉伸”对话框，选择上一步绘制的草图为拉伸截面轮廓，将拉伸距离设置为 2 mm，在更多选项卡中设置锥度为-20deg，单击“确定”按钮完成拉伸，结果如图 6-103 所示。

步骤 16 创建直孔 3。单击“三维模型”选项卡“修改”面板上的“孔”按钮，打开“孔”对话框。选择上一步创建的拉伸体表面为孔放置面，选择拉伸体边线为同心参考，选择“距离”终止方式，输入距离为 1.5 mm，孔直径为 31 mm，选择“平直”的孔底，单击“确定”按钮，结果如图 6-104 所示。

步骤 17 创建草图 5。单击“三维模型”选项卡“草图”面板上的“开始创建二维草图”按钮，选择 XY 平面为草图绘制平面，进入草图绘制环境。单击“草图”选项卡“创建”面板上的“两点矩形”按钮，绘制草图。单击“约束”面板上的“尺寸”按钮，标注尺寸，如图 6-105 所示。单击“草图”标签中的“完成草图”按钮，退出草图绘制环境。

图 6-101 创建拉伸体

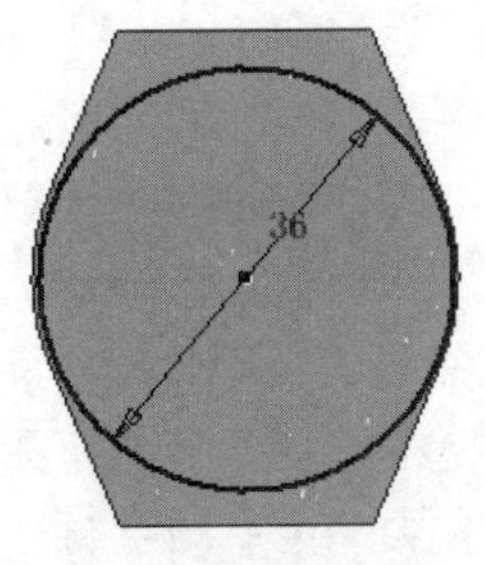

图 6-102 绘制草图 4

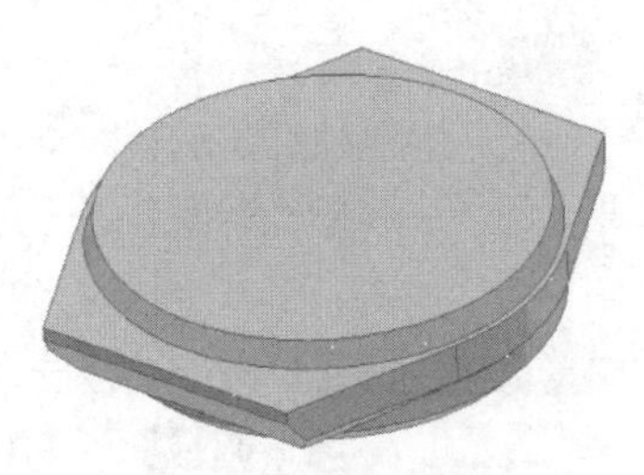

图 6-103 创建拉伸体

步骤18 创建拉伸体。单击“三维模型”选项卡“创建”面板上的“拉伸”按钮，打开“拉伸”对话框，系统自动选择上一步绘制的草图为拉伸截面轮廓，将拉伸距离设置为 5 mm，选择“求差”方式，单击“确定”按钮完成拉伸，结果如图 6-106 所示。

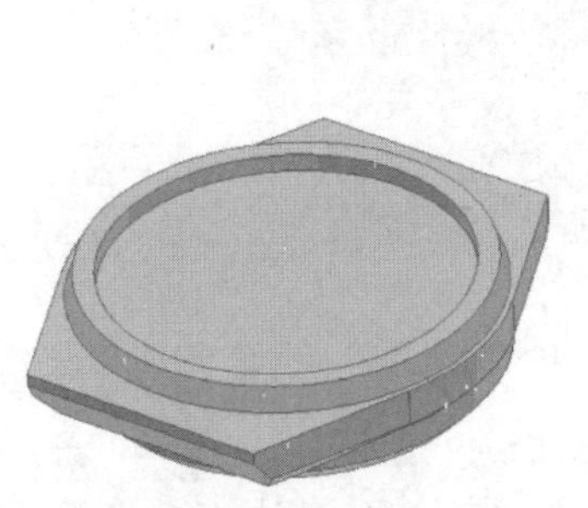

图 6-104 创建孔

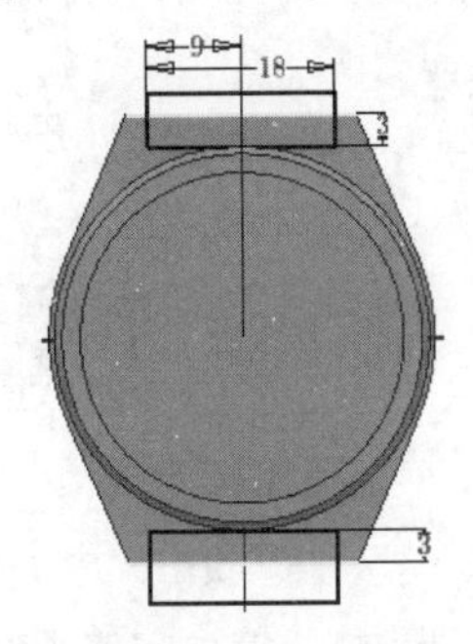

图 6-105 绘制草图 5

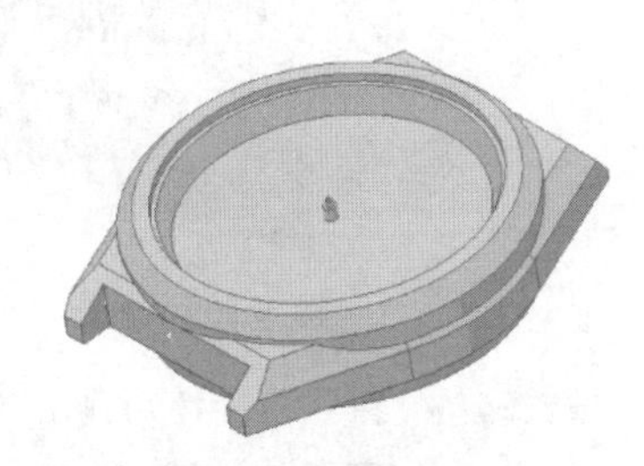

图 6-106 创建拉伸体

步骤19 创建工作平面。单击“三维模型”选项卡“定位特征”面板上的“从平面偏移”按钮，在原始坐标系中选择 YZ 平面，输入距离为 18.5 mm，如图 6-107 所示。

步骤20 创建草图 6。单击“三维模型”选项卡“草图”面板上的“开始创建二维草图”按钮，选择上一步创建的工作平面为草图绘制平面，进入草图绘制环境。单击“草图”选项卡“创建”面板上的“圆心圆”按钮，绘制草图。单击“约束”面板上的“尺寸”按钮，标注尺寸，如图 6-108 所示。单击“草图”标签中的“完成草图”按钮，退出草图绘制环境。

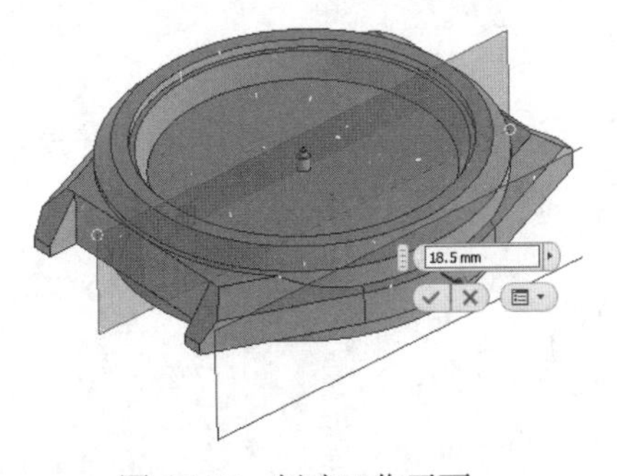

图 6-107 创建工作平面

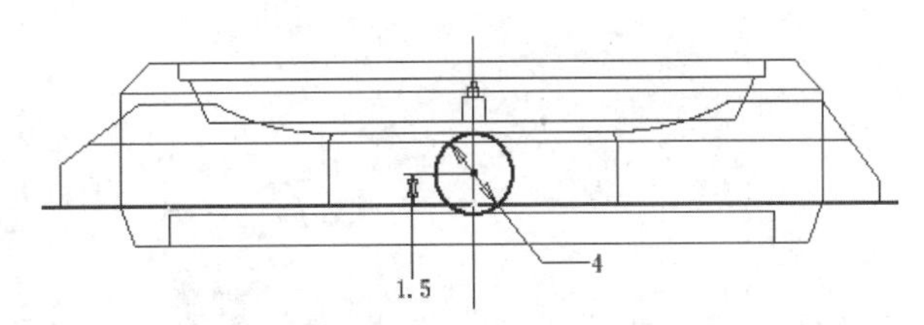

图 6-108 绘制草图 6

步骤21 创建拉伸体。单击“三维模型”选项卡“创建”面板上的“拉伸”按钮，打开“拉伸”对话框，选择上一步绘制的草图为拉伸截面轮廓，将拉伸距离设置为 1.5 mm，选择“求差” 方式，单击“确定”按钮完成拉伸，隐藏工作平面，结果如图 6-109 所示。

步骤22 创建直孔 4。单击“三维模型”选项卡“修改”面板上的“孔”按钮，打开“孔”对话框。选择上一步创建的拉伸体表面为孔放置面，选择拉伸体边线为同心参考，选择“距离”终止方式，输入距离为 2.5 mm，孔直径为 0.5 mm，选择“平直”的孔底，单击“确定”按钮，结果如图 6-110 所示。

步骤23 创建草图 7。单击“三维模型”选项卡“草图”面板上的“开始创建二维草图”按钮，选择图 6-110 所示的面 2 为草图绘制平面，进入草图绘制环境。单击“草图”选项卡“创建”面板上的“圆心圆”按钮，绘制草图。单击“约束”面板上的“尺寸”按钮，标注尺寸，如图 6-111 所示。单击“草图”标签中的“完成草图”按钮，退出草图绘制环境。

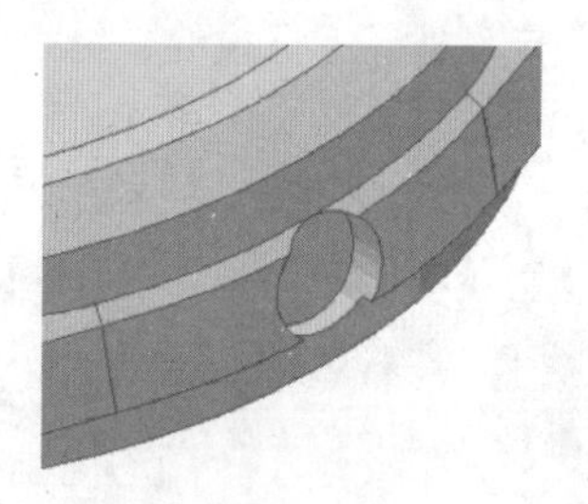

图 6-109　创建拉伸体

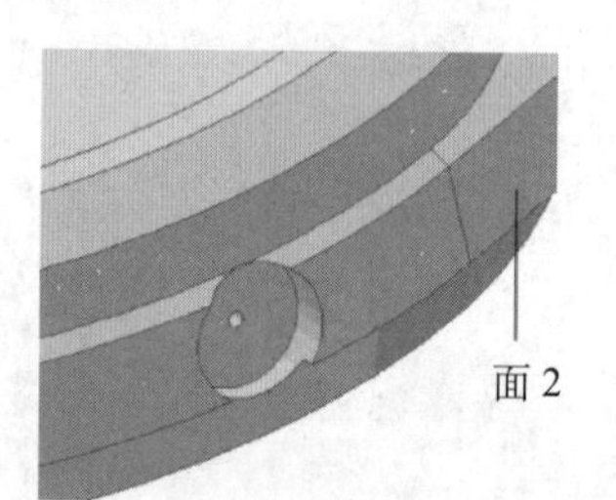

图 6-110　创建孔

步骤24 创建拉伸体。单击“三维模型”选项卡“创建”面板上的“拉伸”按钮，打开“拉伸”对话框，系统自动选择上一步绘制的草图为拉伸截面轮廓，将拉伸距离设置为 1.5 mm，单击“确定”按钮完成拉伸，结果如图 6-112 所示。

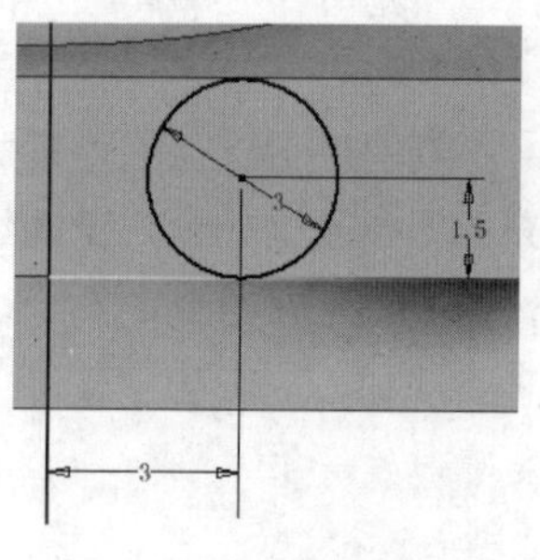

图 6-111　绘制草图 7

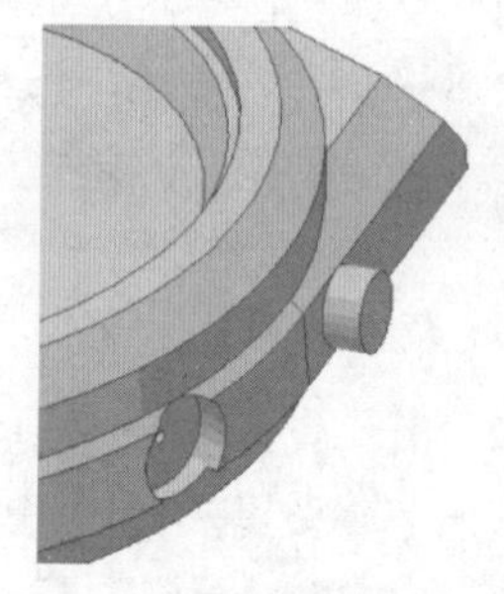

图 6-112　创建拉伸体

步骤25 保存文件。单击“快速访问”工具栏上的“保存”按钮，打开“另存为”对话框，输入文件名为“表壳.ipt”，单击“保存”按钮，保存文件。

6.7　镜像特征

镜像特征可以以等长距离在平面的另外一侧创建一个或多个特征甚至整个实体的副本。如果零件中有多个相同的特征且在空间的排列上具有一定的对称性，可使用镜像工具以减少工作量，提高工作效率，示意图如图 6-113 所示。

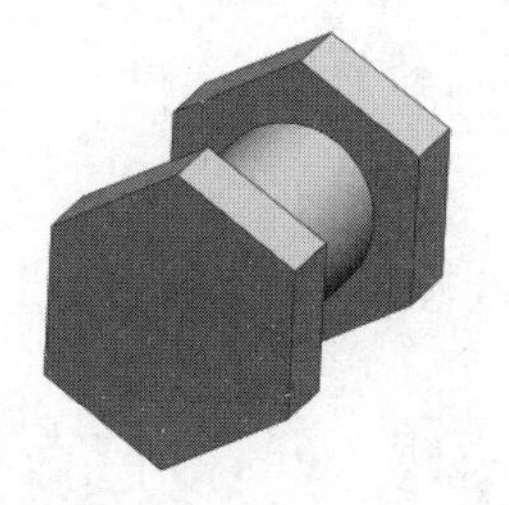
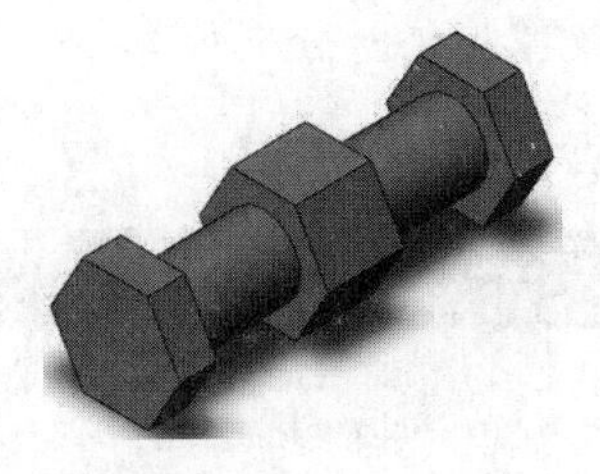

图 6-113 镜像特征和镜像实体

单击“三维模型”选项卡“阵列”面板上的“镜像”按钮，打开“镜像”对话框。首先要选择对各个特征进行镜像操作还是对整个实体进行镜像操作，两种类型操作的“镜像”对话框分别如图 6-114（a）与（b）所示。

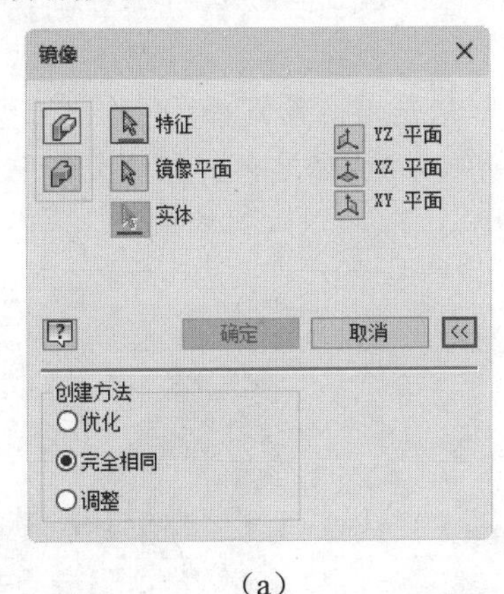

（a）

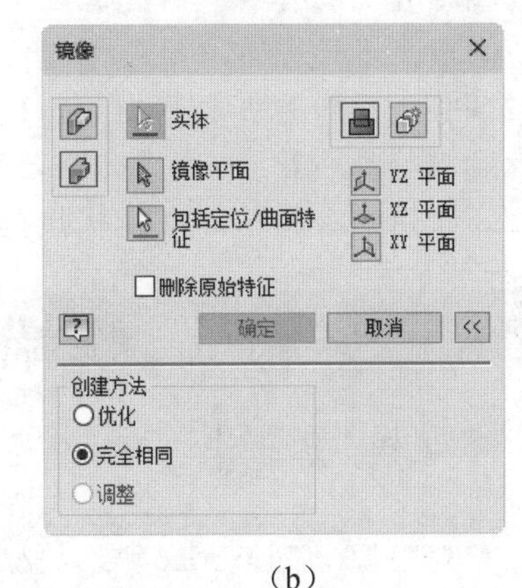

（b）

图 6-114 两种类型操作的对话框

6.7.1 镜像各个特征

镜像各个特征的基础是特征，可以是实体特征、定位特征和曲面特征。对图 6-114（a）的说明如下：

- 特征：可以选择一个或多个要包括在镜像中的实体特征、定位特征和曲面特征。如果所选特征带有从属特征，则将被自动选中。需要注意的是：不能镜像在整个实体上创建的特征（如所有圆角等）；不能镜像急于求交操作结果的特征。
- 镜像平面：选择作为创建面对称模型的对称面，包括工作平面和平面，选定的特征将通过该平面镜像。
- 实体：选择接受上述生成镜像的实体，即生成的镜像特征属于哪个实体。当零件中包含多个实体时，该对话框中的“实体”按钮可用；如果只有一个实体，则该按钮灰显为不可用。
- 优化：通过镜像特征面来创建与选定特征完全相同的副本，这是最快的计算方法，使用该选项可加快镜像的计算速度。
- 完全相同：通过复制原始特征来创建与选定特征完全相同的副本，这是默认选项。

- 调整：通过镜像特征，分别计算各个阵列引用的范围或终止方式来创建可能与选定特征不同的副本。

6.7.2 镜像实体

使用该选项选定镜像的基础是实体，当单击“镜像实体”按钮后，对话框中有所变化，多了“包括定位/曲面特征”“求并”“新建实体”和“删除原始特征”功能。

- 包括定位/曲面特征：单击该按钮，可以在图形区域的浏览器中选择一个或多个需要镜像的定位特征或曲面特征。
- 求并：即将镜像特征附着在选中的实体上，是默认选项。单击该按钮，将使得实体镜像为一个单一实体。
- 新建实体：创建包含阵列特征的新实体。如果是单实体零件，则转化为多实体零件。
- 删除原始特征：若勾选该复选框，则将删除镜像的原始实体。零件文件中仅保留镜像引用，使用此功能可以对零件进行对称造型。

6.7.3 实例——铲斗支撑架

本实例将绘制如图 6-115 所示的铲斗支撑架。

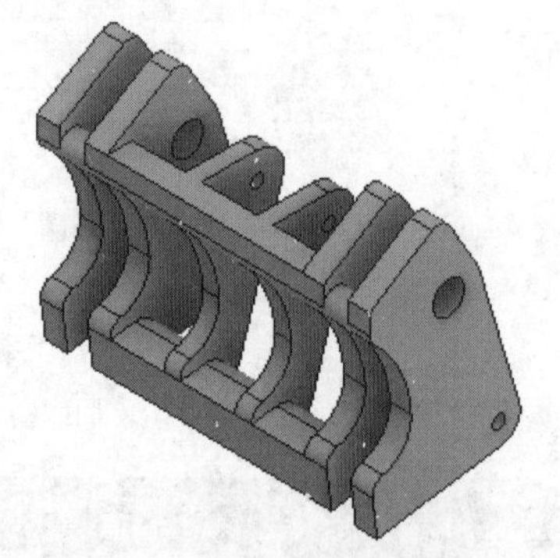

图 6-115　铲斗支撑架

下载资源 下载资源\动画演示\第6章\铲斗支撑架.MP4

操作步骤

步骤 01 新建文件。运行 Inventor 2024，单击“快速访问”工具栏上的“新建”按钮，在打开的“新建文件”对话框中的零件下拉列表中选择“Standard.ipt”选项，单击“创建”按钮，新建一个零件文件。

步骤 02 创建草图。单击“三维模型”选项卡“草图”面板中的“开始创建二维草图”按钮，选择 XY 平面为草图绘制平面，进入草图绘制环境。单击“草图”选项卡“创建”面板中的“直线”按钮和“圆弧”按钮，绘制草图。单击“约束”面板中的“尺寸”按钮，标注尺寸，如图 6-116 所示。单击“草图”标签中的“完成草图”按钮，退出草图绘制环境。

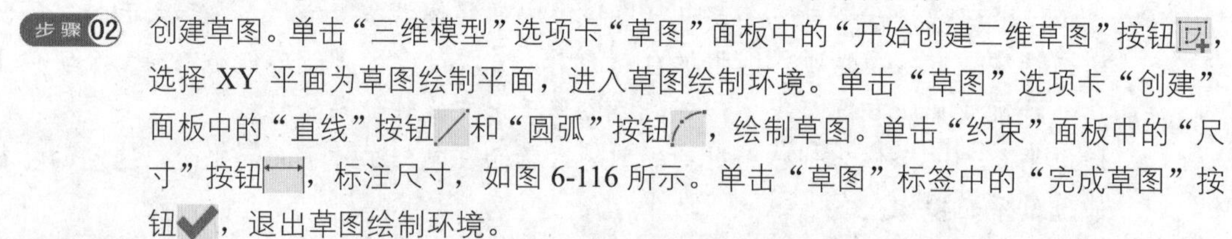

步骤 03 创建拉伸体。单击“三维模型”选项卡“创建”面板中的“拉伸”按钮，打开“拉伸”对话框，系统自动选择上一步绘制的草图为拉伸截面轮廓，将拉伸距离设置为 95 mm，单击“确定”按钮完成拉伸。

步骤 04 创建工作平面。单击“三维模型”选项卡“定位特征”面板中的“从平面偏移”按钮，在浏览器的原始坐标系下选择 XY 平面，输入距离为 35 mm，单击“确定”按钮，如图 6-117 所示。

步骤05 创建草图。单击“三维模型”选项卡“草图”面板中的“开始创建二维草图”按钮，选择工作平面1为草图绘制平面，进入草图绘制环境。单击“草图”选项卡“创建”面板中的“直线”按钮、“圆弧”按钮和“圆”按钮，绘制草图。单击“约束”面板中的“尺寸”按钮，标注尺寸，如图6-118所示。单击“草图”标签中的“完成草图”按钮，退出草图绘制环境。

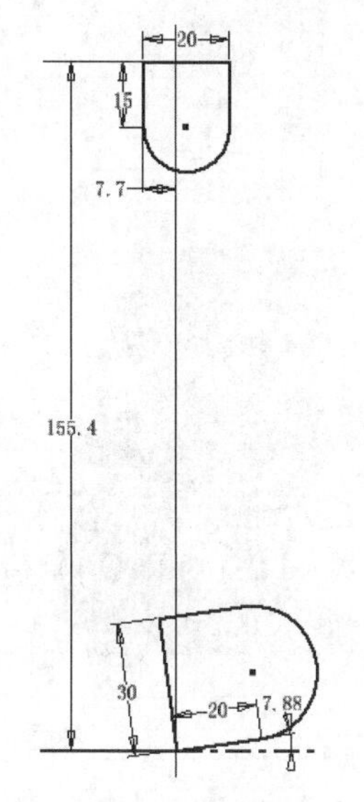

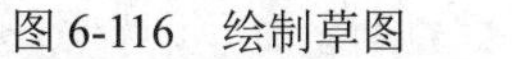
图6-116 绘制草图

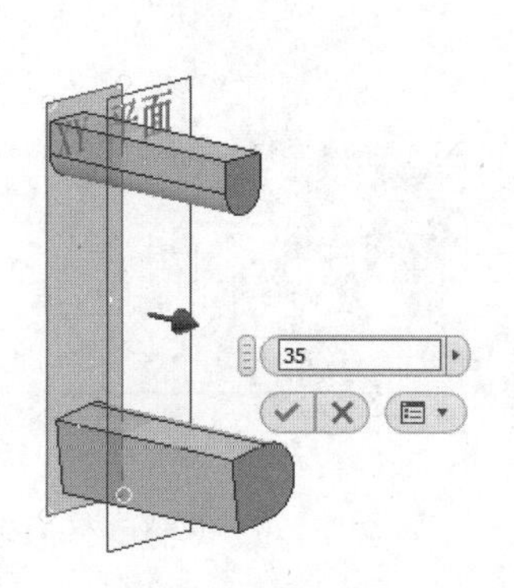

图6-117 创建工作平面

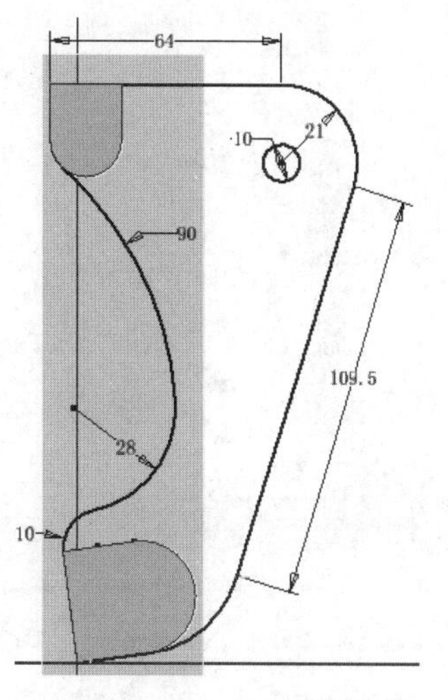

图6-118 绘制草图

步骤06 创建拉伸体。单击“三维模型”选项卡“创建”面板中的“拉伸”按钮，打开“拉伸”对话框，选择上一步绘制的草图为拉伸截面轮廓，将拉伸距离设置为13 mm，单击“确定”按钮完成拉伸，隐藏工作平面。

步骤07 创建工作平面。单击“三维模型”选项卡“定位特征”面板中的“从平面偏移”按钮，在浏览器的原始坐标系下选择XY平面，输入距离为77.5 mm，单击“确定”按钮，如图6-119所示。

步骤08 创建草图。单击“三维模型”选项卡“草图”面板中的“开始创建二维草图”按钮，选择工作平面2为草图绘制平面，进入草图绘制环境。单击“草图”选项卡“创建”面板中的“直线”按钮和“圆弧”按钮，绘制草图。单击“约束”面板中的“尺寸”按钮，标注尺寸，如图6-120所示。单击“草图”标签中的“完成草图”按钮，退出草图绘制环境。

步骤09 创建拉伸体。单击“三维模型”选项卡“创建”面板中的“拉伸”按钮，打开“拉伸”对话框，系统自动选择上一步绘制的草图为拉伸截面轮廓，将拉伸距离设置为17.5 mm，单击“确定”按钮完成拉伸。

步骤10 创建工作平面 3。单击“三维模型”选项卡“定位特征”面板中的“从平面偏移”按钮，在浏览器的原始坐标系下选择XY平面，输入距离为115 mm，单击“确定”按钮，如图6-121所示。

步骤11 创建草图。单击“三维模型”选项卡“草图”面板中的“开始创建二维草图”按钮，选择工作平面3为草图绘制平面，进入草图绘制环境。单击“草图”选项卡“创建”

面板中的“投影几何图元”按钮，提取步骤 09 中创建的拉伸体的外轮廓边。单击“草图”标签中的“完成草图”按钮，退出草图绘制环境。

步骤 12 创建拉伸体。单击“三维模型”选项卡“创建”面板中的“拉伸”按钮，打开“拉伸”对话框，系统自动选择上一步绘制的草图为拉伸截面轮廓，将拉伸距离设置为 17.5 mm，单击“确定”按钮完成拉伸。

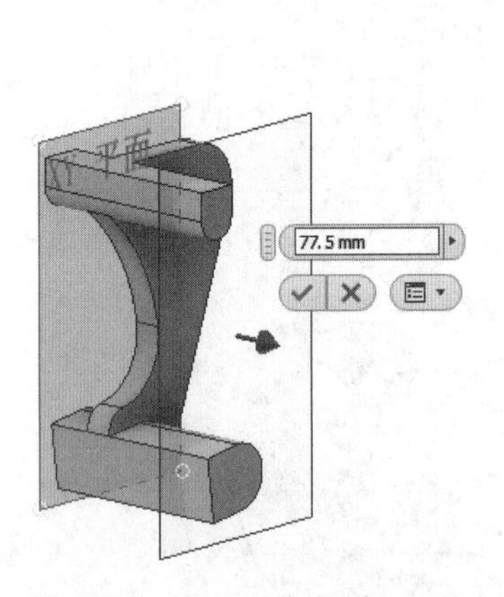

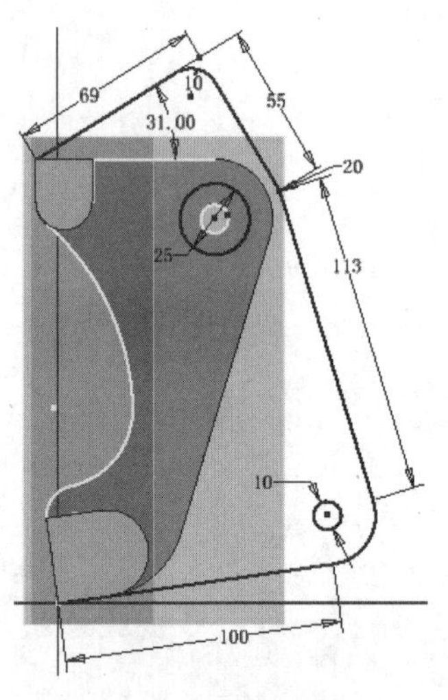

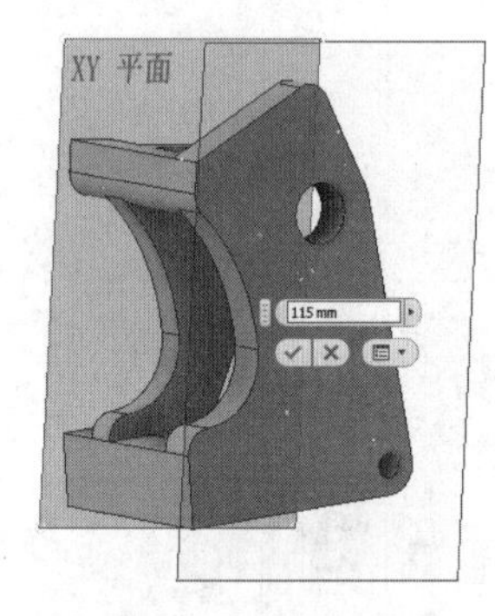

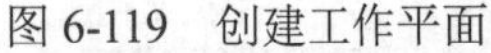

图 6-119　创建工作平面　　图 6-120　绘制草图　　图 6-121　创建工作平面

步骤 13 创建草图。单击“三维模型”选项卡“草图”面板中的“开始创建二维草图”按钮，选择工作平面 3 为草图绘制平面，进入草图绘制环境。单击“草图”选项卡“创建”面板中的“圆”按钮，绘制草图，如图 6-122 所示。单击“草图”标签中的“完成草图”按钮，退出草图绘制环境。

步骤 14 创建拉伸体。单击“三维模型”选项卡“创建”面板中的“拉伸”按钮，打开“拉伸”对话框，系统自动选择上一步绘制的草图为拉伸截面轮廓，设置拉伸方式为“到”，选取拉伸要到达的面，如图 6-123 所示。单击“确定”按钮，隐藏工作平面，结果如图 6-124 所示。

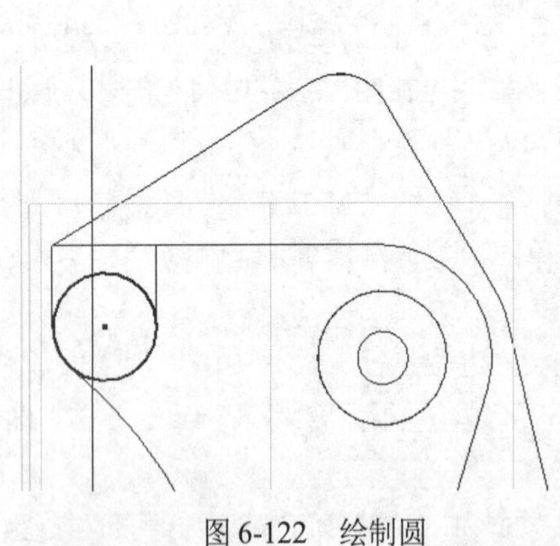

图 6-122　绘制圆

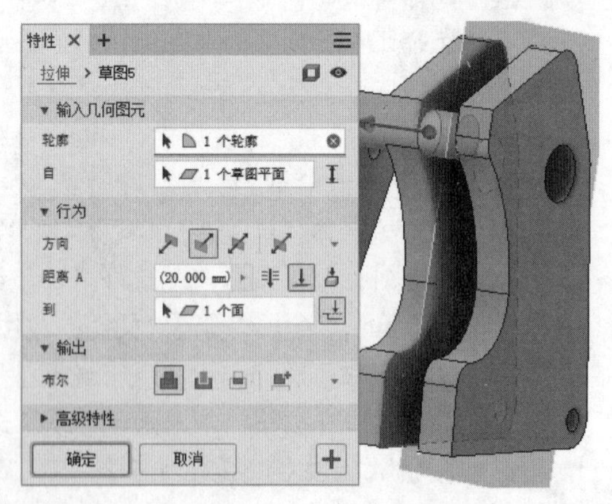

图 6-123　拉伸示意图

步骤 15 镜像实体。单击“三维模型”选项卡“阵列”面板中的“镜像”按钮，打开“镜像”对话框，单击“镜像实体”按钮，系统自动选取所有的实体，选择 XY 平面为镜像平面，如图 6-125 所示，单击“确定”按钮，结果如图 6-115 所示。

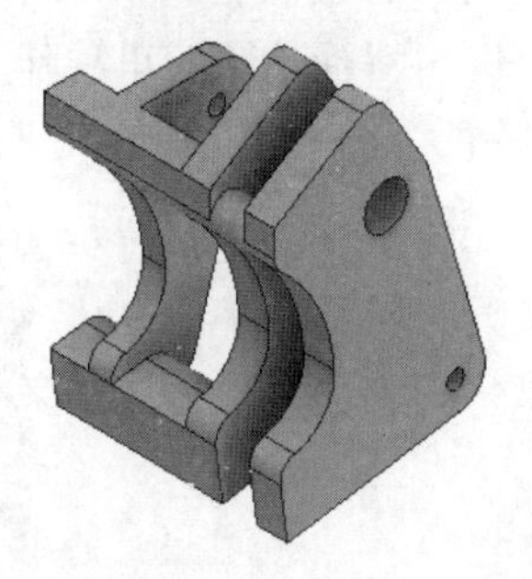

图 6-124 拉伸实体

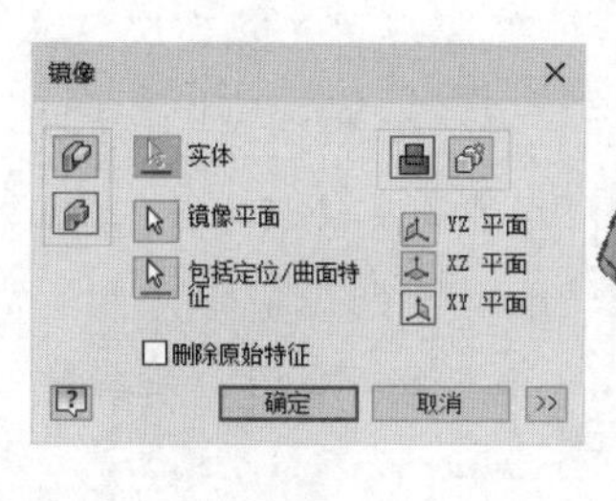

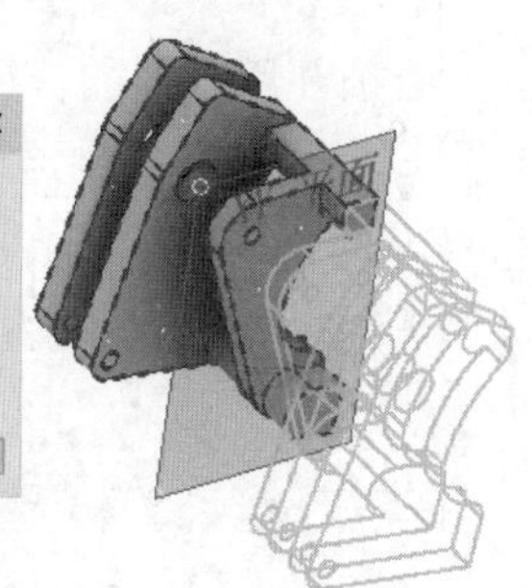

图 6-125 “镜像”对话框

步骤 16 保存文件。单击“快速访问”工具栏中的“保存”按钮，打开“另存为”对话框，输入文件名为“铲斗支撑架.ipt”，单击“保存”按钮，保存文件。

6.8 阵列特征

6.8.1 矩形阵列

矩形阵列是指复制一个或多个特征的副本,并且在矩形中沿着指定的线性路径排列得到的引用特征，线性路径可以是直线、圆弧、样条曲线或修剪的椭圆，如图 6-126 所示。

单击“三维模型”选项卡“阵列”面板上的“矩形阵列”按钮，打开“矩形阵列”对话框，如图 6-127 所示。该对话框中包括阵列对象、阵列方向、阵列数量、阵列尺寸、尺寸类型及“更多”按钮等。

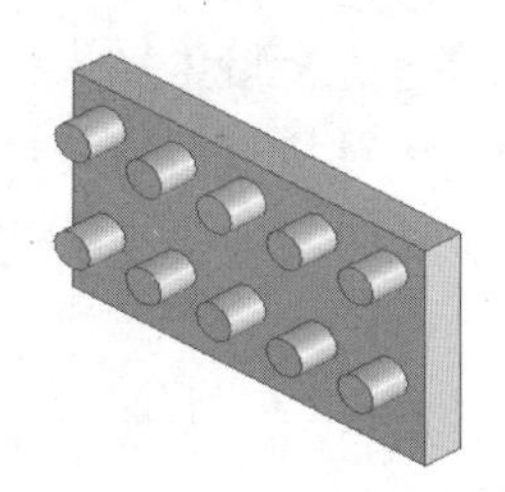

图 6-126 矩形阵列示意图

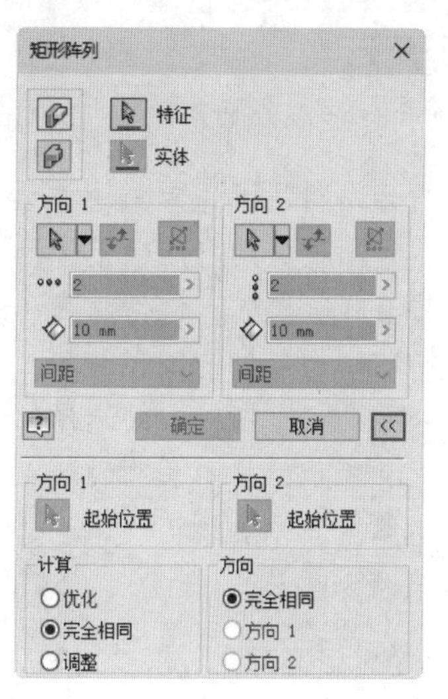

图 6-127 “矩形阵列”对话框

1. 阵列各个特征

阵列各个特征的基础是特征，可以是实体特征、定位特征和曲面特征。如果有基于特征的特征，则必须在所依附的特征被选中后才能被选定，例如，倒角特征是不能单独作为阵列的基础的，用户必须在选择倒角特征之前先选中倒角所依附的特征。图 6-127 中的选项说明如下：

- 特征：用户可以选择一个或多个要包括在阵列中的实体特征、定位特征和曲面特征。
- 实体：选择接受上述生成阵列的实体，即生成的阵列特征属于哪个实体。当零件中包含多个实体时，“实体”按钮可用，某些特征可以依附于多个实体，如果只有一个实体，则该按钮灰显不可用。

2. 阵列实体

阵列实体的基础是实体，包含不能单独阵列的特征，也包括定位特征和曲面特征，如图 6-128 所示。单击“阵列实体”按钮后，“矩形阵列”对话框会有所变化，多了“包括定位/曲面特征”“求并”及“新建实体”功能按钮。

- 包括定位/曲面特征：单击该按钮，可以在图形区或浏览器中选择一个或多个需要阵列的定位特征或曲面特征。
- 求并：将阵列附着在选中的实体上，为默认选项。单击该按钮，将使得实体阵列为一个单一实体。
- 新建实体：创建包含多个独立实体的阵列，即阵列数量为多少就产生多少个实体。

图 6-128 阵列实体

3. 阵列方向

矩形阵列包括单向和双向两种，即通过“方向 1”和“方向 2”来控制。

- 单击“方向 1”中的方向选择按钮后，可以在绘图区选择添加引用的方向，即阵列的方向。方向箭头的起点位于选择点，阵列中可以作为方向的几何图元包括未退化二维或三维直线、圆弧、样条曲线、修剪的椭圆或边，构造线不能作为方向。路径可以是开放回路，也可以是闭合回路。
- 单击“方向 2”中的方向选择按钮后，可在绘图区选择要在行中添加阵列的方向，如图 6-129 所示。方向箭头的起点位于选择点，阵列中可以作为方向的几何图元包括未退化二维或三维直线、圆弧、样条曲线、修剪的椭圆或边，同样路径是开放回路，也可以是闭合回路。

用户可以通过“方向 1”和“方向 2”中的“反向”及“中间面”功能按钮来调整阵列的方向。“反向”即反转阵列的方向，“中间面”即在原始特征的两侧分布阵列。

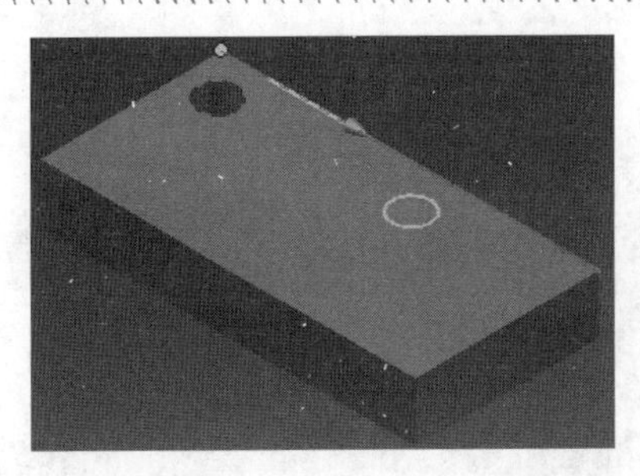

图 6-129 阵列方向

4. 阵列数量

阵列数量用来指定该方向上阵列引用的数量，且必须大于零。“方向 1”和“方向 2”都包含“阵列数量”选项。

5. 阵列尺寸

阵列尺寸用来指定引用之间的间距或距离，可以输入负值来创建相反方向的阵列。“方向 1”和“方向 2”都包含阵列尺寸选项，用来表示各个方向上阵列之间的间距或距离。

如果“尺寸类型”为“间距”，则表示引用之间的间距；如果“尺寸类型”为“距离”，则表示该方向上所有阵列距离之和；如果“尺寸类型”为“曲线长度”，则表示选择的曲线总长。

6. 尺寸类型

在矩形阵列中，“方向 1”和“方向 2”都包括间距、距离和曲线长度三种尺寸类型。

- “间距”表示阵列之间的间距，如图 6-130 所示，方向 1 阵列之间的间距为 20 mm，方向 2 阵列之间的间距为 12 mm。

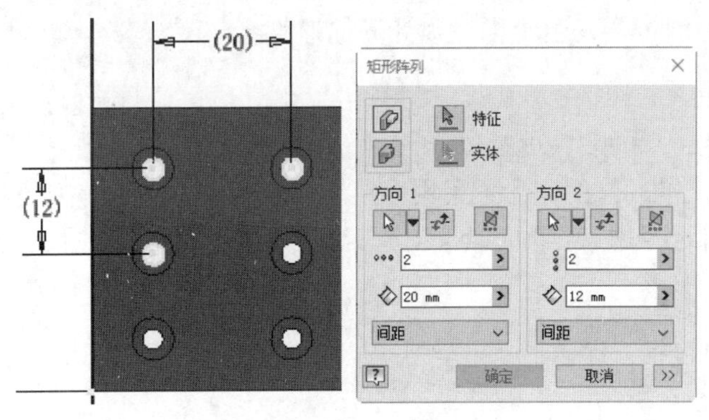

图 6-130 间距

- “距离”表示该方向上所有阵列距离之和，如图 6-131 所示，方向 1 阵列的总距离为 60 mm，方向 2 阵列的总距离为 20 mm。
- “曲线长度”表示阵列引用的总长度为选择曲线的长度，同时也沿着所选曲线的方向均匀排列，如图 6-132 所示。当选择“曲线长度”时，则“阵列尺寸”灰显，此时该尺寸的值是一个计算值，不能修改。曲线长度与距离有相似之处，都是先确定阵列引用的总长度，然后设置阵列数目，以求出阵列的间距。

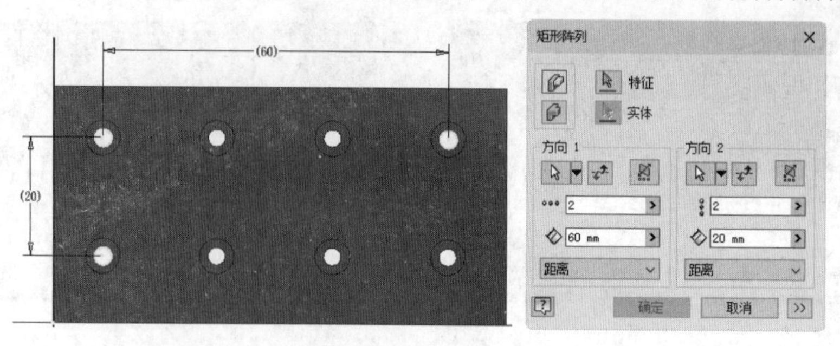

图 6-131　距离

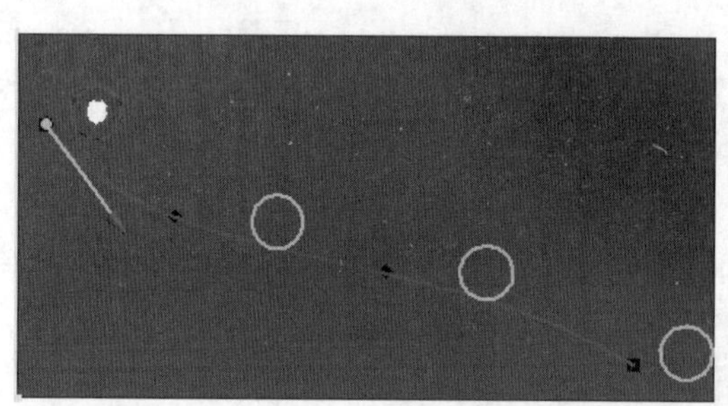

图 6-132　曲线长度

7. “更多”按钮

单击图 6-132 右下角的 >> 按钮，可显示“矩形阵列”的更多选项，如图 6-133 所示。可以设置起点的方向、计算方法和阵列特征的方向。阵列特征可以有统一或可变的特征长度，当阵列的特征完全一样时，计算的速度会快一些。

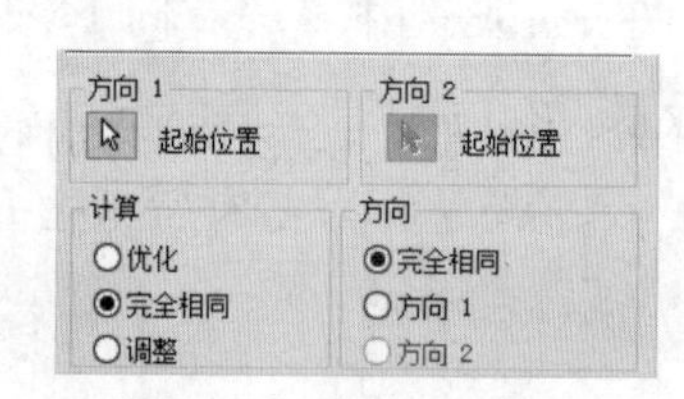

图 6-133　更多选项

1）“方向 1”和“方向 2”选项组

“方向 1”和“方向 2”的起始位置用来重新设置两个方向上阵列的起点。如果需要，阵列可以以任何一个可选择的点作为起点。

2）“计算”选项组

“计算”选项组包括“优化”“完全相同”和“调整”三种方式，用来指定阵列特征的计算方式。

- “优化”是通过阵列特征面来创建与选定特征完全相同的副本，是最快的计算方法，一般在加速阵列计算时使用该选项。
- “完全相同”是通过复制原始特征来创建与选定特征完全相同的副本，是默认选项。
- “调整”是通过阵列特征并分别计算各个阵列引用的范围或终止方式来创建可能与选定特征不同的副本。具有大量引用的阵列，计算量比较大，因此阵列需要的时间会比较长，阵列引用可以根据特征范围或终止条件（例如终止于模型面上的阵列特征）进行调整，也可以保留原始的设计意图。

可以看出使用“完全相同”计算方式时，阵列引用都是相同的，而使用“调整”计算方式时，阵列引用会根据范围或终止条件自动调整。

3）“方向”选项组

“方向”用来指定阵列特征的定位方式，取决于选定的第一个特征，包括“完全相同”“方向1”和“方向2”。

- “完全相同”表示创建阵列时，所有的引用与原始特征一致，不会随着阵列路径旋转。
- “方向 1”和“方向 2”表示指定阵列引用跟随旋转的路径线，使其根据所选的第一个特征将方向保持为选择路径的二维相切矢量。

6.8.2 实例——铲斗

本实例将绘制如图 6-134 所示的铲斗。

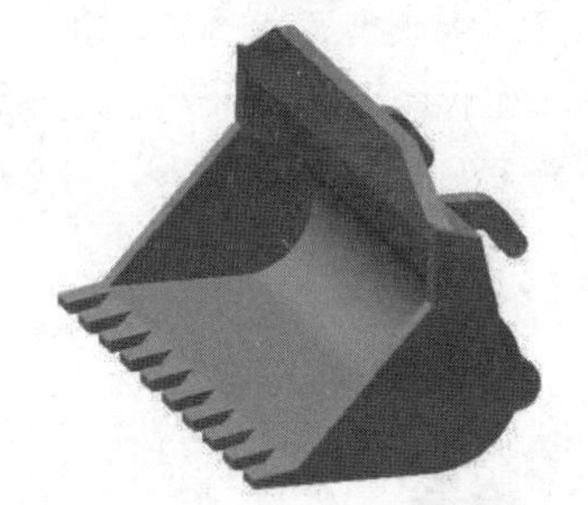

图 6-134 铲斗

下载资源\动画演示\第6章\铲斗.MP4

步骤01 新建文件。运行 Inventor 2024，单击“快速访问”工具栏上的“新建”按钮，在打开的“新建文件”对话框中的“Templates”选项卡中的零件下拉列表中选择“Standard.ipt”选项，单击“创建”按钮，新建一个零件文件。

步骤02 创建草图。单击“三维模型”选项卡“草图”面板中的“开始创建二维草图”按钮，选择 XY 平面为草图绘制平面，进入草图绘制环境。单击“草图”选项卡“创建”面板中的“直线”按钮和“圆弧”按钮，绘制轮廓。单击“约束”面板中的“尺寸”按钮，标注尺寸，如图 6-135 所示。单击“草图”标签中的“完成草图”按钮，退出草图绘制环境。

步骤03 创建拉伸体。单击“三维模型”选项卡“创建”面板中的“拉伸”按钮，打开“拉伸”对话框，系统自动选择上一步绘制的草图为拉伸截面轮廓，将拉伸距离设置为 450 mm，拉伸方向为“对称”，单击“确定”按钮完成拉伸。

步骤04 抽壳处理。单击“三维模型”选项卡“修改”面板中的“抽壳”按钮，打开“抽壳”对话框，选择如图 6-136 所示的两个面为开口面，输入厚度为 15 mm，单击“确定”按钮，结果如图 6-137 所示。

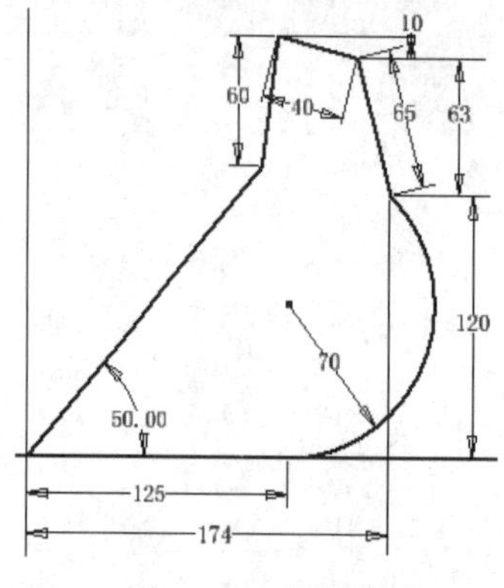

图 6-135　绘制草图

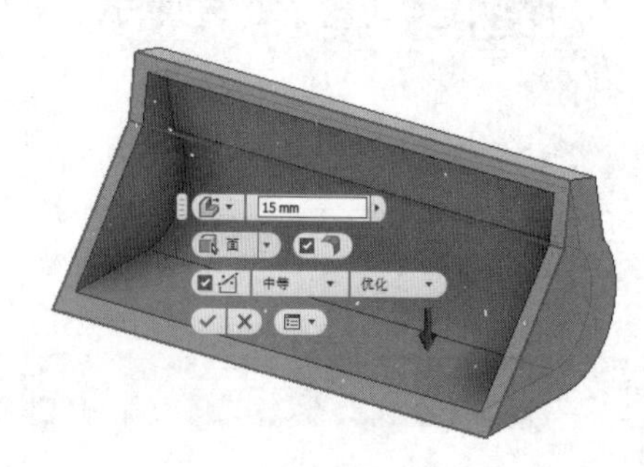

图 6-136　抽壳示意图

步骤 05　创建工作平面。单击“三维模型”选项卡“定位特征”面板中的“从平面偏移”按钮，在浏览器的原始坐标系下选择 XY 平面，输入距离为 115 mm，如图 6-138 所示，单击“确定”按钮。

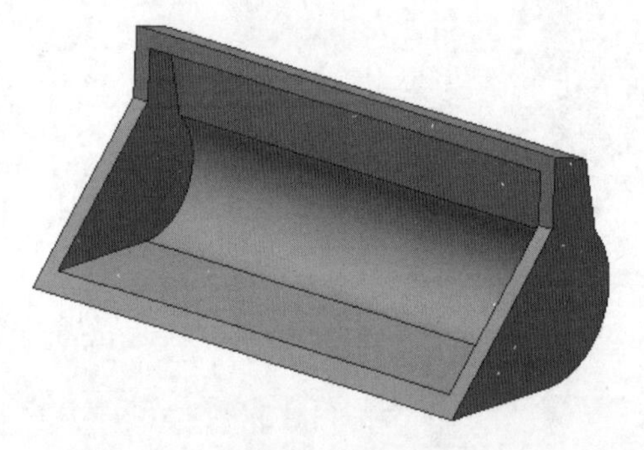

图 6-137　抽壳处理

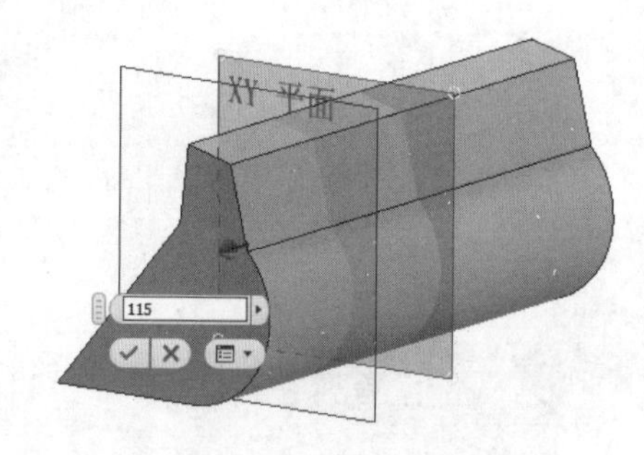

图 6-138　偏移工作平面

步骤 06　创建草图。单击“三维模型”选项卡“草图”面板的“开始创建二维草图”按钮，选择上一步创建的工作平面为草图绘制面，单击“草图”选项卡“创建”面板的“直线”按钮和“圆弧”按钮，绘制草图轮廓；单击“约束”面板中的“尺寸”按钮，标注尺寸，如图 6-139 所示。单击“草图”标签中的“完成草图”按钮，退出草图绘制环境。

步骤 07　创建拉伸体。单击“三维模型”选项卡“创建”面板中的“拉伸”按钮，打开“拉伸”对话框，选择上一步创建的草图为拉伸截面轮廓，将拉伸距离设置为 20 mm，单击“确定”按钮完成拉伸，隐藏工作平面后创建如图 6-140 所示的零件基体。

步骤 08　镜像特征。单击“三维模型”选项卡“阵列”面板中的“镜像”按钮，打开“镜像”对话框，选择上一步创建的拉伸体为镜像特征，选择 XY 平面为镜像平面，单击“确定”按钮，结果如图 6-141 所示。

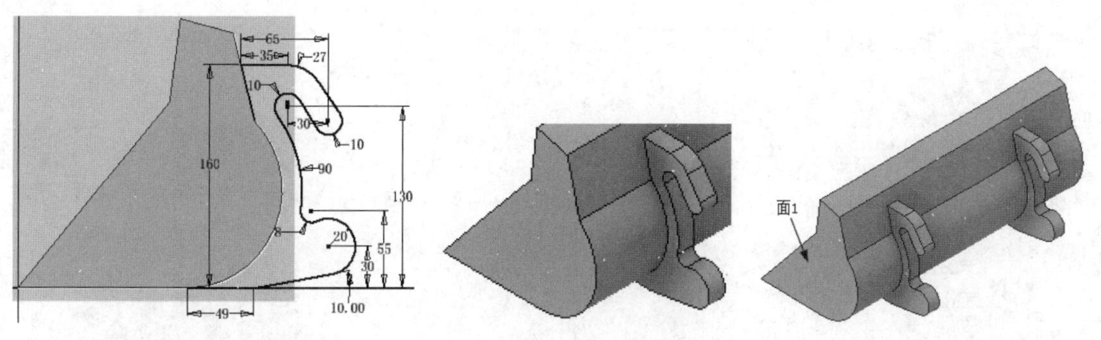

图6-139 绘制草图　　图6-140 创建拉伸体　　图6-141 镜像特征

步骤 09 创建草图。单击“三维模型”选项卡“草图”面板的“开始创建二维草图”按钮，选择如图6-141所示的面1为草图绘制面。单击“草图”选项卡“创建”面板的“直线”按钮，绘制草图；单击“约束”面板中的“尺寸”按钮，标注尺寸，如图6-142所示。单击“草图”标签中的“完成草图”按钮，退出草图绘制环境。

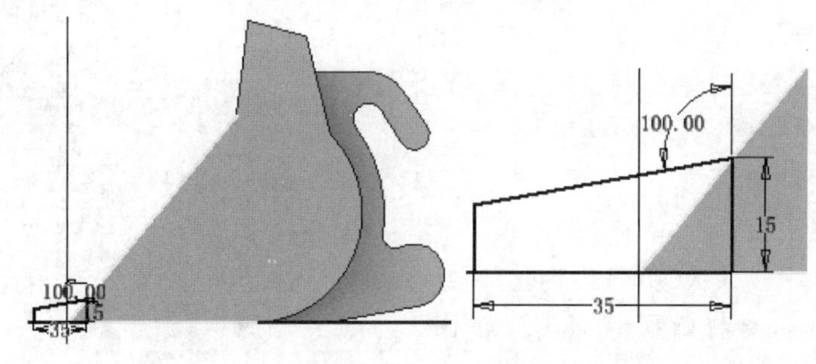

图6-142 绘制草图

步骤 10 创建拉伸体。单击“三维模型”选项卡“创建”面板中的“拉伸”按钮，打开“拉伸”对话框，选择上一步创建的草图为拉伸截面轮廓，将拉伸距离设置为25 mm，单击“翻转”按钮调整拉伸方向，单击“确定”按钮完成拉伸，如图6-143所示。

步骤 11 圆角处理。单击“三维模型”选项卡“修改”面板中的“圆角”按钮，打开“圆角”对话框，选择“回路”模式，输入半径为2.5 mm，选择如图6-144所示的回路倒圆角，单击“确定”按钮完成圆角操作，结果如图6-145所示。

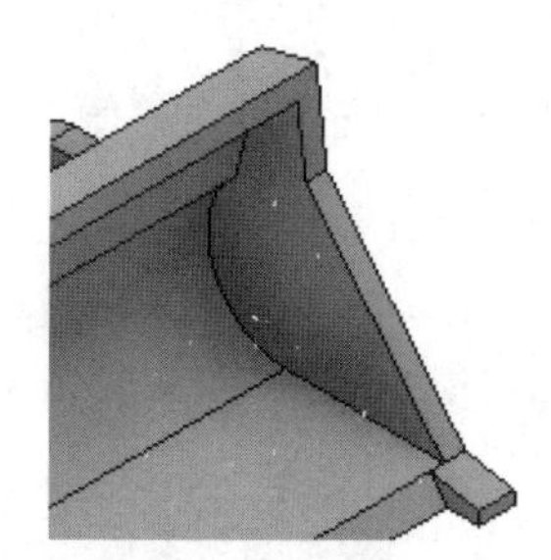

图6-143 创建拉伸体

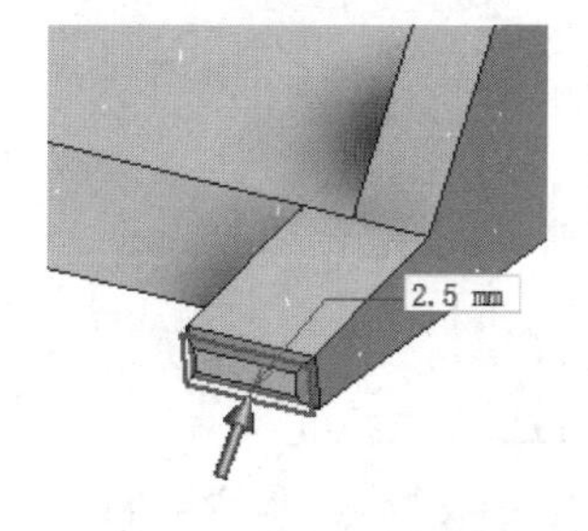

图6-144 选择回路

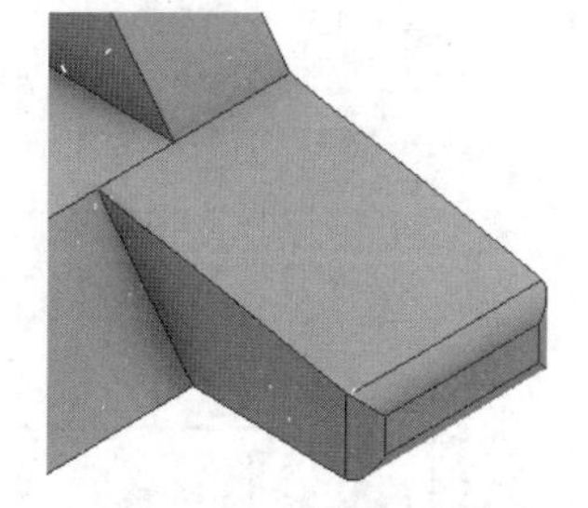

图6-145 圆角处理

步骤 12 矩形阵列齿。单击“三维模型”选项卡“阵列”面板中的“矩形阵列”按钮，打开“矩形阵列”对话框，在视图中选取步骤 10和步骤 11创建的拉伸特征和圆角特征为阵列特征，选取如图6-146所示的边线为阵列方向，输入阵列个数为5，距离为

47 mm，单击“确定”按钮，结果如图 6-147 所示。

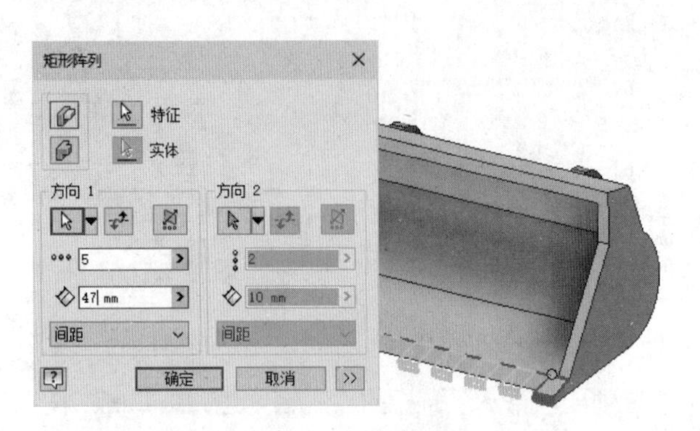

图 6-146　阵列示意图

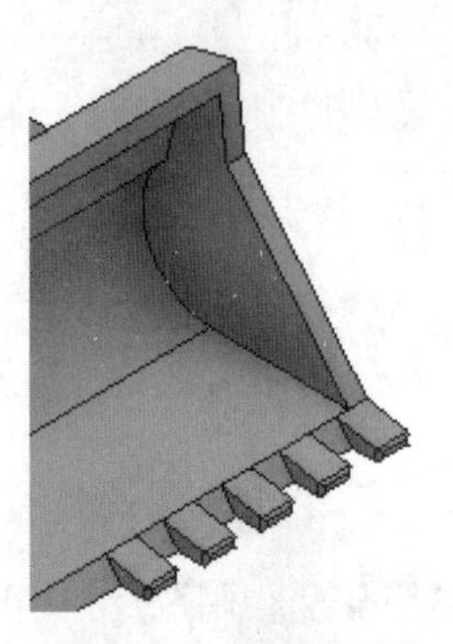
图 6-147　矩形阵列齿

步骤 13　镜像特征。单击“三维模型”选项卡“阵列”面板中的“镜像”按钮，打开“镜像”对话框，选择上一步创建的矩形阵列特征为镜像特征，选择 XY 平面为镜像平面，单击“确定”按钮，结果如图 6-148 所示。

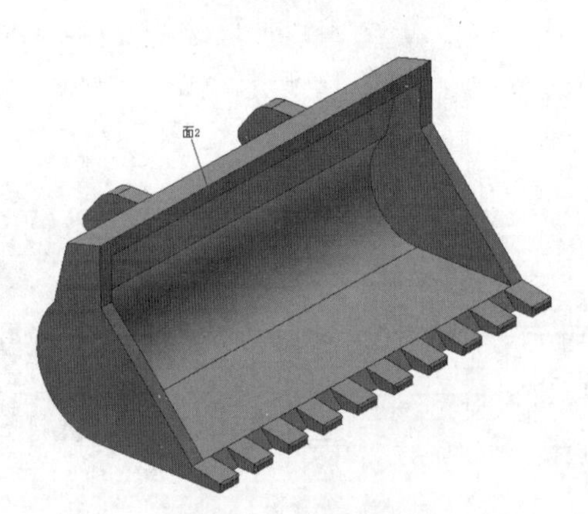

图 6-148　镜像特征

步骤 14　创建扫掠路径。单击“三维模型”选项卡“草图”面板的“开始创建二维草图”按钮，选择如图 6-148 所示的面 2 为草图绘制面。单击“草图”选项卡“创建”面板的“直线”按钮，绘制草图；单击“约束”面板中的“尺寸”按钮，标注尺寸，如图 6-149 所示。单击“草图”标签中的“完成草图”按钮，退出草图绘制环境。

步骤 15　创建扫掠轮廓。单击“三维模型”选项卡“草图”面板中的“开始创建二维草图”按钮，选择第一个拉伸体的顶面为草图绘制面。单击“草图”选项卡“创建”面板的“直线”按钮，绘制草图；单击“约束”面板中的“尺寸”按钮，标注尺寸，如图 6-150 所示。单击“草图”标签中的“完成草图”按钮，退出草图绘制环境。

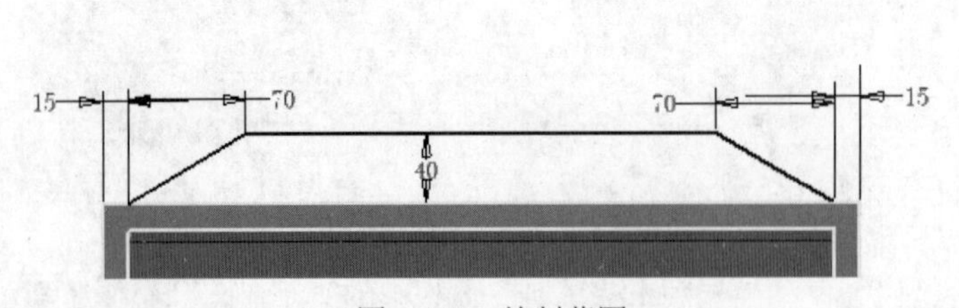

图 6-149　绘制草图

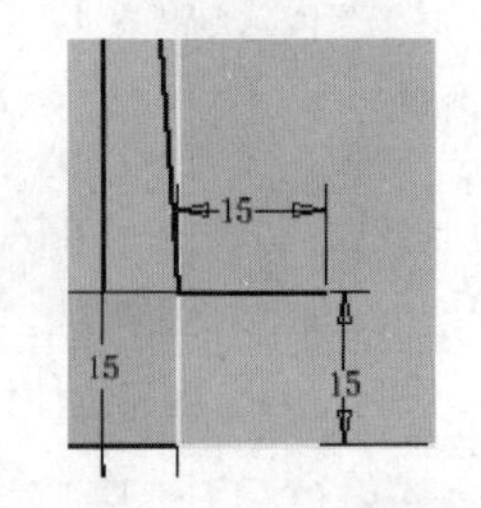

图 6-150　绘制草图

步骤 16　创建扫掠实体。单击“三维模型”选项卡“创建”面板中的“扫掠”按钮，打开

"扫掠"对话框，选择图 6-149 所示的草图为扫掠轮廓；选择图 6-150 所示的草图为扫掠路径，单击"确定"按钮完成扫掠，如图 6-151 所示。

步骤17 圆角处理。单击"三维模型"选项卡"修改"面板中的"圆角"按钮，打开"圆角"对话框，输入半径为 2.5 mm，选择如图 6-152 所示的边线倒圆角，单击"确定"按钮完成圆角操作，结果如图 6-134 所示。

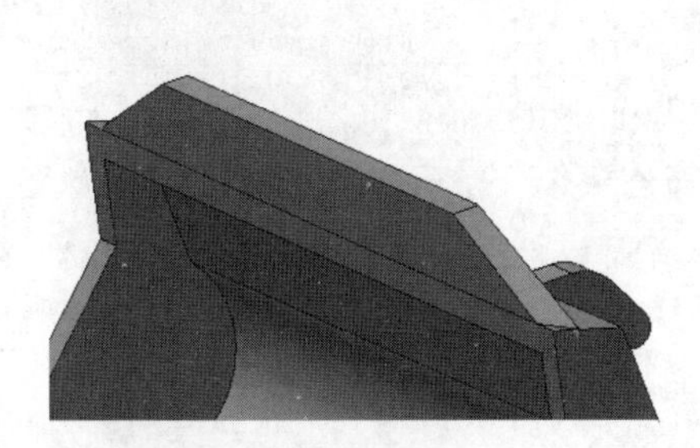

图 6-151 扫掠实体

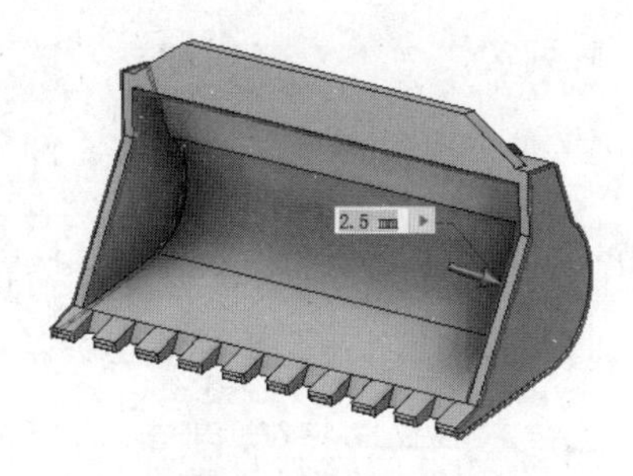

图 6-152 选择圆角

步骤18 保存文件。单击"快速访问"工具栏中的"保存"按钮，打开"另存为"对话框，输入文件名为"铲斗.ipt"，单击"保存"按钮，保存文件。

6.8.3 环形阵列

环形阵列是指复制一个或多个特征，然后在圆弧或圆中按照指定的数量和间距排列所得到的引用特征，如图 6-153 所示。

单击"三维模型"选项卡"阵列"面板上的"环形阵列"按钮，打开"环形阵列"对话框，如图 6-154 所示。

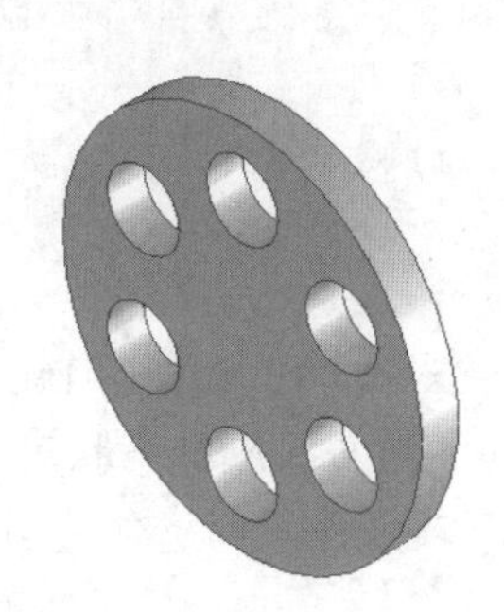

图 6-153 环形阵列示意图

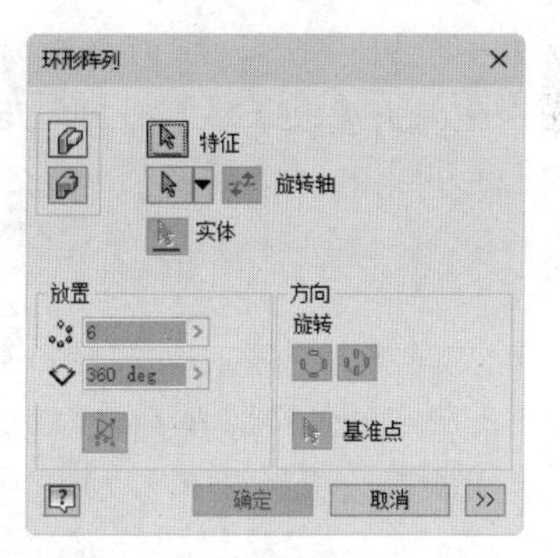

图 6-154 "环形阵列"对话框

1. 阵列各个特征

阵列各个特征的基础是特征（见图 6-154），可以是实体特征、定位特征和曲面特征。如果有基于特征的特征，则必须在所依附的特征被选中后才能被选定，例如倒角特征是不能单独被作为阵列的基础的，用户必须在选择倒角特征之前先选中倒角所依附的特征。图 6-154 中的选项说明如下：

- 特征：可以选择一个或多个要包括在阵列中的实体特征、定位特征和曲面特征。

- 旋转轴：用来指定重复围绕的轴，轴可以处于与阵列特征或实体不同的平面上。可以作为旋转轴的几何图元包括工作轴、特征棱边、原始坐标等。
- 实体：选择接受上述生成阵列的实体，即生成的阵列特征属于哪个实体。当零件中包含多个实体时，“实体”按钮可用。某些特征可以依附于多个实体。如果只有一个实体，则该按钮灰显不可用。

2. 阵列实体

阵列实体的基础是实体，包含不能单独阵列的特征，也包括定位特征和曲面特征，如图 6-155 所示。单击“阵列实体”按钮后，“环形阵列”对话框选项会有所变化，多了“包括定位/曲面特征”“求并”及“新建实体”功能按钮。

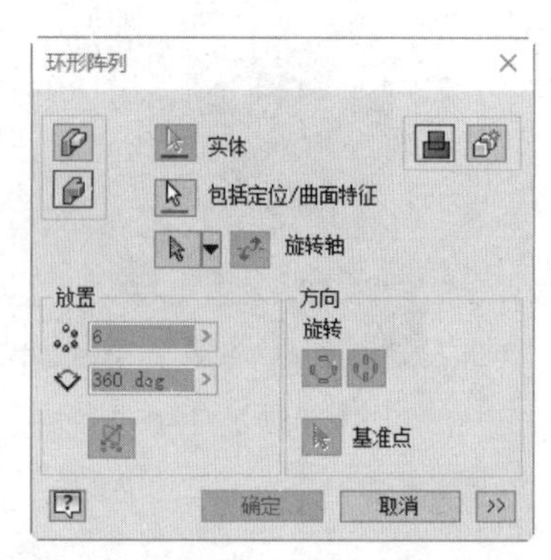

图 6-155　阵列实体

- 包括定位/曲面特征：单击该按钮，可以在图形区或浏览器中选择一个或多个需要阵列的定位特征或曲面特征。
- 求并：将阵列附着在选中的实体上，为默认选项。单击该按钮，将使得实体阵列为一个单一实体。
- 新建实体：创建包含多个独立实体的阵列，即阵列数量为多少，就产生多少个实体。

3. 放置

放置主要用来定义环形阵列中阵列的数量、阵列之间的角度间距和重复的方向。

- 阵列数量：用来指定一定角度范围内阵列引用的数量，其值必须大于零。
- 阵列角度：引用之间的角度间距取决于“更多”选项中的“放置方法”，如果选择“增量”单选按钮，则阵列角度表示两个引用之间的角度间距；如果选择“范围”单选按钮，则阵列角度表示所有引用间距的总和。
- 中间面：用来指定阵列的原始特征，处于特征引用的两侧。

4. 方向

- 旋转：单击此按钮，阵列特征或实体绕轴移动时更改方向，如图 6-156 所示。
- 固定：单击此按钮，阵列特征或实体绕轴移动时其方向与父选择集相同，如图 6-157 所示。此时，“基准点”按钮可用，可以选择一个顶点或点以重定义固定阵列的基准点。

图 6-156　旋转方向

图 6-157　固定方向

5. “更多”按钮

单击对话框右下角的 >> 按钮，将显示“环形阵列”的更多选项。其中包括指定阵列的“创建方法”和“放置方法”。

1）创建方法

创建方法包括“优化”“完全相同”和“调整”三种方式，用来指定阵列特征的计算方式。

- 优化：通过阵列特征面来创建与选定特征完全相同的副本，是最快的计算方法，一般在加速阵列计算时使用该选项。
- 完全相同：通过复制原始特征来创建与选定特征完全相同的副本，是默认选项。
- 调整：通过阵列特征并分别计算各个阵列引用的范围或终止方式来创建可能与选定特征不同的副本。具有大量引用的阵列，计算量比较大，因此阵列需要的时间会延长。阵列引用可以根据特征范围或终止条件（如终止于模型面上的阵列特征）进行调整，也可以保留原始的设计意图。

2）放置方法

放置方法包括“增量”和“范围”两种方式。与矩形阵列中的“间隔”与“距离”类似。

- 增量：用于定义阵列引用之间的角度间隔。
- 范围：用于定义所有阵列引用的角度总和，是默认选项。

6.8.4 实例——滚轮

本实例将绘制如图 6-158 所示的滚轮。

下载资源\动画演示\第6章\滚轮.MP4

图 6-158 滚轮

步骤01 新建文件。运行 Inventor 2024，单击“快速访问”工具栏上的“新建”按钮，在打开的“新建文件”对话框中的零件下拉列表中选择“Standard.ipt”选项，单击“创建”按钮，新建一个零件文件。

步骤02 创建草图 1。单击“三维模型”选项卡“草图”面板上的“开始创建二维草图”按钮，选择 XY 平面为草图绘制平面，进入草图绘制环境。单击“草图”选项卡“创建”面板上的“圆”按钮，绘制草图。单击“约束”面板上的“尺寸”按钮，标注尺寸，如图 6-159 所示。单击“草图”标签中的“完成草图”按钮，退出草图绘制环境。

步骤03 创建拉伸体。单击“三维模型”选项卡“创建”面板上的“拉伸”按钮，打开“拉伸”对话框，系统自动选择上一步绘制的草图 1 为拉伸截面轮廓，将拉伸距离设置为 56 mm，单击“对称”按钮，单击“确定”按钮完成拉伸。

步骤 04 创建草图 2。单击“三维模型”选项卡“草图”面板上的“开始创建二维草图”按钮，选择上一步创建的拉伸体上表面为草图绘制平面，进入草图绘制环境。单击“草图”选项卡“创建”面板上的“圆”按钮，绘制草图。单击“约束”面板上的“尺寸”按钮，标注尺寸，如图 6-160 所示。单击“草图”标签中的“完成草图”按钮，退出草图绘制环境。

步骤 05 创建拉伸体。单击“三维模型”选项卡“创建”面板上的“拉伸”按钮，打开“拉伸”对话框，系统自动选择上一步绘制的草图 2 为拉伸截面轮廓，将拉伸距离设置为 24 mm，选择“求差” 方式，单击“确定”按钮完成拉伸，结果如图 6-161 所示。

步骤 06 镜像特征。单击“三维模型”选项卡“阵列”面板上的“镜像”按钮，打开“镜像”对话框，单击“镜像各个特征”按钮，选择上一步创建的拉伸特征为镜像特征，选择 XY 平面为镜像平面，单击“确定”按钮，结果如图 6-162 所示。

步骤 07 创建草图 3。单击“三维模型”选项卡“草图”面板上的“开始创建二维草图”按钮，选择拉伸体下表面为草图绘制平面，进入草图绘制环境。单击“草图”选项卡“创建”面板上的“圆”按钮，绘制草图。单击“约束”面板上的“尺寸”按钮，标注尺寸，如图 6-163 所示。单击“草图”标签中的“完成草图”按钮，退出草图绘制环境。

步骤 08 创建拉伸体。单击“三维模型”选项卡“创建”面板上的“拉伸”按钮，打开“拉伸”对话框，系统自动选择上一步绘制的草图 3 为拉伸截面轮廓，将拉伸方式设置为“贯通” ，选择“求差” 方式，单击“确定”按钮完成拉伸，结果如图 6-164 所示。

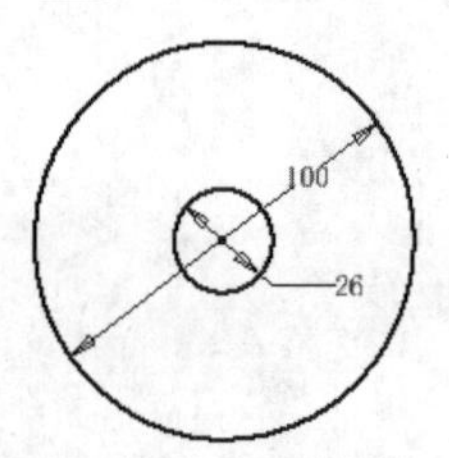

图 6-159　绘制草图 1

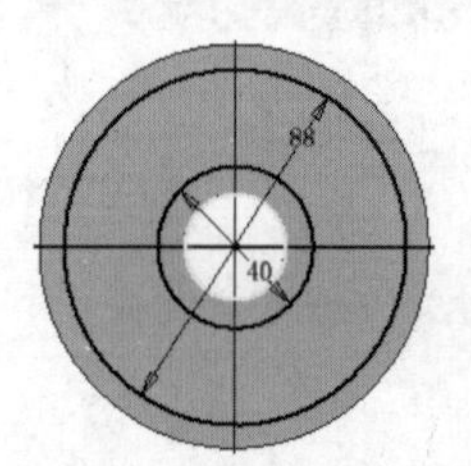

图 6-160　绘制草图 2

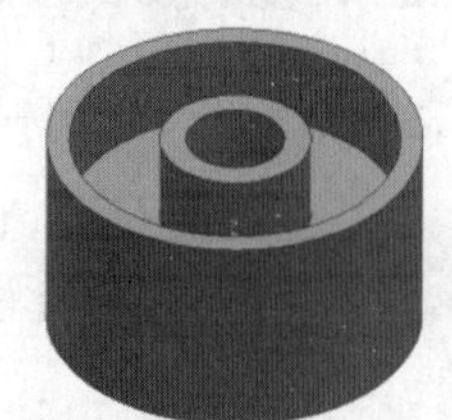

图 6-161　创建拉伸体

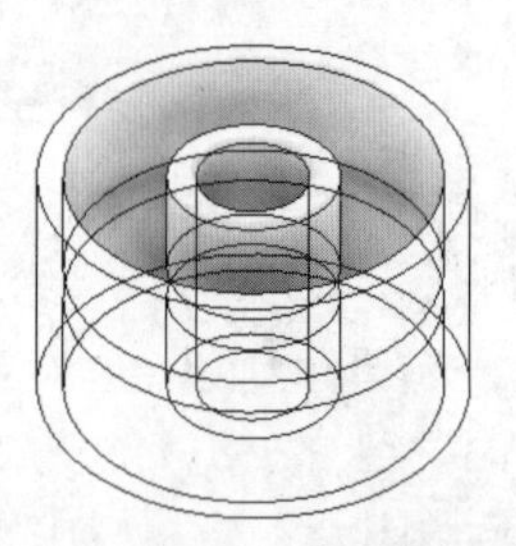

图 6-162　镜像特征

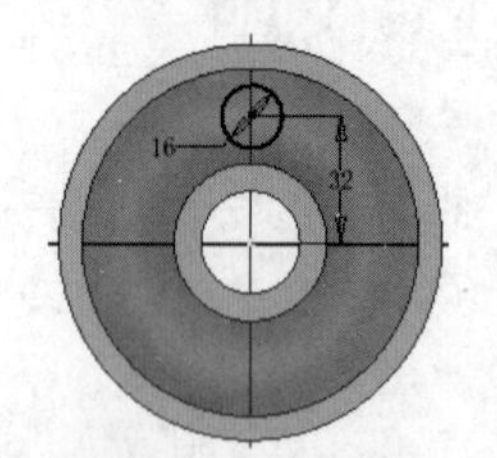

图 6-163　绘制草图 3

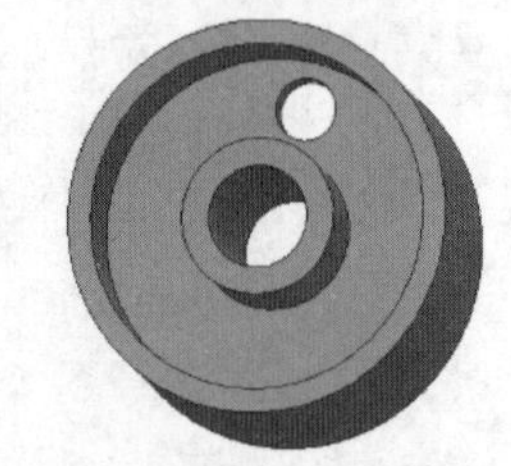

图 6-164　创建拉伸体

步骤 09 环形阵列孔。单击“三维模型”选项卡“阵列”面板上的“环形阵列”按钮，打开“环形阵列”对话框。选择上一步创建的拉伸体为阵列特征，选取拉伸体的外圆柱面，系统自动选取圆柱面的中心轴为旋转轴，输入旋转个数为 4，引用夹角为 360deg，如图 6-165 所示，单击“确定”按钮，结果如图 6-166 所示。

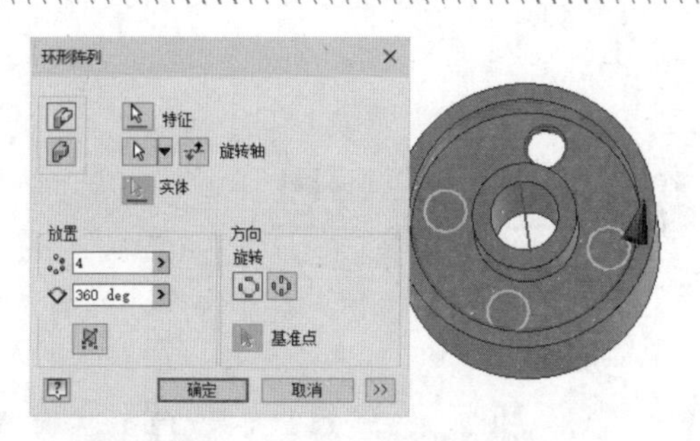

图 6-165　“环形阵列”对话框

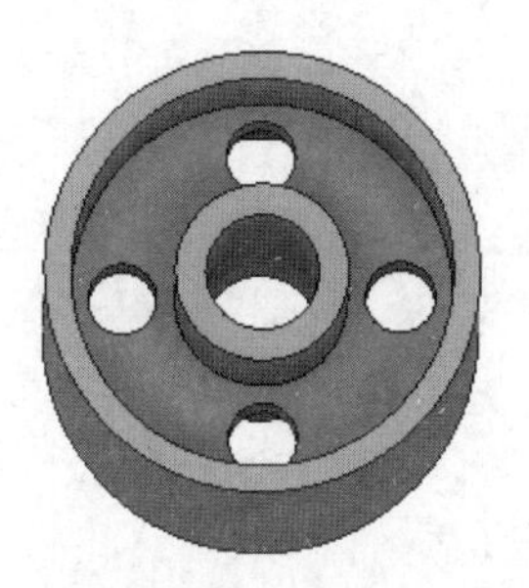

图 6-166　阵列孔

步骤 10　创建倒角。

① 单击“三维模型”选项卡“修改”面板上的“倒角”按钮，打开“倒角”对话框，选择“倒角边长”类型，选择如图 6-167 所示的边线，输入倒角边长为 1 mm，单击“应用”按钮。

② 选择如图 6-168 所示的边线，输入倒角边长为 1.5 mm，结果如图 6-169 所示。

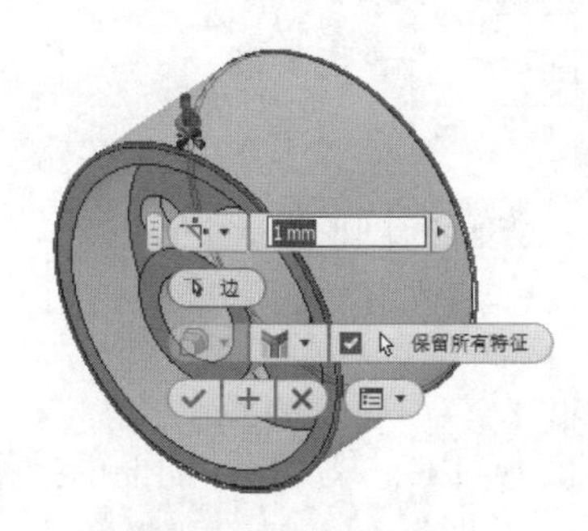

图 6-167　设置参数 1

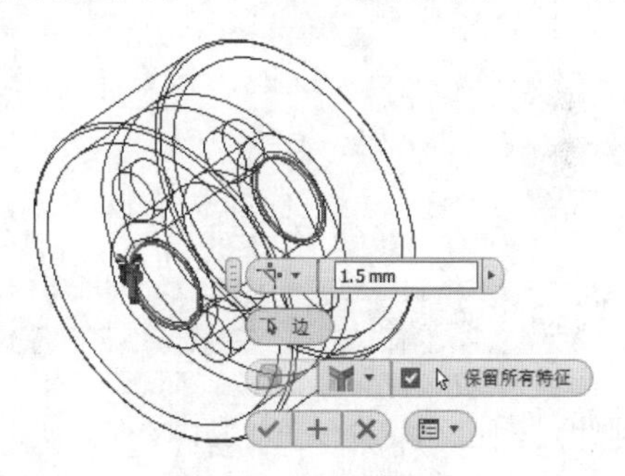

图 6-168　设置参数 2

步骤 11　圆角处理。单击“三维模型”选项卡“修改”面板上的“圆角”按钮，打开“圆角”对话框，输入半径为 1 mm，选择如图 6-170 所示的边线倒圆角。单击“确定”按钮完成圆角操作，结果如图 6-158 所示。

步骤 12　保存文件。单击“快速访问”工具栏上的“保存”按钮，打开“另存为”对话框，输入文件名为“滚轮.ipt”，单击“保存”按钮，保存文件。

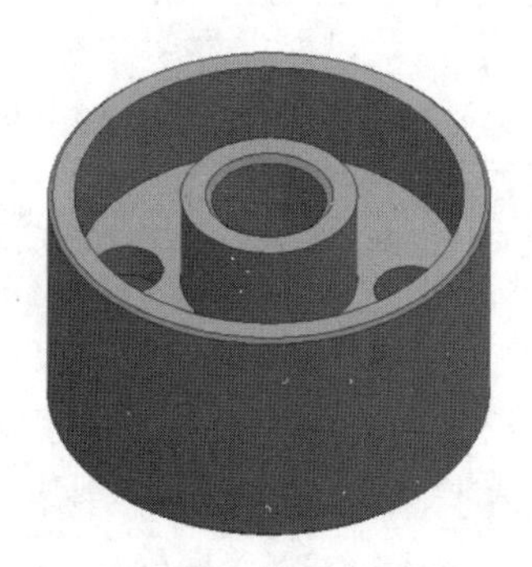

图 6-169　倒角处理

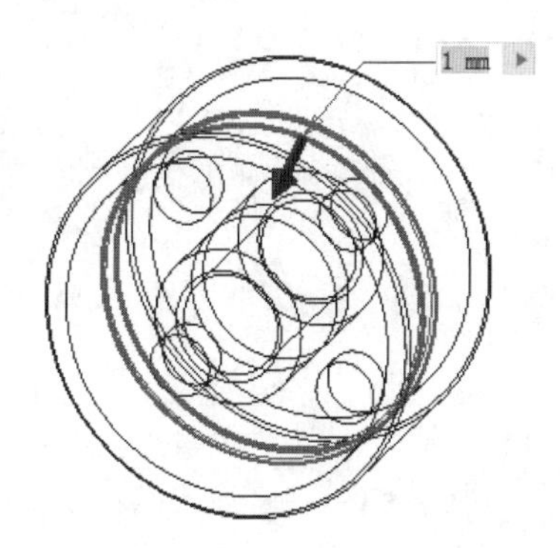

图 6-170　圆角示意图

第7章 曲面造型

导言

曲面是一种泛称，片体和实体的自由表面都可以称为曲面，其中片体是一种由一个或多个曲面组成，且厚度为零的几何体。

使用传统的造型技术很难创建形状不断变化的零件。而自由造型工具提供了一种补充的造型方法，以允许用户使用直接操纵的方式来探索和创建自由造型模型。通过使用自由造型命令，可以增强参数化模型的表现力，创造出更具吸引力的设计。

7.1 编辑曲面

在第4章中已介绍了曲面和实体的创建，在本节中将主要介绍曲面的编辑方法。

7.1.1 延伸

延伸是通过指定距离或终止平面，使曲面在一个或多个方向上扩展。延伸曲面的操作步骤如下：

步骤01 单击“三维模型”选项卡“曲面”面板上的“延伸”按钮，打开“延伸曲面”对话框，如图7-1所示。

步骤02 在视图中选择要延伸的边，如图7-2所示。所有边必须位于单一曲面或缝合曲面上。

步骤03 在“范围”下拉列表中选择延伸的终止方式，并设置相关参数。

步骤04 单击“确定”按钮，完成曲面延伸，结果如图7-3所示。

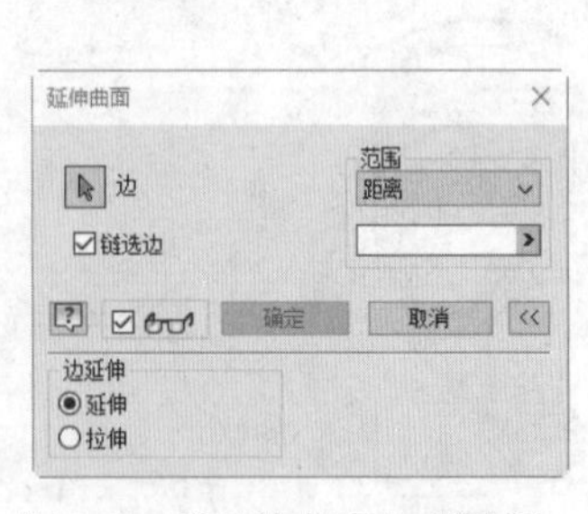

图7-1 “延伸曲面”对话框

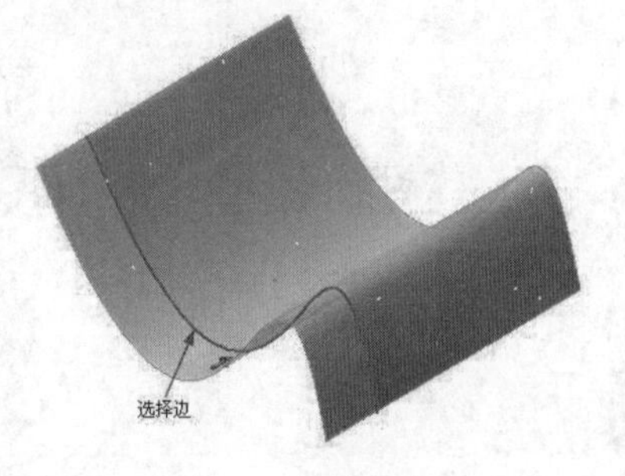

图7-2 选择边

图7-3 曲面延伸

“延伸曲面”对话框中的选项说明如下：

- 边：选择并高亮显示单一曲面或缝合曲面的每个边进行延伸。
- 链选边：自动延伸所选边，以包含相切连续于所选边的所有边。

- 范围：确定延伸的终止方式并设置其距离。
  - 距离：将边延伸至指定的距离。
  - 到：选择在其上终止延伸的终止面或工作平面。
- 边延伸：控制用于延伸或要延伸的曲面边相邻的边的方法。
  - 延伸：沿与选定的边相邻的边的曲线方向创建延伸边。
  - 拉伸：沿直线从与选定的边相邻的边创建延伸边。

7.1.2 边界嵌片

边界嵌片特征从闭合的二维草图或闭合的边界生成平面曲面或三维曲面。

边界嵌片的操作步骤如下：

步骤 01 单击“三维模型”选项卡“曲面”面板上的“边界嵌片”按钮，打开“边界嵌片”对话框，如图 7-4 所示。

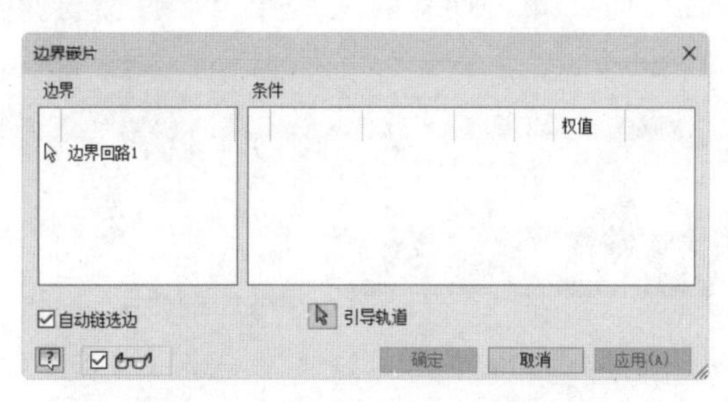

图 7-4 “边界嵌片”对话框

步骤 02 在视图中选择定义闭合回路的相切、连续的链选边，如图 7-5 所示。

步骤 03 在“范围”下拉列表中选择每条边或每组选定边的边界条件。

步骤 04 单击“确定”按钮，创建边界平面特征，结果如图 7-6 所示。

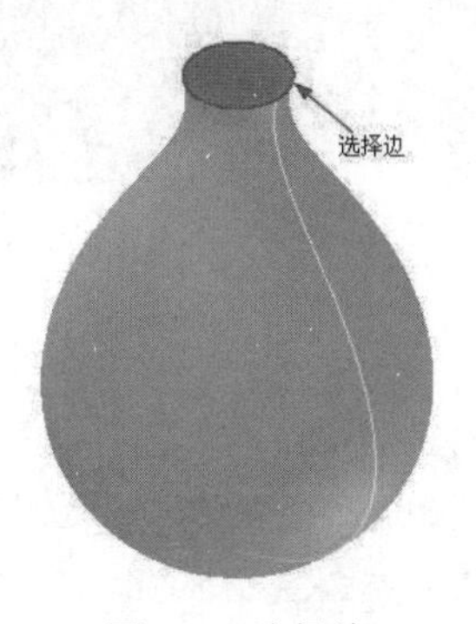

图 7-5 选择边

图 7-6 边界嵌片

“边界嵌片”对话框中的选项说明如下：

- 边界：指定嵌片的边界。选择闭合的二维草图或相切连续的链选边来指定闭合面域。
- 条件：列出选定边的名称和选择集中的边数，条件包括无条件、相切和平滑，如图 7-7 所示。

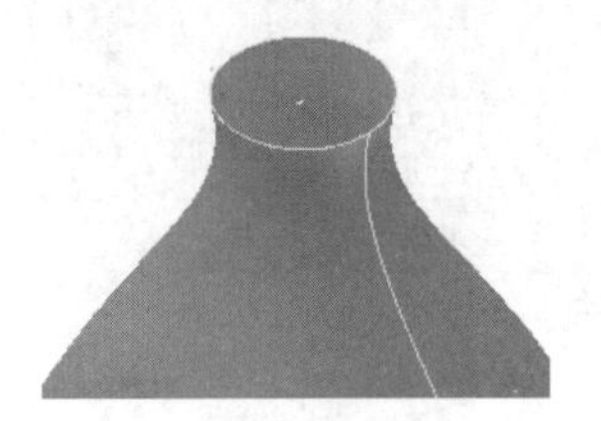
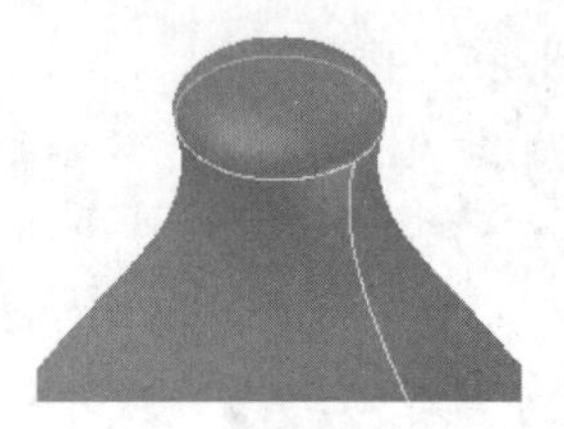
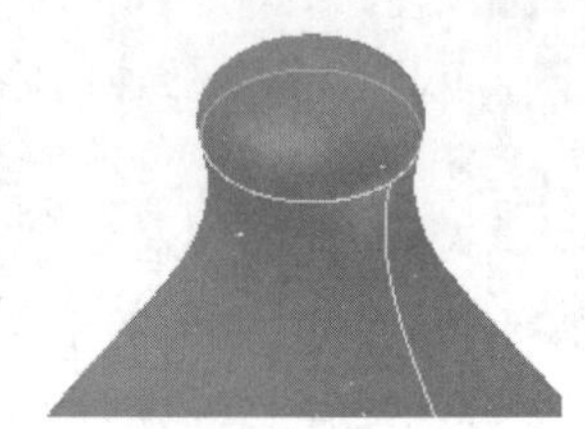

无条件　　　　相切　　　　平滑

图 7-7　条件

如何控制曲面的外观和可见性呢？

可以在“应用程序选项”对话框中将曲面的外观从“半透明”更改为“不透明”。在“零件”选项卡的“构造”类别中，选择“不透明曲面”选项。曲面在创建时为不透明，其颜色与定位特征相同。

在设置该选项之前创建的曲面为半透明。若要改变曲面外观，则在浏览器中的曲面上单击鼠标右键，在弹出的快捷菜单中选择“半透明”。勾选或取消勾选复选框可以打开或关闭不透明。

7.1.3　实例——葫芦

本实例将绘制如图 7-8 所示的葫芦。

下载资源\动画演示\第7章\葫芦.MP4

图 7-8　葫芦

操作步骤

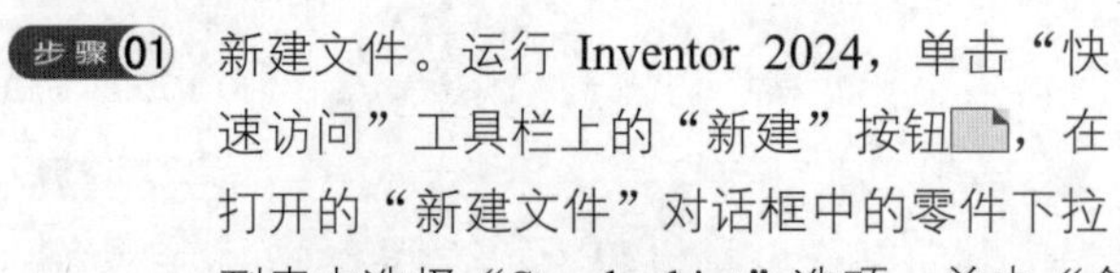

步骤01 新建文件。运行 Inventor 2024，单击“快速访问”工具栏上的“新建”按钮，在打开的“新建文件”对话框中的零件下拉列表中选择“Standard.ipt”选项，单击“创建”按钮，新建一个零件文件。

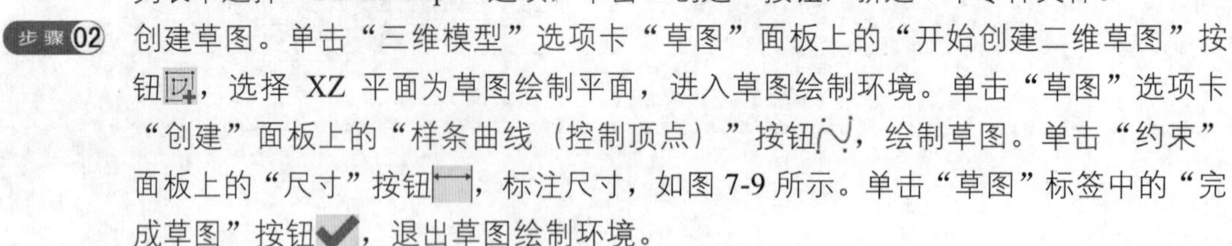

步骤02 创建草图。单击“三维模型”选项卡“草图”面板上的“开始创建二维草图”按钮，选择 XZ 平面为草图绘制平面，进入草图绘制环境。单击“草图”选项卡“创建”面板上的“样条曲线（控制顶点）”按钮，绘制草图。单击“约束”面板上的“尺寸”按钮，标注尺寸，如图 7-9 所示。单击“草图”标签中的“完成草图”按钮，退出草图绘制环境。

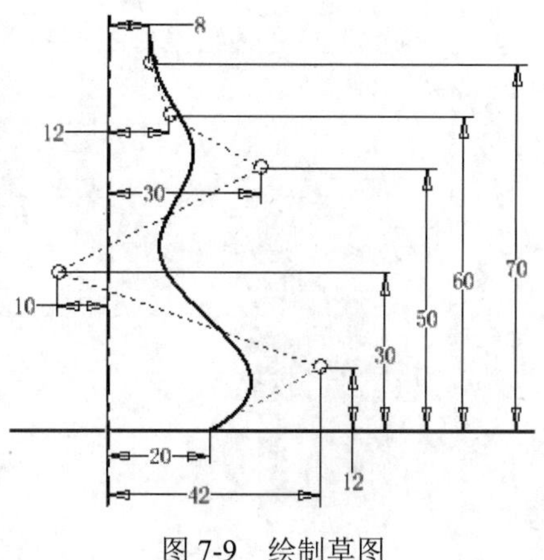

图 7-9 绘制草图

步骤03 创建旋转曲面。单击“三维模型”选项卡“创建”面板上的“旋转”按钮，打开“旋转”对话框，选择上一步绘制的草图为旋转截面轮廓，选择竖直线段为旋转轴，如图 7-10 所示。单击“确定”按钮完成旋转，如图 7-11 所示。

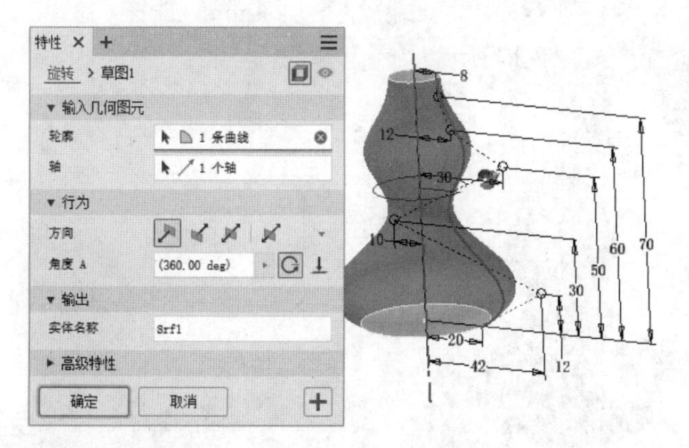

图 7-10 设置参数

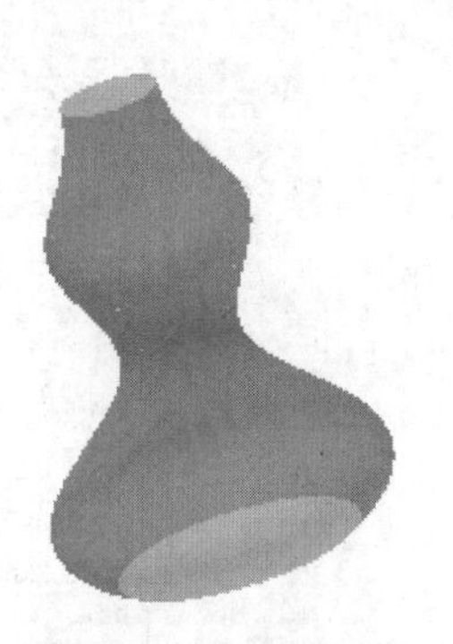

图 7-11 创建旋转曲面

步骤04 创建边界曲面。单击“三维模型”选项卡“曲面”面板上的“边界嵌片”按钮，打开“边界嵌片”对话框，选择如图 7-12 所示的边线，单击“确定”按钮，结果如图 7-13 所示。

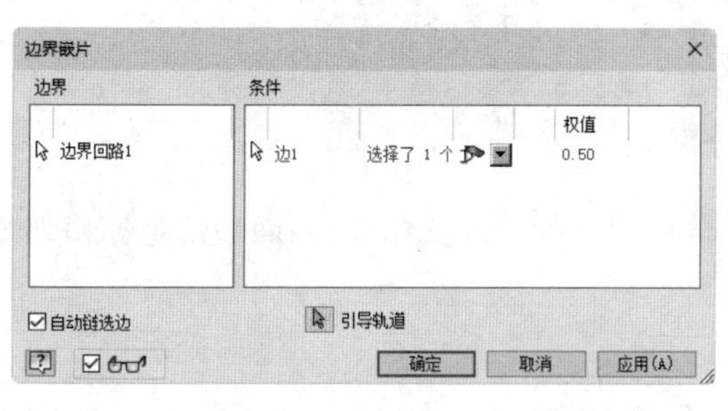

图 7-12 设置参数

图 7-13 创建边界嵌片

步骤05 加厚曲面。单击“三维模型”选项卡“修改”面板上的“加厚”按钮，打开“加厚”对话框，选择如图 7-13 所示的曲面，输入距离为 1 mm，选择“居中”方式，如图 7-14 所示，单击“确定”按钮，结果如图 7-15 所示。

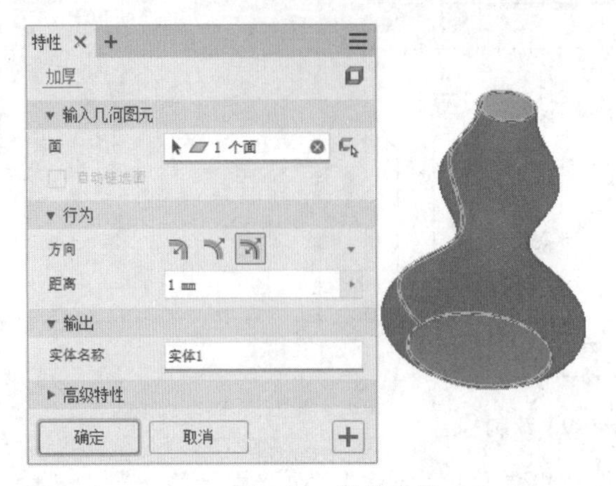

图 7-14　设置参数

图 7-15　加厚曲面

步骤 06　加厚曲面。单击“三维模型”选项卡“修改”面板上的“加厚”按钮，打开“加厚”对话框，选择如图 7-16 所示的曲面，输入距离为 1 mm，选择“居中”方式，单击“确定”按钮，结果如图 7-17 所示。

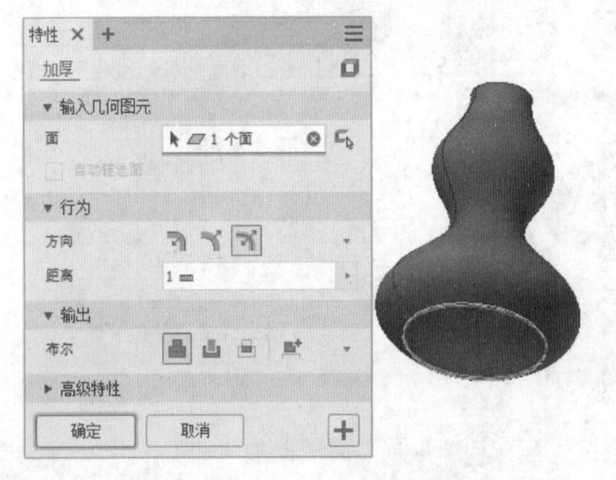

图 7-16　设置参数

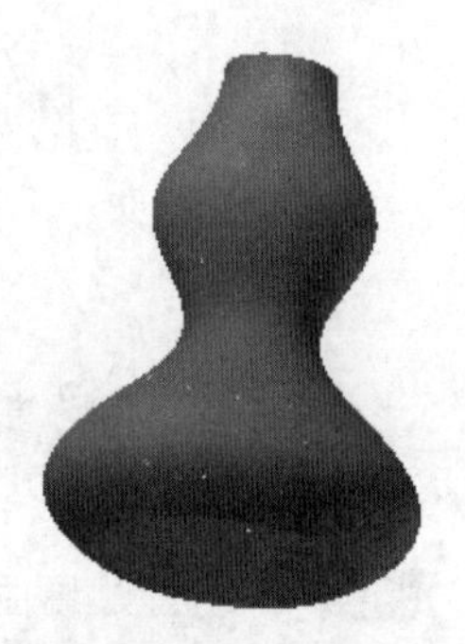

图 7-17　完成加厚

步骤 07　保存文件，单击“快速访问”工具栏上的“保存”按钮，打开“另存为”对话框，输入文件名为“葫芦.ipt”，单击“保存”按钮，保存文件。

7.1.4　缝合

缝合用于选择参数化曲面以缝合在一起并形成缝合的曲面或实体。曲面的边必须相邻才能成功缝合。

缝合曲面的操作步骤如下：

步骤 01　单击“三维模型”选项卡“曲面”面板上的“缝合”按钮，打开“缝合”对话框，如图 7-18 所示。

步骤 02　在视图中选择一个或多个单独曲面，如图 7-19 所示。选中曲面后，将显示边条件，不具有公共边的边将变成红色，已成功缝合的边为黑色。

步骤03 输入最大公差值。

步骤04 单击“确定”按钮，将曲面结合在一起形成缝合曲面或实体，结果如图7-20所示。

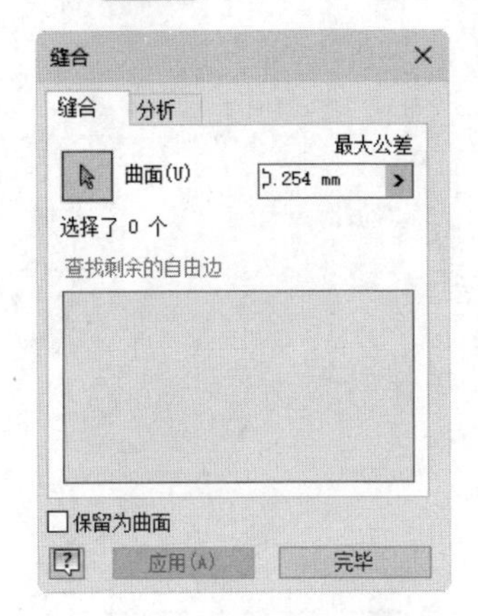

图7-18 “缝合”对话框

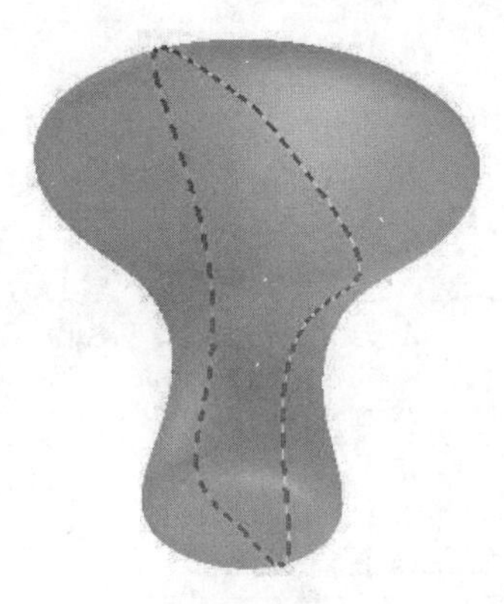

图7-19 选择曲面

图7-20 缝合曲面

如果要缝合第一次未成功缝合的曲面，可在“最大公差”列表中选择或输入值来使用公差控制，查看要缝合在一起的剩余边和“最大接缝”值。“最大接缝”值为“缝合”命令在选择公差边时所考虑的最大间隙，用作输入“最大公差”值时的参考值。例如，若“最大接缝”值为0.00362，则应在“最大公差”列表中输入0.004，以实现成功缝合。

“缝合”对话框中的选项说明如下：

- “缝合”选项卡，如图7-18所示。
  - 曲面：用于选择单个曲面或所有曲面，以缝合曲面或进行分析。
  - 最大公差：用于选择或输入自由边之间的最大公差值。
  - 查找剩余的自由边：用于显示缝合后剩余的自由边及它们之间的最大间隙。
  - 保留为曲面：如果不勾选此复选框，则具有有效闭合体积的缝合曲面将实体化。如果勾选，则缝合曲面仍然为曲面。
- “分析”选项卡，如图7-21所示。
  - 显示边条件：若勾选该复选框，则可以用颜色指示曲面边来显示分析结果。
  - 显示接近相切：若勾选该复选框，则可以显示接近相切条件。

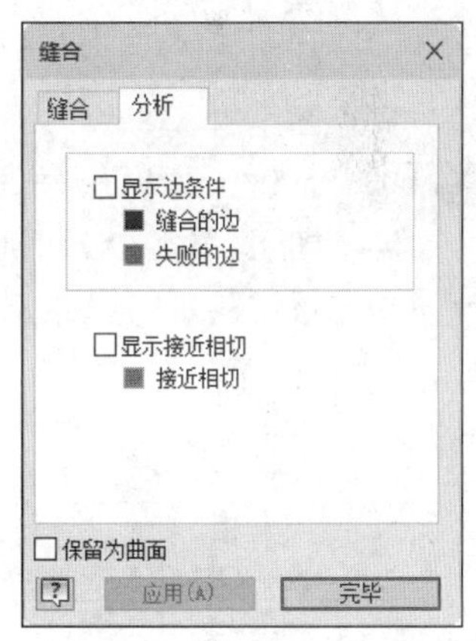

图7-21 “分析”选项卡

7.1.5 实例——牙膏盒

本例绘制如图 7-22 所示的牙膏盒。

图 7-22　牙膏盒

下载资源\动画演示\第7章\牙膏盒.MP4

操作步骤

步骤 01 新建文件。运行 Inventor 2024，单击“快速访问”工具栏上的“新建”按钮，在打开的“新建文件”对话框中的零件下拉列表中选择“Standard.ipt”选项，单击“创建”按钮，新建一个零件文件。

步骤 02 创建草图 1。单击“三维模型”选项卡“草图”面板中的“开始创建二维草图”按钮，选择 XZ 平面为草图绘制平面，进入草图绘制环境。单击“草图”选项卡“创建”面板中的“直线”按钮，绘制草图。单击“约束”面板中的“尺寸”按钮，标注尺寸，如图 7-23 所示。单击“草图”标签中的“完成草图”按钮，退出草图绘制环境。

步骤 03 创建工作平面。单击“三维模型”选项卡“定位特征”面板中的“从平面偏移”按钮，选取 XZ 平面为参考平面，输入距离为 90 mm，如图 7-24 所示。单击“确定”按钮，完成工作平面的创建。

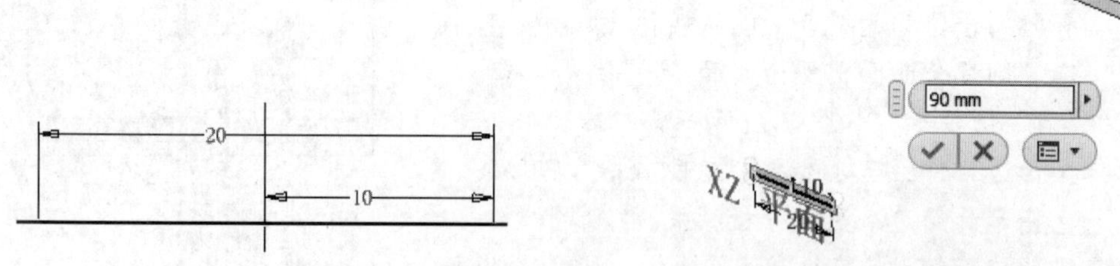

图 7-23　绘制草图 1　　图 7-24　创建工作平面

步骤 04 创建草图 2。单击“三维模型”选项卡“草图”面板中的“开始创建二维草图”按钮，选择上一步创建的工作平面为草图绘制平面，进入草图绘制环境。单击“草图”选项卡“创建”面板中的“圆弧”按钮，绘制草图。单击“约束”面板中的

“尺寸”按钮，标注尺寸，如图 7-25 所示。单击“草图”标签中的“完成草图”按钮，退出草图绘制环境。

步骤05 放样曲面。单击“三维模型”选项卡“创建”面板中的“放样”按钮，打开“放样”对话框，单击“曲面”按钮，在截面栏中单击“单击以添加”选项，分别选择前面绘制的草图 1 和草图 2 为截面，如图 7-26 所示。单击“确定”按钮完成放样，如图 7-27 所示。

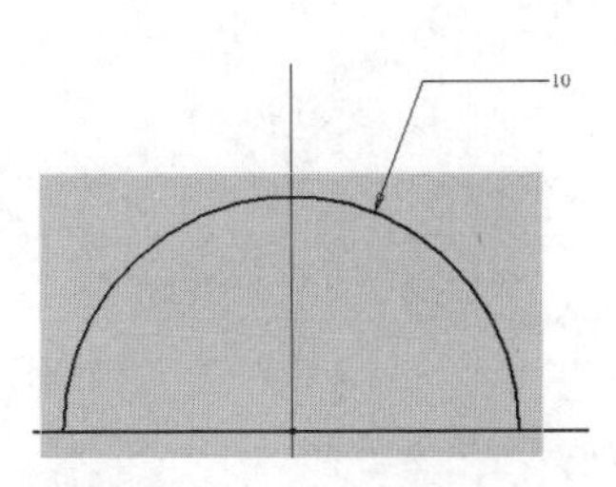

图 7-25　绘制草图 2

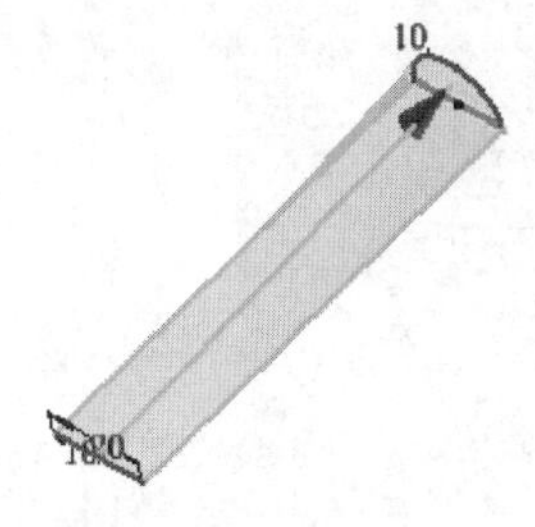

图 7-26　放样示意图

图 7-27　放样曲面

步骤06 镜像曲面。单击“三维模型”选项卡“阵列”面板中的“镜像”按钮，打开“镜像”对话框，选择步骤05创建的放样曲面为镜像特征，选择 XY 平面，单击“确定”按钮，如图 7-28 所示。

步骤07 创建草图 3。单击“三维模型”选项卡“草图”面板中的“开始创建二维草图”按钮，选择步骤03创建的工作平面为草图绘制平面，进入草图绘制环境。单击“草图”选项卡“创建”面板中的“圆”按钮，绘制草图。单击“约束”面板中的“尺寸”按钮，标注尺寸，如图 7-29 所示。单击“草图”标签中的“完成草图”按钮，退出草图绘制环境。

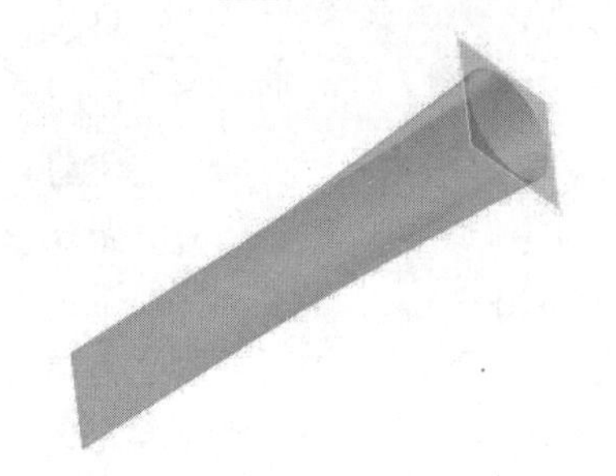

图 7-28　镜像曲面

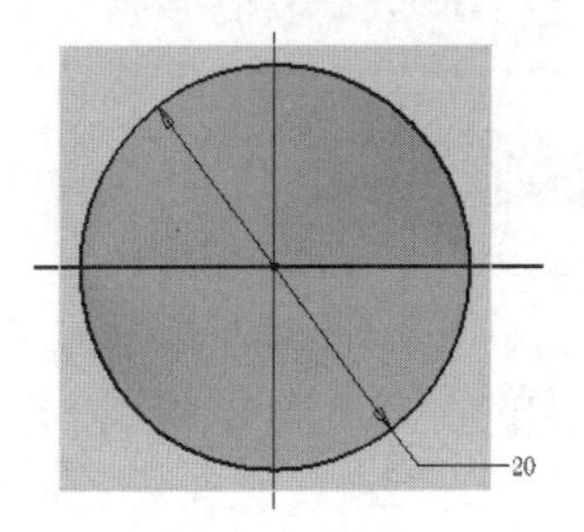

图 7-29　绘制草图 3

步骤08 创建拉伸实体。单击“三维模型”选项卡“创建”面板中的“拉伸”按钮，打开“拉伸”对话框，选择上一步绘制的草图 3 为拉伸截面轮廓，将拉伸距离设置为 3 mm，如图 7-30 所示，在高级特性中设置锥度为–60 deg，单击“确定”按钮完成拉伸，如图 7-31 所示。

步骤09 抽壳处理。单击“三维模型”选项卡“修改”面板中的“抽壳”按钮，打开“抽壳”对话框，选择上一步创建的拉伸实体的上下两个面作为开口面，输入厚度为 0.2 mm，如图 7-32 所示。单击“确定”按钮完成抽壳，如图 7-33 所示。

步骤10 创建草图 4。单击“三维模型”选项卡“草图”面板中的“开始创建二维草图”按钮，选择步骤08创建的拉伸体的上表面为草图绘制平面，进入草图绘制环境。单击“草图”选项卡“创建”面板中的“圆”按钮，绘制草图。单击“约束”面板中的“尺寸”按钮，标注尺寸，如图 7-34 所示。单击“草图”标签中的“完成草图”按钮，退出草图绘制环境。

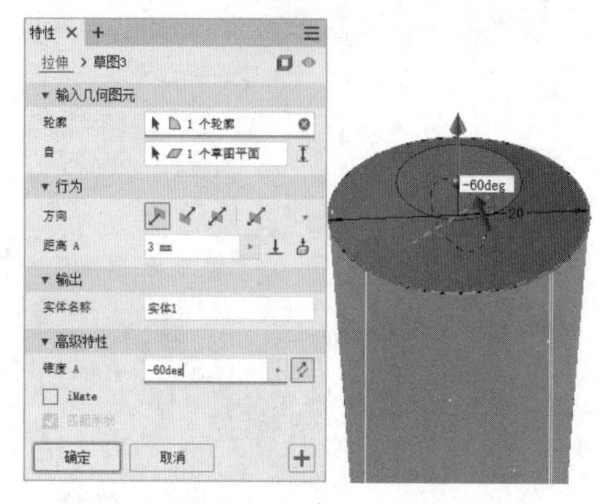

图 7-30　拉伸示意图

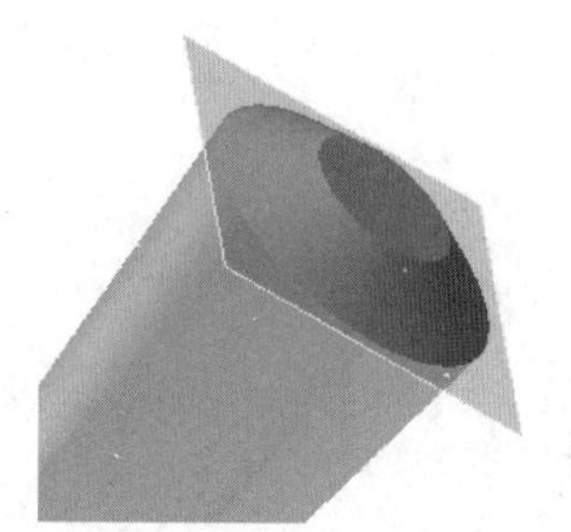

图 7-31　拉伸实体

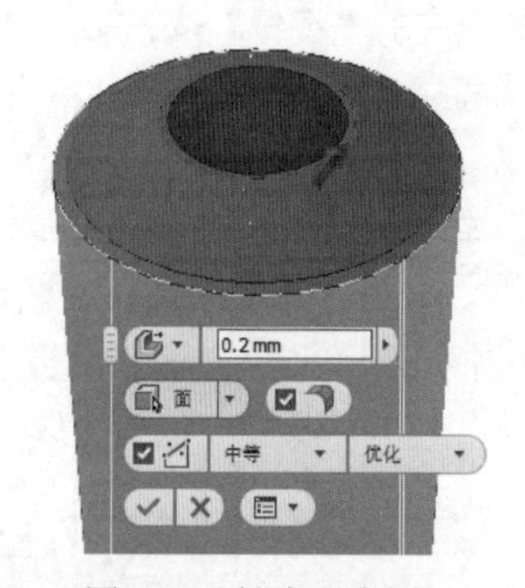

图 7-32　抽壳示意图

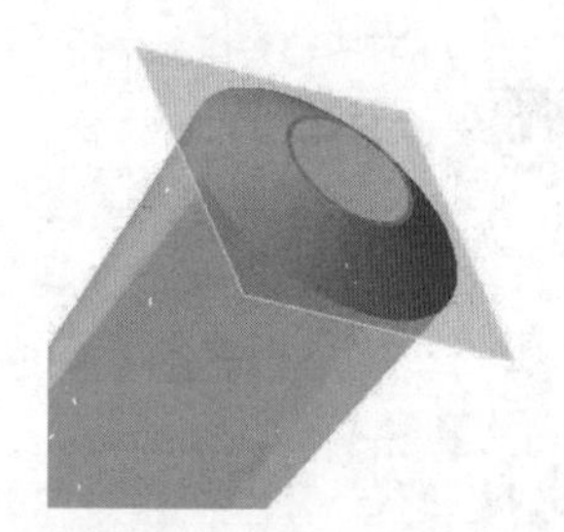

图 7-33　抽壳处理

步骤11 创建拉伸实体。单击“三维模型”选项卡“创建”面板中的“拉伸”按钮，打开“拉伸”对话框，选择上一步绘制的草图 4 为拉伸截面轮廓，将拉伸距离设置为 1 mm，单击“确定”按钮完成拉伸，如图 7-35 所示。

步骤12 创建草图 5。单击“三维模型”选项卡“草图”面板中的“开始创建二维草图”按钮，选择步骤11创建的拉伸体的上表面为草图绘制平面，进入草图绘制环境。单击“草图”选项卡“创建”面板中的“圆”按钮，绘制草图。单击“约束”面板中的“尺寸”按钮，标注尺寸，如图 7-36 所示。单击“草图”标签中的“完成草图”按钮，退出草图绘制环境。

步骤13 创建拉伸实体。单击“三维模型”选项卡“创建”面板中的“拉伸”按钮，打开“拉伸”对话框，选择上一步绘制的草图 5 为拉伸截面轮廓，将拉伸距离设置为 12 mm，单击“确定”按钮完成拉伸，如图 7-37 所示。

步骤14 创建直孔。单击“三维模型”选项卡“修改”面板中的“孔”按钮，打开“孔”对话框。选择步骤13创建的拉伸实体的上表面为孔放置平面，选择拉伸体边线为同心参考，输入直径为 6 mm，设置终止方式为“贯通”，如图 7-38 所示，单击“确定”按钮，如图 7-39 所示。

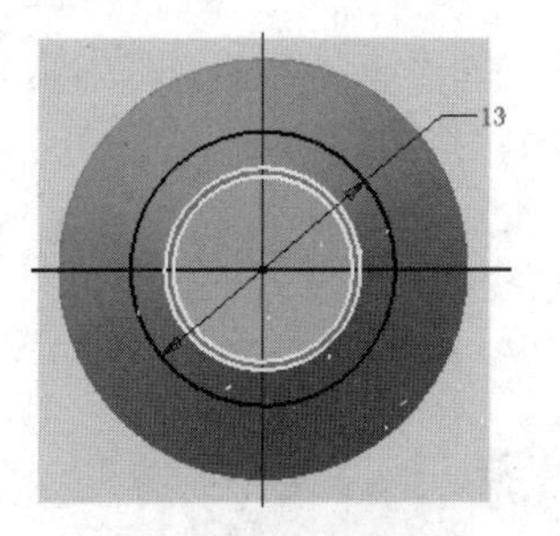

图 7-34 绘制草图 4

图 7-35 拉伸实体

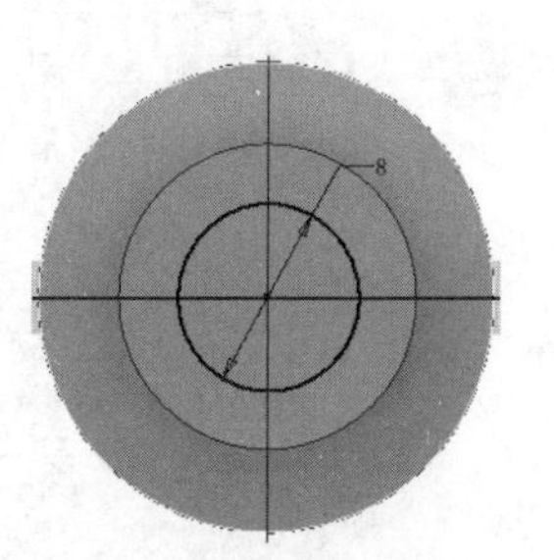

图 7-36 创建草图 5

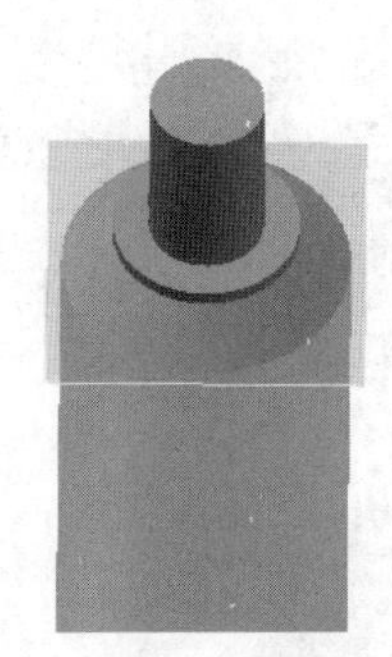

图 7-37 拉伸实体

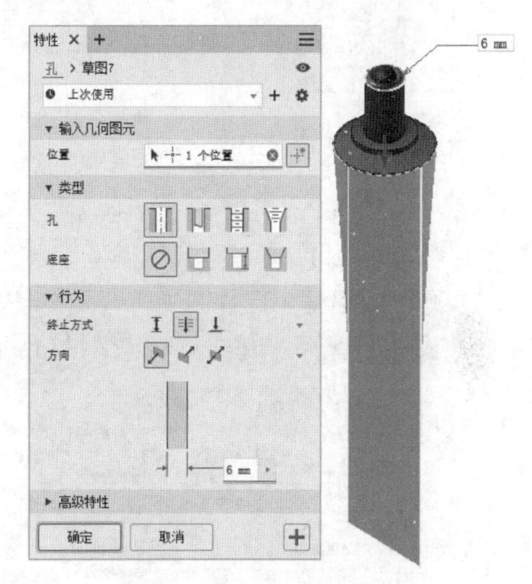

图 7-38 设置参数

步骤 15 创建外螺纹。单击“三维模型”选项卡“修改”面板中的“螺纹”按钮，打开“螺纹”对话框，选择如图 7-40 所示的面为螺纹放置面，勾选“显示模型中的螺纹”复选框，单击“确定”按钮，完成螺纹创建。

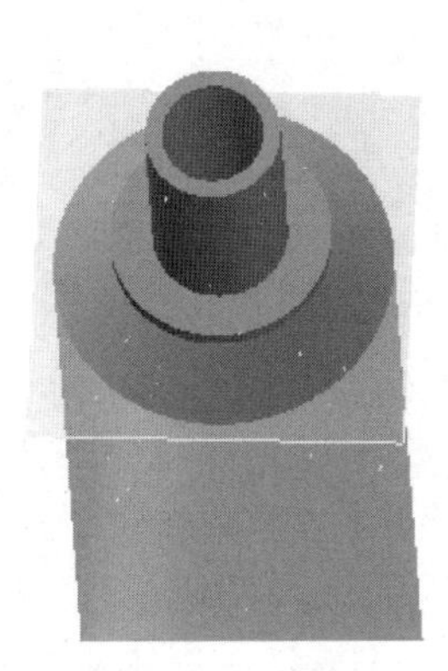

图 7-39 创建孔

图 7-40 选择放置面

步骤16 缝合曲面。单击“三维模型”选项卡“曲面”面板中的“缝合”按钮，打开“缝合”对话框，选择图中所有曲面，采用默认设置，如图 7-41 所示，单击“应用”按钮，单击“完毕”按钮，退出对话框，结果如图 7-42 所示。

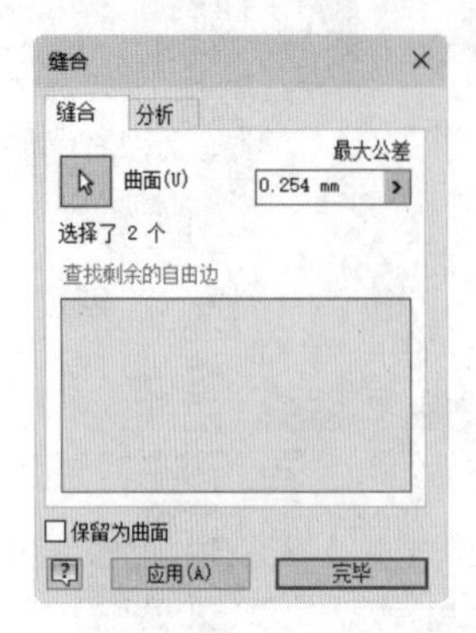

图 7-41　设置参数

图 7-42　完成缝合

步骤17 加厚曲面 1。单击“三维模型”选项卡“修改”面板中的“加厚”按钮，打开“加厚”对话框，选择图中所有曲面，输入距离为 0.25 mm，选择“内部”方式，如图 7-43 所示，单击“确定”按钮，结果如图 7-22 所示。

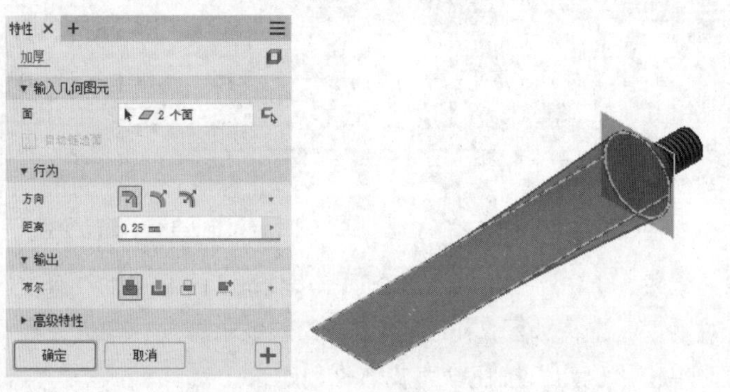

图 7-43　设置参数

步骤18 保存文件。单击“快速访问”工具栏中的“保存”按钮，打开“另存为”对话框，输入文件名为“牙膏盒.ipt”，单击“保存”按钮，保存文件。

7.1.6　修剪曲面

修剪曲面用于删除通过切割命令定义的曲面区域。切割工具可以是形成闭合回路的曲面边、单个零件面、单个不相交的二维草图曲线或工作平面。

修剪曲面的操作步骤如下：

步骤01 单击“三维模型”选项卡“曲面”面板上的“修剪”按钮，打开“修剪曲面”对话框，如图 7-44 所示。

步骤02 在视图中选择作为修剪工具的几何图元，如图 7-45 所示。

步骤03 选择要删除的区域，其包含切割工具相交的任何曲面。如果要删除的区域多于要保留的区域，则选择要保留的区域，然后单击“反向选择”按钮进行反转选择。

步骤 04 单击“确定”按钮，完成曲面修剪，结果如图 7-46 所示。

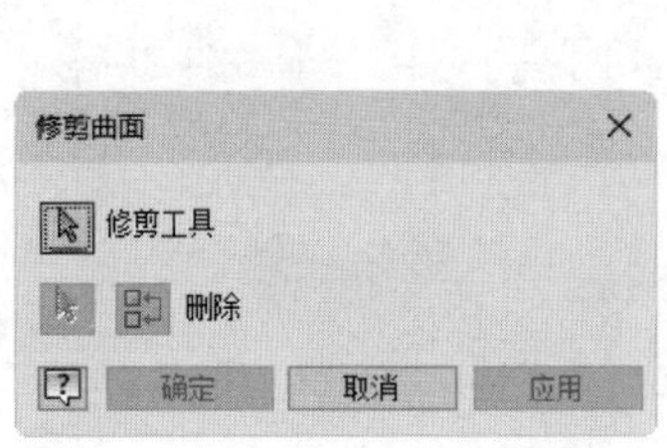

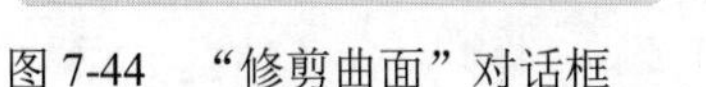
图 7-44 “修剪曲面”对话框

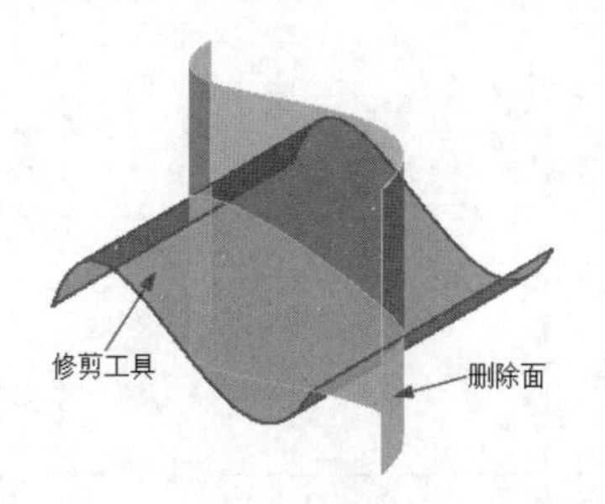

图 7-45 选择修剪工具和删除面

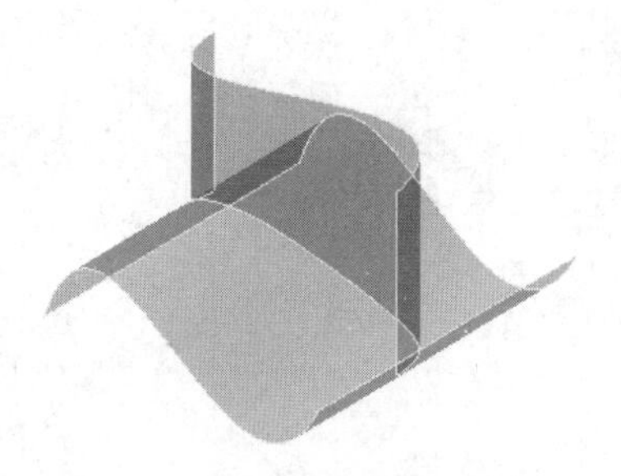
图 7-46 修剪曲面

“修剪曲面”对话框中的选项说明如下：

- 修剪工具：选择用于修剪曲面的几何图元。
- 删除：选择要删除的一个或多个区域。
- 反向选择：取消当前选定的区域并选择先前取消的区域。

7.1.7 实例——旋钮

本实例将绘制如图 7-47 所示的旋钮。

下载资源\动画演示\第7章\旋钮.MP4

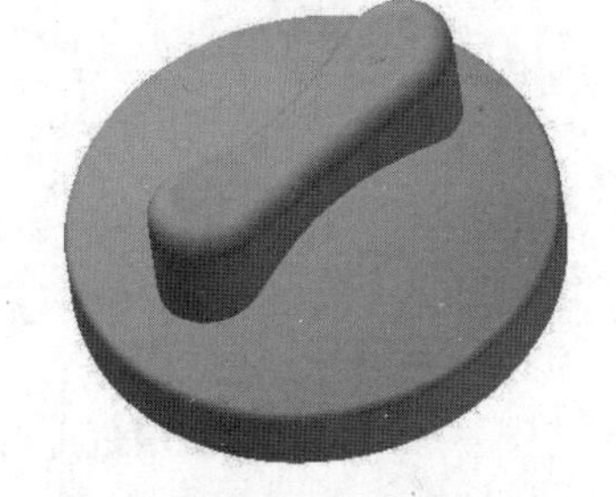
图 7-47 旋钮

操作步骤

步骤 01 新建文件。运行 Inventor 2024，单击“快速访问”工具栏上的“新建”按钮，在打开的“新建文件”对话框中的零件下拉列表中选择“Standard.ipt”选项，单击“创建”按钮，新建一个零件文件。

步骤 02 创建草图 1。单击“三维模型”选项卡“草图”面板中的“开始创建二维草图”按钮，选择 XZ 平面为草图绘制平面，进入草图绘制环境。单击“草图”选项卡“创建”面板中的“直线”按钮和“圆弧”按钮，绘制草图。单击“约束”面板中的“尺寸”按钮，标注尺寸，如图 7-48 所示。单击“草图”标签中的“完成草图”按钮，退出草图绘制环境。

步骤 03 创建旋转曲面。单击“三维模型”选项卡“创建”面板中的“旋转”按钮，打开“旋转”对话框，选择上一步绘制的草图 1 为截面轮廓，选择竖直线段为旋转轴，单击“确定”按钮完成旋转，如图 7-49 所示。

步骤 04 创建草图 2。单击“三维模型”选项卡“草图”面板中的“开始创建二维草图”按钮，选择 XY 平面为草图绘制平面，进入草图绘制环境。单击“草图”选项卡“创建”面板中的“圆”按钮，绘制草图。单击“约束”面板中的“尺寸”按钮，标注尺寸，如图 7-50 所示。单击“草图”标签中的“完成草图”按钮，退出草图绘制环境。

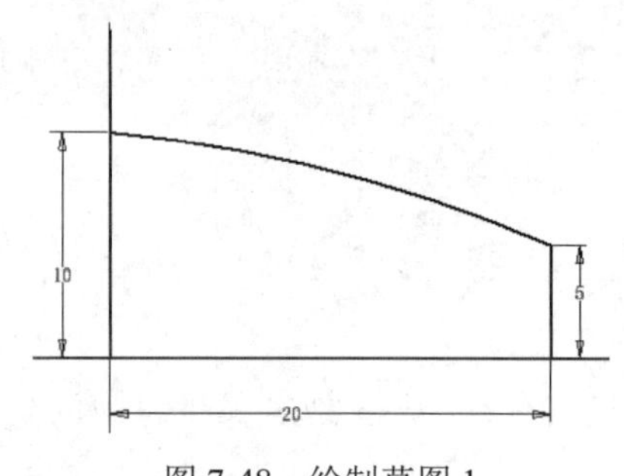

图 7-48　绘制草图 1

图 7-49　创建旋转曲面

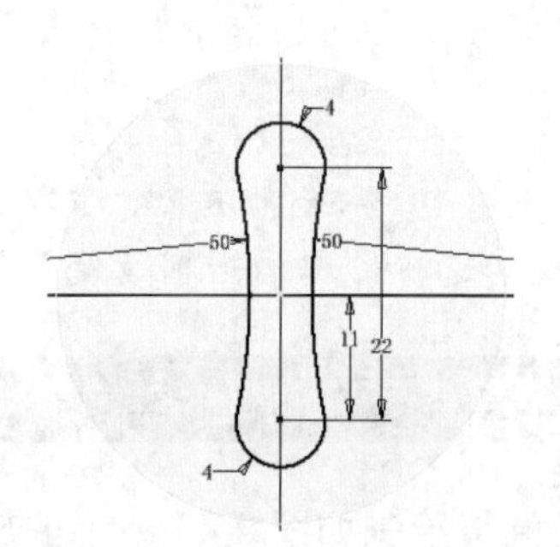

图 7-50　绘制草图 2

步骤 05　创建拉伸曲面。单击“三维模型”选项卡“创建”面板中的“拉伸”按钮，打开“拉伸”对话框，选择上一步绘制的草图 2 为拉伸截面轮廓，将拉伸距离设置为 18 mm，单击按钮，设置曲面模式已开启，如图 7-51 所示。单击“确定”按钮完成拉伸，结果如图 7-52 所示。

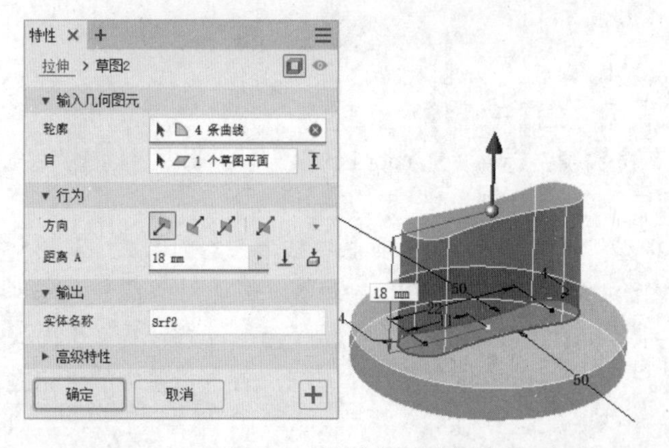

图 7-51　拉伸曲面示意图

图 7-52　拉伸曲面

步骤 06　创建草图 3。单击“三维模型”选项卡“草图”面板中的“开始创建二维草图”按钮，选择 XZ 平面为草图绘制平面，进入草图绘制环境。单击“草图”选项卡“创建”面板中的“圆弧”按钮，绘制草图。单击“约束”面板中的“尺寸”按钮，标注尺寸，如图 7-53 所示。单击“草图”标签中的“完成草图”按钮，退出草图绘制环境。

步骤07 创建拉伸曲面。单击“三维模型”选项卡“创建”面板中的“拉伸”按钮，打开“拉伸”对话框，选择上一步绘制的草图3为拉伸截面轮廓，将拉伸距离设置为18 mm，单击“对称”按钮，单击“确定”按钮完成拉伸。

步骤08 修剪曲面。单击“三维模型”选项卡“曲面”面板中的“修剪”按钮，打开“修剪曲面”对话框，选择如图7-54所示的修剪工具和删除面，单击“确定”按钮；重复执行“修剪曲面”命令，选择如图7-55所示的修剪工具和删除面，结果如图7-55（右）所示。

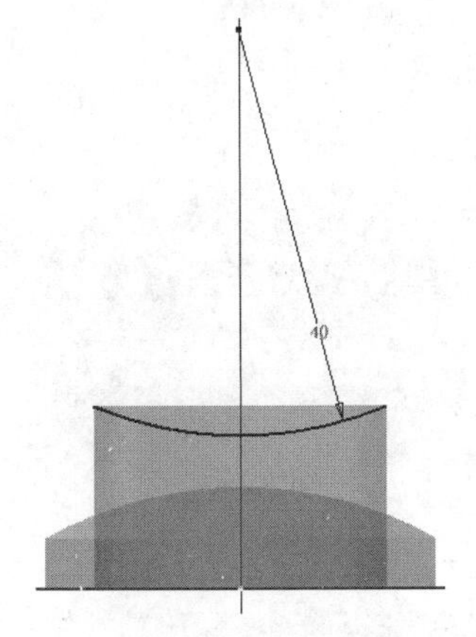

图7-53　绘制草图3

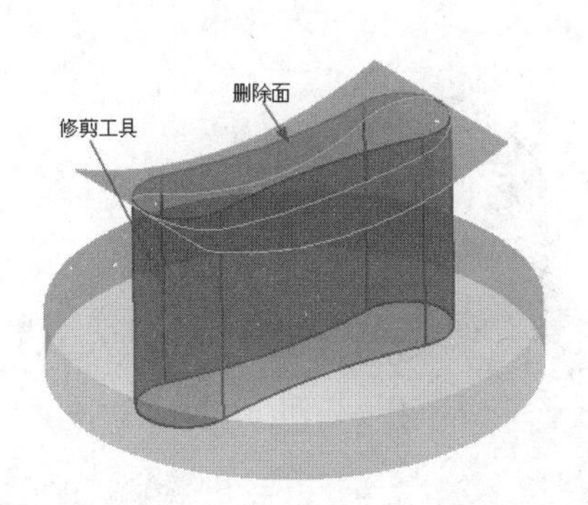

图7-54　修剪工具和删除面

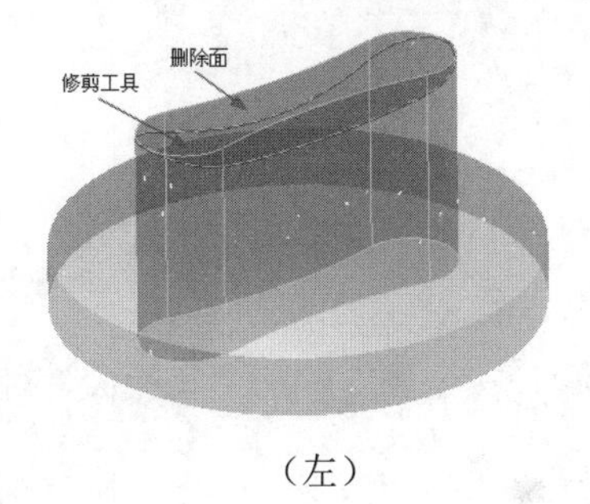

（左）

删除面
修剪工具

（中）

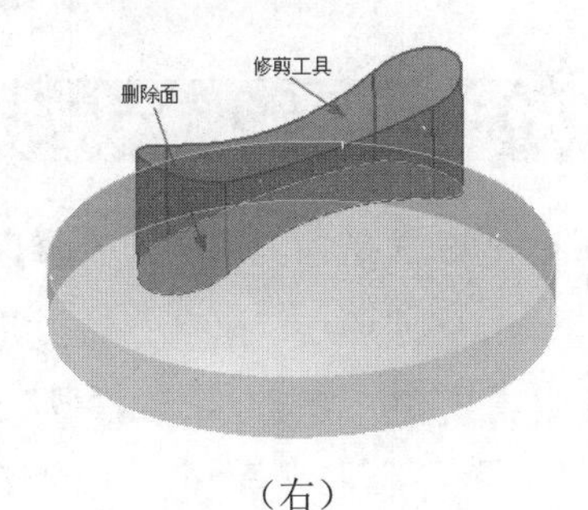

（右）

图7-55　修剪示意图

步骤09 缝合曲面。单击“三维模型”选项卡“曲面”面板中的“缝合”按钮，打开“缝合”对话框，选择所有曲面，采用默认设置，单击“应用”按钮，单击“完毕”按钮，退出对话框。

步骤10 加厚曲面。单击“三维模型”选项卡“修改”面板中的“加厚”按钮，打开“加厚”对话框，单击按钮，设置缝合曲面选择为开，选择缝合曲面，输入距离为1 mm，单击“外部”按钮，如图7-56所示。单击“确定”按钮，结果如图7-57所示。

步骤11 倒圆角处理。单击“三维模型”选项卡“修改”面板中的“圆角”按钮，打开“圆角”对话框，输入半径为2 mm，选择如图7-58所示的边线，单击“应用”按钮；选择如图7-59所示的边线，输入半径为1 mm，单击“确定”按钮。

图 7-56 “加厚”对话框

图 7-57 加厚曲面

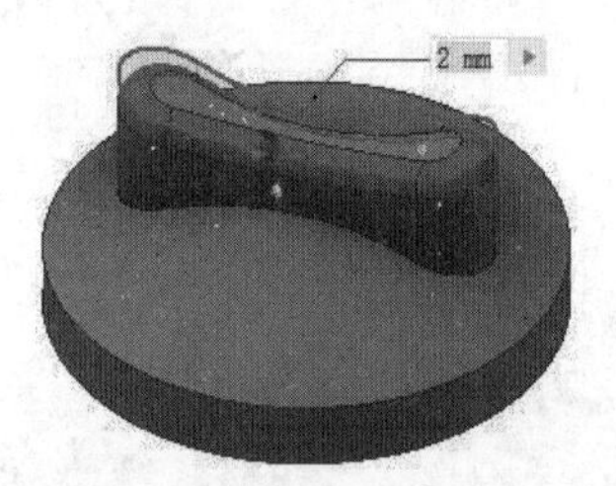

图 7-58 选择边线 1

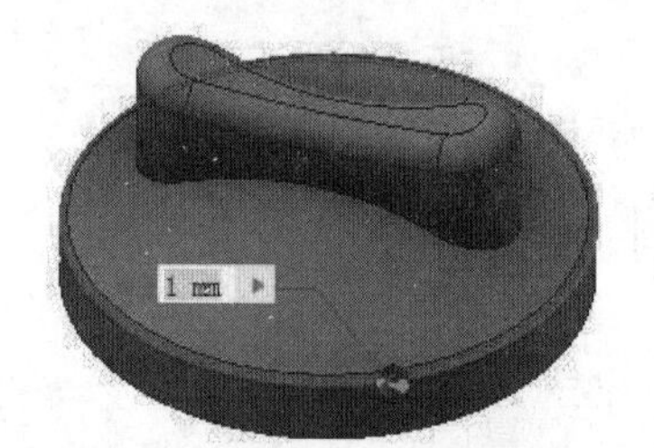

图 7-59 选择边线 2

步骤 12 保存文件。单击“快速访问”工具栏中的“保存”按钮，打开“另存为”对话框，输入文件名为“旋钮.ipt”，单击“保存”按钮，保存文件。

7.1.8 替换面

替换面是指利用不同的面替换一个或多个零件面，零件必须与新面完全相交。

替换面的操作步骤如下：

步骤 01 单击“三维模型”选项卡“曲面”面板上的“替换面”按钮，打开“替换面”对话框，如图 7-60 所示。

步骤 02 在视图中选择一个或多个要替换的零件面，如图 7-61 所示。

步骤 03 单击“新建面”按钮，选择曲面、缝合曲面、一个或多个工作平面作为新建面。

步骤 04 单击“确定”按钮，完成替换面的设置，结果如图 7-62 所示。

图 7-60 “替换面”对话框

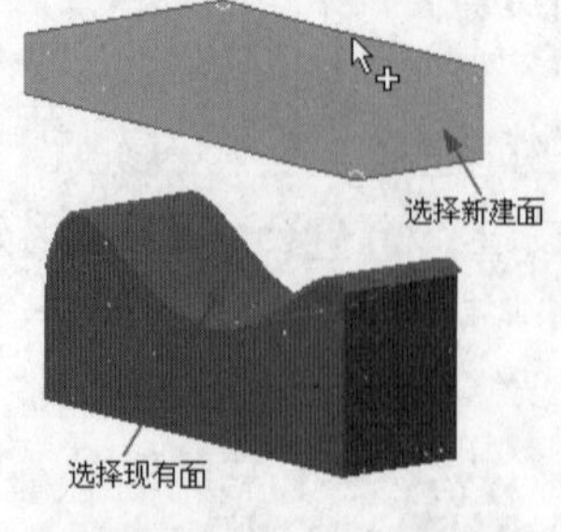

图 7-61 选择现有面和新建面

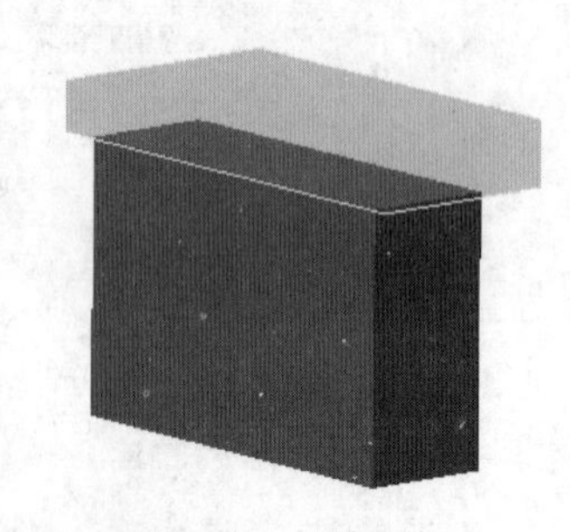

图 7-62 替换面

“替换面”对话框中的选项说明如下：

- 现有面：选择要替换的单个面、相邻面的集合或不相邻面的集合。
- 新建面：选择用于替换现有面的曲面、缝合曲面、一个或多个工作平面。零件将延伸以与新面相交。
- 自动链选面：自动选择与选定面连续相切的所有面。

是否可以将工作平面用作替换面？

可以创建并选择一个或多个工作平面，以生成平面替换面。工作平面与选定曲面的行为相似，但范围不同。无论图形显示为何，工作平面的作用范围都是无限大的。编辑替换面特征时，如果从使用的单个工作平面更改为使用另一个单个工作平面，则可以保留从属特征。如果在使用的单个工作平面和多个工作平面（或替代多个工作平面）之间进行更改，则从属特征不会被保留。

7.2 自由造型

基本的自由造型的形状有5种，包括长方体、圆柱体、球体、圆环体和四边形球体，系统还提供了多个工具来编辑造型，连接多个实体以及与现有几何图元进行匹配，通过添加三维模型特征可以合并或生成自由造型实体。

7.2.1 自由造型的形状

1. 长方体

创建自由造型长方体的操作步骤如下：

步骤01 单击“三维模型”选项卡“创建自由造型”面板上的“长方体”按钮，打开“长方体”对话框，如图7-63所示。

步骤02 在视图中选择工作平面、平面或二维草图，并单击指定长方体的基准点。

步骤03 在“长方体”对话框中更改长度、宽度和高度值，或直接拖动箭头调整形状，如图7-64所示。在该对话框中还可以设置长方体的面数等参数，单击“确定”按钮。

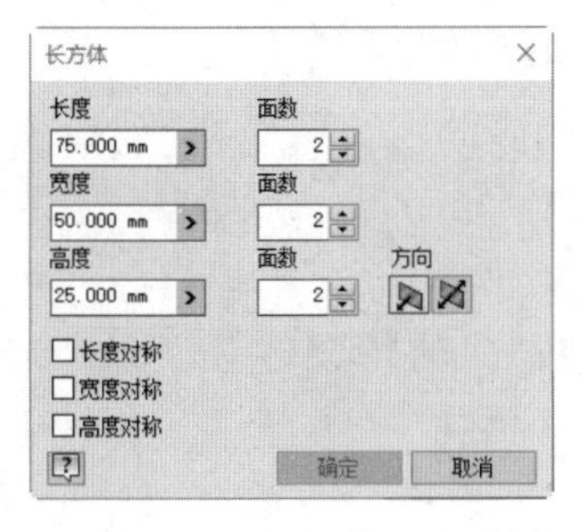

图7-63 “长方体”对话框

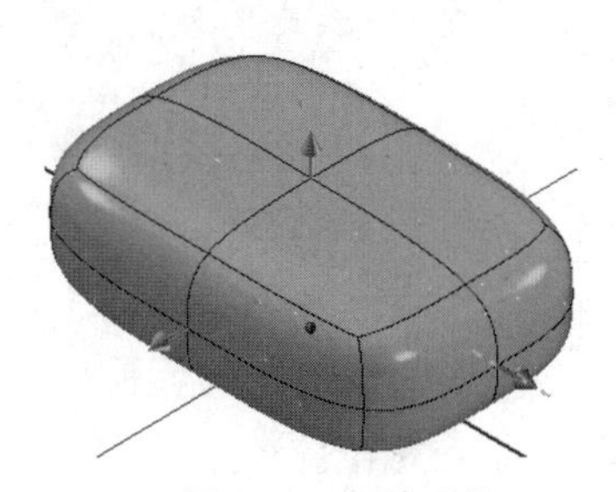

图7-64 调整形状

“长方体”对话框中的选项说明如下：

- 长度/宽度/高度：指定长度/宽度/高度方向上的距离。
- 长度/宽度/高度方向上的面数：指定长度/宽度/高度方向上的面数。
- 高度方向：指定在一个方向还是两个方向上应用高度值。
- 长度/宽度/高度对称：勾选复选框，使长方体在长度/宽度/高度上对称。

2. 圆柱体

创建自由造型圆柱体的操作步骤如下：

步骤01 单击“三维模型”选项卡“创建自由造型”面板上的“圆柱体”按钮，打开“圆柱体”对话框，如图 7-65 所示。

步骤02 在视图中选择工作平面、平面或二维草图，并单击指定圆柱体的基准点。

步骤03 在“圆柱体”对话框中更改半径和高度值，或直接拖动箭头调整圆柱体的形状，如图 7-66 所示。还可以设置圆柱体的面数等参数，单击“确定”按钮。

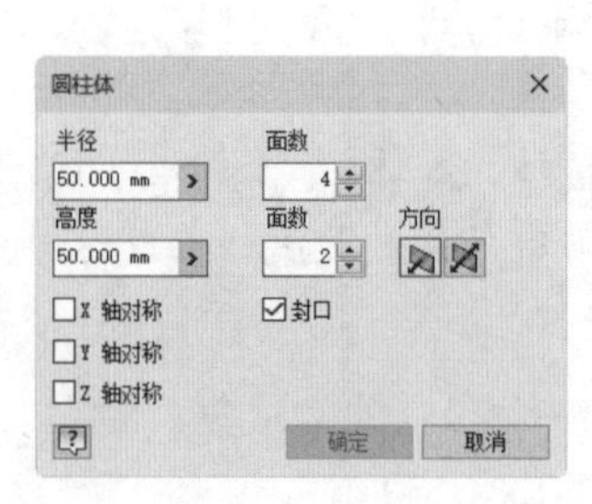

图 7-65 “圆柱体”对话框

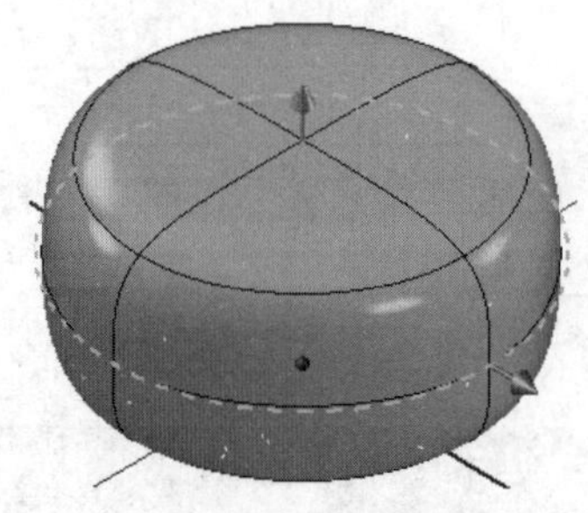

图 7-66 调整形状

“圆柱体”对话框中的选项说明如下：

- 半径：指定圆柱体的半径。
- 半径面数：指定围绕圆柱体的面数。
- 高度：指定高度方向上的距离。
- 高度面数：指定高度方向上的面数。
- 高度方向：指定在一个方向还是两个方向上应用高度值。
- X/Y 轴对称：勾选这两个复选框，圆柱体沿轴线对称。
- Z 轴对称：勾选此复选框，则围绕圆柱体中心的边对称。

3. 球体

创建自由造型球体的操作步骤如下：

步骤01 单击“三维模型”选项卡“创建自由造型”面板上的“球体”按钮，打开“球体”对话框，如图 7-67 所示。

步骤02 在视图中选择工作平面、平面或二维草图，并单击指定球头的中心点。

步骤03 在“球体”对话框中更改半径，或直接拖动箭头调整球体的半径，如图 7-68 所示。还可以设置球体的经线和纬线等参数，单击“确定”按钮。

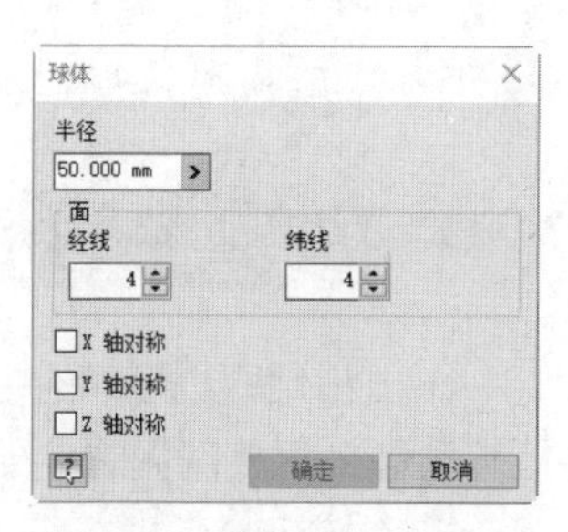

图 7-67 “球体”对话框

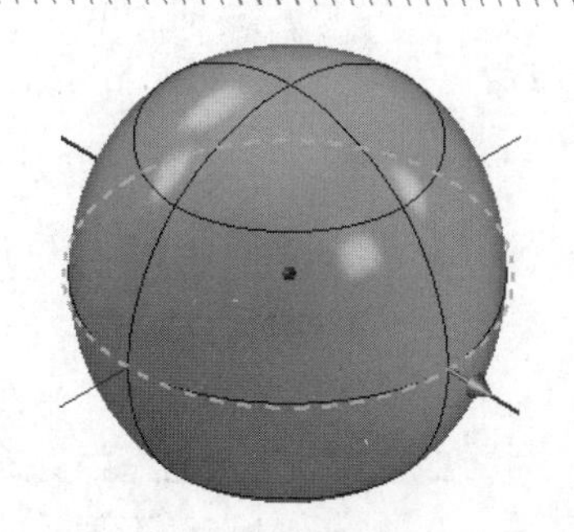

图 7-68 调整形状

“球体”对话框中的选项说明如下：

- 半径：指定球体的半径。
- 经线：指定围绕球体的面数。
- 纬线：指定向上或向下的面数。
- X、Y 轴对称：勾选这两个复选框，球体沿轴线对称。
- Z 轴对称：勾选此复选框，则围绕球体中心的边对称。

4. 圆环体

创建自由造型圆环体的操作步骤如下：

步骤01 单击“三维模型”选项卡“创建自由造型”面板上的“圆环体”按钮，打开“圆环体”对话框，如图 7-69 所示。

步骤02 在视图中选择工作平面、平面或二维草图，并单击指定圆环体的中心点。

步骤03 在“圆环体”对话框中更改半径和环形，或直接拖动箭头调整圆环体的半径，如图 7-70 所示。还可以设置圆环体的参数，单击“确定”按钮。

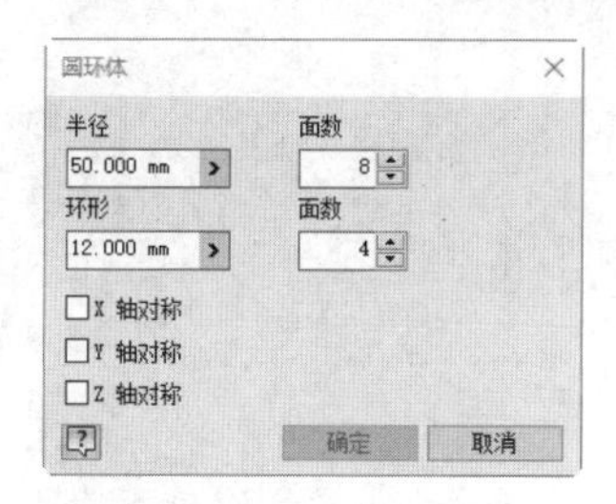

图 7-69 “圆环体”对话框

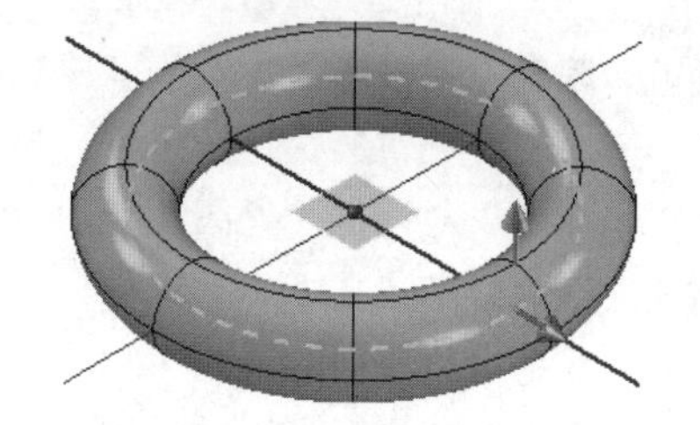

图 7-70 调整形状

“圆环体”对话框中的选项说明如下：

- 半径：指定圆环体内圆的半径。
- 半径面数：指定围绕圆环体的面数。
- 环形：指定圆环体环形截面的半径。
- 环形面数：指定圆环体环上的面数。
- X/Y 轴对称：勾选这两个复选框，对圆环体的一半启用对称。
- Z 轴对称：勾选此复选框，对圆环体的顶部和底部启用对称。

5. 四边形球

创建自由造型四边形球的操作步骤如下：

步骤01 单击“三维模型”选项卡“创建自由造型”面板上的“四边形球”按钮，打开“四边形球”对话框，如图 7-71 所示。

步骤02 在视图中选择工作平面、平面或二维草图，并单击指定四边形球的中心点。

步骤03 在“四边形球”对话框中更改半径，或直接拖动箭头调整球体的半径，如图 7-72 所示。还可以设置四边形球体的参数，单击“确定”按钮。

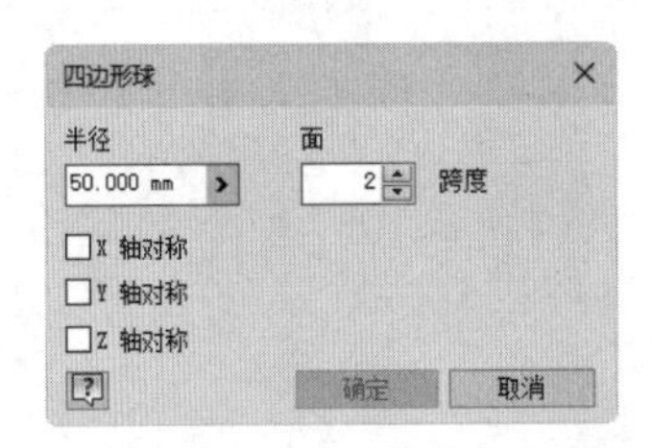

图 7-71 “四边形球”对话框

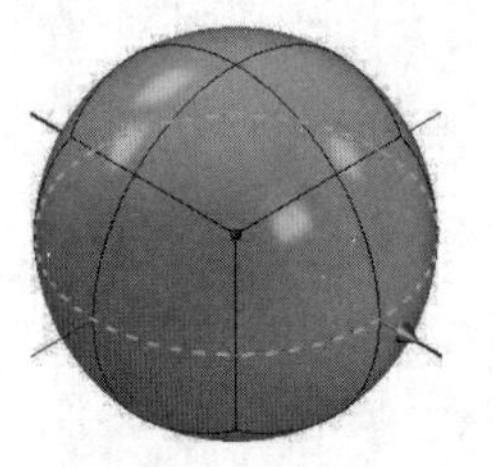

图 7-72 调整形状

“四边形球”对话框中的选项说明如下：

- 半径：指定四边形球的半径。
- 跨度面：指定跨度边上的面数。
- X/Y/Z 轴对称：勾选复选框，围绕四边形球启用对称。

7.2.2 自由造型的编辑

1. 编辑形状

步骤01 单击“自由造型”选项卡“编辑”面板上的“编辑形状”按钮，打开“编辑形状”对话框，如图 7-73 所示。

步骤02 在视图中选择点、边或面，然后使用操纵器调整所需的形状。

步骤03 在“编辑形状”对话框中还可以设置参数，单击“确定”按钮。

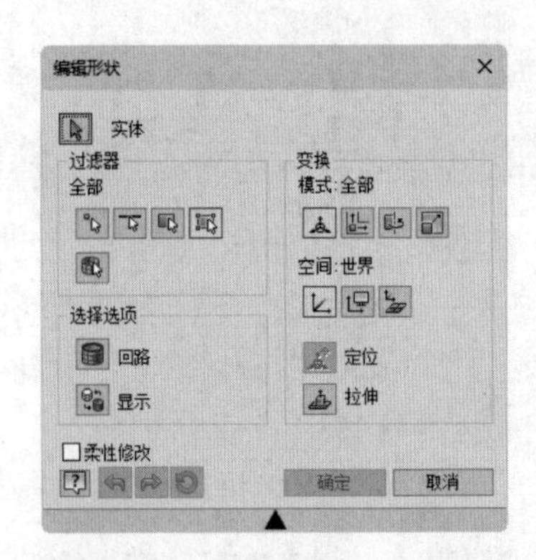

图 7-73 “编辑形状”对话框

“编辑形状”对话框中的选项说明如下：

- 点：仅点可供选择，点将显示在模型上。
- 边：仅边可供选择。
- 面：仅面可供选择。
- 全部：点、边和面可供选择。
- 实体：仅实体可供选择。

- 回路：选择边或面的回路。
- 显示：在“块状”和“平滑”显示模式之间切换。
- 全部：所有的控制器都可用。
- 平动：只有平动操纵器可用。
- 转动：只有转动操纵器可用。
- 缩放比例：仅缩放操纵器可用。
- 世界：使用模型原点调整操纵器方向。
- 视图：相对于模型的当前视图调整操纵器方向。
- 局部：相对于选定对象调整操纵器方向。
- 定位：将空间坐标轴重新定位到新位置。
- 拉伸：可围绕原始面添加一列新面。也可以在拖动面时按住 Alt 键以暂时启用“拉伸”功能。

2. 细分自由造型面

步骤01 单击“自由造型”选项卡“修改”面板上的“细分”按钮，打开“细分”对话框，如图 7-74 所示。

步骤02 在视图中选择一个面或按住 Ctrl 键添加多个面。

步骤03 根据需要修改面的值，并设置模式。

步骤04 在“细分”对话框中单击“确定”按钮。

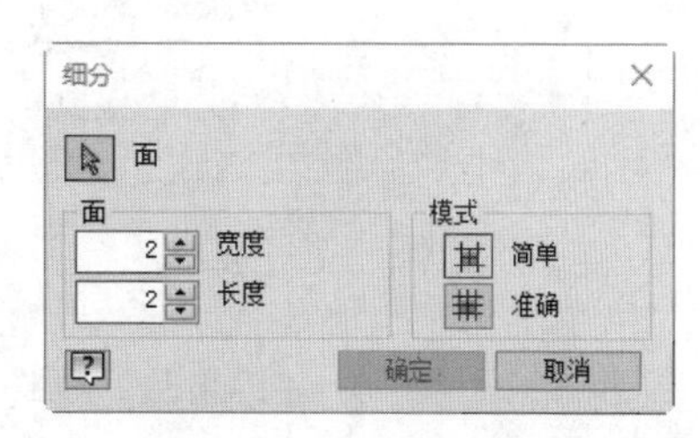

图 7-74 “细分”对话框

“细分”对话框中的选项说明如下：

- 面：允许选择面进行细分。
- 简单：仅添加指定的面数。
- 精确：添加其他面到相邻区域以保留当前的形状。

3. 桥接自由造型面

步骤01 单击“自由造型”选项卡“修改”面板上的“桥接”按钮，打开“桥接”对话框，如图 7-75 所示。

步骤02 在视图中选择桥接起始面。接着选择桥接终止面。

步骤03 单击“反转”按钮使围绕回路反转方向，或者选择箭头附件的一条边以反转方向。

步骤04 在“桥接”对话框中单击“确定”按钮。

图 7-75 “桥接”对话框

“桥接”对话框中的选项说明如下：

- 侧面 1：选择第一组面作为起始面。
- 侧面 2：选择第二组面作为终止面。
- 扭曲：指定侧面 1 和侧面 2 之间桥接的完整旋转数量。
- 面：指定侧面 1 和侧面 2 之间创建的面数。

4. 删除自由造型面

该功能可以用来优化模型，以获得所需的形状。

步骤 01 单击“自由造型”选项卡“编辑”面板上的“删除”按钮，打开“删除”对话框，如图 7-76 所示。

步骤 02 选择要删除的对象。

步骤 03 在“删除”对话框中单击“确定”按钮。

图 7-76 “删除”对话框

7.3 综合实例——塑料焊接器

本例将绘制如图 7-77 所示的塑料焊接器。

图 7-77 塑料焊接器

下载资源\动画演示\第7章\塑料焊接器.MP4

操作步骤

步骤 01 新建文件。运行 Inventor 2024，单击“快速访问”工具栏上的“新建”按钮，在打开的“新建文件”对话框中的零件下拉列表中选择“Standard.ipt”选项，单击“创建”按钮，新建一个零件文件。

步骤 02 创建草图 1。单击“三维模型”选项卡“草图”面板中的“开始创建二维草图”按钮，选择 XZ 平面为草图绘制平面，进入草图绘制环境。利用草图绘制命令，绘制草图。单击“约束”面板中的“尺寸”按钮，标注尺寸，如图 7-78 所示。单击“草图”标签中的“完成草图”按钮，退出草图绘制环境。

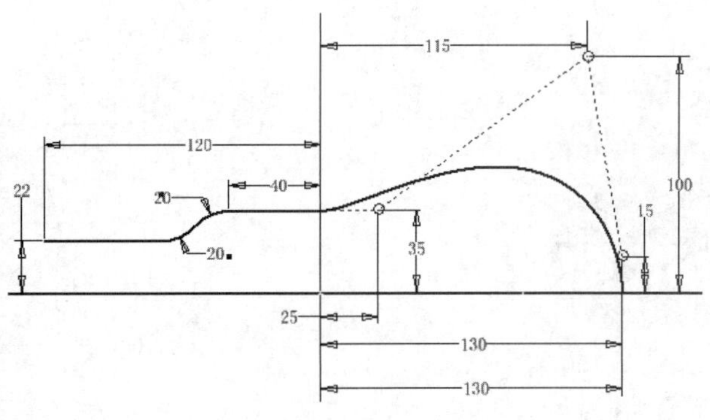

图 7-78　绘制草图 1

步骤03 创建旋转曲面。单击“三维模型”选项卡“创建”面板中的“旋转”按钮，打开“旋转”对话框，系统自动选取上一步绘制的草图 1 为旋转截面轮廓，选取水平直线段为旋转轴，设置旋转范围为角度，输入角度为 180 deg，如图 7-79 所示。单击“确定”按钮完成旋转，如图 7-80 所示。

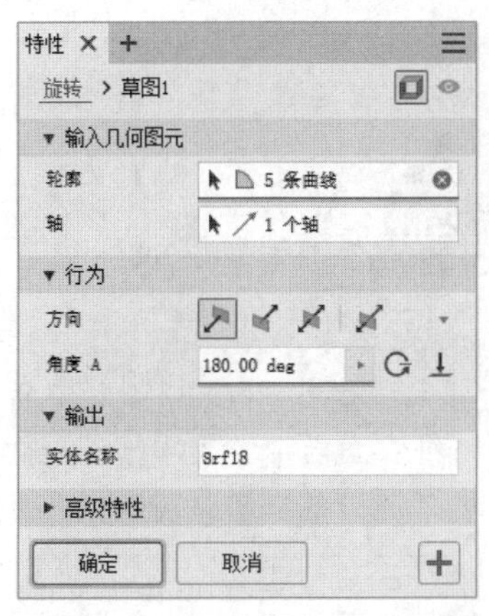

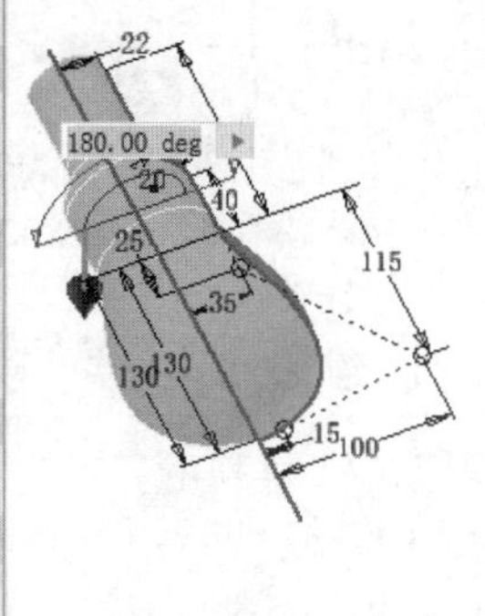

图 7-79　旋转参数设置

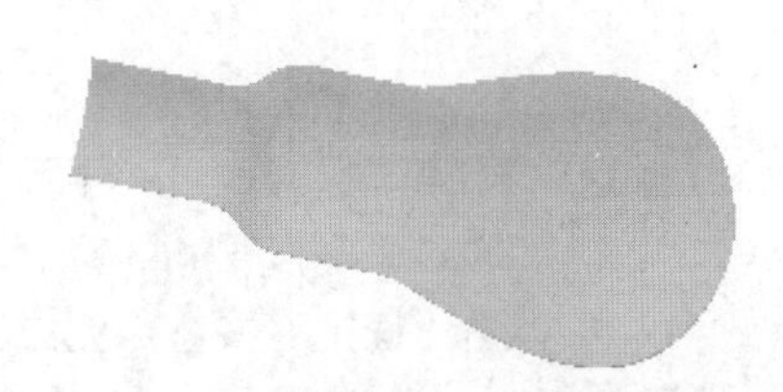

图 7-80　旋转曲面

步骤04 创建草图 2。单击“三维模型”选项卡“草图”面板中的“开始创建二维草图”按钮，选择 XZ 平面为草图绘制平面，进入草图绘制环境。单击“草图”选项卡“创建”面板中的“直线”按钮，绘制草图。单击“约束”面板中的“尺寸”按钮，标注尺寸，如图 7-81 所示。单击“草图”标签中的“完成草图”按钮，退出草图绘制环境。

步骤05 创建草图 3。单击“三维模型”选项卡“草图”面板中的“开始创建二维草图”按钮，选择 XZ 平面为草图绘制平面，进入草图绘制环境。单击“草图”选项卡“创建”面板中的“样条曲线”按钮，绘制草图。单击“约束”面板中的“尺寸”按钮，标注尺寸，如图 7-82 所示。单击“草图”标签中的“完成草图”按钮，退出草图绘制环境。

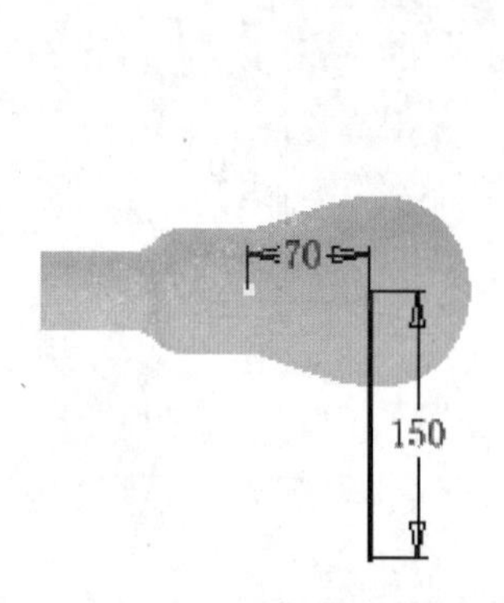

图 7-81　绘制草图 2

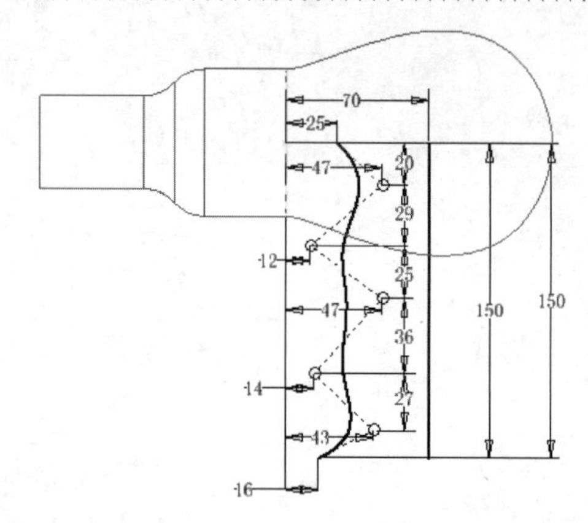

图 7-82　绘制草图 3

步骤06 创建草图 4。单击“三维模型”选项卡“草图”面板中的“开始创建二维草图”按钮，选择 XY 平面为草图绘制平面，进入草图绘制环境。单击“草图”选项卡“创建”面板中的“圆弧”按钮，绘制草图，如图 7-83 所示。单击“草图”标签中的“完成草图”按钮，退出草图绘制环境。

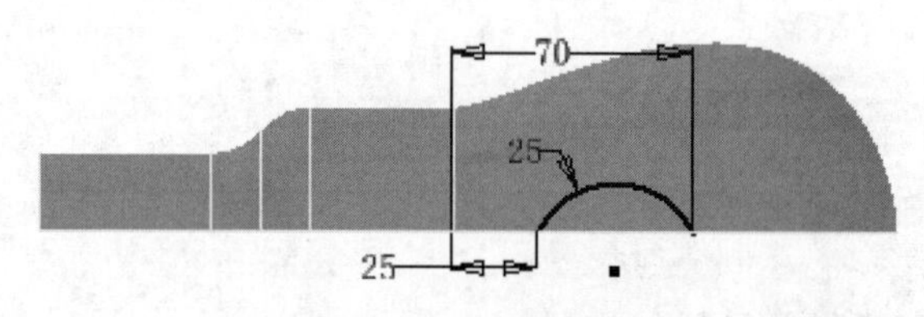

图 7-83　绘制草图 4

步骤07 创建工作平面 1。单击“三维模型”选项卡“定位特征”面板中的“平行于平面且通过点”按钮，选择模型树中原点文件夹下的 XY 平面，选择竖直线的端点。单击“确定”按钮，完成工作平面 1 的创建，如图 7-84 所示。

步骤08 创建草图 5。单击“三维模型”选项卡“草图”面板中的“开始创建二维草图”按钮，选择工作平面 1 为草图绘制平面，进入草图绘制环境。单击“草图”选项卡“创建”面板中的“圆弧”按钮，绘制草图，如图 7-85 所示。单击“草图”标签中的“完成草图”按钮，退出草图绘制环境。

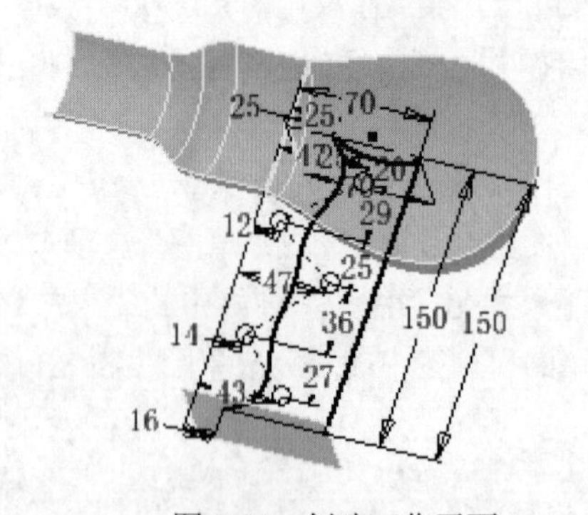

图 7-84　创建工作平面 1

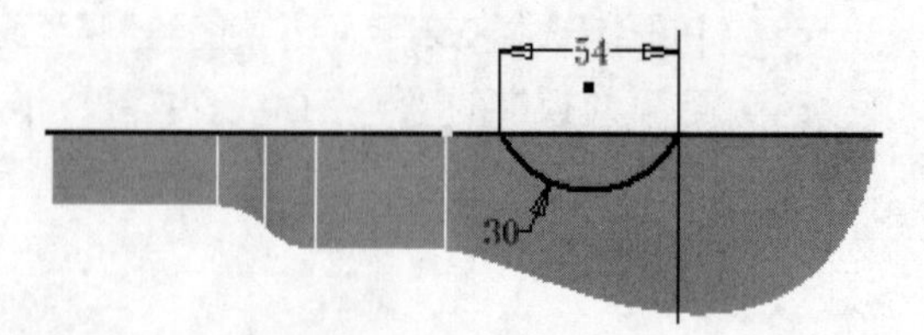

图 7-85　绘制草图 5

步骤09 创建放样曲面。单击“三维模型”选项卡“创建”面板中的“放样”按钮，打开

“放样”对话框，选择前面绘制的直线和样条曲线为截面，选择两个圆弧为轨道，输出类型为“曲面”，在“条件”选项卡中设置方向为“方向条件”，如图 7-86 所示。单击“确定”按钮完成放样曲面，如图 7-87 所示。

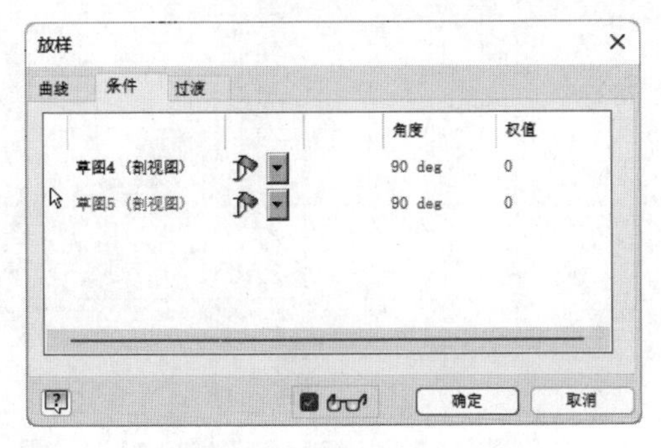

图 7-86 “放样”对话框

图 7-87 放样取面

步骤 10 修剪曲面。单击“三维模型”选项卡“曲面”面板中的“修剪”按钮，打开“修剪曲面”对话框，选择如图 7-88 所示的修剪工具和删除面，单击“确定”按钮。重复“修剪曲面”命令，选择图 7-89 所示的修剪工具和删除面，结果如图 7-90 所示。

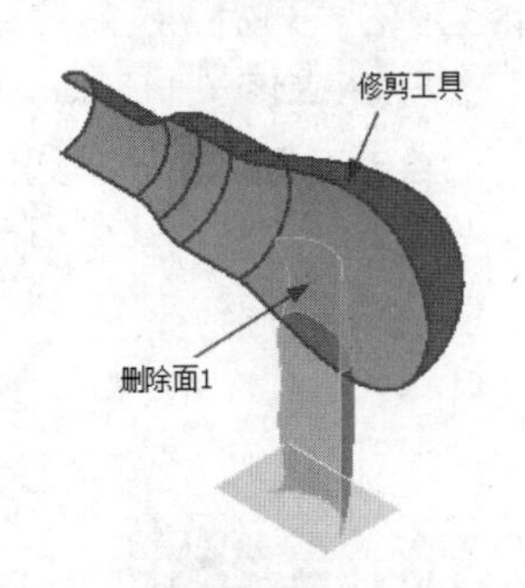

图 7-88 选择修剪工具和删除面 1

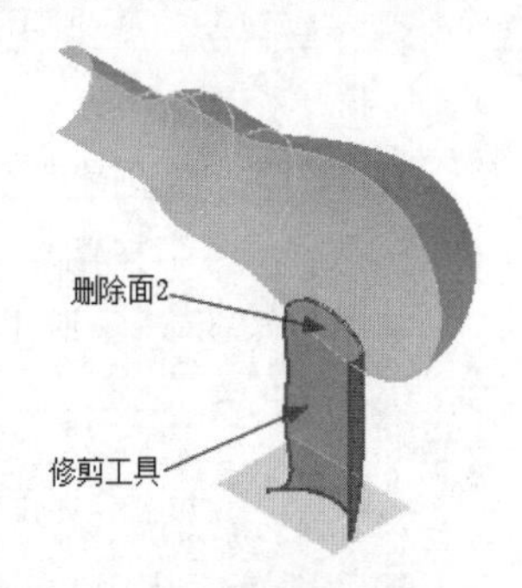

图 7-89 选择修剪工具和删除面 2

步骤 11 创建草图 6。单击“三维模型”选项卡“草图”面板中的“开始创建二维草图”按钮，选择工作平面 1 为草图绘制平面，进入草图绘制环境。单击“草图”选项卡“创建”面板中的“投影几何图元”按钮和“直线”按钮，绘制草图，如图 7-91 所示。单击“草图”标签中的“完成草图”按钮，退出草图绘制环境。

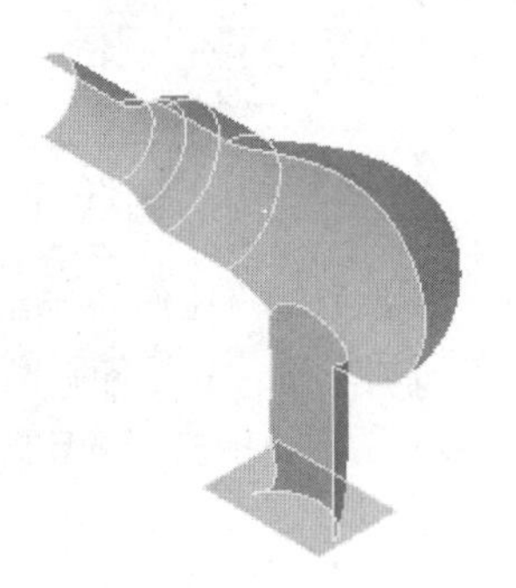

图 7-90 修剪面

图 7-91 绘制草图 6

步骤12 创建边界嵌片。单击“三维模型”选项卡“曲面”面板中的“边界嵌片”按钮，打开“边界嵌片”对话框，选择上一步绘制的草图6作为边界草图，如图7-92所示，单击“确定”按钮，结果如图7-93所示。

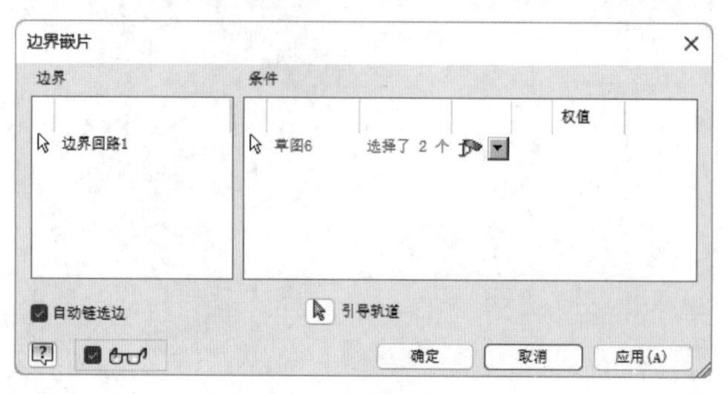

图7-92 “边界嵌片”对话框

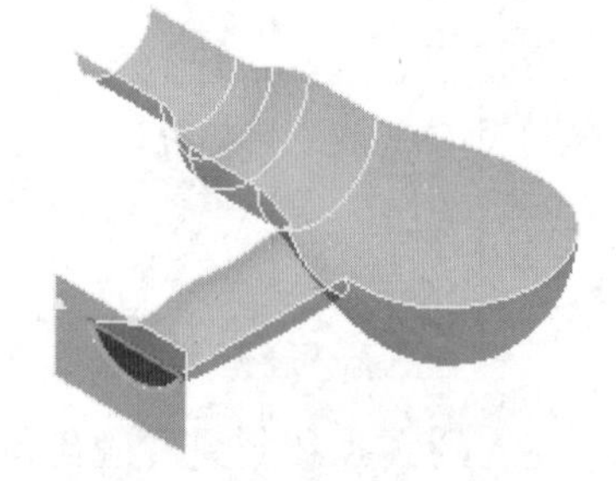

图7-93 创建边界嵌片

步骤13 创建工作平面2。单击“三维模型”选项卡“定位特征”面板中的“从平面偏移”按钮，选择YZ平面为参考平面，输入距离为50 mm。单击“确定”按钮，完成工作平面2的创建，如图7-94所示。

步骤14 创建草图7。单击“三维模型”选项卡“草图”面板中的“开始创建二维草图”按钮，选择上一步创建的工作平面2为草图绘制平面，进入草图绘制环境。单击“草图”选项卡“创建”面板中的“两点矩形”按钮，绘制草图。单击“约束”面板中的“尺寸”按钮，标注尺寸，如图7-95所示。单击“草图”标签中的“完成草图”按钮，退出草图绘制环境。

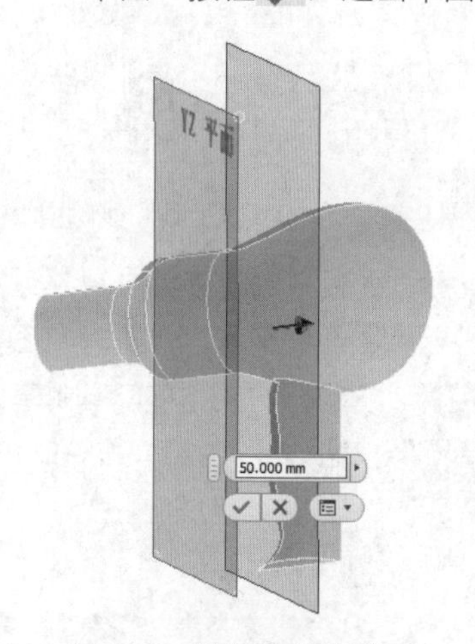

图7-94 创建工作平面2

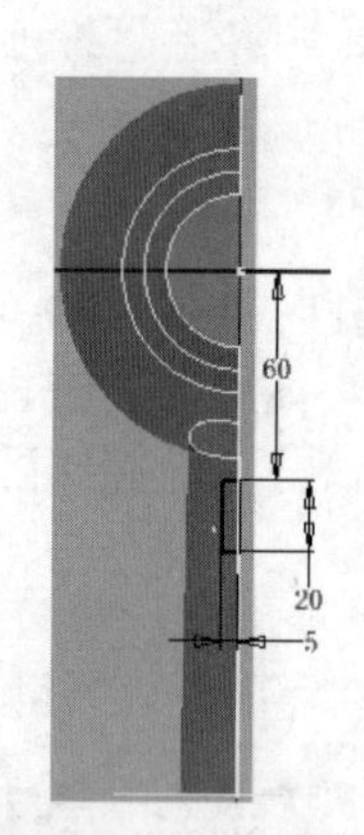

图7-95 绘制草图7

步骤15 创建拉伸曲面，单击“三维模型”选项卡“创建”面板中的“拉伸”按钮，打开“拉伸”对话框，选择上一步绘制的草图7为拉伸截面轮廓，将拉伸距离设置为40 mm，单击按钮，设置曲面模式已开启，如图7-96所示。单击“确定”按钮完成拉伸，如图7-97所示。

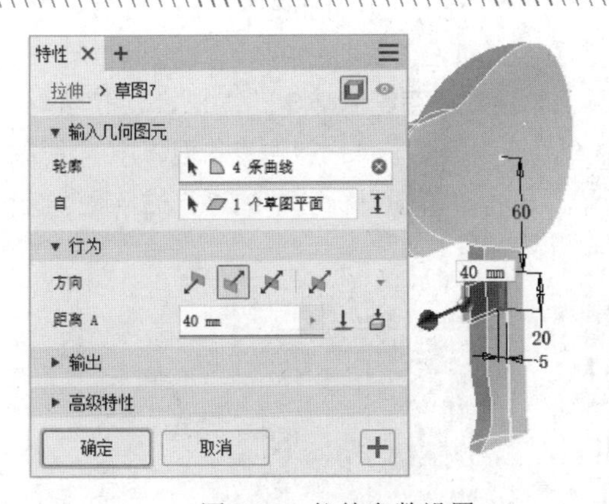

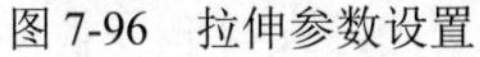

图 7-96 拉伸参数设置

图 7-97 拉伸曲面

步骤16 修剪曲面。单击“三维模型”选项卡“曲面”面板中的“修剪”按钮，打开“修剪曲面”对话框，选择如图 7-98 所示的修剪工具和删除面，单击“确定”按钮。

步骤17 删除面。单击“三维模型”选项卡“修改”面板下的“删除面”按钮，打开“删除面”对话框，选取步骤15创建的拉伸曲面，单击“确定”按钮，隐藏拉伸曲面、工作平面 1 和工作平面 2，如图 7-99 所示。

图 7-98 修剪示意图

图 7-99 删除面

步骤18 缝合曲面。单击“三维模型”选项卡“曲面”面板中的“缝合”按钮，打开“缝合”对话框，选择图中所有曲面，采用默认设置，单击“应用”按钮，单击“完毕”按钮，退出对话框。

步骤19 倒圆角处理。单击“三维模型”选项卡“修改”面板中的“圆角”按钮，打开“圆角”对话框，输入半径为 10 mm，选择如图 7-100 所示的边线，单击“应用”按钮；选择如图 7-101 所示的边线，输入半径为 5 mm，单击“确定”按钮。

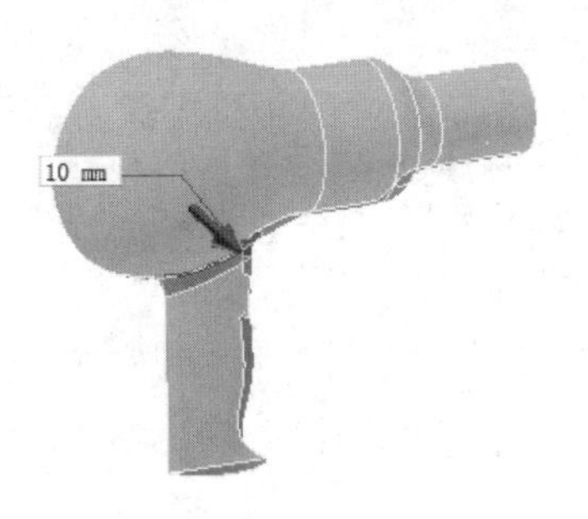

图 7-100 选择边线 1

图 7-101 选择边线 2

步骤20 创建草图 8。单击“三维模型”选项卡“草图”面板中的“开始创建二维草图”按钮，选择 XZ 平面为草图绘制平面，进入草图绘制环境。单击“草图”选项卡“创建”面板中的“两点矩形”按钮，绘制草图。单击“约束”面板中的“尺寸”按钮，标注尺寸，如图 7-102 所示。单击“草图”标签中的“完成草图”按钮，退出草图绘制环境。

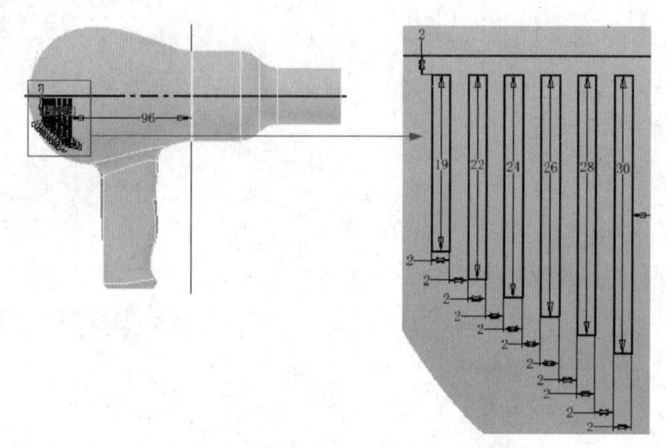

图 7-102　创建草图 8

步骤21 创建拉伸曲面。单击“三维模型”选项卡“创建”面板中的“拉伸”按钮，打开“拉伸”对话框，选取上一步绘制的草图 8 为拉伸截面轮廓，将拉伸距离设置为 60 mm，单击按钮，设置曲面模式已开启，如图 7-103 所示。单击“确定”按钮完成拉伸。

步骤22 共享草图。选择上一步拉伸曲面的草图 8，单击鼠标右键，在弹出的快捷菜单中选择“共享草图”选项，如图 7-104 所示，使草图共享。

步骤23 拉伸曲面。同步骤21，将草图中的矩形分别拉伸为曲面，拉伸距离为 60，结果如图 7-105 所示。

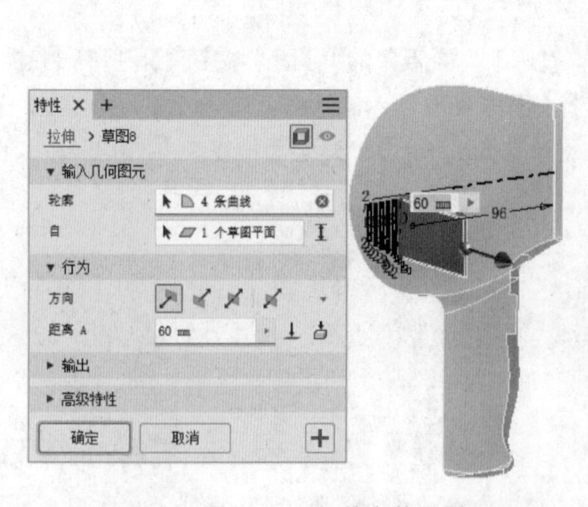

图 7-103　拉伸参数设置

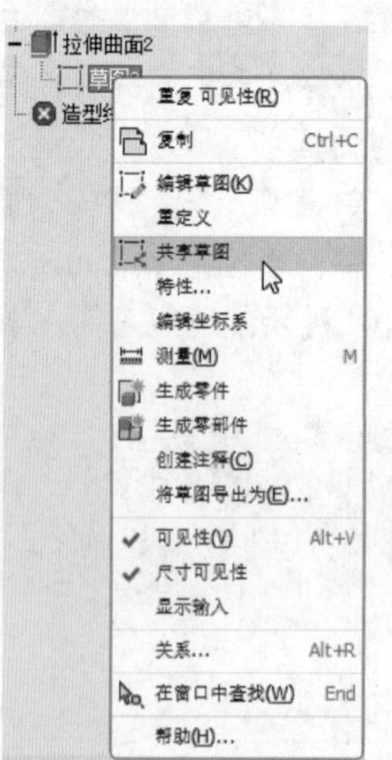

图 7-104　打开菜单

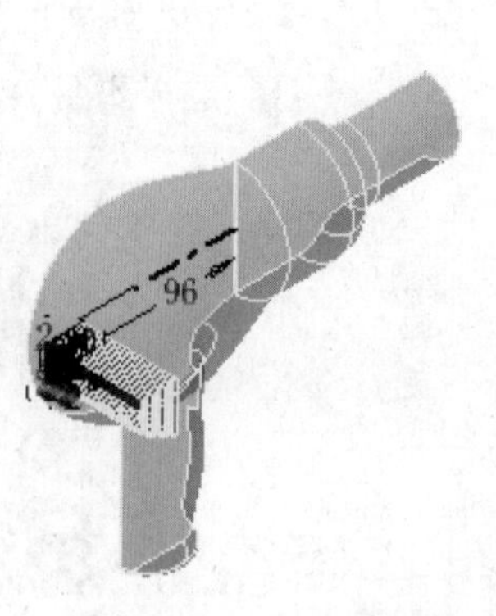

图 7-105　拉伸曲面

步骤24 修剪曲面。单击“三维模型”选项卡“曲面”面板中的“修剪”按钮，打开“修剪曲面”对话框，选择如图 7-106 所示的修剪工具和删除面，单击“确定”按钮。重复“修剪曲面”命令，选择拉伸曲面为修剪工具，选择基体面为删除面，完成曲面修剪，如图 7-107 所示。

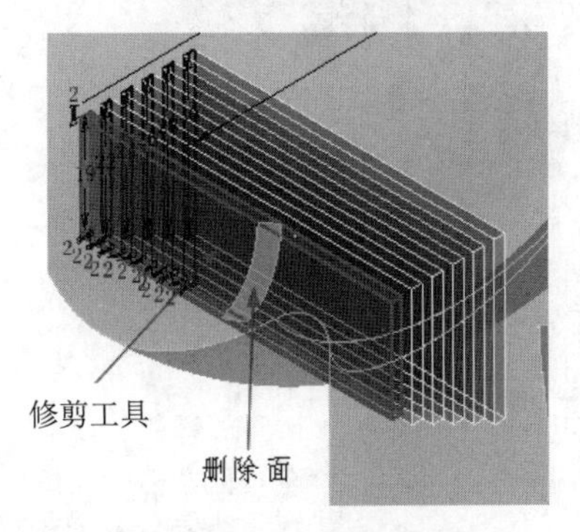

图 7-106 修剪示意图

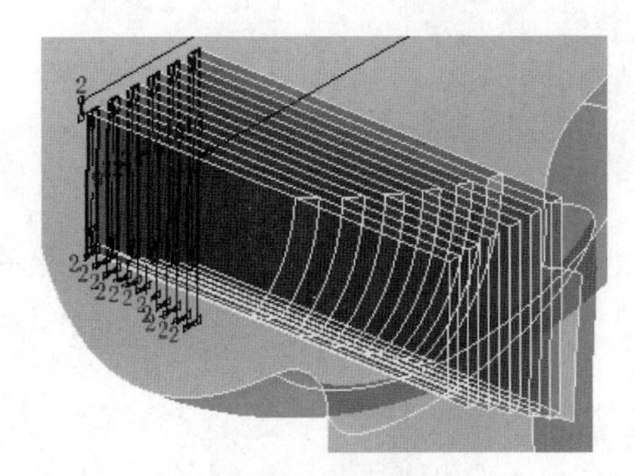

图 7-107 修剪曲面

步骤25 删除面。单击“三维模型”选项卡“修改”面板中的“删除面”按钮，打开“删除面”对话框，选取步骤23创建的拉伸曲面，单击“确定”按钮，删除多余的曲面，隐藏共享草图，如图 7-108 所示。

步骤26 镜像曲面。单击“三维模型”选项卡“阵列”面板中的“镜像”按钮，打开“镜像”对话框，选取步骤21和步骤23创建的拉伸曲面为镜像特征，选择 XY 平面，单击“确定”按钮。

步骤27 修剪和删除曲面。重复步骤24和步骤25，修剪和删除多余的曲面，结果如图 7-109 所示。

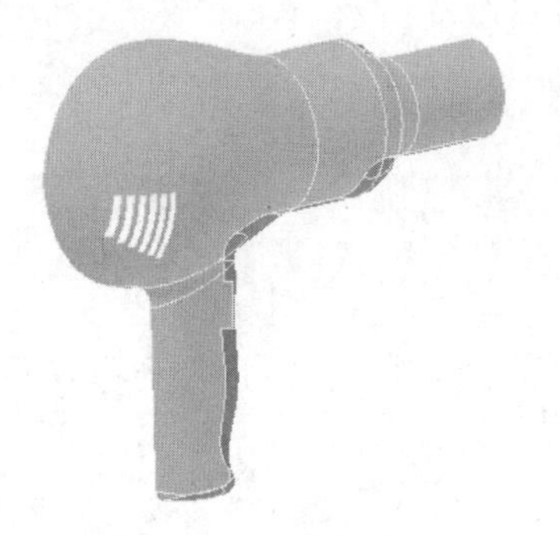

图 7-108 删除面

图 7-109 修剪和删除曲面

步骤28 加厚曲面。单击“三维模型”选项卡“修改”面板中的“加厚”按钮，打开“加厚”对话框，单击按钮，设置缝合曲面为开，选择图中所有曲面，输入距离为 1 mm，如图 7-110 所示，单击“确定”按钮，结果如图 7-111 所示。

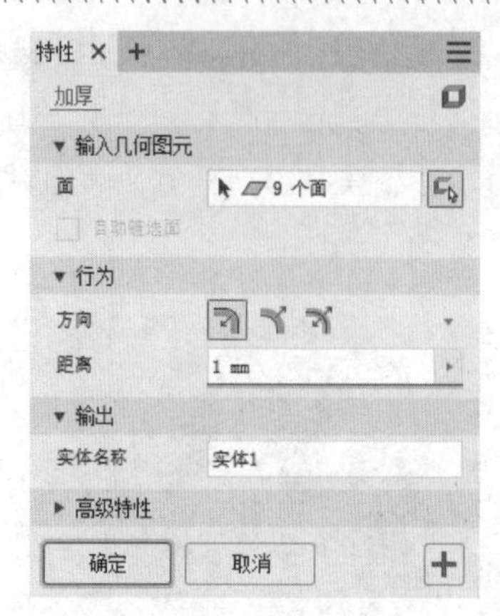

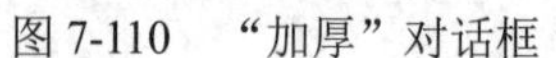

图 7-110　“加厚”对话框

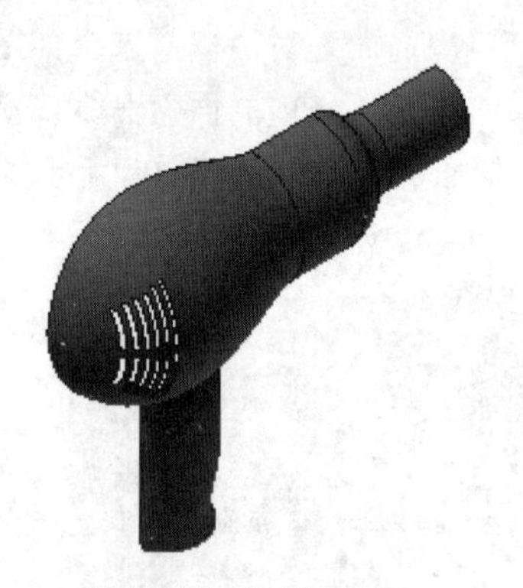

图 7-111　加厚曲面

步骤 29　镜像曲面。单击“三维模型”选项卡“阵列”面板中的“镜像”按钮，打开“镜像”对话框，单击“镜像实体”按钮，系统自动选取视图中的所有实体为镜像特征，选择 XZ 平面为镜像平面，单击“确定”按钮，隐藏所有曲面，结果如图 7-77 所示。

步骤 30　保存文件。单击“快速访问”工具栏中的“保存”按钮，打开“另存为”对话框，输入文件名为“塑料焊接器.ipt”，单击“保存”按钮，保存文件。

第 8 章　钣 金 设 计

导言

钣金零件通常用作零部件的外壳，在产品设计中的地位越来越大。本章主要介绍如何运用 Inventor 2024 中的钣金特征创建钣金零件。

8.1　设置钣金环境

钣金零件的显著特点是同一种零件都具有相同的厚度，所以它的加工方式和普通的零件不同，在 Auto CAD 软件中，为了区分钣金零件和普通零件，通常会提供不同的设计方法。在 Inventor 2024 中，将零件造型和钣金作为零件文件的子类型。用户可以随时通过单击“转换”菜单中的“零件”或者“钣金”选项，在零件子类型和钣金子类型之间进行转换。当零件子类型转换为钣金子类型时，该零件会被识别为钣金，并启用“钣金特征”面板，以便用户添加相关的钣金参数。如果将钣金子类型改为零件子类型，则钣金参数将会保持不变，但系统会将它们识别为造型子类型。

8.1.1　进入钣金环境

进入钣金环境有启动新的钣金零件和将零件转换为钣金零件两种方法。

1．启动新的钣金零件

步骤 01　单击“快速访问”工具栏上的“新建”按钮，打开“新建文件”对话框，在对话框中选择“Sheet Metal.ipt”模板，如图 8-1 所示。

图 8-1　“新建文件”对话框

步骤 02 单击“创建”按钮，进入钣金环境。

2. 将零件转换为钣金零件

步骤 01 打开要转换的零件。

步骤 02 单击“三维模型”选项卡“转换”面板上的“转换为钣金”按钮，进入钣金环境。

8.1.2 设置钣金零件参数

钣金零件具有描述其特性和制造方式的样式参数，可在已命名的钣金规则中获取这些参数，创建新的钣金零件时，将默认应用这些参数。

单击“钣金”选项卡“设置”面板上的“钣金默认设置”按钮，打开“钣金默认设置”对话框，如图 8-2 所示。

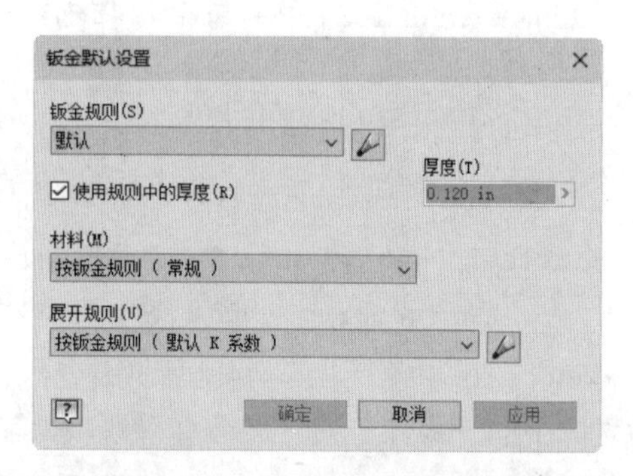

图 8-2 “钣金默认设置”对话框

“钣金默认设置”对话框中的选项说明如下：

- 钣金规则：显示所有钣金规则的下拉列表。单击“编辑钣金规则”按钮，打开“样式和标准编辑器”对话框，可对钣金规则进行修改。
- 使用规则中的厚度：若取消勾选此复选框，则可在“厚度”文本框中输入厚度值。
- 材料：在下拉列表中选择钣金材料。如果所需的材料位于其他库中，则浏览该库，然后选择材料。
- 展开规则：在下拉列表中选择钣金展开规则，单击“编辑展开规则”按钮，打开“样式和标准编辑器”对话框，在该对话框中可对规则进行修改。

8.2 钣金基础特征

8.2.1 平板

通过为草图截面轮廓添加深度来创建拉伸钣金平板，平板通常是钣金零件的基础特征。

步骤 01 单击“钣金”选项卡“创建”面板上的“平板”按钮，打开“面”对话框，如图 8-3 所示。

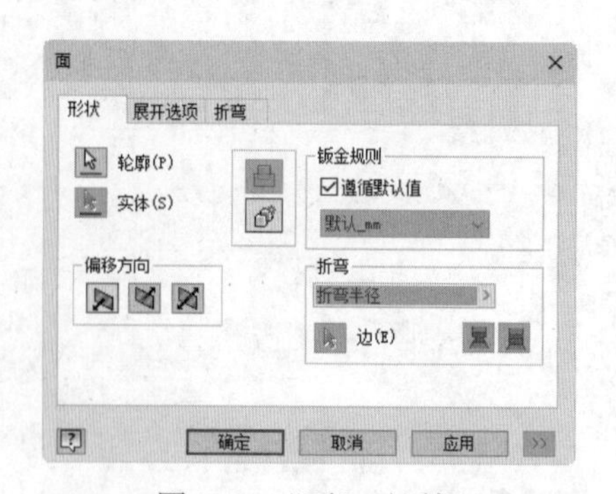

图 8-3 “面”对话框

步骤 02 在视图中选择用于钣金平板的截面轮廓，如图 8-4 所示。

步骤 03 在“面”对话框中单击“偏移方向”

组中的各类按钮，可更改平板厚度的方向。

步骤04 在“面”对话框中单击“确定”按钮，完成平板的创建，结果如图 8-5 所示。

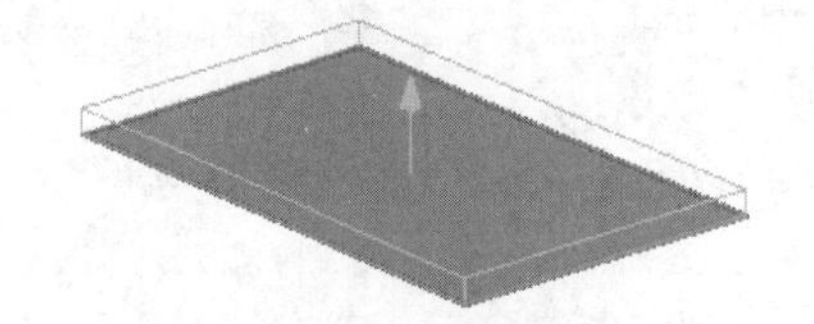

图 8-4　选择截面

图 8-5　平板

“面”对话框中的选项说明如下。

1. “形状”选项卡

- 轮廓：选择一个或多个截面轮廓，按钣金厚度进行拉伸。
- 实体：如果该零件文件中存在两个或两个以上的实体，单击“实体”选择器以选择参与的实体。
- “反转到对侧”：将材料厚度偏移到选定截面轮廓的另一侧。
- “对称”：将材料厚度等量偏移到选定截面轮廓的两侧。
- 折弯半径：显示默认的折弯半径，包括测量、显示尺寸和列出参数选项。
- 边：选择要包含在折弯中的其他钣金平板边。

2. “展开选项”选项卡

展开规则：允许选择先前定义的任意展开规则，如图 8-6 所示。

3. “折弯”选项卡

“折弯”选项卡如图 8-7 所示。

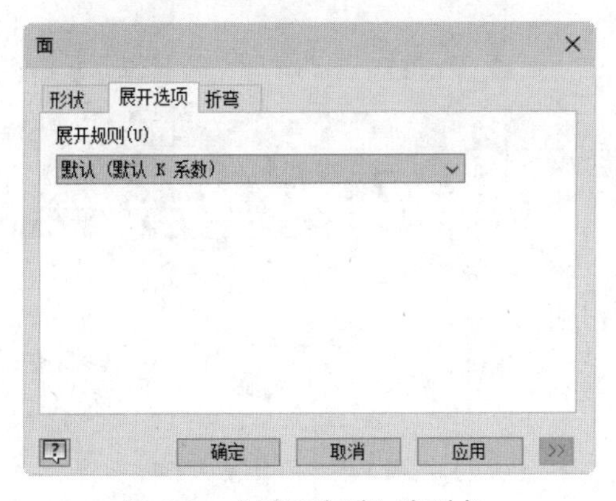

图 8-6　“展开选项”选项卡

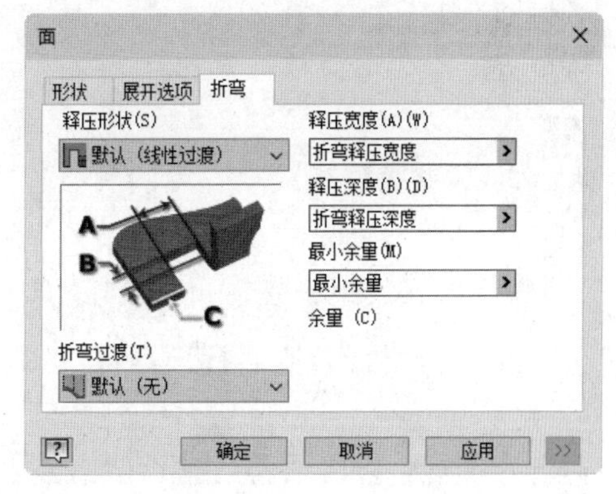

图 8-7　“折弯”选项卡

- 释压形状：
    - 线性过渡：由方形拐角定义的折弯释压形状，默认为线性过渡。
    - 水滴形：由材料故障引起的可接受的折弯释压形状。
    - 圆角：由使用半圆形终止的切割定义的折弯释压形状。
- 折弯过渡：

  - 无：根据几何图元，在选定折弯处相交的两个面的边之间会产生一条样条曲线，默认为无。
  - 交点：从与折弯特征的边相交的折弯区域的边上产生一条直线。
  - 直线：从折弯区域的一条边到另一条边产生一条直线。
  - 圆弧：根据输入的圆弧半径值，产生一条相应尺寸的圆弧，该圆弧与折弯特征的边相切且具有线性过渡。
  - 修剪到折弯：折叠模型中显示此类过渡，将垂直于折弯特征对折弯区域进行切割。
- 释压宽度：用于定义折弯释压的宽度。
- 释压深度：用于定义折弯释压的深度。
- 最小余量：定义了沿折弯释压切割允许保留的最小备料的可接受大小。

8.2.2 轮廓旋转

轮廓旋转是通过旋转由线、圆弧、样条曲线和椭圆弧组成的轮廓创建。轮廓旋转特征可以是基础特征，也可以是钣金零件模型中的后续特征。

步骤01 单击“钣金”选项卡“创建”面板上的“轮廓旋转”按钮，打开“轮廓旋转”对话框，如图 8-8 所示。

步骤02 在视图中选择旋转截面和旋转轴，如图 8-9 所示。

步骤03 在“轮廓旋转”对话框中设置参数，单击“确定”按钮，完成轮廓旋转的创建，如图 8-10 所示。

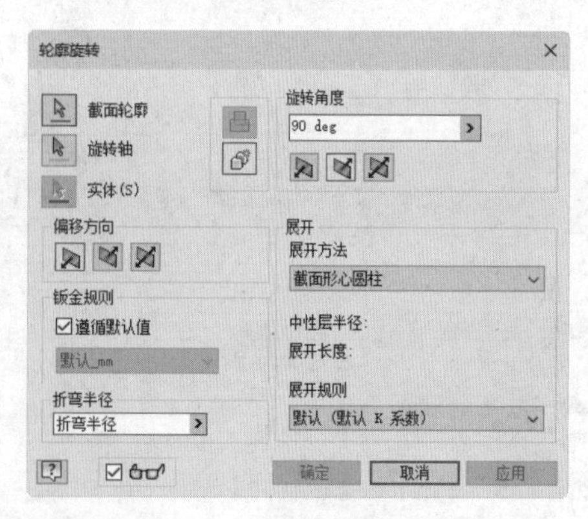

图 8-8 “轮廓旋转”对话框

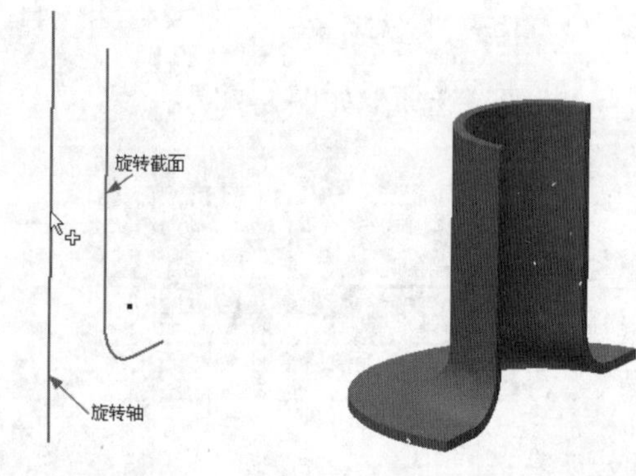

图 8-9 选择旋转截面和旋转轴

图 8-10 轮廓旋转

“轮廓旋转”对话框中的选项说明如下：

- 旋转角度：指定旋转部分的角度扫掠值，默认为 90 deg。对于多段截面轮廓，角度值不能等于 360 deg，可以将 360 deg 的旋转角度值仅用于具有单条直线的截面轮廓。
- 展开方法：包括截面形心圆柱、自定义圆柱、展开长度和中性层半径。
  - 截面形心圆柱：平行于外卷轴的轴将通过估算形心位置，从而提供输入以定义中性层柱面。
  - 自定义圆柱：指定用于定义圆柱中性层曲面的草图线。

➢ 展开长度：指定驱动展开卷曲段的展开长度的值。
➢ 中性层半径：以参数化方式确定中性层半径的值。

8.2.3　钣金放样

钣金放样特征允许使用两个截面轮廓草图定义形状。草图几何图元可以表示钣金材料的内侧面或外侧面，还可以表示材料中间平面。

步骤 01 单击“钣金”选项卡“创建”面板上的“钣金放样”按钮，打开“钣金放样”对话框，如图 8-11 所示。

图 8-11　“钣金放样”对话框

步骤 02 在视图中选择已经创建好的截面轮廓 1 和截面轮廓 2，如图 8-12 所示。

步骤 03 在“钣金放样”对话框中设置轮廓方向、折弯半径和输出形式，单击“确定”按钮，创建钣金放样，如图 8-13 所示。

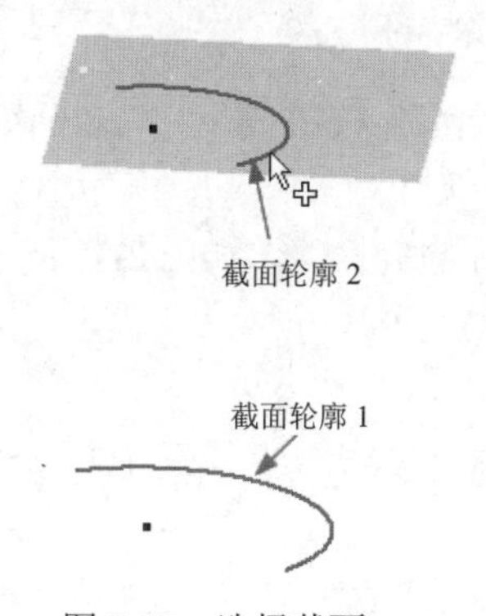

图 8-12　选择截面

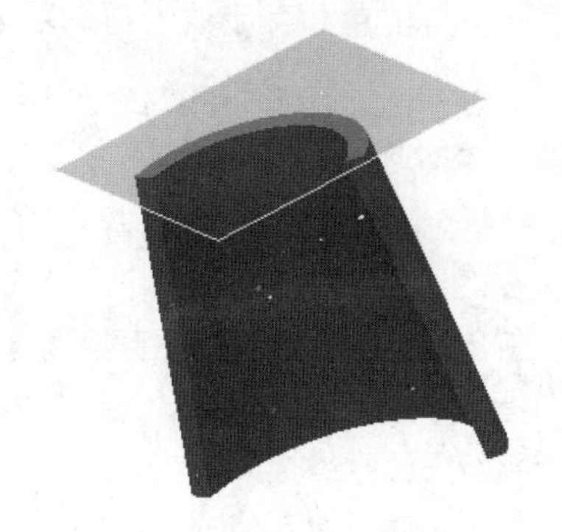

图 8-13　钣金放样

“钣金放样”对话框中的选项说明如下。

1. “形状”选项组

- 截面轮廓 1：选择第一个用于定义钣金放样的截面轮廓草图。
- 截面轮廓 2：选择第二个用于定义钣金放样的截面轮廓草图。
- 反转到对侧：单击此按钮，可将材料厚度偏移到选定截面轮廓的对侧。
- 对称：单击此按钮，可将材料厚度等量偏移到选定截面轮廓的两侧。

2. “输出”选项组

- 冲压成型：单击此按钮，生成平滑的钣金放样。

- 折弯成型：单击此按钮，打开如图 8-14 所示的“折弯成型”对话框，生成镶嵌的折弯钣金放样，结果如图 8-15 所示。

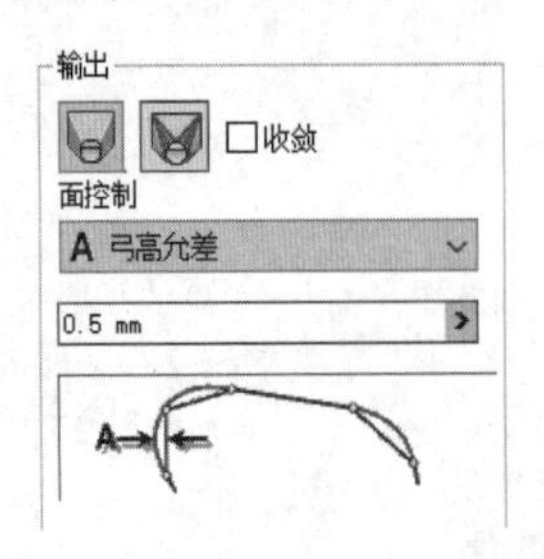

图 8-14 “折弯成型”对话框

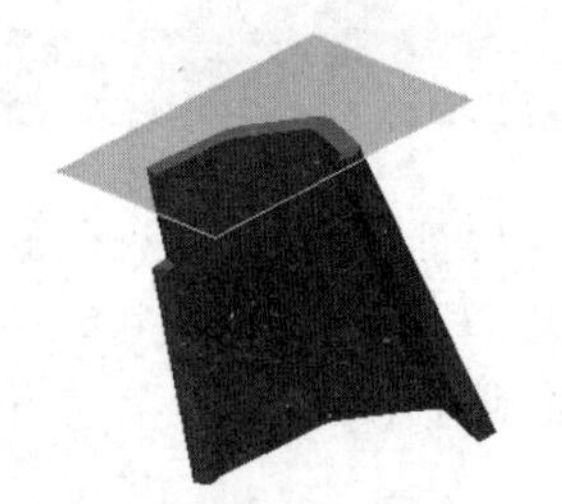

图 8-15 “折弯成型”放样

8.3 钣金高级特征

钣金模块是 Autodesk Inventor 2024 众多模块中的一个，提供了基于参数、特征方式的钣金零件建模功能。

8.3.1 凸缘

凸缘特征包含一个平板以及沿直边连接至现有平板的折弯。可以通过选择一条或多条边并指定可确定添加材料位置和大小的一组选项来添加凸缘特征。

步骤 01 单击“钣金”选项卡“创建”面板上的“凸缘”按钮，打开“凸缘”对话框，如图 8-16 所示。

步骤 02 在钣金零件上选择一条边、多条边或回路来创建凸缘，如图 8-17 所示。

步骤 03 在“凸缘”对话框中指定凸缘的角度，默认为 90°。

步骤 04 使用默认的折弯半径或直接输入半径值。

步骤 05 指定测量高度的基准，包括从两个外侧面的交线折弯、从两个内侧面的交线折弯、平行于凸缘终止面等。

步骤 06 指定相对于选定边的折弯位置，包括基础面范围之内、从相邻面折弯、基础面范围之外、与侧面相切的折弯。

步骤 07 在“凸缘”对话框中单击“确定”按钮，完成凸缘的创建，如图 8-18 所示。

“凸缘”对话框中的选项说明如下。

1）边

选择用于凸缘的一条或多条边，还可以选择由选定面周围的边回路定义的所有边。

- 边选择模式：选择应用于凸缘的一条或多条独立的边。
- 回路选择模式：选择一个边回路，然后将凸缘应用于选定回路的所有边。

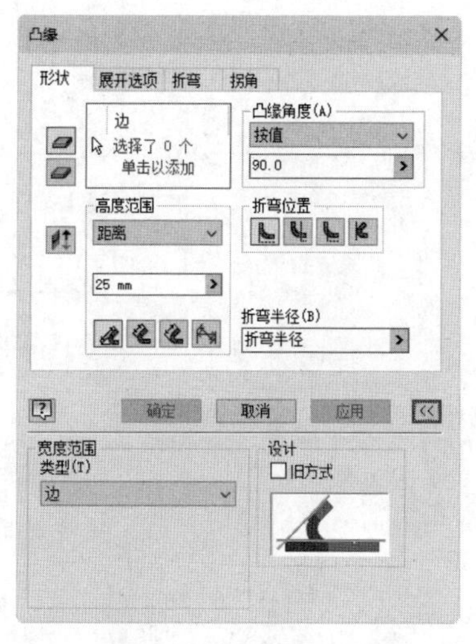

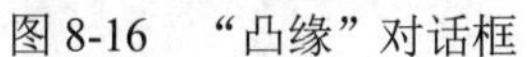
图 8-16　“凸缘”对话框

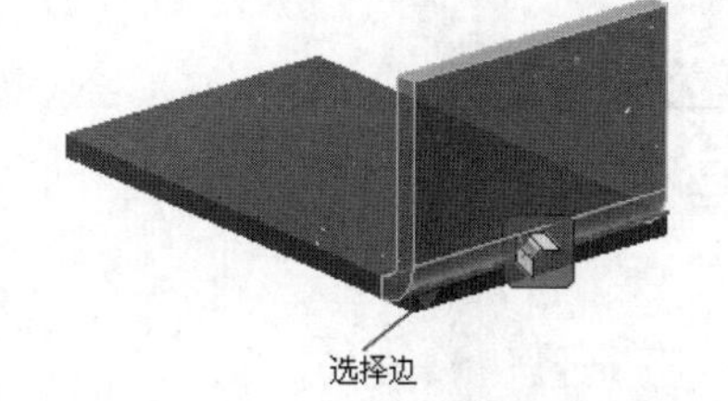

图 8-17　选择边

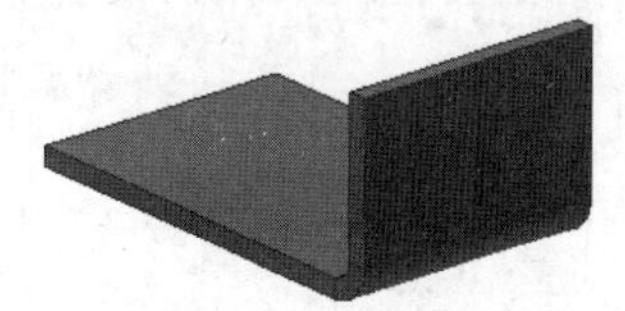
图 8-18　创建凸缘

2）凸缘角度

凸缘角度定义了相对于包含选定边的面的凸缘角度的数据字段。

3）折弯半径

折弯半径定义了凸缘和包含选定边的面之间的折弯半径的数据字段。

4）高度范围

高度范围确定凸缘高度，若单击“反向”按钮，则凸缘反向。

5）高度基准

- 从两个外侧面的交线：从外侧面的交线测量凸缘高度，如图 8-19（a）所示。
- 从两个内侧面的交线：从内侧面的交线测量凸缘高度，如图 8-19（b）所示。
- 从相切平面：测量平行于凸缘面并且折弯相切的凸缘高度，如图 8-19（c）所示（折弯的位置不同，折弯后的高度也不同）。

（a）从两个外侧面的交线　（b）从两个内侧面的交线　（c）从相切平面

图 8-19　高度基准

- 对齐/正交：可以确定高度测量是与凸缘面对齐还是与基础面正交。

6）折弯位置

- 参考平面内：定位凸缘的外表面使其保持在选定边的面范围之内，如图 8-20（a）所示。
- 从相邻面折弯：将折弯定位在从选定面的边开始的位置，如图 8-20（b）所示。

- 参考平面外：定位凸缘的内表面使其保持在选定边的面范围之外，如图 8-20（c）所示。
- 与相邻面相切：将折弯定位在与选定边相切的位置，如图 8-20（d）所示。

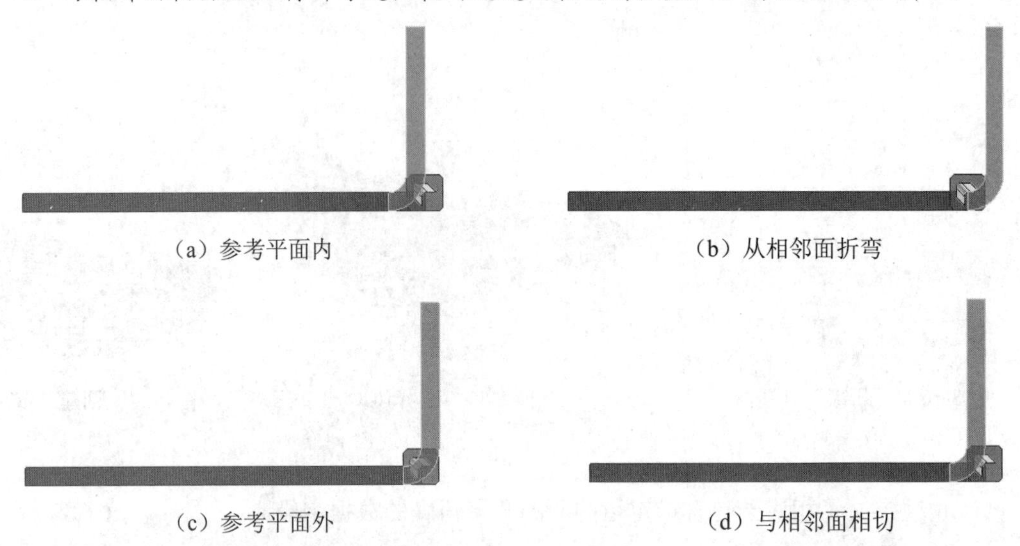

（a）参考平面内　（b）从相邻面折弯

（c）参考平面外　（d）与相邻面相切

图 8-20　折弯位置

7）宽度范围——类型

- 边：创建选定平板边的全长的凸缘。
- 宽度：从现有面的边上的单个选定顶点、工作点、工作平面或平面的指定偏移量来创建指定宽度的凸缘，还可以指定凸缘为居中选定边的中点的特定宽度。
- 偏移量：从现有面的边上的两个选定顶点、工作点、工作平面或平面的偏移量创建凸缘。
- 从表面到表面：创建通过选择现有零件几何图元定义其宽度的凸缘，该几何图元定义了凸缘的自（至）范围。

8.3.2 卷边

沿钣金边创建折叠的卷边，可以加强零件或删除尖锐边，操作步骤如下：

步骤 01　单击“钣金”选项卡“创建”面板上的“卷边”按钮，打开“卷边”对话框，如图 8-21 所示。在该对话框中选择卷边类型。

步骤 02　在视图中选择平板边，如图 8-22 所示。

步骤 03　在“卷边”对话框中根据所选类型设置参数，例如卷边的间隙、长度或半径等，单击“确定”按钮，完成卷边的创建，结果如图 8-23 所示。

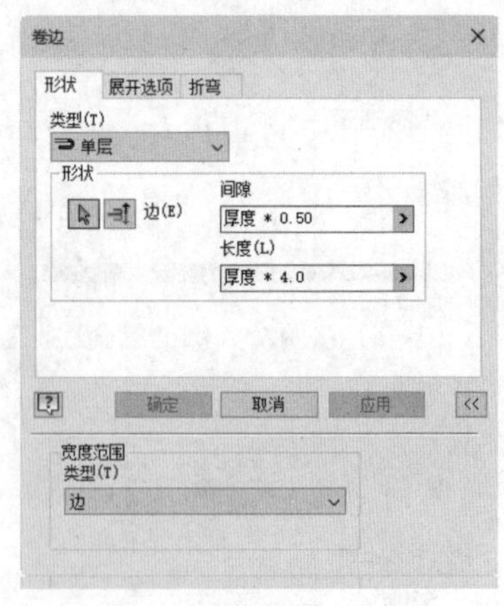

图 8-21　“卷边”对话框

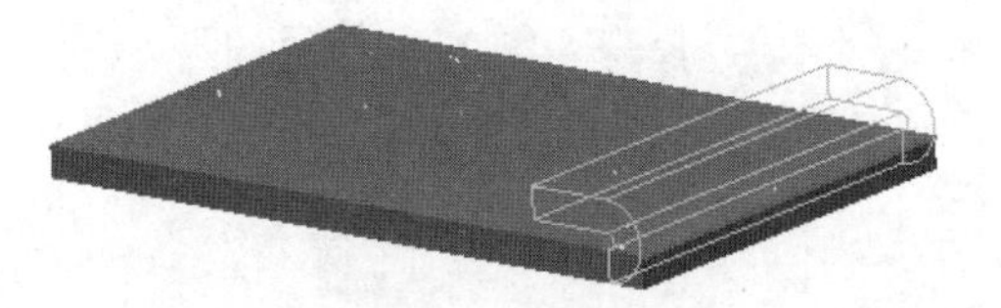

图 8-22　选择边

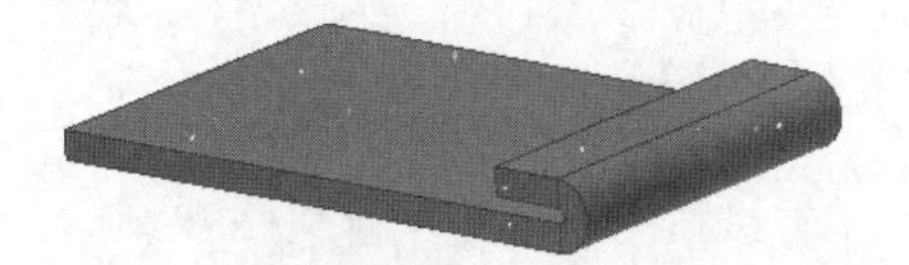

图 8-23　创建卷边

“卷边”对话框中的选项说明如下。

1）类型

- 单层：创建单层卷边，如图 8-24（a）所示。
- 水滴形：创建水滴形卷边，如图 8-24（b）所示。
- 滚边形：创建滚边形卷边，如图 8-24（c）所示。
- 双层：创建双层卷边，如图 8-24（d）所示。

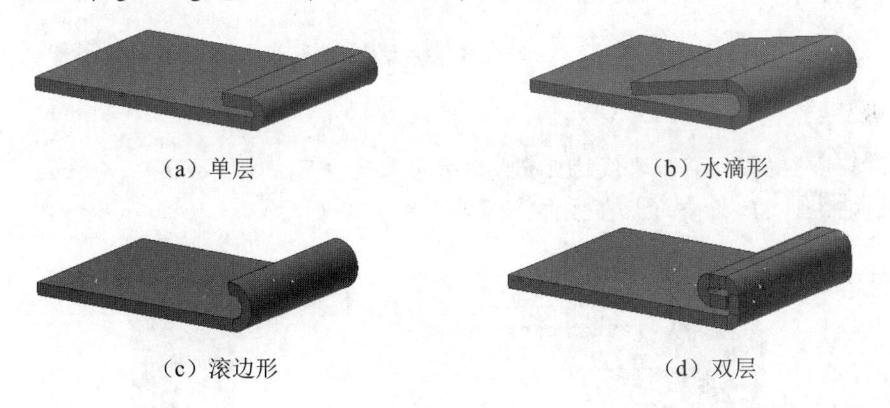

（a）单层　（b）水滴形

（c）滚边形　（d）双层

图 8-24　类型

2）形状

- 选择边：用于选择钣金边以创建卷边。
- 反向：单击此按钮，则反转卷边的方向。
- 间隙：指定卷边内表面之间的距离。
- 长度：指定卷边的长度。

8.3.3 折叠

在现有平板上沿折弯草图线折弯钣金平板，操作步骤如下：

步骤 01　单击“钣金”选项卡“创建”面板上的“折叠”按钮，打开“折叠”对话框，如图 8-25 所示。

步骤 02　在视图中选择用于折叠的折弯线，如图 8-26 所示。折弯线必须放置在要折叠的平板上，并终止于平板的边。

步骤 03　在“折叠”对话框中设置折叠参数，或接受当前钣金样式中指定的默认折弯钣金和角度。

步骤 04 设置折叠的折叠侧和方向，单击“确定”按钮，结果如图 8-27 所示。

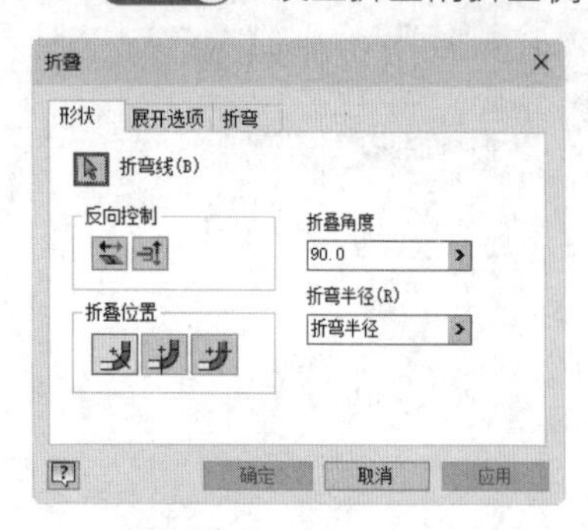

图 8-25 “折叠”对话框

图 8-26 选择折弯线

图 8-27 折叠

“折叠”对话框中的选项说明如下。

1）折弯线

折弯线用于指定折叠线的草图，草图直线端点必须位于边上，否则该线不能选作折弯线。

2）反向控制

- 反转到对侧：将折弯线的折叠侧改为向上或向下，如图 8-28（a）所示。
- 反向：更改折叠的上/下方向，如图 8-28（b）所示。

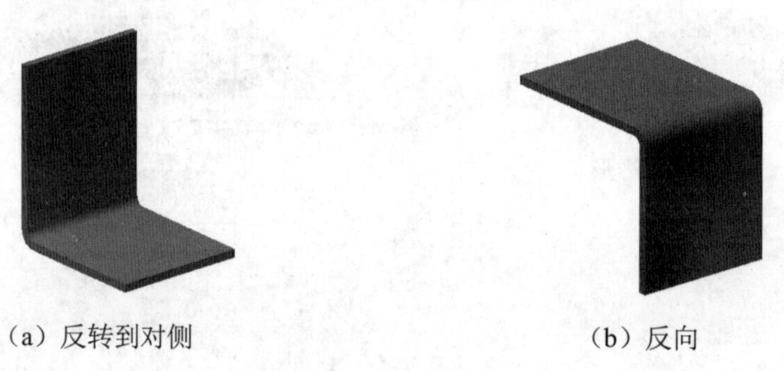

（a）反转到对侧　（b）反向

图 8-28 反向控制

3）折叠位置

- 折弯中心线：将草图线用作折弯的中心线，如图 8-29（a）所示。
- 折弯起始线：将草图线用作折弯的起始线，如图 8-29（b）所示。
- 折弯终止线：将草图线用作折弯的终止线，如图 8-29（c）所示。

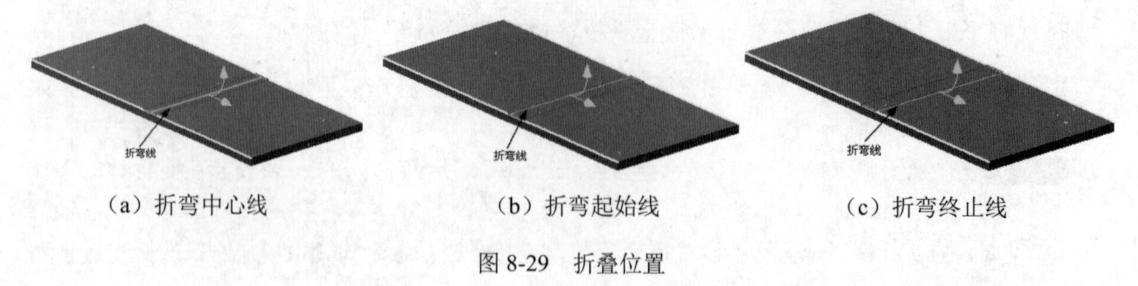

（a）折弯中心线　（b）折弯起始线　（c）折弯终止线

图 8-29 折叠位置

4）折叠角度

折叠角度用于指定折叠的角度。

8.3.4　实例——校准架

本实例将绘制如图 8-30 所示的校准架。

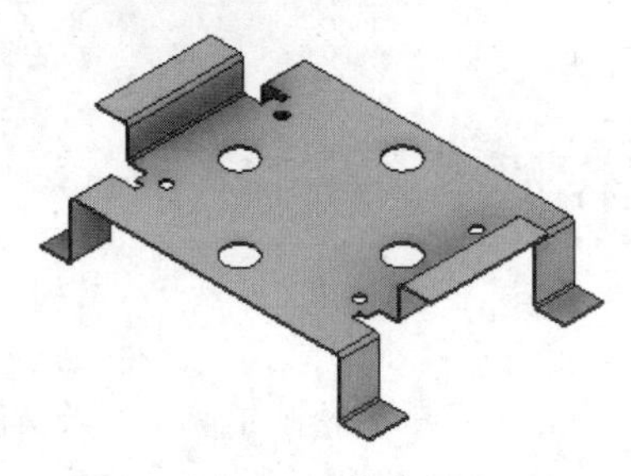

图 8-30　校准架

下载资源\动画演示\第8章\校准架.MP4

操作步骤

步骤 01 打开文件。运行 Inventor 2024，单击“快速访问”工具栏上的“打开”按钮，在打开的“打开”对话框中选择“校准架.ipt”文件，单击“打开”按钮，将其打开，如图 8-31 所示。

步骤 02 创建草图。单击“钣金”选项卡“草图”面板上的“开始创建二维草图”按钮，选择平板上表面为草图绘制平面，进入草图绘制环境。单击“草图”选项卡“创建”面板上的“直线”按钮，绘制草图。单击“约束”面板上的“尺寸”按钮，标注尺寸，如图 8-32 所示。单击“草图”标签中的“完成草图”按钮，退出草图绘制环境。

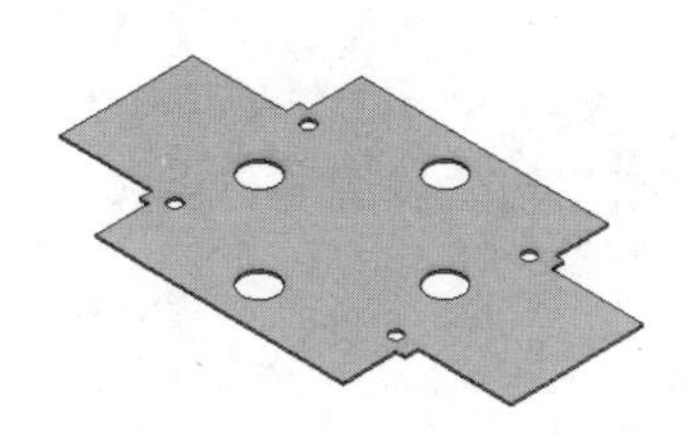

图 8-31　打开的校准架.ipt 文件

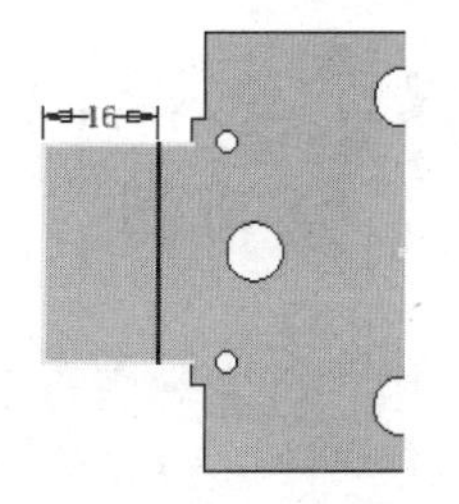

图 8-32　绘制草图

步骤 03 创建折叠 1。单击“钣金”选项卡“创建”面板上的“折叠”按钮，打开“折叠”对话框，选择如图 8-33 所示的草图线，输入折叠角度为 90°，选择“折弯中心线”选项，单击“确定”按钮，如图 8-34 所示。

图 8-33　设置参数 1

步骤 04 创建草图。单击“钣金”选项卡“草图”面板上的“开始创建二维草图”按钮，选择如图 8-34 所示的面 1 为草图绘制平面，进入草图绘制环境。单击“草图”选项卡“创建”面板上的“直线”按钮，绘制草图。单击“约束”面板上的“尺寸”按钮，标注尺寸，如图 8-35 所示。单击“草图”标签中的“完成草图”按钮，退出草图绘制环境。

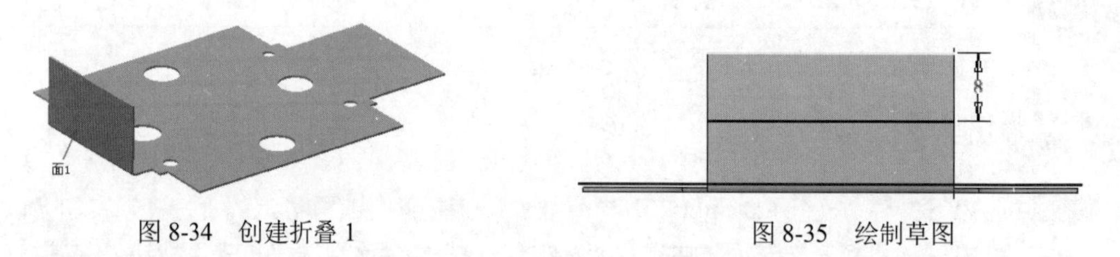

图 8-34　创建折叠 1　　　图 8-35　绘制草图

步骤 05 创建折叠 2。单击“钣金”选项卡“创建”面板上的“折叠”按钮，打开“折叠”对话框，选择如图 8-36 所示的草图线，输入折叠角度为 90°，选择“折弯中心线”选项，单击“确定”按钮，如图 8-37 所示。

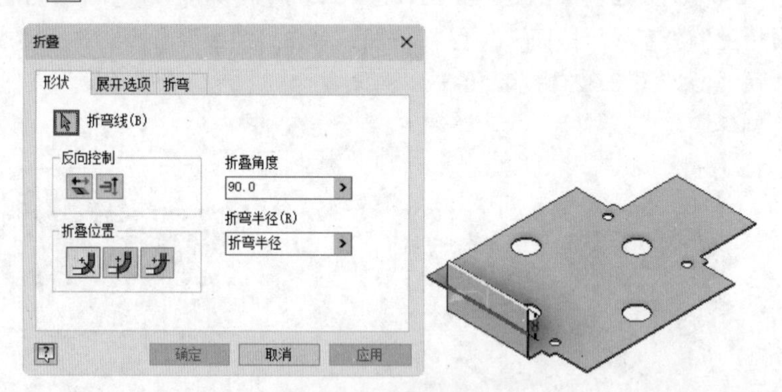

图 8-36　设置参数 2

步骤 06 镜像折叠特征。单击“钣金”选项卡“阵列”面板上的“镜像”按钮，打开“镜像”对话框，选择前面创建的折叠 1 和折叠 2 为镜像特征，选择 YZ 平面为镜像平面，单击“确定”按钮，结果如图 8-38 所示。

图 8-37　创建折叠 2

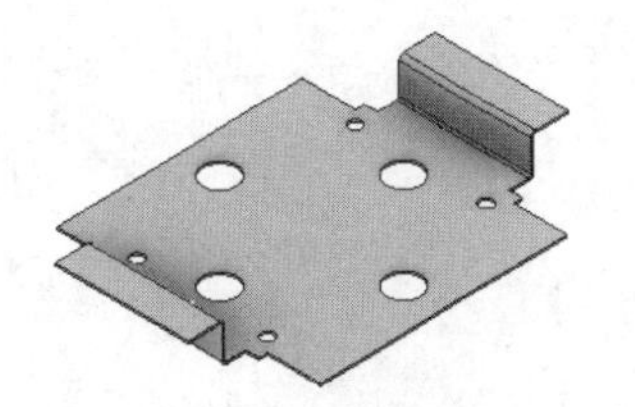

图 8-38　镜像特征

步骤 07 创建凸缘 1。单击“钣金”选项卡“创建”面板上的“凸缘”按钮，打开“凸缘”对话框，选择如图 8-39 所示的边，输入高度为 7 mm，凸缘角度为 0°，选择“从两个外侧面的交线”选项和“参考平面内”选项，单击按钮，选择“偏移量”类型，输入“偏移 1”为 2 mm，“偏移 2”为 0 mm，单击“确定”按钮。

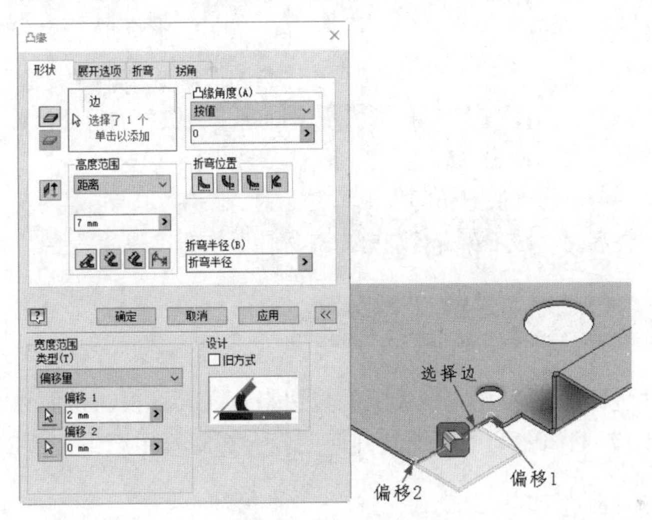

图 8-39　设置参数 3

步骤 08 创建凸缘 2。单击“钣金”选项卡“创建”面板上的“凸缘”按钮，打开“凸缘”对话框，选择如图 8-40 所示的边，输入高度为 15 mm，凸缘角度为 90°，选择“从两个外侧面的交线”选项和“参考平面内”选项，单击“确定”按钮。

步骤 09 创建凸缘 3。单击“钣金”选项卡“创建”面板上的“凸缘”按钮，打开“凸缘”对话框，选择如图 8-41 所示的边，输入高度为 8 mm，凸缘角度为 90°，选择“从两个外侧面的交线”选项和“参考平面内”选项，单击“确定”按钮，效果如图 8-42 所示。

图 8-40　选择边线

图 8-41　选择边线

步骤 10 镜像凸缘特征。单击“钣金”选项卡“阵列”面板上的“镜像”按钮，打开“镜像”对话框，选择前面创建的三个凸缘特征为镜像特征，选择 XY 平面为镜像平面，单击“确定”按钮，结果如图 8-43 所示。

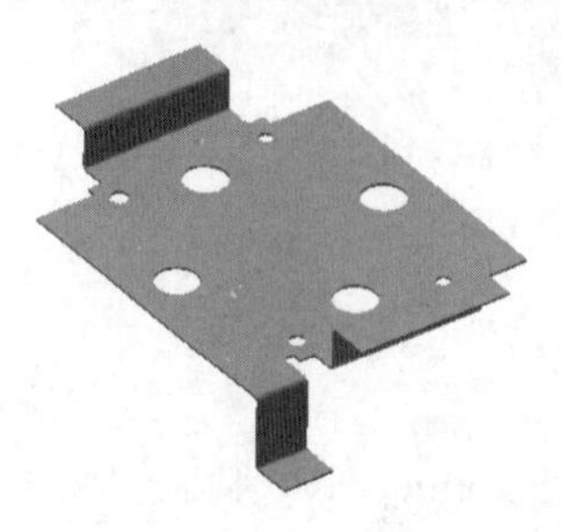

图 8-42　创建凸缘

图 8-43　镜像特征

步骤 11 镜像凸缘特征。单击“钣金”选项卡“阵列”面板上的“镜像”按钮，打开“镜像”对话框，选择凸缘特征和步骤 10 创建的镜像后的特征为镜像特征，选择 YZ 平面为镜像平面，单击“确定”按钮，结果如图 8-30 所示。

步骤 12 保存文件。单击“快速访问”工具栏上的“保存”按钮，打开“另存为”对话框，输入文件名为“校准架.ipt”，单击“保存”按钮，保存文件。

8.3.5　异形板

可通过使用截面轮廓草图和现有平板上的直边来定义异形板。截面轮廓草图由线、圆弧、样条曲线和椭圆弧组成。截面轮廓中的连续几何图元会在轮廓中产生符合钣金样式的折弯半径值的折弯。

异形板的创建步骤如下：

步骤 01 单击“钣金”选项卡“创建”面板上的“异形板”按钮，打开“异形板”对话框，如图 8-44 所示。

步骤 02 在视图中选择已经绘制好的截面。

步骤 03 在视图中选择边或回路，如图 8-45 所示。

图 8-44　“异形板”对话框

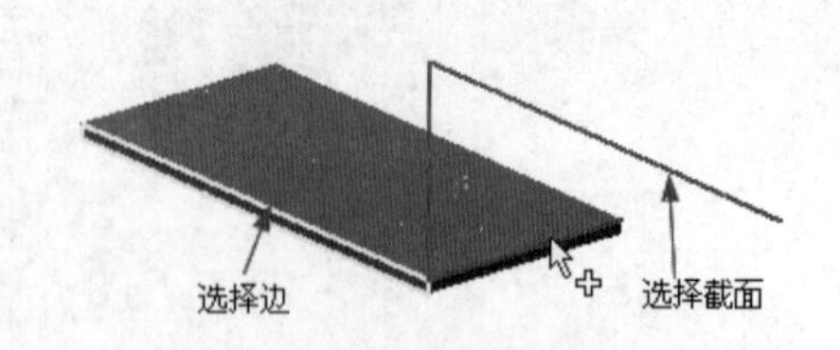

图 8-45　选择边或回路

步骤 04　在“异形板”对话框中设置参数，单击“确定”按钮完成异形板的设置，如图 8-46 所示。

图 8-46　异形板

“异形板”对话框中的选项说明如下。

1．形状

- 截面轮廓：选择一个包括定义了异形板形状的开放截面轮廓的未使用的草图。

2．边

- 边选择模式：选择一条或多条独立边，边必须垂直于截面轮廓草图平面。当截面轮廓草图的起点或终点与选定的第一条边定义的无穷直线不重合，或者选定的截面轮廓包含非直线或圆弧段的几何图元时，不能选择多边。
- 回路选择模式：选择一个边回路，然后将凸缘应用于选定回路的所有边，截面轮廓草图必须和回路的任一边重合或垂直。

3．折弯半径

- 与侧面对齐的延伸折弯：沿由折弯连接的侧边上的平板延伸材料，而不是垂直于折弯轴，在平板的侧边不垂直的时候有用。
- 与侧面垂直的延伸折弯：与侧面垂直的延伸材料。

4．宽度范围——类型

- 边：以选定面的边的全长创建异形板，如图 8-47（a）所示。
- 宽度：在距离现有面的边上的单个选定顶点、工作点、工作平面或平面的指定偏移处创建指定宽度的异形板，如图 8-47（b）所示。
- 偏移量：从现有面的边上的两个选定顶点、工作点、工作平面或平面创建异形板偏移，如图 8-47（c）所示。
- 从表面到表面：通过选择定义凸缘自/至范围的现有零件几何图元定义的宽度创建异形板，如图 8-47（d）所示。

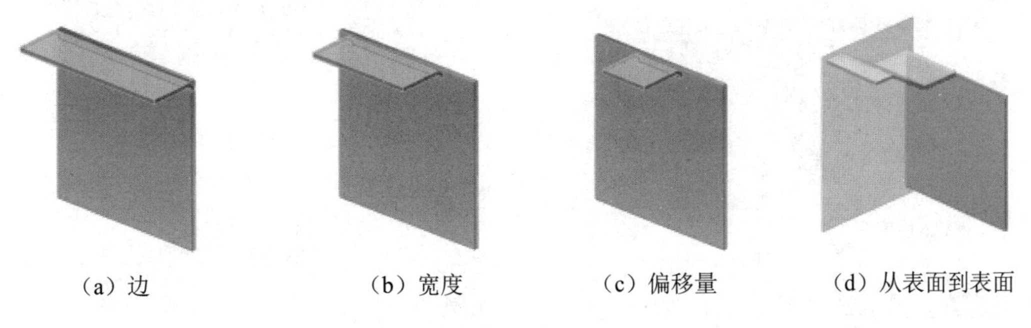

（a）边　（b）宽度　（c）偏移量　（d）从表面到表面

图 8-47　宽度范围——类型

● 距离：使用按草图平面的一个距离值和方向定义的宽度创建异形板。

8.3.6 实例——仪表面板

本实例将绘制如图 8-48 所示的仪表面板。

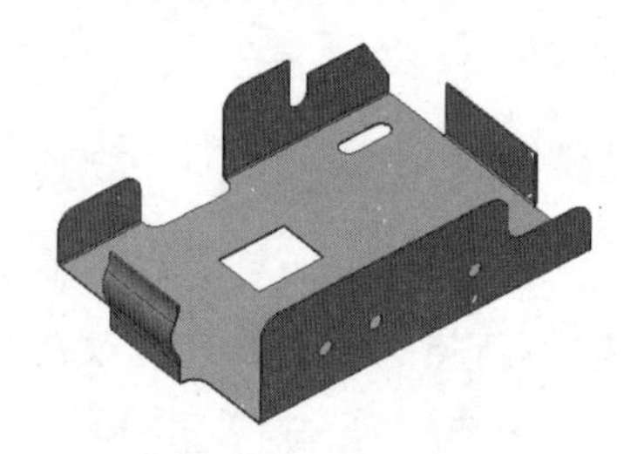

图 8-48　仪表面板

下载资源\动画演示\第8章\仪表面板.MP4

操作步骤

步骤 01　打开文件。运行 Inventor 2024，单击“快速访问”工具栏上的“打开”按钮，在打开的“打开”对话框中选择“仪表面板.ipt”文件，单击“打开”按钮，将其打开，如图 8-49 所示。

图 8-49　打开仪表面板.ipt 文件

步骤 02　创建草图。单击“钣金”选项卡“草图”面板上的“开始创建二维草图”按钮，选择如图 8-50 所示的面 3 为草图绘制平面，进入草图绘制环境。单击“草图”选项卡“创建”面板上的“直线”按钮和“圆弧”按钮，绘制草图。单击“约束”面板上的“尺寸”按钮，标注尺寸，如图 8-51 所示。单击“草图”标签中的“完成草图”按钮，退出草图绘制环境。

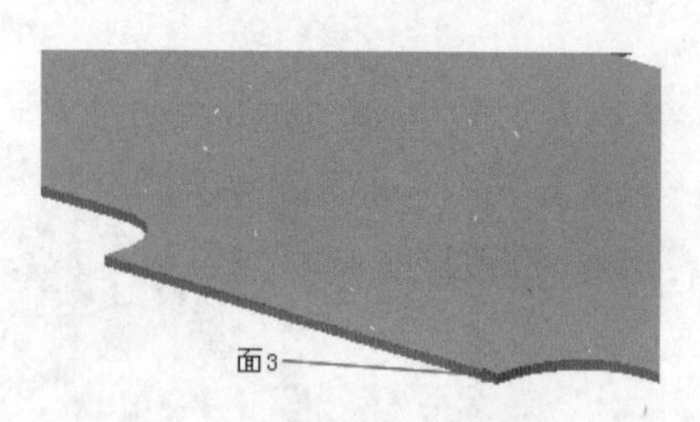

图 8-50　选取平面

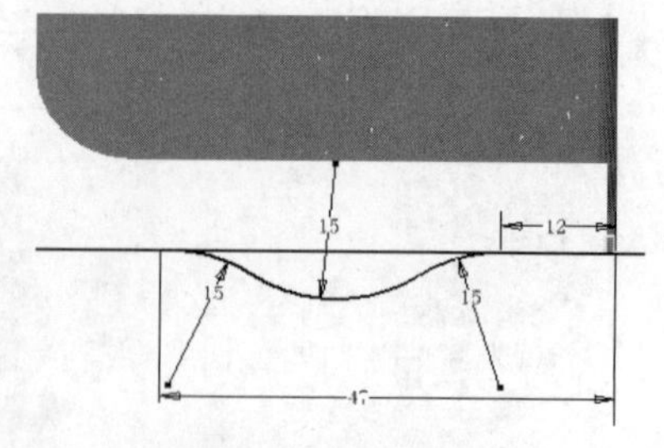

图 8-51　绘制草图

步骤 03　创建异形板。单击“钣金”选项卡“创建”面板上的“异形板”按钮，打开“异形板”对话框，选择上一步绘制的草图为截面轮廓，选择如图 8-52 所示的边，单击

“确定”按钮，如图 8-53 所示。

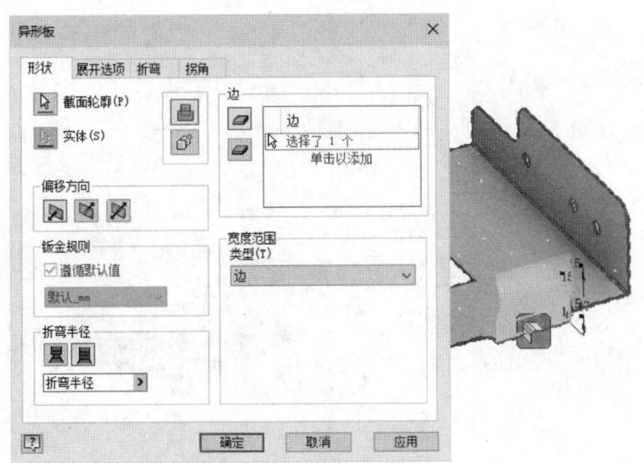

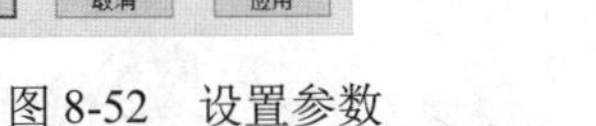

图 8-52　设置参数　　　　图 8-53　异形板

步骤 04　创建凸缘 1。单击“钣金”选项卡“创建”面板上的“凸缘”按钮，打开“凸缘”对话框，如图 8-54 所示，选择图中所示的边，输入高度为 30 mm，凸缘角度为 90°，选择“从两个外侧面的交线”选项和“参考平面内”选项，单击»按钮，展开对话框，选择“宽度”类型，选中“居中”单选按钮，输入宽度为 70 mm，单击“确定”按钮，效果如图 8-55 所示。

步骤 05　保存文件。单击“快速访问”工具栏上的“保存”按钮，打开“另存为”对话框，输入文件名为“仪表面板.ipt”，单击“保存”按钮，保存文件。

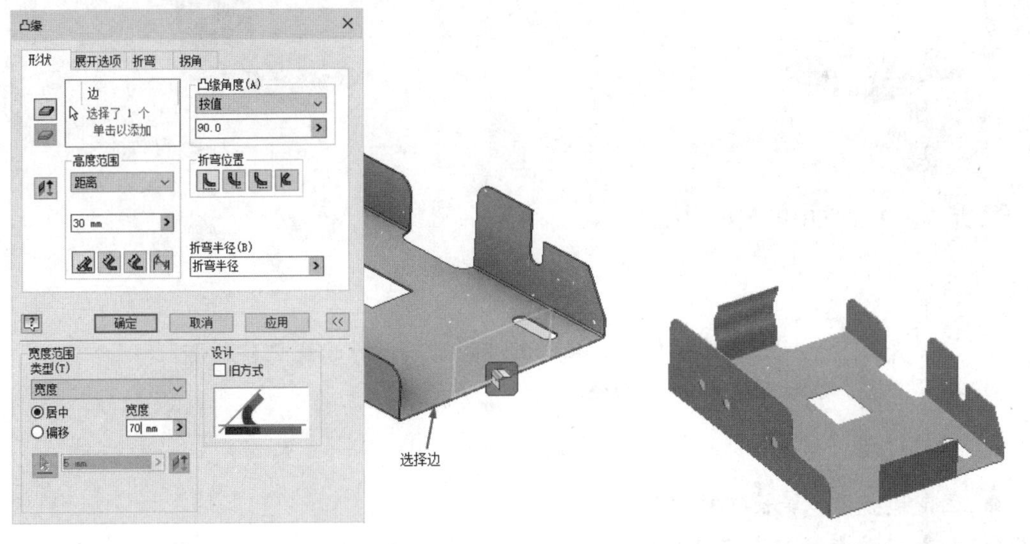

图 8-54　“凸缘”对话框　　　　图 8-55　绘制凸缘

8.3.7　折弯

钣金折弯特征通常用于连接为满足特定设计条件而在某个特殊位置创建的钣金平板。通过选择现有钣金特征上的边，使用由钣金样式定义的折弯半径和材料厚度将材料添加到模型。

折弯的操作步骤如下：

步骤 01 单击“钣金”选项卡“创建”面板上的“折弯”按钮，打开“折弯”对话框，如图 8-56 所示。

步骤 02 在视图中的平板上选择模型边，如图 8-57 所示。

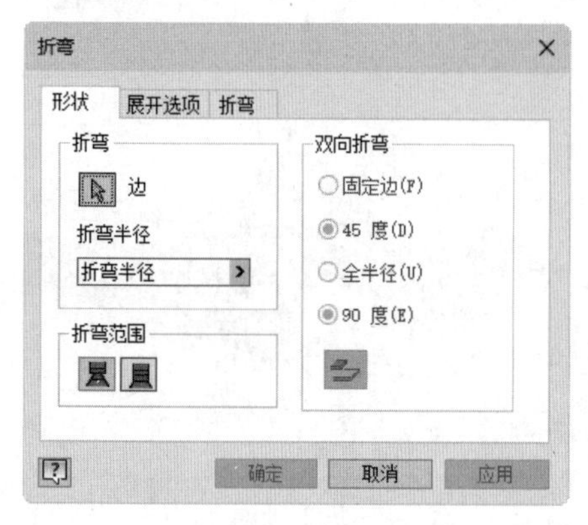

图 8-56　“折弯”对话框

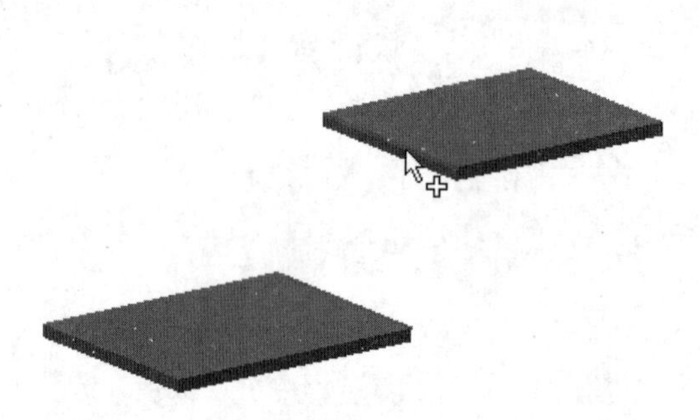

图 8-57　选择边

步骤 03 在“折弯”对话框中选择折弯类型，设置折弯参数，效果如图 8-58 所示。如果平板平行但不共面，则在“双向折弯”选项中选择折弯方式。

步骤 04 在“折弯”对话框中单击“确定”按钮，完成折弯特征，结果如图 8-59 所示。

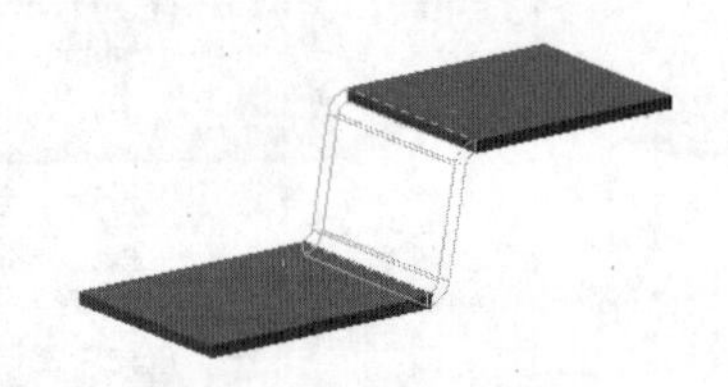

图 8-58　设置折弯参数

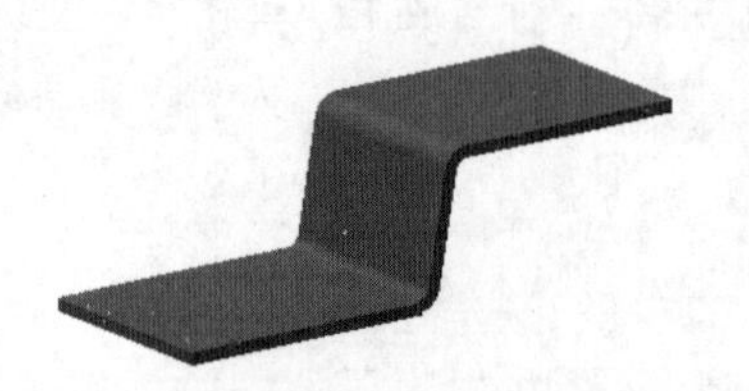

图 8-59　折弯特征

“折弯”对话框中的选项说明如下。

1）折弯

- 边：在每个平板上选择模型边，根据需要修剪或延伸平板创建折弯。
- 折弯半径：显示默认的折弯半径。

2）双向折弯

- 固定边：添加等长折弯到现有的钣金边。
- 45 度：平板根据需要进行修剪或延伸，并插入 45° 折弯。
- 全半径：平板根据需要进行修剪或延伸，并插入半圆折弯。
- 90 度：平板根据需要进行修剪或延伸，并插入 90° 折弯。
- 固定边反向：反转顺序。

8.4　钣金编辑特征

在 Inventor 2024 中可以生成复杂的钣金零件，并对其进行参数化编辑，此外，还能够定义和仿真钣金零件的制造过程，以及对钣金模型进行展开和重叠的模拟操作。

8.4.1　剪切

剪切就是从钣金平板中删除材料，在钣金平板上绘制截面轮廓，然后贯穿一个或多个平板进行切割，操作步骤如下：

步骤 01 单击“钣金”选项卡“修改”面板上的“剪切”按钮，打开“剪切”对话框，如图 8-60 所示。

步骤 02 如果草图中只有一个截面轮廓，系统将自动选择该截面轮廓，如果有多个截面轮廓，则单击“截面轮廓”按钮，选择要切割的截面轮廓，如图 8-61 所示。

步骤 03 在“剪切”对话框中的“范围”选项下选择终止方式，调整剪切方向。

步骤 04 在“剪切”对话框中单击“确定”按钮完成剪切，结果如图 8-62 所示。

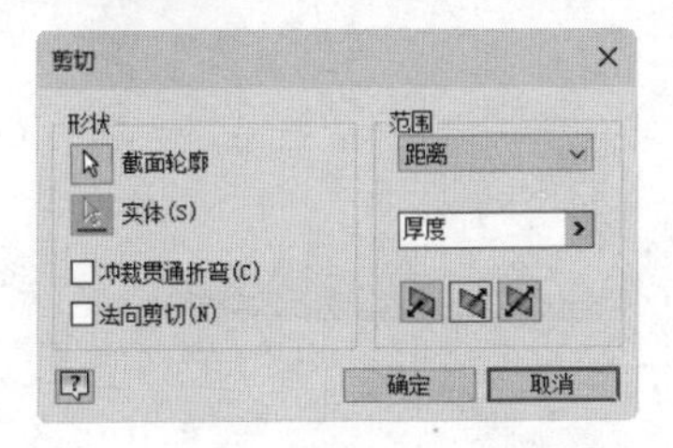

图 8-60　“剪切”对话框

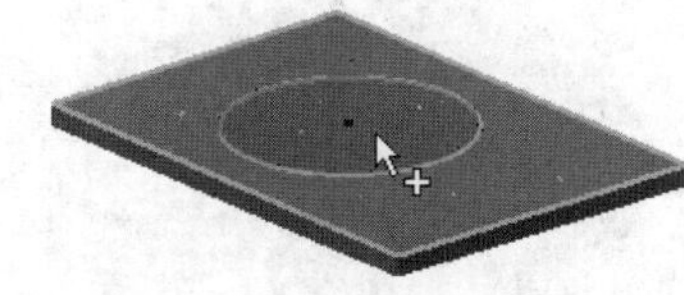

图 8-61　选择截面轮廓

图 8-62　完成剪切

“剪切”对话框中的选项说明如下。

1. 形状

- 截面轮廓：选择一个或多个截面作为要删除材料的截面轮廓。
- 冲裁贯通折弯：若勾选此复选框，则可通过环绕截面轮廓贯通平板，以及一个或多个钣金折弯的截面轮廓来删除材料。
- 法向剪切：将选定的截面轮廓（草图）投影到曲面，然后按垂直于投影相交的面进行切割。如果勾选此复选框，则“冲裁贯通折弯”选项不可用。

2. 范围

- 距离：默认为平板的厚度，如图 8-63（a）所示的剪切为默认为厚度/2。
- 到表面或平面：剪切终止于下一个表面或平面，如图 8-63（b）所示。
- 到：选择终止剪切的表面或平面。可以在所选面或其延伸面上终止剪切，如图 8-63（c）所示。
- 从表面到表面：选择终止拉伸的起始面和终止面（或平面），如图 8-63（d）所示。
- 贯通：在指定方向上贯通所有特征和草图拉伸截面轮廓，如图 8-63（e）所示。

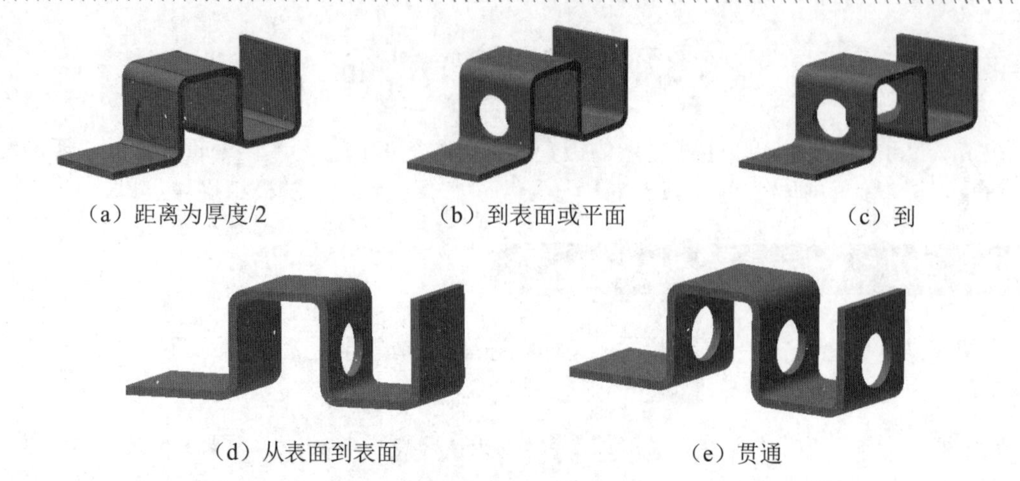

（a）距离为厚度/2　（b）到表面或平面　（c）到

（d）从表面到表面　（e）贯通

图 8-63　范围示意图

8.4.2　实例——硬盘固定架

本实例将绘制如图 8-64 所示的硬盘固定架。

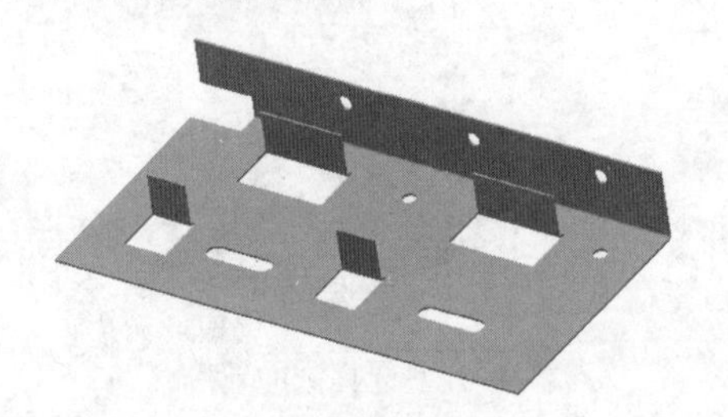

图 8-64　硬盘固定架

下载资源\动画演示\第8章\硬盘固定架.MP4

步骤01 新建文件。运行 Inventor 2024，单击“快速访问”工具栏上的“新建”按钮，在打开的“新建文件”对话框中的零件下拉列表中选择“Sheet Metal.ipt”选项，单击“创建”按钮，新建一个零件文件。

步骤02 创建草图。单击“钣金”选项卡“草图”面板中的“开始创建二维草图”按钮，选择 XZ 平面为草图绘制平面，进入草图绘制环境。单击“草图”选项卡“创建”面板中的“矩形”按钮，绘制草图。单击“约束”面板中的“尺寸”按钮，标注尺寸，如图 8-65 所示。单击“草图”

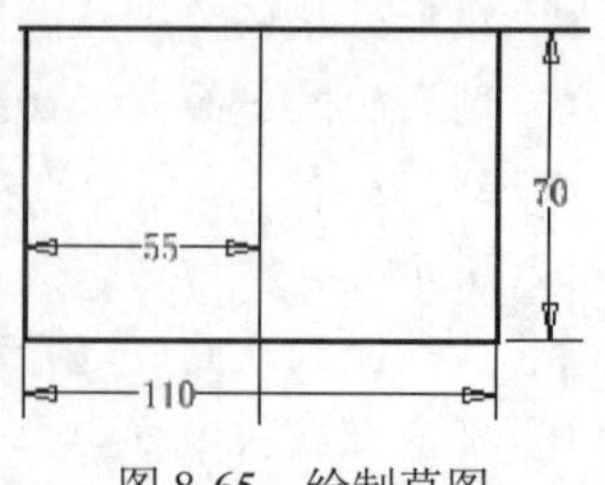

图 8-65　绘制草图

标签中的“完成草图”按钮，退出草图绘制环境。

步骤03 创建平板。单击“钣金”选项卡“创建”面板中的“平板”按钮，打开“面”对话框，系统自动选择上一步绘制的草图为截面轮廓，单击“确定”按钮，完成平板的创建，如图 8-66 所示。

步骤04 创建草图。单击“钣金”选项卡“草图”面板中的“开始创建二维草图”按钮，选择平板的上表面为草图绘制平面，进入草图绘制环境。单击“草图”选项卡“创建”面板中的“矩形”按钮，绘制草图。单击“约束”面板中的“尺寸”按钮，标注尺寸，如图 8-67 所示。单击“草图”标签中的“完成草图”按钮，退出草图绘制环境。

图 8-66　创建平板

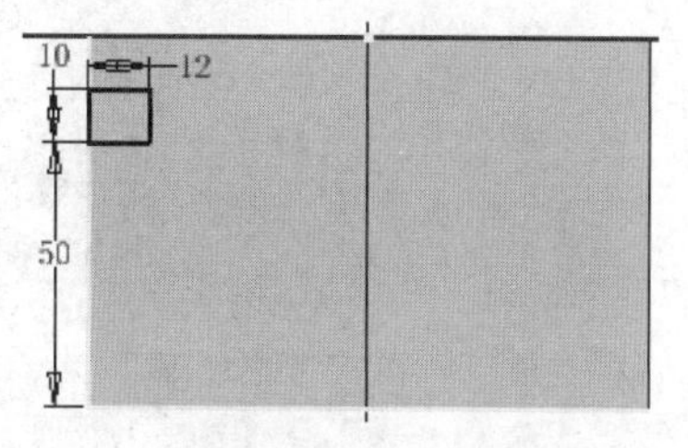

图 8-67　绘制草图

步骤05 创建剪切。单击“钣金”选项卡“修改”面板中的“剪切”按钮，打开“剪切”对话框，选择如图 8-68 所示的截面轮廓。采用默认设置，单击“确定”按钮。

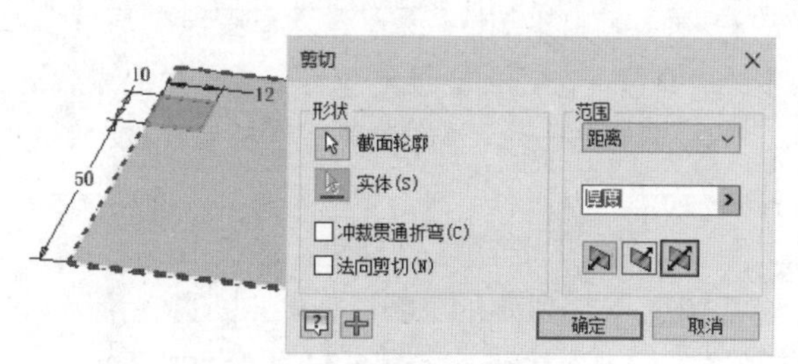

图 8-68　“剪切”对话框

步骤06 创建草图。单击“钣金”选项卡“草图”面板中的“开始创建二维草图”按钮，选择平板的上表面为草图绘制平面，进入草图绘制环境。单击“草图”选项卡“创建”面板中的“圆”按钮，绘制草图。单击“约束”面板中的“尺寸”按钮，标注尺寸，如图 8-69 所示。单击“草图”标签中的“完成草图”按钮，退出草图绘制环境。

步骤07 创建剪切。单击“钣金”选项卡“修改”面板中的“剪切”按钮，打开“剪切”对话框，选择如图 8-70 所示的草图为截面轮廓。采用默认设置，单击“确定”按钮。

步骤08 矩形阵列特征。单击“钣金”选项卡“阵列”面板中的“矩形阵列”按钮，打开“矩形阵列”对话框，选择上一步创建的剪切特征为阵列特征，如图 8-71 所示，选择图中所示的边为参考并输入个数 3，距离为 30 mm，单击“确定”按钮。

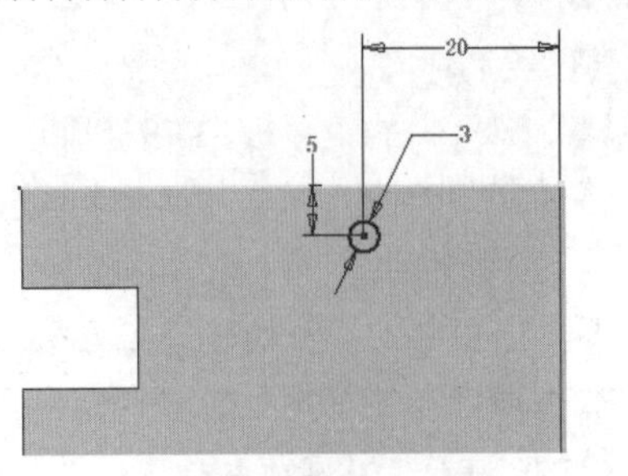

图 8-69　绘制草图

图 8-70　剪切截面

图 8-71　设置参数

步骤 09 创建草图。单击“钣金”选项卡“草图”面板中的“开始创建二维草图”按钮，选择平板的上表面为草图绘制平面，进入草图绘制环境。单击“草图”选项卡“创建”面板中的“直线”按钮，绘制草图。单击“约束”面板中的“尺寸”按钮，标注尺寸，如图 8-72 所示。单击“草图”标签中的“完成草图”按钮，退出草图绘制环境。

步骤 10 创建折叠。单击“钣金”选项卡“创建”面板中的“折叠”按钮，打开“折叠”对话框，选择如图 8-73 所示的草图线，输入折叠角度为 90°，选择“折弯中心线”选项。单击“确定”按钮，如图 8-74 所示。

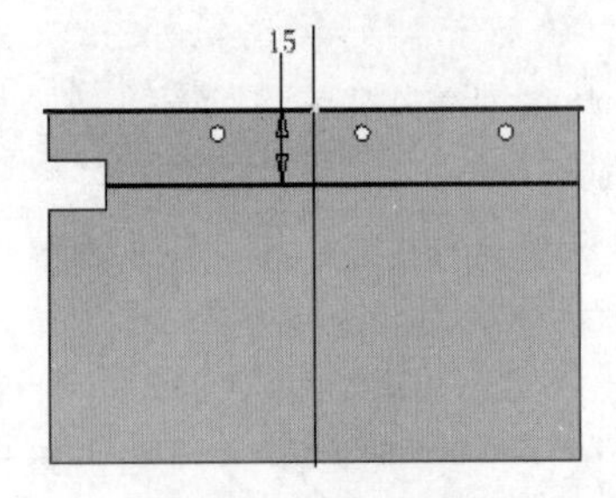

图 8-72　绘制草图

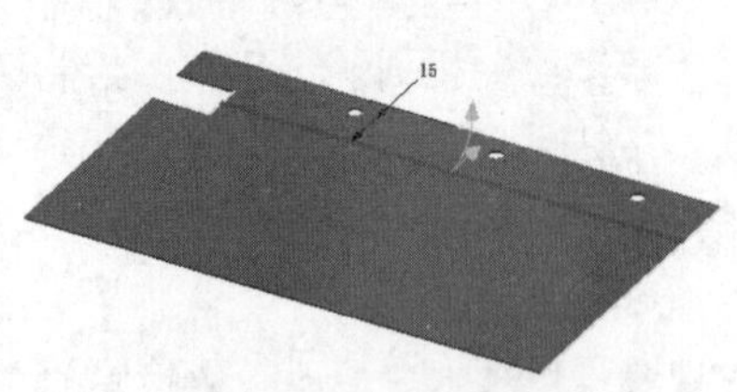

图 8-73　选择草图线

图 8-74　创建折叠

步骤 11 创建草图。单击“钣金”选项卡“草图”面板中的“开始创建二维草图”按钮，选择平板的上表面为草图绘制平面，进入草图绘制环境。单击“草图”选项卡“创建”面板中的“矩形”按钮，绘制草图。单击“约束”面板中的“尺寸”按钮，标注尺寸，如图 8-75 所示。单击“草图”标签中的“完成草图”按钮，退出草图绘制环境。

步骤 12　创建剪切。单击“钣金”选项卡“修改”面板中的“剪切”按钮，打开“剪切”对话框，选择如图 8-75 所示的草图为截面轮廓。采用默认设置，单击“确定”按钮，如图 8-76 所示。

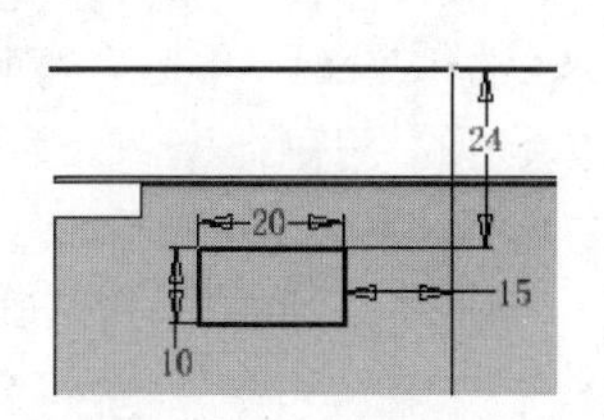

图 8-75　绘制草图

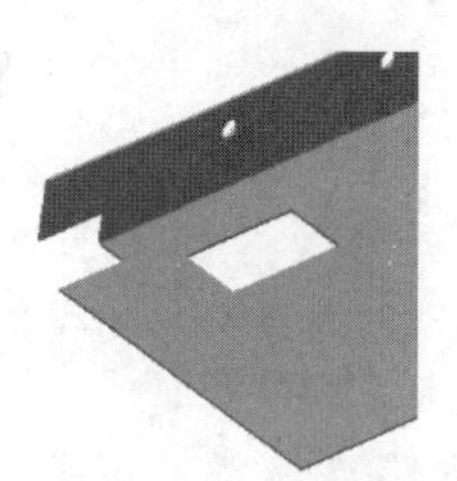
图 8-76　剪切实体

步骤 13　创建凸缘。单击“钣金”选项卡“创建”面板中的“凸缘”按钮，打开“凸缘”对话框，选择如图 8-77 所示的边，输入高度为 10 mm，凸缘角度为 90°，选择“从两个外侧面的交线”选项和“参考平面内”选项，单击“确定”按钮，完成凸缘的创建，如图 8-78 所示。

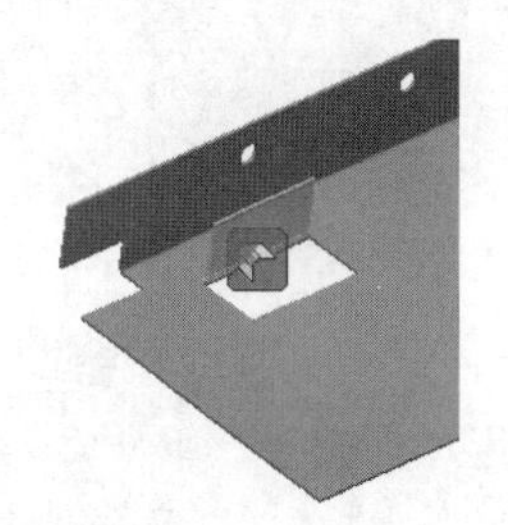
图 8-77　选取边线

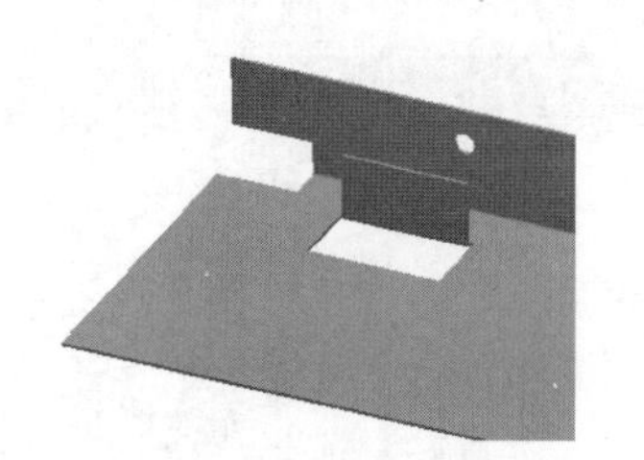
图 8-78　创建凸缘

步骤 14　镜像特征。单击“钣金”选项卡“阵列”面板中的“镜像”按钮，打开“镜像”对话框，选择步骤 12 和步骤 13 创建的剪切和凸缘特征为镜像特征，选择 XY 平面为镜像平面，单击“确定”按钮，结果如图 8-79 所示。

步骤 15　创建草图。单击“钣金”选项卡“草图”面板中的“开始创建二维草图”按钮，选择平板上平面为草图绘制平面，进入草图绘制环境。利用草图命令绘制草图，绘制草图。单击“约束”面板中的“尺寸”按钮，标注尺寸，如图 8-80 所示。单击“草图”标签中的“完成草图”按钮，退出草图绘制环境。

步骤 16　创建剪切。单击“钣金”选项卡“修改”面板中的“剪切”按钮，打开“剪切”对话框，选择如图 8-80 所示的草图为截面轮廓。采用默认设置，单击“确定”按钮，如图 8-81 所示。

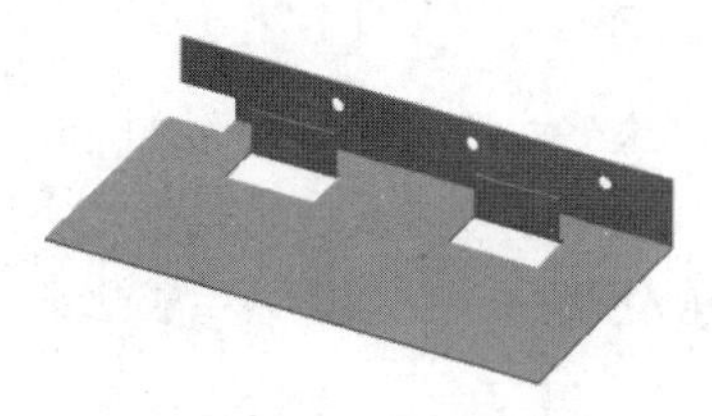
图 8-79　镜像特征

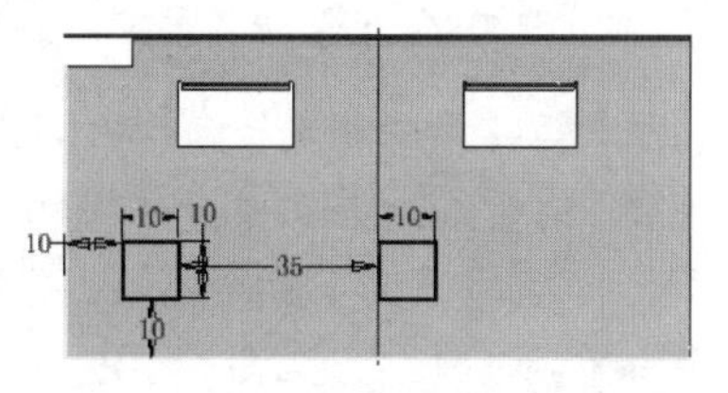

图 8-80　绘制草图

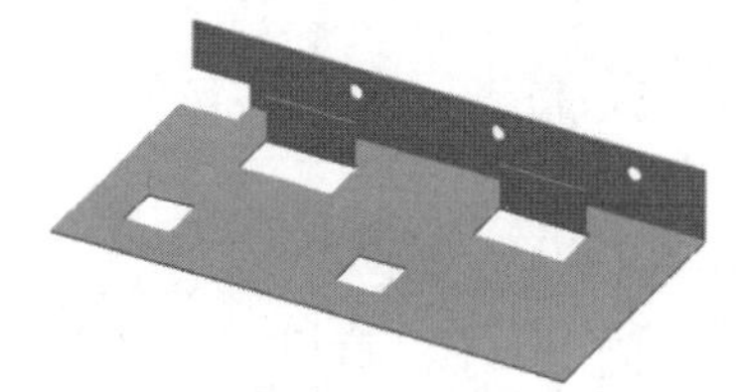
图 8-81　剪切钣金

步骤 17　创建草图。单击“钣金”选项卡“草图”面板中的“开始创建二维草图”按钮，选择平板上平面为草图绘制平面，进入草图绘制环境。利用草图命令绘制草图。单击“约束”面板中的“尺寸”按钮，标注尺寸，如图 8-82 所示。单击“草图”标签中的“完成草图”按钮，退出草图绘制环境。

步骤18 创建剪切。单击“钣金”选项卡“修改”面板中的“剪切”按钮，打开“剪切”对话框，选择如图 8-82 所示的截面轮廓，采用默认设置，单击“确定”按钮。

步骤19 创建草图。单击“钣金”选项卡“草图”面板中的“开始创建二维草图”按钮，选择平板上平面为草图绘制平面，进入草图绘制环境。利用草图命令绘制草图。单击“约束”面板中的“尺寸”按钮，标注尺寸，如图 8-83 所示。单击“草图”标签中的“完成草图”按钮，退出草图绘制环境。

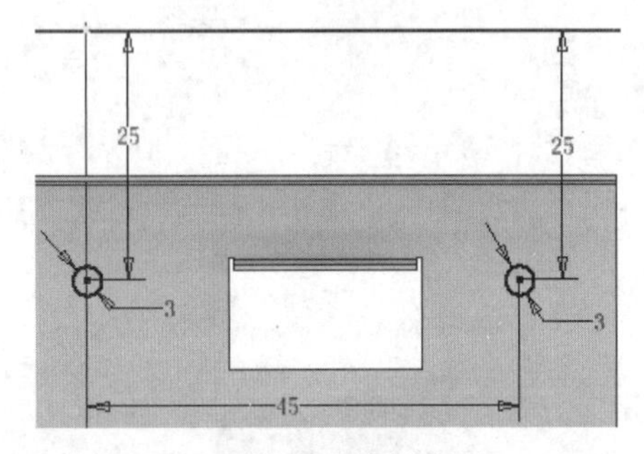

图 8-82　绘制草图

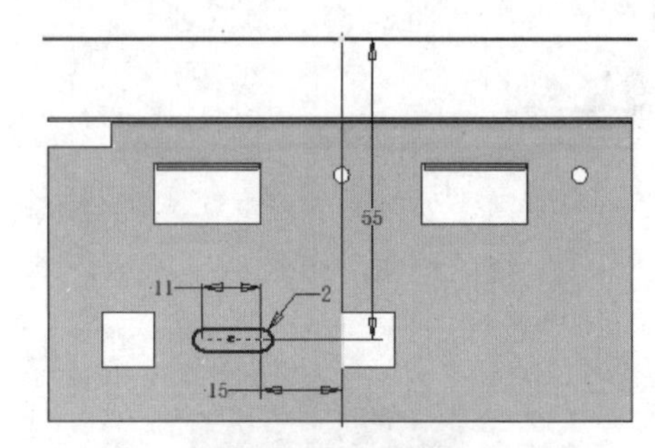

图 8-83　绘制草图

步骤20 创建剪切。单击“钣金”选项卡“修改”面板中的“剪切”按钮，打开“剪切”对话框，选择如图 8-83 所示的截面轮廓，采用默认设置，单击“确定”按钮。

步骤21 矩形阵列特征。单击“钣金”选项卡“阵列”面板中的“矩形阵列”按钮，打开“矩形阵列”对话框，选择上一步创建的剪切特征为阵列特征，选择如图 8-84 所示的边为参考并输入个数为 2，距离设置为 50 mm，单击“确定”按钮。

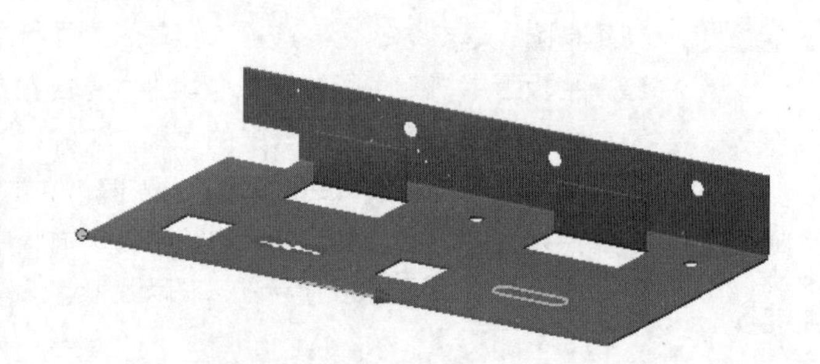

图 8-84　设置参数

步骤22 创建凸缘。单击“钣金”选项卡“创建”面板中的“凸缘”按钮，打开“凸缘”对话框，选择如图 8-85 所示的边，输入高度为 10 mm，凸缘角度为 90°，选择“从两个外侧面的交线”选项和“参考平面内”选项，单击“确定”按钮完成凸缘的创建，结果如图 8-64 所示。

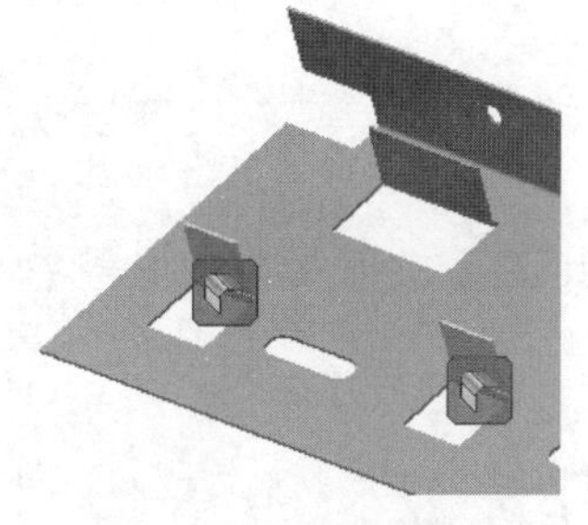

图 8-85　选取边线

步骤 23　保存文件。单击“快速访问”工具栏中的“保存”按钮，打开“另存为”对话框，输入文件名为“硬盘固定架.ipt”，单击“保存”按钮，保存文件。

8.4.3　拐角接缝

在钣金平板中添加拐角接缝，可以在相交或共面的两个平板之间创建接缝。具体操作步骤如下：

步骤 01　单击“钣金”选项卡“修改”面板上的“拐角接缝”按钮，打开“拐角接缝”对话框，如图 8-86 所示。

步骤 02　在相邻的两个钣金平板上均选择模型边，如图 8-87 所示。

步骤 03　在对话框中接受默认接缝类型或选择其他接缝类型。

步骤 04　在对话框中单击“确定”按钮，完成拐角接缝，结果如图 8-88 所示。

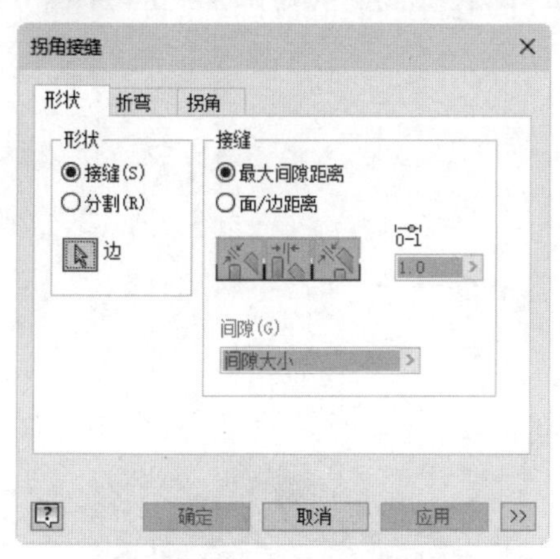

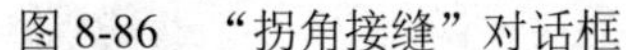

图 8-86　“拐角接缝”对话框　　图 8-87　选择边　　图 8-88　拐角接缝

“拐角接缝”对话框中的选项说明如下。

1）形状

- 接缝：指定现有的共面或相交钣金平板之间的新拐角几何图元。
- 分割：打开方形拐角以创建钣金拐角接缝。
- 边：在每个面上选择模型边。

2）接缝

- 最大间隙距离：创建拐角接缝间隙，可以使用与物理检测标尺方式一致的方式对其进行测量。
- 面/边距离：创建拐角接缝间隙，可以测量从与选定的第一条相邻的面到选定的第二条边的距离。

3）延长拐角

- 对齐：投影第一个面使其与第二个面对齐。
- 垂直：投影第一个面使其与第二个面垂直。

8.4.4 冲压工具

冲压工具用于在钣金平板上冲压三维形状，在所选钣金平板上必须至少存在一个孔中心，冲压工具的使用方法如下：

步骤01 单击“钣金”选项卡“修改”面板上的“冲压工具”按钮，打开“冲压工具”对话框，如图 8-89 所示。

步骤02 在“冲压工具”对话框中选择冲压形状进行预览。

步骤03 如果草图中存在多个中心点，按 Ctrl 键并单击任何不需要的位置以防止在这些位置放置冲压。

步骤04 在“几何图元”选项卡中指定角度以使冲压相对于平面进行旋转。

步骤05 在“规格”选项卡上双击参数值进行修改，单击“完成”按钮完成冲压，如图 8-90 所示。

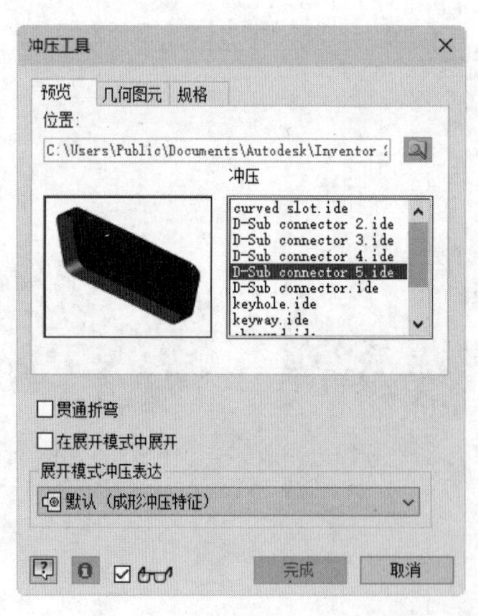

图 8-89 “冲压工具”对话框

图 8-90 冲压

“冲压工具”对话框中的选项说明如下。

1）预览

- 位置：允许选择包含钣金冲压 iFeature 的文件夹。
- 冲压：在选择列表左侧的图形窗格中预览选定的 iFeature。
- 贯通折弯：指定是否贯通折弯来应用冲压特征。若不勾选此复选框，冲压特征将在折弯处终止。

2）几何图元（见图 8-91）

- 中心：自动选择用于定位 iFeature 的孔中心。如果钣金平板上有多个孔中心，则每个孔中心上都会放置 iFeature。
- 角度：指定用于定位 iFeature 的平面角度。
- 刷新：重新绘制满足几何图元要求的 iFeature。

3）规格（见图 8-92）

- 修改冲压形状的参数以更改其大小。列表框中列出每个控制 iFeature 形状的参数，即“名称”和“值”，双击可修改该参数。

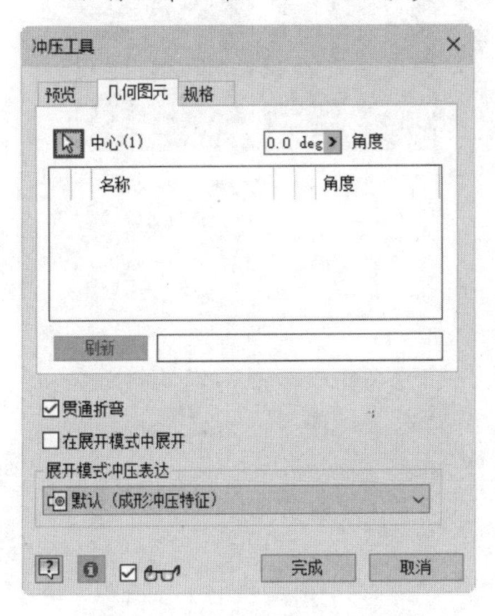

图 8-91 “几何图元”选项卡

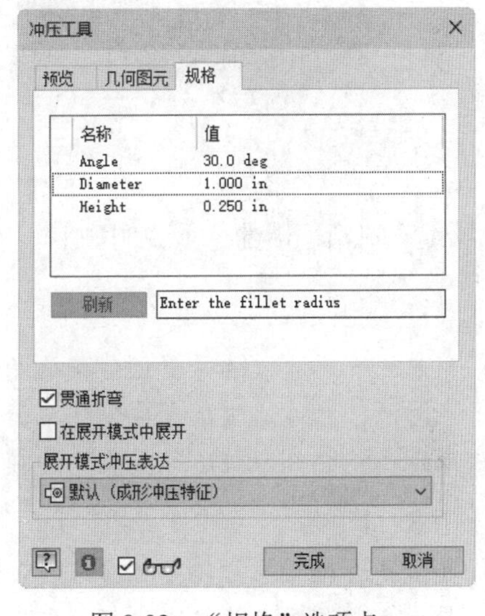

图 8-92 “规格”选项卡

8.4.5 接缝

接缝用于在使用封闭的截面轮廓草图创建的允许展平的钣金零件中创建一个间隙。点到点的接缝类型需要选择一个模型面和两个现有的点来定义接缝的起始和结束位置，就像单点接缝类型一样，选择的点可以是工作点、边的中点、面顶点上的端点或先前所创建草图上的草图点。

步骤01 单击“钣金”选项卡“修改”面板上的“接缝”按钮，打开“接缝”对话框，如图 8-93 所示。

步骤02 在视图中选择要进行接缝的钣金模型的面，如图 8-94 所示。

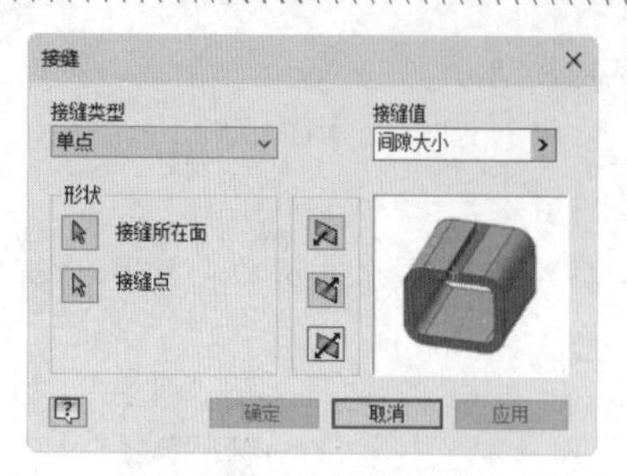

图 8-93 “接缝”对话框

图 8-94 选择放置面

步骤 03 在视图中指定接缝点，如图 8-95 所示。

步骤 04 在“接缝”对话框中设置接缝间隙位于选定点或者向右/向左偏移，单击“确定”按钮，完成接缝，结果如图 8-96 所示。

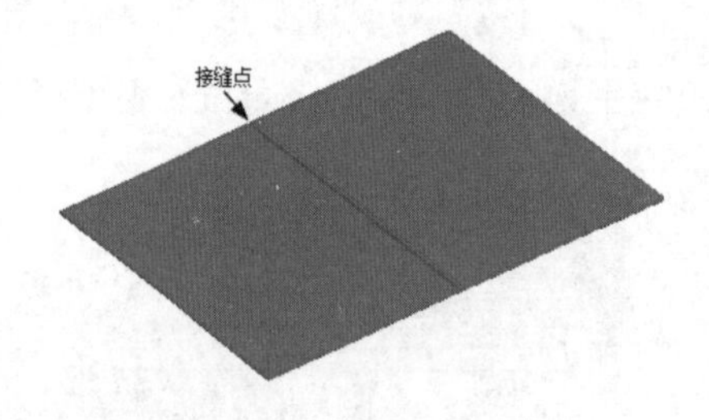

图 8-95 指定接缝点

图 8-96 创建接缝

“接缝”对话框中的选项说明如下。

1）接缝类型

- 单点：允许通过选择要创建接缝的面和该面某条边上的一个点来定义接缝特征。
- 点对点：允许通过选择要创建接缝的面和该面的边上的两个点来定义接缝特征。
- 面范围：允许通过选择要删除的模型面来定义接缝特征。

2）形状

- 接缝所在面：选择将应用接缝特征的模型面。
- 接缝点：选择定义接缝位置的点。

8.4.6 展开和重新折叠

1. 展开

展开一个或多个钣金折弯或相对参考面的卷曲，展开命令会向钣金零件浏览器中添加展开特征，并允许向模型的展平部分添加其他特征。

展开的操作步骤如下：

步骤 01 单击“钣金”选项卡“修改”面板上的“展开”按钮，打开“展开”对话框，如图 8-97 所示。

步骤 02 在视图中选择用做展开参考的面或平面。

步骤 03　在视图中选择要展开的各个亮显的折弯或卷曲，也可以单击“添加所有折弯”按钮来选择所有亮显的几何图元，如图 8-98 所示。

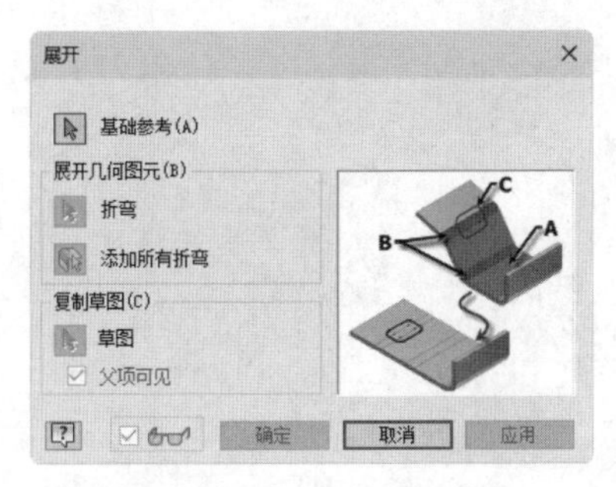

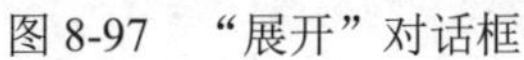
图 8-97　“展开”对话框

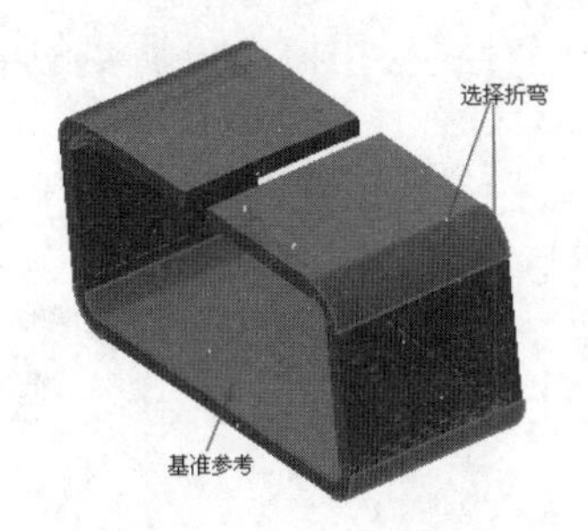

图 8-98　选择基础参考

步骤 04　预览展平的状态，并添加或删除折弯或卷曲以获得需要的平面。

步骤 05　在“展开”对话框中单击“确定”按钮完成展开，结果如图 8-99 所示。

图 8-99　展开钣金

“展开”对话框中的选项说明如下。

1）基础参考

选择用于定义展开、重新折叠折弯或旋转所参考的面或参考平面。

2）展开几何图元

- 折弯：选择要展开或重新折叠的各个折弯或旋转特征。
- 添加所有折弯：选择要展开或重新折叠的所有折弯或旋转特征。

3）复制草图

选择要展开或重新折叠的未使用的草图。

阵列钣金特征需要注意几点：

（1）展开特征通常沿整条边进行拉伸，不适用于阵列。

（2）钣金剪切类似于拉伸剪切。使用“完全相同”终止方式获得的结果会与使用“根据模型调整”终止方式获得的结果不同。

（3）冲裁贯通折弯特征的阵列结果因折弯几何图元和终止方式的不同而有所不同。

（4）不支持多边凸缘阵列。

（5）“完全相同”终止方式仅适用于面特征、凸缘、异形板和卷边特征。

2. 重新折叠

使用此命令可以以指定的基础参考为固定面，沿指定的折弯线重新折叠（或旋转）一个或多个钣金。

重新折叠是展开的反操作，在这里不再详细叙述，读者可以自己动手进行操作。

8.4.7 实例——电器支架

本实例将绘制如图 8-100 所示的电器支架。

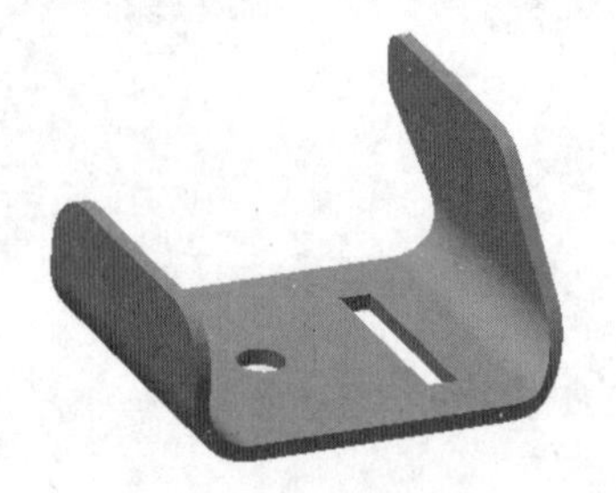

图 8-100　电器支架

下载资源\动画演示\第8章\电器支架.MP4

操作步骤

步骤 01 新建文件。运行 Inventor 2024，单击“快速访问”工具栏上的“新建”按钮，在打开的 “新建文件”对话框中的零件下拉列表中选择“Sheet Metal.ipt”选项，单击“创建”按钮，新建一个零件文件。

步骤 02 设置钣金厚度。单击“钣金”选项卡“设置”面板中的“钣金默认设置”按钮，打开“钣金默认设置”对话框，取消勾选“使用规则中的厚度”复选框，输入钣金厚度为 5 mm，其他采用默认设置，如图 8-101 所示，单击“确定”按钮。

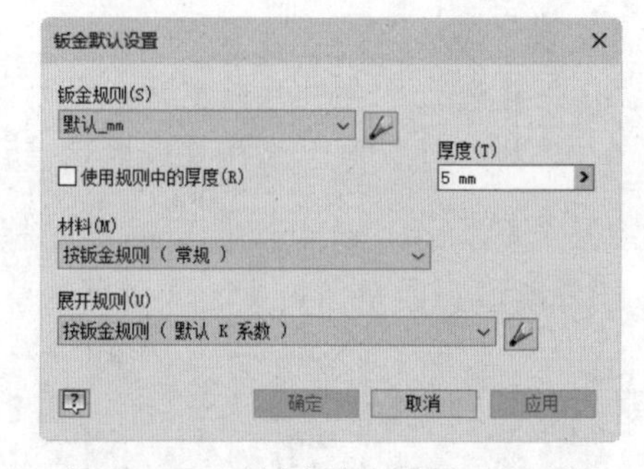

图 8-101　“钣金默认设置”对话框

步骤 03 创建草图。单击“钣金”选项卡“草图”面板中的“开始创建二维草图”按钮，选择 XZ 平面为草图绘制平面，进入草图绘制环境。利用草图绘制命令，绘制草图。单击“约束”面板中的“尺寸”按钮，标注尺寸，如图 8-102 所示。单击“草图”标签中的“完成草图”按钮，退出草图绘制环境。

步骤 04 创建平板。单击“钣金”选项卡“创建”面板中的“平板”按钮，打开“面”对话框，系统自动选择上一步绘制的草图为截面轮廓，单击“确定”按钮，完成平板的创建，如图 8-103 所示。

步骤 05 创建草图。单击“钣金”选项卡“草图”面板中的“开始创建二维草图”按钮，选择平板上表面为草图绘制平面，进入草图绘制环境。单击“草图”选项卡“创建”面板中的“直线”按钮，绘制草图。单击“约束”面板中的“尺寸”按钮，标注尺寸，如图 8-104 所示。单击“草图”标签中的“完成草图”按钮，退出草图绘制环境。

步骤 06 创建折叠。单击“钣金”选项卡“创建”面板中的“折叠”按钮，打开“折叠”对话框，选择如图 8-105 所示的草图线，输入折叠角度为 90°，输入折弯半径为 15 mm，选择“折弯中心线”选项，单击“确定”按钮，如图 8-106 所示。

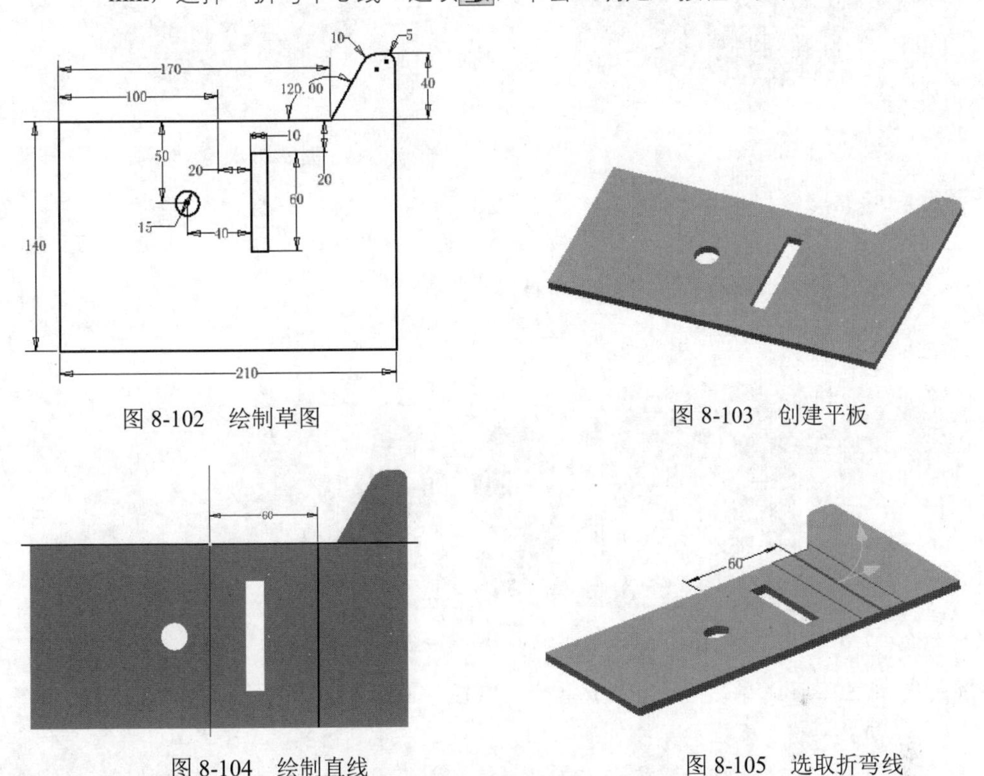

图 8-102　绘制草图

图 8-103　创建平板

图 8-104　绘制直线

图 8-105　选取折弯线

步骤 07 创建草图。单击“钣金”选项卡“草图”面板中的“开始创建二维草图”按钮，选择平板上表面为草图绘制平面，进入草图绘制环境。单击“草图”选项卡“创建”面板中的“直线”按钮，绘制草图。单击“约束”面板中的“尺寸”按钮，标注尺寸，如图 8-107 所示。单击“草图”标签中的“完成草图”按钮，退出草图绘制环境。

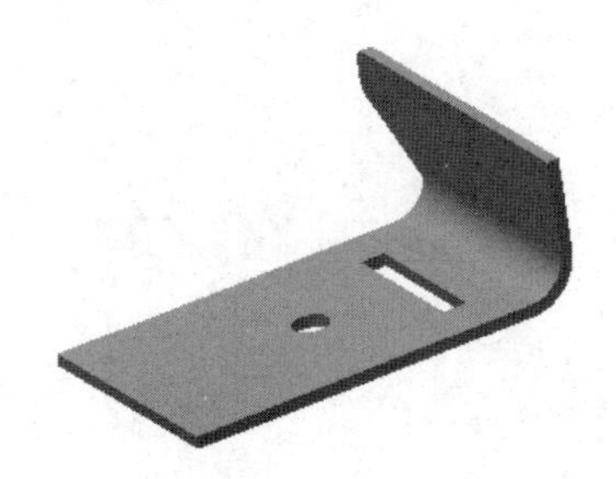

图 8-106　创建折叠

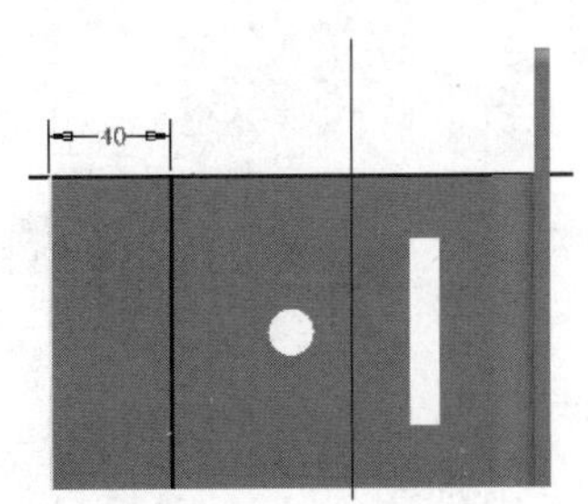

图 8-107　绘制直线

步骤 08 创建折叠。单击“钣金”选项卡“创建”面板中的“折叠”按钮，打开“折叠”对话框，选择如图 8-108 所示的草图线，输入折叠角度为 90°，输入折弯半径为 15 mm，选择“折弯中心线”选项，单击“确定”按钮，如图 8-109 所示。

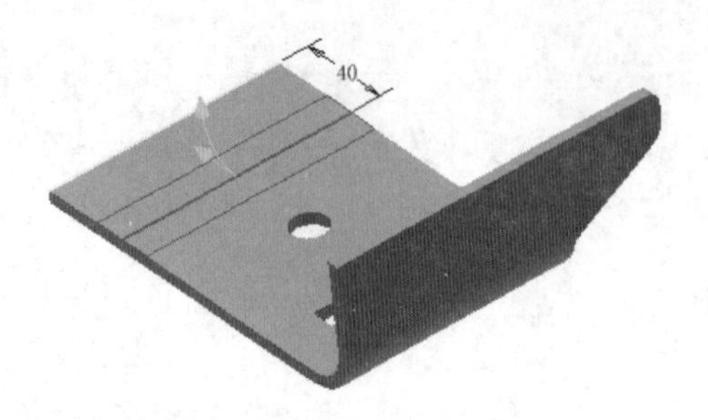

图 8-108　选取折弯线

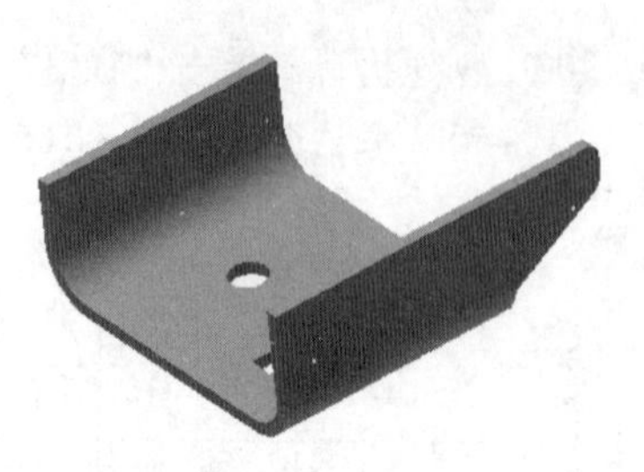

图 8-109　创建折叠

步骤 09　创建展开。单击“钣金”选项卡“修改”面板中的“展开”按钮，打开“展开”对话框，选择如图 8-110 所示的基础平面，单击“添加所有折弯”按钮。单击“确定”按钮，展开钣金，如图 8-111 所示。

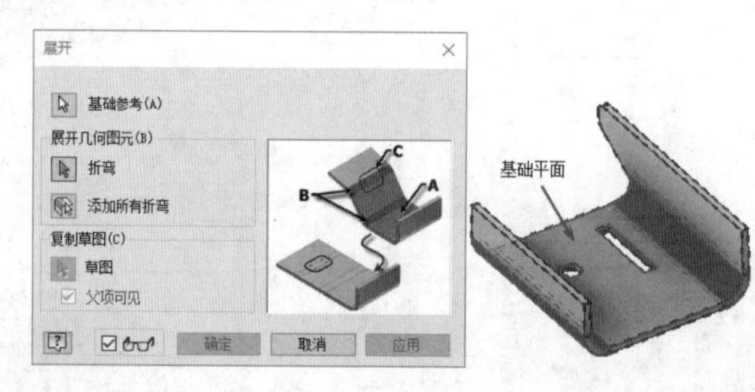

图 8-110　展开钣金

步骤 10　创建草图。单击“钣金”选项卡“草图”面板中的“开始创建二维草图”按钮，选择平板上表面为草图绘制平面，进入草图绘制环境。单击“草图”选项卡“创建”面板中的“直线”按钮，绘制草图。单击“约束”面板中的“尺寸”按钮，标注尺寸，如图 8-112 所示。单击“草图”标签中的“完成草图”按钮，退出草图绘制环境。

图 8-111　展开钣金

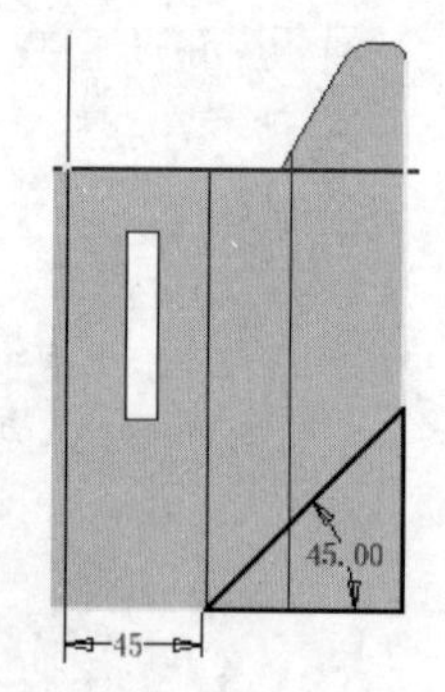

图 8-112　绘制直线

步骤 11　创建剪切。单击“钣金”选项卡“修改”面板中的“剪切”按钮，打开“剪切”对话框，选择如图 8-112 所示的截面轮廓。采用默认设置，单击“确定”按钮，如图 8-113 所示。

步骤12 圆角处理。单击“钣金”选项卡“修改”面板中的“拐角圆角”按钮，打开“拐角圆角”对话框，输入半径为 20 mm，选择如图 8-114 所示的边线倒圆角。单击“确定”按钮，完成圆角操作，结果如图 8-115 所示。

图 8-113　创建剪切

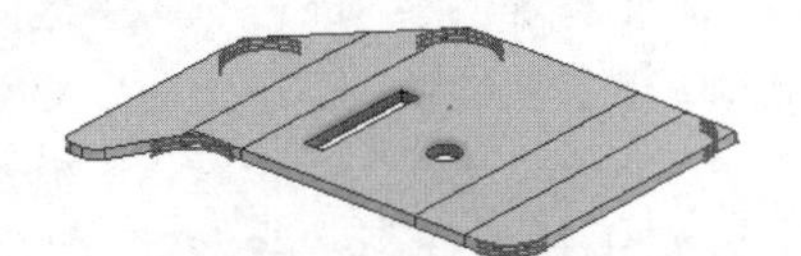

图 8-114　选择边线

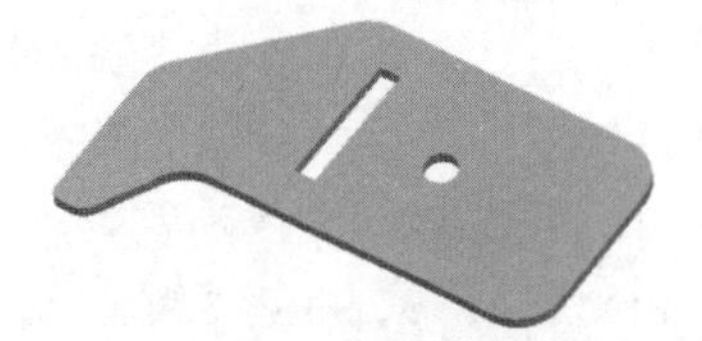

图 8-115　圆角处理

步骤13 创建重新折叠。单击“钣金”选项卡“修改”面板中的“重新折叠”按钮，打开“重新折叠”对话框。选择如图 8-116 所示的面为基础参考，单击“添加所有折弯”按钮，选择所有的折弯，单击“确定”按钮，结果如图 8-100 所示。

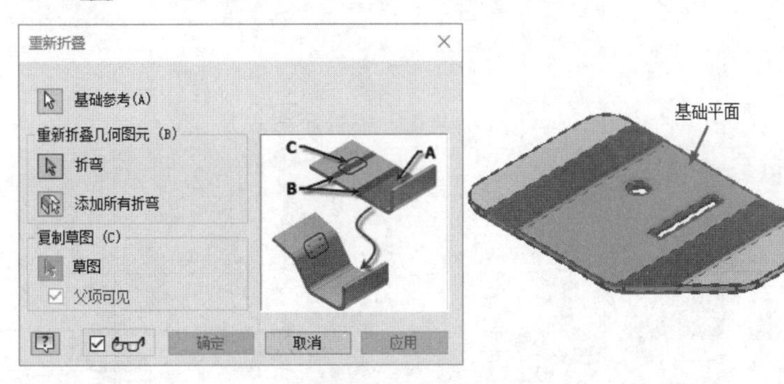

图 8-116　选择基础平面

步骤14 保存文件。单击“快速访问”工具栏中的“保存”按钮，打开“另存为”对话框，输入文件名为“电器支架.ipt”，单击“保存”按钮，保存文件。

8.5　综合实例——硬盘支架

本实例将绘制如图 8-117 所示的硬盘支架。

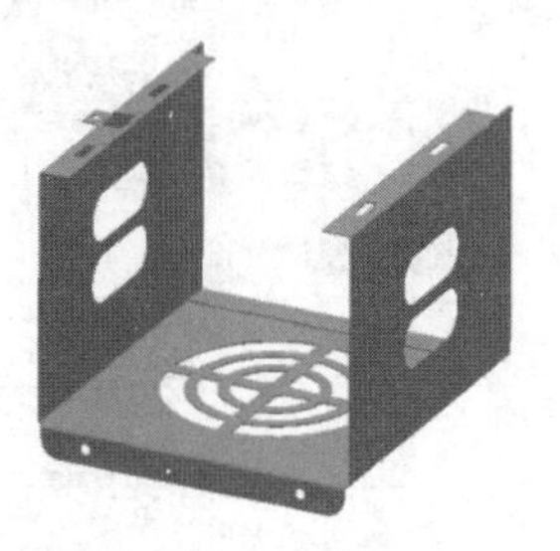

图 8-117　硬盘支架

下载资源\动画演示\第8章\硬盘支架.MP4

操作步骤

步骤01 新建文件。运行 Inventor 2024，单击“快速访问”工具栏上的“新建”按钮，在打开的“新建文件”对话框中的零件下拉列表中选择“Sheet Metal.ipt”选项，单击“创建”按钮，新建一个钣金文件。

步骤02 设置钣金厚度。单击“钣金”选项卡“设置”面板上的“钣金默认设置”按钮，打开“钣金默认设置”对话框，取消勾选“使用规则中的厚度”复选框，输入钣金厚度为 0.5 mm，其他采用默认设置，如图 8-118 所示，单击“确定”按钮。

步骤03 创建草图 1。单击“钣金”选项卡“草图”面板上的“开始创建二维草图”按钮，选择 XY 平面为草图绘制平面，进入草图绘制环境。单击“草图”选项卡“创建”面板上的“线”按钮，绘制草图。单击“约束”面板上的“尺寸”按钮，标注尺寸，如图 8-119 所示。单击“草图”标签中的“完成草图”按钮，退出草图绘制环境。

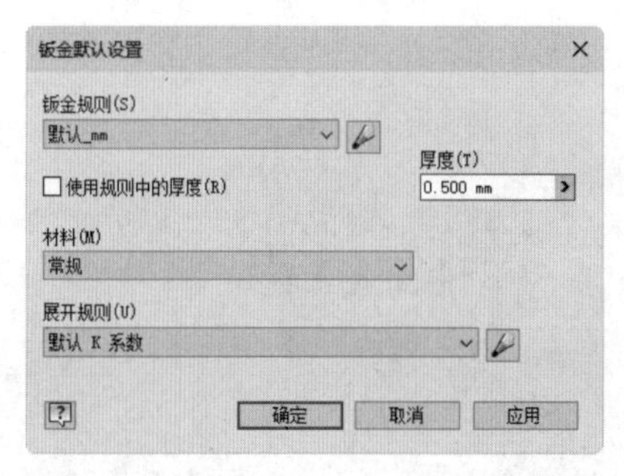

图 8-118 “钣金默认设置”对话框

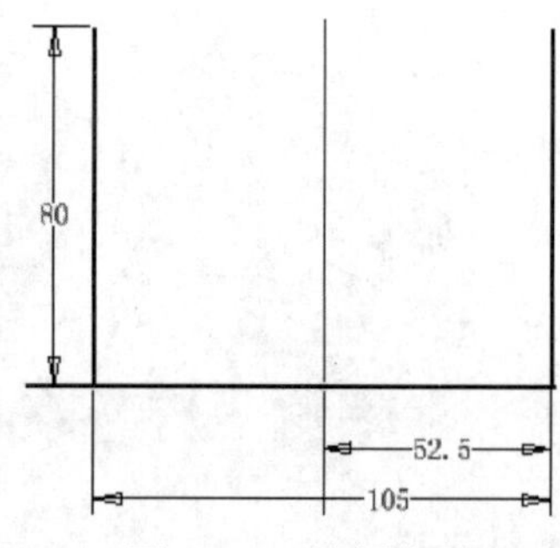

图 8-119 绘制草图 1

步骤04 创建异形板。单击“钣金”选项卡“创建”面板上的“异形板”按钮，打开“异形板”对话框，选择如图 8-119 所示的草图为截面轮廓，选择“距离”类型，输入距离为 110 mm，单击“确定”按钮，如图 8-120 所示。

步骤05 创建卷边。

① 单击“钣金”选项卡“创建”面板上的“卷边”按钮，打开“卷边”对话框，选择如图 8-121 所示的边，选择“单层”类型，输入长度为 10 mm，单击“应用”按钮。

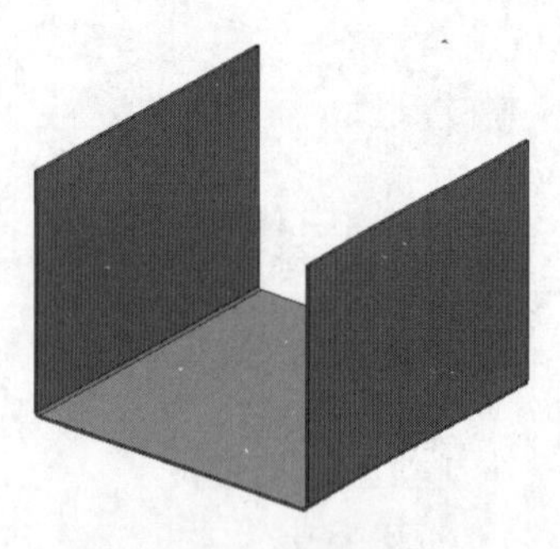

图 8-120 创建异形板

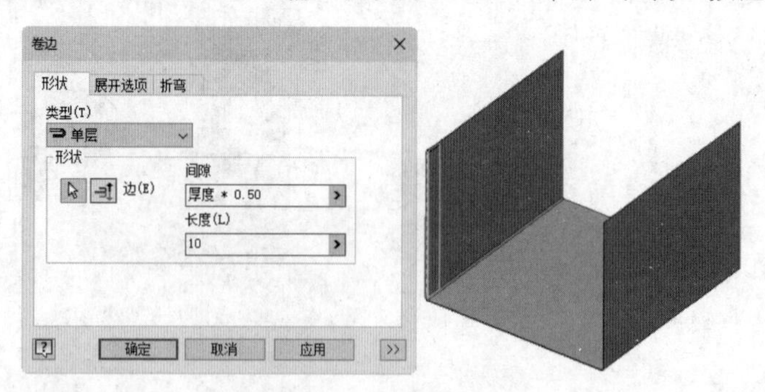

图 8-121 设置参数

② 选择如图 8-122 所示的边线，创建相同尺寸的卷边，如图 8-123 所示。

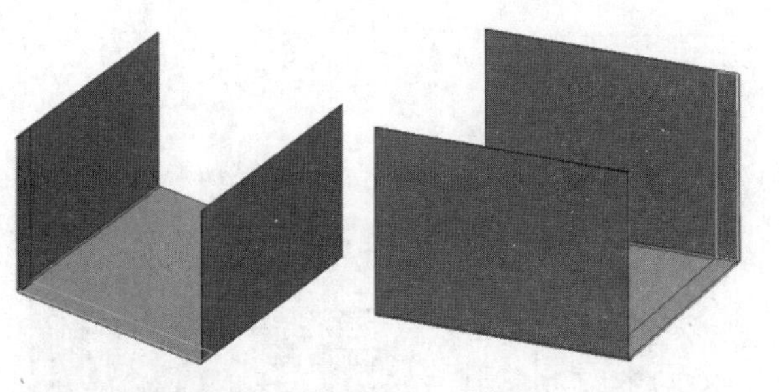

图 8-122 选择边

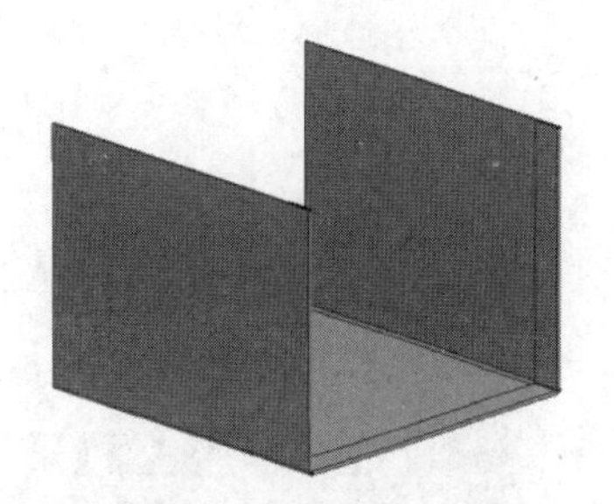

图 8-123 创建卷边

步骤06 创建凸缘。

① 单击“钣金”选项卡“创建”面板上的“凸缘”按钮，打开“凸缘”对话框，选择如图 8-124 所示的边，输入高度为 10 mm，凸缘角度为 90°，选择“从两个外侧面的交线”选项和“参考平面内”选项，单击按钮展开对话框，选择“偏移量”类型，设置偏移 1 为 0 mm，偏移 2 为 10 mm，如图 8-124 所示，单击“应用”按钮。

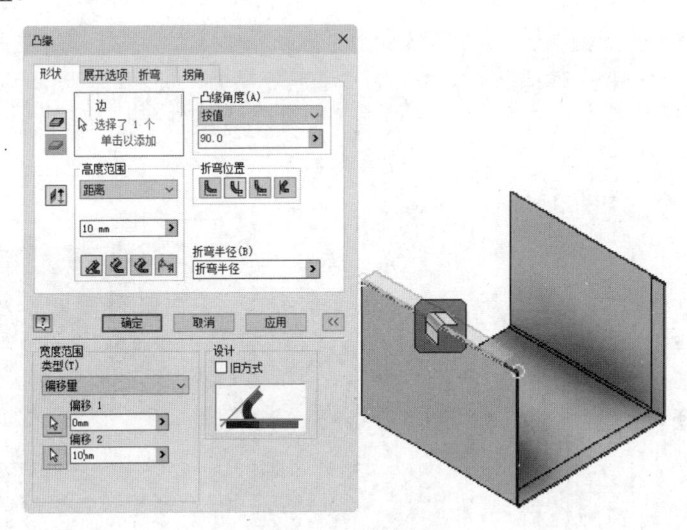

图 8-124 设置参数

② 采用相同的方法，在另一侧创建相同参数的凸缘，如图 8-125 所示。

步骤07 创建草图 2。单击“钣金”选项卡“草图”面板上的“开始创建二维草图”按钮，选择上一步创建的凸缘上表面为草图绘制平面，进入草图绘制环境。单击“草图”选项卡“创建”面板上的“矩形”按钮，绘制草图。单击“约束”面板上的“尺寸”按钮，标注尺寸，如图 8-126 所示。单击“草图”标签中的“完成草图”按钮，退出草图绘制环境。

步骤08 创建剪切。单击“钣金”选项卡“修改”面板上的“剪切”按钮，打开“剪切”对话框，选择如图 8-126 所示的截面轮廓。输入距离为 1.5 mm，单击“确定”按钮，结果如图 8-127 所示。

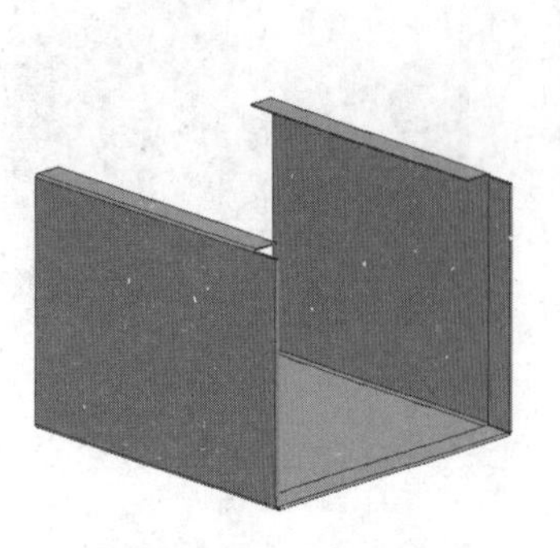

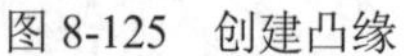
图 8-125　创建凸缘

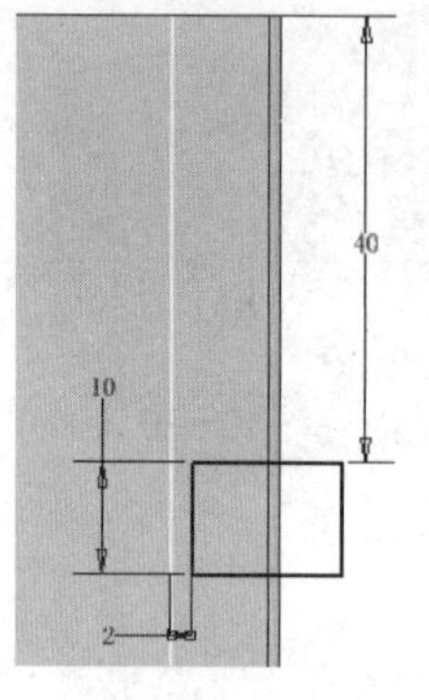

图 8-126　绘制草图 2

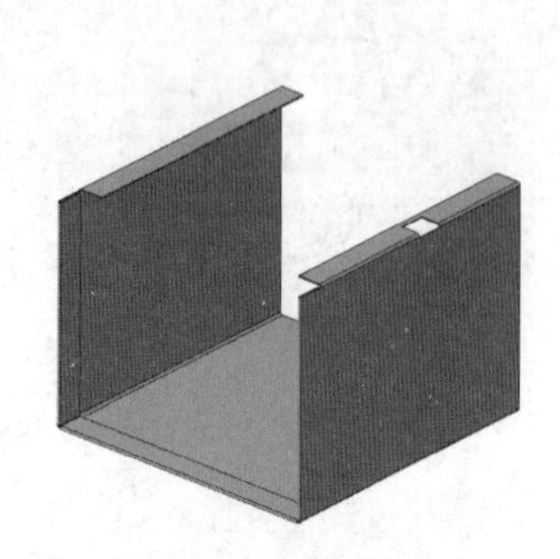
图 8-127　剪切实体

步骤 09　创建凸缘。单击“钣金”选项卡“创建”面板上的“凸缘”按钮，打开“凸缘”对话框，选择如图 8-128 所示的边，输入高度为 6 mm，凸缘角度为 90°，选择“从两个外侧面的交线”选项和“参考平面内”选项，单击“确定”按钮，完成凸缘的创建，如图 8-129 所示。

步骤 10　创建草图 3。单击“钣金”选项卡“草图”面板上的“开始创建二维草图”按钮，选择上一步创建的凸缘上表面为草图绘制平面，进入草图绘制环境。单击“草图”选项卡“创建”面板上的“圆心圆”按钮，绘制草图。单击“约束”面板上的“尺寸”按钮，标注尺寸，如图 8-130 所示。单击“草图”标签中的“完成草图”按钮，退出草图绘制环境。

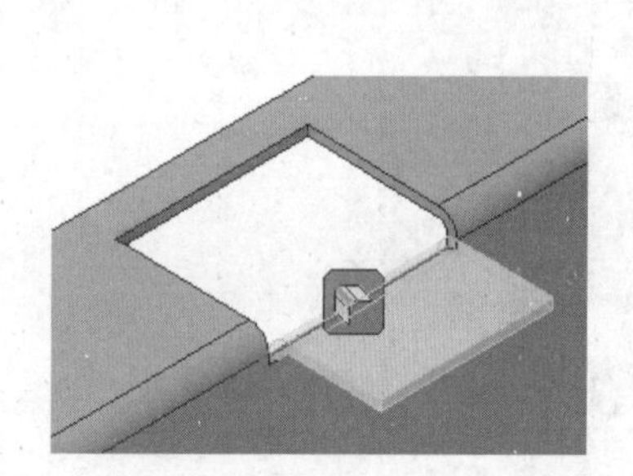
图 8-128　选取边

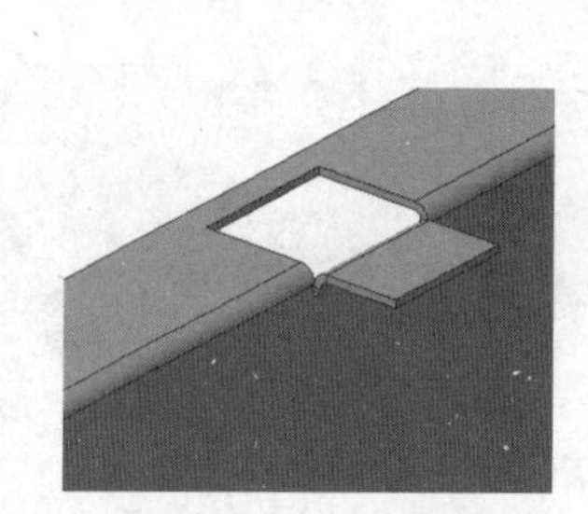
图 8-129　创建凸缘

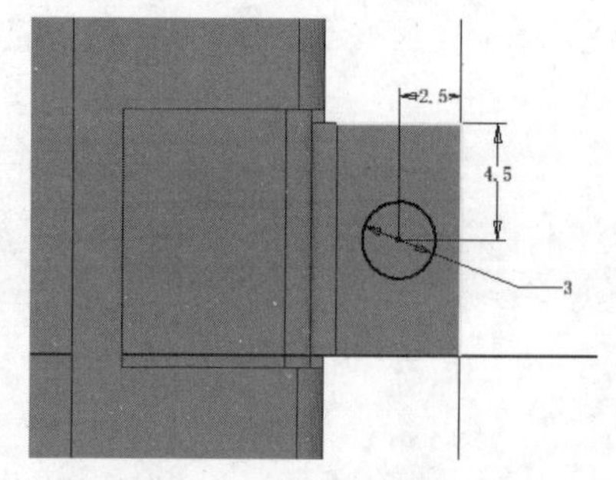

图 8-130　绘制草图 3

步骤 11　创建剪切。单击“钣金”选项卡“修改”面板上的“剪切”按钮，打开“剪切”对话框，选择如图 8-131 所示的截面轮廓。采用默认设置，单击“确定”按钮。

步骤 12　创建草图 4。单击“钣金”选项卡“草图”面板上的“开始创建二维草图”按钮，选择如图 8-131 所示的面 1 为草图绘制平面，进入草图绘制环境。单击“草图”选项卡“创建”面板上的“矩形”按钮，绘制草图。单击“约束”面板上的“尺寸”按钮，标注尺寸，如图 8-132 所示。单击“草图”标签中的“完成草图”按钮，退出草图绘制环境。

步骤 13　创建剪切。单击“钣金”选项卡“修改”面板上的“剪切”按钮，打开“剪切”对话框，选择上一步绘制的草图 4 为截面轮廓。采用默认设置，单击“确定”按钮，结果如图 8-133 所示。

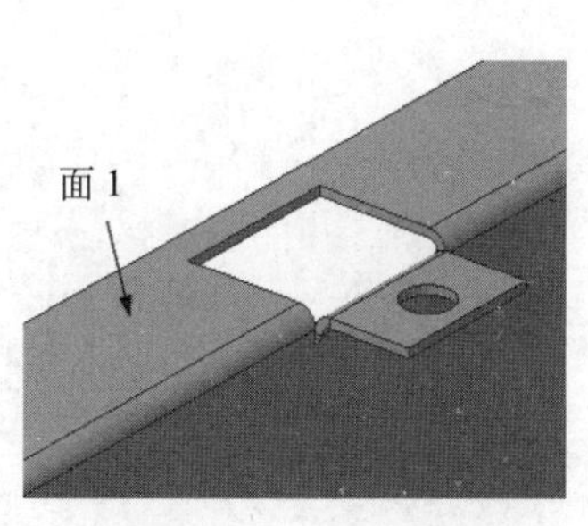

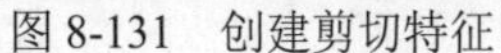

图 8-131 创建剪切特征

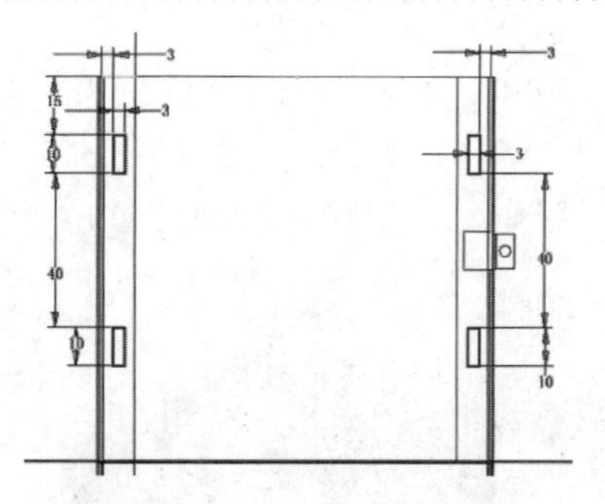

图 8-132 绘制草图 4

图 8-133 创建剪切

步骤 14 创建草图 5。单击“钣金”选项卡“草图”面板上的“开始创建二维草图”按钮，选择如图 8-134 所示的面 2 为草图绘制平面，进入草图绘制环境。利用“圆”命令、“直线”命令和“修剪”命令绘制草图。单击“约束”面板上的“尺寸”按钮，标注尺寸，如图 8-135 所示。单击“草图”标签中的“完成草图”按钮，退出草图绘制环境。

步骤 15 创建剪切。单击“钣金”选项卡“修改”面板上的“剪切”按钮，打开“剪切”对话框，选择上一步绘制的草图 5 为截面轮廓。采用默认设置，单击“确定”按钮，结果如图 8-136 所示。

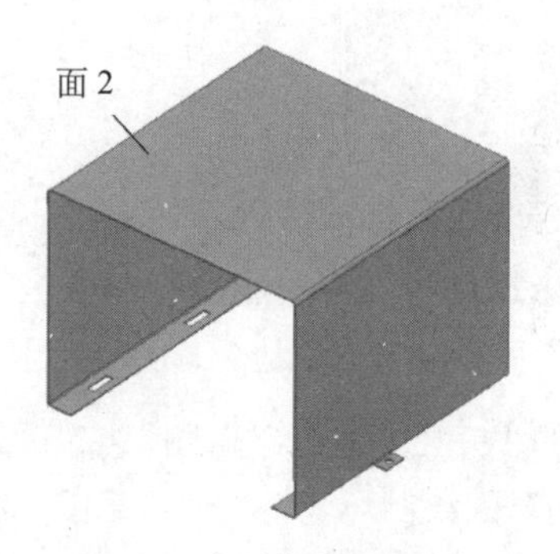

图 8-134 选取草图放置面

图 8-135 绘制草图 5

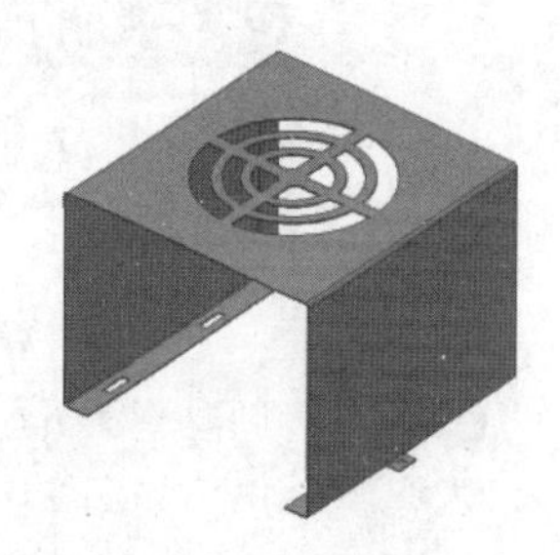

图 8-136 创建剪切

步骤 16 创建凸缘。单击“钣金”选项卡“创建”面板上的“凸缘”按钮，打开“凸缘”对话框，选择如图 8-137 所示的边，输入高度为 10 mm，凸缘角度为 90，选择“从两个外侧面的交线”选项和“参考平面内”选项，单击“确定”按钮，完成凸缘的创建，如图 8-138 所示。

步骤 17 创建直孔。

① 单击“钣金”选项卡“修改”面板上的“孔”按钮，打开“孔”对话框。设置孔放置面，选取边线 1 为参考 1，输入距离为 5 mm，选取边线 2 为参考 2，输入距离为 15 mm，选择“贯通”终止方式，输入孔直径为 3.5 mm，如图 8-139 所示，单击“确定”按钮。

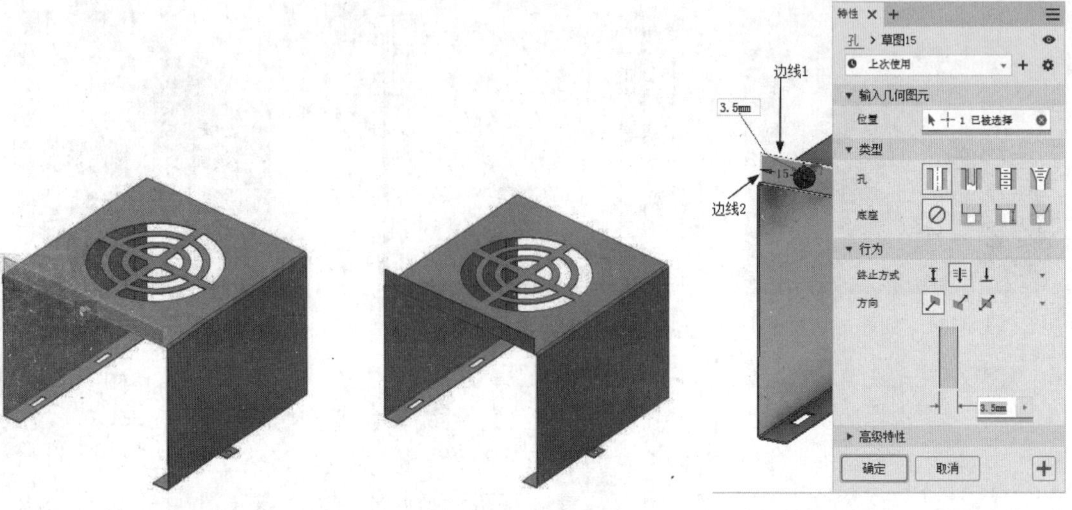

图 8-137　选取边　　图 8-138　创建凸缘　　图 8-139　设置参数

② 采用相同的参数在另一侧创建孔，如图 8-140 所示。

步骤 18 创建拐角圆角。单击“钣金”选项卡“修改”面板上的“拐角圆角”按钮，选择如图 8-141 所示的边进行圆角处理，输入半径为 6 mm，单击“确定”按钮，完成圆角处理，结果如图 8-142 所示。

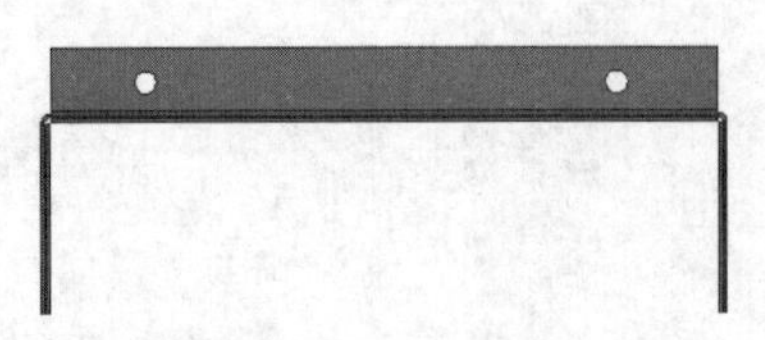
图 8-140　创建孔

图 8-141　选取边

步骤 19 创建草图 6。单击“钣金”选项卡“草图”面板上的“开始创建二维草图”按钮，选择如图 8-142 所示的面 3 为草图绘制平面，进入草图绘制环境。单击“草图”标签“创建”面板上的“点”按钮，创建一个草图点。单击“约束”面板上的“尺寸”按钮，标注尺寸，如图 8-143 所示。单击“草图”标签中的“完成草图”按钮，退出草图绘制环境。

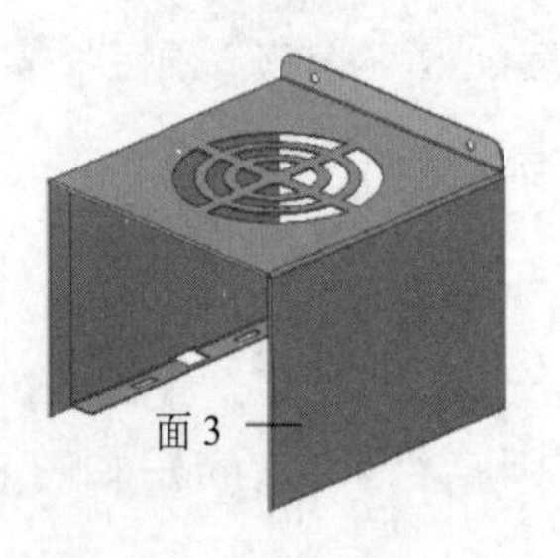

图 8-142　圆角处理

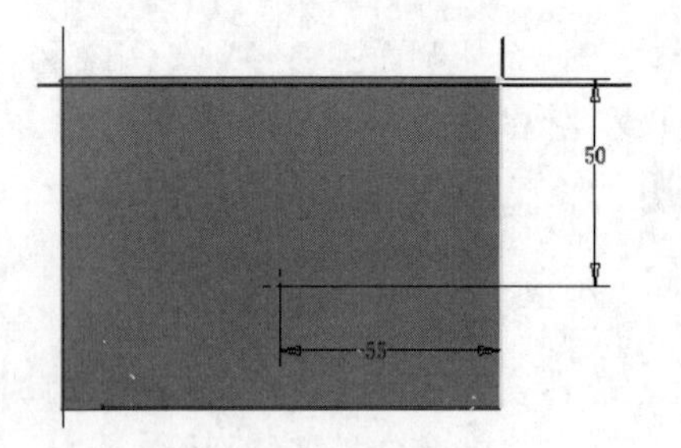

图 8-143　绘制草图 6

步骤 20 冲压成形。单击“钣金”选项卡“修改”面板上的“冲压工具”按钮，打开“冲压工具”对话框，选择“obround.ide”工具，如图 8-144 所示。单击“完成”按钮，完成冲压工具的创建，结果如图 8-145 所示。

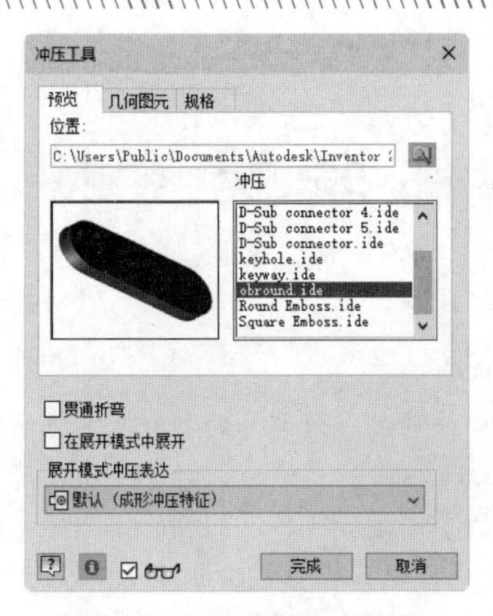

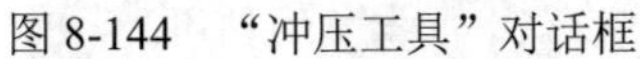
图 8-144　“冲压工具”对话框

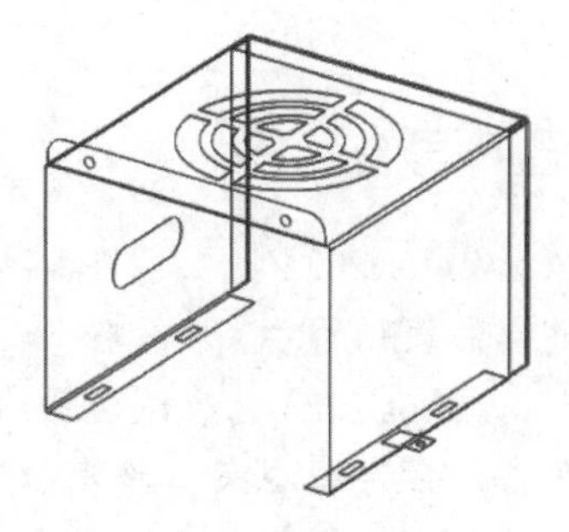
图 8-145　创建冲压工具

步骤 21 矩形阵列孔。单击“三维模型”选项卡“阵列”面板上的“矩形阵列”按钮，打开“矩形阵列”对话框，在视图中选取上步创建的孔特征为阵列特征，选取如图 8-146 所示的边线 1 为阵列方向，输入阵列个数为 2，距离为 20 mm；选取边线 2 为阵列方向，输入阵列个数为 2，距离为 105 mm，单击“确定”按钮。

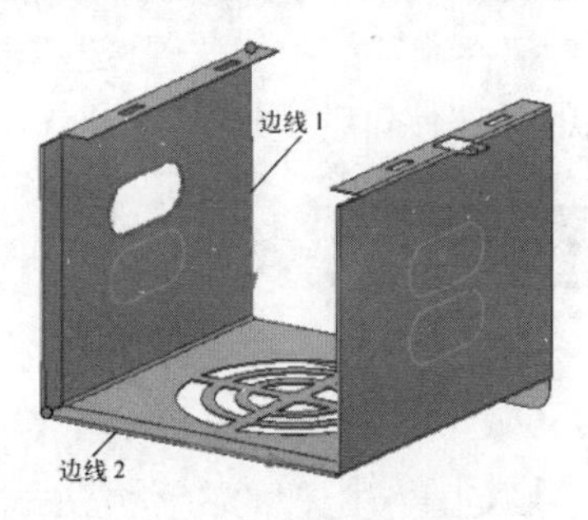

图 8-146　设置参数

步骤 22 保存文件。单击“快速访问”工具栏上的“保存”按钮，打开“另存为”对话框，输入文件名为“硬盘支架.ipt”，单击“保存”按钮，保存文件。

第9章　部件装配

导言

Inventor 2024 提供了将单独的零件或者子部件装配成为部件的功能，本章简明扼要地讲述部件装配的方法和过程，另外还介绍 Inventor 独有的自适应设计等常用功能。

Inventor 2024 的表达视图用来表现部件中的零件是如何相互影响和配合的，比如使用动画分解装配视图来图解装配说明。表达视图还可以露出可能会被部分或完全遮挡的零件，例如，使用表达视图创建轴测的分解装配视图以露出部件中的所有零件。

9.1　装配模型基础

每个零部件之间所创建的装配约束关系决定了该零部件的工作状况。这些关系可以由一系列简单的约束组成，从而决定了零部件在装配中的位置，也包括高级的自适应关系。当尺寸变化时，它可以让所有自适应关系的零部件自动更新。

9.1.1　装配模型概念

1. 装配方法

创建装配模型之前，需要先了解创建装配件的 3 种方法：自上而下装配、自下而上装配及从中间装配。

1）自上而下装配

所有装配用的模型都在关联装配环境中设计，可以创建一个空的装配，然后在装配环境中设计每个零部件。当设计零部件时，可以应用装配约束对基础零部件的更改以一定的比例关系应用到相关零部件。

在总装配中，可以创建或编辑所有的模型。当首个零件创建好后，则可以在关联装配中创建新添加的零件。

2）自下而上装配

装配中的零部件，可以在装配以外的环境设计完成后再装入装配中。每个零部件都是在装配或者其他的零件中单独设计的，创建好零部件，并将它们与其他零件装入后，如果零件需要更改，也可以在装配环境外进行编辑，改变的结果会自动反映到装配环境中。

如图 9-1 所示为一个典型的自下而上的装配建模示意图，所有零件都是在装配以外设计的，设计完后再将它们装入装配中。

图 9-1 自下而上装配

3）从中间装配

这种灵活的方法接近实际的设计过程。例如，一个典型装配中通常有专用的零部件，以及其他的标准件（如螺母、螺钉等其他标准五金件）。通常情况下，设计专用零部件的方法是自上而下，而装入标准件后，设计方式就转换为从中间开始，这是因为装配中的零部件包含在装配外部完成设计的零部件。

一些零部件是装入装配中的，其他的零部件是在关联装配中设计完成的。

2. 装配约束

通过装配约束在装配中的部件间创建约束关系，就像二维约束控制二维模型一样，在装配中利用三维约束将零部件与其他零件创建位置关系。这里有 4 种基本的装配约束，它们各自有独立的使用方法及选项。

3. 子装配

可以通过子装配将一个大的装配零部件分成很多小的装配零部件。一个子装配实质上是将一个装配定义到另一个装配中。在关联的装配中，子装配表现为一个单独的装配件，当子装配约束在整个装配中作为一个单独的部件时，子装配约束于每一个装配。当它们创建的时候，必须编辑装配中的约束。如果想要激活局部装配，就在浏览器中双击子装配。

4. 装配草图

可以在装配环境中的某个零部件上使用装配草图来创建特征，如孔、拉伸和倒角。然而这些特征不保存在零部件中，对零部件没有影响，它仅仅应用于当前装配中，也只对关联装配有影响。装配草图是装配特征的基础，这个特征可以对多个零部件起作用，但是有时也会在单独的零件中使用。

例如，需要设计一个装配来适应一些不同的电机，每个电机都有不同孔的图样和镶线槽，使用装配特征，可以确保在装配中创建特定的电机，同时该项特征对装配所有用到的公共零件没有影响。

9.1.2 进入装配环境

进入装配环境的操作步骤如下：

步骤 01 单击“快速访问”工具栏上的“新建”按钮，打开“新建文件”对话框，在对话框中选择“Standard.iam”模板，如图 9-2 所示。

图 9-2　“新建文件”对话框

步骤 02　单击“创建”按钮，进入装配环境，如图 9-3 所示。

图 9-3　装配环境

9.1.3　设置装配环境

单击“工具”选项卡“选项”面板上的“应用程序选项”按钮，打开“应用程序选项”对话框，在该对话框中打开“部件”选项卡，如图 9-4 所示。

“部件”选项卡中的选项说明如下：

- 延时更新：该选项可在编辑零部件时设置更新零部件的优先级。若选中，则延迟部件更新，直到单击了该部件文件的“更新”按钮为止；若取消勾选，则在编辑零部件后自动更新部件。

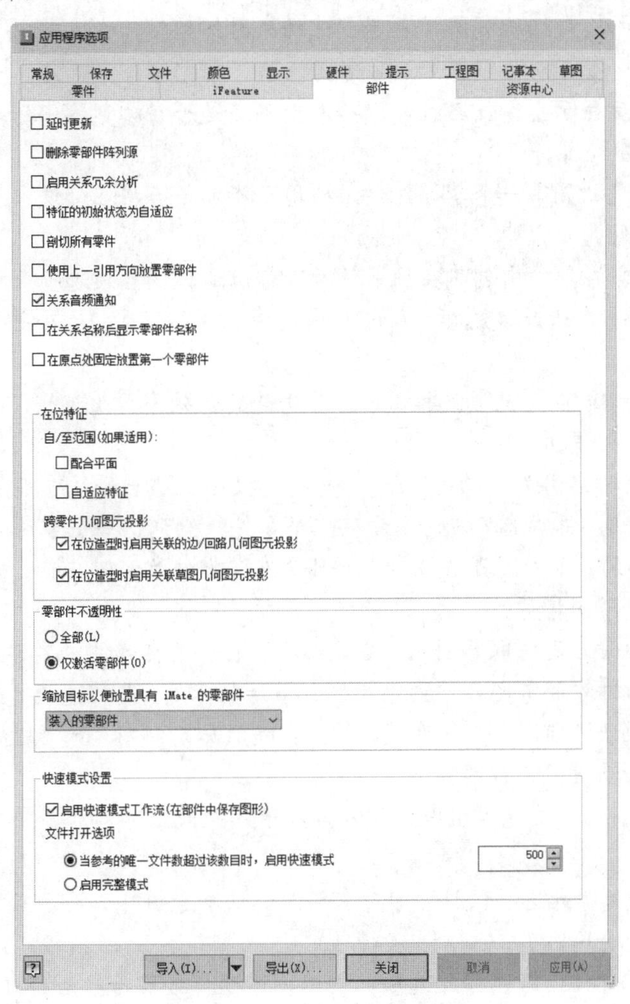

图 9-4　“部件”选项卡

- 删除零部件阵列源：该选项用于设置删除阵列元素时的默认状态。若选中，则在删除阵列时删除源零部件；若取消勾选，则在删除阵列时保留源零部件引用。
- 启用关系冗余分析：该选项用于指定 Autodesk Inventor 是否检查所有装配零部件，以进行自适应调整，默认为未选中。如果该项未选中，则 Autodesk Inventor 将跳过辅助检查，辅助检查通常会检查是否有冗余约束并检查所有零部件的自由度，系统仅在显示自由度符号时才会更新自由度检查；如果选中该项，Autodesk Inventor 将执行辅助检查，并在发现冗余约束时通知用户。即使没有显示自由度，系统也将对其进行更新。
- 特征的初始状态为自适应：该项用于控制新创建的零部件特征是否可以自动设为自适应。
- 剖切所有零件：该项用于控制是否剖切部件中的零件，子零件的剖视图方式与父零件相同。

- 使用上一引用方向放置零部件：该项用于控制放置在部件中的零部件是否继承于上一个引用的浏览器中的零部件相同的方向。
- 关系音频通知：勾选此复选框表示创建约束时播放提示音，若取消勾选此复选框，则关闭声音。
- 在关系名称后显示零部件名称：该项用于确定是否在浏览器中的约束后附加零部件实例名称。
- 在原点处固定放置第一个零部件：该项用于指定是否将在部件中装入的第一个零部件固定在原点处。
- 在位特征：当在部件中创建在位零件时，可以通过设置该选项来控制在位特征。
  - ➢ 配合平面：勾选此复选框，则设置构造特征得到所需的大小并使之与平面配合，但不允许它调整。
  - ➢ 自适应特征：勾选此复选框，则当其构造的基础平面改变时，将自动调整在位特征的大小或位置。
  - ➢ 在位造型时启用关联的边/回路几何图元投影：勾选此复选框，则当部件中新建零件的特征时，将所选的几何图元从一个零件投影到另一个零件的草图来创建参考草图。投影的几何图元是关联的，并且会在父零件改变时更新。投影的几何图元可以用来创建草图特征。
  - ➢ 在位造型时启用关联草图几何图元投影：表示当在部件中创建或编辑零件时，可以将其他零件中的草图几何图元投影到激活的零件。若勾选此复选框，则投影的几何图元与原始几何图元是关联的，并且会随原始几何图元的更改而更新，包含草图的零件将自动设置为自适应。
- 零部件不透明性：该选项组用来设置当显示部件截面时，哪些零部件以不透明的样式显示。
  - ➢ 全部：若选择此选项，则所有的零部件都以不透明样式显示（当显示模式为着色或带显示边着色时）。
  - ➢ 仅激活零部件：若选择此选项，则以不透明样式显示激活的零件。
- 缩放目标以便放置具有 iMate 的零部件：该选项组用于设置当使用 iMate 放置零部件时，图形窗口的默认缩放方式。
  - ➢ 无：若选择此选项，则使视图保持原样，不执行任何缩放。
  - ➢ 装入的零部件：若选择此选项，则放大放置的零件，使其填充图形窗口。
  - ➢ 全部：若选择此选项，则缩放部件，使模型中的所有元素适合图形窗口。
- 快速模式设置：
  - ➢ 启用快速模式工作流（在部件中保存图形）：勾选此复选框，可在部件文件中保存增强的显示数据和模型数据。不能在文档处于打开状态时取消此复选框的勾选。
  - ➢ 当参考的唯一文件数超过该数目时，启用快速模式：此选项用于设置数值以确定打开部件文件的默认模式。
  - ➢ 启用完整模式：选择该选项，可以在加载所有零部件数据的情况下打开部件文件。

9.1.4　装配浏览器

装配浏览器提供了装配环境中的一些工作选项，并且是关联零部件和特征的主要工具。

1．在位激活

在位激活是指可以在关联装配中激活零部件，为了在关联装配中编辑零件，必须先激活零件。下面列出几种在位激活零件的方法：

- 在浏览器中或者图形窗口中双击零件。
- 在浏览器或者图形窗口中的零件上单击鼠标右键，然后在弹出的快捷菜单中选择“编辑”命令。
- 在浏览器或者图形窗口中的零件上单击鼠标右键，然后在弹出的快捷菜单中选择“打开”命令，即可在单独的窗口中打开零件。在零部件上的一些改变将会自动反映到装配中。

当一个零件在关联装配中被激活后，在装配环境中将会发生如下变化：

- 在浏览器中，所有零件的背景颜色都变为灰色。
- 在浏览器中，零件将会自动展开，并将其零件特征显示出来。
- 将部件工具面板切换到零件特征工具面板。
- 在图形窗口中，没有激活的部件将以灰色显示，如图 9-5 所示。

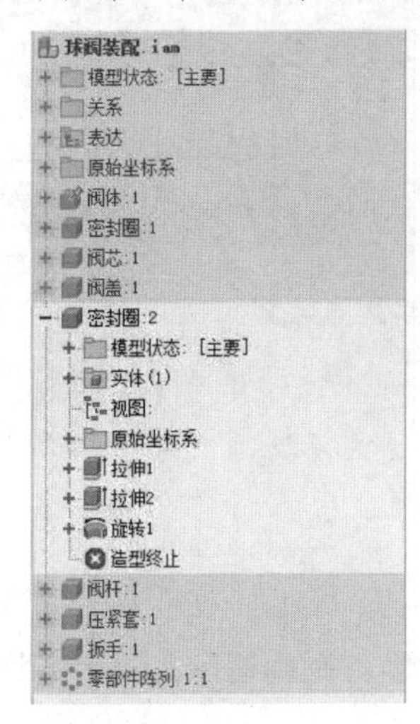

图 9-5　激活零件

2．可见性控制

在装配中控制所有零部件的可见性是非常重要的，在关联装配中工作时，可在装配浏览器中或者图形窗口中用鼠标右键单击零部件，然后在弹出的快捷菜单中选择“可见性”命令。零件可见性通常是可见的，如图 9-6 所示。

在装配浏览器中，若零件的可见性为关闭，则显示为灰色，如图 9-7 所示。

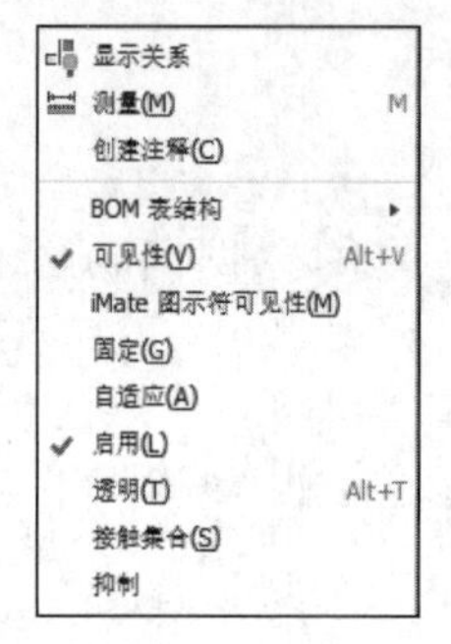

图 9-6　零部件可见性控制

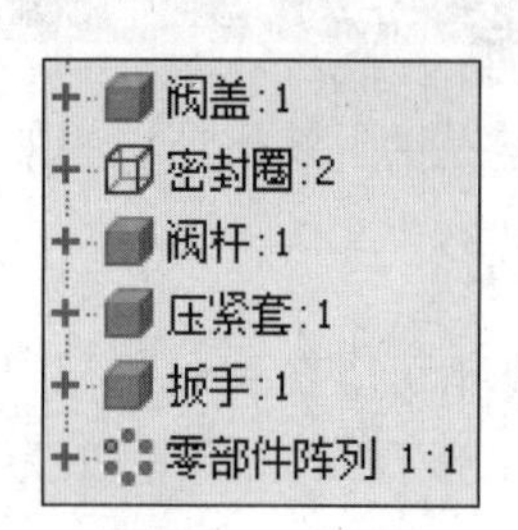

图 9-7　浏览器中零件的可见性

3．隔离装配零部件

可以关闭所有零部件的可见性，但是所选的零部件通过隔离仍然可见，在零部件上单击鼠标右键，在弹出的快捷菜单中会显示“隔离”命令。

- 隔离：除所有选择的零部件外，其他的零部件的可见性全部关闭。图 9-8 所示为隔离的效果。

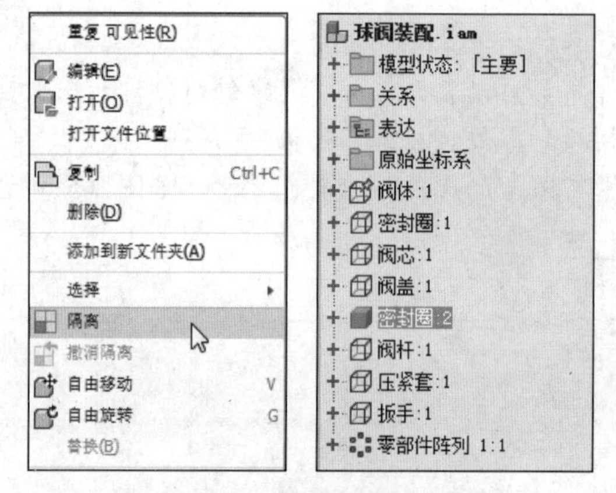

图 9-8　隔离装配零部件

- 撤销隔离：将隔离时所有关闭可见性的零部件都恢复为可见，但对于零部件的可见性已单独设定的不产生影响。

4．装配重新排序

在装配中可以重新排列零件的顺序，在浏览器中显示的零件是由装配工具命令将其装入或创建的。重新排列装配可以使零件定位在更合理的位置上。

如果重新排列装配顺序，可以在浏览器中单击鼠标左键并拖动零件，然后在新的位置上释放鼠标即可。

5．装配重新构造

创建好装配后，需要装入零部件到子装配中来组织装配。通过重新构造装配，可以创建子装配并且将已经存在的零部件装入子装配中。

6. 装配重组的警告

重新组装零件到部件时，在重组的过程中可能会失去很多装配约束。与此同时，可能还需要重新组装所有零件。如果重新组装个别零件，将会丧失装配约束并且要重新创建这些约束。

重组零件的第一步是在浏览器或图形窗口中选择所有的零部件，然后选择降级工具，这个动作可以定位所有零部件并且保留所有的约束。如果同时需要重新构造一个新装配，就将约束应用到相同装配剩下的零部件上，在不同的装配和不同的部件中，将约束应用到剩下的零件上时是不需要保留的。

如果子装配已存在，可以从装配顶级部件中采用拖动零件的方式重新组装部件，也可以从子部件中拖动或升级零件到装配顶级部件中。

基于约束的条件，可以使用这种方法去除一些约束。

7. 浏览器中的过滤器

可以在浏览器中使用过滤器过滤信息的显示，当装配变为复杂时，装配浏览器的过滤器可帮助精简信息。在装配浏览器的顶端，单击“高级设置”下拉菜单中的“显示首选项”，会弹出过滤器菜单，如图 9-9 所示。

- 隐藏定位特征：隐藏所有特征，包括原始折叠的特征。
- 仅显示子项：仅显示第一级的子级特征。当顶级装配工作时，则隐藏包括在装配中的零件。
- 隐藏注释：隐藏施加在特征上的所有注释。
- 隐藏文档：隐藏插入的注释。
- 隐藏警告：隐藏在浏览器中施加在约束上的警告。

8. 启用零部件

默认状态下，在装配中装入一个零部件时，这个零部件处于启用状态。当零部件处于启用状态时，就可以对它进行操作；当零部件处于非启用状态时，这个零部件将在图形窗口中呈暗色，并且它的图标将会在浏览器中呈绿色。

打开一个装配时，可以启用零部件创建的数据。当零部件处于非启用状态时，仅仅可以加载图形信息，对于大型的装配来说，则可以增加全部的系统性能，如图 9-10 所示。

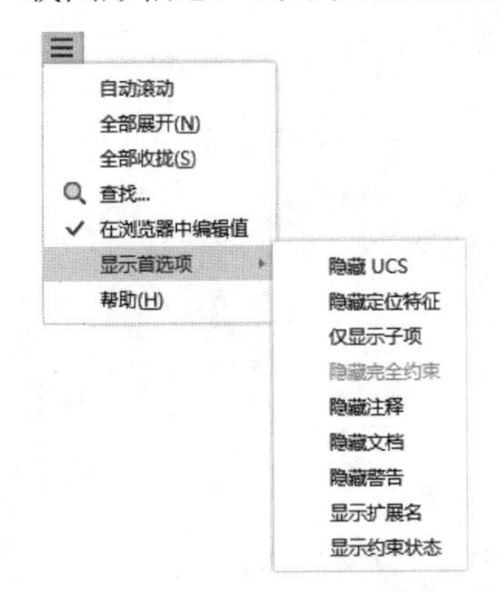

图 9-9　浏览器中的过滤器菜单

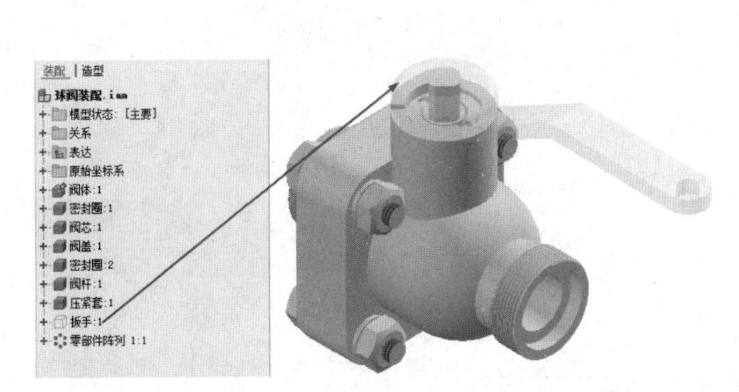

图 9-10　非启用状态的零部件

在图形窗口或者浏览器中，用鼠标右键单击零件，然后在弹出的快捷菜单中选择“激活”命令，一个检查标记表明了零件处于激活状态。

9. 固定零部件

在默认状态下，第一个装入的零部件是固定的，不可以移动。施加约束到零部件上时，固定零部件的位置保持不变，非固定零部件将根据约束进行移动。

尽管第一个零部件是固定的，但是在装配中固定零部件的数量并没有受到限制，同样可以从第一个零件上删除零部件的固定特性。

用固定零部件可以将移动零部件固定在实际位置上，一些移动的零部件与固定零部件将发生约束关系。

在浏览器或者图形窗口中，用鼠标右键单击零部件，然后在弹出的快捷菜单中选择“固定”命令，即可固定零部件，如图 9-11 所示。

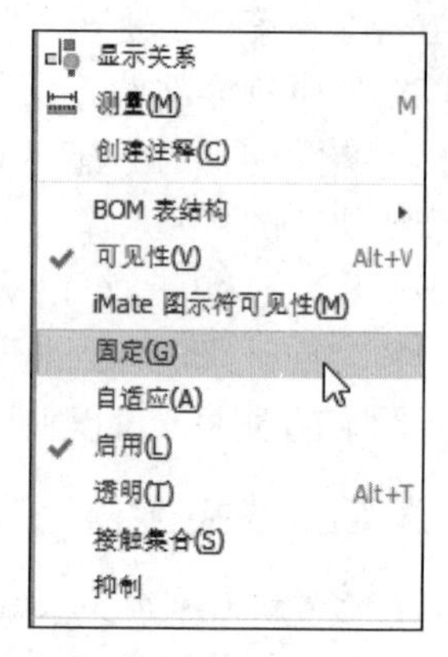

图 9-11　固定零部件

9.2　零部件的基础操作

本节将讲述如何在部件环境中装入零部件、创建在位零部件、替换零部件等基本的操作技巧，这些都是在部件环境中进行设计的必需技能。

9.2.1　装入零部件

装入零部件的操作步骤如下：

步骤 01　单击“装配”选项卡“零部件”面板上的“放置”按钮，打开“装入零部件”对话框。

步骤 02　在该对话框中选择要装配的零件，然后单击“打开”按钮，将零件放置于视图中，如图 9-12 所示。

步骤 03　继续放置零件，单击鼠标右键，在弹出的快捷菜单中选择“确定”命令，如图 9-13 所示，完成零件的放置。

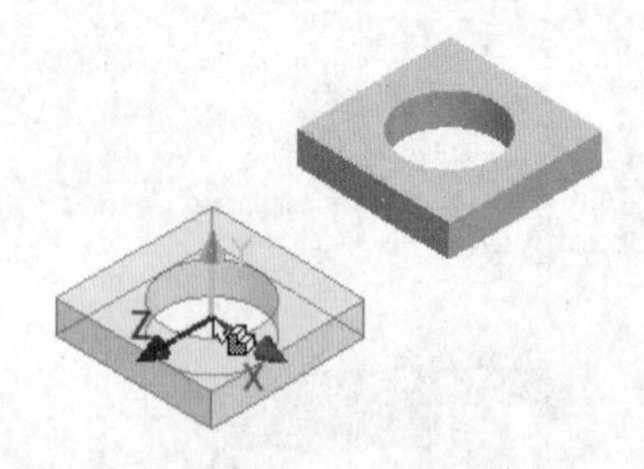

图 9-12　放置零件

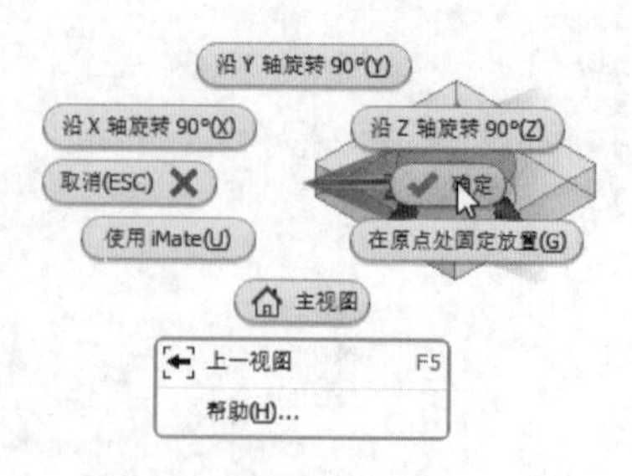

图 9-13　快捷菜单

如果在快捷菜单中选择“在原点处固定放置”命令，则它的原点及坐标轴与部件的原点及坐标轴完全重合。若要恢复零部件的自由度，则可以在图形窗口或浏览器中的零部件上单击鼠标右键，在打开的图 9-14 所示的快捷菜单中取消“固定”的勾选。

图 9-14　快捷菜单

9.2.2　创建在位零部件

创建在位零部件就是在部件文件环境中新建零件，新建的零件是一个独立的零件，创建在位零部件时需要制定创建零部件的文件名和位置以及使用的模板等。

创建在位零部件与插入先前创建的零部件文件结果相同，而且可以方便地在零部件面（或部件工作平面）上绘制草图、在特征草图中包含其他零部件的几何图元。当创建的零部件约束到部件中的固定几何图元时，可以关联包含于其他零部件的几何图元，并把零部件指定为自适应，以允许新零部件改变大小。用户还可以在其他零部件的面上开始和终止拉伸特征。默认情况下，这种方法创建的特征是自适应的。另外，还可以在部件中创建草图和特征，但它们不是零部件，只包含在文件.iam 中。

创建在位零部件的步骤如下：

步骤 01　单击“装配”选项卡“零部件”面板上的“创建”按钮，打开“创建在位零部件”对话框，如图 9-15 所示。

步骤 02　在该对话框中设置零部件的名称、位置，单击“确定”按钮。

步骤 03　在视图或浏览器中选择草图平面创建基础特征。

步骤 04　进入造型环境，单击鼠标右键，在弹出的快捷菜单中选择“完成编辑”选项，如图 9-16 所示，返回装配环境中。

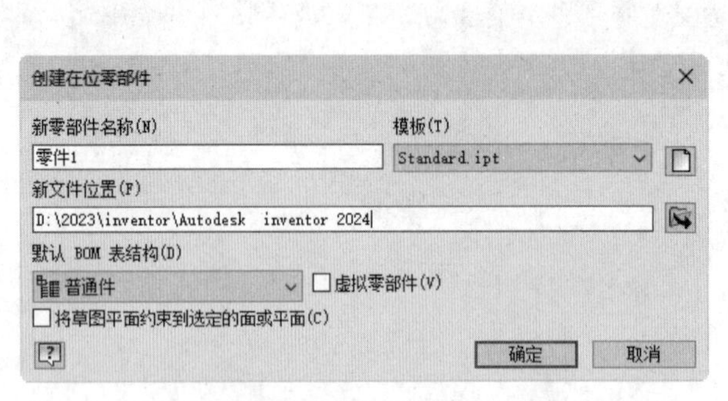

图 9-15 “创建在位零部件”对话框

图 9-16 快捷菜单

在图 9-15 中，“将草图平面约束到选定的面或平面”复选框用于在所选零件面和草图平面之间创建配合约束。如果新的零部件是部件中的第一个零部件，则该选项不可用。

9.3 零部件装配约束

除了添加装配约束以组合零部件以外，Autodesk Inventor 还可以添加运动约束以驱动部件的转动，从而对部件运动进行动态观察，甚至可以录制部件运动的动画视频文件，还可以添加过渡约束，使得零部件之间的某些曲面始终保持一定的关系。

在部件文件中装入或创建零部件后，可以使用装配约束建立部件中的零部件的方向，并模拟零部件之间的机械关系。例如，可以使两个平面配合，将两个零件上的圆柱特征指定为保持同心关系，或约束一个零部件上的球面，使其与另一个零部件上的平面保持相切关系。装配约束决定了部件中的零部件如何配合在一起。若应用了约束，则删除了自由度，限制了零部件移动的方式。

装配约束不仅仅是将零部件组合在一起，正确应用装配约束还可以为 Autodesk Inventor 提供执行干涉检查、冲突、接触动态、分析以及质量特性计算所需的信息。当正确应用约束时，可以驱动基本约束的值并查看部件中零部件的移动，关于驱动约束的问题将在后面章节中讲述。本节主要关注如何正确使用装配约束来装配零部件。

9.3.1 配合约束

配合约束用于将零部件面对面放置或使这些零部件表面齐平、相邻，该约束将删除平面之间的一个线性平移自由度和两个角度旋转自由度，操作步骤如下：

步骤 01 单击“装配”选项卡“关系”面板上的“约束”按钮，打开“放置约束”对话框，单击“配合”类型，如图 9-17 所示。

步骤 02 在视图中分别选择配合的两个平面、曲线、边或点等，如图 9-18 所示。

步骤 03 在“放置约束”对话框中选择求解方法，并设置偏移量，单击“确定”按钮，完成配合约束，结果如图 9-19 所示。

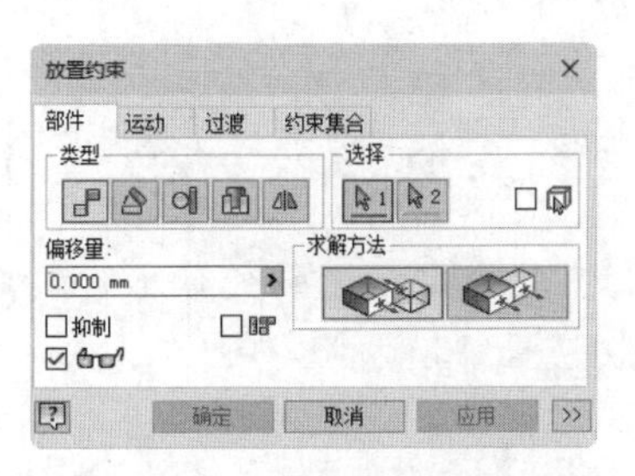

图 9-17　“放置约束”对话框

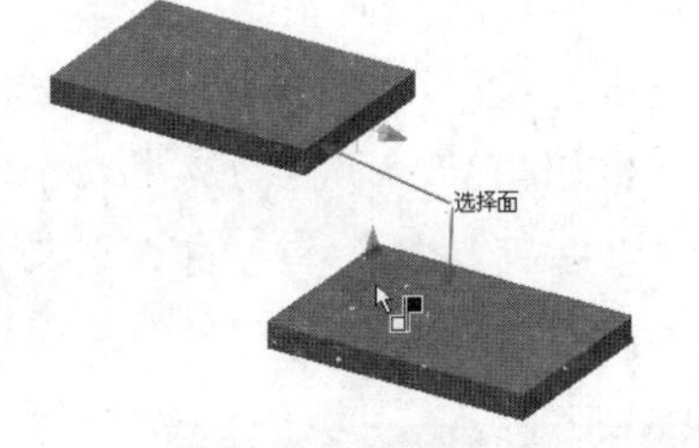

图 9-18　选择面

图 9-19　配合约束

“放置约束”对话框中的配合约束说明如下：

- 表面齐平：用于对齐相邻的零部件，可以通过选中的面、线或点来对齐零部件，使其表面法线指向相同方向。
- 配合：用于将选定面彼此垂直放置且面发生重合。
- 先单击零件：勾选此复选框，将可选几何图元限制为单一零部件。这个功能适合在零部件处于紧密接近或部分相互遮挡时使用。
- 偏移量：用于指定零部件相互之间偏移的距离。
- 显示预览：勾选此复选框，则预览装配后的图形。
- 预计偏移量和方向：装配时由系统自动预测合适的装配偏移量和偏移方向。

9.3.2　角度约束

对准角度约束可以使得零部件上平面或者边线按照一定的角度放置，该约束可删除平面之间的一个旋转自由度或两个角度旋转自由度。角度约束的应用方法如下：

步骤 01　单击“装配”选项卡“关系”面板上的“约束”按钮，打开“放置约束”对话框，单击“角度”类型，如图 9-20 所示。

步骤 02　在“放置约束”对话框中选择求解方法，并在视图中选择平面，如图 9-21 所示。

步骤 03　在“放置约束”对话框中输入角度值，单击“确定”按钮，完成角度约束，如图 9-22 所示。

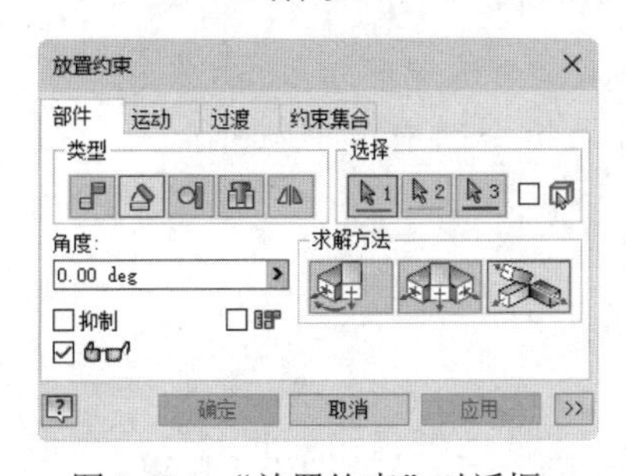

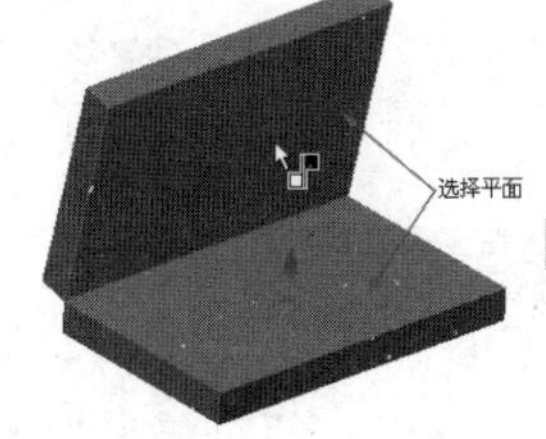

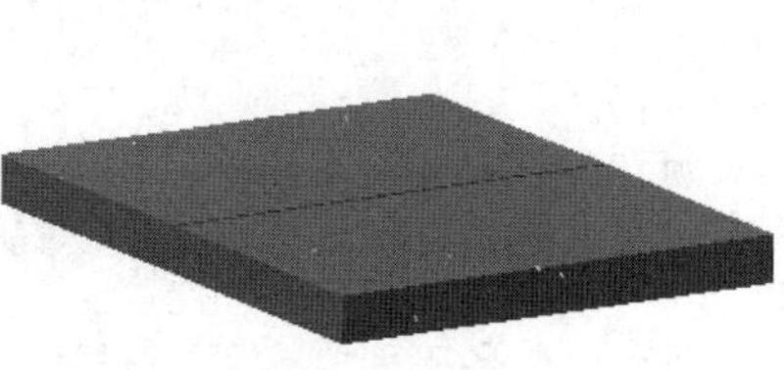

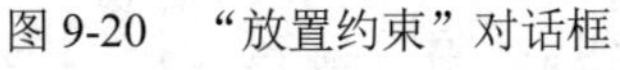

图 9-20　“放置约束”对话框

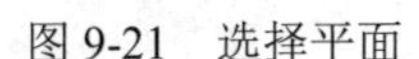

图 9-21　选择平面

图 9-22　角度约束

“放置约束”对话框中的角度约束说明如下：

- 定向角度：始终应用于右手规则，也就是说，除右手的拇指以外的四指指向旋转的方向，拇指指向旋转轴的正向。当设置了一个对准角度之后，需要对准角度的零件总是沿一个方向旋转，即旋转轴的正向。

- 非定向角度：默认方式，在该方式下可以选择任意一种旋转方式。如果求解出的位置近似于上次计算出的位置，则自动应用左手定则。
- 明显参考矢量：通过向选择过程添加第 3 次选择来显式定义 Z 轴矢量（叉积）的方向。约束驱动或拖动时，减小角度约束的角度以切换至替换方式。

9.3.3 相切约束

相切约束用于定位面、平面、圆柱面、球面、圆锥面和规则的样条曲线在相切点处相切，相切约束将删除线性平移的一个自由度，或在圆柱和平面之间删除一个线性自由度和一个旋转自由度，相切约束的应用方法如下：

步骤01 单击“装配”选项卡“关系”面板上的“约束”按钮，打开“放置约束”对话框，单击“相切”类型，如图 9-23 所示。

步骤02 在“放置约束”对话框中选择求解方法，依次选择相切的面、曲线、平面或点，如图 9-24 所示。

步骤03 在“放置约束”对话框中设置偏移量，单击“确定”按钮，完成相切约束，结果如图 9-25 所示。

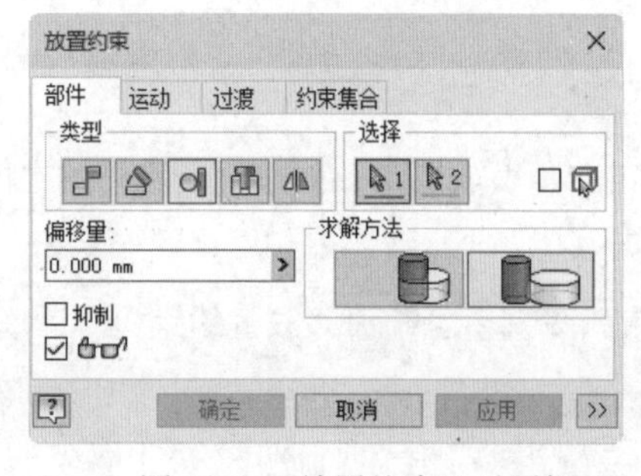

图 9-23 “放置约束”对话框

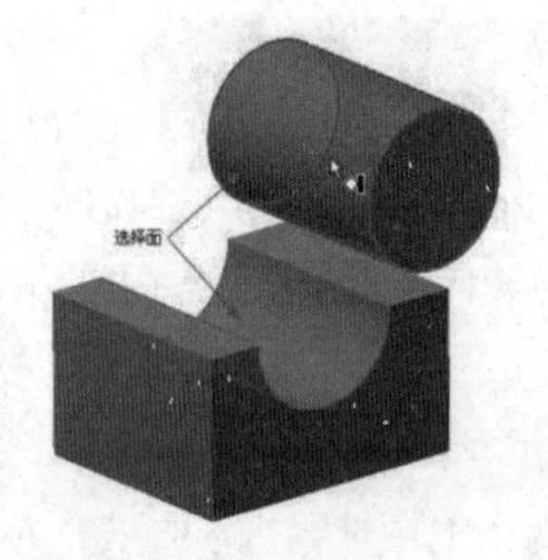

图 9-24 选择面

图 9-25 相切约束

“放置约束”对话框中的相切约束说明如下：

- 内部：将在第 2 个选中零件内部的切点处放置第 1 个选中零件。
- 外部：将在第 2 个选中零件外部的切点处放置第 1 个选中零件，默认方式为外边框方式。

9.3.4 插入约束

插入约束是平面之间的面对面配合约束和两个零部件的轴之间的配合约束的组合，它将配合约束放置于所选面之间，同时将圆柱体沿轴向同轴放置。插入约束保留了旋转自由度，平动自由度将被删除。插入约束可用于在孔中放置螺栓杆部、杆部与孔对齐、螺栓头部与平面配合等，插入约束的应用方法如下：

步骤01 单击“装配”选项卡“关系”面板上的“约束”按钮，打开“放置约束”对话框，单击“插入”类型，如图 9-26 所示。

步骤02 在“放置约束”对话框中选择求解方法，在视图中选择圆形边线，如图 9-27 所示。

步骤03 在“放置约束”对话框中设置偏移量，单击“确定”按钮，完成插入约束，结果如图 9-28 所示。

“放置约束”对话框中的插入约束说明如下：

- 反向：反转第 1 个选定零部件的配合方向。
- 对齐：反转第 2 个选定零部件的配合方向。

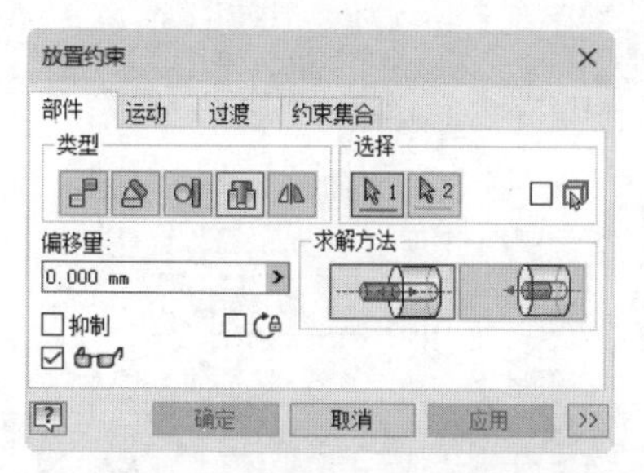

图 9-26　“放置约束”对话框

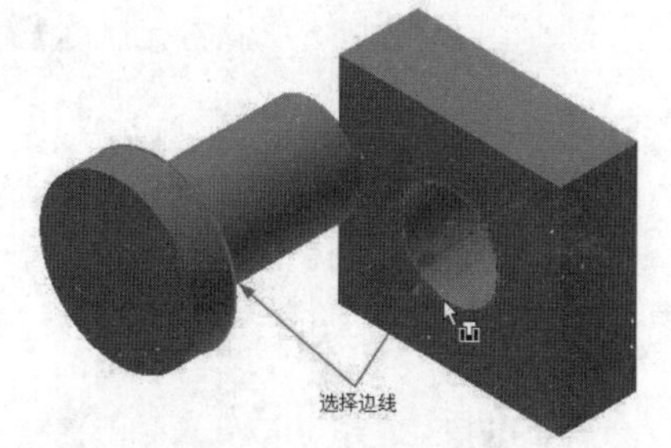

图 9-27　选择边线

图 9-28　插入约束

9.3.5　对称约束

对称约束根据平面或平整面对称地放置两个对象，应用方法如下：

步骤01 单击“装配”选项卡“关系”面板上的“约束”按钮，打开“放置约束”对话框，单击“对称”类型，如图 9-29 所示。

步骤02 在视图中选择如图 9-30 所示的零件 1 和零件 2。

步骤03 在浏览器中零件 1 的原始坐标系文件中选择 YZ 平面为对称平面。

步骤04 单击“确定”按钮完成约束的创建，如图 9-31 所示。

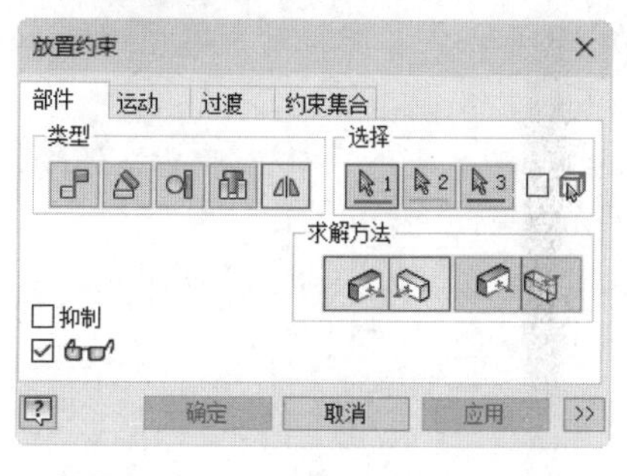

图 9-29　“放置约束”对话框

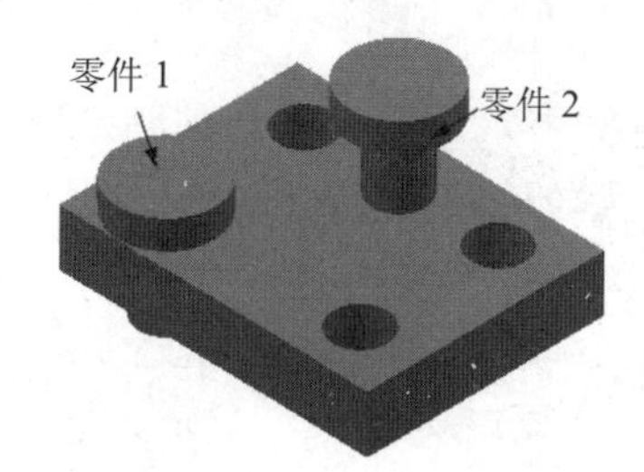

图 9-30　配合前的图形

图 9-31　对称配合后的图形

9.3.6　运动约束

在 Inventor 2024 中，还可以向部件中的零部件添加运动约束，运动约束用于驱动齿轮、带轮、齿条与齿轮，以及其他设备的运动。可以在两个或多个零部件间应用运动约束，通过驱动一个零部件使其他零部件做相应的运动。

运动约束用于指定零部件之间的预定运动，因为它们只在剩余自由度上运转，所以不会与位置约束冲突、不会调整自适应零件的大小或移动固定零部件，如图 9-32 所示。需要注意的是，运动约束不会保持零部件之间的位置关系，所以在应用运动约束之前要先完全约束零部件，然后可以限制要驱动的零部件的运动约束。其使用方法如下：

步骤01 单击“装配”选项卡“关系”面板上的“约束”按钮，打开“放置约束”对话框，选择“运动”选项卡，如图 9-33 所示。

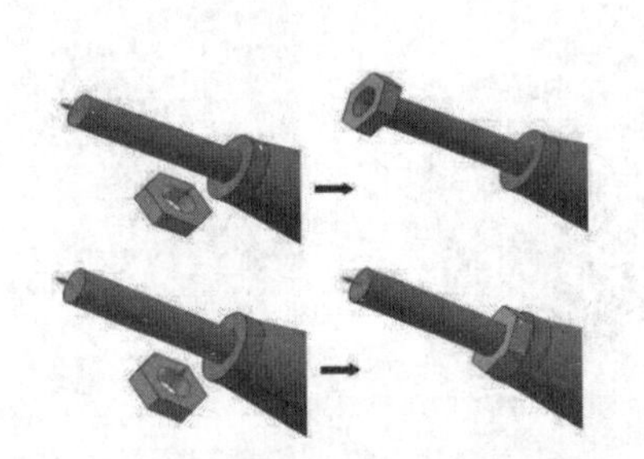

图 9-32　选择不同的装配表面导致不同的装配结果

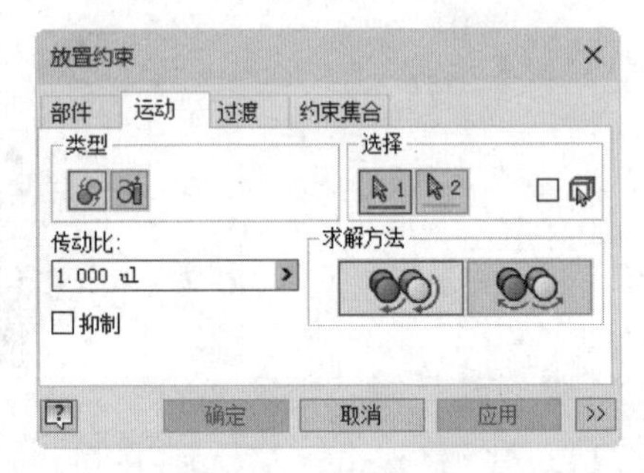

图 9-33　“运动”选项卡

步骤02 选择运动的类型，在 Inventor 2024 中可以选择两种运动类型：“转动”或“转动-平动”。

步骤03 指定了运动类型后，选择要约束到一起的零部件上的几何图元，可以指定一个或更多的曲面、平面或点，以定义零部件如何固定在一起。

步骤04 指定转动运动类型下的传动比、转动-平动类型下的距离，即指定相对于第 1 个零件旋转一次时，第 2 个零件所移动的距离，以及两种运动类型下的运动方式。

步骤05 单击“确定”按钮，完成运动约束的创建。

“运动”选项卡中的选项说明如下：

- 转动：指定了选择的第一个零件按指定传动比相对于另一个零件转动，典型的使用是齿轮和滑轮。
- 转动-平动：指定了选择的第一个零件按指定距离相对于另一个零件的平动而转动，典型的使用是齿条与齿轮运动。
- 传动比：指定第一次选定的零部件相对于第二次选定的零部件的运动。传动比指定当第一个选择旋转时，第二个选择旋转了多少。
- 距离：当选择“转动-平动”类型时，显示此选项，指定相对于第一个选择的一次转动，第二个平移了多少。

9.3.7　过渡约束

过渡约束指定了零件之间的一系列相邻面之间的预定关系，非常典型的例子是插槽中的凸轮，如图 9-34 所示。当零部件沿着开放的自由度滑动时，过渡约束会保持面与面之间的接触。

在图 9-34 中，当凸轮在插槽中移动时，凸轮的表面一直同插槽的表面接触。

若要为零部件添加过渡约束，可以单击“装配”选项卡“关系”面板上的“约束”按钮，打开“放置约束”对话框，选择“过渡”选项卡，如图 9-35 所示，分别选择要约束在一起的两个零部件的表面，第一次选择移动面，第二次选择过渡面，然后单击“确定”按钮即可完成过渡约束的创建。

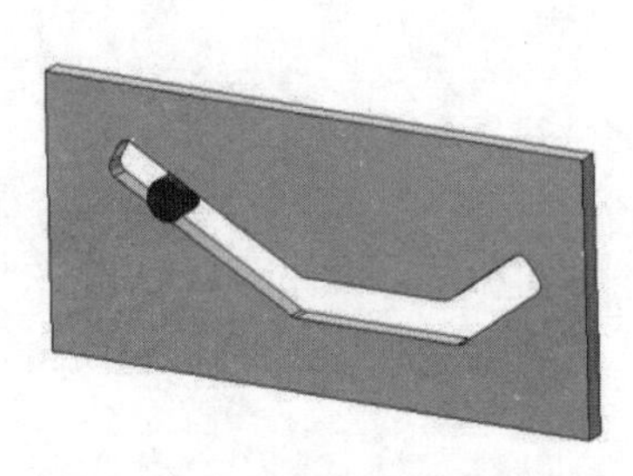

图 9-34　过渡约束示例

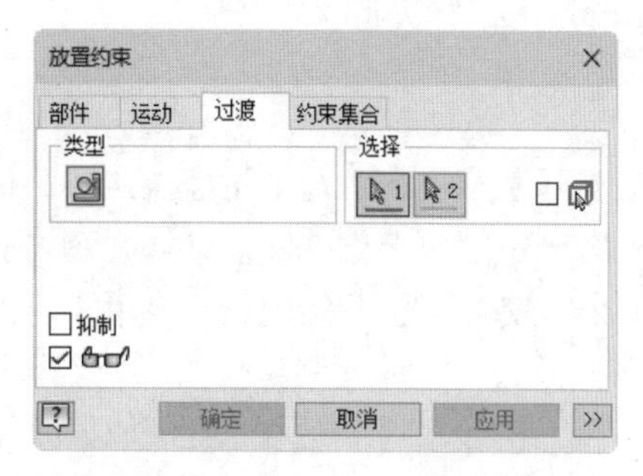

图 9-35　“过渡”选项卡

9.3.8　编辑装配约束

可以用与装入零部件相同的方法来编辑约束。在浏览器中选择约束，在约束上单击鼠标右键，然后在弹出的快捷菜单中选择“编辑”命令，如图 9-36 所示。

编辑约束时，所有编辑操作都可以在与创建约束相同的对话框中进行，所有选项都可以改变，包括约束的类型，如图 9-37 所示。

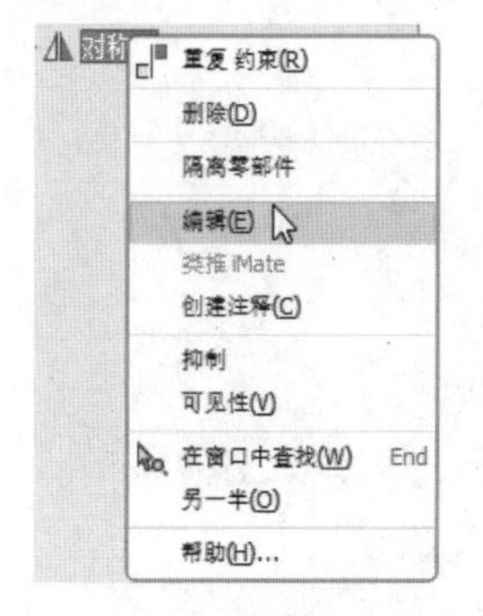

图 9-36　选择“编辑”命令

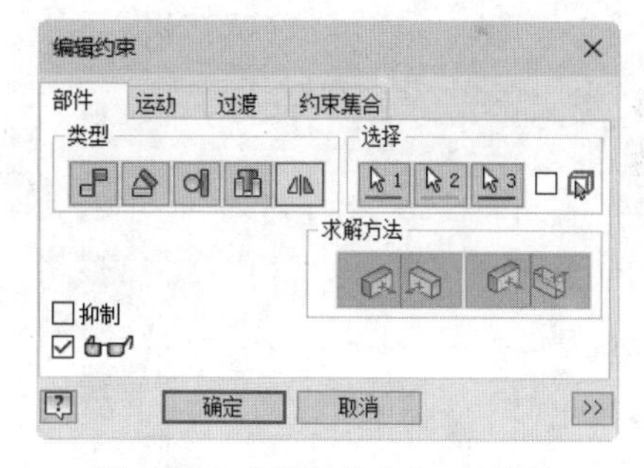

图 9-37　“编辑约束”对话框

除了“编辑约束”对话框外，还有两种方法可以改变约束的偏置值或角度。

（1）选择约束，编辑栏将会在浏览器下方出现。输入新的偏置值或者角度，然后按下 Enter 键，如图 9-38 所示。

（2）在浏览器中的约束上单击鼠标右键，然后在弹出的快捷菜单里选择“修改”命令，在弹出的对话框中输入新的偏移量值或者角度，单击按钮，如图 9-39 所示。

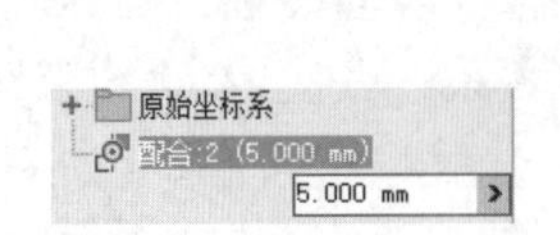

图 9-38　编辑装配约束的尺寸

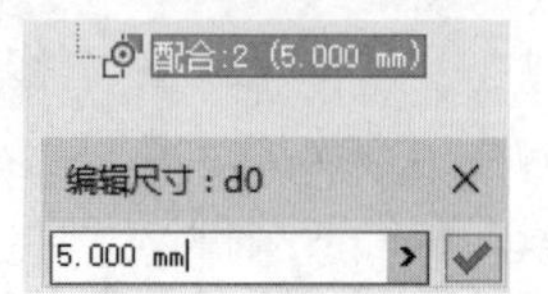

图 9-39　使用“编辑尺寸”对话框

9.4 表达视图

在实际生产中，工人往往是按照装配图的要求来对部件进行装配的。装配图相对于零件图来说具有一定的复杂性，只有掌握看图经验的人才能明白设计者的意图。如果部件足够复杂的话，那么即使是有看图经验的“老手”，也要花费很多的时间和精力来读图。如果能动态地显示部件中每一个零件的装配位置，甚至显示部件的装配过程，那么势必能节省工人读图的时间，大大提高工作效率，表达视图的产生就是为了满足这种需要。

表达视图是动态显示部件装配过程的一种特定视图，在表达视图中，通过给零件添加位置参数和轨迹线，使其成为动画，动态演示部件的装配过程。表达视图不仅说明了模型中零部件和部件之间的相互关系，还说明了零部件的安装顺序，将表达视图用在工程图文件中来创建分解视图，也就是俗称的爆炸图。

9.4.1 进入表达视图环境

选择“快速访问”工具栏上的“新建”按钮，在打开的“新建文件”对话框中选择 Standard.ipt，如图 9-40 所示。

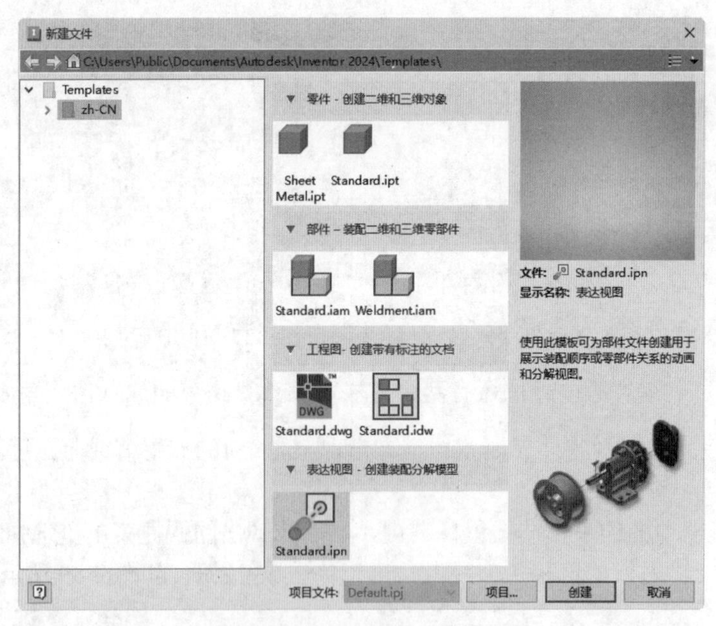

图 9-40　“新建文件”对话框

单击“创建”按钮，打开“插入”对话框，选择要创建表达视图的装配文件，单击“打开”

文件，进入表达视图环境，如图 9-41 所示。

在 Inventor 2024 中对表达视图用户界面进行了更改，提高了用于生成分解视图和装配或拆卸动画零部件的交互。

“快照视图”面板列出并管理模型的快照视图，快照视图可捕获时间轴中指定点的模型和照相机布局，并在创建后将它们链接在一起。通过编辑视图并打断链接可使链接视图相互独立。

模型浏览器显示有关表达视图场景的信息，其中场景包含模型和位置参数文件夹，包含在相关故事板中使用的所有位置参数。

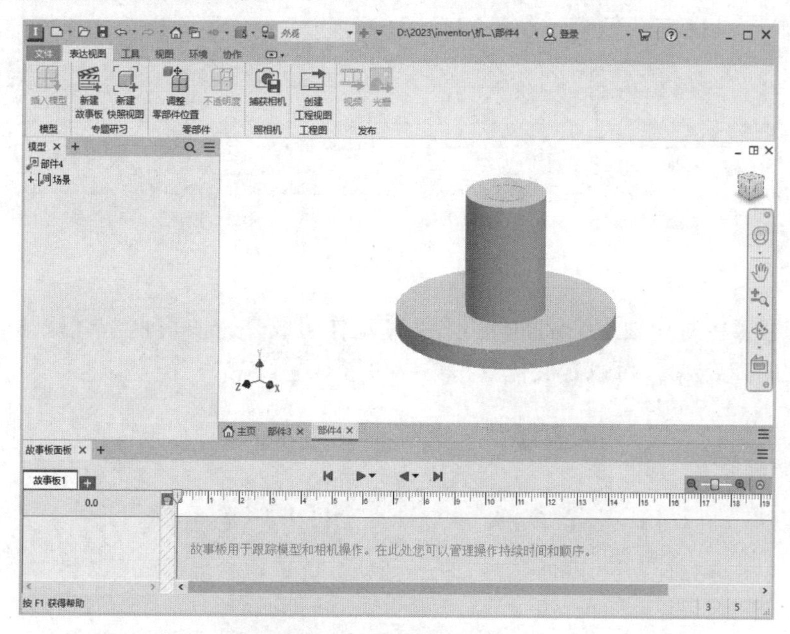

图 9-41　表达视图环境

9.4.2　创建故事板

动画由在一个或多个故事板的时间轴上排列的动作组成。动画用于发布视频或创建快照视图序列，创建表达视图的步骤如下：

步骤 01　单击“表达视图”选项卡中“专题研习”面板上的“新建故事板”按钮，打开“新建故事板”对话框，如图 9-42 所示。

步骤 02　在该对话框中选择故事板类型，输入故事板名称。

步骤 03　单击“确定”按钮，完成故事板的创建。

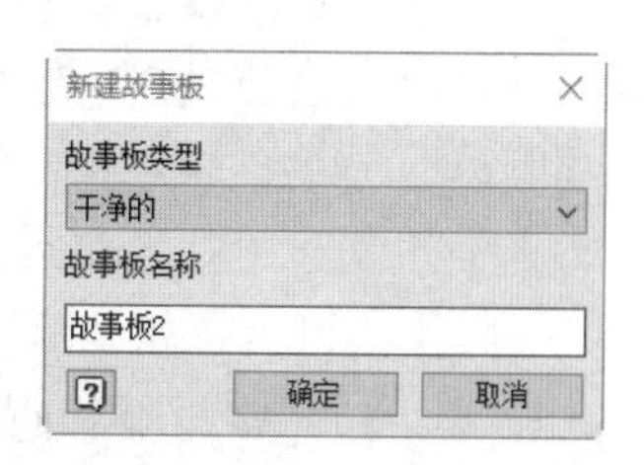

图 9-42　“新建故事板”对话框

“新建故事板”对话框中的选项说明如下：

- 干净的：启动故事板，并且其模型和照相机设置基于当前场景使用的设计视图表达。

- 紧接上一个开始：新故事板会插入选定故事板的后面。直至原故事板终点的零部件位置、可见性、不透明度和照相机设置会为新故事板建立初始状态。

“故事板”面板列出了在表达视图文件中保存的所有故事板。故事板包含模型和照相机的动画，如图 9-43 所示。可使用故事板创建视频或者以可编辑的形式存储各个快照视频或一系列快照视图的位置。“故事板”可以浮动并移动到屏幕空间中的任意位置，也可固定到另一个监视器。

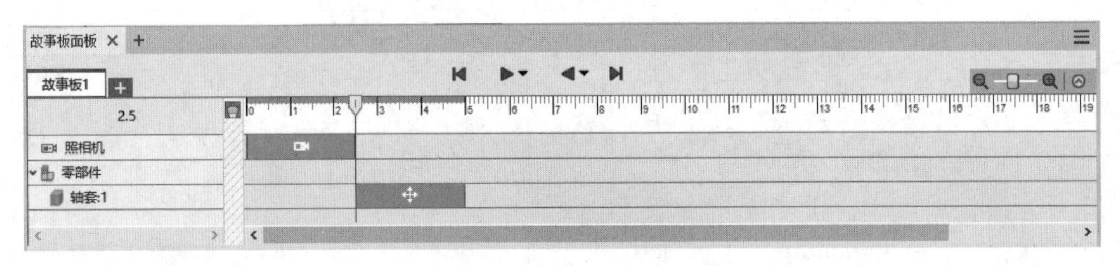

图 9-43 “故事板”面板

动画由在故事板时间轴上记录的位置参数和动作组成。在时间轴上单击鼠标右键，弹出如图 9-44 所示的快捷菜单，可以定义位置参数或动作。

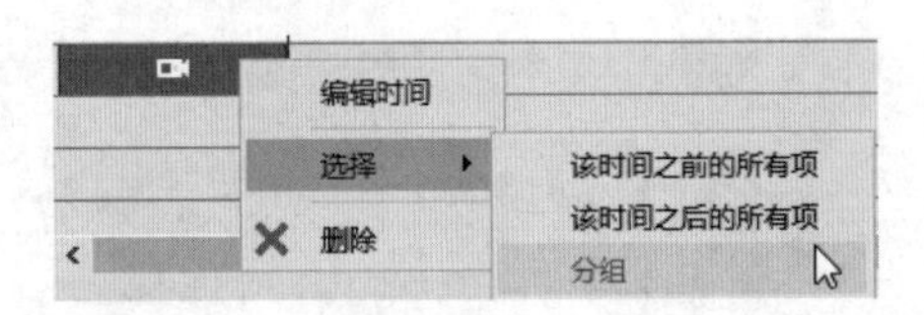

图 9-44 快捷菜单

9.4.3 新建快照视图

快照视图用于存储零部件位置、可见性、不透明度和照相机位置。快照视图可以是独立的，也可以链接到故事板时间轴。本节讲解使用快照视图为 Inventor 2024 模型创建工程视图或光栅图像。

步骤 01 单击“表达视图”选项卡中“专题研习”面板上的“快照视图”按钮，新的表达视图将添加到“快照视图”面板中，如图 9-45 所示。

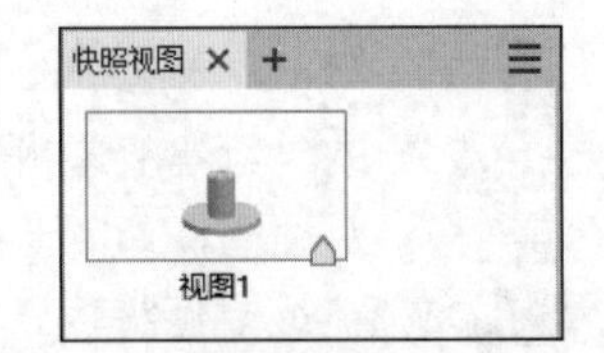

图 9-45 “快照视图”面板

步骤 02 双击创建好的快照视图进入“编辑视图”模式，可以更改零部件的可见性、不透明度或位置，单击“编辑视图”选项卡中的“完成编辑视图”按钮，退出视图编辑模式。

9.4.4 调整零部件位置

如果对自动生成的表达视图在分解效果上不满意，则可以局部调整零件之间的位置关系，以便更好地观察，那么可以使用“调整零部件位置”对话框来进行调整。

步骤 01 单击“表达视图”选项卡中“零部件”面板上的“调整零部件位置”按钮，打开“调整零部件位置”小工具栏，如图 9-46 所示。

步骤 02 选择要调整位置的零部件，默认为移动，此时会出现一个坐标系的预览，如图 9-47 所示，可以设定零部件沿着这个坐标系的某个轴移动。

步骤 03 选择一个坐标轴且输入平移的距离，或者直接拖到坐标轴移动零部件，然后单击“确定”按钮即可。也可以单击“调整零部件位置”小工具栏中的“旋转”按钮，使零部件围绕坐标轴进行旋转。

图 9-46　“调整零部件位置”小工具栏

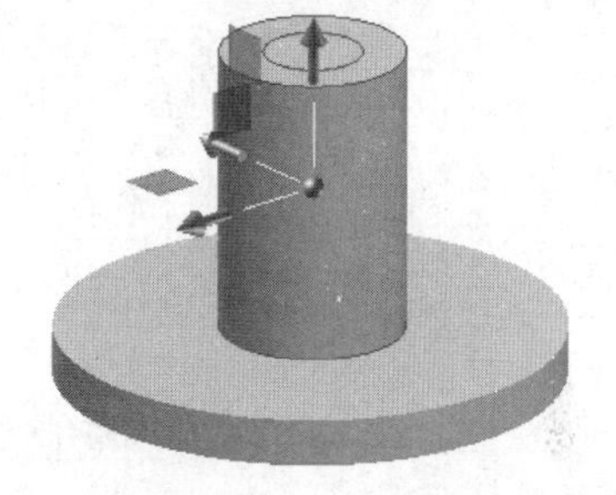

图 9-47　坐标系的预览

“调整零部件位置”小工具栏中的选项说明如下：

- 移动：创建平动位置参数。
- 旋转：创建旋转位置参数。
- 选择过滤器：
  - 零部件：选择部件或零件。
  - 零件：选择零件。
- 定位：放置或移动空间坐标轴。将光标悬停在模型上以显示零部件夹点，然后单击一个点来放置空间坐标轴。
- 空间坐标轴的方向：
  - 局部：使空间坐标轴的方向与附着空间坐标轴的零部件坐标系一致。
  - 将空间坐标轴与几何图元对齐：旋转空间坐标轴，使坐标与选定零部件的几何图元对齐。
  - 世界：使空间坐标轴的方向与表达视图中的世界坐标系一致。
- 添加新轨迹：为当前位置参数创建另一条轨迹。
- 删除现有轨迹：删除为当前位置参数创建的轨迹。

9.4.5　创建视频

将故事板发布为 AVI 和 WMV 视频文件。

步骤 01 单击“表达视图”选项卡中“发布”面板上的“视频”按钮，打开“发布为视频”对话框，如图 9-48 所示。

步骤02 在“发布范围”选项组中，设置发布范围。

步骤03 在“视频分辨率”选项组中选择视频输出窗口的预定义大小，也可以自定义宽度和高度。

步骤04 指定输出文件的位置和文件名。

步骤05 在文件格式中选择要发布的格式，然后单击“确定”按钮，发布视频。

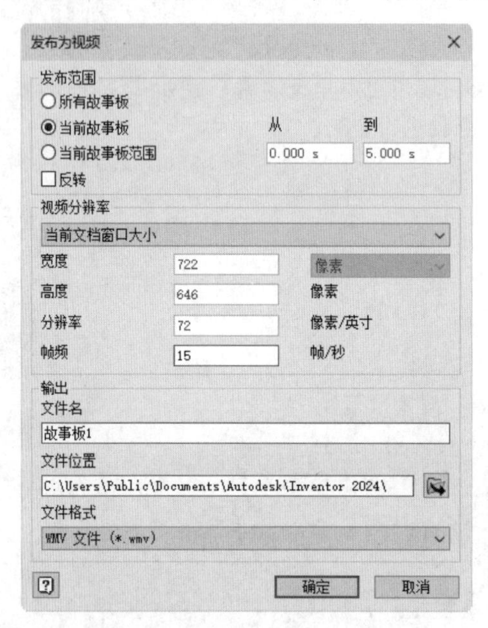

图 9-48 “发布为视频”对话框

“发布为视频”对话框中的选项说明如下：

- 发布范围：
  - 当前故事板范围：可以指定发布的时间间隔。
  - 反转：勾选此复选框，可按相反顺序（即从终点到起点）发布视频。
- 视频分辨率：可以从下拉列表中选择当前文档窗口大小，或直接选择视频的分辨率，如果选择“自定义”，则可以直接输入视频的宽度和高度。
- 输出：
  - 文件名：输入和输出视频的文件名。
  - 文件位置：指定视频发布的位置，也可以单击按钮，选择存储的位置。
  - 文件格式：可以从下拉列表中选择发布视频的文件格式为 AVI 或 WMV。

9.4 综合实例——球阀装配

本实例将装配如图 9-49 所示的球阀。

图 9-49　球阀装配

下载资源\动画演示\第9章\球阀装配.MP4

操作步骤

步骤 01　新建文件。运行 Inventor 2024，单击“快速访问”工具栏上的“新建”按钮，在打开的“新建文件”对话框中的零件下拉列表中选择“Standard.iam”选项，单击“创建”按钮，新建一个装配文件。

步骤 02　装入阀体。单击“装配”选项卡“零部件”面板中的“放置”按钮，打开“装入零部件”对话框，选择“阀体”零件，单击“打开”按钮，进入装配环境；单击鼠标右键，在打开的如图 9-50 所示的快捷菜单 1 中选择“在原点处固定放置”选项，装入阀体，系统默认此零件为固定零件，零件的坐标原点与部件的坐标原点重合。单击鼠标右键，在打开的如图 9-51 所示的快捷菜单 2 中单击“确定”按钮，完成阀体的放置。

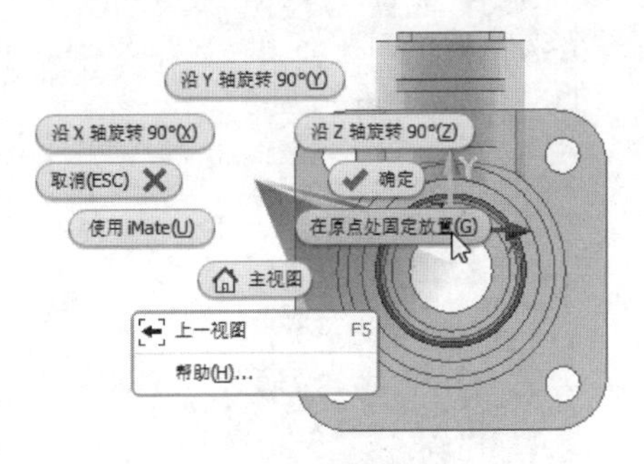

图 9-50　快捷菜单 1

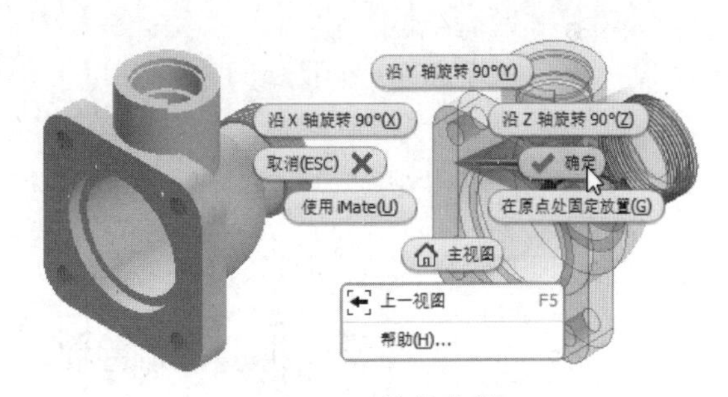

图 9-51　快捷菜单 2

步骤 03　放置密封圈。单击“装配”选项卡“零部件”面板中的“放置”按钮，打开“装入零部件”对话框，选择“密封圈”零件，单击“打开”按钮，装入密封圈，将其放置到视图中适当位置。单击鼠标右键，在打开的快捷菜单中选择“确定”按钮，完成密封圈的放置，如图 9-52 所示。

步骤 04　阀体与密封圈的装配。单击“装配”选项卡“关系”面板中的“约束”按钮，打开“放置约束”对话框，选择“插入”类型；在视图中选择如图 9-53 所示的两个圆形边线，设置偏移量为 0 mm，选择“反向”选项，单击“确定”按钮，结果如图

9-54 所示。

步骤05 放置阀芯。单击“装配”选项卡“零部件”面板中的“放置”按钮，打开“装入零部件”对话框，选择“阀芯”零件，单击“打开”按钮，装入阀芯，将其放置到视图中适当位置。单击鼠标右键，在打开的快捷菜单中单击“确定”按钮，完成阀芯的放置，如图 9-55 所示。

图 9-52　放置密封圈

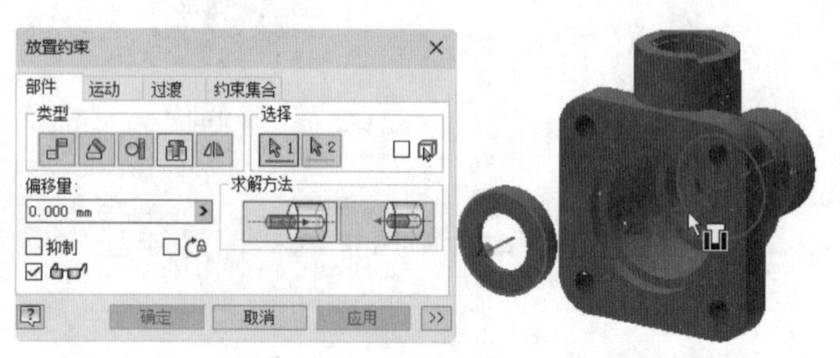

图 9-53　插入约束

图 9-54　装配密封圈

图 9-55　放置阀芯

步骤06 阀体与阀芯的装配。

① 单击“装配”选项卡“关系”面板中的“约束”按钮，打开“放置约束”对话框，选择“配合”类型；在视图中选择如图 9-56 所示的阀体的内孔面和阀芯的内孔面，设置偏移量为 0 mm，选择“配合”选项，单击“应用”按钮。

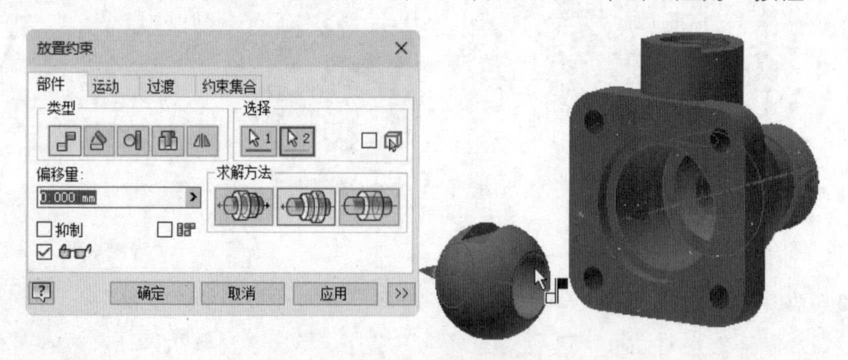

图 9-56　配合约束

② 单击“装配”选项卡“关系”面板中的“约束”按钮，打开“放置约束”对话框，选择“配合”类型；在浏览器中选择阀体的 XY 平面和阀芯的 YZ 平面，设置偏移量为–9 mm，选择“配合”选项，如图 9-57 所示，单击“应用”按钮。

③ 单击“装配”选项卡“关系”面板中的“约束”按钮，打开“放置约束”对话框，选择“角度”类型；选择“定向角度”选项，在浏览器中选择阀体的 XZ 平面和阀芯的 XZ 平面，设置角度为 0 deg，如图 9-58 所示，单击“确定”按钮，完成阀芯装配，如图 9-59 所示。

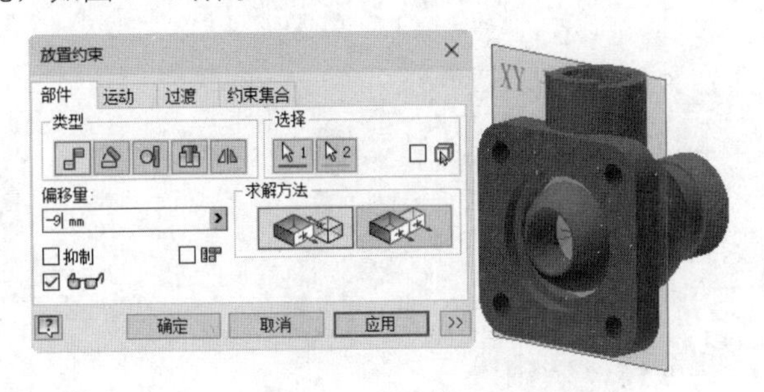

图 9-57　配合约束

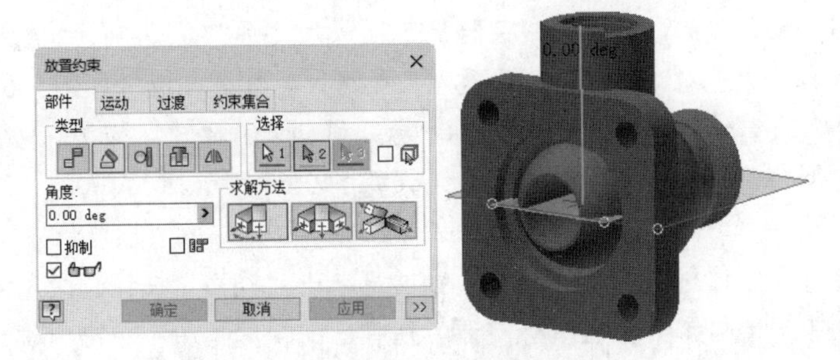

图 9-58　角度约束

步骤 07 放置阀盖。单击“装配”选项卡“零部件”面板中的“放置”按钮，打开“装入零部件”对话框；选择“阀盖”零件，单击“打开”按钮，装入阀盖，将其放置到视图中适当位置。单击鼠标右键，在弹出的快捷菜单中单击“确定”按钮，完成阀盖的放置，如图 9-60 所示。

步骤 08 放置密封圈。单击“装配”选项卡“零部件”面板中的“放置”按钮，打开“装入零部件”对话框；选择“密封圈”零件，单击“打开”按钮，装入密封圈，将其放置到视图中适当位置。单击鼠标右键，在弹出的快捷菜单中单击“确定”按钮，完成密封圈的放置，如图 9-61 所示。

图 9-59　阀体与阀芯的装配　　图 9-60　放置阀盖　　图 9-61　放置密封圈

步骤09 阀盖与密封圈的装配。单击“装配”选项卡“关系”面板中的“约束”按钮，打开“放置约束”对话框；选择“插入”类型，在视图中选择如图 9-62 所示的两个圆形边线，设置偏移量为 0 mm，选择“反向”选项，单击“确定”按钮，结果如图 9-63 所示。

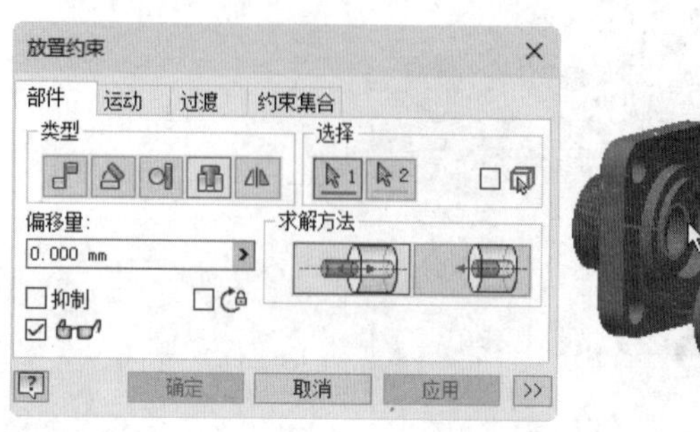

图 9-62　插入约束

图 9-63　阀盖与密封圈装配

步骤10 阀盖与阀体的装配。单击“装配”选项卡“关系”面板中的“约束”按钮，打开“放置约束”对话框；选择“插入”类型，在视图中选择如图 9-64 所示的两个圆形边线，设置偏移量为 0 mm，选择“反向”选项，单击“应用”按钮，添加阀盖与阀体的两个工作平面的配合约束，结果如图 9-65 所示。

步骤11 放置阀杆。单击“装配”选项卡“零部件”面板中的“放置”按钮，打开“装入零部件”对话框；选择“阀杆”零件，单击“打开”按钮，装入阀杆，将其放置到视图中适当位置。单击鼠标右键，在弹出的快捷菜单中单击“确定”按钮，完成阀杆的放置，如图 9-66 所示。

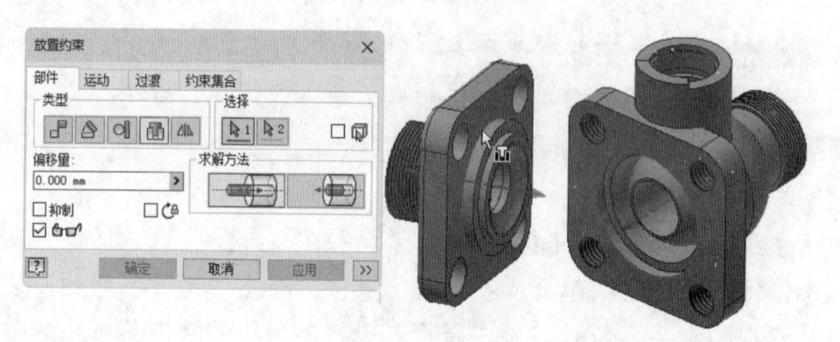

图 9-64　插入约束

图 9-65　阀盖与阀体装配

图 9-66　放置阀杆

步骤12 阀杆的装配。

① 单击“装配”选项卡“关系”面板中的“约束”按钮，打开“放置约束”对

话框；选择“配合”类型，在视图中选择如图 9-67 所示的阀体的内孔面和阀杆的外圆柱面，设置偏移量为 0 mm，选择求解方式为“反向”，选择“配合”选项，单击“应用”按钮。

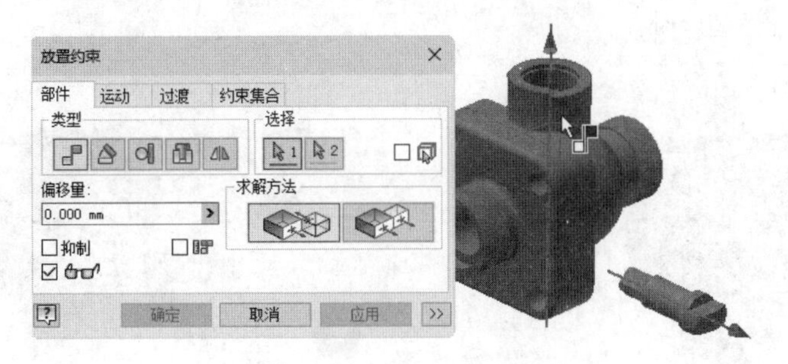

图 9-67　配合约束

② 单击“装配”选项卡“关系”面板中的“约束”按钮，打开“放置约束”对话框；选择“角度”类型，选择“定向角度”选项，在视图中选择阀杆侧面和阀芯侧面，设置角度为 180.00 deg，如图 9-68 所示，单击“应用”按钮，完成阀芯装配。

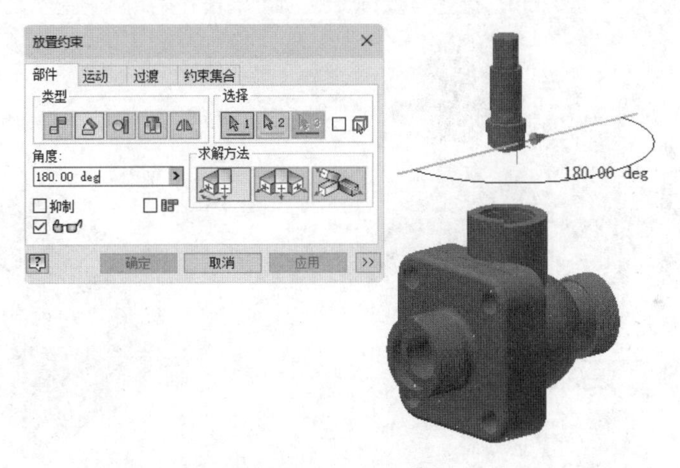

图 9-68　角度约束

③ 单击“装配”选项卡“关系”面板中的“约束”按钮，打开“放置约束”对话框；选择“相切”类型，选择“外边框”选项，在视图中选择阀杆外圆弧面和阀芯的凹槽平面，如图 9-69 所示，单击“确定”按钮，完成阀杆装配，如图 9-70 所示。

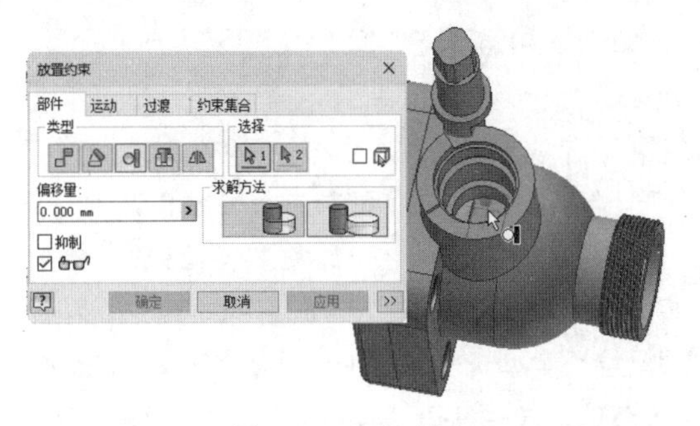

图 9-69　相切约束

步骤13 放置压紧套。单击“装配”选项卡“零部件”面板中的“放置”按钮，打开“装入零部件”对话框；选择“压紧套”零件，单击“打开”按钮，装入压紧套，将其放置到视图中适当位置。单击鼠标右键，在打开的快捷菜单中单击“确定”按钮，完成压紧套的放置，如图 9-71 所示。

图 9-70　阀杆的装配

图 9-71　放置压紧套

步骤14 装配压紧套。单击“装配”选项卡“关系”面板中的“约束”按钮，打开“放置约束”对话框；选择“插入”类型，在视图中选择如图 9-72 所示的两条圆形边线，设置偏移量为 0 mm，选择“反向”选项，单击“确定”按钮，结果如图 9-73 所示。

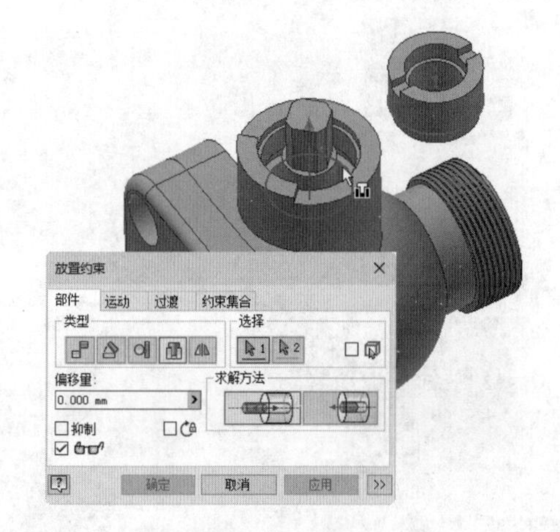

图 9-72　插入约束

图 9-73　装配压紧套

步骤15 放置扳手。单击“装配”选项卡“零部件”面板中的“放置”按钮，打开“装入零部件”对话框；选择“扳手”零件，单击“打开”按钮，装入扳手，将其放置到视图中的适当位置。单击鼠标右键，在打开的快捷菜单中选择“确定”选项，完成扳手的放置，如图 9-74 所示。

步骤16 装配扳手。

① 单击“装配”选项卡“关系”面板中的“约束”按钮，打开“放置约束”对话框；选择“配合”类型，在视图中选择如图 9-75 所示的阀体的外圆柱面和扳手外圆柱面，设置偏移量为 0 mm，选择“配合”选项，单击“应用”按钮。

② 单击“装配”选项卡“关系”面板中的“约束”按钮，打开“放置约束”对话框；选择“配合”类型，在视图中选择扳手表面和阀体表面，设置偏移量为 0 mm，选择“配合”选项，如图 9-76 所示，单击“应用”按钮。

图 9-74　放置扳手

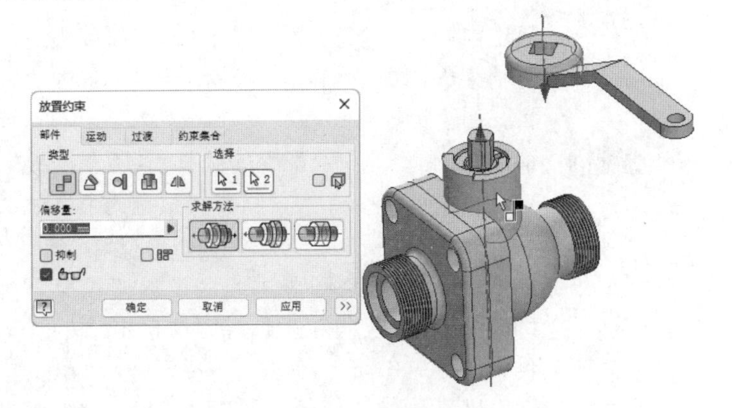

图 9-75　配合约束

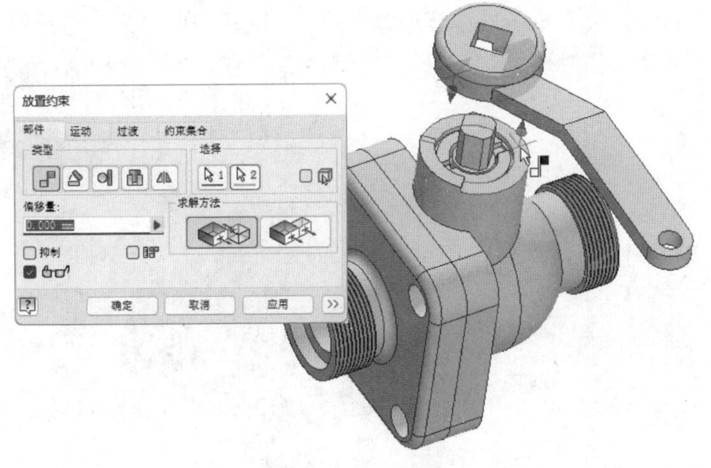

图 9-76　配合约束

③ 单击“装配”选项卡“关系”面板中的“约束”按钮，打开“放置约束”对话框，选择“角度”类型，选择“预计偏移量和方向”选项，在视图中选择扳手四边形孔侧面和阀杆侧面，设置角度为 180.00 deg，如图 9-77 所示，单击“确定”按钮，完成扳手的装配，结果如图 9-78 所示。

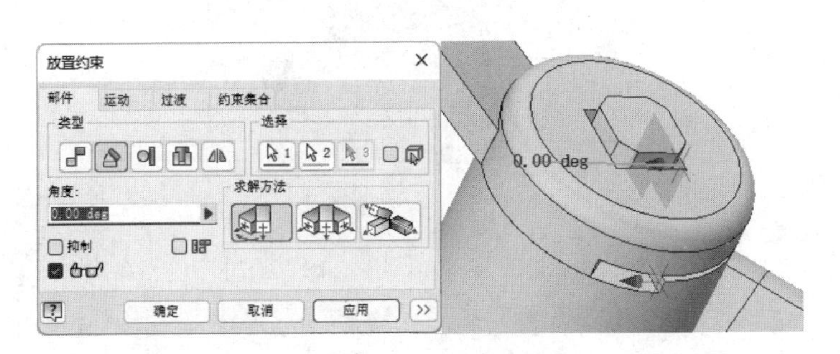

图 9-77　角度约束

图 9-78　扳手装配

步骤 17　放置螺栓。单击“装配”选项卡“零部件”面板中的“放置”按钮，打开“装入零部件”对话框；选择“螺栓”零件，单击“打开”按钮，装入螺栓，将其放置到视图中的适当位置。单击鼠标右键，在弹出的快捷菜单中单击“确定”按钮，完成螺栓的放置，如图 9-79 所示。

图 9-79　放置螺栓

步骤 18　装配螺栓。单击“装配”选项卡“关系”面板中的“约束”按钮，打开“放置约束”对话框；选择“插入”类型，在视图中选择如图 9-80 所示的两条圆形边线，设置偏移量为 0 mm，选择“反向”选项，单击“确定”按钮，结果如图 9-81 所示。

步骤 19　放置垫圈。单击“装配”选项卡“零部件”面板中的“放置”按钮，打开“装入零部件”对话框；选择“垫圈”零件，单击“打开”按钮，装入垫圈，将其放置到视图中的适当位置。单击鼠标右键，在弹出的快捷菜单中单击“确定”按钮，完成垫圈的放置，如图 9-82 所示。

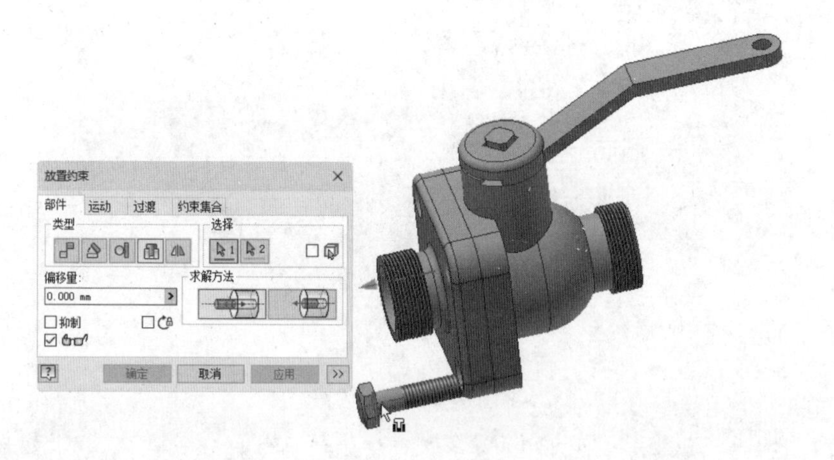

图 9-80　插入约束

图 9-81　装配螺栓

图 9-82　放置垫圈

步骤 20　装配垫圈。单击“装配”选项卡“约束”面板中的“约束”按钮，打开“放置约束”对话框；选择“插入”类型，在视图中选择如图 9-83 所示的两条圆形边线，设置偏移量为 0 mm，选择“反向”选项，单击“确定”按钮，结果如图 9-84 所示。

步骤 21　放置螺母。单击“装配”选项卡“零部件”面板中的“放置”按钮，打开“装入零部件”对话框；选择“螺母”零件，单击“打开”按钮，装入螺母，将其放置到视图中的适当位置。单击鼠标右键，在弹出的快捷菜单中单击“确定”按钮，完成螺母的放置，如图 9-85 所示。

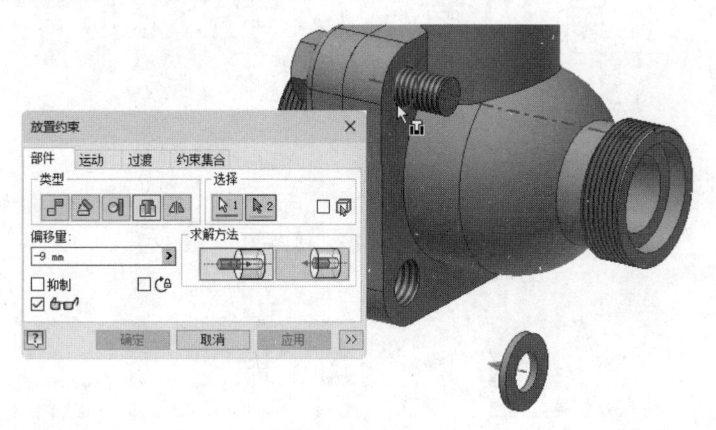

图 9-83　插入约束

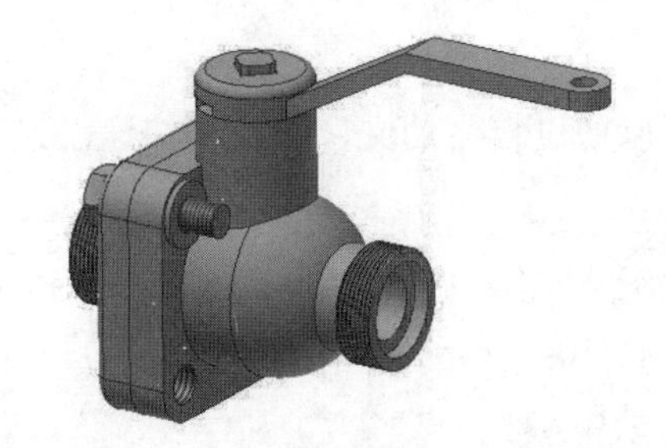

图 9-84　装配垫圈

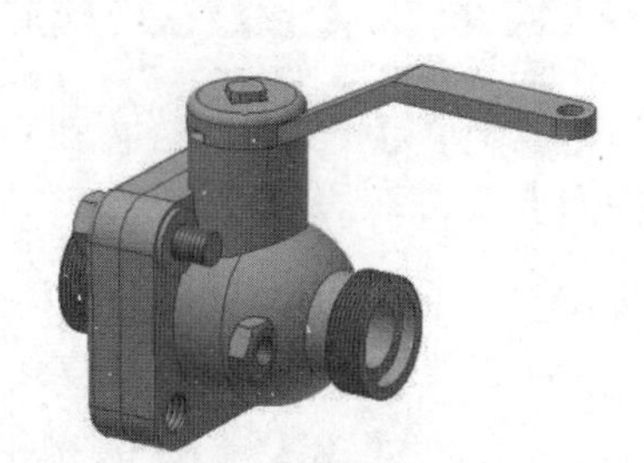

图 9-85　放置螺母

步骤 22　装配螺母。单击“装配”选项卡“关系”面板中的“约束”按钮，打开“放置约束”对话框；选择“插入”类型，在视图中选择如图 9-86 所示的两条圆形边线，设置偏移量为 0 mm，选择“反向”选项，单击“确定”按钮，结果如图 9-87 所示。

图 9-86　插入约束

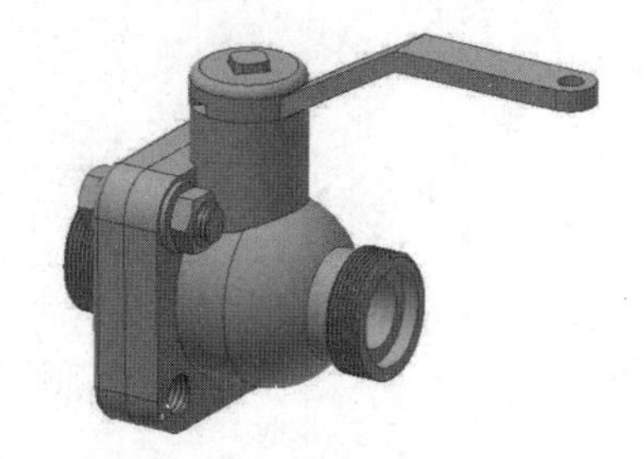

图 9-87　装配螺母

步骤 23　阵列零件。单击“装配”选项卡“阵列”面板中的“阵列”按钮，打开“阵列”对话框；选择“环形”选项卡，选择螺栓、螺母和垫圈零件为阵列零部件，选择阀盖的内孔面为轴向，输入阵列个数为 4，角度为 90，单击“确定”按钮，完成球阀装配，结果如图 9-49 所示。

步骤 24　保存文件。单击“快速访问”工具栏中的“保存”按钮，打开“另存为”对话框，输入文件名为“球阀装配.iam”，单击“保存”按钮，保存文件。

第10章 工 程 图

导言

在实际生产中，二维工程图依然是表达零件和部件信息的一种重要方式。本章将重点讲述 Inventor 2024 中二维工程图的创建和编辑等相关知识。

10.1 创建工程图

10.1.1 新建工程图

与新建一个零件文件一样，在 Inventor 2024 中可以通过自带的文件模板来快速创建工程图，操作步骤如下：

步骤01 单击“快速访问”工具栏上的“新建”按钮，在打开的“新建文件”对话框中选择 Standard.idw，新建一个工程图文件，如图 10-1 所示。

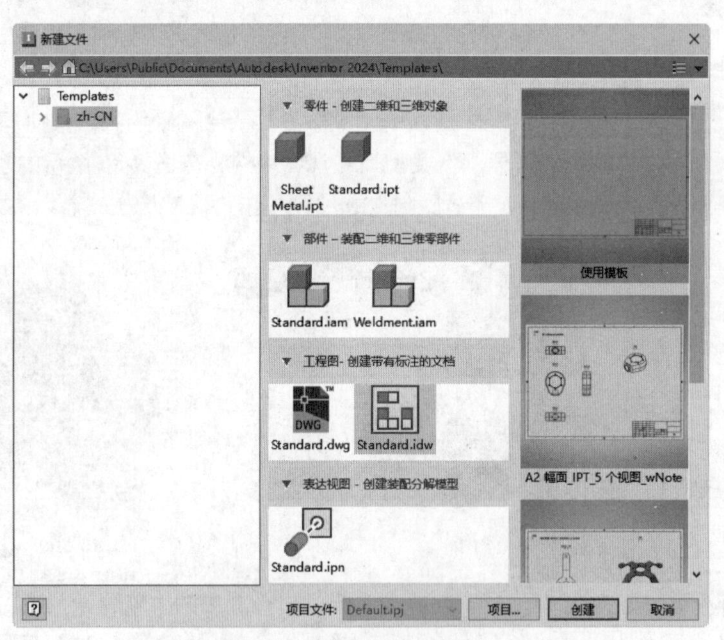

图 10-1 “新建文件”对话框

步骤02 在该对话框中的“English”或者“Metric”选项卡下可以选择对应的模板文件（*.idw）。在“Metric”选项卡中还提供了很多不同标准的模板。其中，模板的名称代表了该模板所遵循的标准，如“ISO.idw”是符合 ISO 国际标准的模板，“GB.idw”符合中国国家标准等。用户可以根据不同的环境，选择不同的模板以创建工程图。需要说明的是，在安装 Inventor 2024 时，需要选择绘图的标准，如 GB 或 ISO 等，然后在创建工程图时，则会自动按照安装时选择的标准创建图纸。

步骤 03 单击“创建”按钮完成工程图文件的创建。

10.1.2 编辑图纸

若要设置当前工程图的名称、大小等，可以在浏览器中的图纸名称处单击鼠标右键，在打开的快捷菜单中选择“编辑图纸”选项，如图 10-2 所示，打开“编辑图纸”对话框，如图 10-3 所示。

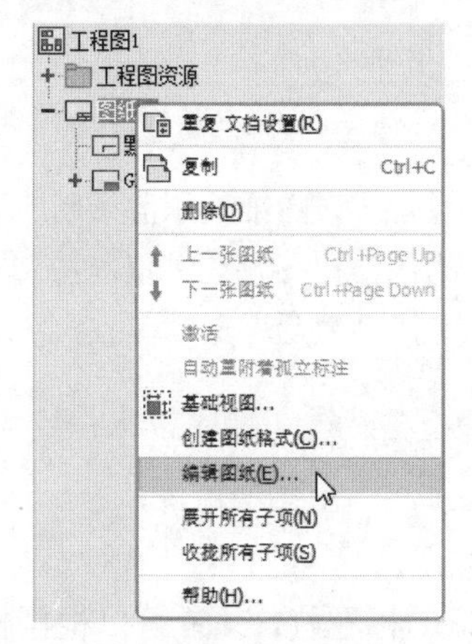

图 10-2 快捷菜单

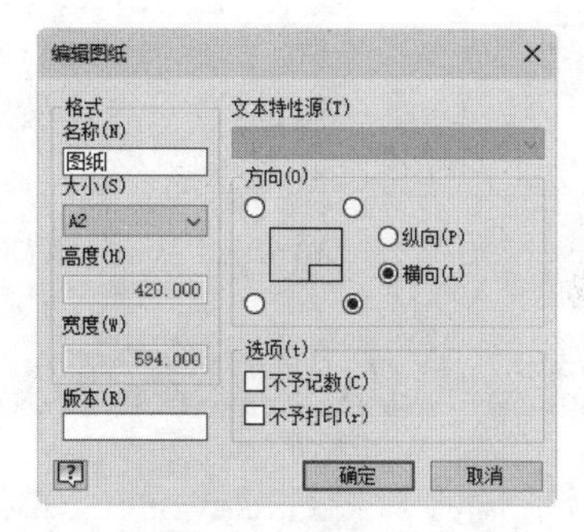

图 10-3 “编辑图纸”对话框

“编辑图纸”对话框中的选项说明如下：

- 可以设置图纸的名称，图纸的大小，如 A4、A2 等，也可以选择“自定义大小”选项来具体指定图纸的高度和宽度，可以设置图纸的方向，如纵向或横向。
- 若勾选“不予记数”复选框，则所选图纸不算在工程图图纸的计数之内，若勾选“不予打印”复选框，则在打印工程图纸时不打印所选图纸。

“编辑图纸”对话框中的参数设置主要是为了满足在不同类型的打印机中打印图纸的需要，如果使用普通的家用或者办公打印机中打印图纸，图纸的大小最大只能设定为 A4，因为这些打印机最大只能支持 A4 图纸的打印。

10.1.3 创建和管理多幅图纸

可以在一个工程图文件中创建和管理多个图纸，操作步骤如下:

步骤 01 在浏览器中单击鼠标右键，打开如图 10-4 所示的快捷菜单 1，选择“新建图纸”命令，可新建一幅图纸。

步骤 02 若在浏览器中删除选中的图纸，则单击鼠标右键，在弹出的快捷菜单 1 中选择“删除图纸”选项，可删除选中的图纸。

步骤 03 若在浏览器中选择要复制的图纸，则单击鼠标右键，打开如图 10-5 所示的快捷菜单 2，选择“复制”选项，可复制选中的图纸。

图 10-4　快捷菜单 1

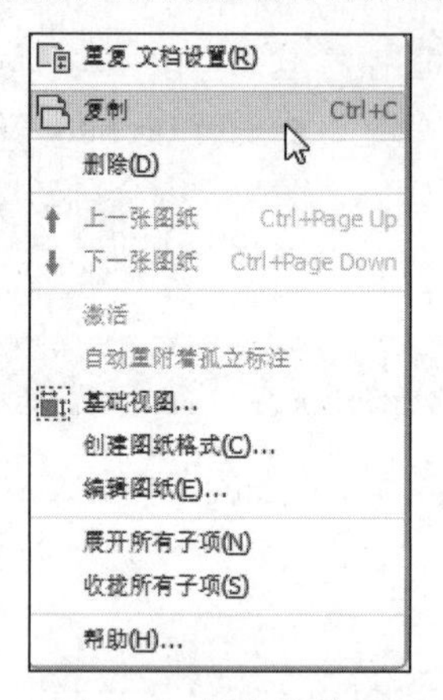

图 10-5　快捷菜单 2

步骤 04 虽然在一幅工程图中允许有多幅图纸，但是只能有一张图纸处于激活状态，而图纸只有处于激活状态才可以进行各种操作，如创建各种视图。在浏览器中选中要激活的图纸，单击鼠标右键，在弹出的快捷菜单中选择“激活”选项。在浏览器中，激活的图纸将被亮显，未激活的图纸则将灰显。

10.1.4　编辑标题栏

在开始创建工程图时，Inventor 2024 会给我们一个默认的标题栏，读者可以根据需要进行编辑。

步骤 01 新建一个工程图，在工程图的浏览器中选择“工程图资源”→“标题栏”选项，选定 GB1 标题栏，单击鼠标右键，在弹出的快捷菜单中选择“编辑”命令，这时视图区域直接切换到标题栏的编辑状态，如图 10-6 所示。

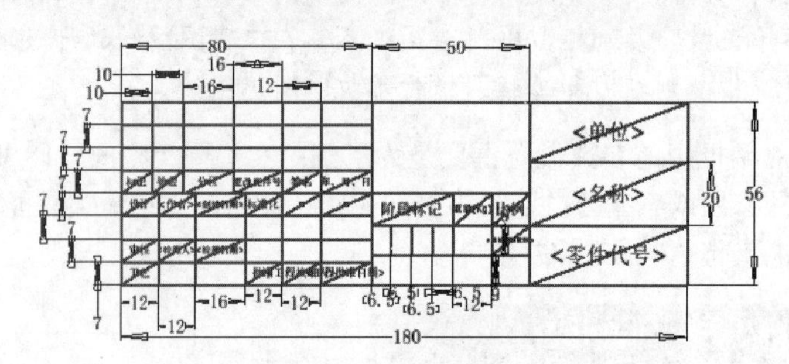

图 10-6　标题栏编辑状态

步骤 02 在视图区域找到“<名称>”，然后选中并单击鼠标右键，在弹出的快捷菜单中选择“编辑文本（E）”命令，弹出“文本格式”对话框。

步骤 03 在对话框的文本框中删除原来的“<名称>”，在“类型”下拉列表中选择“图纸特性”选项，然后在“特性”下拉列表中选择“图纸名称”选项。

步骤 04 单击“精度”右边的“添加参数”按钮 $x_{\downarrow}$，这时文本框中的“<名称>”就来源于图纸了，如图 10-7 所示，单击“确定”按钮。

步骤 05 其他项目也按照同样的流程定制，定制完成后单击功能区中的“完成草图”按钮✔，打开如图 10-8 所示的“保存编辑”对话框，单击“是”按钮，保存编辑，将这个工程图保存为模板。

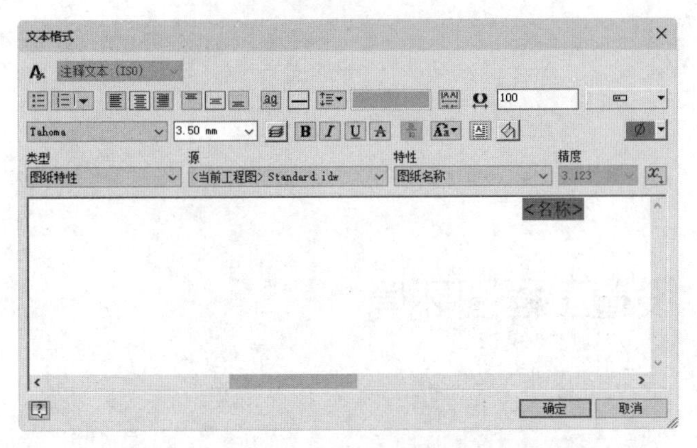

图 10-7 “文本格式”对话框

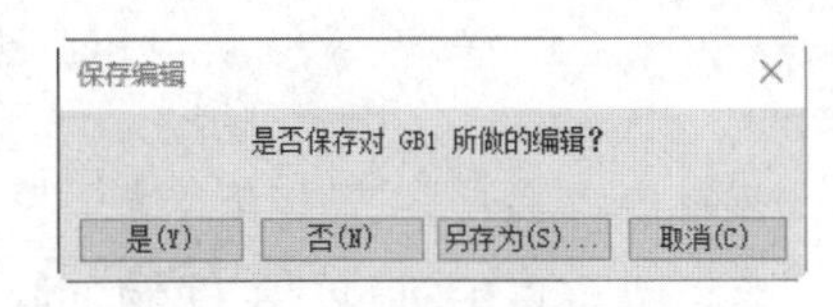

图 10-8 “保存编辑”对话框

10.1.5 定制图框

在开始创建工程图时，Inventor 2024 会给我们提供一个默认的图纸，但是图纸的图框是不符合 GB 制图规则要求的，其主要表现在两个方面：一是 Inventor 2024 默认图纸图框左边没有预留 25 mm 的装订边；二是图纸图框左上角没有预留图号栏。因此，若要绘制符合 GB 要求的工程图，则必须重新定制图框。

GB 标准图框的定制流程如下：

步骤 01 利用 GB.idw 模板创建一个工程图，就可以继承 GB 模板中其他做好的设置。

步骤 02 在工程图的浏览器中，删除“图纸：1”下面的“默认图框”。

步骤 03 在工程图的浏览器中，选择“工程图资源”→“图框”选项，单击鼠标右键，在弹出的快捷菜单中选择“定义新图框（D）”选项，如图 10-9 所示。

步骤 04 这时 Inventor 2024 将自动切换到草图模式，并自动提供图纸边框的 4 个草图点，可以借此定义图框的位置。

步骤 05 创建图框线，按照 GB 图框和图纸边的关系，在图框线和 4 个边框草图点之间创建驱动尺寸约束。

步骤 06 在图框左上角定义图号栏，并在该栏目中定义接受模型的特性。

步骤 07 定制完成后，单击“完成草图”按钮✔，打开“图框”对话框，将新定义的图框命名为“GB 标准图框”，如图 10-10 所示，单击“保存”按钮。

步骤 08 在浏览器中的“图框”下，选定定义的新图框，单击鼠标右键，在弹出的快捷菜单中选择“插入”选项，这时可以看到图纸中的图框就是我们新定义的，最后将这个文件保存成模板。

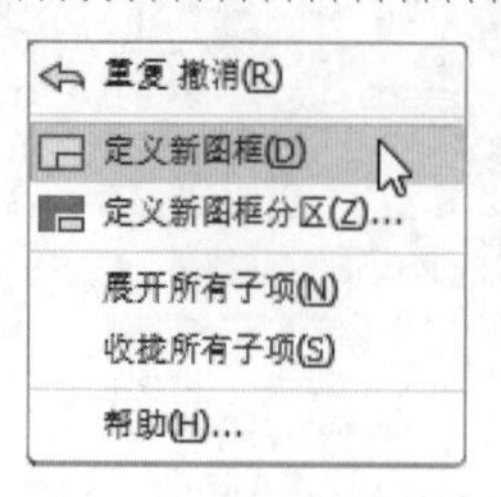

图 10-9　快捷菜单

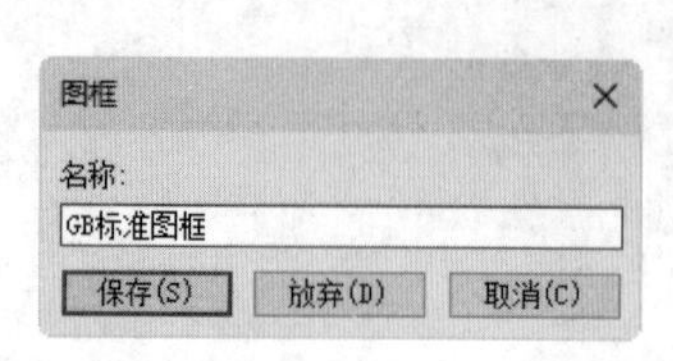

图 10-10　“图框”对话框

10.2　设置工程图环境

单击“工具”选项卡“选项”面板上的“应用程序选项”按钮，打开“应用程序选项”对话框，选择“工程图”选项卡，如图 10-11 所示，可以对工程图环境进行定制。

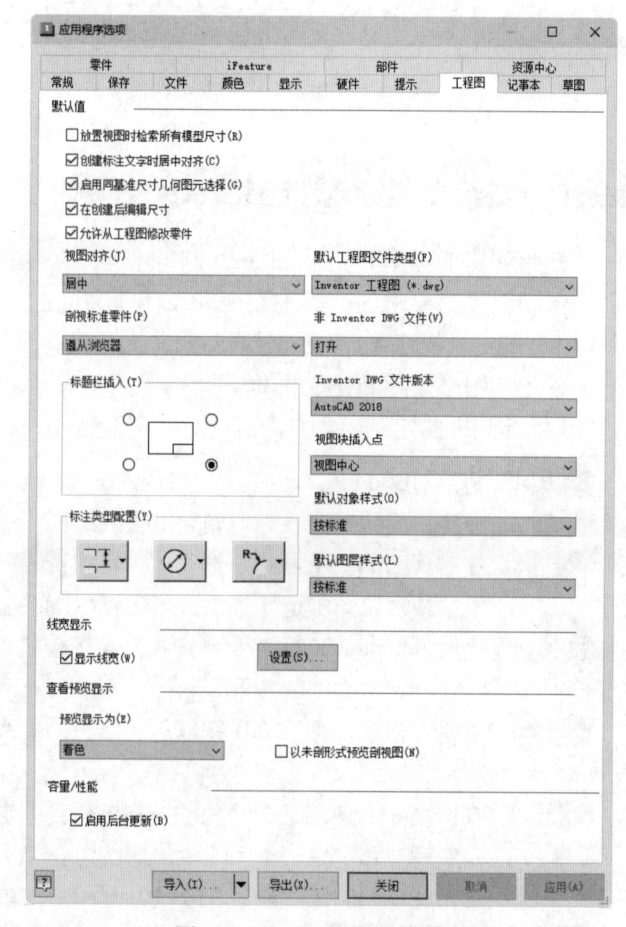

图 10-11　“工程图”选项卡

“工程图”选项卡中的选项说明如下：

- 放置视图时检索所有模型尺寸：用于设置在工程图中放置视图时检索所有的模型尺寸。若勾选此复选框，则在放置工程视图时，将向各个工程视图添加适用的模型尺寸；若取消勾选此复选框，则在放置视图后手动检索尺寸。
- 创建标注文字时居中对齐：用于设置尺寸文本的默认位置。在创建线性尺寸或角度尺寸时，若勾选该复选框，则可以使标注文字居中对齐；若取消勾选该复选框，则可以使标注文字的位置由放置尺寸时的鼠标位置决定。
- 启用同基准尺寸几何图元选择：用于设置创建同基准时选择工程图的几何图元。
- 在创建后编辑尺寸：若勾选此复选框，则在使用“尺寸”命令放置尺寸时，将显示“编辑尺寸”对话框。
- 允许从工程图修改零件：若勾选此复选框，则从工程图中进行零件修改时，更改工程图上的模型尺寸可更改对应的零件尺寸。

- 视图对齐：为工程图设置默认的对齐方式，有“居中”和“固定”两种。
- 剖视标准零件：可以设置标准零件在部件的工程视图中的剖切操作。默认情况下选中“遵从浏览器”选项，图形浏览器中的“剖视标准零件”被关闭。当然，也可以将此设置更改为“始终”或“从不”。
- 标注类型配置：“标注类型配置”选项组中的选项为线性、直径和半径尺寸标注，设置首选类型，如在标注圆的尺寸时，选择⊘则标注直径尺寸，选择◯则标注半径尺寸。
- 线宽显示：若勾选此复选框，则工程图中的可见线条将以激活的绘图标准中定义的线宽显示。如果取消勾选此复选框，则所有可见线条将以相同线宽显示。注意：此设置不影响打印工程图的线宽。
- 默认工程图文件类型：用于设置当创建新工程图时所使用的默认工程图文件类型（.idw或.dwg）。
- 默认对象样式：
  - 按标准：在默认情况下，将对象的默认样式指定为采用当前标准的“对象默认值”中指定的样式。
  - 按上次使用的样式：指定在关闭并重新打开工程图文档时，默认使用上次使用的对象和尺寸样式，该设置可在任务之间继承。
- 默认图层样式：
  - 按标准：将图层的默认样式指定为采用当前标准的“对象默认值”中指定的样式。
  - 按上次使用的样式：指定在关闭并重新打开工程图文档时，默认使用上次使用的图层样式，该设置可在任务之间继承。
- 查看预览显示：
  - 预览显示为：设置预览图像的配置，默认设置为“所有零部件”。可以从下拉列表中选择“着色”或“边框”。“着色”或“边框”选项可以减少内存消耗。
  - 以未剖形式预览剖视图：通过剖切或不剖切零部件来控制剖视图的预览。若勾选此复选框，则将以未剖形式预览模型；若取消勾选此复选框（默认设置），则将以剖切形式预览。
- 容量/性能：
  - 启用后台更新：启用或禁用光栅工程视图显示。

10.3 建立工程视图

在 Inventor 2024 中可以创建基础视图、投影视图、斜视图、剖视图、局部视图、打断视图以及局部剖视图。

10.3.1 基础视图

新工程图中的第一个视图就是基础视图，基础视图是创建其他视图（如剖视图、局部视图）

的基础，用户可以随时为工程图添加多个基础视图。

1. 创建基础视图

步骤01 单击“放置视图”选项卡“创建”面板上的“基础视图”按钮，打开“工程视图”对话框，如图 10-12 所示。

步骤02 在打开的“工程视图”对话框中，选择要创建工程图的零部件。

步骤03 图纸区域内出现要创建的零部件视图的预览，可以移动鼠标把视图放置到合适的位置。

步骤04 在“工程视图”对话框中设置所有的参数，单击“确定”按钮，即可完成基础视图的创建。

2. 编辑基础视图

步骤01 将鼠标移动到创建的基础视图上，视图周围会出现红色虚线形式的边框。当把鼠标移动到边框的附近时，指针旁边将出现移动符号，此时按住鼠标左键可以拖动视图，以改变视图在图纸中的位置。

步骤02 在视图上单击鼠标右键，弹出如图 10-13 所示的快捷菜单。

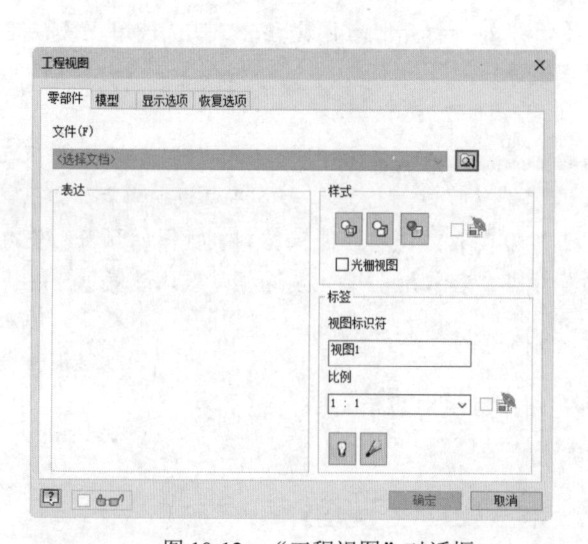

图 10-12 “工程视图”对话框

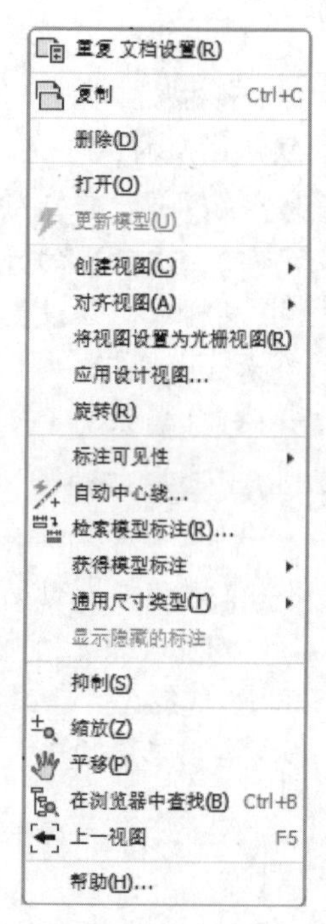

图 10-13 快捷菜单

- 选择“复制”和“删除”命令，可以复制和删除视图。
- 选择“打开”命令，可以在新窗口中打开想要创建工程图的源零部件。
- 在视图上双击鼠标左键，可以重新打开“工程视图”对话框，修改其中的选项。
- 选择“对齐视图”或者“旋转”命令，可以改变视图在图纸中的位置。

3. 对“工程视图”对话框的说明

“工程视图”对话框中的选项说明如下。

1）“零部件”选项卡（见图 10-12）

（1）“文件”选项用来指定要用于工程视图的零件、部件或表达视图文件。单击“打开现有文件”按钮，打开“打开”对话框，可在该对话框中选择文件。

（2）“样式”“视图标识符”“比例”等项目。

- 样式：用来定义工程图视图的显示样式，可以选择三种显示样式：显示隐藏线、不显示隐藏线和着色。
- 视图标识符：指定视图的名称。默认的视图名称由激活的绘图标准决定，若要修改名称，可以选择编辑框中的名称并输入新名称。
- 比例：设置生成的工程视图相对于零件或部件的比例。另外在编辑从属视图时，该选项可以用来设置视图相对于父视图的比例。可以在文本框中输入所需的比例，或者单击箭头，从常用比例列表中选择。
- 切换标签可见性：用于显示或隐藏视图名称。

2）“模型”选项卡（见图 10-14）

“模型”选项卡用于指定要在工程视图中使用的焊接件状态、iAssembly 或 iPart 成员，以及指定参考数据，例如线样式和隐藏线计算等。

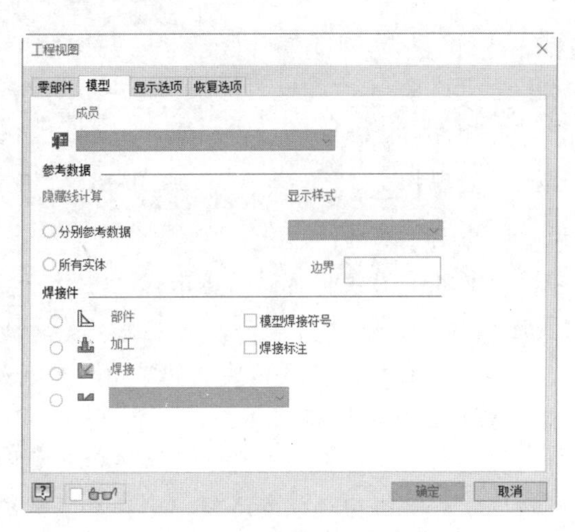

图 10-14 “模型”选项卡

- 成员：对于 iAssembly 工厂，选择要在视图中表达的成员。
- 参考数据：设置视图中参考数据的显示。
  - 显示样式：为所选的参考数据设置显示样式，单击下拉列表框选择样式，可选样式有“按参考零件”“按零件”和“关”。
  - 边界：设置“边界”选项的值来查看更多参考数据。设置边界值还可以使得边界在所有边上以指定值扩展。
  - 隐藏线计算：指定是计算“分别参考数据”的隐藏线还是计算“所有实体”的隐藏

线。

- 焊接件：仅在选定文件包含焊接件时可用。单击要在视图中表达的焊接件状态，“准备”下列出了所有处于准备状态的零部件。

3）“显示选项”选项卡（见图 10-15）

“显示选项”选项卡用于设置工程视图的元素是否显示，注意只有适用于指定模型和视图类型的选项才可用。可以选中或者清除一个选项来决定该选项对应的元素是否可见。

4）恢复选项（见图 10-16）

“恢复选项”选项卡用于定义在工程图中对曲面和网格实体以及模型尺寸和定位特征的访问。

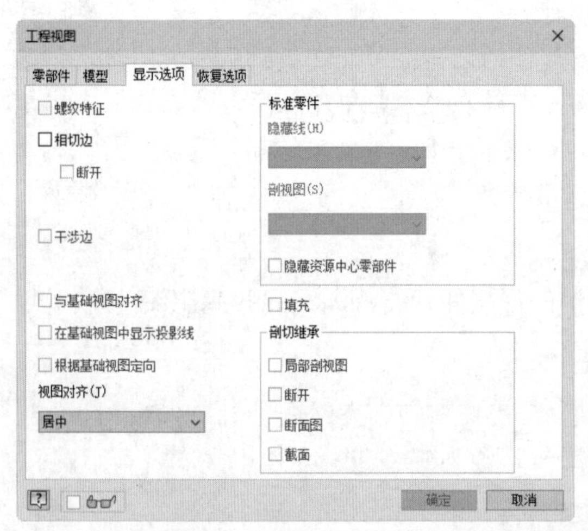

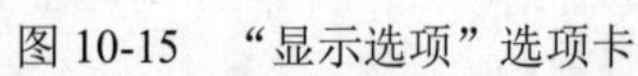
图 10-15 “显示选项”选项卡

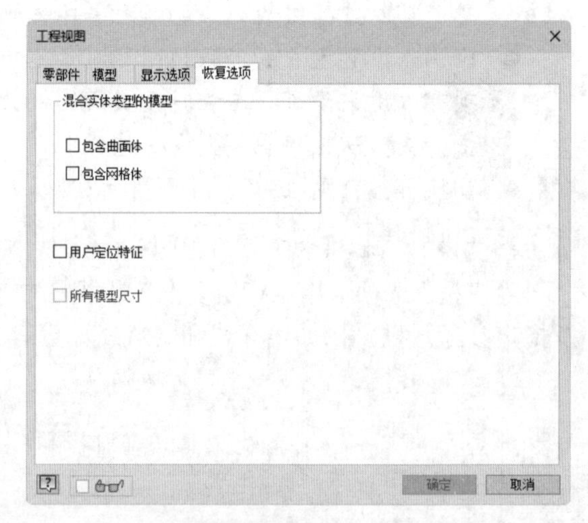

图 10-16 “恢复选项”选项卡

- 混合实体类型的模型包含以下两项：
  - ➢ 包含曲面体：可控制工程视图中曲面体的显示。该复选框默认情况下处于选中状态，用于包含工程视图中的曲面体。
  - ➢ 包含网格实体：可控制工程视图中网格实体的显示。该复选框默认情况下处于选中状态，用于包含工程视图中的网格实体。
- 所有模型尺寸：勾选该复选框以检索模型尺寸。只显示与视图平面平行并且没有被图纸上现有视图使用的尺寸。取消勾选该复选框，则在放置视图时不带模型尺寸。

  如果模型中定义了尺寸公差，则模型尺寸中会包括尺寸公差。
- 用户定位特征：从模型中恢复定位特征，并在基础视图中将其显示为参考线。勾选该复选框来包含定位特征。

  此设置仅用于最初放置基础视图。若要在现有视图中包含或排除定位特征，则在“模型”浏览器中展开视图节点，然后在模型上单击鼠标右键，在弹出的快捷菜单中选择“包含定位特征”选项，然后在打开的“包含定位特征”对话框中指定相应的定位特征。或者，在定位特征上单击鼠标右键，然后在弹出的快捷菜单中选择“包含”选项。若要从工程图中排除定位特征，在单个定位特征上单击鼠标右键，然后在弹出的快捷菜单中取消勾选“包含”复选框。

10.3.2 投影视图

创建了基础视图以后，可以利用一角投影法或者三角投影法创建投影视图。在创建投影视图前，必须先创建一个基础视图，操作步骤如下：

步骤01 单击“放置视图”选项卡“创建”面板上的“投影视图”按钮，在图纸上选择一个基础视图。

步骤02 向不同的方向拖动鼠标以预览不同方向的投影视图。如果竖直向上或者向下拖动鼠标，则可以创建仰视图或者俯视图；如果水平向左或者向右拖动鼠标，则可以创建左视图或者右视图；如果向图纸的 4 个角拖动鼠标，则可以创建轴测视图，如图 10-17 所示。

步骤03 确定投影视图的形式和位置以后，单击鼠标左键，指定投影视图的位置。

步骤04 在单击鼠标的位置处出现一个矩形轮廓，单击鼠标右键，打开如图 10-18 所示的快捷菜单，选择“创建”选项，则在矩形轮廓内部创建投影视图。创建完毕后，矩形轮廓自动消失。

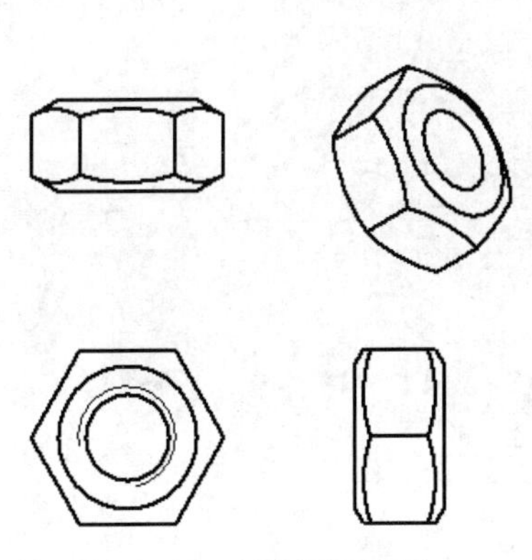
图 10-17　创建投影视图

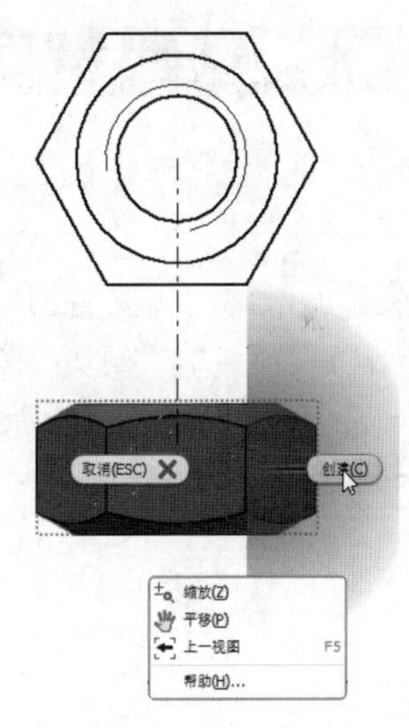

图 10-18　快捷菜单

由于投影视图是基于基础视图创建的，因此我们常称基础视图为父视图，称投影视图以及其他以基础视图为基础创建的视图为子视图。在默认情况下，子视图的很多特性继承自父视图：

- 如果拖动父视图，则子视图的位置随之改变，以保持和父视图之间的位置关系。
- 如果删除了父视图，则子视图也同时被删除。
- 子视图的比例和显示方式同父视图保持一致，当修改父视图的比例和显示方式时，子视图的比例和显示方式也随之改变。

10.3.3 斜视图

通过从父视图中的一条边或直线投影来放置斜视图，得到的视图将与父视图在投影方向上对齐，创建斜视图的操作步骤如下：

步骤01 单击“放置视图”选项卡“创建”面板上的“斜视图”按钮，选择一个基础视图，打开“斜视图”对话框，如图10-19所示。

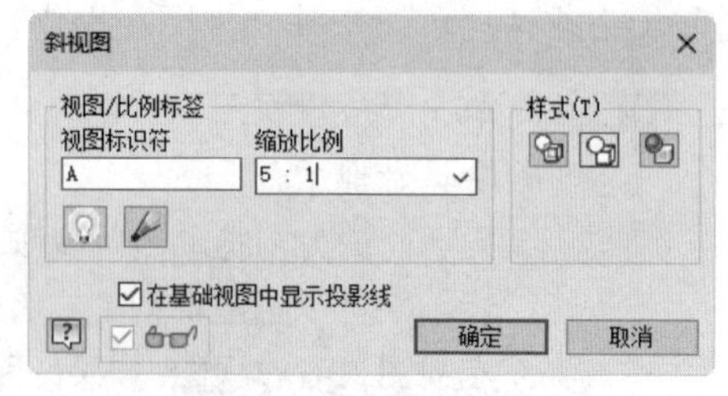

图 10-19 “斜视图”对话框

步骤02 在“斜视图”对话框中，指定视图标识符和缩放比例等基本参数以及显示方式。

步骤03 鼠标指针旁边出现一条直线标志，选择垂直于投影方向的平面内的任意一条直线，此时移动鼠标则出现斜视图的预览。

步骤04 在合适的位置单击鼠标左键，或者单击“斜视图”对话框中的“确定”按钮，则斜视图被创建。

10.3.4 剖视图

剖视图是表达零部件上被遮挡的特征以及部件装配关系的有效方式，创建剖视图的操作步骤如下：

步骤01 单击“放置视图”选项卡“创建”面板上的“剖视”按钮，选择一个父视图，这时鼠标形状变为十字形。

步骤02 单击鼠标左键设置视图剖切线的起点，然后单击以确定剖切线的其余点，视图剖切线上点的个数和位置决定了剖视图的类型。

步骤03 当剖切线绘制完毕后，单击鼠标右键，在弹出的快捷菜单中选择“继续”选项，此时打开“剖视图”对话框，如图10-20所示。

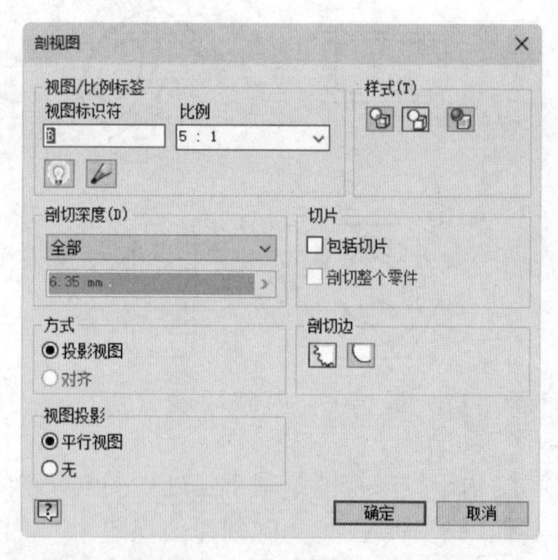

图 10-20 “剖视图”对话框

步骤04 在对话框中设置视图标识符、比例、显示样式等参数。

步骤05 图纸内出现剖视图的预览，移动鼠标可以选择创建位置。

步骤06 设置好视图位置后，单击鼠标左键或者单击“剖视图”对话框中的“确定”按钮以完成剖视图的创建。

“剖视图”对话框中的选项说明如下。

1）视图/比例标签

- 视图标识符：用于编辑视图标识符的字符串。
- 比例：设置相对于零件或部件的视图比例。

2）剖切深度

- 全部：零部件被完全剖切。
- 距离：按照指定的深度进行剖切。

3）切片

- 包括切片：如果勾选此复选框，则会根据浏览器属性创建包含一些切割零部件和剖视零部件的剖视图。
- 剖切整个零件：如果勾选此复选框，则会取代浏览器属性，并会根据剖视线的几何图元切割视图中的所有零部件。

4）方式

- 投影视图：从草图线创建投影视图。
- 对齐：若选择此选项，则生成的剖视图将垂直于投影线。

5）剖切边

- 锯齿：在截面视图中显示剖切边为锯齿边。
- 平滑：在截面视图中显示剖切边为平滑切线。

6）视图投影

- 平行视图：选择此选项，表示剖视图与父视图对齐。
- 无：选择此选项，表示剖视图不再与父视图对齐。

一般来说，剖切面由绘制的剖切线决定，剖切面过剖切线且垂直于屏幕方向。对于同一个剖切面，不同的投影方向生成的剖视图也不相同，因此在创建剖面图时，一定要选择合适的剖切面和投影方向。在如图10-21所示的具有内部凹槽的零件中，要表达零件内壁的凹槽，必须使用剖视图。为了表现方形的凹槽特征和圆形的凹槽特征，必须创建不同的剖切平面。表现方形凹槽所选择的剖切平面以及生成的剖视图如图10-22所示，表现圆形凹槽所选择的剖切平面以及生成的剖视图如图10-23所示。

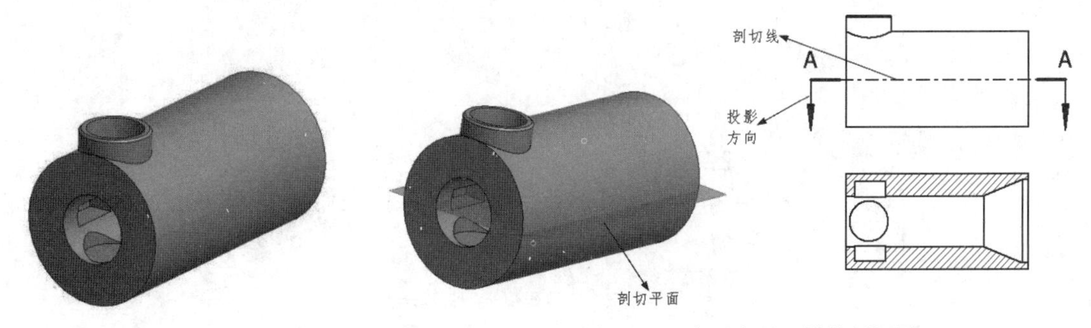

图10-21 具有内部凹槽的零件

图10-22 表现方形凹槽的剖视图

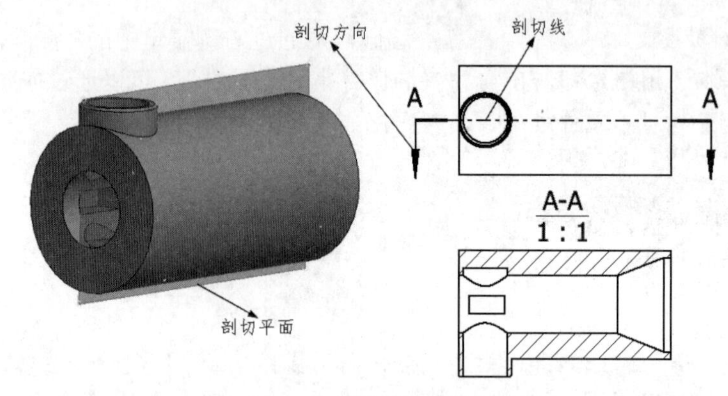

图 10-23　表现圆形凹槽的剖视图

需要特别注意的是，剖切的范围完全由剖切线的范围决定，剖切线在其长度方向上延展的范围决定了所能够剖切的范围。图 10-24 显示了不同长度的剖切线所创建的剖视图是不同的。

剖视图中投影的方向就是观察剖切面的方向，它也决定了所生成的剖视图的外观。可以选择任意的投影方向生成剖视图，投影方向既可以与剖切面垂直，也可以不垂直，如图 10-25 所示。其中，HH 视图和 JJ 视图是由同一个剖切面剖切生成的，但是投影方向不相同，所以生成的剖视图也不相同。

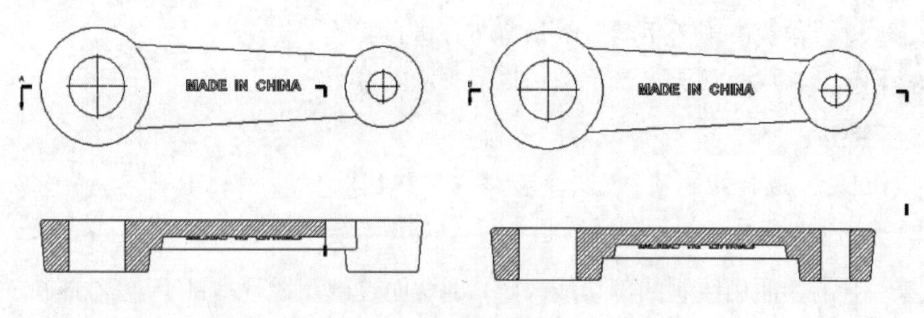

图 10-24　不同长度的剖切线所创建的剖视图

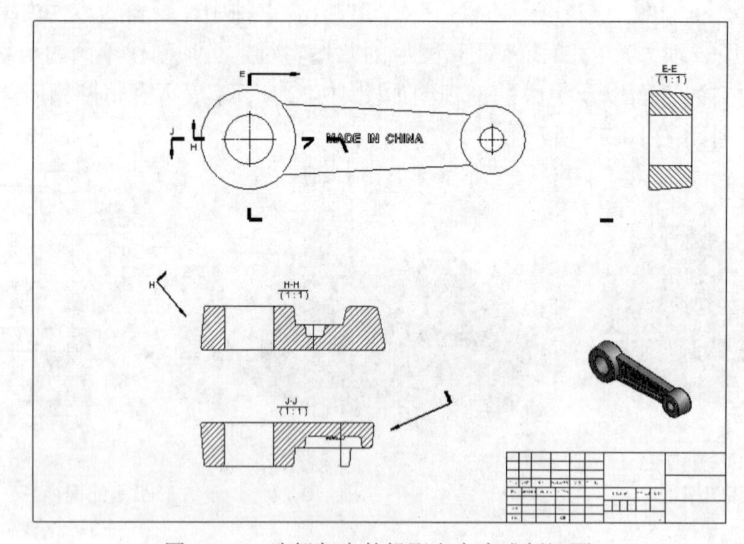

图 10-25　选择任意的投影方向生成剖视图

剖视图的编辑，和前面所述的基础视图相同，可通过右键菜单中的“删除”“编辑视图”等命令进行相关操作。另外，剖视图的编辑与其他视图不同的是，可以通过拖动图纸上的剖切线与投影视图符号来对视图位置和投影方向进行更改。

10.3.5 局部视图

局部视图可以用来突出显示父视图的局部特征。局部视图并不与父视图对齐，默认情况下也不与父视图同比例，创建局部视图的操作步骤如下：

步骤01 单击“放置视图”选项卡中“创建”面板上的“局部视图”按钮，选择一个视图，打开“局部视图”对话框，如图10-26所示。

步骤02 在对话框中设置局部视图的视图标识符、缩放比例以及显示样式等选项。

步骤03 在视图上选择要创建局部视图的区域，可以是矩形区域，也可以是圆形区域。

步骤04 将选取的区域放置到适当位置，单击“确定”按钮，完成局部视图的创建。

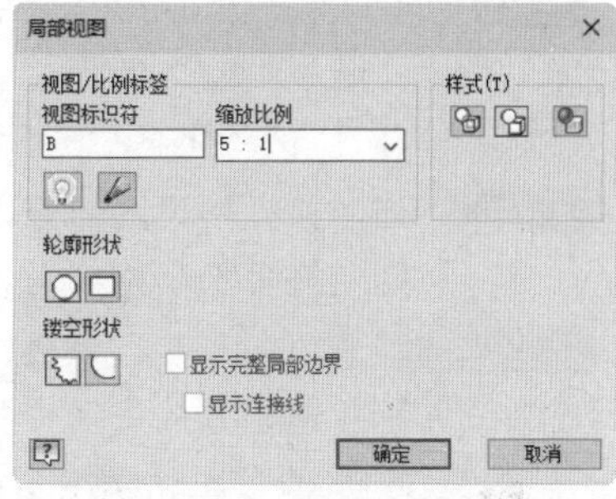

图10-26　“局部视图”对话框

创建局部视图的演示过程如图10-27所示。

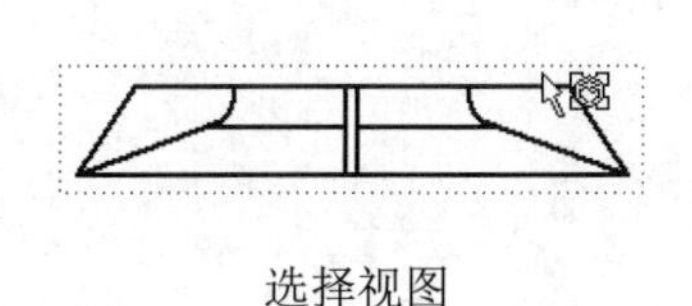

选择视图　　绘制区域　　完成局部视图

图10-27　创建局部视图过程

“局部视图”对话框中的选项说明如下：

- 轮廓形状：为局部视图指定圆形或矩形轮廓形状。父视图和局部视图的轮廓形状相同。
- 镂空形状：可以将切割线型指定为“锯齿过渡”或“平滑过渡”。
- 显示完整局部边界：用于在产生的局部视图周围显示全边界（环形或矩形）。
- 显示连接线：用于显示局部视图中轮廓和全边界之间的连接线。

局部视图创建以后，可以通过局部视图的右键菜单中的“编辑视图”选项来进行编辑、复制、删除等操作。

如果要调整父视图中创建局部视图的区域，可以在父视图中将鼠标指针移动到创建局部视图时拉出的圆形或者矩形上，则圆形或者矩形的中心和边缘上会出现绿色小圆点。在中心的小圆点上按住鼠标移动，则可拖动区域的位置；在边缘的小圆点上按住鼠标左键拖动，则可改变区域的大小。当改变了区域的大小或位置后，局部视图会自动随之更新。

10.3.6 打断视图

打断视图是通过修改已建立的工程视图来创建的，可以创建打断视图的工程图有零件视图、部件视图、投影视图、等轴测视图、剖视图以及局部视图，也可以利用打断视图来创建其他视图。

1. 创建打断视图

步骤01 单击“放置视图”选项卡“修改”面板上的“断裂画法”按钮，在图纸上选择一个视图，打开“断开”对话框，如图 10-28 所示。

步骤02 在对话框中设置断开视图的样式、方向、间隙和符号等参数。

步骤03 设置好所有参数以后，可以在图纸中单击鼠标左键，以放置第一条打断线，然后在另外一个位置单击鼠标左键以放置第二条打断线，两条打断线之间的区域就是零件中要被打断的区域。放置完毕，打断视图即被创建。

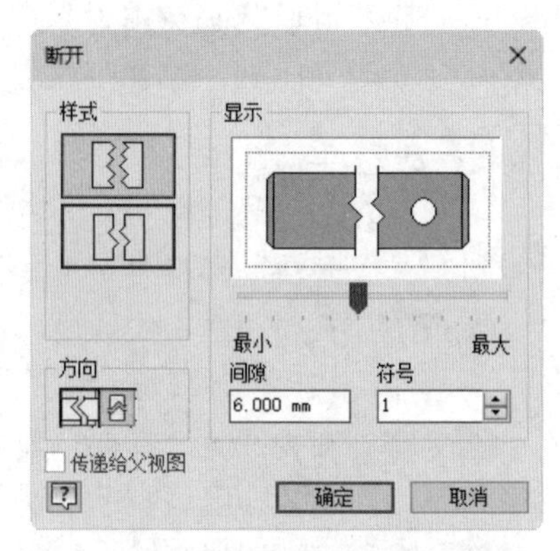

图 10-28 “断开”对话框

“断开”对话框中的选项说明如下。

1）样式

- 矩形样式：为非圆柱形对象和所有剖视打断的视图创建打断。
- 构造样式：使用固定格式的打断线创建打断。

2）方向

- 水平：设置打断方向为水平方向。
- 竖直：设置打断方向为竖直方向。

3）显示

- 显示：设置每个打断类型的外观。当拖动滑块时，控制打断线的波动幅度，表示为打断间隙的百分比。
- 间隙：指定打断视图中打断之间的距离。
- 符号：指定所选打断处的打断符号的数目，每处打断最多允许使用 3 个符号，并且只能在“结构样式”的打断中使用。

4）传递给父视图

勾选此复选框，则表示打断操作将扩展到父视图。

2. 编辑打断视图

编辑打断视图的操作步骤如下：

步骤01 在打断视图的打断符号上单击鼠标右键，在弹出的快捷菜单中选择“编辑打断”选项，重新打开“断开”对话框，可以重新对打断视图的参数进行设置。

步骤02 如果要删除打断视图，则选择右键菜单中的“删除”选项即可。

步骤03 打断视图提供了打断控制器，以直接在图纸上对打断视图进行修改。当鼠标指针位于打断视图符号的上方时，打断控制器（一个绿色的小圆形）即会显示，可以用鼠标左键选中该控制器，左右或者上下拖动以改变打断的位置，如图 10-29 所示。

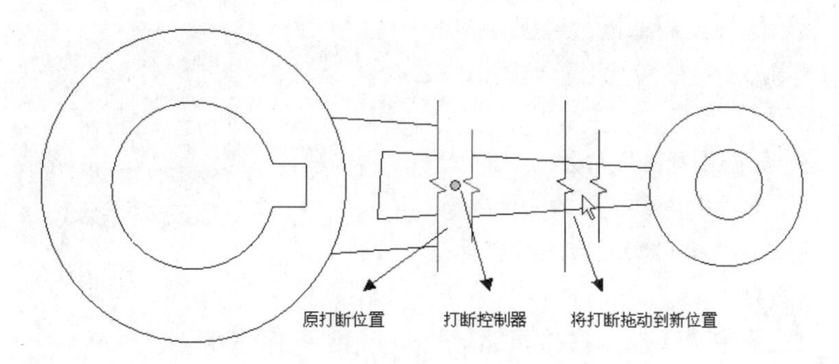

图 10-29 改变打断的位置

步骤04 通过拖动两条打断线可改变去掉的零部件部分的视图量，如果将打断线从初始视图的打断位置移走，则会增加去掉零部件的视图量；如果将打断线移向初始视图的打断位置，则会减少去掉零部件的视图量，如图 10-30 所示。

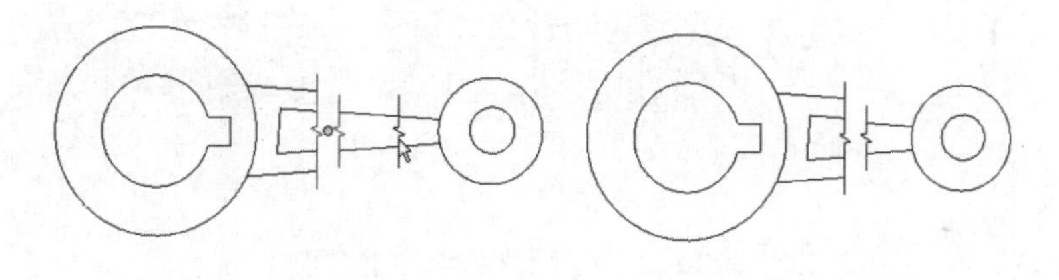

拖动一条打断线　　　　拖动完毕后的打断视图

图 10-30 拖动打断线

10.3.7 局部剖视图

若要显示零件局部被隐藏的特征，可以创建局部剖视图，通过去除一定区域的材料，以显示现有工程视图中被遮挡的零件或特征。局部剖视图需要依赖于父视图，所以要创建局部剖视图必须先放置父视图，然后创建与一个或多个封闭的截面轮廓相关联的草图来定义局部剖区域的边界。需要注意的是，父视图必须与包含定义局部剖边界的截面轮廓的草图相关联。创建局部剖视图的操作步骤如下：

步骤01 选择图纸中要进行局部剖切的视图。

步骤02 单击“放置视图”选项卡“草图”面板上的“开始创建草图”按钮，此时在图纸内新建了一个草图。切换到“草图”面板，选择其中的草图图元绘制工具绘制封闭的作为剖切边界的几何图形，如圆形、多边形等。

步骤03 绘制完毕，单击“草图”标签中的“完成草图”按钮✔，退出草图绘制环境。

步骤04 单击“放置视图”选项卡“修改”面板上的“局部剖视图”按钮，然后选择绘制草图的视图，打开“局部剖视图”对话框，如图10-31所示。

步骤05 在“局部剖视图”对话框中的“边界”选项中需要定义的截面轮廓，即选择草图几何图元以定义局部剖边界。

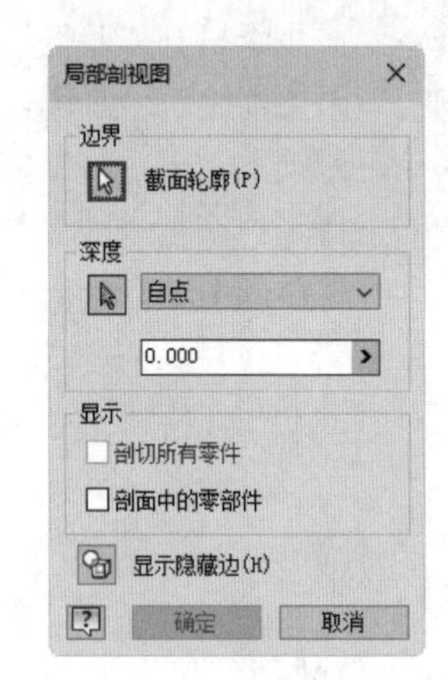

图 10-31 “局部剖视图”对话框

步骤06 在视图中选择点，在“局部剖视图”对话框中输入深度。

步骤07 单击“确定”按钮，完成局部剖视图的创建。

局部剖视图的创建过程如图10-32所示。

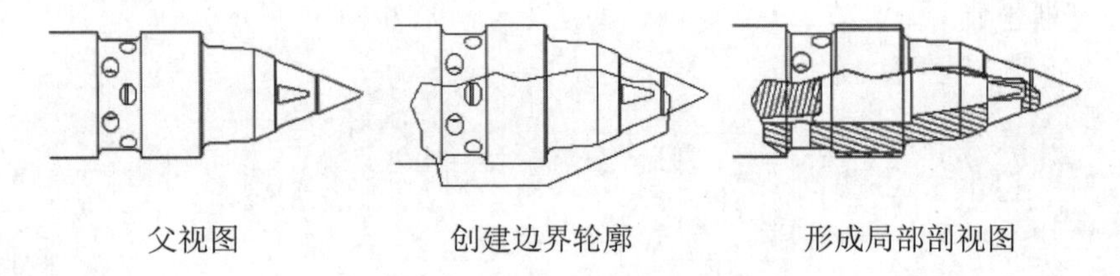

父视图　　创建边界轮廓　　形成局部剖视图

图 10-32 局部剖视图的创建过程

“局部剖视图”对话框中的选项说明如下。

1）深度

- 自点：为局部剖的深度设置数值。
- 至草图：使用与其他视图相关联的草图几何图元定义局部剖的深度。
- 至孔：使用视图中孔特征的轴定义局部剖的深度。
- 贯通零件：使用零件的厚度定义局部剖的深度。

2）显示

- 剖切所有零件：勾选此复选框，以剖切当前未在局部剖视图区域中剖切的零件。
- 剖面中的零部件：勾选此复选框，显示切除体积内的零部件。

3）显示隐藏边

临时显示视图中的隐藏线，可以在隐藏线的几何图元上拾取一点来定义局部剖深度。

10.3.8 实例——创建滚轮剖视图

本实例将创建如图10-33所示的滚轮剖视图。

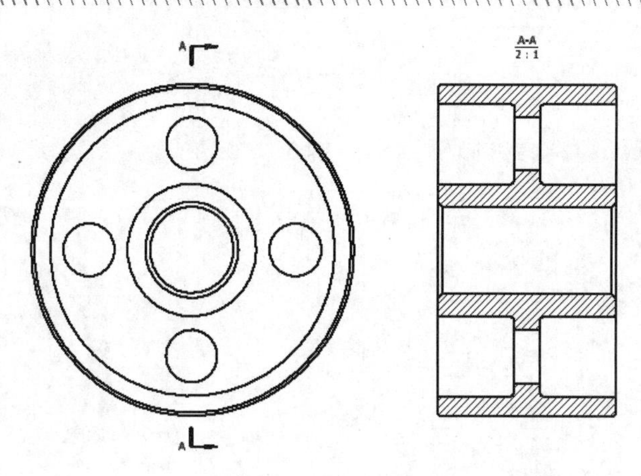

图 10-33　创建滚轮剖视图

下载资源\动画演示\第10章\创建滚轮剖视图.MP4

操作步骤

1. 新建文件

运行 Inventor 2024，单击“快速访问”工具栏上的“新建”按钮，在打开的“新建文件”对话框的工程图下拉列表中选择“Standard.idw”选项，然后单击“创建”按钮，新建一个工程图文件。

2. 创建基础视图

步骤 01　单击“放置视图”选项卡“创建”面板上的“基础视图”按钮，打开“工程视图”对话框。

步骤 02　在对话框中单击“打开现有文件”按钮，打开“打开”对话框，选择“滚轮.ipt”文件，单击“打开”按钮，打开“滚轮”零件。

步骤 03　返回到“工程视图”对话框中，设置比例为 2:1，选择样式为“不显示隐藏线”，如图 10-34 所示。设置完参数后单击“确定”按钮，完成基础视图的创建，如图 10-35 所示。

3. 创建剖视图

步骤 01　单击“放置视图”选项卡“创建”面板上的“剖视”按钮，在视图中选择上一步创建的基础视图，在视图的中间位置绘制一条竖直线段作为剖切线，然后单击鼠标右键，在打开的快捷菜单中单击“继续”选项，如图 10-36 所示。

步骤 02　系统自动生成剖视图，并打开如图 10-37 所示的“剖视图”对话框，拖动视图到基础视图的右方适当位置并单击，完成剖视图的创建，如图 10-38 所示。

图 10-34　“工程视图”对话框

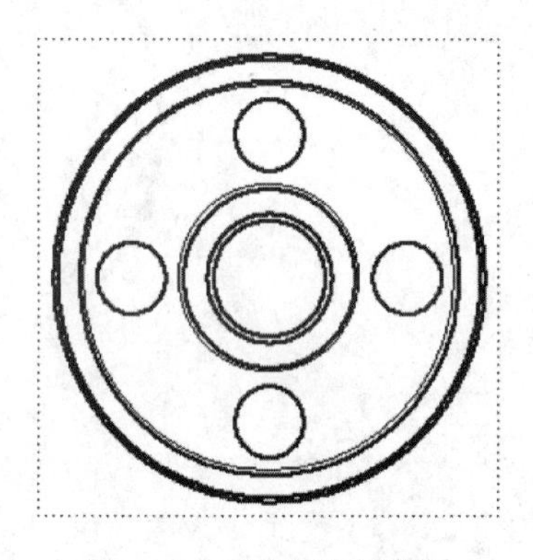

图 10-35　创建基础视图

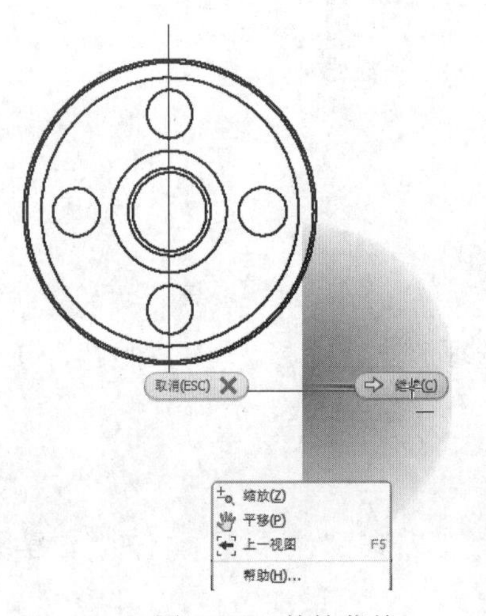

图 10-36　快捷菜单

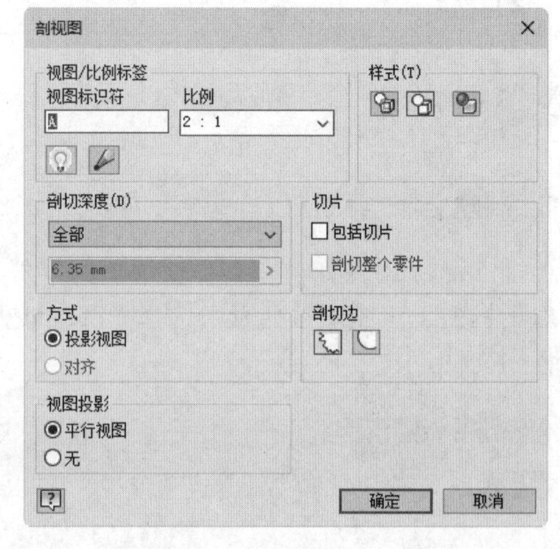

图 10-37　“剖视图”对话框

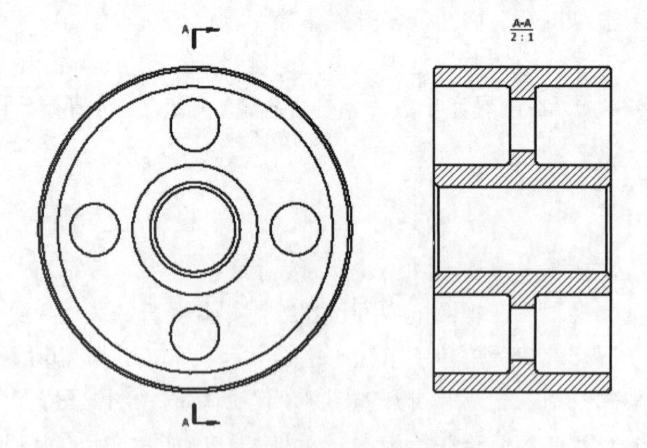

图 10-38　剖视图

4. 保存文件

单击"快速访问"工具栏上的"保存"按钮，打开"另存为"对话框，输入文件名为"创建滚轮剖视图.idw"，单击"保存"按钮，保存文件。

10.4 标注工程视图

创建完视图后，需要对工程图进行尺寸标注。尺寸标注是工程图设计中的重要环节，它关系到零件的加工、检验和实用等各个环节。只有配合合理的尺寸标注才能帮助设计者更好地表达其设计意图。

10.4.1 尺寸标注

工程视图中的尺寸标注是与模型中的尺寸相关联的，模型尺寸的改变会导致工程图中尺寸的改变。同样，工程图中尺寸的改变会导致模型尺寸的改变。

1. 尺寸

尺寸包括线性尺寸、角度尺寸、圆弧尺寸等。

单击"标注"选项卡"尺寸"面板上的"尺寸"按钮，依次选择几何图元的组成要素即可，例如：

- 若要标注直线的长度，可以依次选择直线的两个端点，或者直接选择整条直线。
- 若要标注角度，可以依次选择角的两条边。
- 若要标注圆或者圆弧的半径（直径），则选择圆或者圆弧即可。

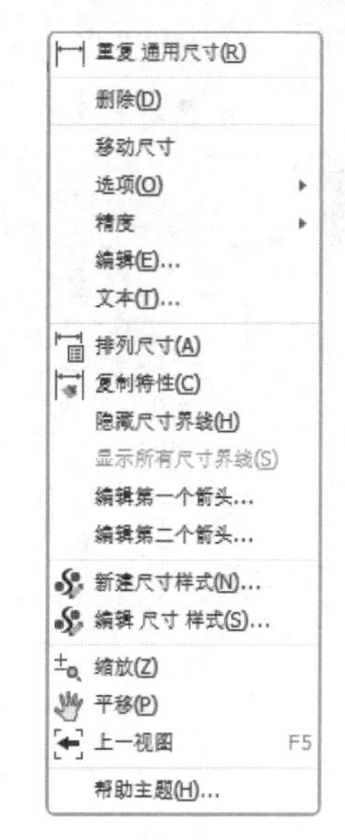

图 10-39 快捷菜单

在视图中选择要编辑的尺寸，单击鼠标右键，打开如图 10-39 所示的快捷菜单。

快捷菜单中的选项说明如下：

- 删除：从工程视图中删除尺寸。
- 编辑：打开"编辑尺寸"对话框，可以在"精度和公差"选项卡中选择并且修改尺寸公差的具体样式。
- 文本：打开"文本格式"对话框，可以设置尺寸文本的特性，如字体、字号、间距以及对齐方式等。在对尺寸文本进行修改前，需要在"文本格式"对话框中选中代表尺寸文本的符号。
- 隐藏尺寸界线：用于隐藏尺寸界线。
- 新建尺寸样式：打开"新建尺寸样式"对话框，可以新建各种标准（如 GB、ISO）的尺寸样式。

2．基线尺寸

当要以自动标注的方式向工程视图中添加多个尺寸时，基线尺寸是很重要的，操作步骤如下：

步骤01 单击“标注”选项卡“尺寸”面板上的“基线”按钮，在视图中选择要标注的图元。

步骤02 选择完毕后，单击鼠标右键，在弹出的快捷菜单中选择“继续”选项，出现基线尺寸的预览。

步骤03 在要放置尺寸的位置单击鼠标左键，即可完成基线尺寸的创建。

步骤04 如果要在其他位置放置相同的尺寸集，那么在结束命令之前需要按 Backspace 键，将再次出现尺寸预览，单击其他位置放置尺寸，如图 10-40 所示。

3．同基准尺寸

可以在 Inventor 2024 中创建同基准尺寸或者由多个尺寸组成的同基准尺寸集，操作步骤如下：

步骤01 单击“标注”选项卡“尺寸”面板上的“同基准”按钮，然后在图纸上用鼠标左键单击一个点或者一条直线边作为基准，此时移动鼠标以指定基准的方向，基准的方向垂直于尺寸标注的方向，单击鼠标左键以完成基准的选择。

步骤02 依次选择要进行标注的特征的点或者边，选择完毕，则尺寸自动被创建。

步骤03 当全部选择完毕以后，单击鼠标右键，在弹出的快捷菜单中选择“创建”选项，出现同基准尺寸的预览。

步骤04 在要放置尺寸的位置单击鼠标左键，即可完成同基准尺寸的创建，如图 10-41 所示。

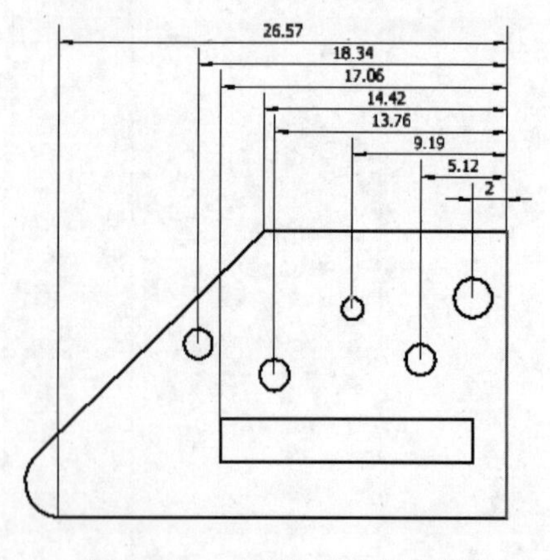

图 10-40　“基准尺寸”示意图

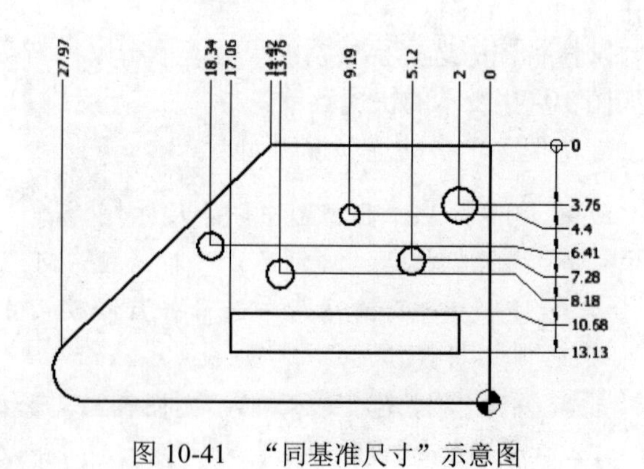

图 10-41　“同基准尺寸”示意图

10.4.2　倒角标注

倒角标注的功能可以帮助我们快速对倒角添加注释，本小节我们将讲解如何快速创建倒角尺寸和修改倒角尺寸。

1. 创建倒角尺寸

步骤 01　单击“标注”选项卡“特征注释”面板上的“倒角”按钮。

步骤 02　依次在工程图上选择倒角边和引导边。

步骤 03　拖动尺寸到适当位置单击以放置倒角注释，默认附着点为倒角的中点，当创建倒角注释后，可以单击该附着点，将该点拖动到同一视图的其他位置。

步骤 04　继续创建和放置倒角注释，单击鼠标右键，然后在弹出的快捷菜单中选择“确定”命令退出。

2. 编辑倒角尺寸

步骤 01　选择该标注，单击鼠标右键，在弹出的快捷菜单中选择“编辑倒角注释”选项，弹出“编辑倒角注释”对话框，如图 10-42 所示。

步骤 02　在该对话框中设置需要标注的样式、精度和公差。

步骤 03　单击“确定”按钮完成编辑，标注结果。

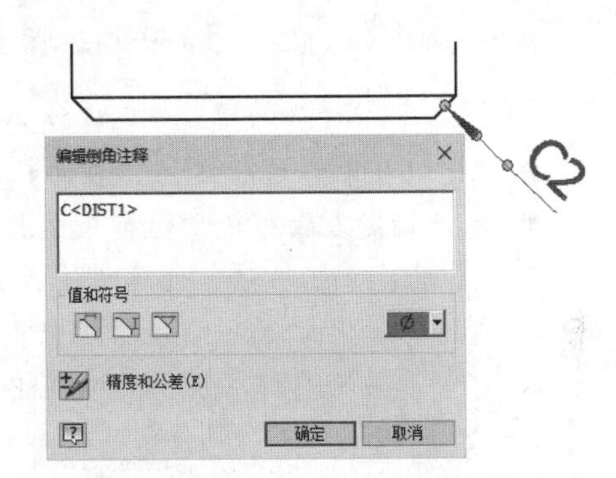

图 10-42　编辑倒角标注

10.4.3　表面粗糙度标注

表面粗糙度是评价零件表面质量的重要指标之一，它对零件的耐磨性、耐腐蚀性、零件之间的配合和外观都有影响。单击“标注”选项卡“符号”面板上的“表面粗糙度”按钮。

- 若要创建不带指引线的符号，可以双击符号所在的位置，打开“表面粗糙度”对话框，如图 10-43 所示。
- 若要创建与几何图元相关联的、不带指引线的符号，可以双击亮显的边或点，该符号随即附着在边或点上，并且将打开“表面粗糙度”对话框，可以通过拖动符号来改变其位置。
- 若要创建带指引线的符号，可以单击指引线起点的位置，如果单击亮显的边或点，则指引线将被附着在边或点上，移动光标并单击鼠标左键为指引线添加另外一个顶点。当表面粗糙度的符号指示器位于所需的位置时，单击鼠标右键，在弹出的快捷菜单中选择“继续”选项以放置符号，此时也会打开“表面粗糙度”对话框。

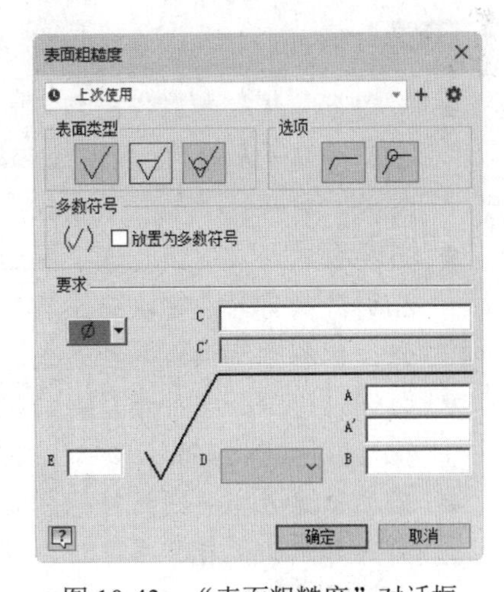

图 10-43　“表面粗糙度”对话框

“表面粗糙度”对话框中的选项说明如下。

1）表面类型

- √：基本表面粗糙度符号。
- ▽：表面利用去除材料的方法获得。
- ∀：表面利用不去除材料的方法获得。

2）其他

- 长边加横线：用于为符号添加一个尾部符号。
- 多数符号：用于为工程图指定标准的表面特性。
- 全周边：用于添加全周边指示器。

3）定义表面特性的值

- A：指定表面粗糙度值、表面粗糙度值 Ra 最小、最小表面粗糙度值或等级号。
- A′：指定表面粗糙度值、表面粗糙度值 Ra 最大、最大表面粗糙度值或等级号。
- C：指定加工方法、处理方法或表面涂层。如果激活的绘图标准基于 ANSI，则此文本框可以用于输入一个注释编号。
- C′：如果绘图标准基于 ISO 或 DIN，指定附加的加工方法。此选项仅当 C 有输入值时才有效。
- D：用于指定放置方向。单击箭头并在下拉列表中选择符号，如果选择∀，则此选项不可用。
- E：用于指定机械加工余量。只有选择表面用去除方法获得，此选项才可用。

10.4.4 形位公差标注

步骤 01 单击“标注”选项卡“符号”面板上的“形位公差符号”按钮。

- 若要创建不带指引线的符号，可以双击符号所在的位置，打开“形位公差符号”对话框，如图 10-44 所示。
- 若要创建与几何图元相关联的、不带指引线的符号，可以双击亮显的边或点，则符号将被附着在边或点上，并打开“形位公差符号”对话框，可以拖动符号来改变其位置。
- 若要创建带指引线的符号，首先在指引线起点的位置单击鼠标左键，如果选择单击亮显的边或点，则指引线将被附着在边或点上，然后移动光标以预览将创建的指引线，单击鼠标左键来为指引线添加另外一个顶点。当符号标识位于所需的位置时，单击鼠标右键，然后

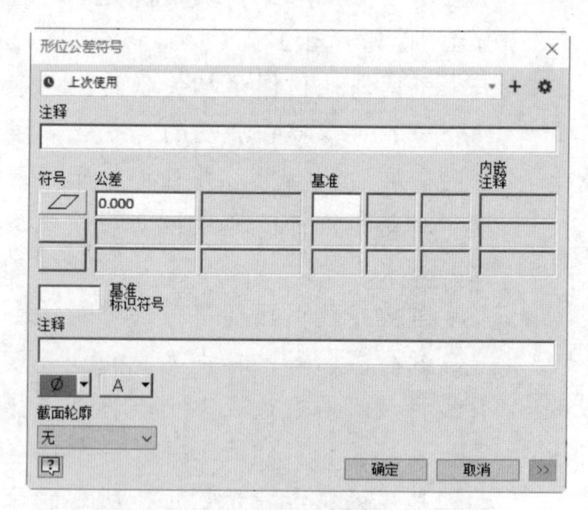

图 10-44 “形位公差符号”对话框

选择“继续”选项，则符号成功放置，并打开“形位公差符号”对话框。

步骤 02　在对话框中设置参数，参数设置完毕，单击“确定”按钮以完成形位公差的标注。

“形位公差符号”对话框中的选项说明如下：

- 符号：选择要进行标注的项目，一共可以设置 3 个，可以选择直线度、圆度、垂直度、同心度等公差项目。
- 公差：设置公差值，可以分别设置两个独立公差的数值，但是第二个公差仅适用于 ANSI 标准。
- 基准：指定影响公差的基准，基准符号可以从下面的符号栏中选择（如 A），也可以进行手工输入。
- 基准标识符号：指定与形位公差符号相关的基准标识符号。
- 注释：向形位公差符号添加注释。
- 截面轮廓：在形位公差符号旁添加截面轮廓指示符。包括无、全周边和遍布 3 种，其中全周边和遍布字符的直径由指引线样式来确定。

编辑形位公差有如下几种方法：

- 选择要修改的形位公差，在打开的如图 10-45 所示的快捷菜单中选择“编辑形位公差符号样式”选项，打开“样式和标准编辑器”对话框，其中的“形位公差符号”选项自动打开，如图 10-46 所示，可以编辑形位公差符号的样式。

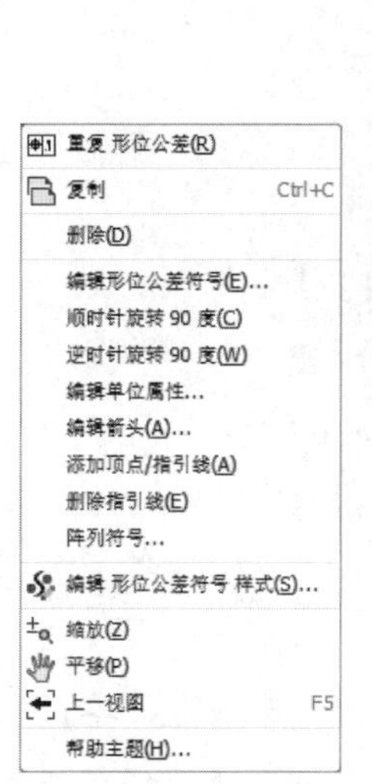

图 10-45　快捷菜单

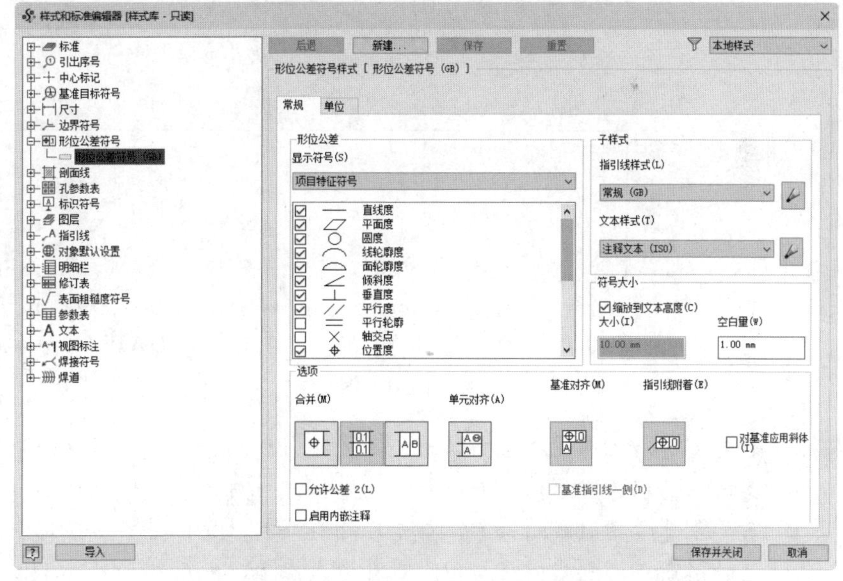

图 10-46　“样式和标准编辑器”对话框

- 在快捷菜单中选择“编辑单位属性”选项，打开“编辑单位属性”对话框，这里可对公差的基本单位和换算单位进行更改，如图 10-47 所示。
- 在快捷菜单中选择“编辑箭头”选项，打开如图 10-48 所示的“更改箭头”对话框，可以修改箭头形状。

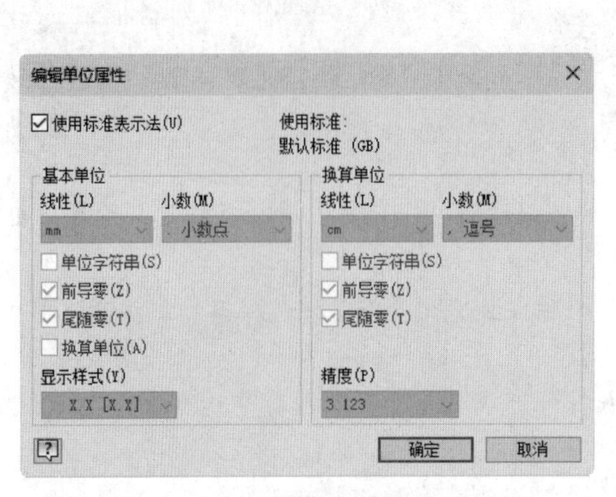

图 10-47 “编辑单位属性”对话框

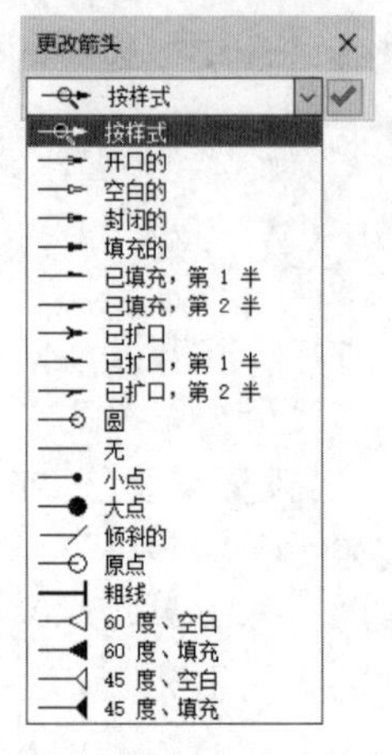

图 10-48 “更改箭头”对话框

10.4.5 基准符号

步骤 01 单击“标注”选项卡“符号”面板上的“基准标识符号”按钮。

- 若要创建不带指引线的符号，可以双击符号所在的位置，此时打开“文本格式”对话框，如图 10-49 所示。

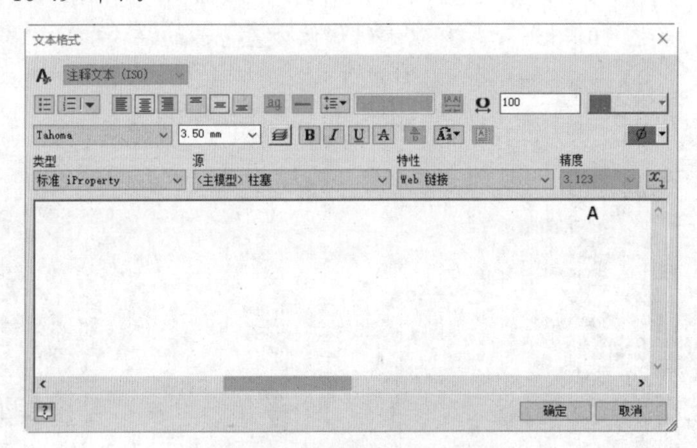

图 10-49 “文本格式”对话框

- 若要创建与几何图元相关联的、不带指引线的符号，可以双击亮显的边或点，则符号将被附着在边或点上，并打开“文本格式”对话框，可以拖动符号来改变其位置。
- 若要创建带指引线的符号，首先在指引线起点的位置单击鼠标左键，如果选择单击亮显的边或点，则指引线将被附着在边或点上，然后移动光标以预览将创建的指引线，单击鼠标左键来为指引线添加另外一个顶点。当符号标识位于所需的位置时，单击鼠标右键，在弹出的快捷菜单中选择“继续”选项，则符号放置成功，并打开“文本格式”对话框。

步骤 02 在该对话框中设置参数，设置完毕后单击“确定”按钮，完成基准符号的标注。

10.4.6 文本

在 Inventor 2024 中，可以向工程图中的激活草图或工程图资源（例如标题栏格式、自定义图框或缩略图符号）中添加文本框或者带有指引线的注释文本，可作为图纸标题、技术要求或者其他的备注说明文本等。

1. 文本标注

步骤01 单击“标注”选项卡“文本”面板上的“文本”按钮A。

步骤02 在工程图区域按住鼠标左键移动，拖出一个矩形作为放置文本的区域，松开鼠标后打开“文本格式”对话框，如图 10-50 所示。

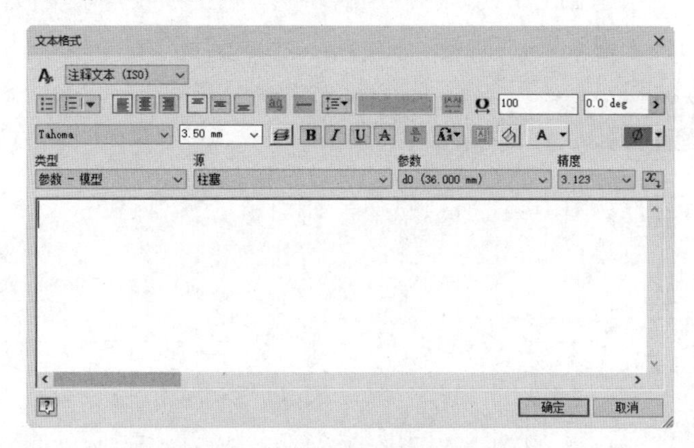

图 10-50 “文本格式”对话框

步骤03 在对话框中设置好文本的特性、样式等参数后，在下面文本框中输入要添加的文本。

步骤04 单击“确定”按钮以完成文本的添加。

2. 编辑文本

步骤01 可以在文本上按住鼠标左键并拖动，以改变文本的位置。

步骤02 若要编辑已经添加的文本，可以双击已经添加的文本，重新打开“文本格式”对话框，对文本进行编辑。还可以通过文本的右键快捷菜单中的“编辑文本”选项达到相同的目的。

步骤03 选择右键快捷菜单中的“顺时针旋转 90° ”或“逆时针旋转 90° ”选项可以将文本旋转。

步骤04 通过“编辑单位属性”选项可以打开“编辑单位属性”对话框，可以编辑基本单位和换算单位的属性。

步骤05 选择“删除”选项，则删除所选择的文本。

3. 指引线文本标注

可以为工程图添加带有指引线的文本注释。需要注意，如果将注释指引线附着到视图或视图中的几何图元上，则当移动或删除视图时，注释也将被移动或删除。操作步骤如下：

步骤01 单击“标注”选项卡“文本”面板上的“指引线文本”按钮，在图形窗口中单击某处以设置指引线的起点，如果将点放在亮显的边或点上，则指引线将附着到边或点上，此时出现指引线的预览，移动光标并单击鼠标左键来为指引线添加顶点。

步骤02 在文本位置上单击鼠标右键，在弹出的快捷菜单中选择“继续”选项，可打开“文本格式”对话框。

步骤03 在“文本格式”对话框的文本框中输入文本，可以使用该对话框中的选项来添加符号、命名参数或修改文本格式。

步骤04 单击“确定”按钮，完成指引线文本的添加。

编辑指引线也可以通过右键快捷菜单来完成。快捷菜单中的“编辑指引线文本”“编辑单位属性”“编辑箭头”“删除指引线”等选项的功能与前面所讲述的类似，故不再重复讲述，读者可以参考前面的相关内容。

10.4.7 实例——创建和标注阀盖工程图

本实例将创建和标注如图 10-51 所示的阀盖工程图。

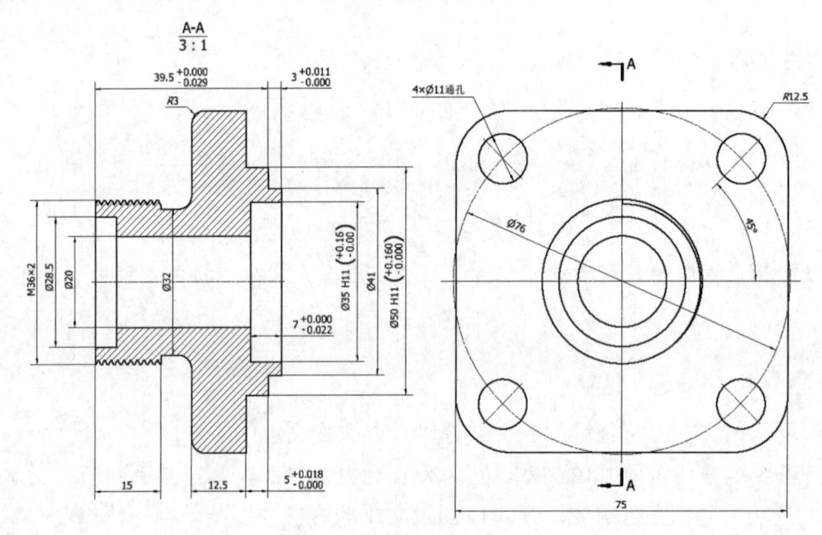

图 10-51　阀盖工程图

下载资源\动画演示\第10章\创建和标注阀盖工程图.MP4

操作步骤

步骤01 新建文件。运行 Inventor 2024，单击“快速访问”工具栏上的“新建”按钮，在打开的“新建文件”对话框中的零件下拉列表中选择“Standard.idw”选项，然后单击“创建”按钮，新建一个工程图文件。

步骤02 创建基础视图。单击“放置视图”选项卡“创建”面板中的“基础视图”按钮，打开“工程视图”对话框，在该对话框中单击“打开现有文件”按钮，打开“打开”对话框，选择“阀盖”零件，单击“打开”按钮，打开“阀盖”零件；默认视图方向为“前视图”，设置比例为 3∶1，选择样式为“不显示隐藏线”，如图 10-52 所示；单击“确定”按钮，完成基础视图的创建，如图 10-53 所示。

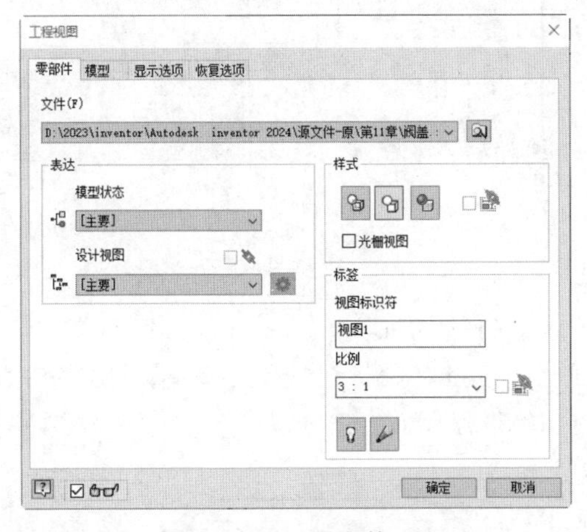

图 10-52　设置参数

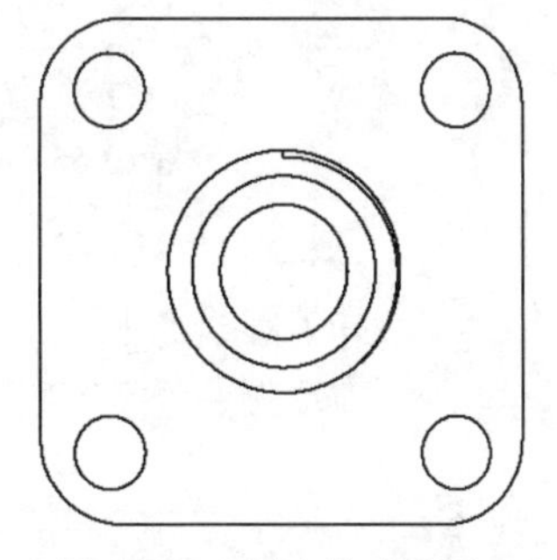

图 10-53　创建基础视图

步骤 03　创建剖视图。单击“放置视图”选项卡“创建”面板中的“剖视”按钮，选择基础视图，在视图中绘制剖切线，单击鼠标右键，在打开的快捷菜单中选择“继续”选项，如图 10-54 所示，打开“剖视图”对话框和剖视图，如图 10-55 所示，采用默认设置，将剖视图放置到图纸中适当位置，单击“确定”按钮，结果如图 10-56 所示。

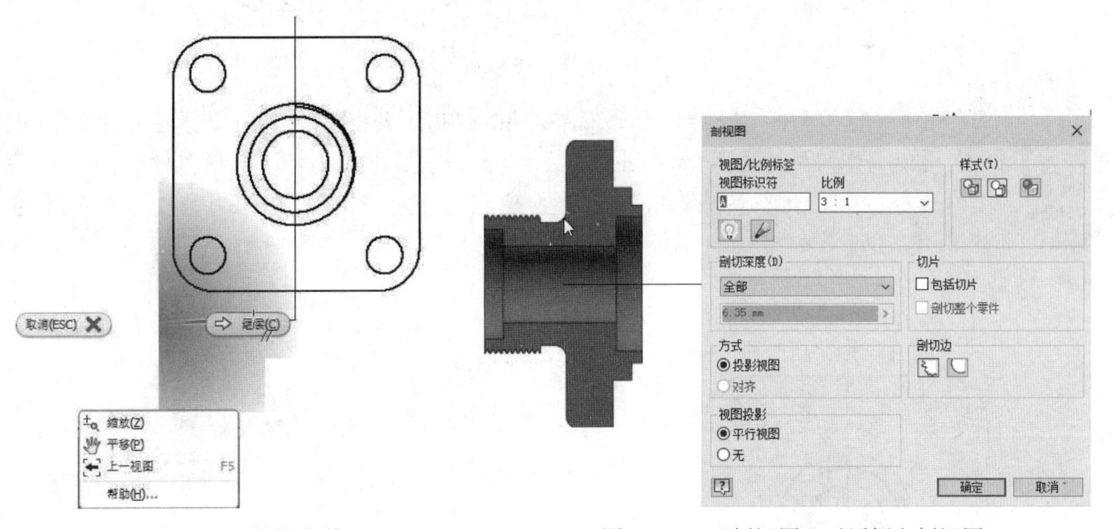

图 10-54　快捷菜单

图 10-55　“剖视图”对话框和剖视图

步骤 04　添加中心线。

① 单击“标注”选项卡“符号”面板中的“中心线”按钮，选择主视图上的两边中点，单击鼠标右键，在弹出的快捷菜单中选择“创建”选项，如图 10-57 所示，完成主视图上中心线的添加。

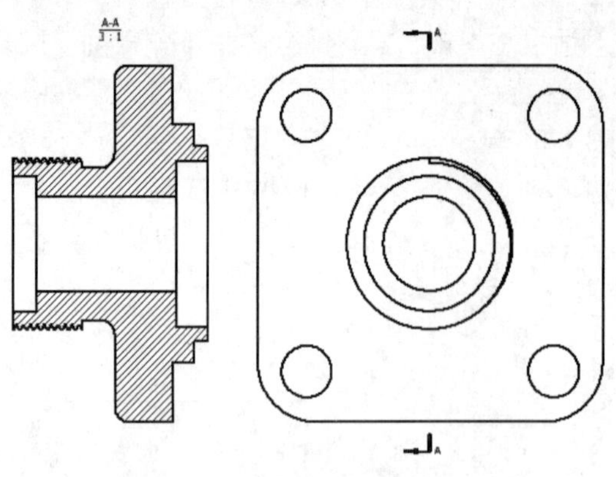

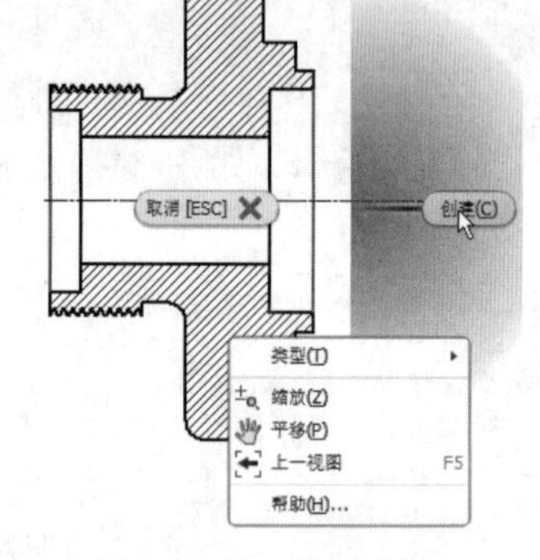

图 10-56　剖视图　　　　图 10-57　快捷菜单

② 单击“标注”选项卡“符号”面板中的“中心标记”按钮，在视图中选择圆，并为圆添加中心线，如图 10-58 所示。退出中心标记命令，选择刚创建的中心线，拖动夹点调整中心线的长度，如图 10-59 所示。

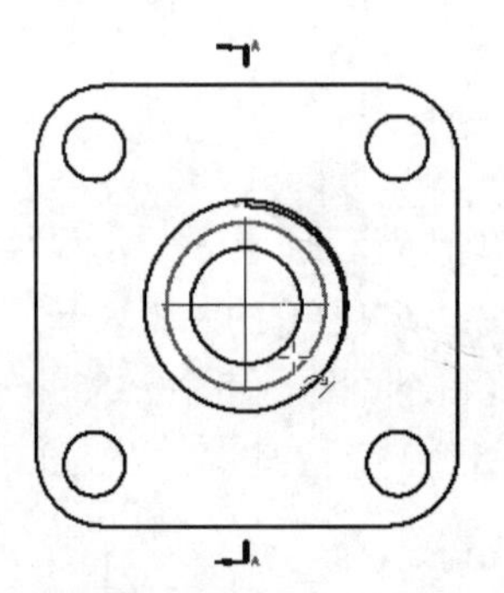

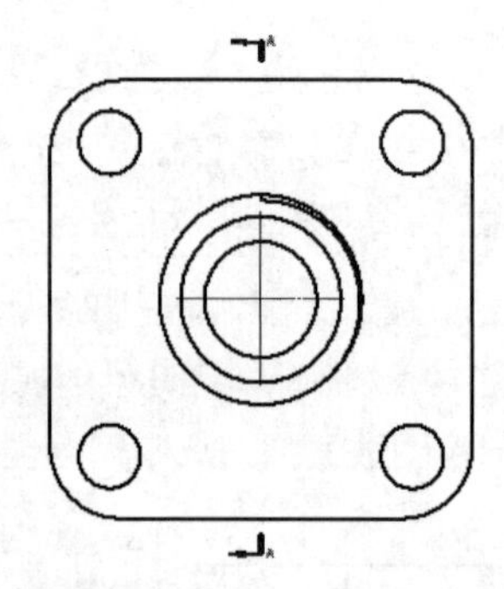

图 10-58　为圆添加中心线

③ 单击“标注”选项卡“符号”面板中的“中心阵列”按钮，选择左视图中的中心圆为环形阵列的圆心，选择任意小圆为中心线的第一位置，依次选择其他三个圆，最后再选择第一个圆，完成阵列中心线的创建，单击鼠标右键，在打开的快捷菜单中选择“创建”选项，如图 10-60 所示，完成阵列中心线的创建，如图 10-61 所示。

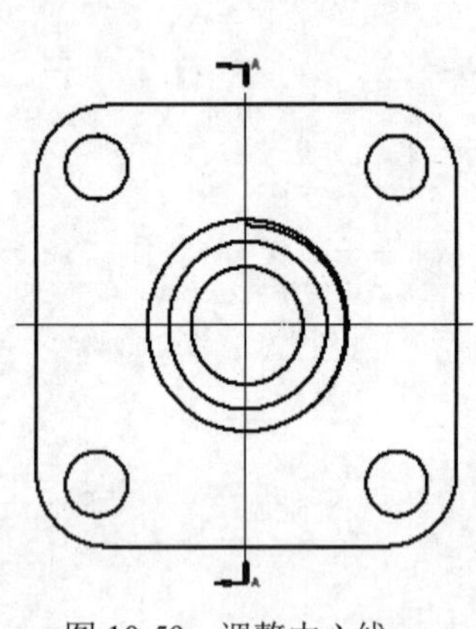

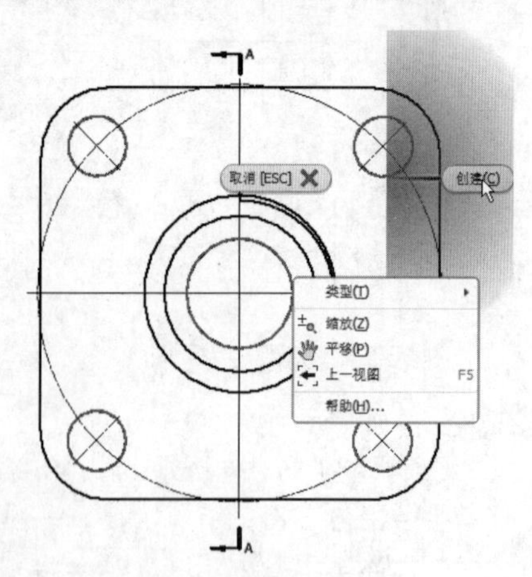

图 10-59　调整中心线　　　　图 10-60　快捷菜单

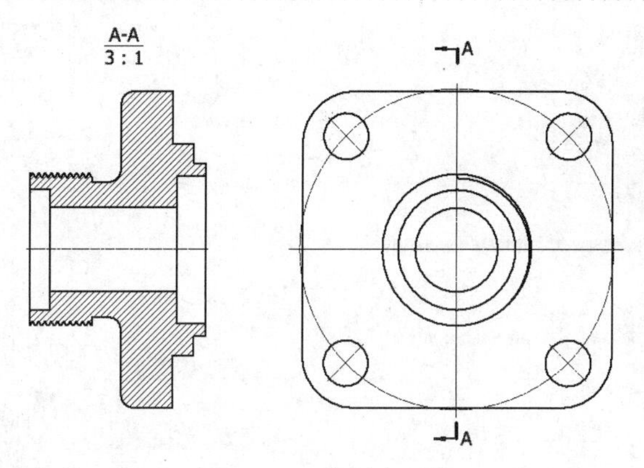

图 10-61 阵列中心线

步骤05 标注直径尺寸。单击“标注”选项卡“尺寸”面板中的“尺寸”按钮，在视图中选择要标注直径尺寸的两条边线，拖出尺寸线放置到适当位置，打开“编辑尺寸”对话框，将光标放置在尺寸值的前端，然后选择“直径”符号 ∅ ，单击“确定”按钮，结果如图 10-62 所示。同理标注其他直径尺寸。

步骤06 标注长度尺寸。单击“标注”选项卡“尺寸”面板中的“尺寸”按钮，在视图中选择要标注尺寸的两条边线，拖出尺寸线放置到适当位置，打开“编辑尺寸”对话框，采用默认设置，单击“确定”按钮，结果如图 10-63 所示。

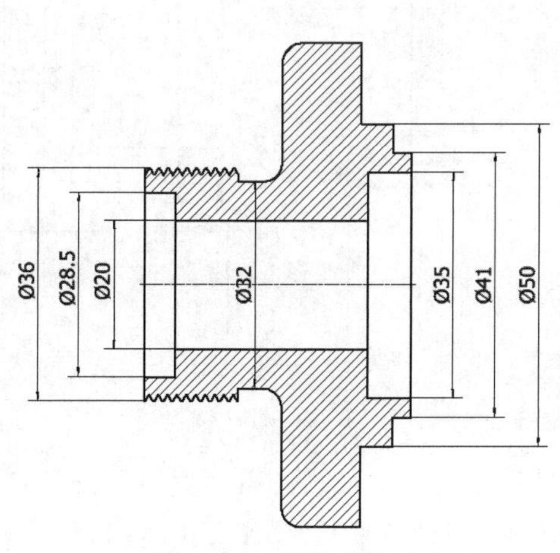

图 10-62 标注直径尺寸

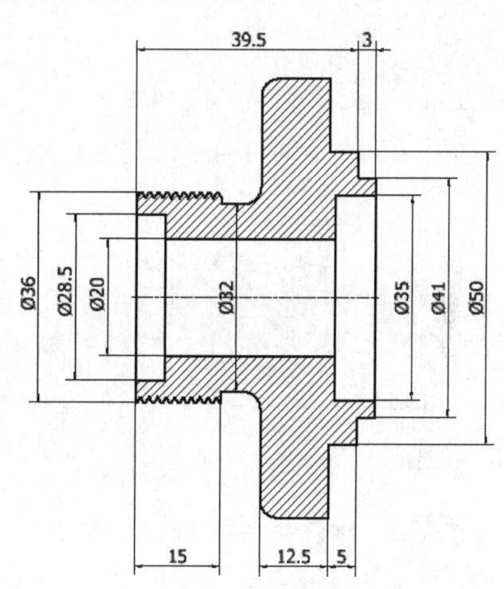

图 10-63 标注长度尺寸

步骤07 标注偏差尺寸。双击要标注偏差的尺寸 39.5，打开“编辑尺寸”对话框，如图 10-64 所示，选择“精度和公差”选项卡，在“公差方式”下拉列表中选择“偏差”，选择基本公差的精度为 3.123，输入上偏差为 0，下偏差为 0.029，设置完成后如图 10-65 所示；同理标注其他偏差尺寸，如图 10-66 所示。

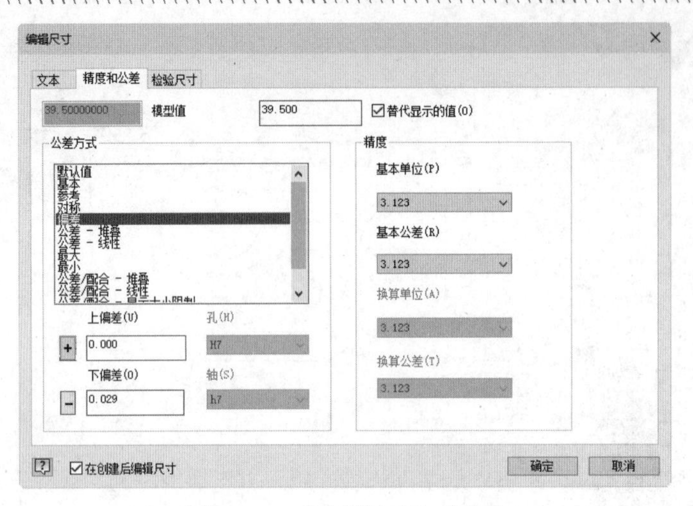

图 10-64　“编辑尺寸”对话框

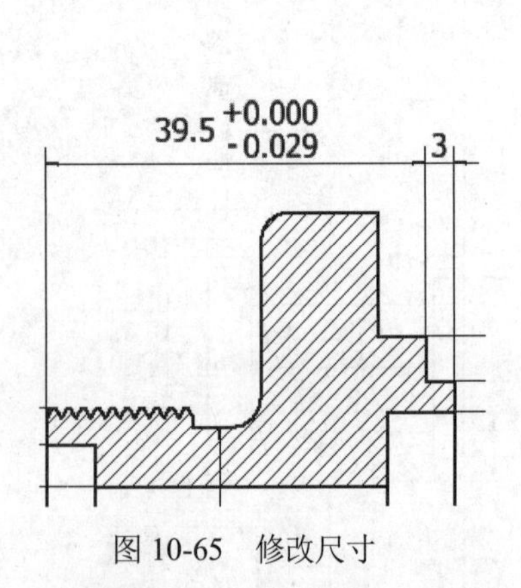

图 10-65　修改尺寸

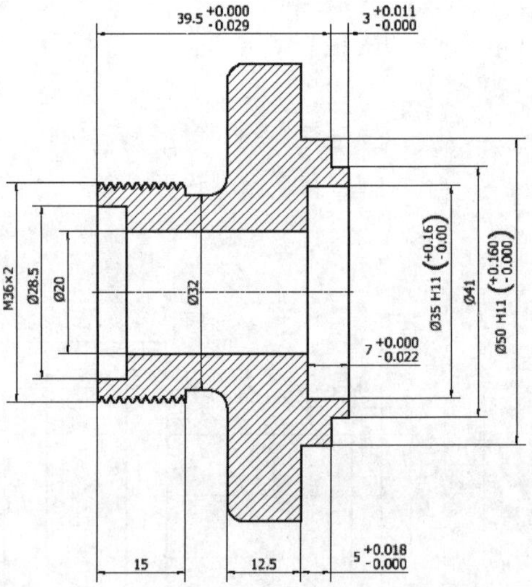

图 10-66　标注偏差尺寸

步骤 08 标注半径和直径尺寸。单击“标注”选项卡“尺寸”面板中的“尺寸”按钮，在视图中选择要标注半径尺寸的圆弧，拖出尺寸线放置到适当位置，如图 10-67 所示，打开“编辑尺寸”对话框，单击“确定”按钮，同理标注其他半径和直径尺寸，结果如图 10-68 所示。

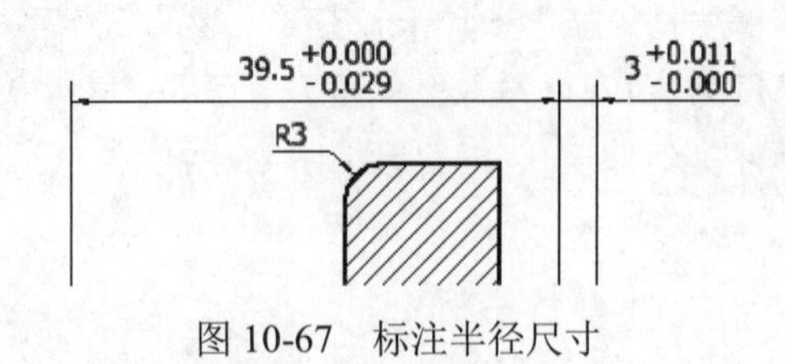

图 10-67　标注半径尺寸

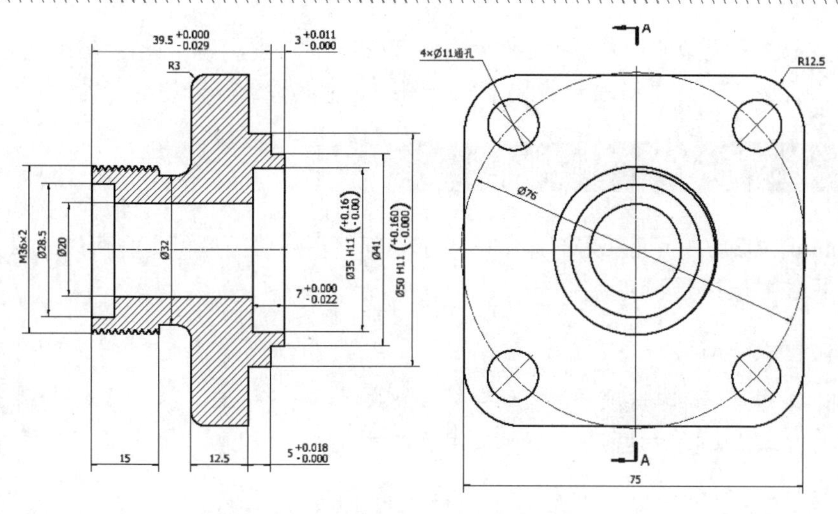

图 10-68　标注半径和直径尺寸

步骤 09　标注角度尺寸。单击“标注”选项卡“尺寸”面板中的“尺寸”按钮，在视图中选择左视图中的水平中心线和斜中心线，拖出尺寸线放置到适当位置，打开“编辑尺寸”对话框，单击“确定”按钮，标注角度尺寸，结果如图 10-69 所示。

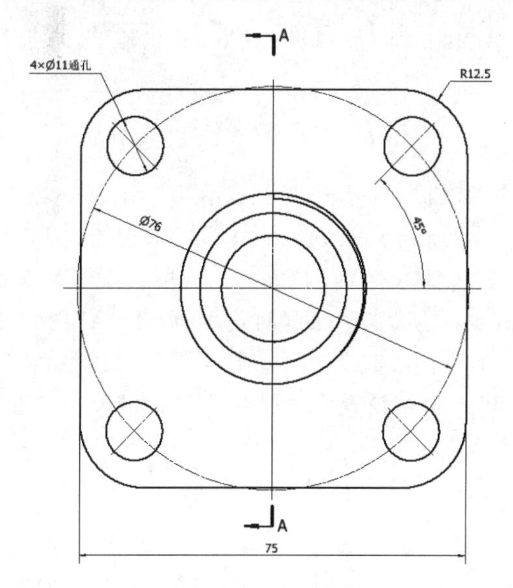

图 10-69　标注角度尺寸

步骤 10　保存文件。单击“快速访问”工具栏上的“保存”按钮，打开“另存为”对话框，输入文件名为“创建和标注阀盖工程图. idw”，单击“保存”按钮，保存文件。

10.5　添加引出序号和明细栏

创建工程视图尤其是部件的工程图后，往往需要向该视图中的零件和子部件中添加引出序号和明细栏。明细表是显示在工程图中的 BOM 表标注，为部件的零件或者子部件按照顺序标号。它可以显示两种类型的信息：仅零件或第一级零部件。引出序号就是一个标注标志，用于标识明细表中列出的项，引出序号的数字应与明细表中零件的序号相对应。

10.5.1 引出序号

在 Inventor 2024 中，可以为部件中的单个零部件标注引出序号，也可以一次为部件中的所有零部件标注引出序号。

1. 引出序号

步骤01 单击“标注”选项卡“表格”面板上的“引出序号”按钮①，使用鼠标左键单击一个零件，同时设置指引线的起点，这时会打开“BOM 表特性”对话框，如图 10-70 所示。

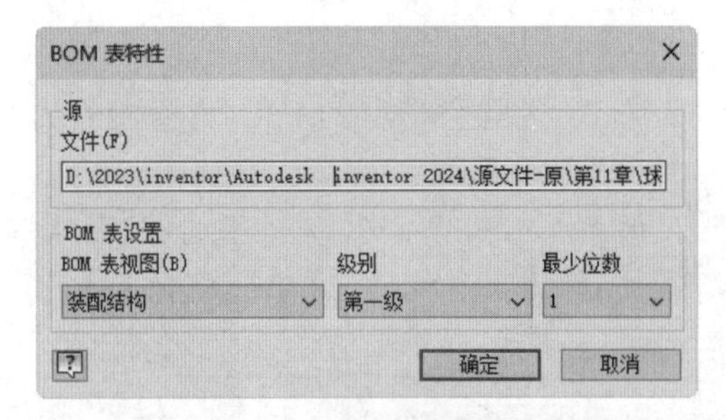

图 10-70 “BOM 表特性”对话框

- “源”选项组中的“文件”文本框用于显示在工程图中创建 BOM 表的源文件。
- “BOM 表设置”选项组用于选择适当的 BOM 表视图，可以选择“装配结构”或者“仅零件”选项。源部件中可能禁用“仅零件”视图，在明细表中选择了“仅零件”视图，则将启用“仅零件”视图。需要注意的是，BOM 表视图仅适用于源部件。
- “级别”中的第一级用于为直接子项指定一个简单的整数值。
- “最少位数”选项用于控制设置零部件编号显示的最小位数，下拉列表中提供的固定位数范围为 1～6。

步骤02 设置好该对话框的所有选项后，单击“确定”按钮，此时鼠标指针旁边出现指引线的预览，移动鼠标以选择指引线的另外一个端点，单击鼠标左键选择该端点，然后单击鼠标右键，在弹出的快捷菜单中选择“继续”选项，则创建了一个引出序号，此时可以继续为其他零部件添加引出序号，或者按 Esc 键退出。

2. 自动引出符号

步骤01 单击“标注”选项卡“表格”面板上的“自动引出符号”按钮，此时打开“自动引出序号”对话框，如图 10-71 所示。

步骤02 选择一个视图，添加或删除零部件，然后选择放置方式。

步骤03 单击“确定”按钮，则该视图中的所有零部件都会自动添加引出序号。

当引出序号被创建后，可以用鼠标左键选中某个引出序号以拖动到新的位置，还可以利用右键快捷菜单中的相关选项进行编辑：

● 选择“编辑引出序号”选项，打开“编辑引出序号”对话框，如图 10-72 所示，可以编辑引出序号的形状、序号值等。

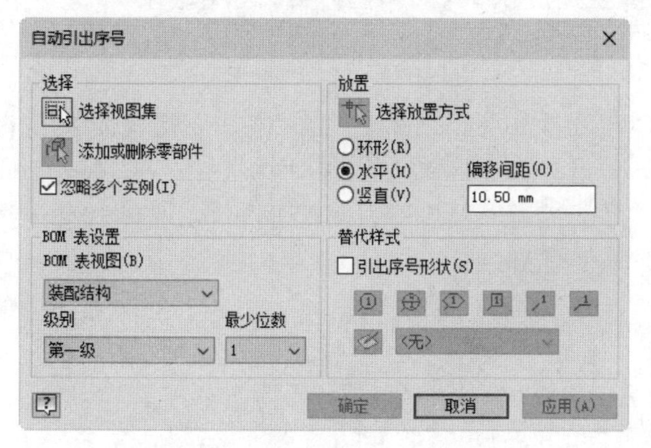

图 10-71　“自动引出序号”对话框

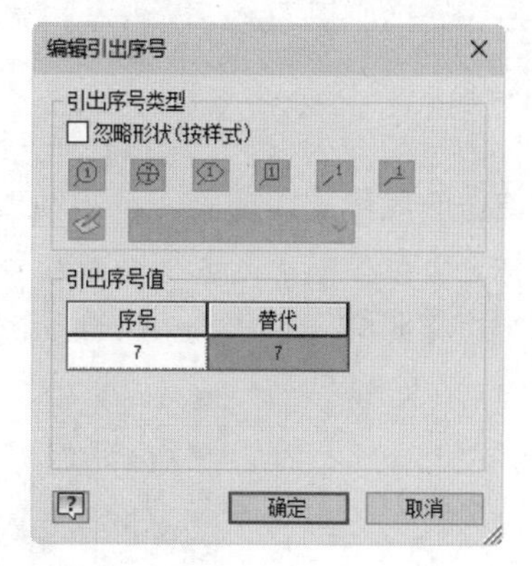

图 10-72　“编辑引出序号”对话框

● “附着引出符号”选项可以将另一个零件或自定义零件的引出序号附着到现有的引出序号。

其他选项的功能和前面讲过的类似，故不再重复。

10.5.2　明细栏

除了可以为部件自由添加明细外，还可以对关联的 BOM 表进行相关设置，操作步骤如下：

步骤 01　单击“标注”选项卡“表格”面板上的“明细栏”按钮，打开如图 10-73 所示的“明细栏”对话框。

步骤 02　选择要为其创建明细表的视图以及视图文件，单击该对话框中的“确定”按钮。

步骤 03　在鼠标指针旁边出现矩形框，即明细表的预览，在合适的位置单击鼠标左键，则自动创建部件明细表。

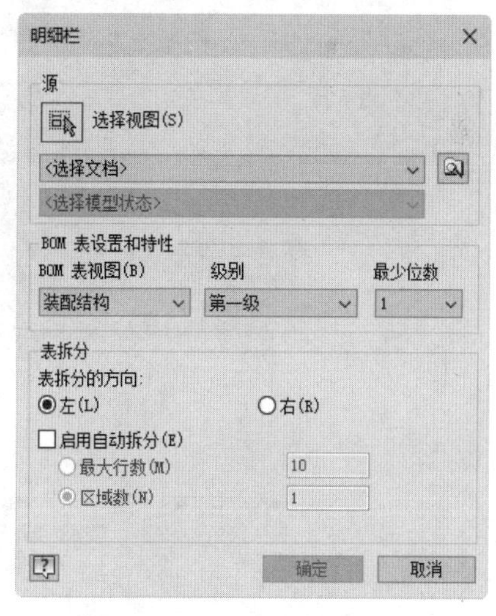

图 10-73　“明细栏”对话框

“明细栏”对话框中的选项说明如下：

● BOM 表视图：选择适当的 BOM 表视图来创建明细表和引出序号。
● 表拆分：管理工程图中明细栏的外观。
  ➢ 表拆分的方向：左、右表示将明细表行分别向左、向右拆分。
  ➢ 启用自动拆分：勾选此复选框，启用自动拆分控件。

➢ 最大行数：指定一个截面中所显示的行数，可输入适当的数字。
➢ 区域数：指定要拆分的截面数。

源部件中可能禁用“仅零件”类型，如果选择此选项，将在源文件中选择“仅零件”类型。

创建明细表以后，可以在上面按住鼠标左键以拖动它到新的位置。利用右键快捷菜单中的“编辑明细栏”选项或者在明细表上双击，打开如图 10-74 所示的“明细栏：（零件或装配体名称）”对话框，可进行编辑序号、代号、添加描述以及排序、比较等操作，选择“输出”选项则可将明细表输出为 Microsoft Access 文件（*.mdb）。

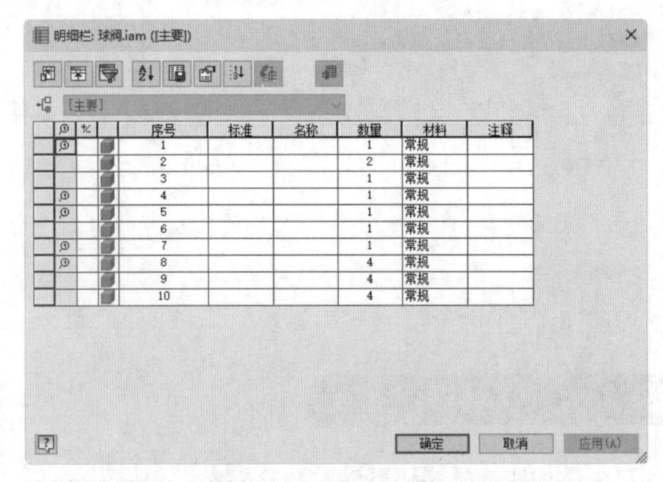

图 10-74 “明细栏：（零件或装配体名称）”对话框

● 列选择器：单击此按钮，打开如图 10-75 所示的“明细栏列选择器”对话框，可以添加、删除或改变所选明细栏的列的顺序。

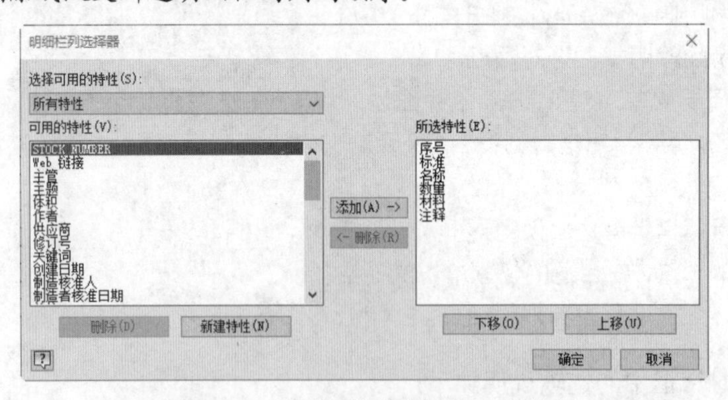

图 10-75 “明细栏列选择器”对话框

● 组设置：单击此按钮，打开如图 10-76 所示的“组设置”对话框，选择要用作分组关键字的明细栏列，将不同零部件编组到明细栏的一行中。
● 过滤器设置：单击此按钮，打开如图 10-77 所示的“过滤器设置”对话框，可以定义并应用一个或多个明细栏过滤器以过滤明细栏行。

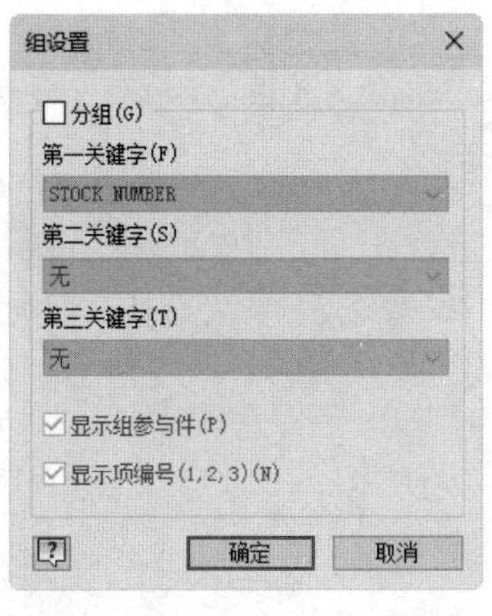

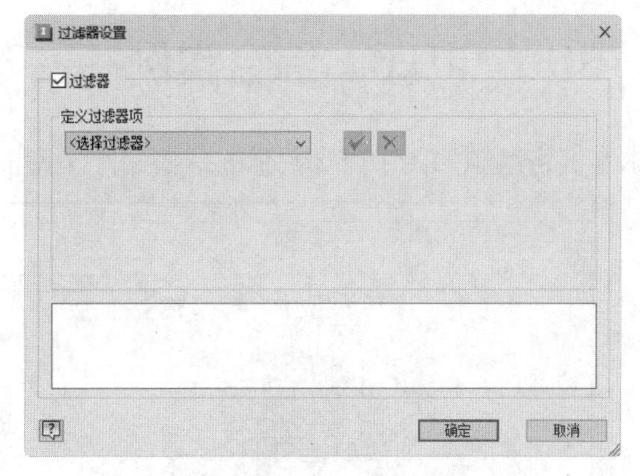

图 10-76　“组设置”对话框　　　　图 10-77　“过滤器设置”对话框

- 排序：单击此按钮，打开如图 10-78 所示的“对明细栏排序”对话框，可以应用一级、二级和三级排序标准来对明细栏排序。排序仅影响所编辑的明细栏。
- 导出：单击此按钮，打开“导出明细栏”对话框，指定文件名和格式，单击“保存”按钮，将所选明细栏保存到外部文件中。
- 表布局：单击此按钮，打开如图 10-79 所示的“明细栏布局”对话框，改变所选明细栏的表头文本样式和表头位置。

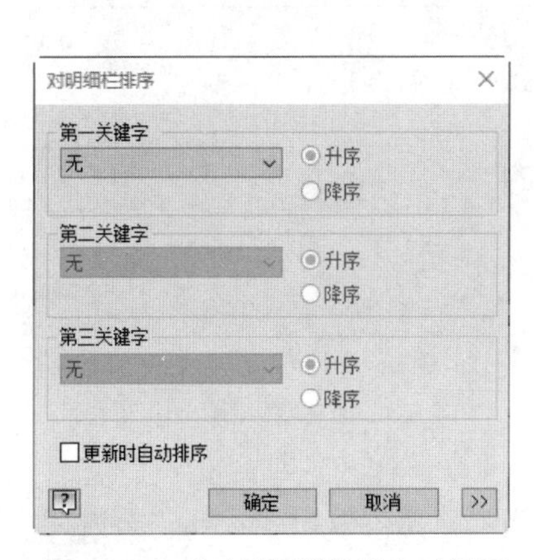

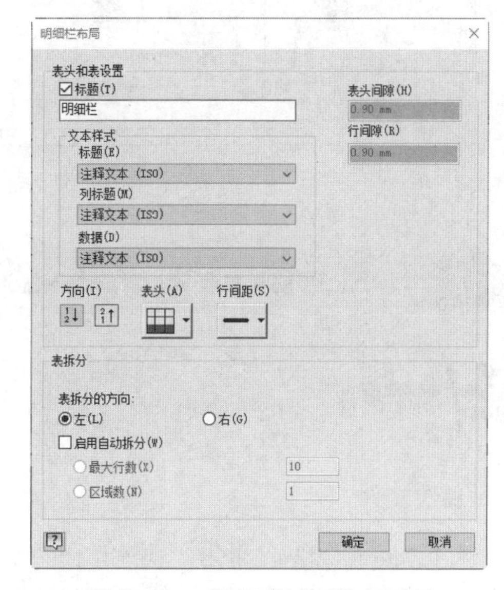

图 10-78　“对明细栏排序”对话框　　　　图 10-79　“明细栏布局”对话框

- 对项目重新编号：单击此按钮，将根据明细栏中行的当前顺序对明细栏的行按顺序重新排序。重新编号影响与所编辑明细栏具有同一源的所有明细栏的零部件编号。
- 将项目替代项保存到 BOM 表：单击此按钮，将项目替代项保存到部件 BOM 表中。
- 成员选择：单击此按钮，打开“成员选择”对话框，从该对话框中可以选择要包含在明细栏中的成员。

10.6　综合实例——球阀装配工程图

本实例将绘制如图 10-80 所示的球阀装配工程图。

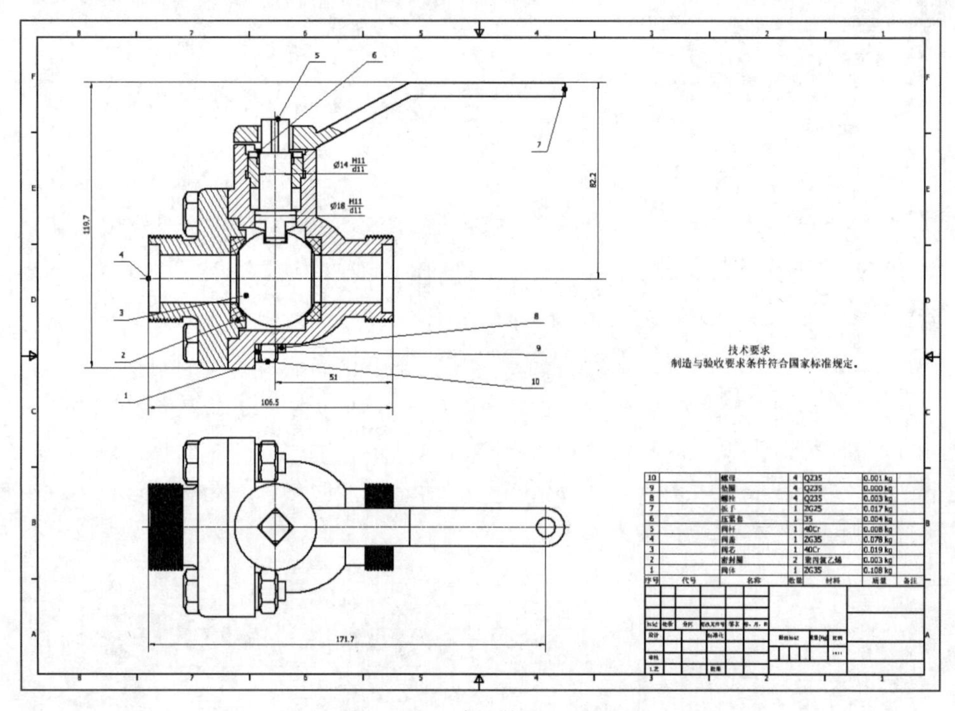

图 10-80　球阀装配工程图

下载资源\动画演示\第10章\球阀装配工程图.MP4

操作步骤

1. 新建文件

运行 Inventor 2024，单击“快速访问”工具栏上的“新建”按钮，在“新建文件”对话框中的“Templates”选项卡中的零件下拉列表中选择“Standard.idw”选项，单击“创建”按钮，新建一个工程图文件。

2. 创建基础视图

步骤 01 单击“放置视图”选项卡“创建”面板中的“基础视图”按钮，打开“工程视图”对话框，在该对话框中单击“打开现有文件”按钮，打开“打开”对话框，选择“球阀.iam”文件，单击“打开”按钮，打开“球阀”装配体。

步骤 02 在“工程视图”对话框中输入比例为 1.5:1，选择显示方式为“不显示隐藏线”，选择右视图，如图 10-81 所示。单击“确定”按钮，将视图放置在图纸中的适当位置，如图 10-82 所示。

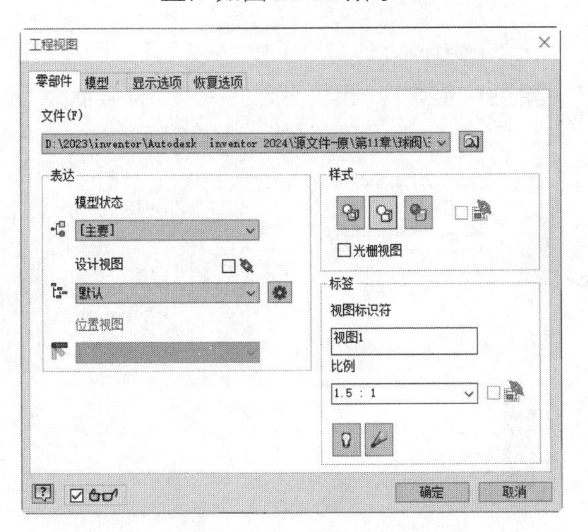

图 10-81 “工程视图”对话框

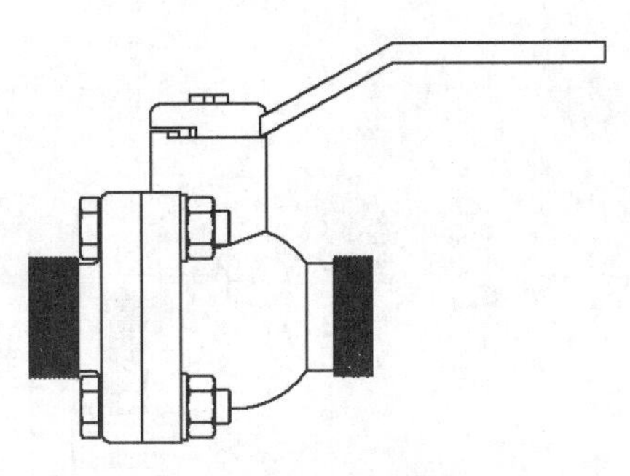

图 10-82 创建基础视图

3．创建剖视图

单击“放置视图”选项卡“创建”面板中的“投影视图”按钮，在视图中选择上一步创建的基础视图，然后向下拖动鼠标，在适当位置单击确定创建投影视图的位置。再单击鼠标右键，在打开的快捷菜单中选择“创建”选项（见图 10-83），生成投影视图，如图 10-84 所示。

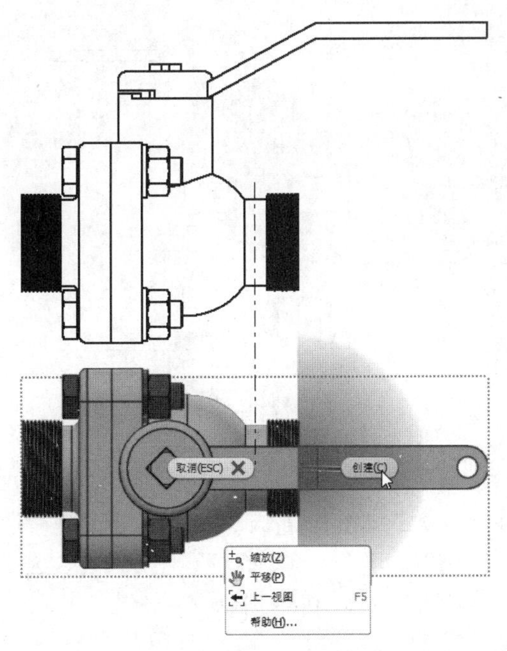

图 10-83 快捷菜单

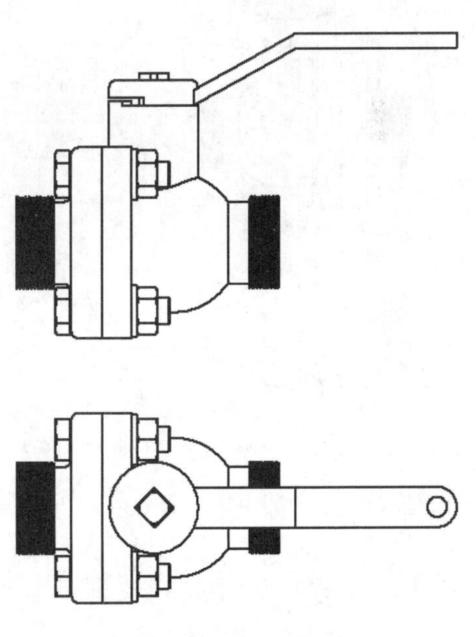

图 10-84 创建投影视图

4．创建局部剖视图

步骤01 在视图中选择主视图，单击“放置视图”选项卡“草图”面板中的“开始创建草图”按钮，进入草图绘制环境。单击“草图”选项卡“创建”面板中的“样条曲线（控制顶点）”按钮，绘制一条封闭曲线，如图 10-85 所示。单击“草图”标签中的“完成草图”按钮，退出草图绘制环境。

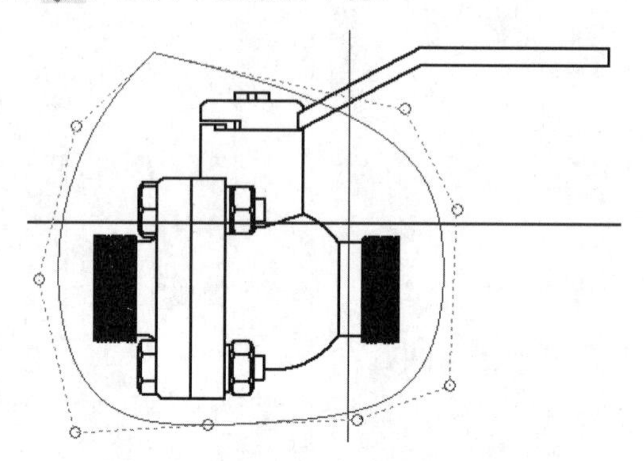

图 10-85　绘制样条曲线

步骤02 单击“放置视图”选项卡“修改”面板中的“局部剖视图”按钮，在视图中选择主视图，打开“局部剖视图”对话框，系统自动捕捉上一步绘制的草图为截面轮廓，选择如图 10-86 所示的点为基础点，输入深度为 0，单击“确定”按钮，完成局部剖视图的创建，如图 10-87 所示。

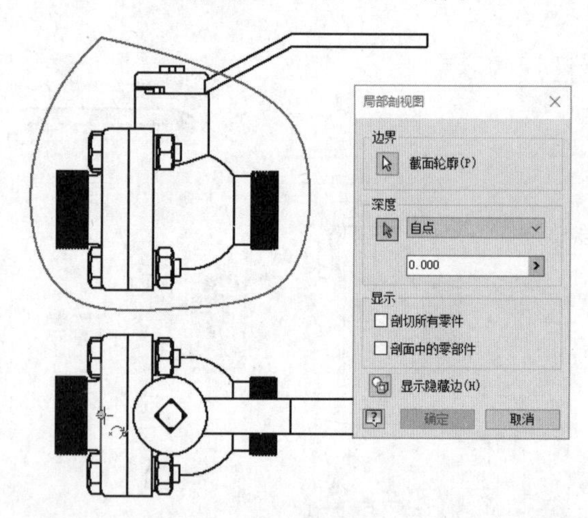

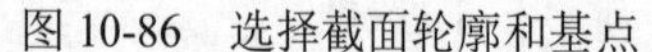

图 10-86　选择截面轮廓和基点

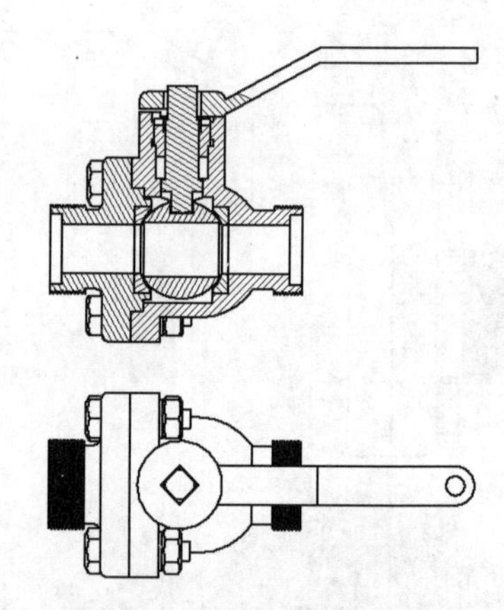

图 10-87　创建局部剖视图

步骤03 不剖切零件。在模型树中选择阀杆零件，单击鼠标右键，在弹出的快捷菜单中选择“剖切参与件”→“无”选项，如图 10-88 所示，不剖切阀杆零件。同理，选择阀芯作为不剖切零件，完成局部剖视图的创建，如图 10-89 所示。

有关标准规定，对于紧固件以及轴、连杆、球、键、销等实心零件，若按纵向剖切，且剖切平面通过其对称平面或与对称平面相平行的平面或者轴线时，则这些零件都按照不剖切绘制。

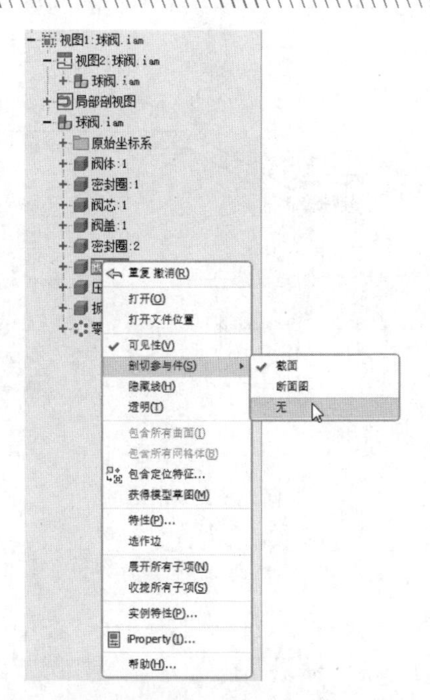

图 10-88　快捷菜单

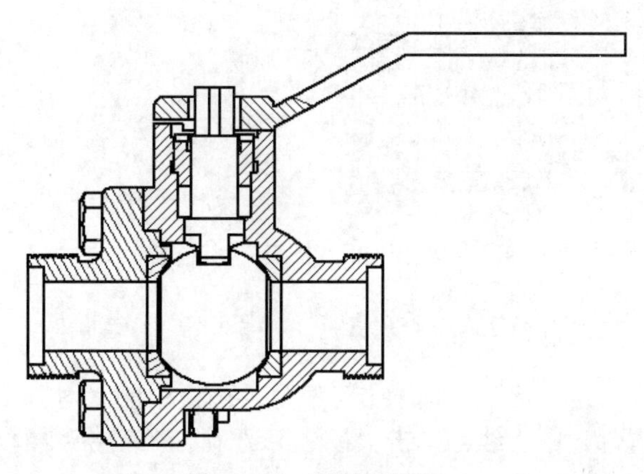

图 10-89　不剖切零件

步骤 04　编辑压紧套剖面线。从视图中可以看出压紧套和阀体的剖面线重合了，为了更好地区分零件，可以更改阀体或压紧套剖面线的方向或角度。双击压紧套上的剖面线，打开“编辑剖面线图案”对话框，修改角度为 135°，如图 10-90 所示，单击“确定”按钮，结果如图 10-91 所示。

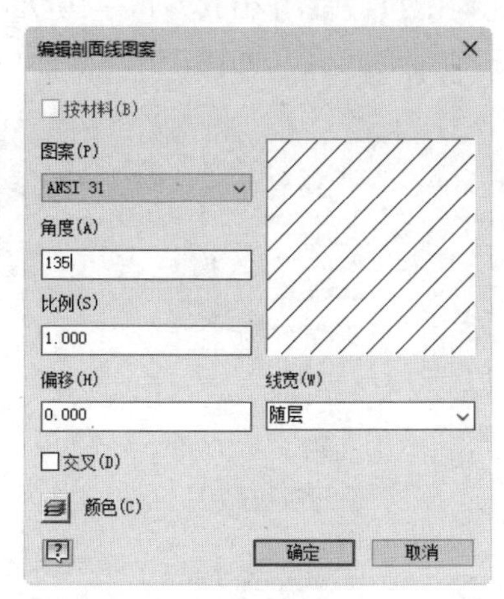

图 10-90　“编辑剖面线图案”对话框

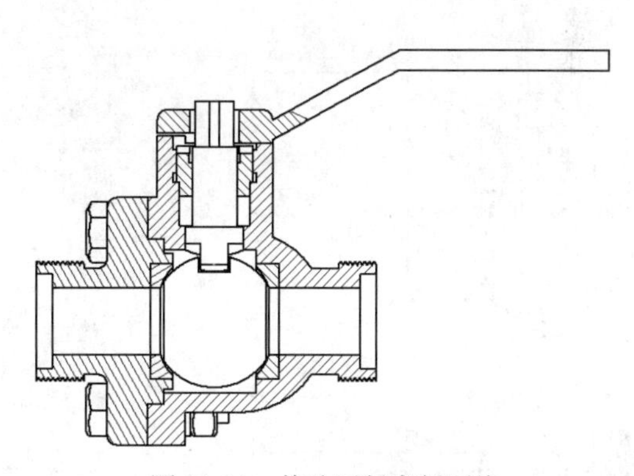

图 10-91　修改压紧套剖面线

步骤 05　编辑密封圈剖面线。从视图中可以看出密封圈的剖面线和材质不相符。双击密封圈上的剖面线，打开“编辑剖面线图案”对话框，在“图案”下拉列表中选择“其他”选项，打开“选择剖面线图案”对话框，勾选“ANSI 37”剖面线图案，如图 10-92 所示，单击“确定”按钮，返回“编辑剖面线图案”对话框，单击“确定”按钮，更改密封圈的剖面线；采用相同的方法，更改另一个密封圈的剖面线，结果如图 10-93 所示。

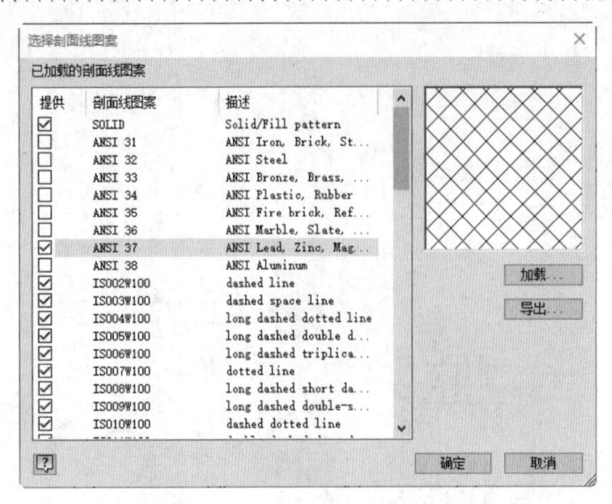

图 10-92 “选择剖面线图案”对话框

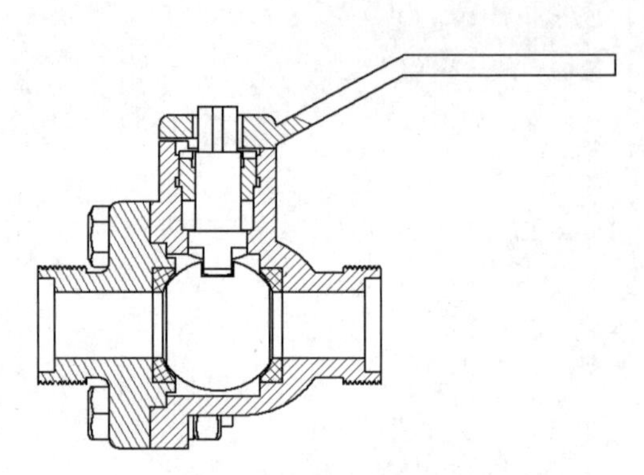

图 10-93 修改密封圈剖面线

5. 创建中心线

单击“标注”选项卡“符号”面板中的“对分中心线”按钮，选择两条边线，在中间位置创建中心线；单击“标注”选项卡“符号”面板中的“中心标记”按钮，选择圆或圆弧创建中心线，选取中心线并调整其位置，结果如图 10-94 所示。

6. 标注配合尺寸

单击“标注”选项卡“尺寸”面板中的“尺寸”按钮，在视图中选择要标注尺寸的边线，拖出尺寸线放置到适当位置，打开“编辑尺寸”对话框，在尺寸前插入直径符号，选择“精度和公差”选项卡，选择“公差/配合-堆叠”选项，选择孔为 H11，轴为 d11，如图 10-95 所示，单击“确定”按钮，完成配合尺寸的标注，同理标注其他配合尺寸，如图 10-96 所示。

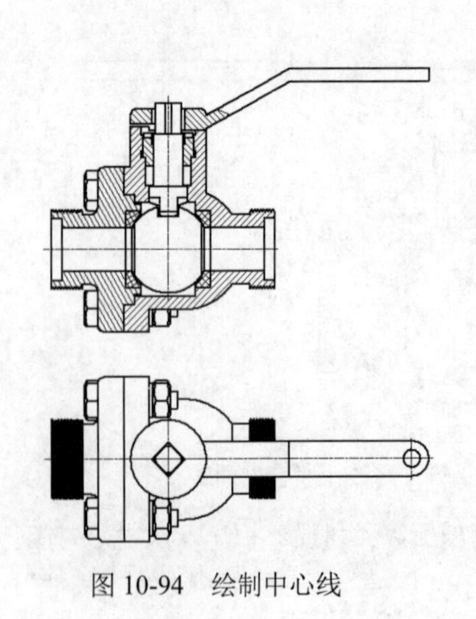

图 10-94 绘制中心线

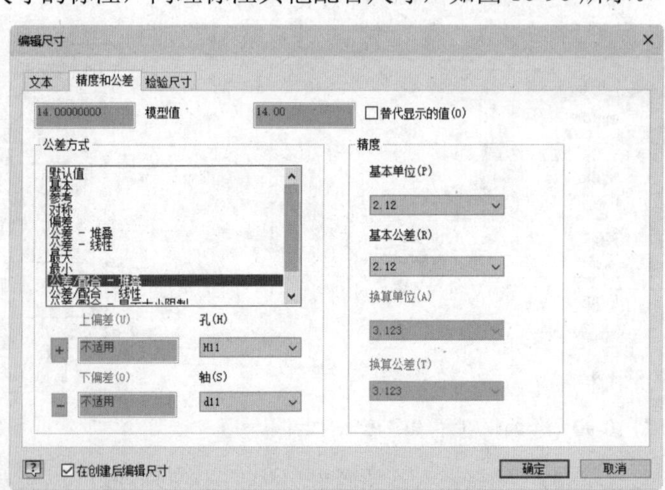

图 10-95 “编辑尺寸”对话框

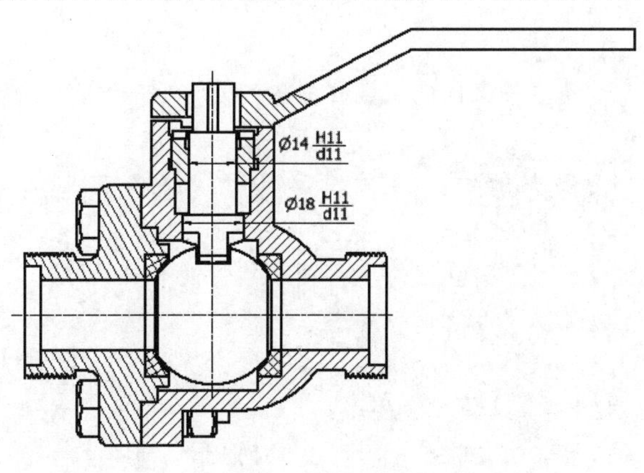

图 10-96　标注配合尺寸

7. 标注尺寸

单击“标注”选项卡“尺寸”面板中的“尺寸”按钮，在视图中选择要标注尺寸的边线，拖出尺寸线放置到适当位置，打开“编辑尺寸”对话框，单击“确定”按钮，完成尺寸的标注；同理标注其他基本尺寸，如图 10-97 所示。

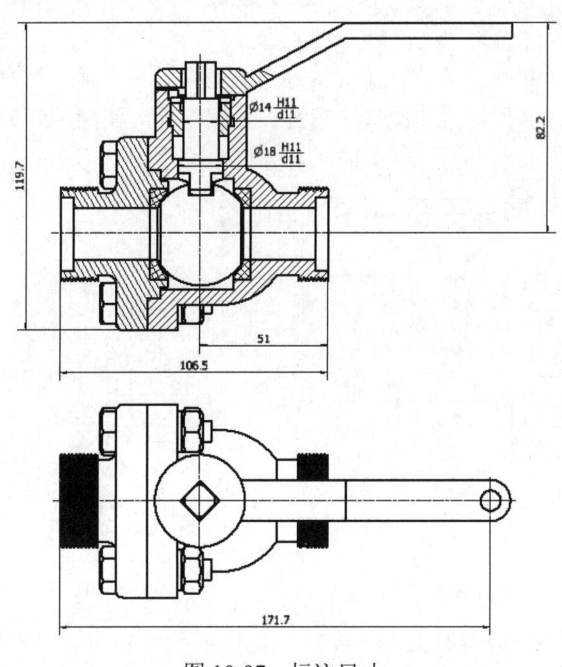

图 10-97　标注尺寸

装配图中的尺寸标注和零件图有所不同，零件图中的尺寸是加工的依据，工人根据这些尺寸能够准确无误地加工出符合图纸要求的零件；装配图中的尺寸则是装配的依据，装配工人需要根据这些尺寸来精确地安装零部件。在装配图中，一般需要标注如下几种类型的尺寸：

(1)总体尺寸，即部件的长、宽和高。它为制作包装箱、确定运输方式以及部件占据的空间提供依据。

(2)配合尺寸，表示零件之间的配合性质的尺寸，它规定了相关零件结构尺寸的加工精度要求。

(3)安装尺寸，是部件用于安装定位的连接板的尺寸及其上面的安装孔的定形尺寸和定位尺寸。

(4)重要的相对位置尺寸，是对影响部件工作性能有关的零件的相对位置尺寸，在装配图中必须保证，应该直接注出。

(5)规格尺寸，是选择零部件的依据，在设计中确定，通常要与相关的零件和系统相匹配，比如所选用的管螺纹的外径尺寸。

(6)其他的重要尺寸。需要注意的是，正确的尺寸标注不是机械地按照上述类型的尺寸对装配图进行装配，而是在分析部件功能和参考同类型资料的基础上进行的。

8. 自动引出序号

步骤01 单击“标注”选项卡“表格”面板中的“自动引出序号”按钮，打开“自动引出序号”对话框，在视图中选择主视图，然后添加视图中所有的零件，选择序号的放置位置为环形，将序号放置到视图中适当位置，单击“确定”按钮，结果如图 10-98 所示。

步骤02 从图 10-98 中可以看出，标注的序号没有按顺序排列，选择需要调整的序号，将其放置到合适的位置，使序号按顺时针方向排列，如图 10-99 所示。

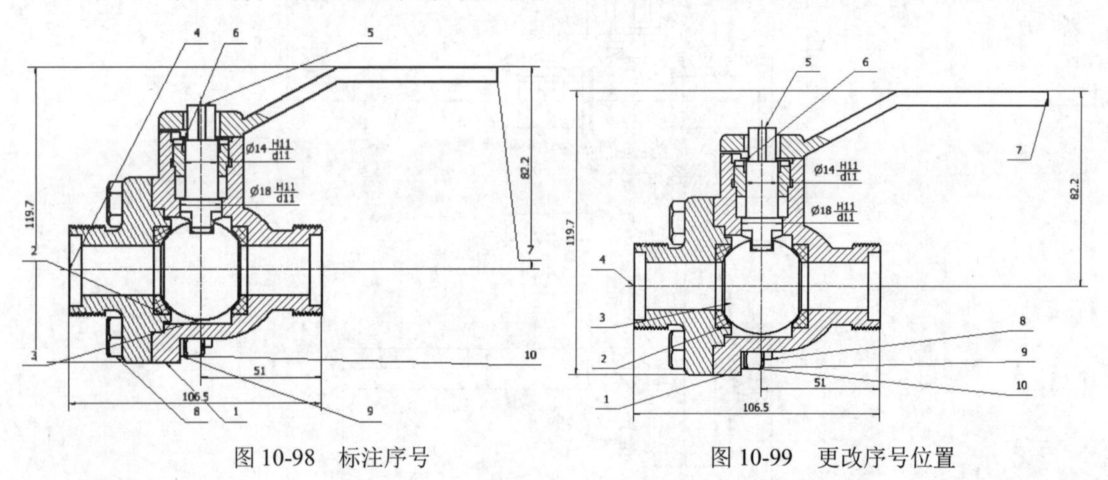

图 10-98 标注序号　　图 10-99 更改序号位置

步骤03 从图 10-99 中可以看出，序号的箭头不符合标准，选择任意序号，单击鼠标右键，在弹出的快捷菜单中选择“编辑箭头”选项，如图 10-100 所示，打开“更改箭头”对话框，选择“大点”类型，单击按钮，更改箭头为点；采用相同的方法，更改所有的序号箭头为点，结果如图 10-101 所示。

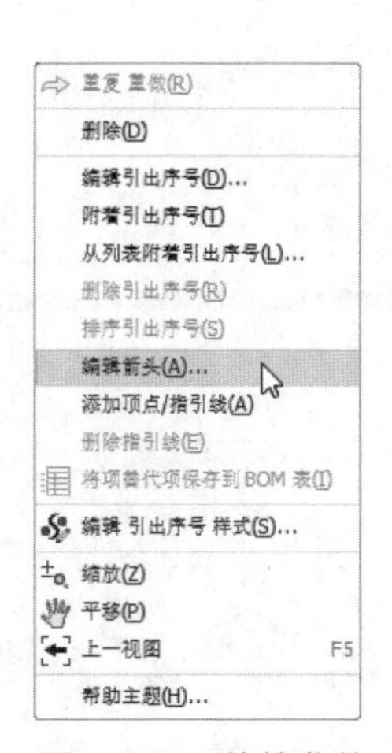

图 10-100 快捷菜单

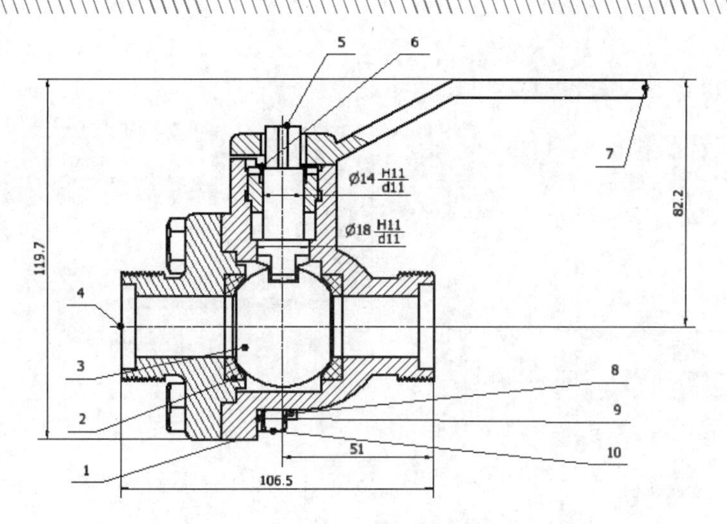

图 10-101 更改序号箭头

9. 添加明细栏

步骤01 单击“标注”选项卡“表格”面板中的“明细栏”按钮，打开“明细栏”对话框，在视图中选择主视图，其他采用默认设置，单击“确定”按钮，生成明细栏，将其放置到标题栏上方，如图 10-102 所示。

10			4	常规	
9			4	常规	
8			4	常规	
7			1	常规	
6			1	常规	
5			1	常规	
4			1	常规	
3			1	常规	
2			2	常规	
1			1	常规	
序号	标准	名称	数量	材料	注释

明细栏

标记 处数 分区 更改文件号 签名 年、月、日
设计 administra 2023/11/23 标准化 阶段标记 重量(Kg) 比例
审核
工艺 批准

图 10-102 生成明细栏

步骤02 从图 10-102 中可以看出，生成的明细栏不符合国标。双击明细栏，打开“明细栏：球阀”对话框，单击“列选择器”按钮，打开“明细栏列选择器”对话框，单击“新建特性”按钮，打开“定义特性”对话框，单击“单击此处添加新特性”字样，输入新特性为“代号”，如图 10-103 所示，单击“确定”按钮，添加到“明细栏列选择器”对话框的“所选特性”列表中。然后在“可用的特性”列表中选择“质量”特性，单击“添加”按钮，将其添加到“所选特性”列表中。在“所选特性”列表中选择“标准”特性，单击“删除”按钮，将其从列表中删除，采用相同的方法，添加“备注”特性，删除“注释”特性，再单击“下移”或“上移”按钮，调整特性位置，如图 10-104 所示，最后单击“确定”按钮。

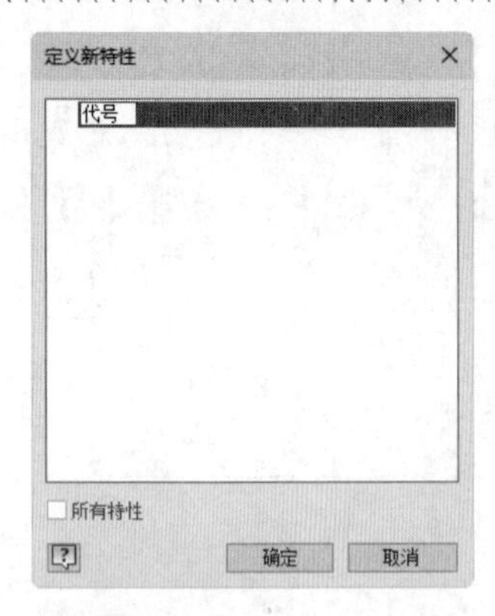

图 10-103 “定义特性”对话框

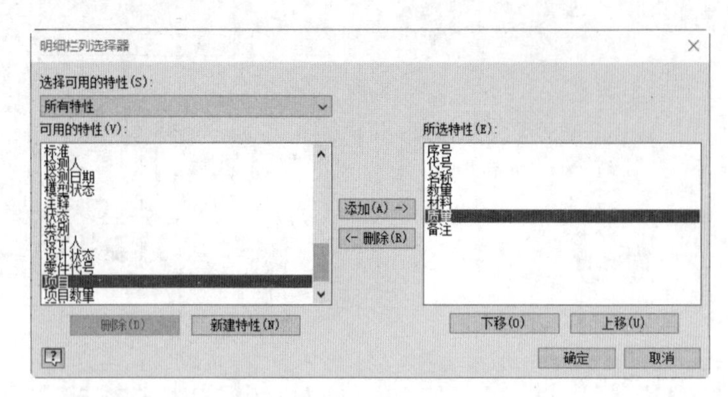

图 10-104 编辑特性

步骤03 返回“明细栏：球阀.iam ([主要])”对话框，在该对话框中填写零件名称、材料等参数，如图 10-105 所示。

步骤04 单击“表布局”按钮，打开“明细栏布局”对话框，取消勾选“标题”复选框，单击“确定”按钮，返回“明细栏：球阀”对话框，单击“确定”按钮，完成明细栏的修改，如图 10-106 所示。

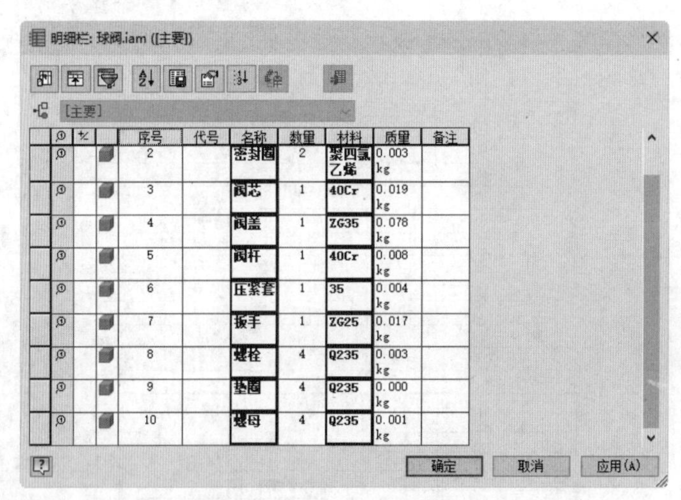

图 10-105 “明细栏：球阀”对话框

10		螺母	4	Q235	0.001 kg	
9		垫圈	4	Q235	0.000 kg	
8		螺栓	4	Q235	0.003 kg	
7		扳手	1	ZG25	0.017 kg	
6		压紧套	1	35	0.004 kg	
5		阀杆	1	40Cr	0.008 kg	
4		阀盖	1	ZG35	0.078 kg	
3		阀芯	1	40Cr	0.019 kg	
2		密封圈	2	聚四氯乙烯	0.003 kg	
1		阀体	1	ZG35	0.108 kg	
序号	代号	名称	数量	材料	质量	备注

图 10-106 明细栏

10．标注技术要求

单击“标注”选项卡“文本”面板中的“文本”按钮**A**，在视图中指定一个区域，打开“文本格式”对话框，在文本框中输入文本，并设置参数，单击“确定”按钮，结果如图 10-107 所示。

技术要求
制造与验收技术条件应符合国家标准规定。

图 10-107　标注技术要求

11．编辑标题栏

在模型浏览器的 GB1 上单击鼠标右键，在弹出的快捷菜单中选择“编辑定义”选项，如图 10-108 所示，对标题栏进行编辑，如图 10-109 所示，单击“完成草图”按钮✔，完成对标题栏的编辑。

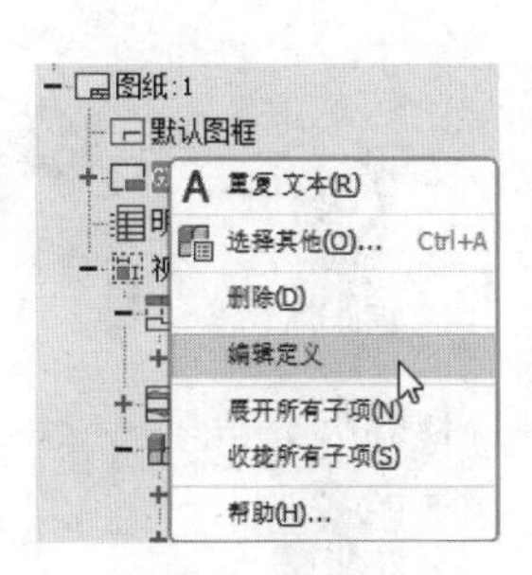

图 10-108　快捷菜单

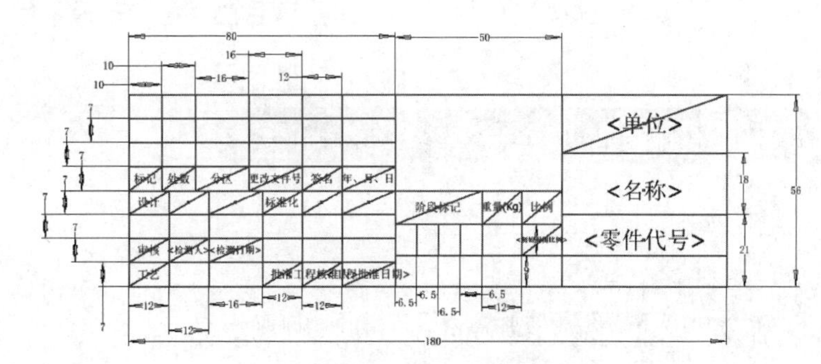

图 10-109　编辑标题栏

12．保存文件

单击“快速访问”工具栏中的“保存”按钮，打开“另存为”对话框，输入文件名为“球阀装配工程图.idw”，单击“保存”按钮，保存文件。

第 11 章　柱塞泵综合实例

导言

本章以柱塞泵为例，详细介绍如何使用 Inventor 2024 进行建模、装配以及工程图的全面应用，内容涵盖如下几个部分：首先创建下阀瓣、填料压盖、阀盖、柱塞、上阀瓣、阀体和泵体零件；然后创建柱塞泵的装配和表达视图；最后以泵体和装配体为例创建其工程图。

11.1　创建柱塞泵零件

11.1.1　下阀瓣

绘制如图 11-1 所示的下阀瓣。

图 11-1　下阀瓣

下载资源\动画演示\第11章\下阀瓣.MP4

步骤 01 新建文件。运行 Inventor 2024，单击“快速访问”工具栏上的“新建”按钮，在打开的“新建文件”对话框中的“零件”下拉列表中选择“Standard.ipt”选项，单击“创建”按钮，新建一个零件文件。

步骤 02 创建草图。单击“三维模型”选项卡“草图”面板上的“开始创建二维草图”按钮，选择 XZ 平面为草图绘制平面，进入草图绘制环境。单击“草图”选项卡“创建”面板上的“直线”按钮，绘制草图。单击“约束”面板上的“尺寸”按钮，标注尺寸，如图 11-2 所示。单击“草图”标签中的“完成草图”按钮，退出草图绘制环境。

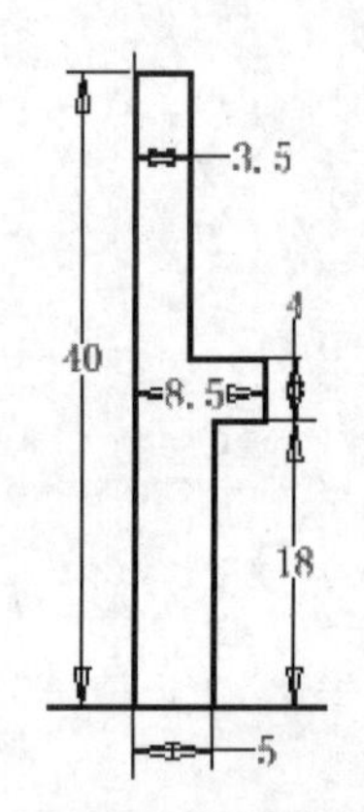

图 11-2　绘制草图

步骤 03 创建旋转体。单击“三维模型”选项卡“创建”面板上的“旋转”按钮，打开“旋转”对话框，由于草图中只有图 11-2 中的一个截面轮廓，所以自动被选取为旋转截面轮廓，选择竖直线段为旋转轴，单击“确定”按钮完成旋转。

步骤 04 保存文件。单击“快速访问”工具栏上的“保存”按钮，打开“另存为”对话框，输入文件名为“下阀瓣.ipt”，单击“保存”按钮，保存文件。

11.1.2　填料压盖

绘制如图 11-3 所示的填料压盖。

下载资源\动画演示\第11章\填料压盖.MP4

图 11-3　填料压盖

操作步骤

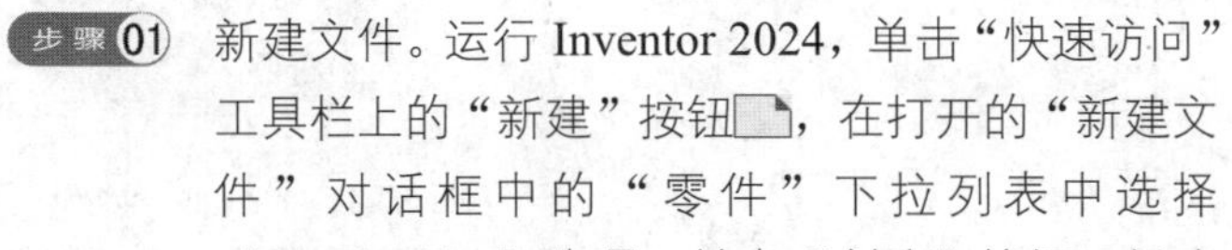

步骤 01 新建文件。运行 Inventor 2024，单击“快速访问”工具栏上的“新建”按钮，在打开的“新建文件”对话框中的“零件”下拉列表中选择“Standard.ipt”选项，单击“创建”按钮，新建一个零件文件。

步骤 02 创建草图 1。单击“三维模型”选项卡“草图”面板上的“开始创建二维草图”按钮，选择 XZ 平面为草图绘制平面，进入草图绘制环境。单击“草图”选项卡“创建”面板上的“圆心圆”按钮、“圆弧”按钮和“修改”面板上的“修剪”按钮，绘制草图轮廓。单击“约束”面板上的“尺寸”按钮，标注尺寸，如图 11-4 所示。单击“草图”标签中的“完成草图”按钮，退出草图绘制环境。

步骤 03 创建拉伸体。单击“三维模型”选项卡“创建”面板上的“拉伸”按钮，打开“拉伸”对话框，由于草图中只有图 11-4 中的一个截面轮廓，所以自动被选为拉伸截面轮廓，将拉伸距离设置为 12 mm，单击“确定”按钮完成拉伸，如图 11-5 所示。

步骤 04 创建草图 2。单击“三维模型”选项卡“草图”面板上的“开始创建二维草图”按钮，选择拉伸体的上表面为草图绘制面。单击“草图”选项卡“创建”面板上的“圆心圆”按钮，绘制草图。单击“约束”面板上的“尺寸”按钮，标注尺寸，如图 11-6 所示。单击“草图”标签中的“完成草图”按钮，退出草图绘制环境。

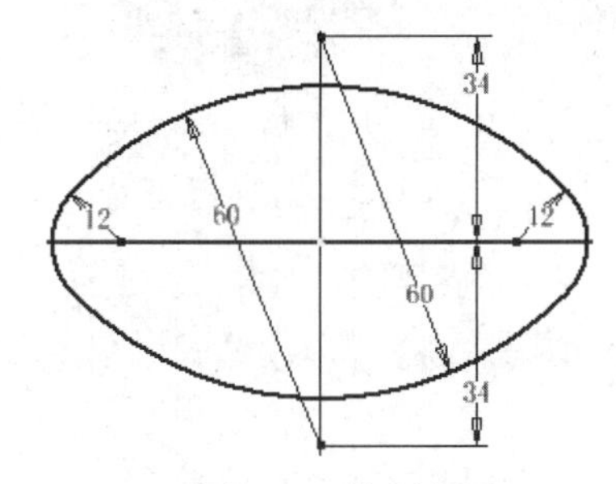

图 11-4　绘制草图 1

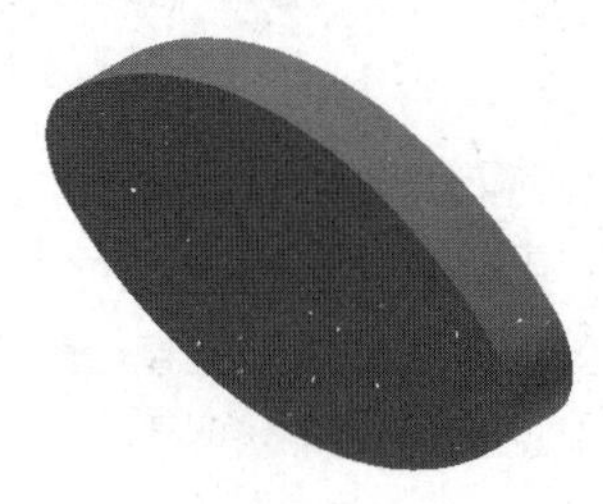

图 11-5　创建拉伸体

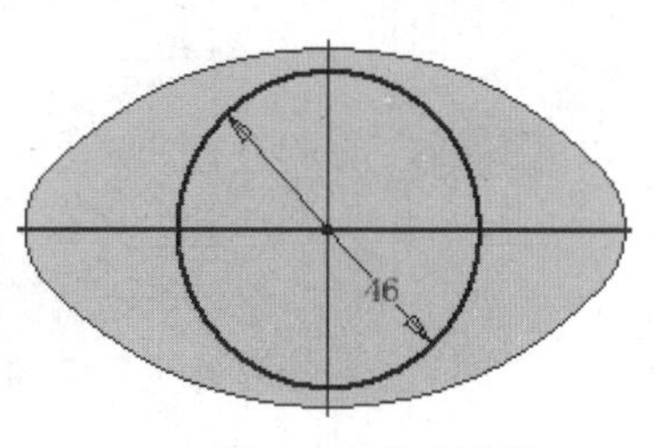

图 11-6　绘制草图 2

步骤 05 创建拉伸体。单击“三维模型”选项卡“创建”面板上的“拉伸”按钮，打开“拉伸”对话框，选取上一步绘制的草图 2 为拉伸截面轮廓，将拉伸距离设置为 3 mm，单击“确定”按钮完成拉伸，如图 11-7 所示。

步骤06 创建草图 3。单击“三维模型”选项卡“草图”面板上的“开始创建二维草图”按钮，选择如图 11-7 所示的平面为草图绘制面。单击“草图”选项卡“创建”面板上的“圆心圆”按钮，绘制草图。单击“约束”面板上的“尺寸”按钮，标注尺寸，如图 11-8 所示。单击“草图”标签中的“完成草图”按钮，退出草图绘制环境。

步骤07 创建拉伸体。单击“三维模型”选项卡“创建”面板上的“拉伸”按钮，打开“拉伸”对话框，选择上一步绘制的草图 3 为拉伸截面轮廓，将拉伸距离设置为 22 mm，单击“确定”按钮完成拉伸，如图 11-9 所示。

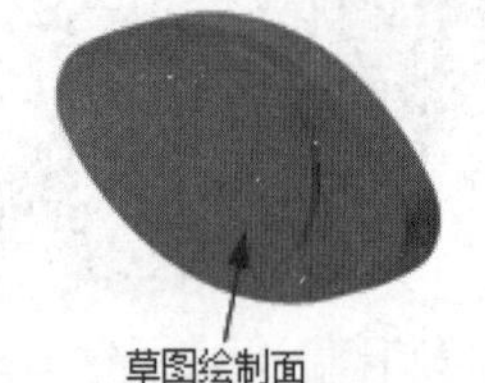

图 11-7　完成拉伸

图 11-8　绘制草图 3

图 11-9　创建拉伸体

步骤08 创建草图 4。单击“三维模型”选项卡“草图”面板中的“开始创建二维草图”按钮，选择如图 11-10 所示的平面为草图绘制面。单击“草图”选项卡“创建”面板上的“圆心圆”按钮，绘制草图。单击“约束”面板上的“尺寸”按钮，标注尺寸，如图 11-11 所示。单击“草图”标签中的“完成草图”按钮，退出草图绘制环境。

步骤09 创建拉伸体。单击“三维模型”选项卡“创建”面板上的“拉伸”按钮，打开“拉伸”对话框，选择上一步绘制的草图 4 为拉伸截面轮廓，将拉伸距离设置为 2 mm，单击“确定”按钮完成拉伸，如图 11-12 所示。

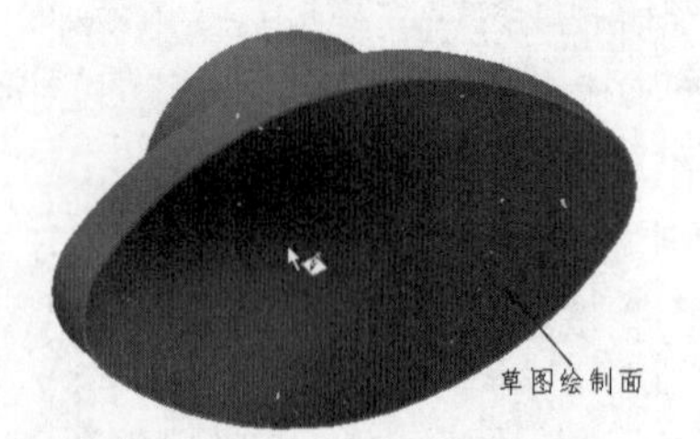

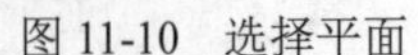

图 11-10　选择平面

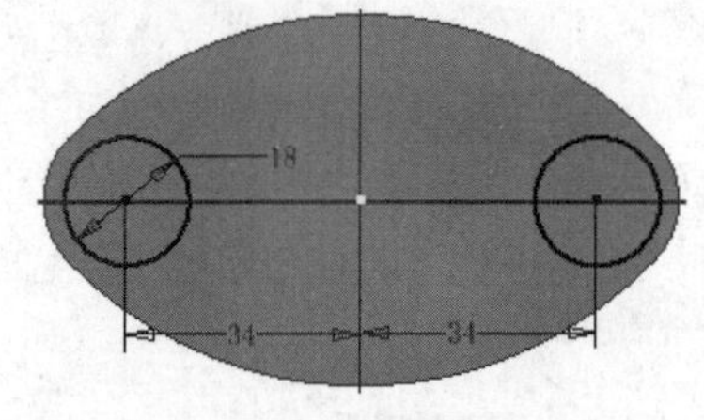

图 11-11　绘制草图 4

图 11-12　完成拉伸

步骤10 创建直孔。单击“三维模型”选项卡“修改”面板上的“孔”按钮，打开“孔”对话框。在视图中选择步骤07创建的拉伸体外表面为孔放置平面，选择圆弧边线为同心参考，选择“简单孔”类型，输入孔直径为 36 mm，设置终止方式为“贯通”，单击“确定”按钮，结果如图 11-13 所示。

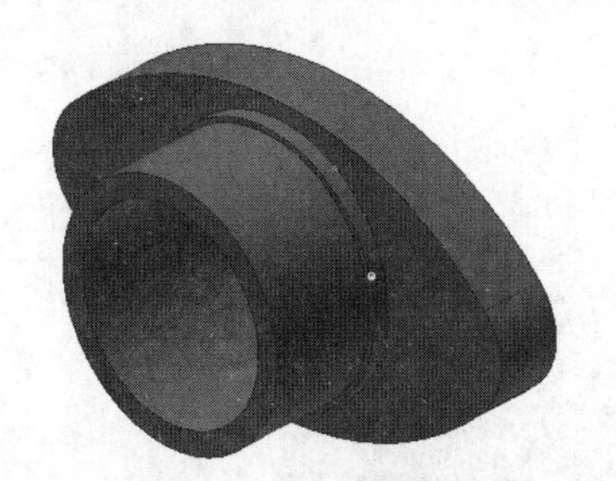

图 11-13　创建直孔

步骤 11 创建直孔。单击“三维模型”选项卡“修改”面板上的“孔”按钮，打开“孔”对话框。在视图中选择步骤 09 创建的拉伸体表面为孔放置平面，选择圆弧边线为同心参考，选择“简单孔”类型，输入孔直径为 9 mm，设置终止方式为“贯通”，单击“确定”按钮。采用相同的方式，在另一侧圆台上创建参数相同的孔，结果如图 11-3 所示。

步骤 12 保存文件。单击“快速访问”工具栏上的“保存”按钮，打开“另存为”对话框，输入文件名为“填料压盖.ipt”，单击“保存”按钮，保存文件。

11.1.3　阀盖

绘制如图 11-14 所示的阀盖。

图 11-14　阀盖

下载资源\动画演示\第11章\阀盖.MP4

操作步骤

步骤 01 新建文件。运行 Inventor 2024，单击“快速访问”工具栏上的“新建”按钮，在打开的“新建文件”对话框中的“零件”下拉列表中选择“Standard.ipt”选项，单击“创建”按钮，新建一个零件文件。

步骤 02 创建草图 1。单击“三维模型”选项卡“草图”面板上的“开始创建二维草图”按钮，选择 XZ 平面为草图绘制平面，进入草图绘制环境。单击“草图”选项卡“创建”面板上的“多边形”按钮，绘制六边形。单击“约束”面板上的“尺寸”按钮，标注尺寸，如图 11-15 所示。单击“草图”标签中的“完成草图”按钮，退出草图绘制环境。

步骤 03 创建拉伸体。单击“三维模型”选项卡“创建”面板上的“拉伸”按钮，打开“拉伸”对话框，系统自动选择上一步绘制的草图 1 为拉伸截面轮廓，将拉伸距离设置为 15 mm，单击“确定”按钮完成拉伸，如图 11-16 所示。

步骤 04 创建草图 2。单击“三维模型”选项卡“草图”面板上的“开始创建二维草图”按钮，选择 XY 平面为草图绘制平面，进入草图绘制环境。单击“草图”选项卡“创建”面板上的“直线”按钮，绘制轮廓。单击“约束”面板上的“尺寸”按钮，标注尺寸，如图 11-17 所示。单击“草图”标签中的“完成草图”按钮，退出草图绘制环境。

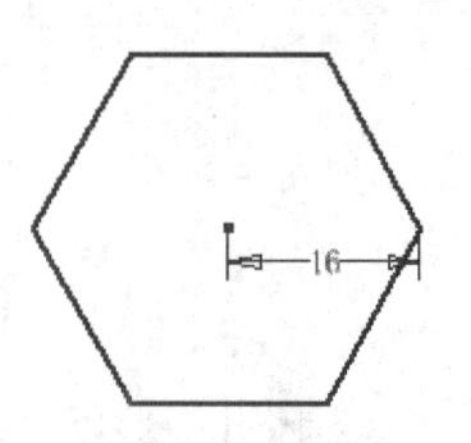

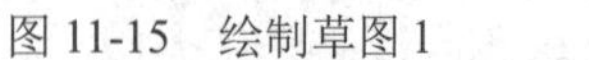
图 11-15　绘制草图 1

图 11-16　创建拉伸体

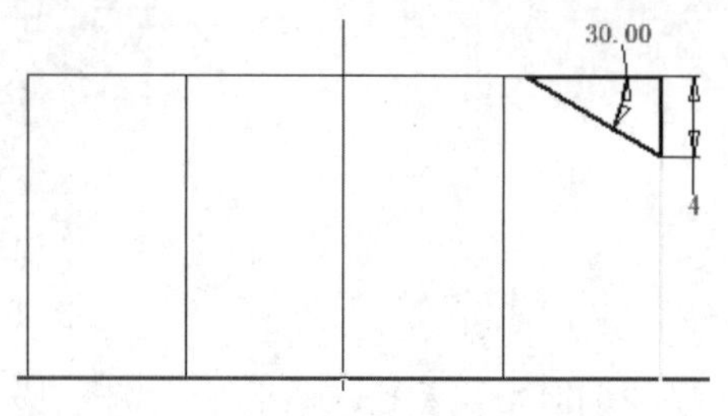

图 11-17　绘制草图 2

步骤 05　创建旋转体。单击“三维模型”选项卡“创建”面板上的“旋转”按钮，打开“旋转”对话框，选择上一步绘制的草图 2 截面为旋转轮廓，选择 Y 轴为旋转轴，选择“求差”方式，单击“确定”按钮完成旋转，如图 11-18 所示。

步骤 06　创建草图 3。单击“三维模型”选项卡“草图”面板上的“开始创建二维草图”按钮，选择 XY 平面为草图绘制平面，进入草图绘制环境。单击“草图”选项卡“创建”面板上的“直线”按钮，绘制轮廓。单击“约束”面板上的“尺寸”按钮，标注尺寸，如图 11-19 所示。单击“草图”标签中的“完成草图”按钮，退出草图绘制环境。

步骤 07　创建旋转体。单击“三维模型”选项卡“创建”面板上的“旋转”按钮，打开“旋转”对话框，系统自动选择上一步绘制的草图 3 截面为旋转截面轮廓，选择竖直线段为旋转轴，单击“确定”按钮完成旋转，如图 11-20 所示。

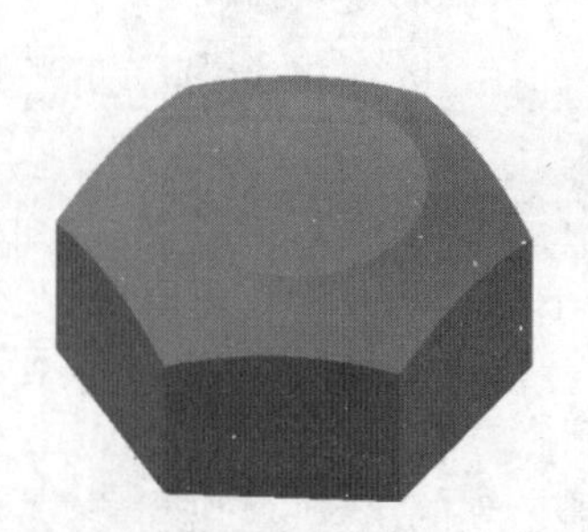
图 11-18　创建旋转切除

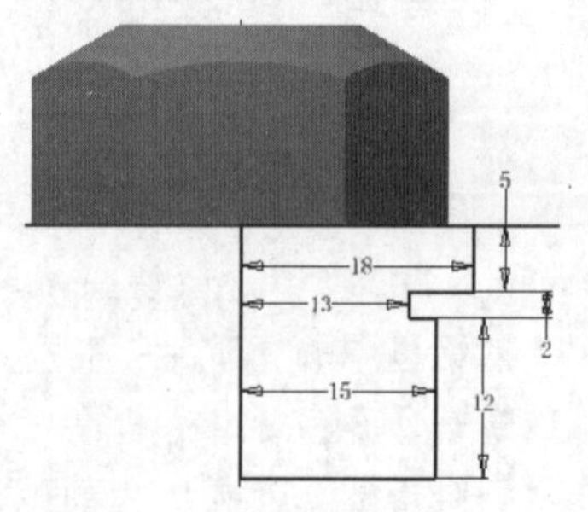

图 11-19　绘制草图 3

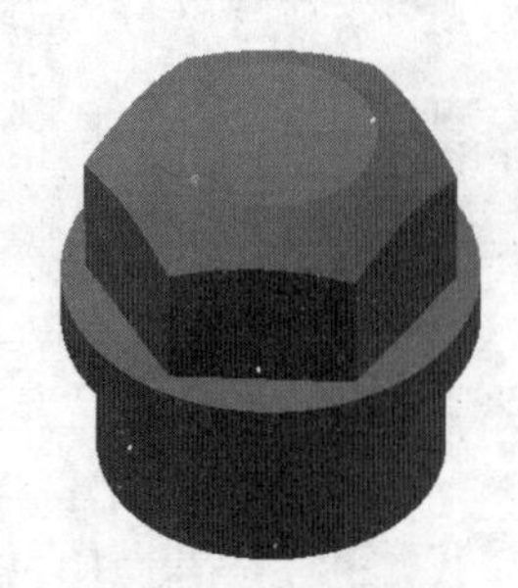
图 11-20　创建旋转体

步骤 08　创建直孔。单击“三维模型”选项卡“修改”面板上的“孔”按钮，打开“孔”对话框。在视图中选择上一步创建的旋转体表面为孔放置平面，选择圆弧边线为同心参考，选择“螺纹孔”类型，输入螺纹深度为 24 mm，孔深为 28 mm，规格为 M12，如图 11-21 所示，单击“确定”按钮。

步骤 09　创建外螺纹。单击“三维模型”选项卡“修改”面板上的“螺纹”按钮，打开“螺纹”对话框，选择如图 11-22 所示的面为螺纹放置面，选择螺纹类型为“GB Metric profile”，单击“确定”按钮，完成螺纹的创建，结果如图 11-14 所示。

图 11-21　设置参数

图 11-22　选择螺纹放置面

步骤 10　保存文件。单击“快速访问”工具栏上的“保存”按钮，打开“另存为”对话框，输入文件名为“阀盖.ipt”，单击“保存”按钮，保存文件。

11.1.4　柱塞

绘制如图 11-23 所示的柱塞。

下载资源\动画演示\第11章\柱塞.MP4

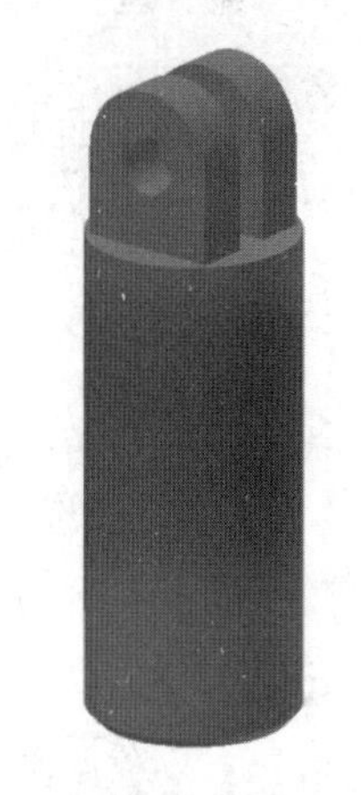

图 11-23　柱塞

步骤 01　新建文件。运行 Inventor 2024，单击“快速访问”工具栏上的“新建”按钮，在打开的“新建文件”对话框中的“零件”下拉列表中选择“Standard.ipt”选项，单击“创建”按钮，新建一个零件文件。

步骤 02　创建草图 1。单击“三维模型”选项卡“草图”面板上的“开始创建二维草图”按钮，选择 XZ 平面为草图绘制平面，进入草图绘制环境。单击“草图”选项卡“创建”面板上的“圆心圆”按钮，绘制圆形。单击“约束”

面板上的“尺寸”按钮，标注尺寸，如图 11-24 所示。单击“草图”标签中的“完成草图”按钮，退出草图绘制环境。

步骤 03 创建拉伸体。单击“三维模型”选项卡“创建”面板上的“拉伸”按钮，打开“拉伸”对话框，由于草图中只有图 11-24 中的一个截面轮廓，所以自动被选为拉伸截面轮廓，将拉伸距离设置为 80 mm，单击“确定”按钮完成拉伸，结果如图 11-25 所示。

步骤 04 创建草图 2。单击“三维模型”选项卡“草图”面板上的“开始创建二维草图”按钮，选择 XY 平面为草图绘制平面，进入草图绘制环境。单击“草图”选项卡“修改”面板上的“圆心圆”按钮和“直线”按钮，绘制草图轮廓。单击“约束”面板上的“尺寸”按钮，标注尺寸，如图 11-26 所示。单击“草图”标签中的“完成草图”按钮，退出草图绘制环境。

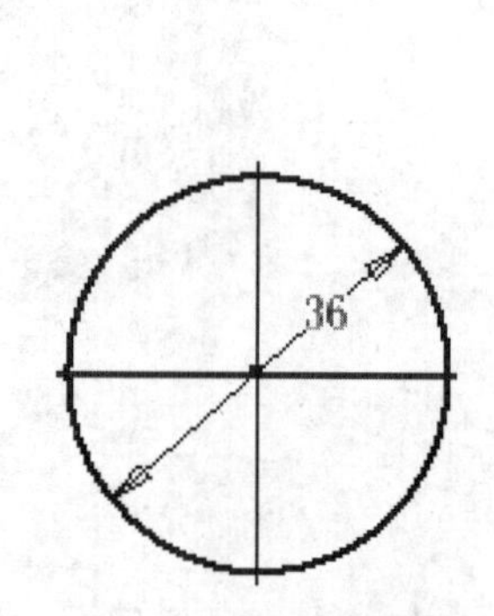

图 11-24　绘制草图 1

图 11-25　创建拉伸体

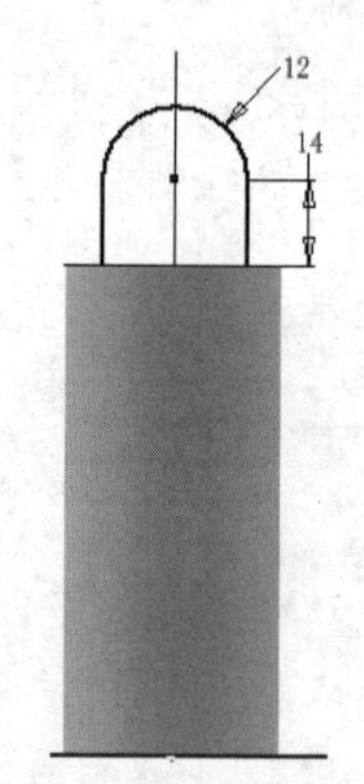

图 11-26　绘制草图 2

步骤 05 创建拉伸。单击“三维模型”选项卡“创建”面板上的“拉伸”按钮，打开“拉伸”对话框，选择上一步创建的草图 2 为拉伸截面轮廓，将拉伸距离设置为 24 mm，单击“对称”按钮，单击“确定”按钮完成拉伸，如图 11-27 所示。

步骤 06 创建草图 3。单击“三维模型”选项卡“草图”面板上的“开始创建二维草图”按钮，选择如图 11-27 所示的草图绘制面，进入草图绘制环境。单击“草图”选项卡“创建”面板上的“两点矩形”按钮，绘制草图轮廓。单击“约束”面板上的“尺寸”按钮，标注尺寸，如图 11-28 所示。单击“草图”标签中的“完成草图”按钮，退出草图绘制环境。

步骤 07 创建拉伸。单击“三维模型”选项卡“创建”面板上的“拉伸”按钮，打开“拉伸”对话框，选择上一步创建的草图 3 为拉伸截面轮廓，将拉伸方式设置为“贯通”，选择“求差”方式，单击“确定”按钮完成拉伸，结果如图 11-29 所示。

步骤 08 创建直孔。单击“三维模型”选项卡“修改”面板上的“孔”按钮，打开“孔”对话框。在视图中选择步骤 05 创建的拉伸体外表面为孔放置面，选择圆弧边线为同心参考，选择“简单孔”类型，输入孔直径为 10 mm，设置终止方式为“贯通”，如图 11-30 所示。单击“确定”按钮，结果如图 11-31 所示。

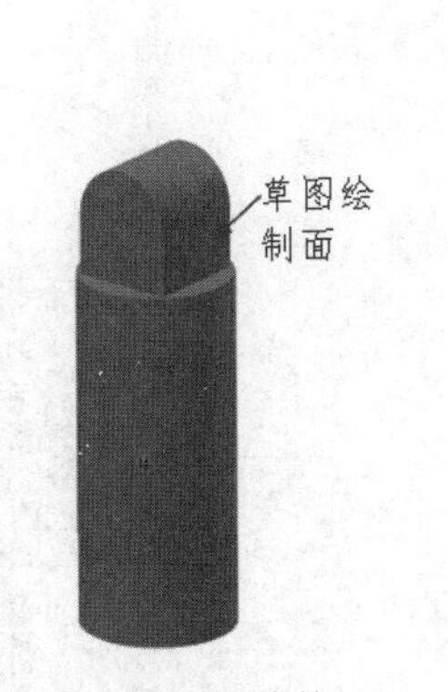

图 11-27　创建拉伸体

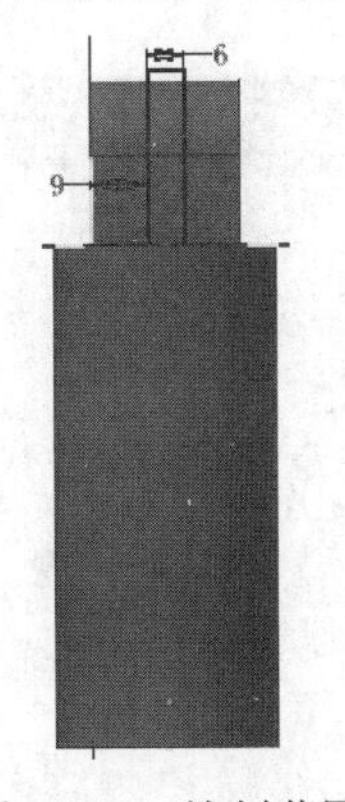

图 11-28　绘制草图 3

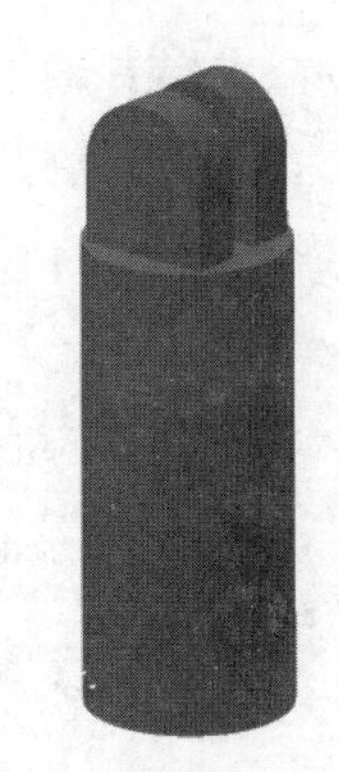

图 11-29　创建拉伸切除

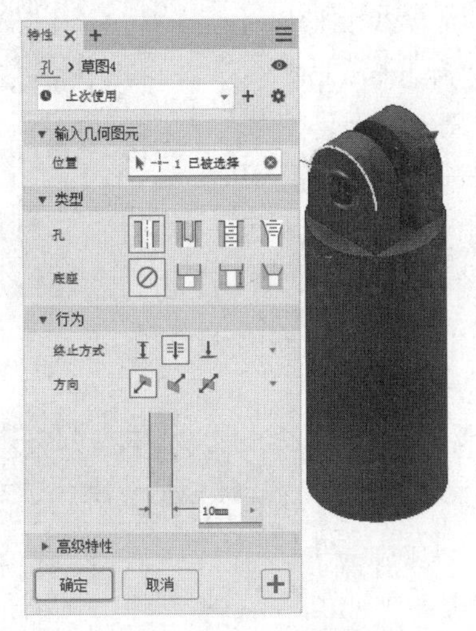

图 11-30　设置参数

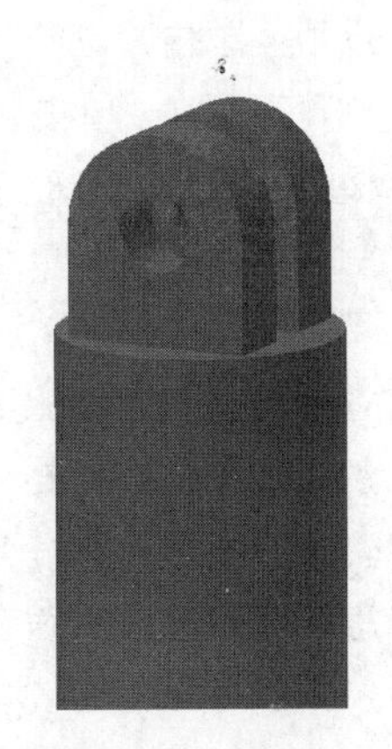

图 11-31　创建直孔

步骤 09　创建倒角。单击“三维模型”选项卡“修改”面板上的“倒角”按钮，打开“倒角”对话框，选择“倒角边长”类型，选择如图 11-32 所示的边线，输入倒角边长为 2 mm，单击“确定”按钮，结果如图 11-33 所示。

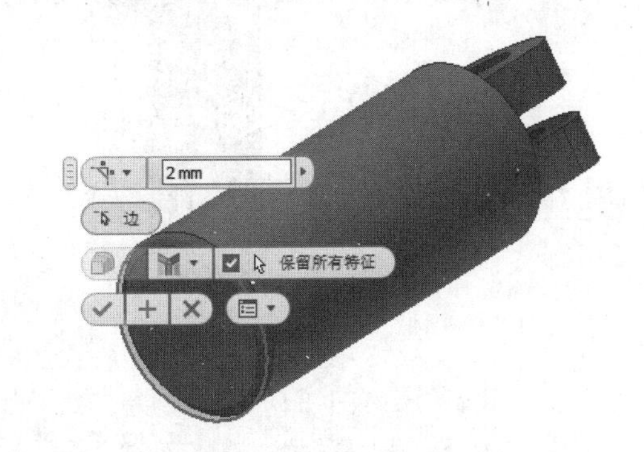

图 11-32　设置参数

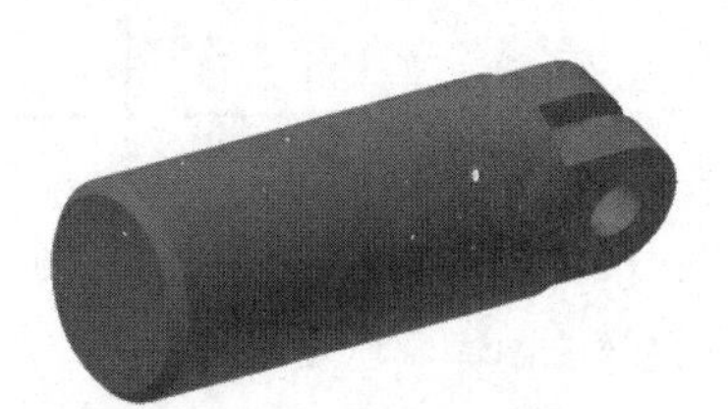

图 11-33　倒角处理

步骤 10　保存文件。单击“快速访问”工具栏上的“保存”按钮，打开“另存为”对话框，输入文件名为“柱塞.ipt”，单击“保存”按钮，保存文件。

11.1.5 上阀瓣

绘制如图 11-34 所示的上阀瓣。

下载资源\动画演示\第11章\上阀瓣.MP4

图 11-34 上阀瓣

操作步骤

步骤01 新建文件。运行 Inventor 2024，单击“快速访问”工具栏上的“新建”按钮，在打开的“新建文件”对话框中的“零件”下拉列表中选择“Standard.ipt”选项，单击“创建”按钮，新建一个零件文件。

步骤02 创建草图 1。单击“三维模型”选项卡“草图”面板上的“开始创建二维草图”按钮，选择 XZ 平面为草图绘制平面，进入草图绘制环境。单击“草图”选项卡“创建”面板上的“直线”按钮，绘制轮廓。单击“约束”面板上的“尺寸”按钮，标注尺寸，如图 11-35 所示。单击“草图”标签中的“完成草图”按钮，退出草图绘制环境。

步骤03 创建旋转体。单击“三维模型”选项卡“创建”面板上的“旋转”按钮，打开“旋转”对话框，系统自动选择上一步绘制的草图 1 为旋转截面轮廓，选择竖直线段为旋转轴，单击“确定”按钮完成旋转，结果如图 11-36 所示。

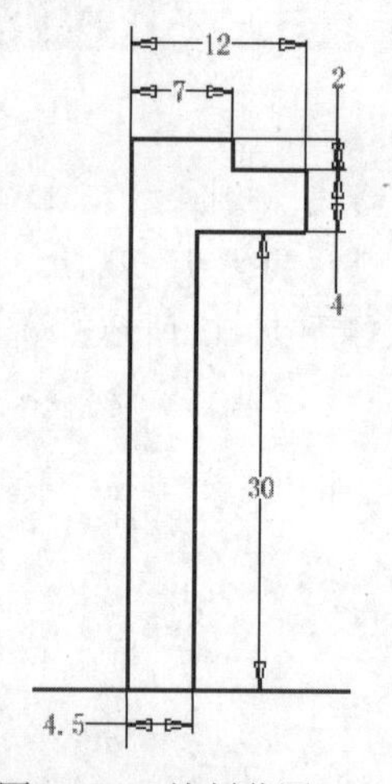

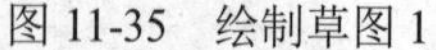

图 11-35 绘制草图 1

图 11-36 创建旋转体

步骤04 创建草图 2。单击“三维模型”选项卡“草图”面板上的“开始创建二维草图”按钮，在视图中选择旋转体的上表面为草图绘制面，单击“草图”选项卡“创建”面板上的“圆”按钮，绘制草图轮廓，单击“约束”面板上的“尺寸”按钮，标注尺寸，如图 11-37 所示。单击“草图”标签中的“完成草图”按钮，退出草图绘制环境。

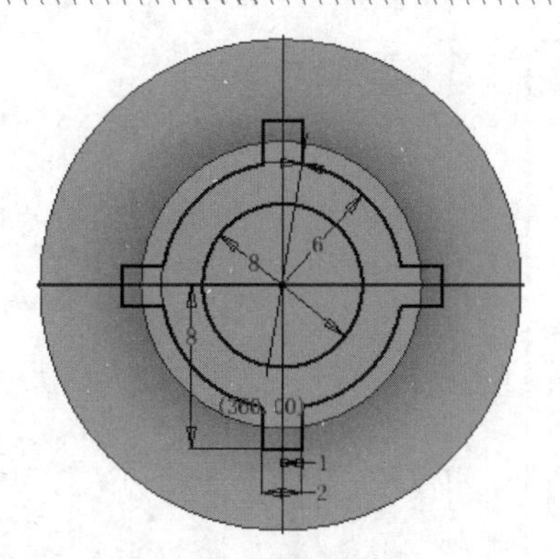

图 11-37　绘制草图 2

步骤 05　创建拉伸体。单击“三维模型”选项卡“创建”面板上的“拉伸”按钮，打开“拉伸”对话框，选择上一步创建的草图 2 为拉伸截面轮廓，将拉伸距离设置为 10 mm，单击“确定”按钮完成拉伸，结果如图 11-34 所示。

步骤 06　保存文件。单击“快速访问”工具栏上的“保存”按钮，打开“另存为”对话框，输入文件名为“上阀瓣.ipt”，单击“保存”按钮，保存文件。

11.1.6　阀体

绘制如图 11-38 所示的阀体。

下载资源\动画演示\第11章\阀体.MP4

图 11-38　阀体

步骤 01　新建文件。运行 Inventor 2024，单击“快速访问”工具栏上的“新建”按钮，在打开的“新建文件”对话框中的“零件”下拉列表中选择“Standard.ipt”选项，单击“创建”按钮，新建一个零件文件。

步骤 02　创建草图 1。单击“三维模型”选项卡“草图”面板上的“开始创建二维草图”按钮，选择 XZ 平面为草图绘制平面，进入草图绘制环境。单击“草图”选项卡“创建”面板上的“直线”按钮，绘制轮廓。单击“约束”面板上的“尺寸”按钮，标注尺寸，如图 11-39 所示。单击“草图”标签中的“完成草图”按钮，退出草图绘制环境。

步骤 03　创建旋转体。单击“三维模型”选项卡“创建”面板上的“旋转”按钮，打开“旋转”对话框，系统自动选择上一步绘制的草图 1 为旋转截面轮廓，选择竖直线段为旋转轴，单击“确定”按钮完成旋转，结果如图 11-40 所示。

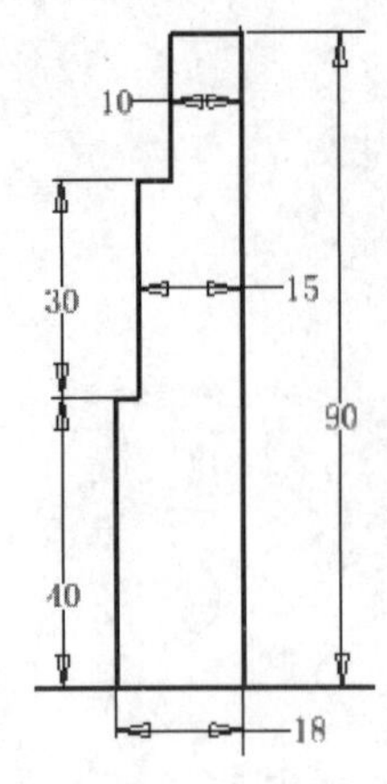

图 11-39　绘制草图 1

图 11-40　创建旋转体

步骤 04 创建草图 2。单击“三维模型”选项卡“草图”面板上的“开始创建二维草图”按钮，选择 XZ 平面为草图绘制面，单击“草图”选项卡“创建”面板上的“圆”按钮，绘制草图轮廓，单击“约束”面板上的“尺寸”按钮，标注尺寸，如图 11-41 所示。单击“草图”标签中的“完成草图”按钮，退出草图绘制环境。

步骤 05 创建拉伸体。单击“三维模型”选项卡“创建”面板上的“拉伸”按钮，打开“拉伸”对话框，选择上一步创建的草图 2 为拉伸截面轮廓，将拉伸距离设置为 40 mm，单击“确定”按钮完成拉伸，结果如图 11-42 所示。

步骤 06 创建草图 3。单击“三维模型”选项卡“草图”面板上的“开始创建二维草图”按钮，选择 YZ 平面为草图绘制面，单击“草图”选项卡“创建”面板上的“圆心圆”按钮，绘制草图轮廓，单击“约束”面板上的“尺寸”按钮，标注尺寸，如图 11-43 所示。单击“草图”标签中的“完成草图”按钮，退出草图绘制环境。

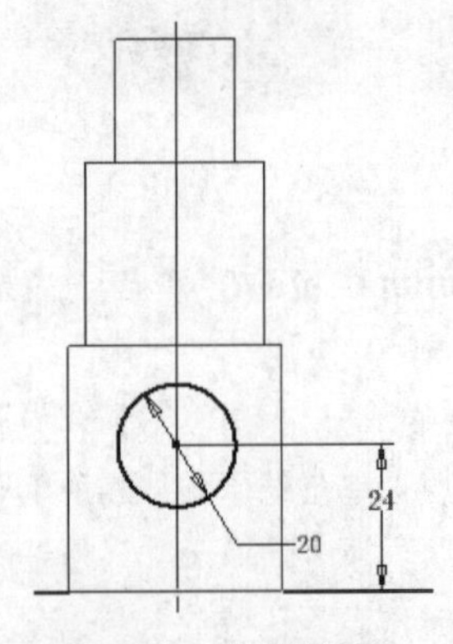

图 11-41　绘制草图 2

图 11-42　创建拉伸体

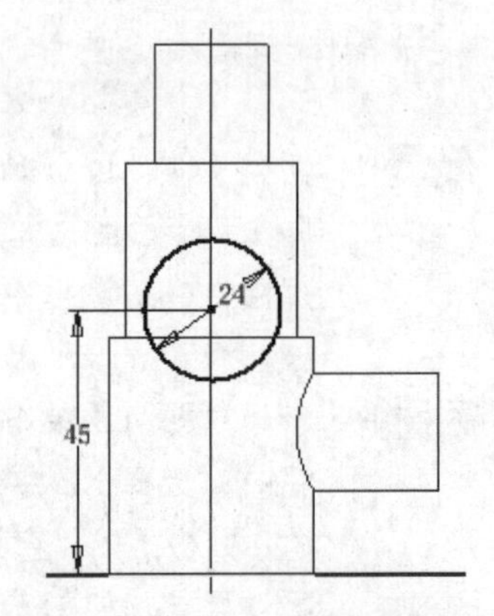

图 11-43　绘制草图 3

步骤 07 创建拉伸体。单击“三维模型”选项卡“创建”面板上的“拉伸”按钮，打开“拉伸”对话框，选择上一步创建的草图 3 为拉伸截面轮廓，将拉伸距离设置为 24 mm，单击“确定”按钮完成拉伸，结果如图 11-44 所示。

步骤 08 创建草图 4。单击“三维模型”选项卡“草图”面板上的“开始创建二维草图”按钮，在视图中选择上一步绘制的拉伸体外表面为草图绘制面，单击“草图”选项卡“创建”面板上的“圆心圆”按钮，绘制草图轮廓，单击“约束”面板上的“尺寸”按钮，标注尺寸，如图 11-45 所示。单击“草图”标签中的“完成草图”按钮，退出草图绘制环境。

步骤 09 创建拉伸体。单击“三维模型”选项卡“创建”面板上的“拉伸”按钮，打开“拉伸”对话框，选择上一步创建的草图 4 为拉伸截面轮廓，将拉伸距离设置为 3 mm，单击“确定”按钮完成拉伸，结果如图 11-46 所示。

图 11-44　创建拉伸体

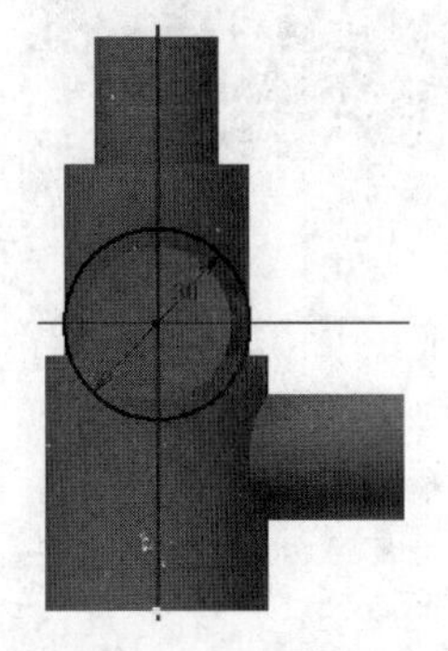

图 11-45　绘制草图 4

图 11-46　创建拉伸体

步骤 10 创建草图 5。单击“三维模型”选项卡“草图”面板上的“开始创建二维草图”按钮，在视图中选择上一步绘制的拉伸体外表面为草图绘制面，单击“草图”选项卡“创建”面板上的“圆心圆”按钮，绘制草图轮廓，单击“约束”面板上的“尺寸”按钮，标注尺寸，如图 11-47 所示。单击“草图”标签中的“完成草图”按钮，退出草图绘制环境。

步骤 11 创建拉伸体。单击“三维模型”选项卡“创建”面板上的“拉伸”按钮，打开“拉伸”对话框，选择上一步绘制的草图 5 为拉伸截面轮廓，将拉伸距离设置为 20 mm，单击“确定”按钮完成拉伸，结果如图 11-48 所示。

步骤 12 创建草图 6。单击“三维模型”选项卡“草图”面板上的“开始创建二维草图”按钮，选择 XZ 平面为草图绘制平面，进入草图绘制环境。单击“草图”选项卡“创建”面板上的“直线”按钮，绘制轮廓。单击“约束”面板上的“尺寸”按钮，标注尺寸，如图 11-49 所示。单击“草图”标签中的“完成草图”按钮，退出草图绘制环境。

步骤 13 创建旋转体。单击“三维模型”选项卡“创建”面板上的“旋转”按钮，打开“旋转”对话框，选择上一步绘制的草图 6 为截面轮廓，选取竖直线段为旋转轴，选择“求差”方式，单击“确定”按钮完成旋转，结果如图 11-50 所示。

步骤 14 创建草图 7。单击“三维模型”选项卡“草图”面板上的“开始创建二维草图”按钮，在视图中选择步骤 05 绘制的拉伸体外表面为草图绘制面，单击“草图”选项卡“创建”面板上的“圆心圆”按钮，绘制草图轮廓，单击“约束”面板上的“尺寸”按钮，标注尺寸，如图 11-51 所示。单击“草图”标签中的“完成草图”按钮，退出草图绘制环境。

步骤 15 创建拉伸体。单击“三维模型”选项卡“创建”面板上的“拉伸”按钮，打开“拉伸”对话框，选择上一步绘制的草图 7 为拉伸截面轮廓，将拉伸方式设置为“到下一个”，选择“求差”方式，单击“确定”按钮完成拉伸，结果如图 11-52 所示。

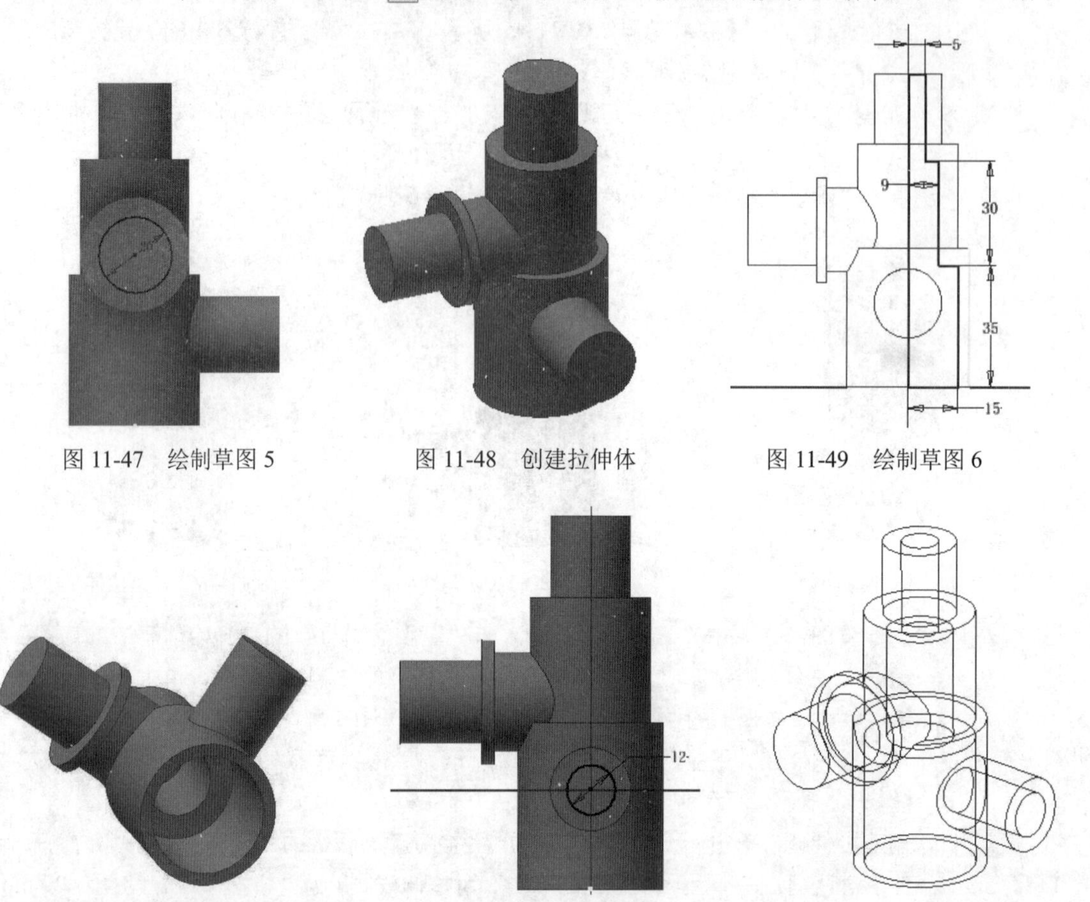

图 11-47　绘制草图 5　　图 11-48　创建拉伸体　　图 11-49　绘制草图 6

图 11-50　创建孔　　图 11-51　绘制草图 7　　图 11-52　创建拉伸体

步骤 16 创建草图 8。单击“三维模型”选项卡“草图”面板上的“开始创建二维草图”按钮，在视图中选择步骤 11 绘制的拉伸体外表面为草图绘制面，单击“草图”选项卡“创建”面板上的“圆心圆”按钮，绘制草图轮廓，单击“约束”面板上的“尺寸”按钮，标注尺寸，如图 11-53 所示。单击“草图”标签中的“完成草图”按钮，退出草图绘制环境。

步骤 17 创建拉伸体。单击“三维模型”选项卡“创建”面板上的“拉伸”按钮，打开“拉伸”对话框，选择上一步绘制的草图 8 为拉伸截面轮廓，将拉伸方式设置为“到下一个”，选择“求差”方式，单击“确定”按钮完成拉伸，结果如图 11-54 所示。

步骤 18 创建工作平面 1。单击“三维模型”选项卡“定位特征”面板上的“从平面偏移”按钮，在视图或模型浏览器中选择 XY 平面，在文本框中输入偏移距离为–45 mm，如图 11-55 所示。单击“确定”按钮，完成工作平面 1 的创建。

步骤 19 创建草图 9。单击“三维模型”选项卡“草图”面板上的“开始创建二维草图”按钮，选择上一步创建的工作平面 1 为草图绘制平面，进入草图绘制环境。单击“草图”选项卡“创建”面板上的“直线”按钮和“矩形”按钮，绘制轮廓。单击“约束”面板上的“尺寸”按钮，标注尺寸，如图 11-56 所示。单击“草图”

标签中的“完成草图”按钮，退出草图绘制环境。

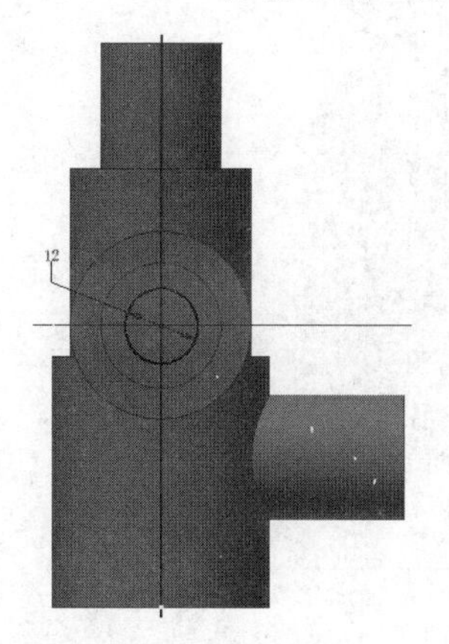

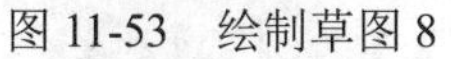
图 11-53　绘制草图 8

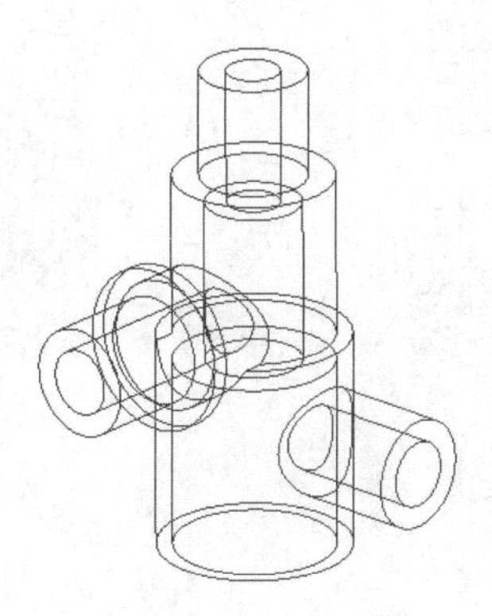
图 11-54　创建拉伸体

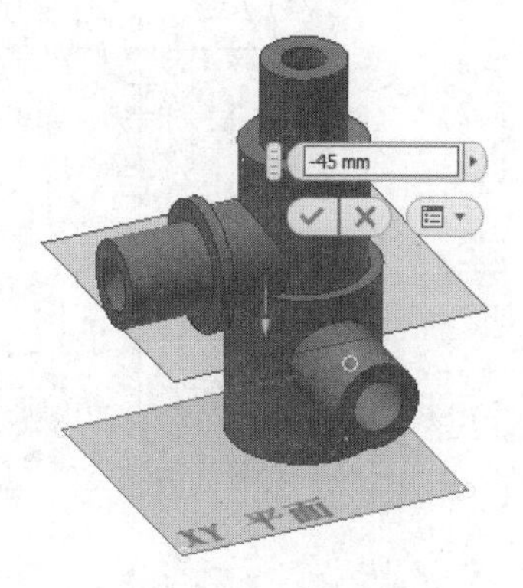

图 11-55　创建工作平面 1

步骤 20　创建旋转体。单击“三维模型”选项卡“创建”面板上的“旋转”按钮，打开“旋转”对话框，选择上一步绘制的草图 9 为截面轮廓，选择竖直线段为旋转轴，选择“求差”方式，单击“确定”按钮完成旋转，结果如图 11-57 所示。

步骤 21　创建工作平面 2。单击“三维模型”选项卡“定位特征”面板上的“从平面偏移”按钮，在视图或模型浏览器中选择 XY 平面，在文本框中输入偏移距离为–24 mm，如图 11-58 所示。单击“确定”按钮，完成工作平面 2 的创建。

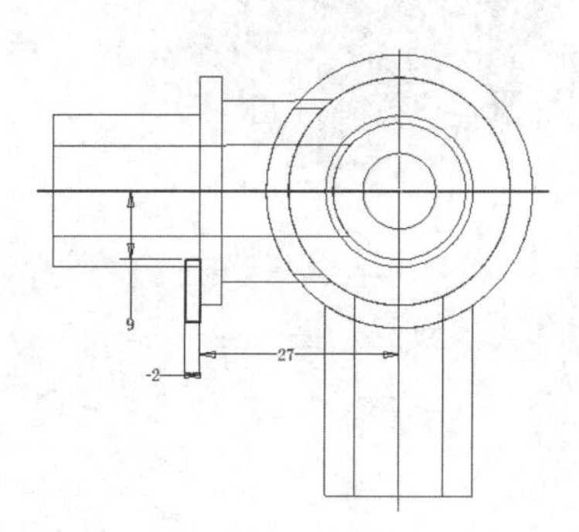

图 11-56　绘制草图 9

图 11-57　创建旋转体

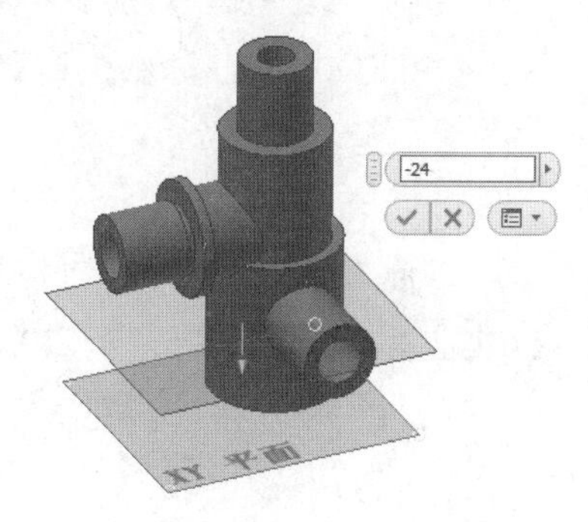

图 11-58　创建工作平面 2

步骤 22　创建草图 10。单击“三维模型”选项卡“草图”面板上的“开始创建二维草图”按钮，选择上一步创建的工作平面 2 为草图绘制平面，进入草图绘制环境。单击“草图”选项卡“创建”面板上的“直线”按钮和“矩形”按钮，绘制轮廓。单击“约束”面板上的“尺寸”按钮，标注尺寸，如图 11-59 所示。单击“草图”标签中的“完成草图”按钮，退出草图绘制环境。

步骤 23　创建旋转体。单击“三维模型”选项卡“创建”面板上的“旋转”按钮，打开“旋转”对话框，选择上一步绘制的草图 10 为截面轮廓，选择水平线段为旋转轴，选择“求差”方式，单击“确定”按钮完成旋转，结果如图 11-60 所示。

步骤 24　创建外螺纹。单击“三维模型”选项卡“修改”面板上的“螺纹”按钮，打开“螺纹”对话框，选择如图 11-61 所示的面为螺纹放置面，单击“确定”按钮，在另一侧的螺纹连接处创建螺纹，结果如图 11-62 所示。

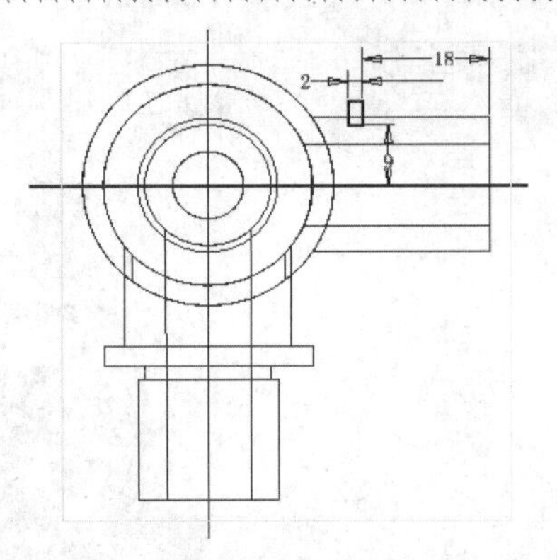

图 11-59　绘制草图 10

图 11-60　创建旋转体

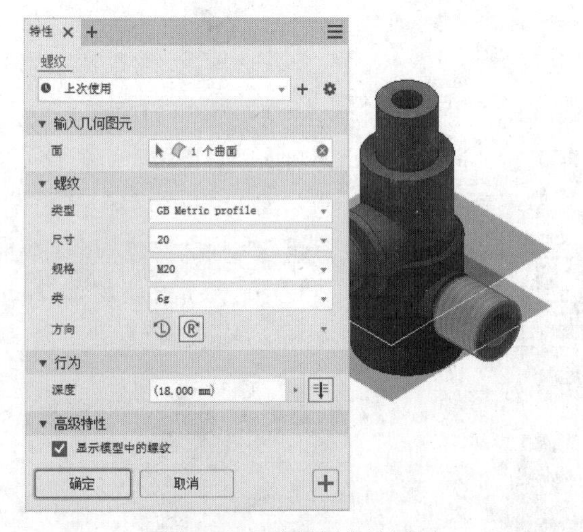

图 11-61　选择螺纹放置面

图 11-62　创建螺纹

步骤 25　创建内螺纹。单击“三维模型”选项卡“修改”面板上的“螺纹”按钮，打开“螺纹”对话框，选择如图 11-63 所示的面为螺纹放置面，取消勾选“全螺纹”复选框，输入螺纹深度为 15 mm，单击“确定”按钮创建螺纹。

图 11-63　选择螺纹放置面

步骤 26　保存文件。单击“快速访问”工具栏上的“保存”按钮，打开“另存为”对话框，输入文件名为“阀体.ipt”，单击“保存”按钮，保存文件。

11.1.7　泵体

绘制如图 11-64 所示的泵体。

下载资源\动画演示\第11章\泵体.MP4

图 11-64　泵体

操作步骤

步骤 01　新建文件。运行 Inventor 2024，单击“快速访问”工具栏上的“新建”按钮，在打开的“新建文件”对话框中的“零件”下拉列表中选择“Standard.ipt”选项，单击“创建”按钮，新建一个零件文件。

步骤 02　创建草图 1。单击“三维模型”选项卡“草图”面板上的“开始创建二维草图”按钮，选择 XZ 平面为草图绘制平面，进入草图绘制环境，利用绘图工具绘制草图轮廓。单击“约束”面板上的“尺寸”按钮，标注尺寸，如图 11-65 所示。单击“草图”标签中的“完成草图”按钮，退出草图绘制环境。

步骤 03　创建拉伸体。单击“三维模型”选项卡“创建”面板上的“拉伸”按钮，打开“拉伸”对话框，系统自动选择上一步绘制的草图 1 为拉伸截面轮廓，将拉伸距离设置为 10 mm，单击“确定”按钮完成拉伸，结果如图 11-66 所示。

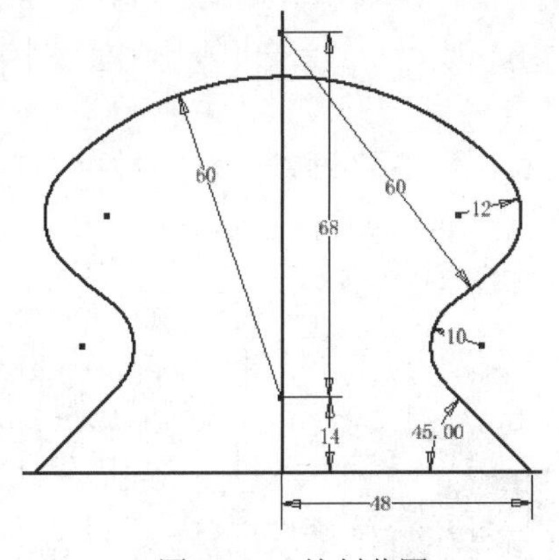

图 11-65　绘制草图 1

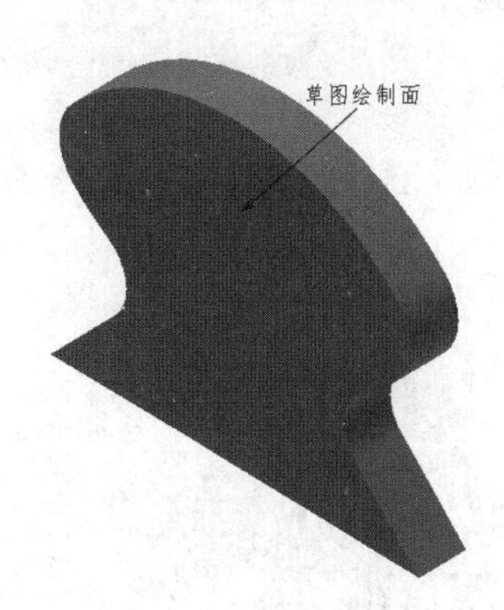

图 11-66　创建拉伸体

步骤 04　创建草图 2。单击“三维模型”选项卡“草图”面板上的“开始创建二维草图”按钮，选择如图 11-66 所示的平面为草图绘制面，进入草图绘制环境。在“草图”选项卡“创建”面板上单击“矩形”下拉菜单中的“槽（中心到中心）”按钮，绘制草图轮廓。单击“约束”面板上的“尺寸”按钮，标注尺寸，如图 11-67 所示。单击“草图”标签中的“完成草图”按钮，退出草图绘制环境。

步骤05 创建拉伸体。单击“三维模型”选项卡“创建”面板上的“拉伸”按钮，打开“拉伸”对话框，选择上一步绘制的草图 2 为拉伸截面轮廓，将拉伸距离设置为 3 mm，单击“确定”按钮完成拉伸，结果如图 11-68 所示。

步骤06 创建草图 3。单击“三维模型”选项卡“草图”面板上的“开始创建二维草图”按钮，选择上一步创建的拉伸体表面为草图绘制平面，进入草图绘制环境。单击“草图”选项卡“创建”面板上的“圆心圆”按钮，绘制圆。单击“约束”面板上的“尺寸”按钮，标注尺寸，如图 11-69 所示。单击“草图”标签中的“完成草图”按钮，退出草图绘制环境。

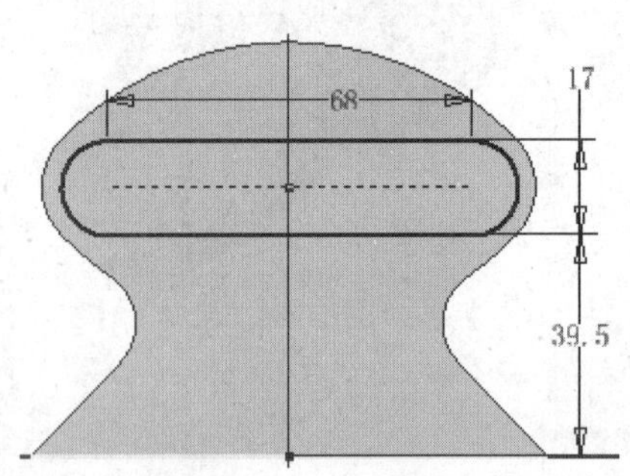

图 11-67　绘制草图 2

图 11-68　创建拉伸体

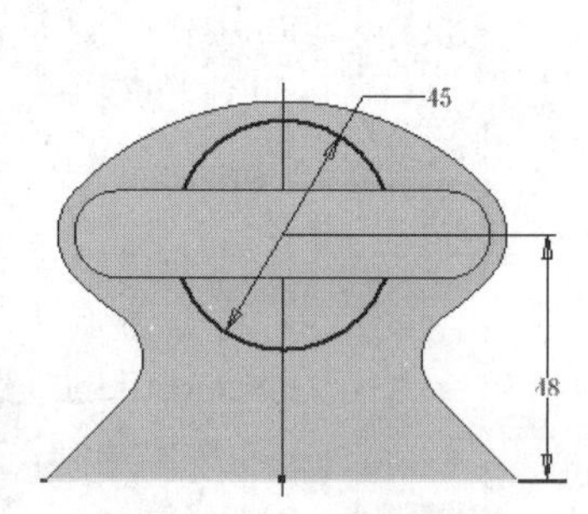

图 11-69　绘制草图 3

步骤07 创建拉伸体。单击“三维模型”选项卡“创建”面板上的“拉伸”按钮，打开“拉伸”对话框，选择上一步绘制的草图 3 为拉伸截面轮廓，将拉伸距离设置为 60 mm，单击“确定”按钮完成拉伸，结果如图 11-70 所示。

步骤08 创建草图 4。单击“三维模型”选项卡“草图”面板上的“开始创建二维草图”按钮，选择如图 11-70 所示的平面为草图绘制平面，进入草图绘制环境。单击“草图”选项卡“创建”面板上的“圆心圆”按钮，绘制圆。单击“约束”面板上的“尺寸”按钮，标注尺寸，如图 11-71 所示。单击“草图”标签中的“完成草图”按钮，退出草图绘制环境。

步骤09 创建拉伸体。单击“三维模型”选项卡“创建”面板上的“拉伸”按钮，打开“拉伸”对话框，选择上一步绘制的草图 4 为拉伸截面轮廓，将拉伸距离设置为 10 mm，单击“确定”按钮完成拉伸，结果如图 11-72 所示。

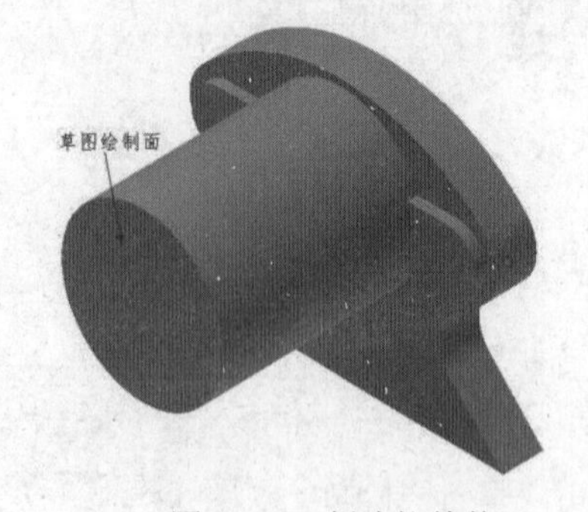

图 11-70　创建拉伸体

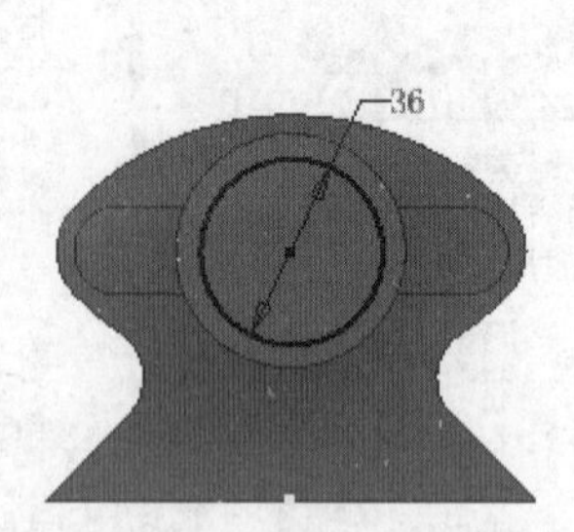

图 11-71　绘制草图 4

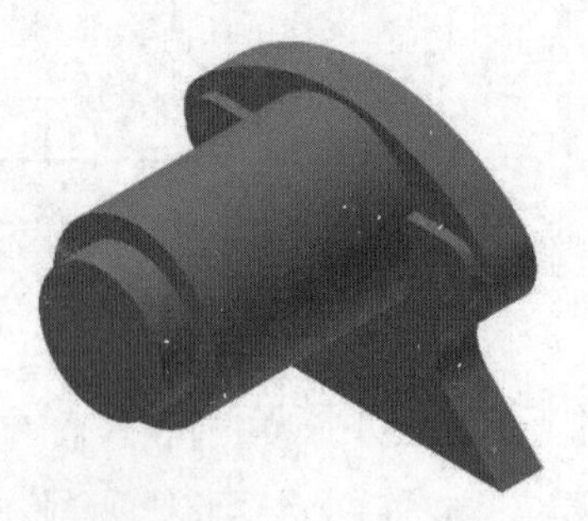

图 11-72　创建拉伸体

步骤10 创建草图 5。单击“三维模型”选项卡“草图”面板上的“开始创建二维草图”按钮，选择上一步创建的拉伸体表面为草图绘制平面，进入草图绘制环境。单击“草图”选项卡“创建”面板上的“圆心圆”按钮，绘制圆。单击“约束”面板上的“尺寸”按钮，标注尺寸，如图 11-73 所示。单击“草图”标签中的“完成草图”按钮，退出草图绘制环境。

步骤11 创建拉伸体。单击“三维模型”选项卡“创建”面板上的“拉伸”按钮，打开“拉伸”对话框，选择上一步绘制的草图为拉伸截面轮廓，将拉伸距离设置为 5 mm，单击“确定”按钮完成拉伸，结果如图 11-74 所示。

步骤12 创建草图 6。单击“三维模型”选项卡“草图”面板上的“开始创建二维草图”按钮，选择如图 11-75 所示的平面为草图放置面，进入草图绘制环境。单击“草图”选项卡“创建”面板上的“圆心圆”按钮，绘制圆。单击“约束”面板上的“尺寸”按钮，标注尺寸，如图 11-76 所示。单击“草图”标签中的“完成草图”按钮，退出草图绘制环境。

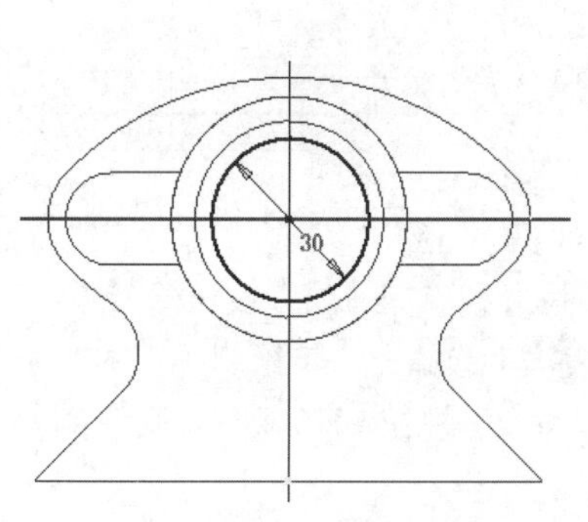

图 11-73 绘制草图 5

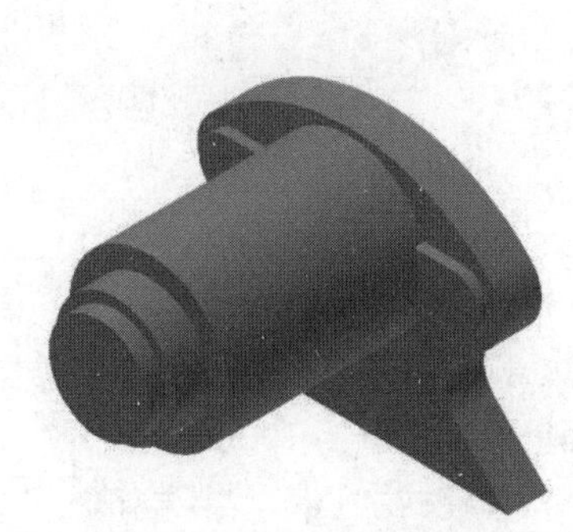

图 11-74 创建拉伸体

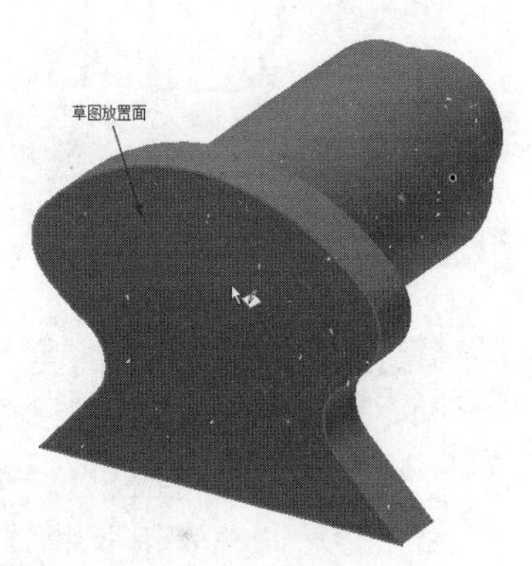

图 11-75 选择平面

步骤13 创建拉伸体。单击“三维模型”选项卡“创建”面板上的“拉伸”按钮，打开“拉伸”对话框，选择上一步绘制的草图 6 为拉伸截面轮廓，将拉伸距离设置为 3 mm，单击“确定”按钮完成拉伸，结果如图 11-77 所示。

步骤14 创建草图 7。单击“三维模型”选项卡“草图”面板上的“开始创建二维草图”按钮，选择如图 11-78 所示的平面为草图放置面，进入草图绘制环境。单击“草图”选项卡“创建”面板上的“两点矩形”按钮，绘制轮廓。单击“约束”面板上的“尺寸”按钮，标注尺寸，如图 11-79 所示。单击“草图”标签中的“完成草图”按钮，退出草图绘制环境。

步骤15 创建拉伸体。单击“三维模型”选项卡“创建”面板上的“拉伸”按钮，打开“拉伸”对话框，选择上一步绘制的草图 7 为拉伸截面轮廓，将拉伸距离设置为 8 mm，单击“确定”按钮完成拉伸，结果如图 11-80 所示。

步骤16 创建草图 8。单击“三维模型”选项卡“草图”面板上的“开始创建二维草图”按钮，选择 YZ 平面为草图绘制平面，进入草图绘制环境。单击“草图”选项卡“创建”面板上的“直线”按钮绘制直线，如图 11-81 所示。单击“草图”标签中的“完成草图”按钮，退出草图绘制环境。

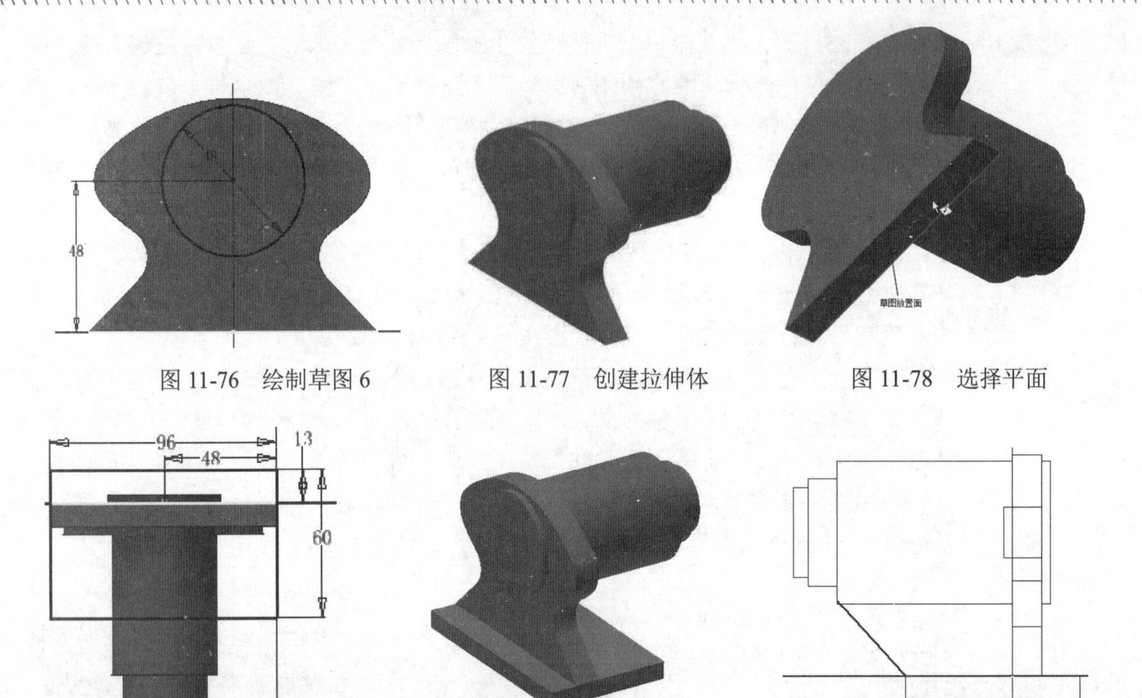

图 11-76　绘制草图 6　　图 11-77　创建拉伸体　　图 11-78　选择平面

图 11-79　绘制草图 7　　图 11-80　创建拉伸体　　图 11-81　绘制草图 8

步骤 17 创建加强筋。单击“三维模型”选项卡“创建”面板上的“加强筋”按钮，打开“加强筋”对话框，选择“平行于草图平面”类型，选择上一步绘制的草图 8 为截面轮廓，将加强筋厚度设置为 10 mm，单击“方向 2”按钮，调整加强筋的方向，单击“确定”按钮完成加强筋，结果如图 11-82 所示。

步骤 18 创建草图 9。单击“三维模型”选项卡“草图”面板上的“开始创建二维草图”按钮，选择 YZ 平面为草图绘制平面，进入草图绘制环境。单击“草图”选项卡“创建”面板上的“直线”按钮绘制草图，如图 11-83 所示。单击“草图”标签中的“完成草图”按钮，退出草图绘制环境。

步骤 19 创建加强筋。单击“三维模型”选项卡“创建”面板上的“加强筋”按钮，打开“加强筋”对话框，选择“平行于草图平面”类型，选择上一步绘制的草图 9 为截面轮廓，将加强筋厚度设置为 10 mm，单击“方向 1”按钮，调整加强筋的方向，单击“确定”按钮完成加强筋，结果如图 11-84 所示。

图 11-82　创建加强筋

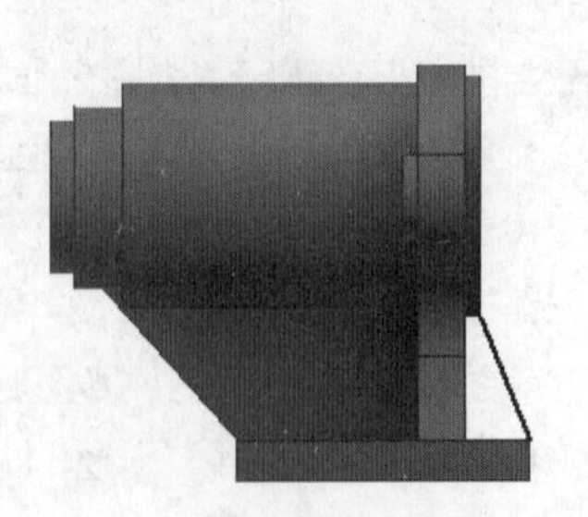

图 11-83　绘制草图 9

图 11-84　创建加强筋

步骤 20　创建草图 10。单击“三维模型”选项卡“草图”面板上的“开始创建二维草图”按钮，选择 YZ 平面为草图绘制平面，进入草图绘制环境。单击“草图”选项卡“创建”面板上的“直线”按钮，绘制草图轮廓。单击“约束”面板上的“尺寸”按钮，标注尺寸，如图 11-85 所示。单击“草图”标签中的“完成草图”按钮，退出草图绘制环境。

步骤 21　创建旋转体。单击“三维模型”选项卡“创建”面板上的“旋转”按钮，打开“旋转”对话框，选择上一步绘制的草图 10 为旋转轮廓，选择水平直线段为旋转轴，选择“求差”方式，单击“确定”按钮完成旋转，结果如图 11-86 所示。

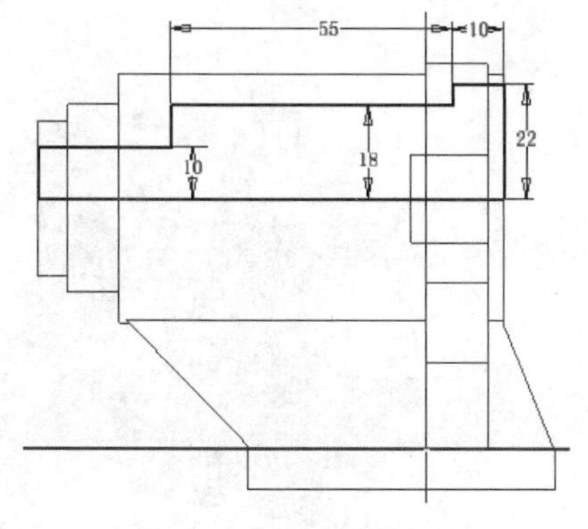

图 11-85　绘制草图 10

图 11-86　创建旋转切除

步骤 22　创建草图 11。单击“三维模型”选项卡“草图”面板上的“开始创建二维草图”按钮，选择如图 11-87 所示的平面为草图放置面，进入草图绘制环境。单击“草图”选项卡“创建”面板上的“圆心圆”按钮，绘制圆。单击“约束”面板上的“尺寸”按钮，标注尺寸，如图 11-88 所示。单击“草图”标签中的“完成草图”按钮，退出草图绘制环境。

步骤 23　创建拉伸体。单击“三维模型”选项卡“创建”面板上的“拉伸”按钮，打开“拉伸”对话框，选择上一步绘制的草图 11 为拉伸截面轮廓，将拉伸方式设置为“贯通”，选择“求差”方式，单击“确定”按钮完成拉伸，结果如图 11-89 所示。

图 11-87　选择平面

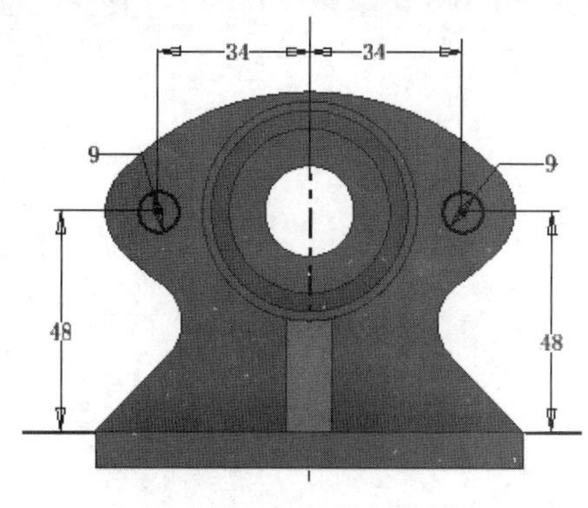

图 11-88　绘制草图 11

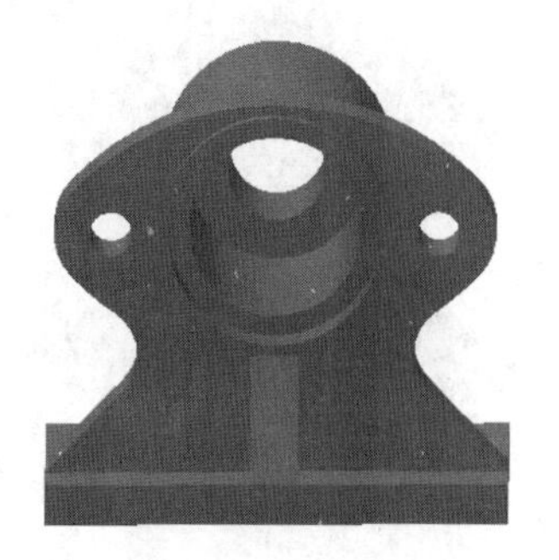
图 11-89　创建拉伸切除

步骤 24　创建沉头孔。单击“三维模型”选项卡“修改”面板上的“孔”按钮，打开“孔”对话框。在视图中选择上一步创建的拉伸体外表面为孔放置平面，选择如图 11-90

所示的参数，设置孔到两条参考边的距离为 16 mm，选择“沉头孔”类型，输入沉头孔直径为 18 mm，沉头孔深度为 2 mm，孔直径为 11 mm，设置终止方式为“贯通”，单击“应用”按钮。在另一侧创建相同参数的沉头孔，结果如图 11-91 所示。

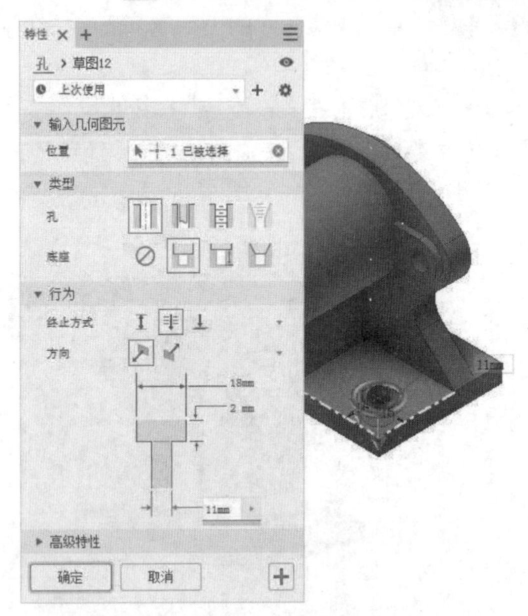

图 11-90　设置参数

图 11-91　创建沉头孔

步骤 25 创建草图 12。单击“三维模型”选项卡“草图”面板上的“开始创建二维草图”按钮，选择如图 11-92 所示的草图放置面，进入草图绘制环境。单击“草图”选项卡“创建”面板上的“两点矩形”按钮和“圆角”按钮，绘制草图轮廓。单击“约束”面板上的“尺寸”按钮，标注尺寸，如图 11-93 所示。单击“草图”标签中的“完成草图”按钮，退出草图绘制环境。

步骤 26 创建拉伸体。单击“三维模型”选项卡“创建”面板上的“拉伸”按钮，打开“拉伸”对话框，选择上一步绘制的草图 12 为拉伸截面轮廓，将拉伸方式设置为“贯通”，选择“求差”方式，单击“确定”按钮完成拉伸，如图 11-94 所示。

图 11-92　选择平面

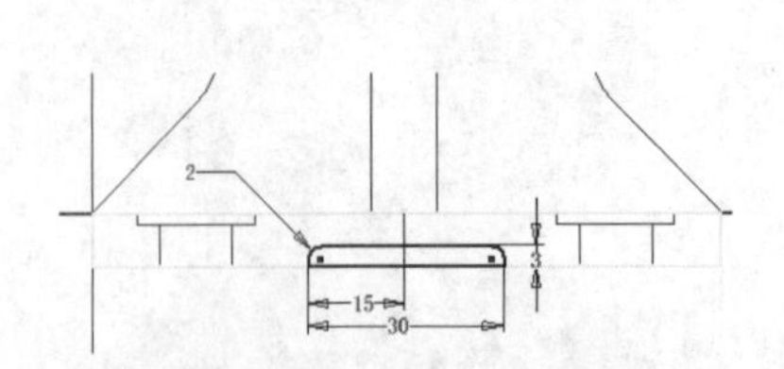

图 11-93　绘制草图 12

图 11-94　创建拉伸体

步骤 27 圆角处理。单击“三维模型”选项卡“修改”面板上的“圆角”按钮，打开“圆角”对话框，在视图中选择如图 11-95 所示的边线，输入圆角半径为 2 mm，单击“应用”按钮，选择如图 11-96 所示的边线，输入圆角半径为 5 mm，单击“确定”按钮，结果如图 11-97 所示。

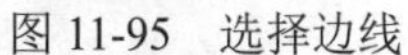
图 11-95 选择边线

图 11-96 选择边线

图 11-97 创建圆角

步骤 28 创建外螺纹。单击“三维模型”选项卡“修改”面板上的“螺纹”按钮，打开“螺纹”对话框，选择如图 11-98 所示的面为螺纹放置面，单击“确定”按钮，完成螺纹的创建，结果如图 11-64 所示。

图 11-98 设置参数

步骤 29 保存文件。单击“快速访问”工具栏上的“保存”按钮，打开“另存为”对话框，输入文件名为“泵体.ipt”，单击“保存”按钮，保存文件。

11.2 柱塞泵装配

装配如图 11-99 所示的柱塞泵。

图 11-99 柱塞泵装配

下载资源\动画演示\第11章\柱塞泵装配.MP4

操作步骤

步骤01 新建文件。运行 Inventor 2024，单击“快速访问”工具栏上的“新建”按钮，在打开的“新建文件”对话框中选择“Standard.iam”选项，单击“创建”按钮，新建一个部件文件。

步骤02 装入泵体。单击“装配”选项卡“零部件”面板上的“放置”按钮，打开“装入零部件”对话框，选择“泵体”零件，单击“打开”按钮，装入泵体，单击鼠标右键，在打开的如图 11-100 所示的快捷菜单中选择“在原点处固定放置”选项，零件的坐标与部件的坐标原点重合。再次单击鼠标右键，在打开的快捷菜单中选择“确定”选项，完成泵体的装配，结果如图 11-101 所示。

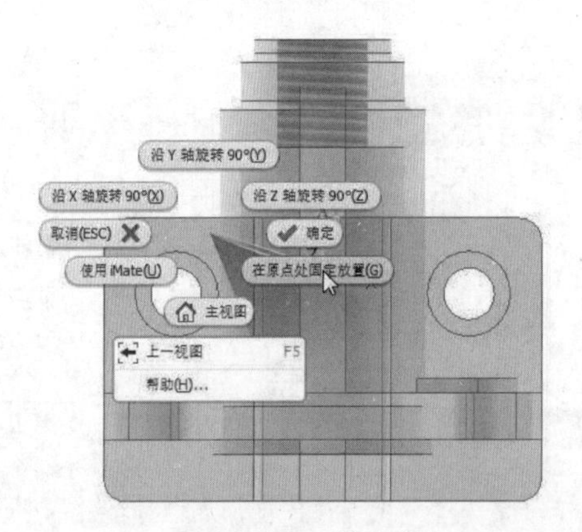

图 11-100　快捷菜单

图 11-101　放置泵体

步骤03 放置填料压盖结果。单击“装配”选项卡“零部件”面板上的“放置”按钮，打开“装入零部件”对话框，选择“填料压盖”零件，单击“打开”按钮，装入填料压盖，将其放置到视图中的适当位置。单击鼠标右键，在打开的快捷菜单中选择“确定”选项，完成填料压盖的放置，结果如图 11-102 所示。

图 11-102　装入填料压盖

步骤04 装配填料压盖。单击“装配”选项卡“关系”面板上的“约束”按钮，打开“放置约束”对话框，选择“插入”类型，在视图中选择如图 11-103 所示的两个圆形边线，设置偏移量为 0 mm，选择“反向”选项，单击“应用”按钮，选择“配合”类型，在视图中选择如图 11-104 所示的两个轴线，设置偏移量为 0 mm，选择“配合”选项，单击“确定”按钮，结果如图 11-105 所示。

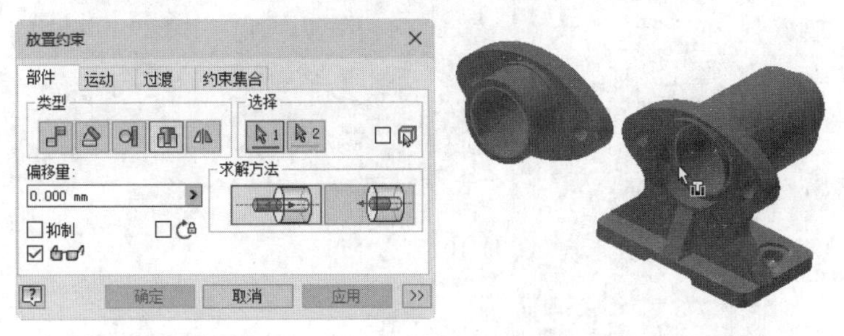

图 11-103　选择边线

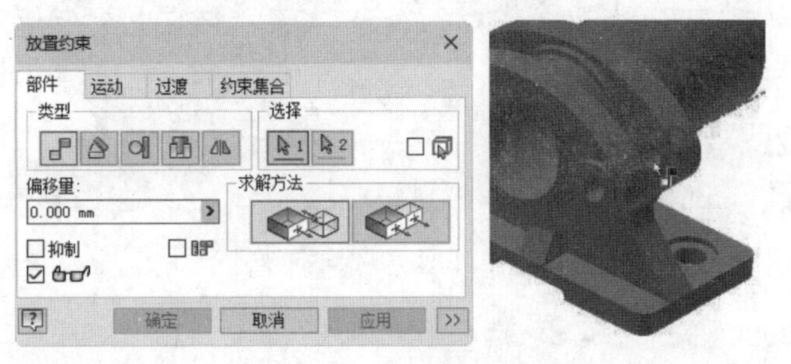

图 11-104　选取轴线

步骤 05　放置柱塞。单击“装配”选项卡“零部件”面板上的“放置”按钮，打开“装入零部件”对话框，选择“柱塞”零件，单击“打开”按钮，装入柱塞，将其放置到视图中的适当位置。单击鼠标右键，在弹出的快捷菜单中选择“确定”选项，完成柱塞的放置，结果如图 11-106 所示。

图 11-105　装配填料压盖

图 11-106　装入柱塞

步骤 06　装配柱塞。单击“装配”选项卡“关系”面板上的“约束”按钮，打开“放置约束”对话框，选择“插入”类型，在视图中选择如图 11-107 所示的两个圆形边线，设置偏移量为 0 mm，选择“反向”选项，单击“应用”按钮，选择“角度”类型，在视图中选择如图 11-108 所示的两个平面，设置偏移量为 0 mm，选择“定向角度”选项，设置角度为 0 deg，单击“确定”按钮，结果如图 11-109 所示。

步骤 07　放置阀体。单击“装配”选项卡“零部件”面板上的“放置”按钮，打开“装入零部件”对话框，选择“阀体”零件，单击“打开”按钮，装入阀体，将其放置到视图中的适当位置。单击鼠标右键，在打开的快捷菜单中选择“确定”选项，完成阀体的放置，结果如图 11-110 所示。

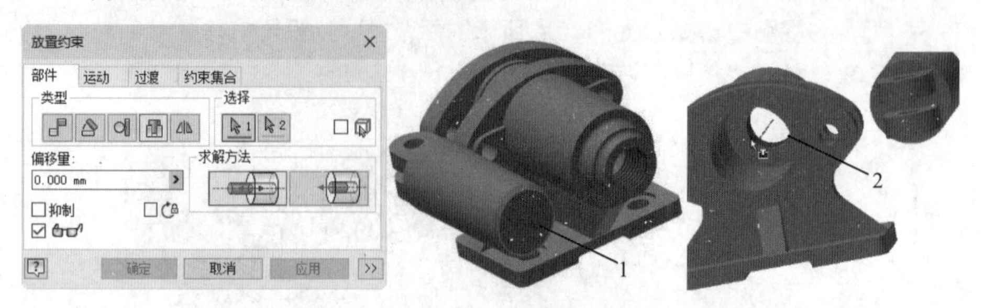

图 11-107　选择边线

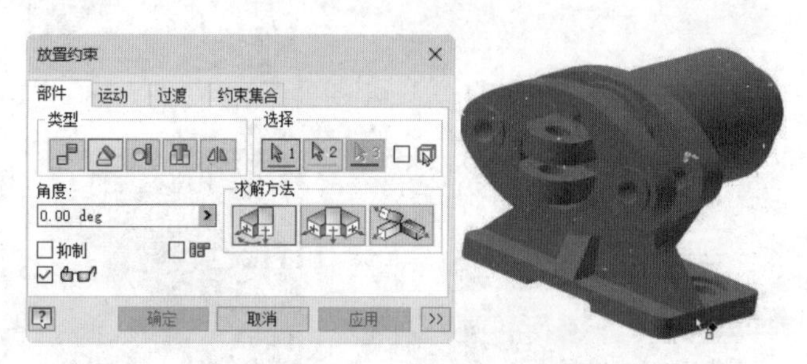

图 11-108　选择平面

步骤 08 装配阀体。单击“装配”选项卡“关系”面板上的“约束”按钮，打开“放置约束”对话框，选择“插入”类型，在视图中选择如图 11-111 所示的两个圆形边线，设置偏移量为 0 mm，选择“反向”选项，单击“应用”按钮。选择“角度”类型，在视图中选择如图 11-112 所示的两个平面，设置偏移量为 0 mm，选择“定向角度”选项，设置角度为 0 deg，单击“确定”按钮，结果如图 11-113 所示。

图 11-109　装配柱塞

图 11-110　装入阀体

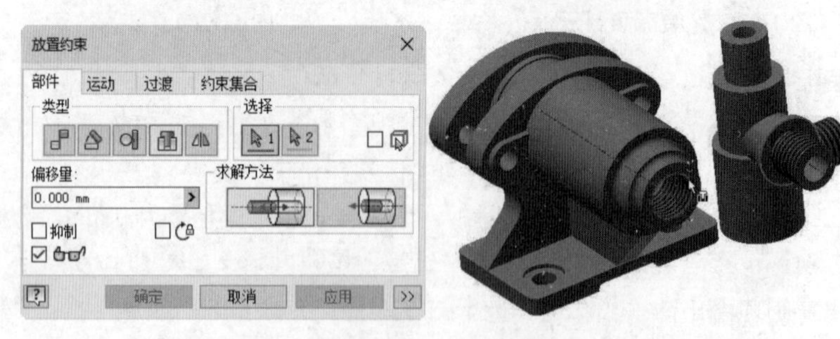

图 11-111　选择边线

图 11-112　选择平面

步骤 09 放置下阀瓣。单击“装配”选项卡“零部件”面板上的“放置”按钮，打开“装入零部件”对话框，选择“下阀瓣”零件，单击“打开”按钮，装入下阀瓣，将其放置到视图中的适当位置。单击鼠标右键，在打开的快捷菜单中选择“确定”选项，完成下阀瓣的放置，结果如图 11-114 所示。

图 11-113　装配阀体

图 11-114　装入下阀瓣

步骤 10 装配下阀瓣。单击“装配”选项卡“关系”面板上的“约束”按钮，打开“放置约束”对话框，选择“插入”类型，在视图中选择如图 11-115 所示的两个圆形边线，设置偏移量为 0 mm，选择“反向”选项，单击“确定”按钮，结果如图 11-116 所示。

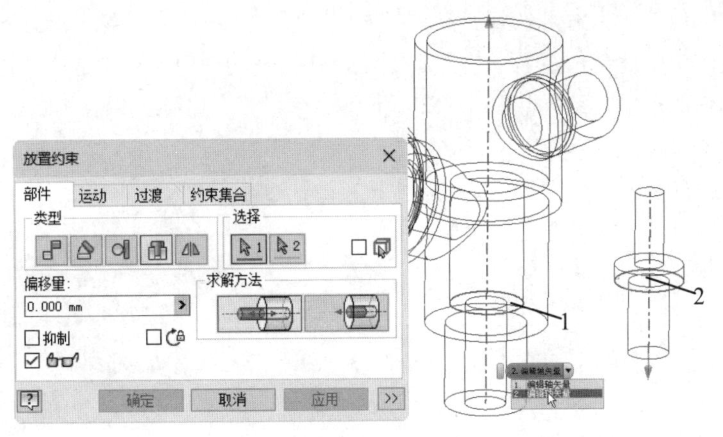

图 11-115　选择边线

步骤 11 放置上阀瓣。单击“装配”选项卡“零部件”面板上的“放置”按钮，打开“装入零部件”对话框，选择“上阀瓣”零件，单击“打开”按钮，装入上阀瓣，将其放置到视图中的适当位置。单击鼠标右键，在打开的快捷菜单中选择“确定”选项，完成上阀瓣的放置，如图 11-117 所示。

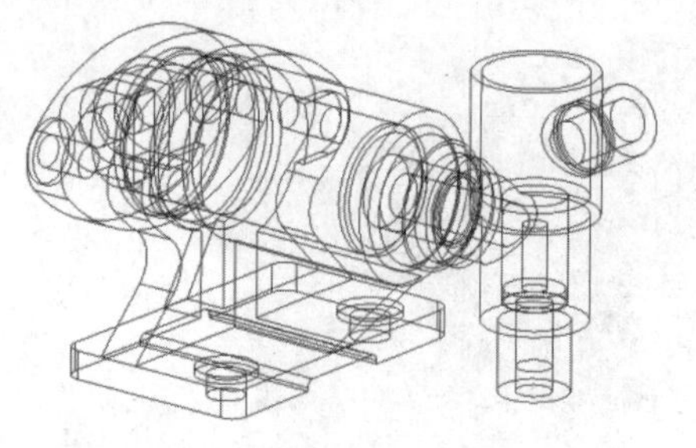

图 11-116　装配下阀瓣

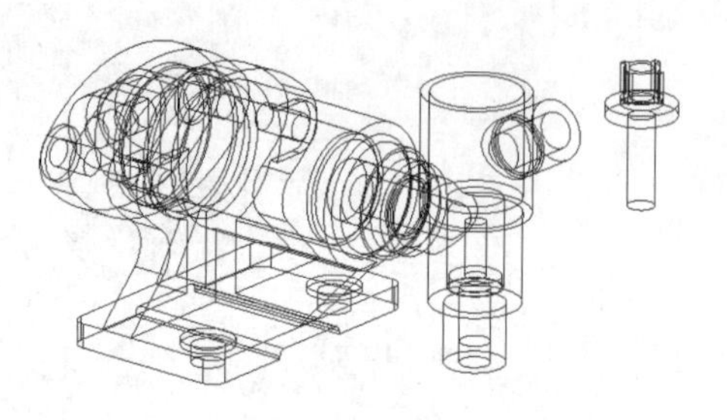

图 11-117　装入上阀瓣

步骤 12　装配上阀瓣。单击“装配”选项卡“关系”面板上的“约束”按钮，打开“放置约束”对话框，选择“插入”类型，在视图中选择如图 11-118 所示的两个圆形边线，设置偏移量为 0 mm，选择“反向”选项，单击“确定”按钮，结果如图 11-119 所示。

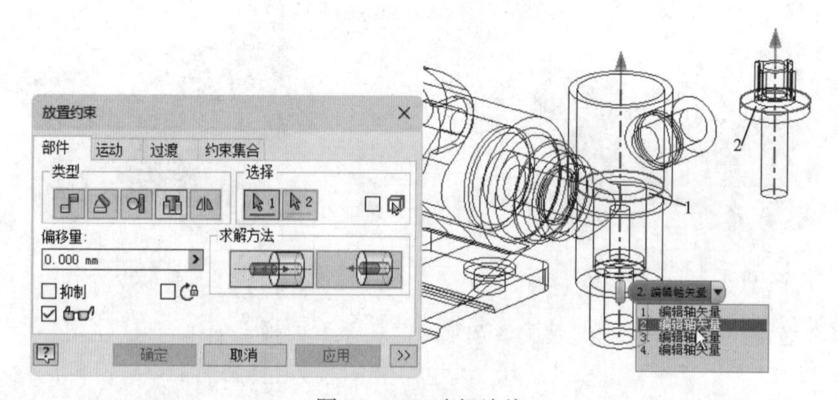

图 11-118　选择边线

步骤 13　装入阀盖。单击“装配”选项卡“零部件”面板上的“放置”按钮，打开“装入零部件”对话框，选择“阀盖”零件，单击“打开”按钮，装入阀盖，将其放置到视图中的适当位置。单击鼠标右键，在打开的快捷菜单中选择“确定”选项，完成阀盖的放置，结果如图 11-120 所示。

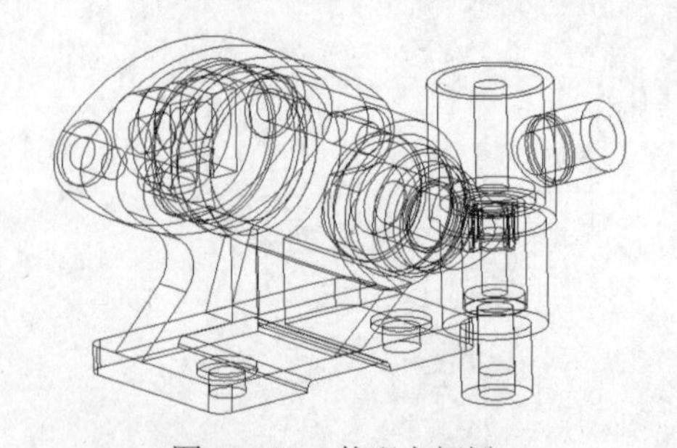

图 11-119　装配上阀瓣

图 11-120　装入阀盖

步骤 14　装配阀盖。单击“装配”选项卡“关系”面板上的“约束”按钮，打开“放置约束”对话框，选择“插入”类型，在视图中选择如图 11-121 所示的两个圆形边线，设置偏移量为 0 mm，选择“反向”选项，单击“确定”按钮，结果如图 11-122 所示。

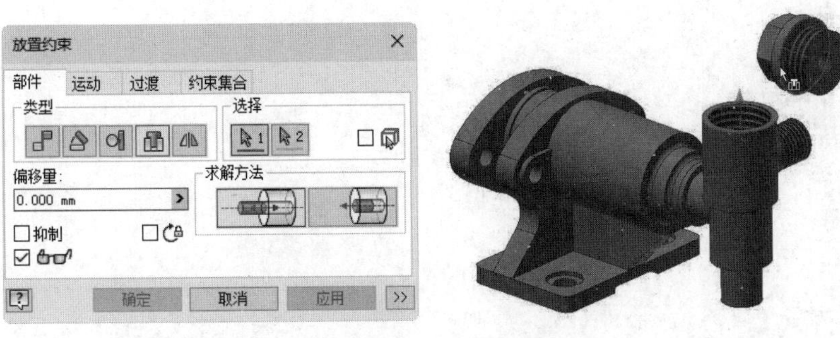

图 11-121　选择边线

图 11-122　安装阀盖

步骤 15　保存文件。单击“快速访问”工具栏上的“保存”按钮，打开“另存为”对话框，输入文件名为“柱塞泵.iam”，单击“保存”按钮，保存文件。

11.3　创建柱塞泵表达视图

本实例将创建柱塞泵表达视图，如图 11-123 所示。调整各个零件的位置，然后创建表达视图动画并保存。

下载资源\动画演示\第11章\创建柱塞泵表达视图.MP4

操作步骤

步骤 01　新建文件。运行 Inventor 2024，单击“快速访问”工具栏上的“新建”按钮，在打开的“新建文件”对话框中选择“Standard.ipn”选项，然后单击“创建”按钮，打开“插入”对话框，选择“柱塞泵.iam”文件，单击“打开”按钮。

步骤 02　创建故事板。单击“表达视图”选项卡“专题研习”面板上的“新建故事板”按钮，打开“新建故事板”对话框，如图 11-124 所示。选择“干净的”故事板类型，单击“确定”按钮，新建故事板，如图 11-125 所示。

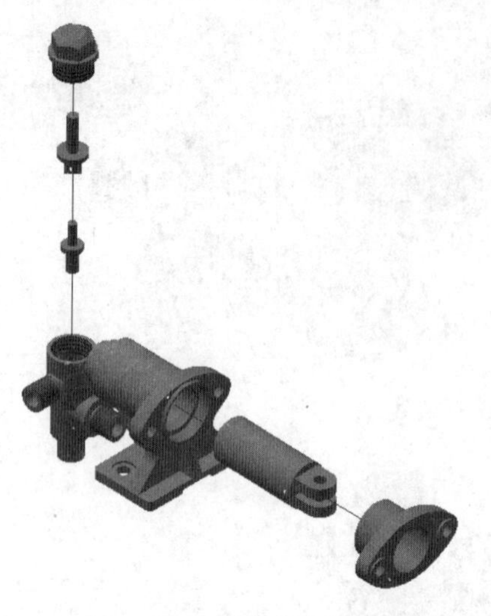

图 11-123　柱塞泵表达视图

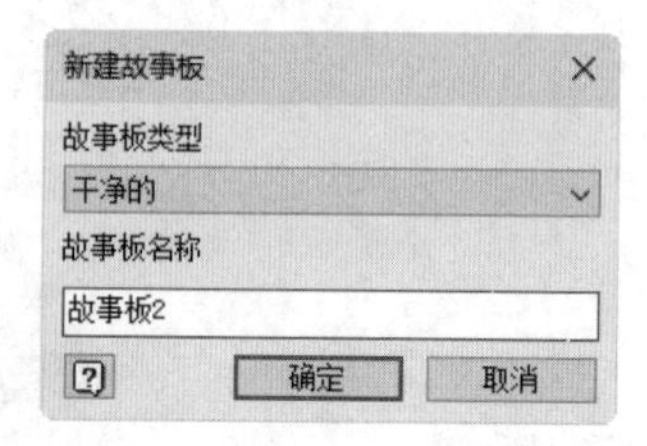

图 11-124　“新建故事板”对话框

图 11-125　新建故事板

步骤 03 新建快照视图。单击绘图区上方的主视图图标，调整视图方向，如图 11-126 所示，单击“表达视图”选项卡“专题研习”面板上的“新建快照视图”按钮，在“快照视图”面板上添加视图 1 快照，如图 11-127 所示。

图 11-126　调整视图方向

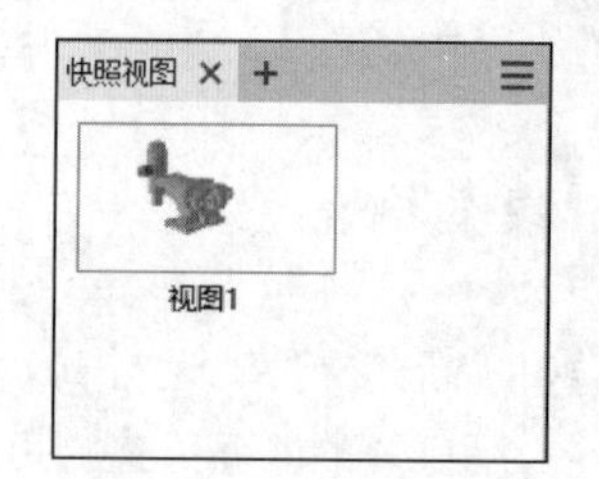

图 11-127　“快照视图”面板

步骤 04 调整填料压盖位置。单击“表达视图”选项卡“零部件”面板上的“调整零部件位置”按钮，打开如图 11-128 所示的“调整零部件位置”小工具。在视图中选择填料压盖，选择坐标系的轴为移动方向，输入距离为-200 mm，如图 11-129 所示，单击“确定”按钮，结果如图 11-130 所示。

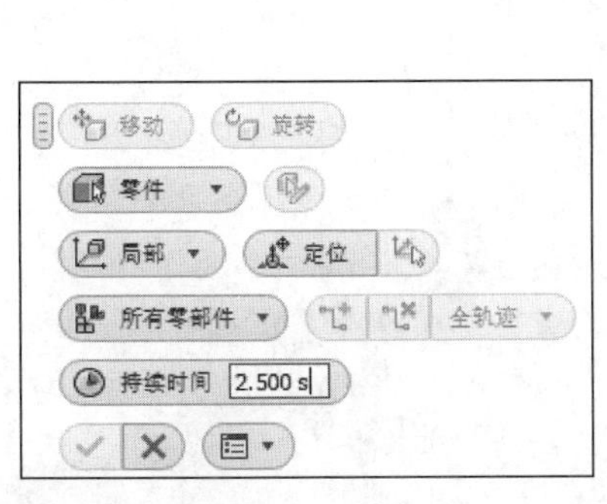

图 11-128　“调整零部件位置”小工具

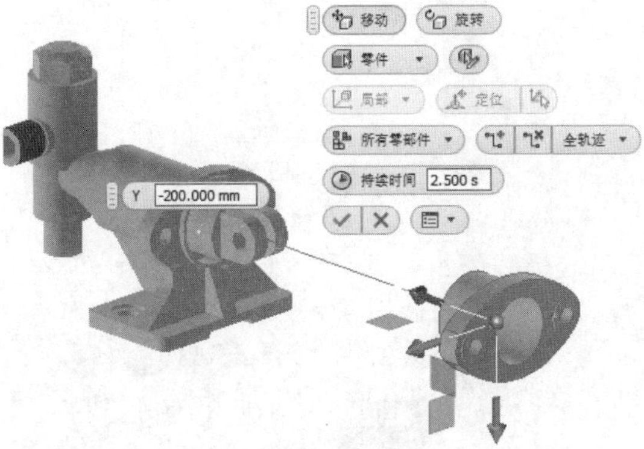

图 11-129　设置参数

图 11-130　调整填料压盖位置

步骤 05　调整柱塞位置。单击“表达视图”选项卡“零部件”面板上的“调整零部件位置”按钮，打开“调整零部件位置”小工具栏。在视图中选择柱塞，选择移动方向，输入距离为 100 mm，如图 11-131 所示，单击“确定”按钮，结果如图 11-132 所示。

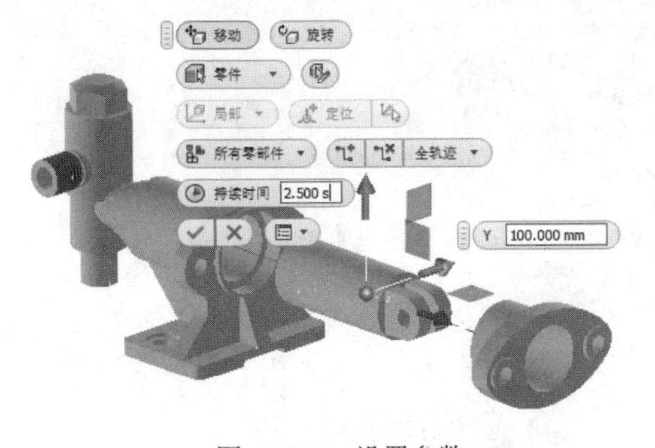

图 11-131　设置参数

图 11-132　调整柱塞位置

步骤 06　调整阀盖位置。单击“表达视图”选项卡“零部件”面板上的“调整零部件位置”按钮，打开“调整零部件位置”小工具栏。在视图中选择阀盖，选择移动方向，输入距离为 200 mm，如图 11-133 所示，单击“确定”按钮，结果如图 11-134 所示。

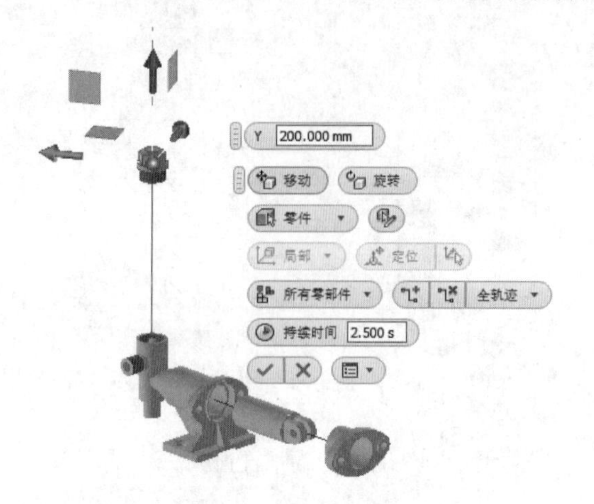

图 11-133 设置参数

图 11-134 调整阀盖位置

步骤 07 调整上阀瓣位置。单击“表达视图”选项卡“零部件”面板上的“调整零部件位置”按钮，打开“调整零部件位置”小工具栏。在视图中选择上阀瓣，选择移动方向，输入距离为 150 mm，如图 11-135 所示，单击“确定”按钮。

步骤 08 调整下阀瓣位置。单击“表达视图”选项卡“零部件”面板上的“调整零部件位置”按钮，打开“调整零部件位置”小工具栏。在视图中选择下阀瓣，选择移动方向，输入距离为-100 mm，如图 11-136 所示，单击“确定”按钮。

步骤 09 调整阀体位置。单击“表达视图”选项卡“零部件”面板上的“调整零部件位置”按钮，打开“调整零部件位置”小工具栏。在视图中选择阀体，选择移动方向，输入距离为-50 mm，如图 11-137 所示，单击“确定”按钮。

步骤 10 播放动画。根据调整零件位置所创建的故事板如图 11-138 所示。将标尺拖到 0.0 秒处（即柱塞泵还没分解），单击“故事板”上的“播放当前故事板”按钮，播放创建的分解动画。

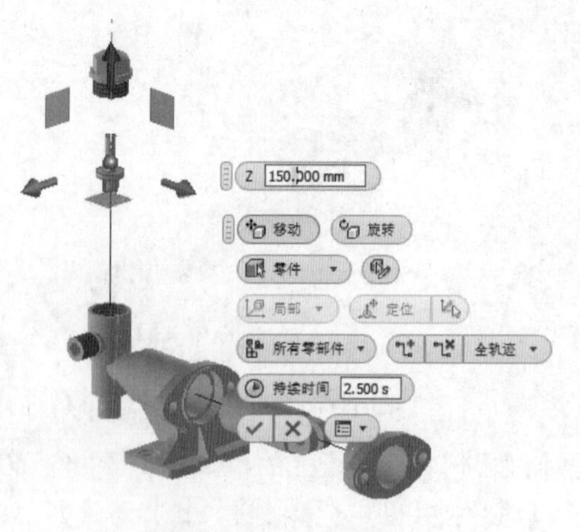

图 11-135 设置参数

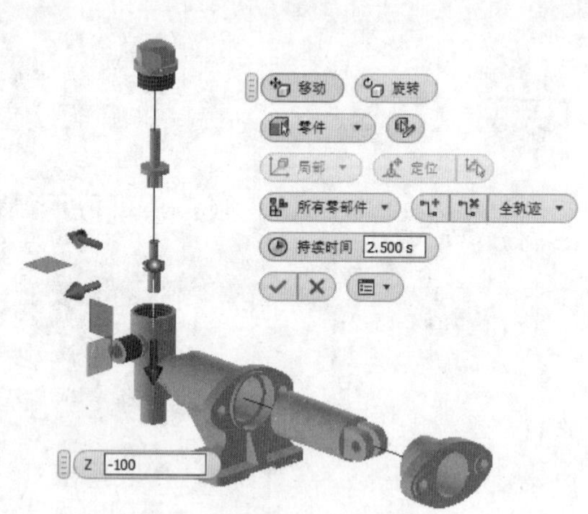

图 11-136 设置参数

图 11-137　调整阀体位置

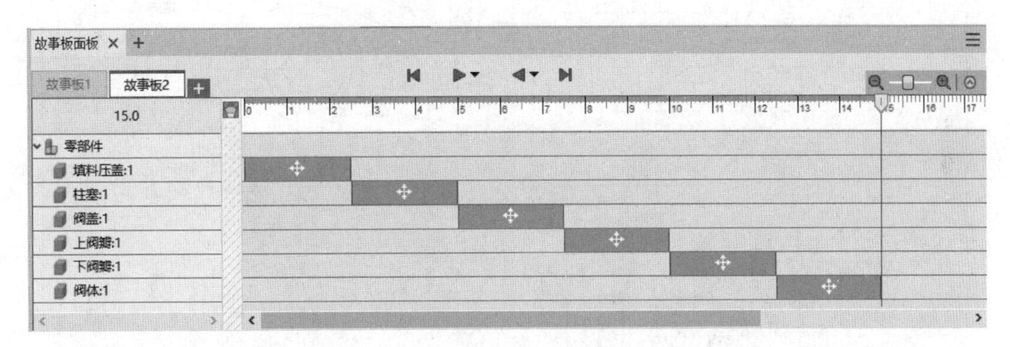

图 11-138　故事板

拖动故事板上每个零件移动的时间长度，可使每个零件分解完成后停顿 0.2 秒后再分解，也可以单击鼠标右键，在打开的快捷菜单中选择“编辑时间”来调整时长，编辑后的故事板如图 11-139 所示。

步骤 11　发布视频。单击“表达视图”选项卡“发布”面板上的“视频”按钮，打开“发布为视频”对话框，设置视频分辨率为 800×600，设置保存路径，输入文件为柱塞泵分解动画，选择文件格式为 AVI 文件，单击“确定”按钮，弹出“视频压缩”对话框，采用默认设置，单击“确定”按钮，完成视频发布。

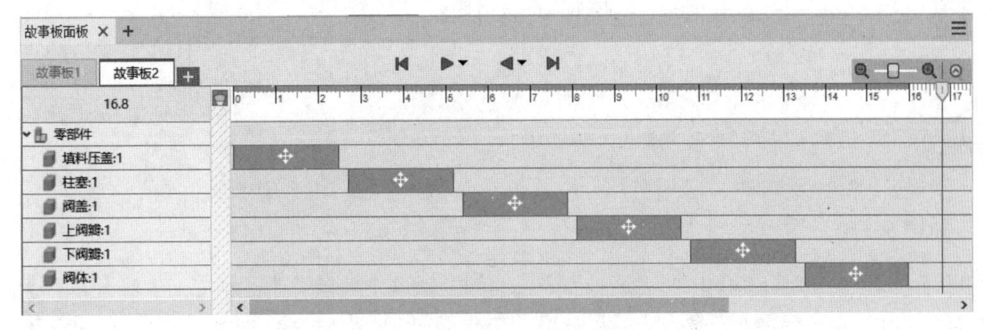

图 11-139　编辑后的故事板

步骤 12　保存文件。单击“快速访问”工具栏上的“保存”按钮，打开“另存为”对话框，输入文件名为“柱塞泵.ipn”，单击“保存”按钮，保存文件。

11.4　创建柱塞泵工程图

11.4.1　创建泵体工程图

本实例绘制泵体工程图，如图 11-140 所示。

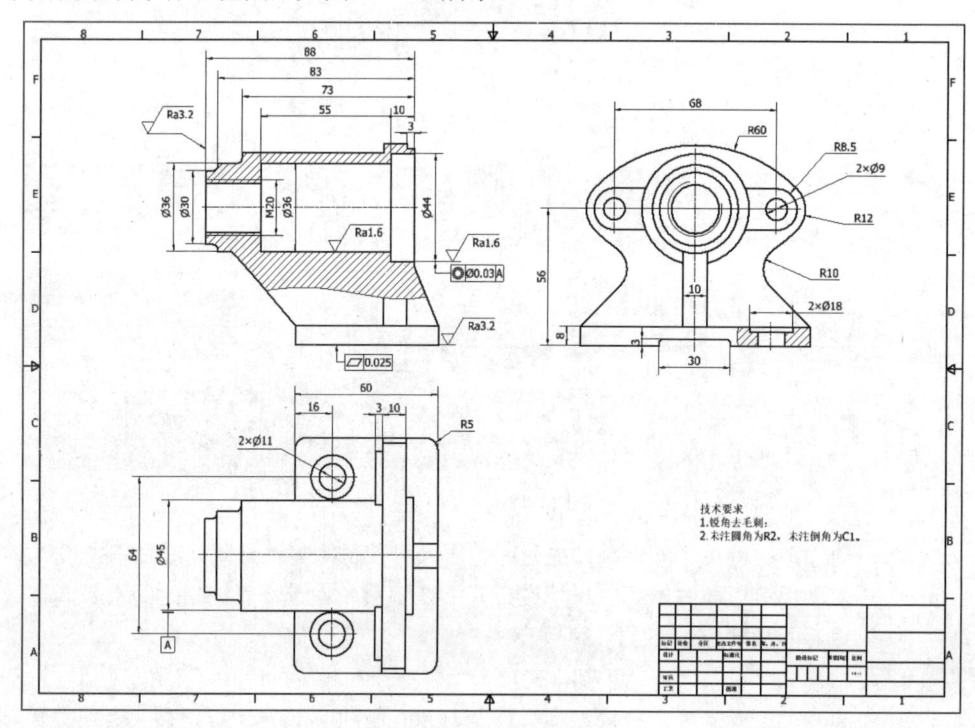

图 11-140　泵体工程图

下载资源\动画演示\第11章\泵体工程图.MP4

操作步骤

1. 新建文件

运行 Inventor 2024，单击“快速访问”工具栏上的“新建”按钮，在打开的“新建文件”对话框中的“工程图”下拉列表中选择“Standard.idw”选项，然后单击“创建”按钮，新建一个工程图文件。

2. 创建基础视图

步骤01 单击“放置视图”选项卡“创建”面板上的“基础视图”按钮，打开“工程视图”对话框，在对话框中单击“打开现有文件”按钮，打开“打开”对话框。选择“泵体”零件，单击“打开”按钮，打开“泵体”零件；输入比例为 1.5:1，选择显示方式为“不显示隐藏线”，当前视图方向如图 11-141 所示。

步骤02 单击旋转方向，调整视图如图 11-142 所示。将视图放置到适当位置，单击“确定”按钮，完成基础视图的创建，如图 11-143 所示。

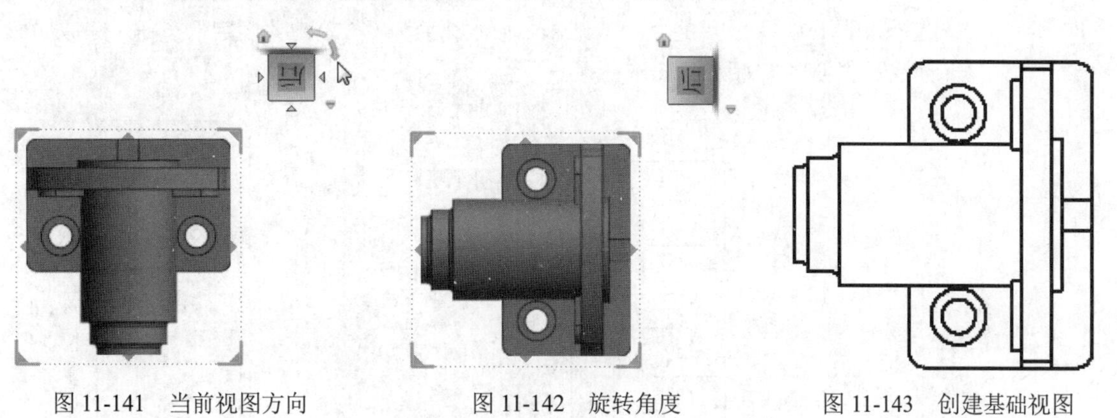

图 11-141　当前视图方向　　图 11-142　旋转角度　　图 11-143　创建基础视图

3. 创建投影视图

单击“放置视图”选项卡“创建”面板上的“投影视图”按钮，在视图中选择上一步创建的基础视图，然后向上拖动鼠标，在适当位置单击鼠标左键确定创建投影视图的位置。再单击鼠标右键，在打开的快捷菜单中选择“创建”选项，如图 11-144 所示。生成的投影视图如图 11-145 所示。

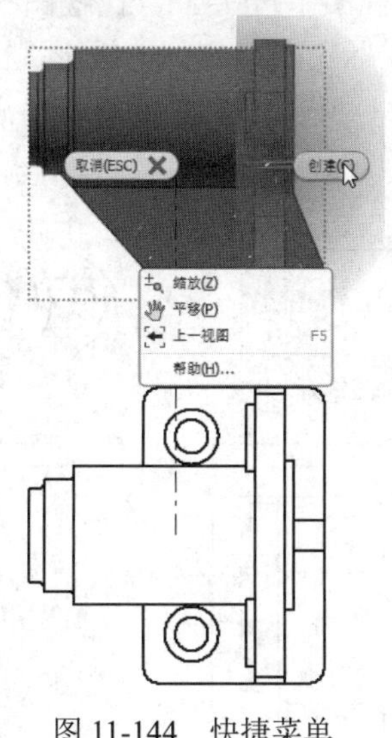

图 11-144　快捷菜单

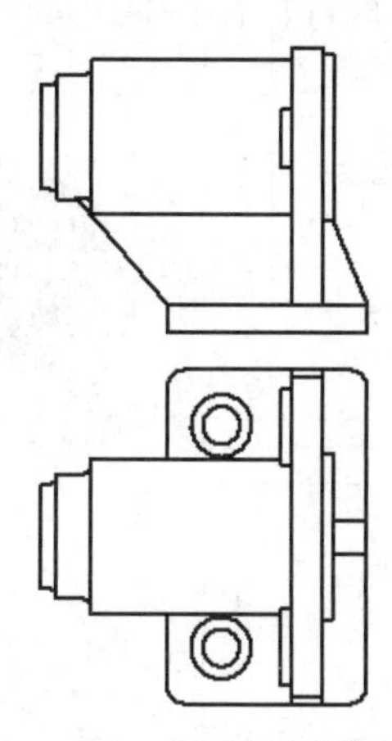

图 11-145　创建投影视图

4．创建局部剖视图 1

步骤 01 在视图中选择主视图，单击“放置视图”选项卡“草图”面板上的“开始创建草图”按钮，进入草图绘制环境。单击“草图”选项卡“创建”面板上的“样条曲线（插值）”按钮，绘制一个封闭轮廓，如图 11-146 所示。单击“草图”标签中的“完成草图”按钮，退出草图绘制环境。

步骤 02 单击“放置视图”选项卡“修改”面板上的“局部剖视图”按钮，在视图中选择主视图，打开“局部剖视图”对话框，系统自动捕捉上一步绘制的草图为截面轮廓，选择如图 11-147 所示的点为基础点，输入深度为 0，单击“确定”按钮，完成局部剖视图的创建，如图 11-148 所示。

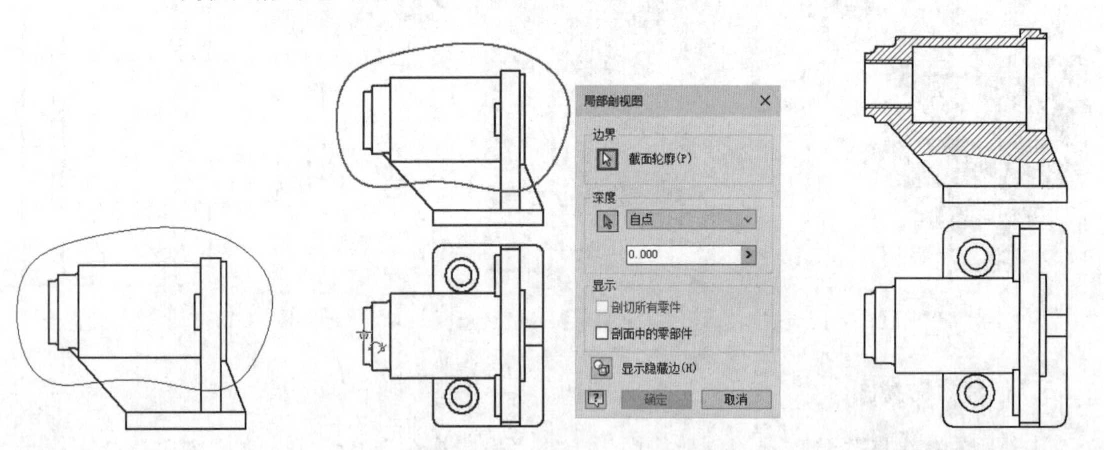

图 11-146　绘制样条曲线　　图 11-147　选择截面轮廓和基础点　　图 11-148　创建局部剖视图 1

5．创建投影视图

单击“放置视图”选项卡“创建”面板上的“投影视图”按钮，在视图中选择上一步创建的基础视图，然后向左拖动鼠标，在适当位置单击鼠标左键确定创建投影视图的位置。再单击鼠标右键，在打开的快捷菜单中选择“创建”选项，如图 11-149 所示。生成的投影视图如图 11-150 所示。

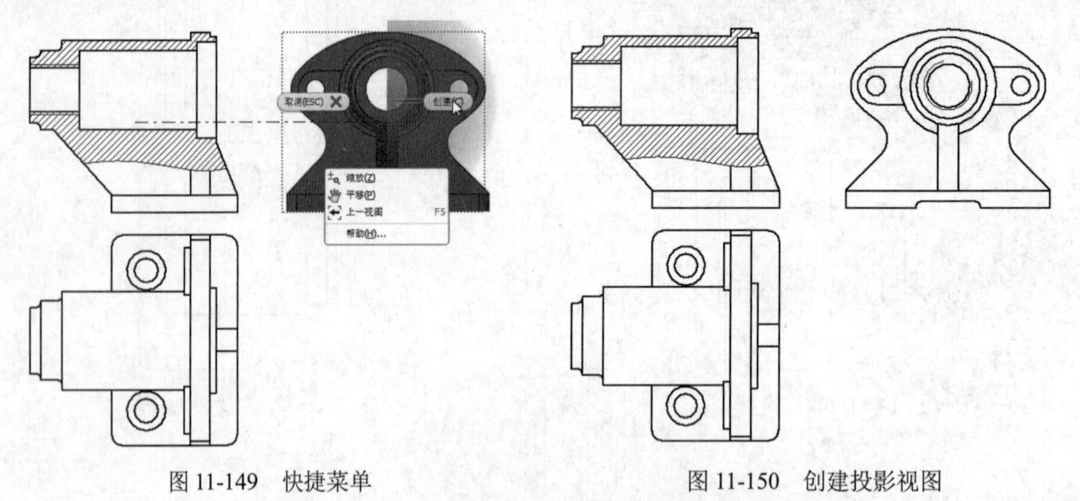

图 11-149　快捷菜单　　图 11-150　创建投影视图

6．创建局部剖视图 2

步骤 01 在视图中选择左视图，单击“放置视图”选项卡“草图”面板中的“开始创建草图”按钮，进入草图绘制环境。单击“草图”选项卡“创建”面板上的“样条曲线”（插值）按钮，绘制一个封闭轮廓，如图 11-151 所示。单击“草图”标签中的“完成草图”按钮，退出草图绘制环境。

步骤 02 单击“放置视图”选项卡“修改”面板上的“局部剖视图”按钮，在视图中选择主视图，打开“局部剖视图”对话框，系统自动捕捉上一步绘制的草图为截面轮廓，选择如图 11-152 所示的圆心为基础点，输入深度为 0，单击“确定”按钮，完成局部剖视图的创建，如图 11-153 所示。

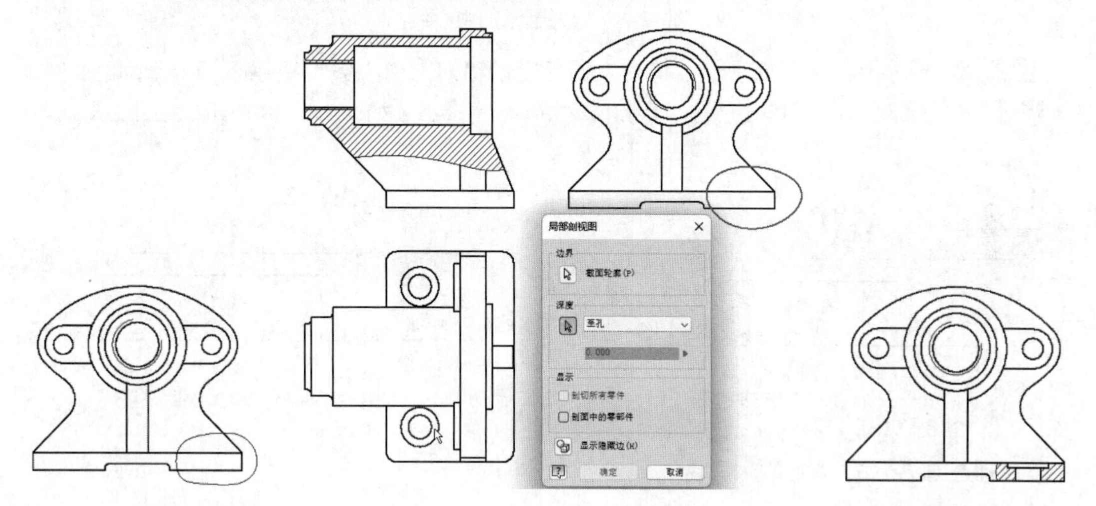

图 11-151　绘制样条曲线　　图 11-152　选择截面轮廓和基础点　　图 11-153　创建局部剖视图 2

7．添加中心线

步骤 01 单击“标注”选项卡“符号”面板上的“中心线”按钮，选择主视图上的两边中点，单击鼠标右键，在弹出的快捷菜单中选择“创建”选项，如图 11-154 所示，完成主视图上中心线的添加。利用同样的方法为俯视图添加中心线，如图 11-155 所示。

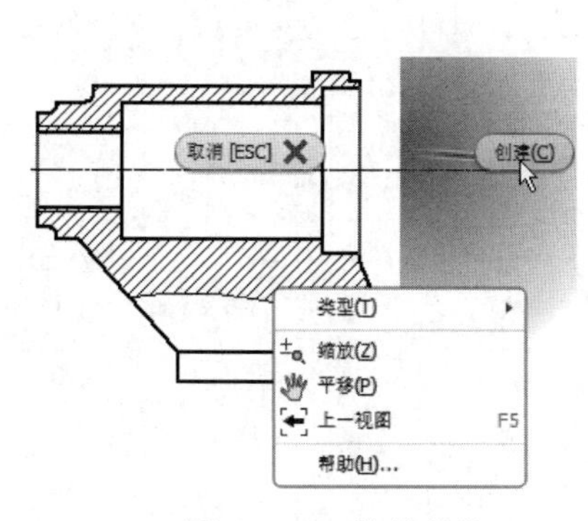

图 11-154　快捷菜单

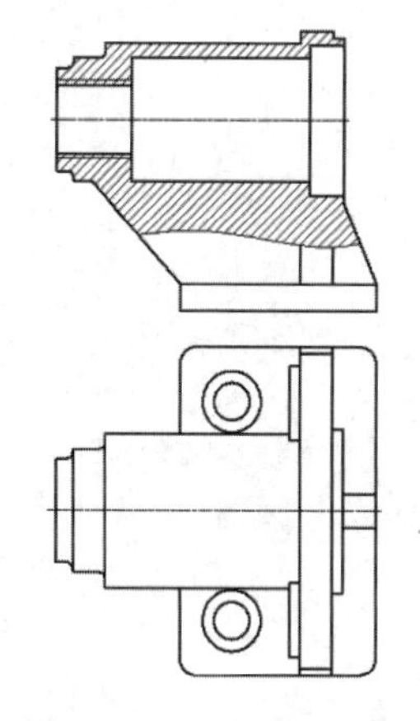

图 11-155　添加中心线

步骤 02 单击“标注”选项卡“符号”面板上的“中心标记”按钮 ，在视图中选择圆，并为圆添加中心线，如图 11-156 所示。

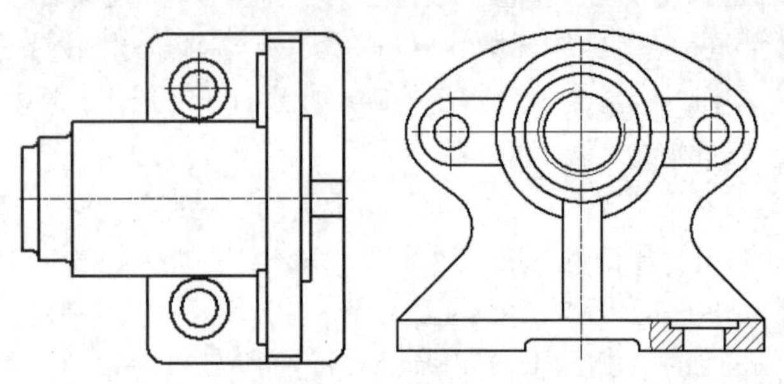

图 11-156　为圆添加中心线

步骤 03 单击“标注”选项卡“符号”面板上的“对分中心线”按钮 ，选择如图 11-157 所示的孔的两条边线，并为孔添加中心线，结果如图 11-158 所示。

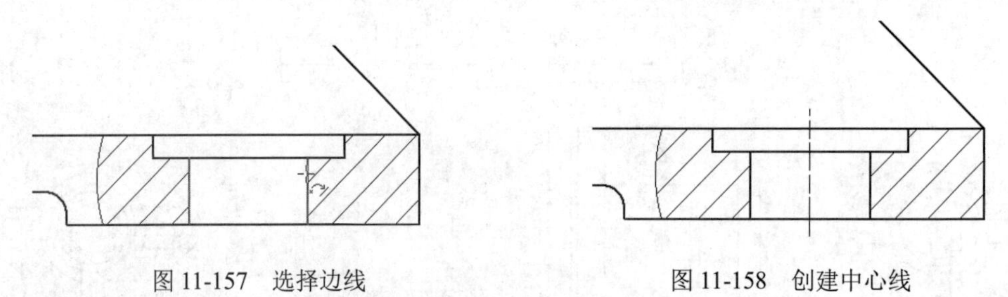

图 11-157　选择边线　　　　图 11-158　创建中心线

8．标注直径尺寸

单击“标注”选项卡“尺寸”面板上的“尺寸”按钮 ，在视图中选择要标注直径尺寸的两条边线，拖出尺寸线放置到适当位置，打开“编辑尺寸”对话框，将光标放置在尺寸值的前端，然后选择“直径”符号 Ø，单击“确定”按钮，结果如图 11-159 所示。利用同样的方法标注其他直径尺寸。

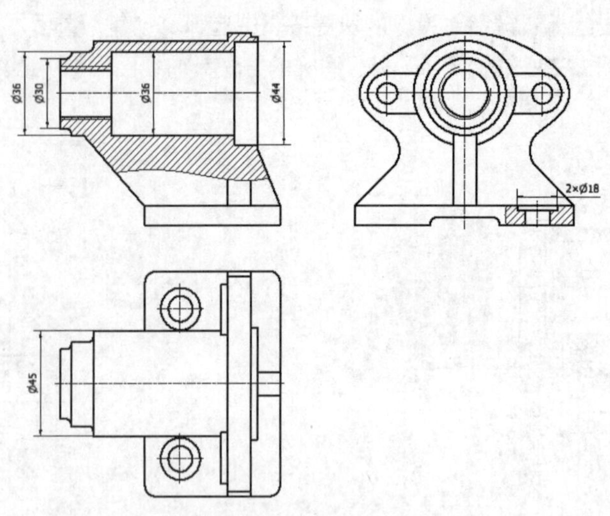

图 11-159　标注直径尺寸

9．标注基线尺寸

单击“标注”选项卡“尺寸”面板上的“基线”按钮，选择要标注的图元，单击鼠标右键，在弹出的快捷菜单中单击“继续”按钮，如图 11-160 所示。拖出尺寸线到适当位置，单击鼠标确定，然后单击鼠标右键，在弹出的快捷菜单中单击“完毕[ESC]”选项，如图 11-161 所示，标注完成基线尺寸如图 11-162 所示。

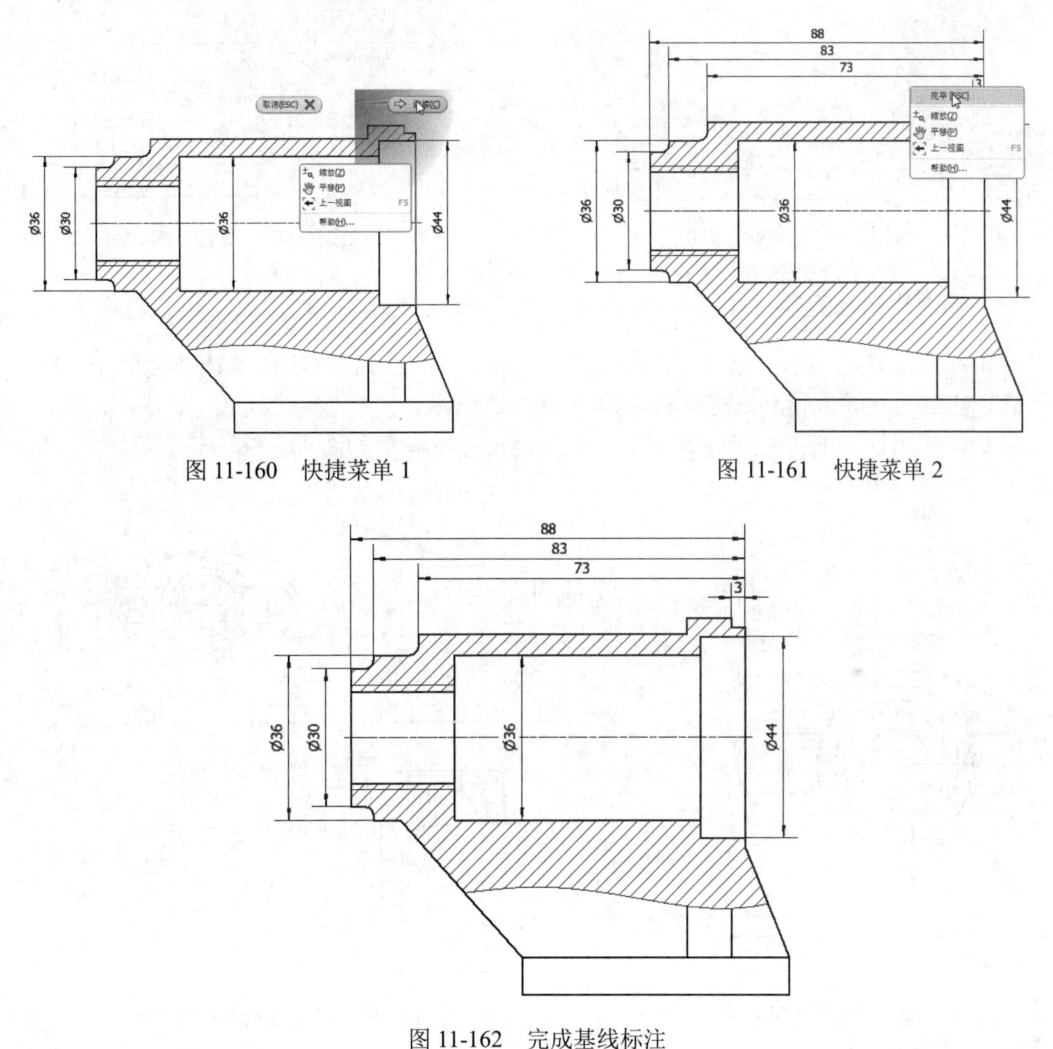

图 11-160　快捷菜单 1

图 11-161　快捷菜单 2

图 11-162　完成基线标注

10．标注连续尺寸

单击“标注”选项卡“尺寸”面板上的“连续”按钮，在视图中选择要标注尺寸的边线，单击鼠标右键，在弹出的快捷菜单中单击“继续(C)”按钮，如图 11-163 所示。拖出尺寸线放置到适当位置，如图 11-164 所示。单击鼠标确定，然后单击鼠标右键，在弹出的快捷菜单中单击“完毕[ESC]”选项，完成连续尺寸的标注。

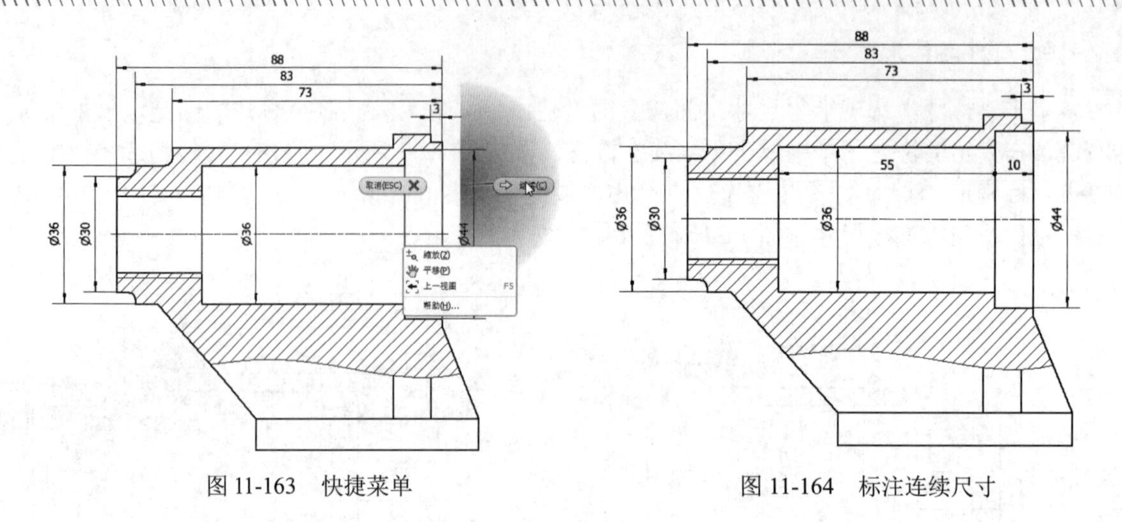

图 11-163　快捷菜单　　　　图 11-164　标注连续尺寸

11．标注半径和直径尺寸

单击“标注”选项卡“尺寸”面板上的“尺寸”按钮，在视图中选择要标注半径尺寸的圆弧，拖出尺寸线放置到适当位置，如图 11-165 所示。打开“编辑尺寸”对话框，单击“确定”按钮，利用同样的方法标注其他半径和直径尺寸，结果如图 11-166 所示。

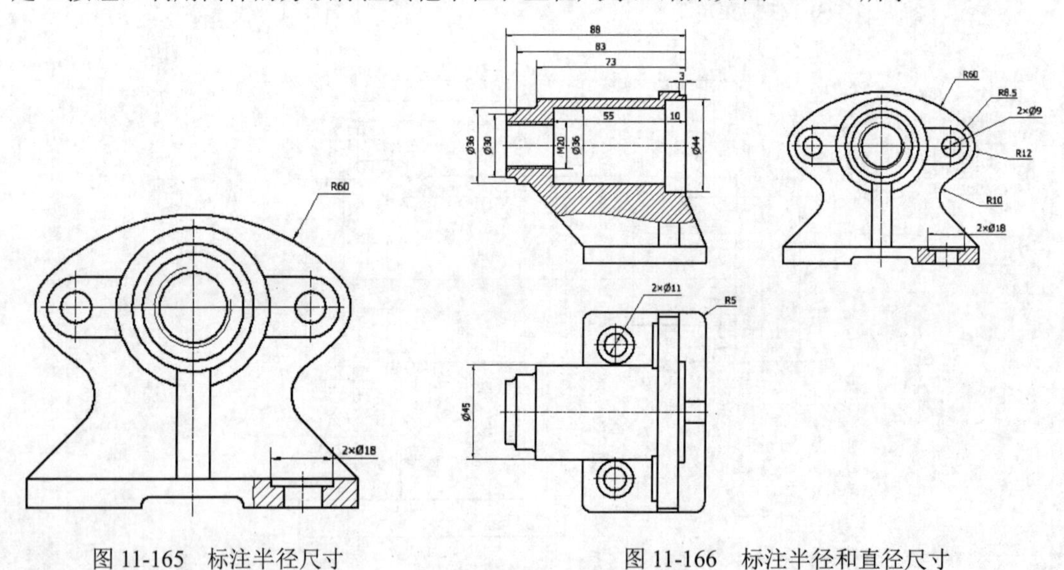

图 11-165　标注半径尺寸　　　　图 11-166　标注半径和直径尺寸

12．标注长度尺寸

单击“标注”选项卡“尺寸”面板上的“尺寸”按钮，在视图中选择要标注尺寸的两条边线，拖出尺寸线放置到适当位置，打开“编辑尺寸”对话框，单击“确定”按钮。拖动尺寸到适当位置并进行调整，使尺寸线之间不产生干涉，结果如图 11-167 所示。

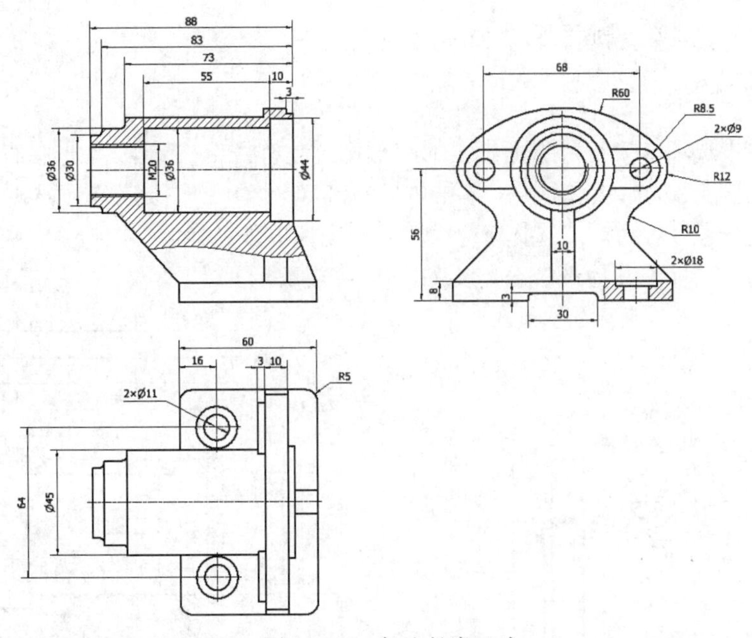

图 11-167　标注长度尺寸

13．标注粗糙度

单击“标注”选项卡“符号”面板上的“粗糙度”按钮，在视图中选择如图 11-168 所示的表面，打开“表面粗糙度符号”对话框，在对话框中选择“表面用去除材料的方法获得”，输入粗糙度的值为 Ra1.6，单击“确定”按钮，结果如图 11-169 所示。利用同样的方法标注其他粗糙度。

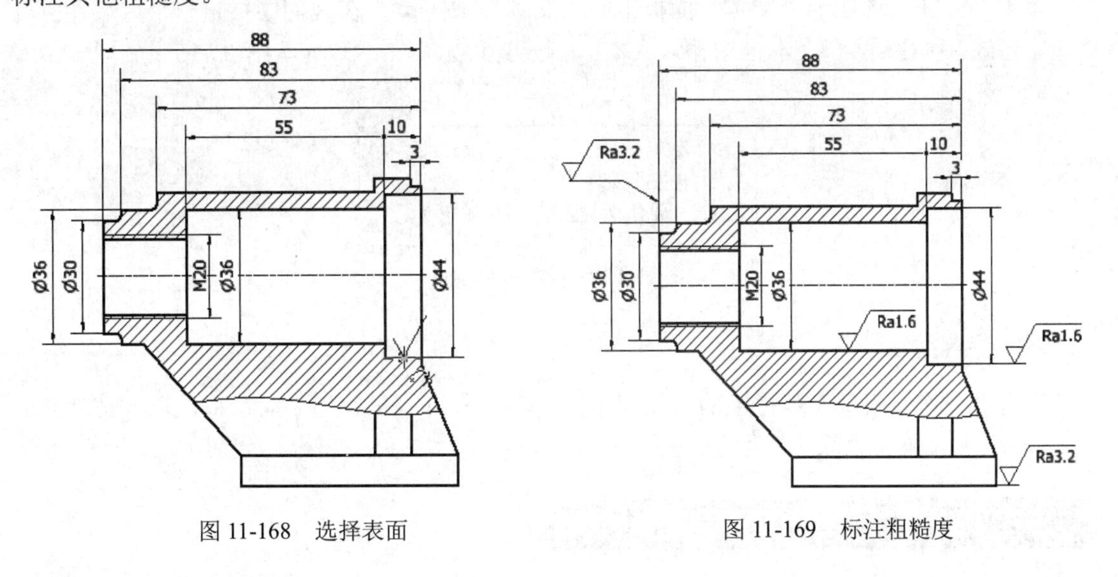

图 11-168　选择表面　　　　图 11-169　标注粗糙度

14．标注基准符号

单击“标注”选项卡“符号”面板上的“基准标识符号”按钮，选择直径为 45 的尺寸，指定基准符号的起点和顶点，打开“文本格式”对话框。采用默认设置，单击“确定”按钮，完成基准符号的标注，效果如图 11-170 所示。

15．标注形位公差

单击“标注”选项卡“符号”面板上的“形位公差符号”按钮，选择直径为 44 的尺寸，指定形位公差符号的起点和顶点，单击鼠标右键，在打开的快捷菜单中选择“继续”选项，打开“形位公差符号”对话框，选择符号，输入公差，单击“确定”按钮，完成基准符号的标注，利用同样的方法标注其他形位公差，如图 11-171 所示。

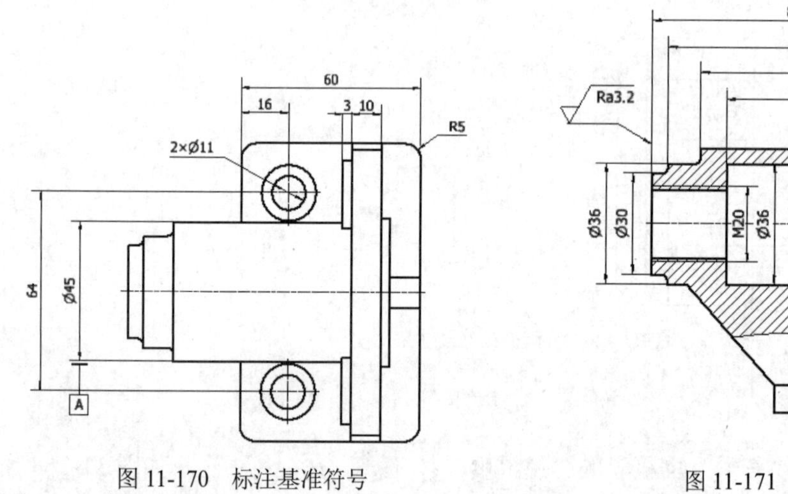

图 11-170　标注基准符号

图 11-171　标注形位公差

16．标注技术要求

单击“标注”选项卡“文本”面板上的“文本”按钮，在视图中指定一个区域，打开“文本格式”对话框，在文本框中输入文本，并设置参数，单击“确定”按钮，结果如图 11-172 所示。

技术要求
1.锐角去毛刺；
2.未注圆角为R2，未注倒角为C1。

图 11-172　标注技术要求

17．保存文件

单击“快速访问”工具栏上的“保存”按钮，打开“另存为”对话框，输入文件名为“泵体.idw”，单击“保存”按钮，保存文件。

11.4.2　创建柱塞泵装配工程图

本实例将绘制如图 11-173 所示的柱塞泵工程图。

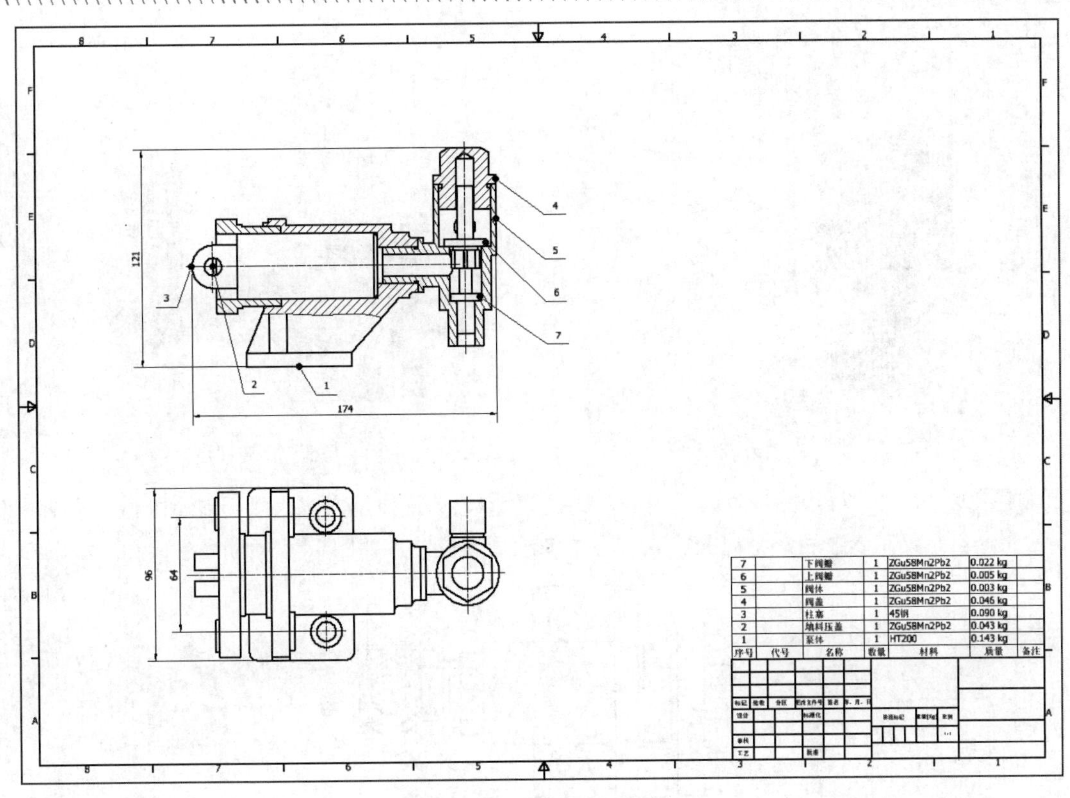

图 11-173　柱塞泵工程图

下载资源\动画演示\第11章\柱塞泵工程图.MP4

操作步骤

1. 新建文件

运行 Inventor 2024，单击“快速访问”工具栏上的“新建”按钮，在打开的“新建文件”对话框中的“零件”下拉列表中选择“Standard.idw”选项，单击“创建”按钮，新建一个工程图文件。

2. 创建基础视图

步骤01　单击“放置视图”选项卡“创建”面板上的“基础视图”按钮，打开“工程视图”对话框，在对话框中单击“打开现有文件”按钮，打开“打开”对话框，选择“柱塞泵.iam”文件，单击“打开”按钮，打开“柱塞泵”装配体。当前视图方向如图 11-174 所示，将视图向左旋转 90 度，结果如图 11-175 所示。

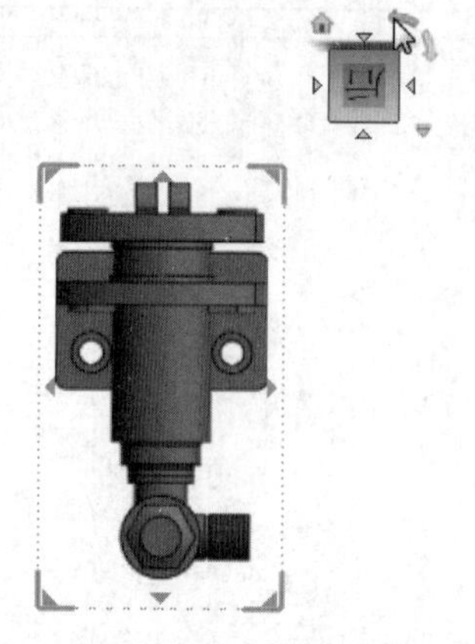

图 11-174　当前视图方向

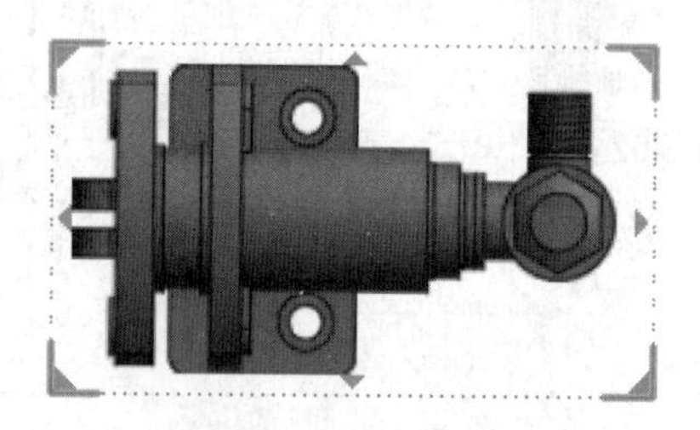

图 11-175　旋转视图

步骤 02　在“工程视图”对话框中输入比例为 1:1，选择显示方式为“不显示隐藏线”，设置完参数后，将视图放置在图纸中的适当位置，如图 11-176 所示。

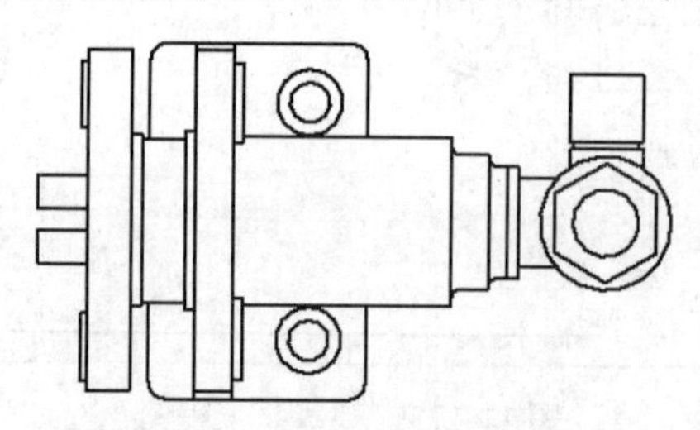

图 11-176　创建基础视图

3. 创建投影视图

单击“放置视图”选项卡“创建”面板上的“投影视图”按钮，在视图中选择上一步创建的基础视图，然后向上拖动鼠标，在适当位置单击鼠标左键确定创建投影视图的位置。再单击鼠标右键，在打开的快捷菜单中单击“创建”按钮，如图 11-177 所示。生成投影视图如图 11-178 所示。

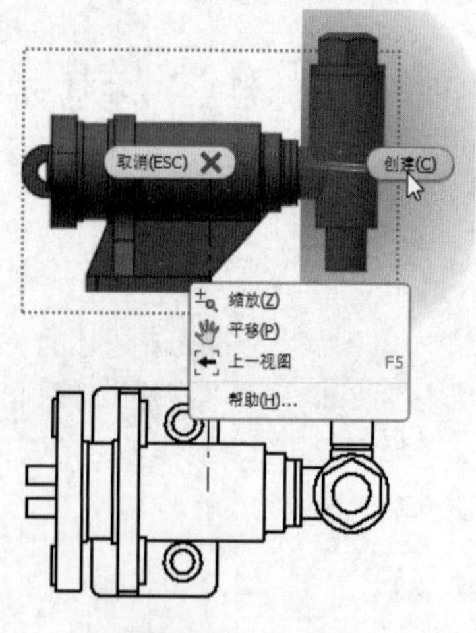

图 11-177　快捷菜单

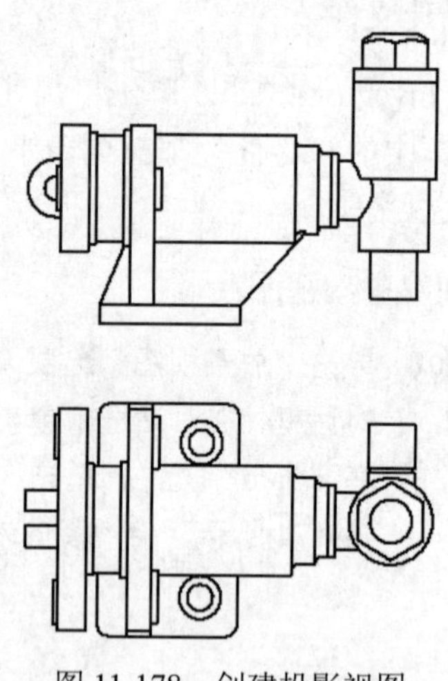

图 11-178　创建投影视图

4．创建局部剖视图

步骤 01　在视图中选择主视图，单击“放置视图”选项卡“草图”面板中的“开始创建二维草图”按钮，进入草图绘制环境。单击“草图”选项卡“创建”面板上的“样条曲线（插值）”按钮，绘制一个封闭曲线，如图 11-179 所示。单击“草图”标签中的“完成草图”按钮，退出草图绘制环境。

步骤 02　单击“放置视图”选项卡“创建”面板上的“局部剖视图”按钮，在视图中选择主视图，打开“局部剖视图”对话框，系统自动选择上一步绘制的草图为截面轮廓，选择如图 11-180 所示的点为基础点，输入深度为 0，单击“确定”按钮，如图 11-181 所示。

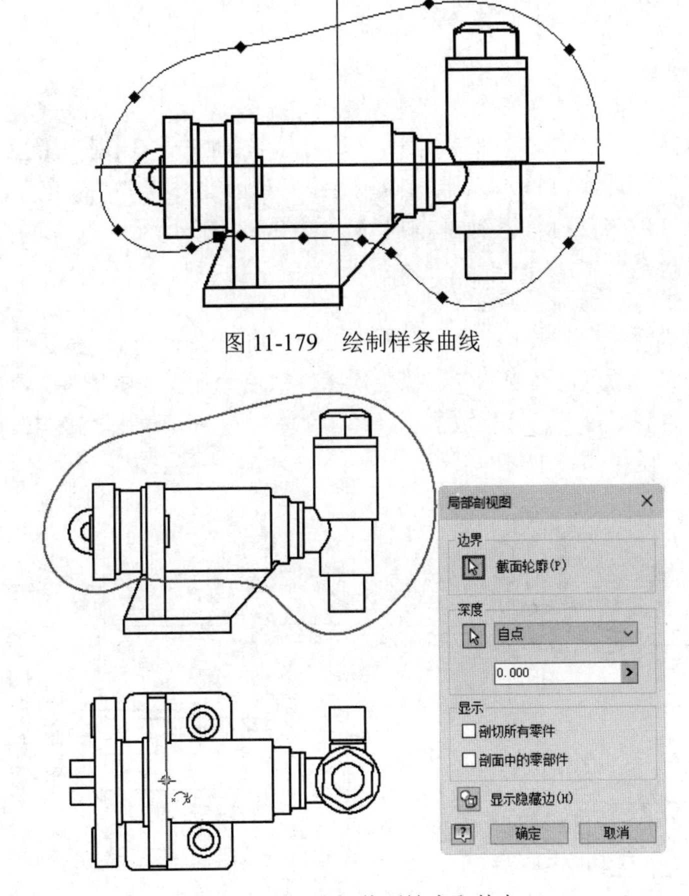

图 11-179　绘制样条曲线

图 11-180　选择截面轮廓和基点

步骤 03　在浏览器中选择装配体中的柱塞零件，单击鼠标右键，在弹出的快捷菜单中选择“剖切参与件”→“无”选项，隐藏剖面线。同理，将上阀瓣和下阀瓣上的剖面线隐藏，并对图形添加中心线，如图 11-182 所示。

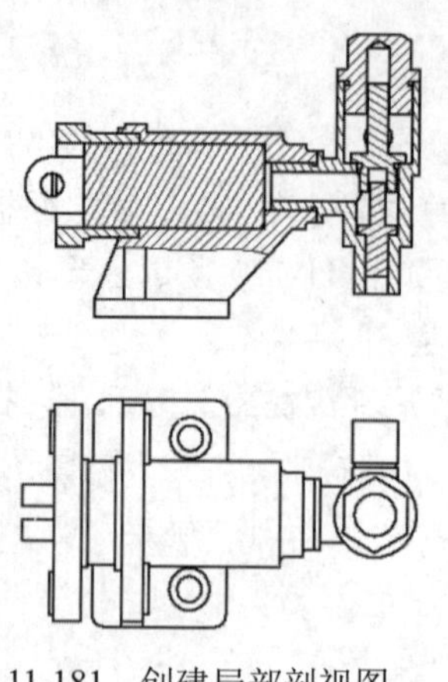
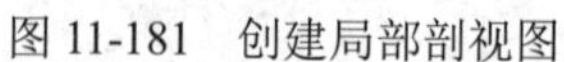

图 11-181　创建局部剖视图

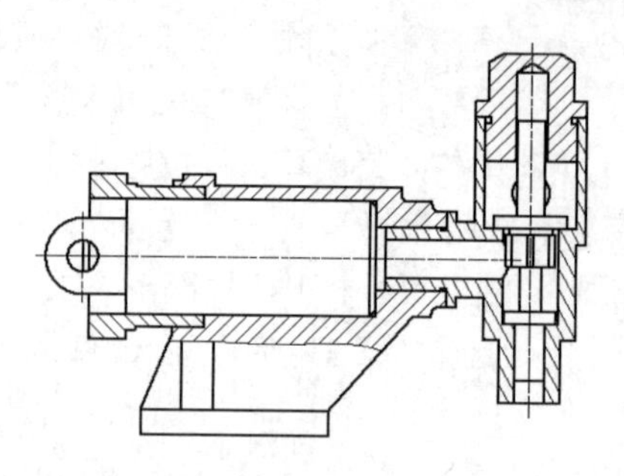

图 11-182　隐藏剖面线

5. 标注尺寸

单击“标注”选项卡“尺寸”面板上的“尺寸”按钮，在视图中选择要标注尺寸的边线，拖出尺寸线放置到适当位置，打开“编辑尺寸”对话框，单击“确定”按钮，完成一个尺寸的标注；利用同样的方法标注其他基本尺寸，如图 11-183 所示。

6. 添加序号

步骤 01　单击“标注”选项卡“表格”面板上的“自动引出序号”按钮，打开“自动引出序号”对话框，在视图中选择主视图，然后添加视图中所有的零件，选择序号的放置位置为环形，将序号放置到视图中的适当位置，单击“确定”按钮，调整序号的位置，结果如图 11-184 所示。

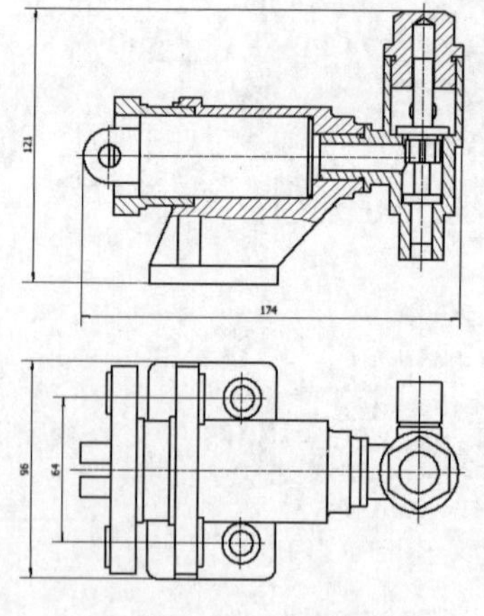

图 11-183　标注尺寸

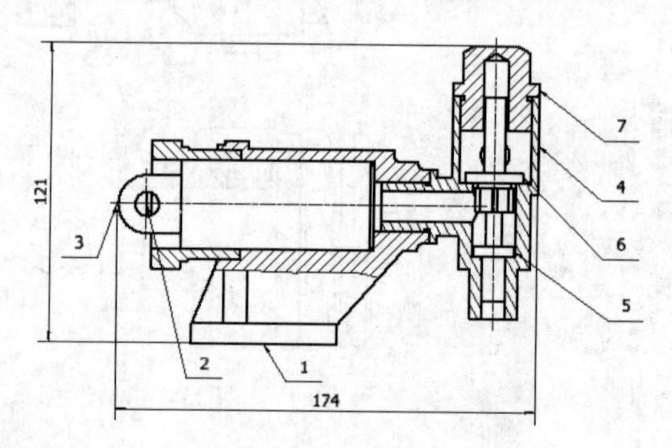

图 11-184　标注序号

步骤 02　从图 11-184 中可以看出，序号的顺序不符合标准，选择序号 7，单击鼠标右键，在弹出的快捷菜单中选择“编辑引出序号”选项，打开“编辑引出序号”对话框，在替代栏中输入 4，如图 11-185 所示，单击“确定”按钮，将序号 7 改为 4；采用相同的方法，更改其他序号，结果如图 11-186 所示。

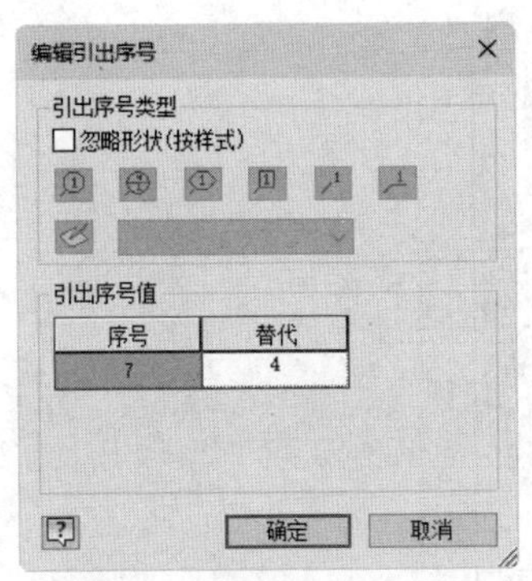

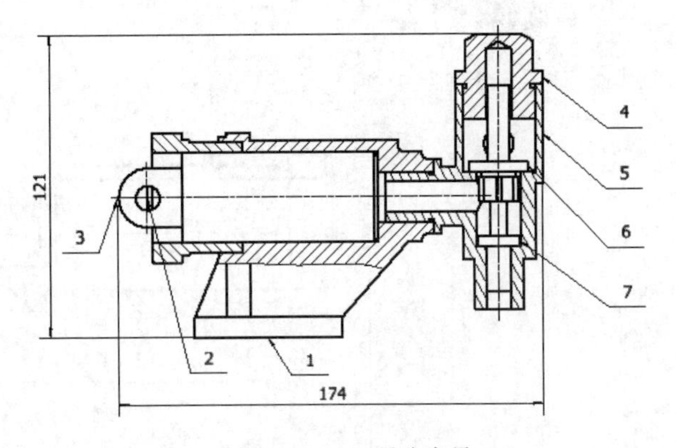

图 11-185　“编辑引出序号”对话框　　　　图 11-186　更改序号

步骤 03　从图 11-186 中可以看出，序号的箭头不符合标准，选择任意序号，单击鼠标右键，在弹出的快捷菜单中选择“编辑引出序号样式”选项，打开“样式和标准编辑器”对话框，选择“指引线”→“常规（GB）”节点，在“指引线样式［常规　(GB)］”窗体的“箭头（A）”下拉列表中选择“大点”，如图 11-187 所示，单击“保存并关闭”按钮，更改箭头为大点，结果如图 11-188 所示。

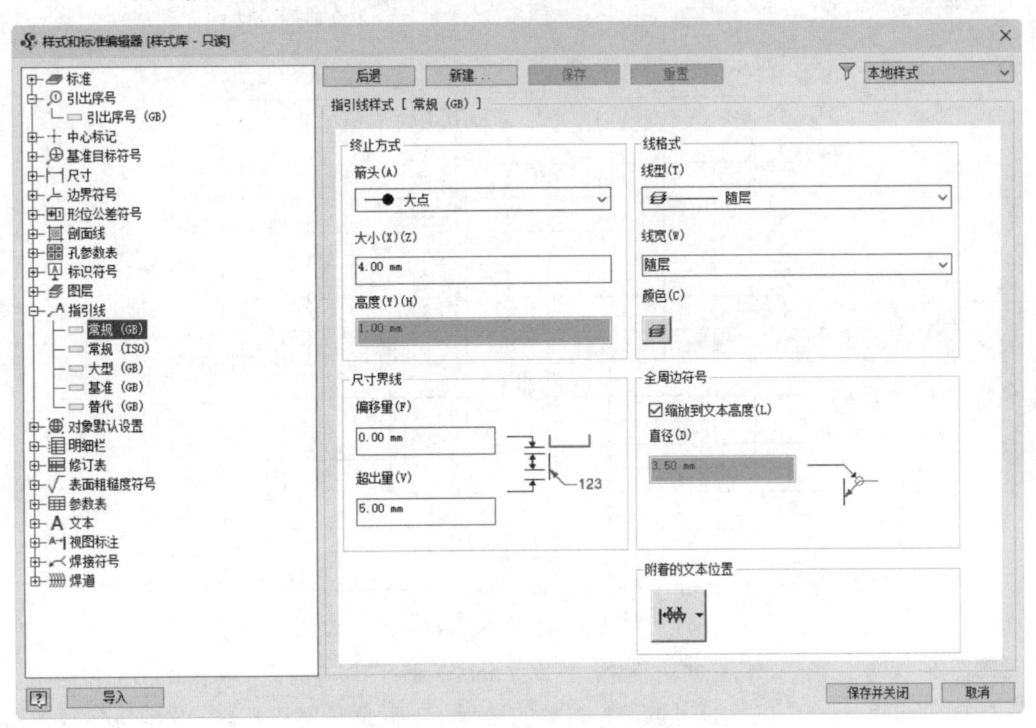

图 11-187　“样式和标准编辑器”对话框

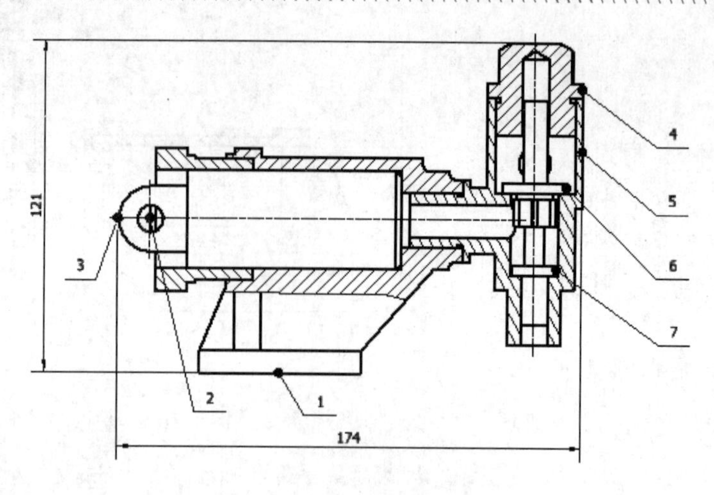

图 11-188　编辑序号引出线

7．添加明细栏

步骤 01 单击“标注”选项卡“表格”面板上的“明细栏”按钮，打开“明细栏”对话框，在视图中选择主视图，其他采用默认设置，单击“确定”按钮，将明细栏放置到图中的适当位置，如图 11-189 所示。

序号	标准	名称	数量	材料	注释
7			1	常规	
6			1	常规	
5			1	常规	
4			1	常规	
3			1	常规	
2			1	常规	
1			1	常规	

明细栏

标记	处数	分区	更改文件号	签名	年、月、日
设计	啸	2019/7/30	标准化		
审核					
工艺			批准		

阶段标记	重量(Kg)	比例
		1:1

图 11-189　生成明细栏

步骤 02 双击明细栏，打开“明细栏：柱塞泵.iam ([主要])”对话框，参照 10.6 节中方法，更改对话框中的特性并取消标题栏的显示，然后填写零件名称、材料等参数，如图 11-190 所示。单击“确定”按钮，完成明细栏的填写，结果如图 11-191 所示。

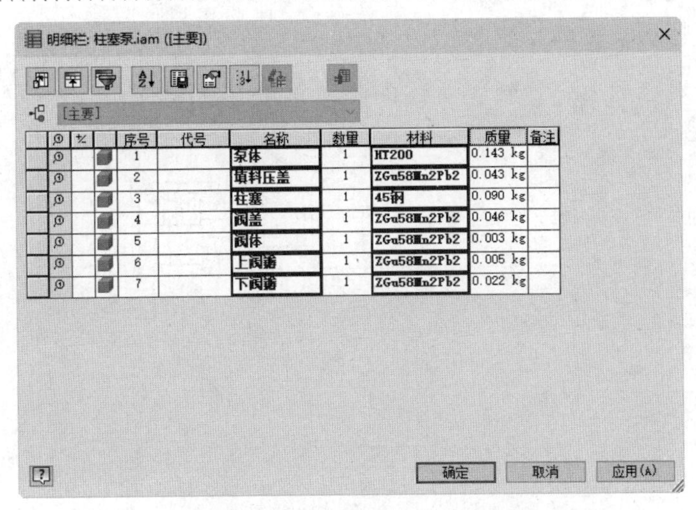

图 11-190　“明细栏：柱塞泵.iam ([主要])”对话框

序号	代号	名称	数量	材料	质量	备注
7		下阀瓣	1	ZGu58Mn2Pb2	0.022 kg	
6		上阀瓣	1	ZGu58Mn2Pb2	0.005 kg	
5		阀体	1	ZGu58Mn2Pb2	0.003 kg	
4		阀盖	1	ZGu58Mn2Pb2	0.046 kg	
3		柱塞	1	45钢	0.090 kg	
2		填料压盖	1	ZGu58Mn2Pb2	0.043 kg	
1		泵体	1	HT200	0.143 kg	

图 11-191　明细栏

8．保存文件

单击“快速访问”工具栏上的“保存”按钮，打开“另存为”对话框，输入文件名为“柱塞泵工程图.idw”，单击“保存”按钮，保存文件。

质检5